化学生物学基础教程

主　编　娄兆文　何汉平
副主编　刘　恒

科学出版社
北　京

内 容 简 介

本书共11章，包括绪论、生命的物质基础、生命物质的特性、分子间相互作用与分子识别、超分子化学、化学物质与蛋白质的相互作用、化学物质与核酸的相互作用、酶的化学生物学、糖的化学生物学、细胞化学生物学、化学生物学新技术和新进展。第1～3章为基础性介绍部分，第4、5章为化学生物学基础知识部分，第6～10章为化学生物学研究领域基础知识，第11章为化学生物学研究前沿的介绍。

本书可作为高等学校化学生物学专业的本科生教材，也可供相关专业的教师和学生参考阅读。

图书在版编目（CIP）数据

化学生物学基础教程／娄兆文，何汉平主编．—北京：科学出版社，2016

ISBN 978-7-03-048357-7

Ⅰ．①化…　Ⅱ．①娄…　②何…　Ⅲ．①生物化学-教材　Ⅳ．①Q5

中国版本图书馆CIP数据核字（2016）第114993号

责任编辑：丁　里／责任校对：张凤琴
责任印制：张　伟／封面设计：迷底书装

科学出版社 出版
北京东黄城根北街16号
邮政编码：100717
http://www.sciencep.com
北京中石油彩色印刷有限责任公司 印刷
科学出版社发行　各地新华书店经销
*
2016年10月第　一　版　开本：787×1092　1/16
2023年11月第五次印刷　印张：26 1/2
字数：695 000

定价：79.00元

（如有印装质量问题，我社负责调换）

序

和娄兆文教授相识于 20 世纪 90 年代，当时化学生物学正在全球迅速兴起，我国的学者敏锐地察觉到这一动向，不仅迅速组织起队伍应对挑战，而且还将着力点落于化学生物学后备人才的培养，而后者对我国化学生物学的发展具有更为深远的意义。娄教授就是我国最早的这批学者之一，他不仅将其科研兴趣进一步聚焦于化学生物学领域，还开始着手进行化学生物学人才的培养，湖北大学化学生物学专业的设立就是其中一项重要的工作。

娄教授从 1997 年开始化学生物学的教学工作，并长期讲授化学生物学课程。这本《化学生物学基础教程》是其多年课程教学实践的总结。

我很喜欢这本教材，该教材从生命的物质基础入手，从生命相关分子的组成、结构、与其他分子的相互作用进行分析，体现了化学生物学从分子视角看待生命体系的特色；该教材有机地将化学和生物的知识融合，有意识地将化学学科分析问题的方法引入生命体系的研究，并将相关的化学知识有机地融入相关章节；该教材很有新意地将分子以上层次的化学引入化学生物学体系，并用于分析生物大分子之间的相互作用及相关应用等，这是该教材很值得关注的地方；该教材还汇总了许多化学生物学新技术和新进展，这为学生的进一步学习提供了很好的参考。

李艳梅

2016 年 6 月于清华园

序

前　言

1997 年，我们在开始试办化学生物学国家理科基地（试点班）时，对化学生物学本科专业的定位是培养化学、生物学复合型人才。当时，我们很想开设一门与专业名称一致的专业课程，但因“化学生物学”概念尚未明晰，并且很难找到现成的资料，故办学 10 年都没有勇气开设该课程。这期间，我们曾出版了一本《生命化学概论》，以满足“生命的化学”选修课之需。直到 2008 年，在化学生物学这个专业领域已逐渐为社会所认识以后，我们才发现，国内已有了几本冠以“化学生物学”的教材或专著。我们修订了专业培养方案，调整了专业定位，尝试开设“化学生物学”专业课程，却发现在参考已有教材进行教学时，许多学生仍然找不到感觉。即使是在本科的高年级阶段，学生或者难以根据过于专、深的前沿领域介绍型教材，构建起全面系统的专业知识框架；或者根据有倾向性教材，简单地将这一框架建立在生物化学、分子生物学以及细胞分子生物学基础上，对化学生物学的内涵产生不正确的认识。因此，我们觉得有必要编写一本适用于本科生、能站在正确角度系统介绍化学生物学的基础教程。

本书经过了 8 年的准备，以及 3 个年级的教学试用，且一直在进行不断的修改，直到定稿，仍不能使我们自己满意。希望本书能表达我们的编写初衷，使其在读者参阅的实践中得以进一步完善。

本书分四个部分：第 1～3 章为基础性介绍部分，主要介绍化学生物学的起源与概念，以及生命体系的特点与特性，使读者，特别是没有生物学背景知识的读者或希望换个角度看待生物体系的读者，对生命体系有基本认识。除第 1 章外，该部分许多内容取材于基础性的知识源，读者可以将其当做科普知识来阅读。第 4、5 章为化学生物学基础知识部分。第 6～10 章为化学生物学研究领域基础知识。第 11 章为化学生物学研究前沿的介绍，由于本专业领域发展十分迅速，读者在阅读时，最好能直接查阅最新文献参考。书中小字号内容为选学知识，供读者参考阅读。

由于我们的水平与能力有限，特别是我们都缺乏系统的生物学背景知识，书中的疏漏和不足之处在所难免，欢迎广大读者批评指正。

娄兆文　何汉平　刘　恒

2016 年 3 月于武昌

前言

目　录

第1章　绪　　论

自从化学引入生命科学领域以来，人们一直将化学家和生物学家感兴趣的交叉领域用生物化学、分子生物学、生物有机化学、生物无机化学等学科来进行分类。1996 年，“化学生物学”这个新学科名词开始在学术界露面。当时，哈佛大学将化学系改名为化学生物学系，Scripps学院增设了Skaggs化学生物学学院，湖北大学经国家教育部批准(教高司[1996]126号)，开办化学生物学理科基地(试点)班，并于1997年正式招收本科学生。1997年，我国学者吴毓林、陈耀全研究员撰文指出，化学生物学作为一门新学科正在形成。

什么是化学生物学？其研究领域和研究内容是什么？回答这些问题，可谓一言难尽。虽然经历了近20年的发展，化学生物学仍处于发展初期，还是一门新兴学科，学科人员还需经过相当长时间的努力，才能形成比较完善的理论体系，建立相对成熟可靠的技术系统。因此，本教程目前只能不太完善和不太成熟地就什么是化学生物学，化学生物学的研究领域和研究内容等进行初步的探讨和谨慎的叙述。

1.1　分子以上层次的化学

化学生物学的概念源于化学的发展。因此，我们有必要了解其渊源，厘清化学与化学生物学之间的关系。

1.1.1　化学的辉煌——物质组成与转化规律的揭示与应用

20世纪初，化学进入了电子时代。20世纪是人类科学技术迅猛发展的世纪，与其他基础学科一样，化学不仅形成了完整的理论体系，而且在理论的指导下，为人类创造了丰富的物质。现代化学的成就，表现在理论、实验、应用等多方面。其中化学键理论的不断完善，高分子的出现，有机合成中理论与实验的交互发展，对化学反应的微观层次探索，蛋白质、核酸、糖等生命物质的研究，直至纳米科学、组合化学等的出现，贯穿了整个世纪。

1. 理论化学

1900年12月14日，普朗克在德国物理学年会上做了一个有历史意义的报告，题目为《正常光谱辐射能的分布理论》，宣告了量子理论的诞生。量子理论应用于化学领域后，化学不再只是一门实验科学。量子力学为对化学键的基本理解提供了一种工具。鲍林为寻求分子内部的结构信息，在研究量子化学和其他化学理论时，把量子力学应用于分子结构，把原子价理论扩展到金属和金属间化合物，提出了电负性概念和计算方法；创造性地提出了共价半径、金属半径、电负性标度等许多新的概念；创立了价键学说和杂化轨道理论。鲍林分别于1954年和1962年荣获了诺贝尔化学奖和诺贝尔和平奖。此后，马利肯运用量子力学方法创立了原子轨道线性组合分子轨道的理论，阐明了分子的共价键本质和电子结构，1966年荣获诺贝尔化学奖。另外，1952 年福井谦一提出了前线轨道理论，用于研究分子动态化学反应。1965 年伍德沃德和霍夫曼提出了分子轨道对称守恒原理，用于解释和预测一系列反应的难易程度和产物的立体构型。这些理论被认为是认识化学反应发展史上的里程碑，为此，福井谦一和霍夫曼共获 1981 年诺贝尔化学奖。

2. 合成化学

化学键和量子化学理论的发展足足花了半个世纪的时间，让化学家由浅入深认识分子的本质及其相互作用的基本原理，从而让人们进入分子理性设计的高层次领域，创造新的功能分子，如药物设计、新材料设计等，这也是 20 世纪化学的一个重大突破。

创造新物质是化学家的首要任务。20 世纪合成化学得到了极大的发展。在这 100 年中，在美国《化学文摘》上登录的天然和人工合成的分子和化合物的数目已从 1900 年的 55 万种，增加到 1999 年 12 月 31 日的 2340 万种。 其中绝大多数是化学家合成的，几乎又创造出了一个新的自然界。几乎所有的已知天然化合物以及化学家感兴趣的具有特定功能的非天然化合物都能够通过化学合成的方法来获得。没有其他学科能像化学那样制造出如此众多的新分子、新物质。合成化学为满足人类对物质的需求做出了极为重要的贡献。许多新技术被用于无机化合物和有机化合物的合成，如超低温合成、高温合成、高压合成、电解合成、光合成、声合成、微波合成、等离子体合成、固相合成、仿生合成等；发现和创造的新反应、新合成方法数不胜数。现代合成化学是经历了近百年的努力研究、探索和积累才发展到今天可以合成像海葵毒素这样复杂的分子(分子式为 $C_{129}H_{223}N_3O_{54}$，有 64 个不对称碳和 7 个骨架内双键，异构体数目多达 271 个)，表现出科学与艺术的高度结合。

3. 高分子化学

1920 年施陶丁格提出了“高分子”这个概念，创立了高分子链型学说。1953 年齐格勒成功地在常温下用催化剂将乙烯聚合成聚乙烯，从而发现了配位聚合反应。第二次世界大战促使德国和美国努力研究合成橡胶，多种性能的合成橡胶被合成并工业化，解决了军事的需要。到今天，世界化工产量中高分子产品仍占首要地位，20 世纪 80 年代塑料、纤维、橡胶等高分子材料的年产量达到 1 亿吨，这是除石油外产量最大的化工产品，高分子材料的出现改变了一个时代人们社会生活的需要。20 世纪化学史中，高分子化学的出现及它在工业方面的成就是最重要的一页，合成材料的出现也是 20 世纪人类文明的标志之一。

4. 物理化学

经典热力学处理的是平衡体系，其中化学反应被看做是可逆的，但许多化学体系，如所有体系中最复杂的活的生物体，是远离平衡态的，它们的反应被看做是不可逆的。运用统计力学，昂萨格在 1931 年创立发展了不可逆过程热力学，描述了这类体系的物质流和能量流。普里高津因提出耗散结构理论获得了 1977 年诺贝尔化学奖。研究化学反应是如何进行的，揭示化学反应的历程和研究物质的结构与其反应能力之间的关系，是控制化学反应过程的需要。在阿伦尼乌斯碰撞理论的基础上，艾林发展了他的过渡态理论。20 世纪 50 年代，艾根发展了化学弛豫方法，允许测量的时间短至微秒或毫微秒。赫休巴赫和李远哲利用交叉的分子束研究了非常短的时间内分子之间反应的详细过程。

5. 核化学

核能的释放和可控利用是 20 世纪的一个重大突破，是化学和物理学界具有里程碑意义的重大突破。仅此领域就产生了 6 项诺贝尔奖。

6. 分析化学

分析测试技术是化学研究的基本方法和手段。一方面，经典的成分和含量的分析方法仍在不断改进，分析灵敏度从常量发展到微量、超微量、痕量；另一方面，发展出许多新的分析方法，可深入进行结构分析，构象测定，同位素测定，各种活泼中间体如自由基、离子基、卡宾、氮宾、卡拜等的直接测定，以及对短寿命亚稳态分子的检测等。分离技术也不断革新，如离子交换、膜技术、色谱法等。为了适应现代科学研究和工业生产的需要以及满足灵敏、精确、高速的要求，各种分析仪器如质谱仪、极谱仪、色谱仪的应用和微机化、自动化及与其他重要谱仪的联用(如色谱与红外光谱的联用、色谱与质谱的联用等)得到迅速发展和完备。现代航天技术的发展和对各行星成分的遥控分析，反映出分析技术的现代化水平。

7. 生物化学

研究生命现象和生命过程、揭示生命的起源和本质是当代自然科学的重大研究课题。20 世纪生命化学的崛起给古老的生物学注入了新的活力，人们在分子水平上向生命的奥秘打开了一个又一个通道。蛋白质、核酸、糖等生物大分子和激素、神经递质、细胞因子等生物小分子是构成生命的基本物质。从 20 世纪初开始生物小分子(如糖、血红素、叶绿素、维生素等)的化学结构与合成研究就多次获得诺贝尔化学奖，这是化学向生命科学进军的第一步。1955 年维格诺德因首次合成多肽激素催产素和加压素而荣获诺贝尔化学奖。1958 年桑格因对蛋白质特别是牛胰岛素分子结构测定的贡献而获得诺贝尔化学奖。1953 年沃森和克里克提出了 DNA 分子双螺旋结构模型，这项重大成果对于生命科学具有划时代的意义，它为分子生物学和生物工程的发展奠定了基础，为整个生命科学带来了一场深刻的革命。沃森和克里克因此而荣获 1962 年诺贝尔生理学或医学奖。1960 年肯德鲁和佩鲁兹利用 X 射线衍射成功地测定了鲸肌红蛋白和马血红蛋白的空间结构，揭示了蛋白质分子的肽链螺旋区和非螺旋区之间还存在三维空间的不同排布方式，阐明了二硫键在形成这种三维排布方式中所起的作用，为此，他们二人共同荣获 1962 年诺贝尔化学奖。1965 年我国化学家人工合成结晶牛胰岛素获得成功，标志着人类在揭示生命奥秘的历程中迈进了一大步。此外，1980 年伯格、桑格和吉尔伯特因在 DNA 分裂和重组、DNA 测序以及现代基因工程学方面的杰出贡献而共获诺贝尔化学奖。1982 年克鲁格因发明“象重组”技术和揭示病毒和细胞内遗传物质的结构而获得诺贝尔化学奖。1989 年切赫和奥尔特曼因发现核酶而获得诺贝尔化学奖。1993 年史密斯因发明寡核苷酸定点诱变法以及穆利斯因发明多聚酶链式反应技术对基因工程的贡献而共获诺贝尔化学奖。1997 年施可因发现了维持细胞中 Na^+和 K^+浓度平衡的酶及有关机理、鲍尔和瓦克因揭示能量分子 ATP 的形成过程而共获诺贝尔化学奖。20 世纪化学与生命科学相结合产生了一系列在分子层次上研究生命问题的新学科，如生物化学、分子生物学、生物有机化学、生物无机化学、生物分析化学以及化学生物学等。在研究生命现象的领域里，化学不仅提供了技术和方法，而且还提供了理论。

8. 药物化学

利用药物治疗疾病是人类文明的重要标志之一。20 世纪初，由于对分子结构和药理作用的深入研究，药物化学迅速发展，并成为化学学科一个重要领域。1909 年德国化学家艾里希合成出了治疗梅毒的特效药物胂凡纳明。20 世纪 30 年代以来化学家从染料出发，创造出了一系列磺胺药，使许多细菌性传染病特别是肺炎、流行性脑炎、细菌性痢疾等长期危害人类健康和生命的疾病得到控制。青霉素、链霉素、金霉素、氯霉素、头孢菌素等类型抗生素的发明，为人类的健康做出了巨大贡献。据不完全统计，20 世纪化学家通过合成、半合成或从动植物、微生物中提取而得到的临床有效的化学药物超过 2 万种，常用的就有 1000 余种，而且这个数目还在快速增加。

9. 应用化学与化学工程

化学在改善人类生活方面是最有成效、最实用的学科之一。利用化学反应和过程制造产品的化学过程工业(包括化学工业、精细化工、石油化工、制药工业、日用化工、橡胶工业、造纸工业、玻璃和建材工业、钢铁工业、纺织工业、皮革工业、饮食工业等)在发达国家中占有最大的份额。这个数字在美国超过30%，而且还不包括电子、汽车、农业等要用到化工产品的相关工业的产值。发达国家从事研究与开发的科技人员中，化学、化工专家占一半左右。世界专利发明中有20%与化学有关。人类的衣、食、住、行、用无不与化学所研究的成百化学元素及由这些元素所组成的万千化合物和无数的制剂、材料有关。房子是用水泥、玻璃、油漆等化学产品建造的，肥皂和牙膏是日用化学品，衣服是合成纤维制成并由合成染料上色的。饮用水必须经过化学检验以保证质量，制作食品的粮食则离不开化肥和农药。维生素和药物也是由化学家合成的。交通工具更离不开化学。车辆的金属部件和油漆显然是化学品，车厢内的装潢通常是特种塑料或经化学制剂处理过的皮革制品，汽车的轮胎是由合成橡胶制成的，燃油和润滑油是含化学添加剂的石油化学产品，蓄电池是化学电源，尾气排放系统中用来降低污染的催化转化器装有用铂、铑和其他一些物质组成的催化剂，它可将汽车尾气中的一氧化氮、一氧化碳和未燃尽的碳氢化合物转化成低毒害的物质。飞机则需要用质强量轻的铝合金来制造，还需要特种塑料和特种燃油。书刊、报纸是用化学家发明的油墨和经化学方法生产出的纸张印制而成的。摄影胶片是涂有感光化学品的塑料片，它们能被光所敏化，在曝光和用显影药剂冲洗时，会发生特定的化学反应。彩色电视机和计算机显示器的显像管是由玻璃和荧光材料制成的，这些材料在电子束轰击时可发出不同颜色的光。VCD光盘、磁盘等是由特殊的信息存储材料制成的。甚至参加体育活动时穿的跑步鞋、溜冰鞋、运动服、乒乓球、羽毛球拍等也都离不开现代合成材料和涂料。

100余年来，现代化学的发展用日新月异来描述可谓恰如其分。

1.1.2 化学的困惑——分子间相互作用的忽略与影响

尽管化学在过去取得了辉煌的成就，为人类发展做出了不可估量的贡献，但化学所面临的问题也是十分突出的。

1. 化学所面临的问题——未获得社会应有的认可

2008年12月30日联合国第63届大会决定将2011年作为国际化学年，委托联合国教育、科学及文化组织和国际纯粹与应用化学联合会(IUPAC)负责以“化学——人类的生活，人类的未来”为主题，在全世界范围内安排活动，庆祝化学取得的成就和化学为人类文明进步所做出的重要贡献。此项活动旨在“增进公众对化学重要性的认识，鼓励青年人热爱化学，憧憬化学的美好未来”，同时，联合国也有意借居里夫人获诺贝尔奖100周年和IUPAC成立100周年之际，以感谢女性对人类科学事业发展做出的贡献，强调科学研究国际合作的重要性。

该活动的背景，还有一个作为基础学科，特别是化学学科的发展确实面临吸引力不强、声誉不佳的问题。这些问题产生的原因十分复杂，但公众对化学缺乏客观公正的认识肯定是最主要的原因。早在21世纪初，世界著名杂志《自然》(*Nature*)为化学家鸣不平，在2001年发表了社论说：“化学的形象被其交叉学科的成功所埋没”，“化学家太谦虚”，“没有向社会宣传化学与化工对社会的重要贡献”。因此，20世纪化学取得的辉煌成就，并未获得社会应有的认可。

人们过多地将化学与环境污染、恐怖威胁、化学武器等联系起来，化学给人类带来的似乎只有这些东西。在我国，人们甚至将近年出现的三聚氰胺奶、吊白块、假鸡蛋、假化肥、假农药等重大掺杂使假事件也归罪到化学工作者的头上。很少有人认识到，人类赖以生存的基本粮食蔬菜供应 1/3 源自化学肥料和化学农药的使用。考虑到当今粮食蔬菜供求基本平衡这一事实，如果没有公众“憎恨”的化肥、农药的使用，地球将只能承载世界现有 2/3 的人口，或者说，我们的人均粮食蔬菜摄入量将减少 1/3，不难想象，那将是一个多么动乱不堪、弱肉强食的恐怖世界！同样，没有化学就没有使人类疾病得以治疗的合成药物，人类的平均寿命起码要减少一半。化学的发展，使合成纤维占据了纤维市场的半壁江山。可以毫不夸张地说，没有化学，就没有温暖，世界也没有视觉上的丰富多彩。

大家都在说，人类社会进入了信息化时代，人类的资源利用能力已经不限于地表，正在向地表以下、向海洋、向太空发展，但是很少有人想到这些技术进步和发展的基础是满足特别需要、具备特别性能的新材料的发现。而这些材料的创制离不开化学学科的贡献。然而，这些贡献、这些发现并未得到国际社会应有的承认，在世纪之交评选出的激光技术、半导体技术、计算机技术、生物技术、核技术和航空航天技术这 6 项所谓 20 世纪人类社会取得的最伟大科学成就中竟然没有一项与化学直接相关就是一例。因此，难怪有人说化学学科是人类历史上遭遇最大不公的学科之一。

事实上，起源于 19 世纪、发展完善于 20 世纪的化学合成技术，应该说是 20 世纪人类在科学技术发现、发明方面最伟大的成就。可以这么说，没有上述 6 项技术，人类还不至于无法生存，而没有 20 世纪的化学合成技术，人类真的将落入食不果腹、衣不蔽体、有病无药的尴尬境地。因此，从这个意义上说，化学学科的发展与人类的生存、生存品质的改善都是密切相关的。从这个角度说，设立国际化学年让公众加深对化学的认识，纠正人们对化学的偏见确实极为必要。当然，也必须正视化学学科发展中给自然、给人类社会带来的负面影响，化学工作者应该以更加强烈的责任感、使命感从事研究和发展，在为人类生存品质改善努力的同时，更多地考虑人类文明的可持续发展。

化学学科的繁荣、声誉的改善，关键在于化学从业人员的责任心和学科自信心。遗憾的是，并非所有化学从业者、学习者都关注学科发展和学科未来。在学科内部，甚至出现了非常不应有的“化学无前途说”。有人认为，百年之后，化学将不再以一门独立学科存在，这是因为有机化学、化学生物学将融入生命科学之中，分析化学将被环境科学和生命科学所瓜分，无机化学、高分子化学将被材料学所涵盖，物理化学将加入物理学阵营，以至于著名化学家怀特塞兹多次呼吁要再造化学。

直至最近，怀特塞兹和多伊奇还为英国《自然》杂志出版的国际化学年纪念专辑撰文，再次呼吁对化学进行改革。类似的呼声在国内也出现过，几年前，国家最高科学技术奖得主徐光宪院士、中国科学院院长白春礼院士、国家自然科学基金委员会原副主任朱道本院士、国家自然科学基金委员会副主任姚建年院士、国家自然科学基金委员会化学部常务副主任梁文平先生等有识之士曾多次就化学学科的发展和再造发表过真知灼见。

2. *化学所面临的问题——学科发展的时代局限*

化学发展到今天，成果的辉煌，自身的提高，对人类的贡献，都是铁一般的事实。但化学作为一门科学学科，也要按科学规律发展，发展过程也应该由一个个阶段组成。从 20 世纪

60年代起，一方面，化学作为中心学科的地位日益显现；另一方面，因种种原因，化学被称为“夕阳”学科。在今天看来，除了环境、生态等方面的考虑外，其他有关化学为“夕阳”学科的议论并非没有道理：作为一门技术性很强的学科，没有什么化合物的结构不能搞清楚，没有什么化合物合成不出来，化学似乎已经没什么事可做了，学科存在的意义不大了；而作为一门系统的基础理论性学科，许多问题又解决得并非那么完美，化学的独立性、可靠性以及发展前景似乎令人担忧。

化学工作者确实应该反省一下化学的问题。这些问题至少有3个方面：

(1) 长期处于定性、实验科学阶段，不能定量或上升到完美的理论高度。我们往往用理论与实际存在差别来理解、认识甚至谅解化学的这一“特性”，但往往忽视这种差别的本质原因，不注意从根本上消除这种差别。

(2) 分析问题越来越复杂，很多问题的解释牵强附会。例如，我们知道三价铁只能在很强的酸性条件下才能以离子态存在，但无法简洁可靠地解释自然界几乎为中性的水体中也能检出游离三价铁的事实；甚至连“水”这个最熟悉、最常见、最重要、最简单的物质，真实结构也难以说得清道得明。

(3) 不能解释生命现象。无论你将生命的组成研究得多透彻，你就是解释不了无生命与有生命的分界点是什么！

从科学发展的角度看，在电子时代初期，化学研究采取研究主要问题、忽视或淡化处理次要问题的方法是必要的，也可以说是唯一正确的。例如，我们主要研究和处理能量范围在100 kJ/mol以上的化学键，即原子间化合与分解问题，偶尔关注一下能量范围在10～100 kJ/mol的氢键等次级作用问题，极少注意甚至直接忽视能量范围在10 kJ/mol以下的次次级作用或分子间作用问题。当我们对世界认识尚浅，对这种认识的要求并不太高的时候，这种主要问题分析方法所得到的结论已经能够让我们满意了。但是，科学在飞速发展，当我们试图研究和理解更加复杂的体系，如生物体系，解决由复杂体系构成的实际问题的时候，以前被我们忽视或淡化处理的次要问题的作用就日益变得重要，甚至转化成了主要问题。

3. 化学键与分子间相互作用

化合物的性质是由其组成与结构决定的，化合物的转化也主要涉及分子内化学键的重组。例如，氢键键能比普通化学键弱几十近百倍，相比因化学键变化而导致的化合与分解，其影响似可忽略，但在诸如蛋白质这类大分子中，其作用就不容忽视了。

当今的化学，已经处于一个新时代的门前，要更高层次处理化学问题，一个显而易见的方面就是，要更加精细地对待构成物质的作用力。化学家已初步具备了分析研究由氢键、范德华力等次级甚至次次级作用力所引起的分子间相互作用的能力。从20世纪80年代开始，人们就已在研究复杂体系、高分子体系、生命体系过程中开始关注分子间相互作用对分子行为的影响，取得的研究成果为新的化学时代奠定了基础。

1.1.3 化学的出路——分子以上层次化学的提出与发展

化学作为一门独立学科，自17世纪后半叶诞生起，就一直处在不断发展变化之中。经过几百年的发展，化学逐渐走向成熟，与之相应，化学的概念也在不断演变。概括来讲，20世纪以前，化学被定义为“研究物质本性及物质转化的科学”。直到20世纪初原子结构模型提出和放射性发现之后，人们才认识到物质结构和性质的复杂性。至此，化学家才将研究的内容开始局限在核外电子运动层面，而且要求这种运动的外部条件不能远离标准态。这样，化学就获得了一个延续到今天的定义，即“化学是一门研究物质的组成、结构和性质，以及物质间相互转化的科学”。无论是“研究物质本性及物质转化”阶段，还是在“研究物质的组成、结构和性质，以及物质间相互转化”阶段，化学家大都着眼于元素、原子、基团如何通过化学键形成有特定性质的分子，只不过在不同时期，元素、原子以及化学键的含义不同。

自从人们对化学提出了准确、绿色、高效等要求后，20 世纪末至 21 世纪初，国内外一大批学者开始借鉴 20 世纪初以微观量子力学为代表的物理学革命，以及借鉴 20 世纪四五十年代以引入分子概念为特征的生物学革命经验，调整研究视野，聚焦在分子以上层次，空间范围直达纳米尺寸。这意味着一个化学的新时代已悄然来临。

无论是用超分子，还是用分子聚集体，抑或是用大多数人认可的分子以上层次等概念来描述和展望化学的这个阶段，其本意都一致指向要关注研究分子间的相互作用，要在研究元素、原子、基团相互作用的同时，不忽视分子间的弱小作用对分子行为的影响。因此，我们倾向于将当今时代的化学定义为：“化学是一门在原子、分子及以上水平研究物质的组成、结构、性质、变化、制备和应用的一门自然科学”。加“及以上”三个字能更好地突出当今分子以上层次的时代特色。

在美国化学会第 215 届年会上，与会人员提出以 M 为首字母的 6 个单词或短语来定义化学：Molecules，Materials，and Matter；Make it，Measure it，and Model it。很显然，前 3 个单词是讲化学研究的对象，即化学不但研究分子和一般概念上的材料，还要研究无所不包的物质；后 3 个词组是指制备、测量和模拟。在此，之所以用“Make”而不用化学工作者常见的“Synthesis”，主要原因是化学学科发展到今天，合成只是化学工作者创造新物质的一种途径，借助超分子化学原理，通过组装单元之间的非化学键作用形成有序聚集体和结构构成了化学工作者创造新物质的另一条途径。因此，当今化学学科创造新物质以“合成+组装”为特征，而不仅仅局限于合成。同样，定义中使用了“Measure”而不是常见的“Analysis”，原因同样是“分析”的内容大大拓展了，不再局限于原来的定性、定量、波谱和衍射分析了，依靠各种观察手段进行的形貌分析变得越来越重要。“Model it”是化学工作者借助数学和计算机科学与技术发展成就而发展起来的一套新的化学研究手段，即模拟和仿真研究。

事实上，针对化学学科的发展，还有人将化学定义为“研究生命和非生命物质结构与结构转化的科学”，也有人将化学定义为“研究信息的分子储存和超分子加工的科学”。尽管这些定义还远未被科学界接受，但确实不无道理。最近，诺贝尔奖获得者、超分子化学之父莱恩在对化学学科历史发展和化学进化现象深入分析的基础上，又提出了动态建构化学和适应性化学概念，以期强调化学学科内容的动态性和化学学科对客观世界认识的不断穷尽特点。可以说，化学概念的不断发展部分反映了化学学科的发展活力。

1.2　化学与生物学的三次融合

分子以上层次化学概念的提出，意味着明确了化学研究未来的任务，也可以说开辟了化学研究的一个重点领域。当人们从技术上探讨如何进行分子以上层次研究时，化学家的眼光又开始聚焦到一个他们一直十分关注的领域，这就是生命体系。细胞是一个神奇的分子聚集体，它所特有的比化学运动更高级别的生命现象必然与分子之间作用有关。因此，在细胞空间这个生命领域研究分子以上层次的化学问题，将更有成效，更具有实际意义。

1.2.1 第一次融合——生物化学

19 世纪初，人工尿素的合成揭示了生物体的反应同样是遵循物理和化学的规律，化学的理论和方法才开始被全面引进生物学的研究之中，从而诞生了用化学研究生命的边缘科学——可以称为生命的化学的生物化学。

生物化学一诞生，便与同一时期诞生的用物理学研究生命的生物物理学一道，相互促进，共同发展，以其自身的迅速发展大大推进了生命科学的发展，使人类对生命活动的研究深入分子水平，从静止的观察与描述发展到动态的定量分析，从生命现象的探索上升到生命本质的阐述。

就在此时，在 20 世纪四五十年代或更早研究蛋白质、多肽和核酸的化学家后来组建了生物化学学科，随后，生物化学、细胞生物学和遗传学交织在一起，成为一个不可分割的整体，从而诞生了一个新的学科领域——分子生物学。分子生物学的出现，反映出当代对生命现象以及疾病发生和发展过程的研究达到新的、更高的境地。

世界上各国的生物化学或多或少脱离了化学系或化学社会的主流。而在我国这种分离则特别明显。究其原因，生物化学家大多主要对应用成熟的化学理论与技术研究解决生命科学问题感兴趣，而难以顾及化学的发展。诚如前述，化学至少在当时还很不完善，这注定了化学与生物学的第一次融合的命运，第二次融合在所难免。

1.2.2 第二次融合——药物化学与分子识别

进入 20 世纪 70 年代，那些没有脱离化学社会的化学家应用有机化学、分析化学的理论和方法在分子水平上研究生命现象的化学本质，形成了与生物化学相关的分支学科——生物有机化学、生物分析化学，随后开始有意识地深入探讨生命体的无机化学组成(除碳、氮、氧、氢之外的各种无机元素)与活动状况，又促成了生物化学与无机化学的结合，从而出现了新的边缘学科——生物无机化学。

随着理论化学、化学合成技术、化合物分离手段和化学分子结构解析技术日趋完善，特别是选择性合成、手性合成技术和组合化学的实现，人们已能合成自然界发现和鉴定的任何复杂的天然化合物，并且在此基础上能够设计和合成具有特定性能的新颖化合物，化学已具备了研究复杂分子和分子体系的能力。化学家开始尝试用外源性活性小分子——天然化合物，或以天然化合物为模板设计合成而研制的天然化合物类的新颖分子为探针，去探讨生物体中的分子间相互作用和细胞发育与分化的调控作用及其所包括的分子机制。

传统的生物学研究生命过程的途径往往是用基因突变的方法，利用天然存在的变种或无序引入突变或定点突变干扰正常的生命过程，再用对照比较的方法弄清楚这些过程的内在联系和相互关系。化学与生物学的融合就产生了用化学小分子干扰生命过程，从而分析这些变化的新研究途径。化学与生物学的有机结合，同时用化学和生物学的技术、工具、理论来系统研究生命体系，开创了化学、生物学研究的新领域。

化学与生物学融合的这一阶段已具有“研究分子间相互作用”的特征，因而被视为化学与生物学的第二次融合阶段，人们开始寻找用一个新的名词来概括这一新的学科领域及其研究特色，因此“化学生物学”这个概念就提出来了。

其实，用化学小分子为探针直接研究生命体系在20世纪50年代就已开始，不过当时的目的只是为了研究药物的药理作用，而不是系统地揭示生命过程的调控体系，所用的工具局限在已知的药物。当时化学家的工作只是发现和合成新结构，而药理学家利用这些化合物发现了新的生理活性。化学家的研究和生物学家的研究是分离的。即便如此，仍然发现了很多有效的药物，同时揭示了生命过程中很多调控机制。随着研究的不断深入，发展了“受体”的概念。这些受体的发现奠定了生物体系调控作用中分子识别的物质基础。

化学与生物学第二次融合的特点是大多研究小分子对生物大分子的作用，这很符合药物化学的研究思路。因此，这一阶段取得的标志性重大成就集中在医药领域。例如，1998年的诺贝尔生理学或医学奖表彰的硝酸甘油作用机理研究工作，就是一氧化氮与生物大分子的作用模型。这一特点也给早期的化学生物学概念打上了“药学”标记，直到今天，大多数人还是将“化学生物学”与“药学”相关联。

1.2.3 第三次融合——化学生物学

在化学与生物学第二次融合催生化学生物学这个新的前沿交叉学科的时候，分子以上层次的化学概念尚未明确。因此，第二次融合只是意味着找到了一种研究解决生命问题的研究方法，开辟了一个新的研究领域。当分子以上层次化学成为化学研究的重要内容和紧迫任务后，人们期待以细胞为研究对象来更好、更快地揭示化学的规律，这需要化学与生物学的融合有一个新的面貌，有一种新的融合理念与融合方式。因此，人们开始期待化学与生物学的第三次融合。

第三次融合，不仅要研究解决生命问题，更重要或者说更主要的是要解决分子以上层次的化学问题。化学家与生物学家共同努力，基于化学的、生物学的研究成果，用化学的、生物学的研究手段和方法揭示分子，特别是生物分子之间的作用规律，揭示生命的本质。

在这一阶段，化学家结合传统的天然产物化学、生物有机化学、生物无机化学、生物化学、药物化学、晶体化学、波谱学和计算机化学等学科的部分研究方法，拓宽研究领域，将学习更多的生物学知识，熟悉和应用基因表达和蛋白质工程等重要生物技术为研究复杂的超分子体系提供机会，从而促进化学学科本身的发展。

在这一阶段，生物化学家更关心化学学科向生物学的渗透，以发展的眼光看待和应用作为中心学科的化学，在研究解决感兴趣的生物学问题的同时，促进化学的发展。

化学与生物学的第三次融合将不再局限于研究小分子与生物大分子间相互作用，它将涉及生命系统内各种分子、分子聚集体自身和相互之间的作用，以研究解决分子以上层次化学问题为基本任务，以探讨生命的本质为目标。这次融合所建立并赖以发展的学科领域就是化学生物学，相比第二次融合的概念，被看做是广泛意义的化学生物学。

1.3 化学生物学

1.3.1 化学生物学的定义

目前，化学生物学已变成一个非常流行的名词，有机化学家、生物化学家、分子生物学家和细胞生物学家都在讨论它。化学生物学是一个新的、定义不太明确的特定学科领域，它与分子生物学、生物化学之间存在着差别。化学生物学这个名词对于不同的人有不同的含义。因此，对化学生物学进行准确的定义是非常重要的，但要获得统一的定义也是非常困难的。

由于缺乏宣传，这些年来，许多化学、生物及药物学学科，尤其是一些非相关学科的教师、学生对化学生物学的内涵有很多误解，通常认为化学生物学就是化学学科建立的生物化学学科，是生物化学学科的另一种说法，导致人们对化学生物学学科的建立很不理解。即使是化学学科的一些教师和学生也不理解，通常认为化学学科原有的生物无机化学、生物有机化学、生物分析化学、天然产物化学等内容的加和就是化学生物学的内容。

1. 狭义概念——小分子与生物大分子相互作用

美国加利福尼亚大学药学院网站对化学生物学的定义为“composition, structure, properties, and interactions of chemicals within living organisms”，这个定义比较简单、明确，可以被不同学科的人员理解，也与生物化学的定义有明显的区别，同时从“chemical biology”字面上也比较容易理解。

基于化学与生物学第二次融合而提出的化学生物学概念，具有化学与生物学复合或交叉的含义，但更明显的还是倾向于对药学作用模式的描述，即**化学生物学是研究小分子与生物大分子相互作用及其作用规律的学科**，这通常被视为狭义的概念。其核心内容是如何利用化学合成的现代技术、化合物分离手段和化学分子结构解析技术获得各种各样的化学物质，以及这些化学物质如何与生物大分子、细胞相互作用及分子识别。这里所说的小分子，包括天然存在以及人工合成的无机分子、无机离子、有机分子、有机高分子、有机中间体等。无机物除前述的 NO、NH_3等外，更多的是 Ca^{2+}、Na^+、Zn^{2+}等离子，有机分子、有机中间体主要是药物分子、自由基等。大分子包括蛋白质、核酸、酶、脂质、膜等。

2. 广义概念——生物体系中的分子间相互作用

基于化学与生物学第三次融合而确立的化学生物学概念，具有明确的分子以上层次化学的含义，即**化学生物学是一门在生命科学领域，用化学和生物学的方法研究分子及分子聚集体之间相互作用及其作用规律的学科**。这一广义的概念不仅规范了学科的领域范围，提出了学科的基本问题，也标明了化学有待完善和发展的事实，更容易为人们接受。其中，用“生物学的方法”研究解决涉及化学的问题，寓意着基础学科与较高级学科之间的新型合作关系，将成为学科发展的一大动力。

1.3.2　化学生物学的研究内容

化学生物学是一个研究内容非常丰富、范围非常广泛的新兴领域，而且化学家、生物学家以及药学家对化学生物学的内涵有着不同的理解。因此，要对此作一个系统、完整的介绍是十分困难的。

从研究领域的角度看，化学生物学包括蛋白质组学和基因组学、分析技术、生物无机化学、生物有机化学、组合化学、生物高分子、生物催化与生物转化、作用机制、模拟体系和下一代疗法等。

从解决问题的角度看，化学生物学应包括以下几个方面。

1. 揭示生命本质

在人类认识生命的本质时，曾经有过几次大的观念上的变革。这些变革往往涉及一个基本的哲学争辩。生命力论认为生物体具有“上帝”赋予的特殊能力，制造有机化合物以及开动生命机器。有机合成化学打破生命力论之后，出现了一个辉煌的合成化学时代，人们认为，一切“上帝”造出来的物质都可以由无生命的物质制造出来，而“上帝”造不出来的物质也可以人工制造出来。从分子水平研究生命本质的结果进一步表明了这种能力，人们因而试图用化学反应来解释生命过程中的各种现象。然而，生物化学的发展证明，生命不能简单地还原为我们现在认识的化学反应的组合。

现在人们已经认识到，生命过程是有关化学反应的总和，但这个总和相比把所有反应加起来还多一点。虽然现在还不能说清到底多了一点什么，但可以预期，从分子间相互作用的角度，化学生物学必然会揭示出许多化学反应构成一个生物系统时所遵循的规律，必然能说明在生命体系中存在怎样的组织协同作用，怎样使反应物定位、反应定向、传质定向，怎样使反应介质有序，使体内反应比体外反应受控程度高、组织程度高、信息量高。

2. 揭示分子间相互作用规律

生物分子间的相互作用是生命过程中最基本的问题。探索各种生命活性分子(如小分子、核酸、蛋白质)间的分子识别与相互作用是深入进行化学生物学研究的当务之急。从生物靶分子出发寻找高亲和性配体分子，研究活性小分子与靶分子相互作用，研究分子识别、调控机制，探讨生物智能信息的存取、变化机理，通过干扰/调节正常过程了解蛋白质的功能。通过这些手段，化学生物学在生命体系中研究小分子与生物大分子间的相互作用及作用规律，进一步研究分子、分子聚集体之间相互作用，以达到研究解决化学问题的目的。

3. 解决生物、医学问题

以生物、医学问题为目标，化学生物学的研究范畴大体可以分为两个方面：一是通过对生物机制，特别是对人类疾病发病机制的理解和操控，为医学研究提供严格的证据并使其发展成为有前景的诊断和治疗方法；二是通过分离和微型化的模拟手段，理解和探索生物医学科学中的一些特殊现象。前者比较注重应用前景，而后者对基础研究的贡献极为重要，涉及分子药理学、分子毒理学、生物化学、分子生物学、细胞生物学和微生物学等学科。

药物开发是化学生物学的强大动力。据统计，现有药物的分子靶标不超过 500 个。人类基因组序列的测定为药物开发提供了历史性机遇，它不但大大增加了潜在药物靶标的数量，而且对制药工业开发创新药的能力产生了直接影响。

生物分子探针为疾病诊断提供了保障。各种痕量、无损伤技术的应用，人体内各类物质间相互关系的揭示，使疾病诊断更快捷、更准确；特别是化学遗传学系统地探测生命过程的机制，通过功能基因组学的研究，为保证人类的健康发展提供了有力的工具。

4. 优化生态环境

化学生物学通过对生物体内物质相互作用规律的认识，可指导农药选择、化肥换代、环境治理、饲料复配等众多应用领域的工作，对改善人类生活、优化生态环境有着非常重要的意义。

1.3.3 如何学习化学生物学

简单地说，学生在本科阶段学习化学生物学，一定要努力获得完整的化学知识与技能，掌握足够的生物学知识与技能。所谓足够的生物学知识，是指至少要在细胞相关层次达到生物学专业学生应有的学识水平。

第 2 章　生命的物质基础

地球上的生命千姿百态，就多样性而言，有 3000 万～5000 万物种，这还不包括基因的多样性和生态系统的多样性。不过，从生命的物质角度看，生命并非那么复杂：作为生命的基本单位，各种细胞都具有大致相同的结构与组成；其生存都需要大致相同的环境。

2.1　细　胞

细胞是生命活动的基本单位。这一定义包括至少 4 个基本内容：细胞是构成有机体的基本单位；细胞是代谢与功能的基本单位；细胞是有机体生长与发育的基础；细胞是遗传的基本单位，具有遗传的全能性。

从化学的角度理解细胞及细胞器的含义，我们认为，细胞是生命体内实现化学反应及对其进行调控的一个层次，是一成分及性质处于动态稳定的空间。

2.1.1　细胞的基本共性

组成细胞的基本元素有碳(C)、氢(H)、氧(O)、氮(N)、磷(P)、硫(S)、钙(Ca)、钾(K)、铁(Fe)、钠(Na)、氯(Cl)与镁(Mg)等，它们构成细胞结构与功能所需的许多化合物。

最基础的生物小分子有核苷酸、氨基酸、脂肪酸与单糖，它们又分别构成核酸、蛋白质、脂类与多糖类等重要的生物大分子。这些生物大分子能以复合分子(如核蛋白、脂蛋白、糖蛋白和糖脂等)形式组成细胞的基本结构体系。例如，脂蛋白构成含有磷脂双分子层和镶嵌蛋白质的生物膜体系，核酸与蛋白质分子构成遗传信息的复制与表达体系，这两大体系是构建任何类型细胞所必需的基本结构体系。

构成各种生物机体的细胞种类繁多，形态结构与功能各异，其多样性无法计算，但作为生命活动基本单位的所有细胞却又有共同的基本点：

(1) 所有的细胞表面均有由磷脂双分子层与镶嵌蛋白质构成的生物膜，即细胞膜。细胞膜使细胞的内环境与周围环境保持相对的独立性，并与周围环境进行物质交换、能量转换和信号传递。

(2) 所有的细胞都有两种核酸，即 DNA 与 RNA 作为遗传信息复制与转录的载体。

(3) 蛋白质合成的机器——核糖体，毫无例外地存在于一切细胞内，是任何细胞不可缺少的基本结构。

(4) 所有细胞增殖时都以一分为二的方式进行分裂。

2.1.2　病毒及其与细胞的关系

病毒是非细胞形态的生命体，是迄今发现的最小最简单的有机体，绝大多数病毒必须在电子显微镜下才能看到。但所有的病毒必须在细胞内才能表现出它们的基本生命活动。病毒与细胞相互关系的研究，尤其是以病毒为“探针”或以病毒基因组作为外源基因研究病毒与细胞的相互关系，是当前化学生物学的主要研究领域之一，不仅具有重要的理论意义，而且也是重大的医学实践问题。病毒癌基因致细胞癌变过程的研究也曾经是最吸引人的课题之一。

1. 病毒的基本知识

病毒主要是由一个核酸分子(DNA 或 RNA)与蛋白质构成的核酸-蛋白质复合体。类似病毒的更简单的生命体——类病毒，仅由一个有感染性的 RNA 构成。20 世纪 80 年代还发现了一种称为阮病毒的更简单的生命体，仅由有感染性的蛋白质构成，但目前对它的生命活动还知之甚少，至少它不能算是独立生命体。病毒虽然具备了生命活动的最基本特征(复制与遗传)，但不具备细胞的形态结构，是不“完全”的生命体，因此它们的主要生命活动必须在宿主细胞内才能表现。病毒自身没有独立的代谢与能量转化系统，必须利用宿主细胞的结构、“原料”、能量与酶系统进行增殖，因此病毒是彻底的寄生物。病毒的增殖过程主要是以病毒的核酸为模板进行复制、转录，并译制病毒的蛋白质，由这些物质装配成新的子代病毒，因此一般把病毒的增殖称为复制。

病毒的成分和结构较为简单，很多病毒仅由核酸和蛋白质组成，但也有不少病毒还含有一定量的脂类物质、糖复合物和聚胺类化合物，每个病毒仅含有一种核酸分子，即 DNA 分子或 RNA 分子，这是病毒的最基本特点之一，也是与细胞最根本的区别之一。根据核酸类型的不同，病毒可分为 DNA 病毒和 RNA 病毒两大类。在功能上，核酸是病毒最重要的成分。蛋白质在病毒中所占比例很大，它们主要构成病毒的衣壳，少数病毒还带有酶蛋白与糖蛋白。衣壳与核酸构成病毒的核壳体，而衣壳又由更小的形态单位——子粒所构成。病毒的衣壳有保护核酸的作用，同时衣壳蛋白也决定病毒的主要抗原性。有些病毒在核壳体之外还有囊膜，在囊膜表面具有囊膜小体，主要成分为糖蛋白类，有“识别”的功能，并具有一定的抗原性。这些有囊膜的病毒对有机溶剂都很敏感，在有机溶剂作用下易灭活。应该指出，病毒的囊膜与细胞膜在结构和功能上都有很大差异。

2. 病毒在细胞内的增殖

病毒的增殖又称病毒的复制，与细胞一分为二的增殖方式是完全不一样的。病毒的复制必须在宿主细胞内进行，这个过程是病毒生命活动与遗传性的具体表现。病毒的增殖过程有三个阶段。

1) 病毒侵入细胞，病毒核酸的侵染

由于病毒与细胞表面的相互物理作用，病毒能随机地吸附在细胞表面。病毒能否侵染细胞，首先取决于病毒表面的识别结构与敏感细胞表面的受体能否互补结合，即能否发生特异性的吸附。多数动物病毒进入细胞的主要方式是细胞以“主动吞饮”作用使病毒进入细胞。但有些有囊膜的病毒，以其囊膜与细胞膜融合的方式进入细胞。

动植物病毒进入细胞后，在细胞的蛋白水解酶作用下，衣壳被裂解，释放出核酸。RNA 病毒的核酸是在细胞质中进行复制与转录的，而多数 DNA 病毒的核酸进入细胞核内进行复制与转录。

有很多病毒的核酸本身就具有侵染性，它们可以直接侵入细胞，并复制出完整的病毒。自身不带酶的核酸一般均具有侵染性。

2) 病毒核酸的复制、转录与蛋白质的合成

病毒核酸的类型可以分为 4 种：双链 DNA 病毒、单链 DNA 病毒、双链 RNA 病毒、单链 RNA 病毒，其中单链 RNA 病毒又可分为侵染性 RNA 病毒、非侵染性 RNA 病毒和带有反转录酶的单链 RNA 病毒(肿瘤病毒)，共有 6 种核酸类型，它们的复制方式与过程显然是不相同的，并且比较复杂，在此不再赘述。

3) 病毒的装配、成熟与释放

病毒的核酸与蛋白质在宿主细胞内分别合成，两者装配成核壳体。无囊膜的立体对称型病毒，当其核酸与蛋白质装配成核壳体时，就成为具有感染性的完整病毒粒子，对这些病毒来说，装配就是成熟。有囊膜的

病毒，其核酸与衣壳蛋白装配成核壳体后穿过细胞膜释放时，核壳体外包的一层细胞膜成为病毒的囊膜，因此囊膜实际上是特化的细胞膜。

许多无囊膜的病毒，如腺病毒、小 RNA 病毒、小 DNA 病毒等，释放的速度很快，且释放时引起了细胞的崩解。有囊膜的病毒以出芽的方式逐步释放，这是细胞膜外卸的一种方式。

从病毒侵入细胞到子代病毒的成熟释放这一过程称为一个增殖周期(或复制周期)，对不同的病毒，其增殖周期长短不一，小 RNA 病毒仅为两个多小时，疱疹病毒为 10～15 h，腺病毒为 14～25 h。每个细胞内能复制装配的病毒数量依病毒不同而有差别。根据电子显微镜观察统计，小 RNA 病毒、小 DNA 病毒与腺病毒在每个宿主细胞内能复制装配数以万计的病毒，疱疹病毒与黏液病毒在每个宿主细胞内只能复制数千个病毒，而痘病毒则更少。当然应该指出，并不是每个病毒都具有感染性。

2.1.3　细胞的空间尺寸

细胞虽然种类繁多，但仅可分为原核细胞与真核细胞两大类。顾名思义，原核细胞没有典型的核结构，原核生物由原核细胞构成，且几乎都由单个细胞构成；真核细胞则是以生物膜的进一步分化为基础，使细胞内部构建成许多更为精细的具有专门功能的结构单位，真核生物可以分为多细胞真核生物与单细胞真核生物。

1. 原核细胞——纳米尺寸的物质

原核细胞没有典型的细胞核，即没有核膜将其遗传物质与细胞质绝对分开。原核细胞的基本特点，一是遗传的信息量小，遗传信息载体仅为一个环状 DNA；二是细胞内没有以膜为基础的具有专门结构与功能的细胞器与核膜。因此，原核细胞的体积一般很小，直径为 0.2～10 μm 不等，且进化地位显然比较原始，在 30 亿～35 亿年前就已出现在地球上了。原核生物在地球上的分布广度与对生态环境的适应性比真核生物大得多。

1) 支原体——最小最简单的细胞

支原体是目前发现的最小最简单的细胞，虽然它们是极为简单的生命体，但已具备了细胞的基本形态结构(图 2-1)，并具有作为生命活动基本单位存在的主要特征。支原体能在培养基上生长，具有典型的细胞膜，且有一个环状的双螺旋 DNA 作为遗传信息量不大的载体，其 mRNA 与核糖体结合为聚核糖体，指导合成 700 多种蛋白质，这可能是细胞生存所必需的最低数量的蛋白质。支原体以一分为二的方式分裂繁殖。以上这些特征与非细胞形态的生命体——病毒是根本不同的。支原体的体积很小，直径一般为 0.1～0.3 μm，仅为细菌的 1/10，很多支原体能寄生在细胞内并繁殖。最早发现的支原体为拟胸膜肺炎病原体(PPLO)，后来又从动物、人体、污染的环境中分离出很多支原体。

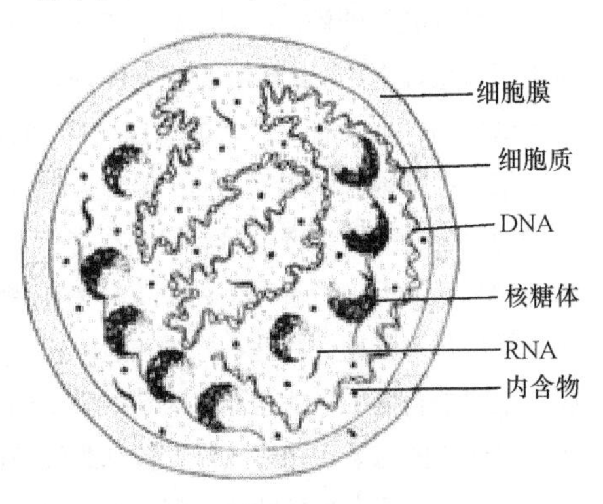

图 2-1　支原体模式图

至今还没有发现比支原体更小更简单的细胞，与它们的体积和结构近似的是立克次体与衣原体，但立克次体与衣原体不能在培养基上生长。

支原体的基本结构与机能已简单到极限，以致人们不禁要问，这样微小、简单的细胞是否具有完善的分子装置？能否和其他细胞一样进行全部必要的生命化学过程？细胞独立生存所需要的空间(细胞体积)

的最小极限应是多大？为什么说支原体是最小最简单的细胞？

一个细胞生存与增殖必须具备的结构装置与机能是：细胞膜、遗传信息载体DNA与RNA、进行蛋白质合成的一定数量的核糖体以及催化主要酶促反应所需要的酶，这些在支原体细胞内已基本具备。根据保证一个细胞生命活动运转所必需的条件，估计完成细胞功能至少需要100 种酶，这些分子进行酶促反应所必须占有的空间直径约为 50 nm，加上核糖体(每个核糖体直径为 10～20 nm)、细胞膜与核酸等，可以推算出来，一个细胞体积的最小极限直径不可能小于 100 nm，而现在发现的最小支原体细胞的直径已接近这个极限。因此，作为比支原体更小更简单的细胞，又要维持细胞生命活动的基本要求，似乎是不可能存在的，所以说支原体是最小最简单的细胞。

2) 细菌

细菌(图 2-2)是一类在自然界分布最广、个体数量最多、与人类关系极为密切的有机体，在大自然物质循环过程中处于极重要的地位。我们一直都认为细菌绝大部分是致病根源，其实细菌的种类中有 70%对人类是无害的。

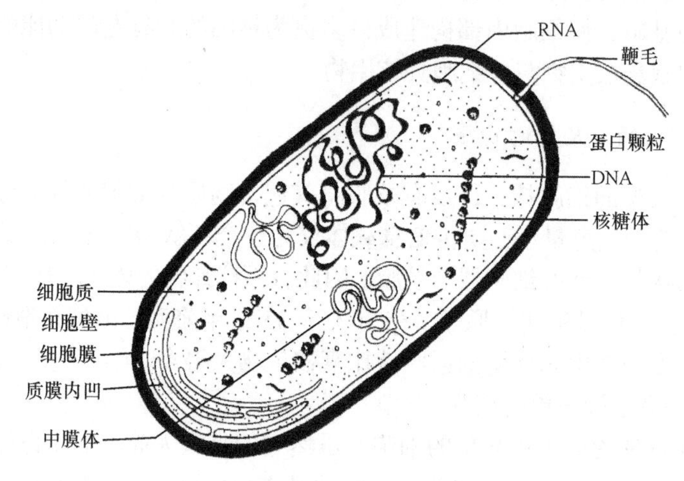

图 2-2　细菌模式图

细菌一般有 3 种形态：球状、杆状和螺旋状。绝大多数细菌的直径大小为 0.5～5.0 μm，当然还有极少的巨型细菌。

细菌细胞没有典型的细胞核结构，只有一个核区，这就是我们为什么称之为“原核生物”。在光学显微镜下，核区经特殊染色可以呈现为各种形状，与真核细胞不同的是没有强的福尔根(Feulgen)正反应。在高分辨电子显微镜下，可以看到核区是 DNA 分子形成的丝状结构。细菌 DNA 的空间构建十分精巧，在不到 1 μm^3 的核区空间内折叠着长达 1200～1400 μm 的环状 DNA，其所含的遗传信息量足够编码 2000～3000 种蛋白质。

细菌的细胞膜是细胞表面的最重要结构。细胞膜又称质膜或原生质膜，是包围细菌原生质的典型生物膜，由磷脂双分子层与镶嵌蛋白质构成富有弹性的半透性膜。细胞膜由于处在水溶液环境中，亲水基团向外，疏水基团相互靠近。膜厚为 8～10 nm，外侧紧贴细胞壁。细胞膜的主要功能是选择性地交换物质：吸收营养物质，排出代谢废物，并且有分泌和运输蛋白质的作用。细菌细胞膜含有丰富的酶系，执行许多重要的代谢功能。细菌细胞膜的多功能性是区别于其他细胞膜的一个十分显著的特点，如细菌细胞膜内侧含有电子传递与氧化磷酸化的酶系，能够执行真核细胞线粒体的部分功能。细菌细胞膜内侧附着有一些酶与核糖体共同执行合成向外分泌蛋白质的功能，还有细胞色素酶与合成细胞壁成分的酶，使人们很容易推测细菌细胞膜具有相当于真核细胞内质网与高尔基体的部分功能。细菌细胞膜外侧有受体蛋白和酶，因此细菌细胞的识别问题也是近年发展起来的研究课题。

细菌的细胞壁是位于细胞膜外的一层较厚、较坚韧并略具弹性的结构。所有细菌的细胞壁都具有的共同成分是肽聚糖，肽聚糖是由乙酰氨基葡萄糖、乙酰胞壁酸与四五个氨基酸短肽聚合而成的多层网状大分子结构。革兰氏阳性菌与阴性菌的细胞壁成分和结构差异很明显，这是细菌呈革兰氏阳性反应与阴性反应的重要原因。革兰氏阳性菌细胞壁厚为 20～80 nm，层次不清楚，含高达 90%的壁酸；革兰氏阴性菌细胞壁厚约 10 nm，层次较分明，壁酸含量仅占 5%，但阴性菌细胞壁的其他成分却比阳性菌复杂。

3) 蓝藻细胞

蓝藻(图 2-3)是原核生物，又称蓝细菌。它能进行与高等植物类似的光合作用(以水为电子供体，放出 O_2)，有十分简单的光合作用结构装置。蓝藻细胞遗传信息载体与其他原核细胞一样，是一个环状 DNA 分子，但遗传信息量很大，可与高等植物相比。蓝藻细胞的体积比其他原核细胞大得多，直径一般在 10 pm 左右，甚至可达 70 pm。蓝藻应属单细胞生物，但有些蓝藻经常以丝状的细胞群体存在，中国人食用的“发菜”就是蓝藻的丝状体。蓝藻细胞内含有丰富的色素，如藻蓝素与叶绿素，使细胞呈绿色。有些种类的蓝藻还含有黄色色素、红色色素，随细胞内各种色素含量不同，细胞也呈现各种颜色，虽然都属于蓝藻，但不一定是蓝绿色。

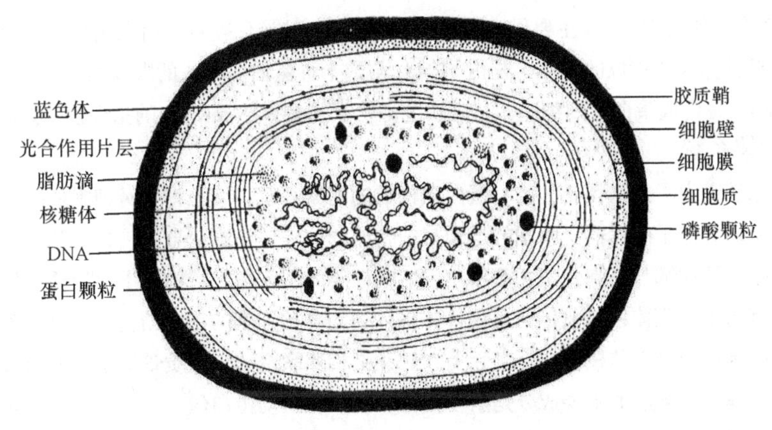

图 2-3　蓝藻模式图

现在有一种看法认为细菌与线粒体、蓝藻与叶绿体同源，如《细胞生命的礼赞》的作者托马斯将线粒体和叶绿体看作与高等动植物共生的原生生物，他认为线粒体是“我们体内安稳的、负责的寓客”。

2. 真核细胞的基本结构体系

真核细胞虽然结构复杂，但可以在亚显微结构水平上划分为 3 大基本结构体系：①以脂质及蛋白质成分为基础的膜系统结构；②以核酸(DNA 或 RNA)-蛋白质为主要成分的遗传信息表达系统结构；③由特异蛋白质分子构成的细胞骨架系统。这些由生物高分子构成的基本结构均在 5～20 nm 的较为稳定的范围之内。这 3 种基本结构体系构成了细胞内部结构精密、分工明确、职能专一的各种细胞器，并以此为基础从而保证了细胞生命活动具有高度程序化与高度自控性。

1) 生物膜系统

以细胞的生物膜系统为基础形成了各种独立的、重要的细胞器，而膜的厚度基本为 8～10 nm。构成各种细胞器的膜的功能均有一定的共性，即保证物质交换与运输、信息与能量的传递和化学反应的进行。生物体内绝大多数酶定位在膜上，绝大部分生化反应在膜的表面进行。

细胞表面是指细胞质膜及其相关结构，其主要功能是进行选择性的物质交换，并有能量转换、识别、运动、附着和对外界信号的接收与放大等作用。细胞内部由双层核膜将细胞分成两大结构与功能区域——细胞质与细胞核，绝大多数细胞的核与质的体积有一定的比例关系。在细胞质内以膜的分化为基础形成很多重要的细胞器：线粒体与叶绿体主要供应细胞生命活动所需要的能量，它们均为双膜封闭结构，称为产能细胞器；内质网是生物分子合成的基地，脂类、糖类和很多蛋白质分子是在内质网表面合成的；高尔基体是合成物加工、包装与运输的细胞器；溶酶体是细胞的内消化系统。以上这些细胞器都是由生物膜构建成的封闭结构。

2) 遗传信息表达结构系统

由 DNA-蛋白质与 RNA-蛋白质复合体形成的遗传信息载体与表达系统，一般是以颗粒状与纤维状的基础结构(直径为 10～20 nm)构建成的，执行细胞的遗传信息储存与复制、核酸转录与蛋白质翻译的体系。

染色质由 DNA 与蛋白质(主要是组蛋白和少量酸性蛋白质)构成，DNA 复制与 RNA 转录都在染色质上进行。首先由 DNA 与组蛋白构成了染色质与染色体的基本结构——核小体(nucleosome)，它们的直径约为 10 nm，然后由核小体盘绕、折叠成螺旋化程度不同的异染色质与常染色质，在细胞分裂阶段又进一步包装而形成染色体。

核仁主要是由 RNA-蛋白质与 DNA-蛋白质组成，核仁分为丝状区与颗粒区两部分，丝状区包含大量直径为 5～10 nm 的纤维与颗粒，纤维盘绕成核仁丝。纤维主要是 RNA-蛋白质丝，其中也可检出 DNA-蛋白质丝(称为核仁染色质)。核仁内 DNA 主要作为转录 rRNA 的模板，核仁颗粒区由大量直径为 15～22 nm 的颗粒组成，实际上是核糖体大亚单位的前体，是由 rRNA 与数十种蛋白质构成的颗粒结构，其沉降系数为 80 S，直径为 15～25 nm，是合成蛋白质的细胞器，其功能是将氨基酸根据 mRNA 的指令按一定序列合成肽链。

3) 细胞骨架系统

细胞的骨架系统是由一系列特异的结构蛋白质构成的网架系统，细胞骨架对细胞形态与内部结构的排布起支架作用，细胞内大分子的运输、细胞的运动与细胞器的位移、细胞信息的传递、基因表达、细胞的分裂与分化等重要的生命活动都与细胞骨架关系密切。细胞骨架体系在细胞结构与生命活动中具有全方位的意义，因此我们认为将其与生物膜体系与遗传信息表达体系并列为真核细胞的三大结构体系是合理的。

细胞骨架可分为胞质骨架与核骨架，实际上它们又是相互联系的。胞质骨架是主要由微丝、微管与中等纤维等构成的网络体系。微丝的主要成分是肌动蛋白，故又称肌动蛋白丝，直径为 5～7 nm，它的主要功能可能是信号传递与运动。微管的主要成分是微管蛋白，微管的直径为 24 nm，其主要功能是对细胞结构起支架作用，能对大分子与颗粒结构起运输的作用。中等纤维成分比较复杂，可分为多种类型，其蛋白质成分的表达与细胞分化关系极为密切。中等纤维的直径为 10 nm，目前对中等纤维的功能还知之甚少。核骨架的研究在近十年内才有较快的发展，广义的核骨架应包括核纤层与核基质两个部分。核纤层的成分是核纤层蛋白，核基质的蛋白质成分则颇为复杂；现已发现，核骨架与基因表达、染色质构建和排布有关。

总体来说，真核细胞内有一个比较复杂的骨架系统，对维持细胞的形态结构以及细胞内部的一系列功能起着非常重要的作用，而在原核细胞内至今没有发现明显的骨架系统。

3. 生命现象与纳米空间

从上述 3 种真核细胞内基本结构体系的分析，我们可以在亚显微尺度上找到一个基本共同点：尽管真核细胞的体积比原核细胞大得多，但无论是真核细胞生物膜的厚度、遗传信息表达体系颗粒与纤维结构的大小，还是骨架纤维的直径，都是在 5～20 nm 的尺度范围。

为什么构成细胞基本结构体系的基础生物大分子的聚合体，如脂质与蛋白质分子复合体、核酸-蛋白质分子的复合体或蛋白分子复合体的大小尺度都是在一个特定的范围?早在 20 世纪 50 年代末，苏联著名科学家弗兰克就曾说过：生命的奥妙可能隐藏在 5～50 nm 的大分子复合体中。随着生物结构的研究由亚显微水平到分子水平各层次的深入，越来越多的证据表明，弗兰克的推测是合理的，对生命科学研究具有重大意义。

我们已经知道，作为最小最简单的生命体，支原体直径约为 100 nm，也有研究报道存在 50 nm 大小的生命体。可以推测，从进化的角度看，生命的最初形态应该是纳米尺寸的物质，或者说，生命现象与纳米尺寸物质的性质有很大关系。

目前，作为自然科学的热点之一，纳米科技方兴未艾，最吸引科技工作者眼球的，当属纳米物质独特的性质。纳米粒子也称超微颗粒，一般是指尺寸为 1～100 nm 的粒子，处在原子簇和宏观物体交界的过渡区域，从通常的关于微观和宏观的观点看，这样的系统既非典型的微观系统也非典型的宏观系统，是一种典型的介观系统，它具有表面效应、小尺寸效应和宏观量子隧道效应。当人们将宏观物体细分成超微颗粒(纳米级)后，它将显示出许多奇异的特性，即它的光学、热学、电学、磁学、力学以及化学方面的性质与大块固体相比将会有显著的不同。

纳米空间，是物质运动波粒二象性均十分显著的空间，是物质位置与动量同时测得准又测不准的地带，是既要用牛顿力学又要用量子力学研究其运动规律的领域，也是隐藏生命奥秘的场所。

2.1.4　各类细胞的大小、形态结构与功能的分析

1. 细胞的大小及其分析

各类细胞直径的大小大致有个范围(表 2-1)。按细胞平均直径的粗略计算，支原体细胞比最小的病毒大 10 倍，细菌细胞比支原体大 10 倍，而多数动植物细胞又比细菌大 10 多倍，一些原生动物细胞又比一般动植物细胞大 10 倍，当然有很多例外。

表 2-1　各类细胞直径的比较

细胞类型	直径/μm
最小的病毒	0.02
支原体细胞	0.1～0.3
细菌细胞	1～2
动植物细胞	20～30(10～50)
原生动物细胞	数百

高等动植物组织的细胞大小多数处于一个很狭窄的范围，其直径为 20～30 μm(幅度为 10～100 μm)。当然也有很多例外，如卵细胞就特别大，鸵鸟卵细胞直径 5 cm，鸡卵细胞 2～3 cm，人卵细胞 200 μm，有些神经细胞可长达 1 m，但其直径不会超过 10 μm，小型白细胞只有 3～4 μm，人的红细胞为 7 μm。

植物细胞在分裂以后，随着细胞的发育与分化，有一个明显的细胞体积增长过程，分生组织的细胞较小，分化的细胞较大。

分析高等动植物细胞的大小，可以发现这样的规律：无论其种的差异多大，同一器官与组织的细胞大小是在一个恒定的范围之内。因此，器官的大小主要取决于细胞的数量，与细胞的数量成正比，而与细胞的大小无关，这种关系有人称之为“细胞体积的守恒定律”。我们认为细胞体积的守恒规律可以与细胞是生命活动基本单位的概念联系起来理解。

我们在介绍最小的细胞——支原体细胞时曾谈到细胞体积的最小极限。那么细胞最大体积的极限与什么因素有关?细胞的体积受什么因素控制?我们认为可从 3 个方面来分析。

1) 细胞的相对表面积与体积的关系

细胞的体积与相对表面积成反比关系，细胞体积越大，其相对表面积就越小，细胞与周围环境交换物质的能力就越小。有些细胞为了增加表面积，就形成很多的细胞突起。卵细胞一般与外界交换物质较少，故表面积与体积的比例关系不受此规律的限制。

2) 细胞的核与质之间的比例关系

有一种较为普遍的现象，无论细胞体积大小相差多大，各种细胞核的大小悬殊却不大。我们知道，一个细胞核内所含的遗传信息量是有一定限度的，能控制细胞质的活动也是有限度的，因此一个核能控制细胞质的量也必有一定限度，细胞质的体积不能无限增大。在体积较大的原生动物细胞中出现大核与小核的分工，以及动物细胞的多核现象是否与缓冲核质比例有关呢?这是值得探讨的问题。

3) 细胞内物质的交流与细胞体积的关系

细胞内的物质从一端向另一端运输或扩散是有时间与空间关系的，假如细胞的体积很大，势必影响物质传递与交流的速度，细胞内部的生命活动就不能灵敏地调控与缓冲。原生动物细胞的体积大，但它可能通过伸缩泡等结构起调节细胞内环境的作用。

由于上述各种因素的影响，细胞作为生命活动的基本单位，其体积必然要适应其代谢活动的要求，应有一定的限度，因此数百微米直径的细胞应被认为是上限了。卵细胞之所以不受此限制，是因为早期胚胎发育是受储存在卵细胞质内的 mRNA 与功能蛋白质调控的，并利用预先储存在卵细胞质内的养料，所以在细胞质内储存了大量 mRNA、蛋白质与养料，同时卵细胞与周围环境交换物质很少，卵细胞的体积大主要是胞质扩增所致。

2. 细胞形态结构与功能的关系

细胞的形态结构与功能的相关性与一致性是很多细胞的共同特点，在分化程度较高的细胞更为明显，这是生物漫长进化过程的产物，从进化观点看有一定的合理性。

以哺乳动物的红细胞为例来分析一下。红细胞呈扁圆形，体积很小，是一种非常特化的细胞。哺乳动物的红细胞内无核，也无其他重要细胞器，一层细胞膜包着血红蛋白。这些特点都与红细胞交换 O_2 与 CO_2 的功能密切相关。红细胞体积小，呈圆形，非常有利于在血管内快速运行，体积小则相对表面积大，有利于提高气体交换效率。红细胞内的主要成分是血红蛋白，有助于结合更多的 O_2 与 CO_2。因此，红细胞的形态与结构装置与其交换气体的功能的关系是非常合理的。

雄性生殖细胞与雌性生殖细胞经过分化与发育形成非常特化的细胞，它们的结构装置几乎简化到只有利于完成受精过程与保证卵裂。精子除了携带一套完整的单倍基因组，即高度的浓缩核外，其他结构装置主要保证其运动与进入卵内。即后端具有能运动的鞭毛，前端具有有助于进入卵的顶体(类似大溶酶体)。卵细胞则相反，为了保证受精后卵裂与早期胚胎发育，它必须在胞质内预先储存大量的 mRNA、蛋白质与养料，致使细胞体积骤增，但其细胞核的体积并没有明显变化。

虽然以上叙述的是一些特化的动物细胞的结构与功能的关系，但绝大多数动物与植物细胞是遵循结构与功能相一致这一规律的。

3. 植物细胞与动物细胞的比较

构成动物与植物机体的细胞均有基本相同的结构体系与功能体系。很多重要的细胞器与细胞结构，如细胞膜、核膜、染色质、核仁、线粒体、高尔基体、内质网与核糖体、微管与微丝等，在不同细胞中不仅其形态结构与成分相同，功能也相同。

近年在植物细胞(图 2-4)内也发现了类似动物细胞的中等纤维与溶酶体的结构，植物细胞的圆球体与糊粉粒具有类似溶酶体的功能。但植物细胞也有一些特有结构与细胞器是动物细胞所没有的，如细胞壁、液泡、叶绿体及其他质体。植物细胞在有丝分裂以后，普遍有一个体积增大与成熟的过程，这一点比动物细胞表现明显。在这一过程中，细胞的结构要经历一个发育的阶段，如细胞壁的初生壁与次生壁的形成、液泡的形成与增大、有色体的发育等。也有一些动物细胞的结构，如中心粒，是植物细胞内不常见到的。植物细胞所特有的细胞器有以下 3 种。

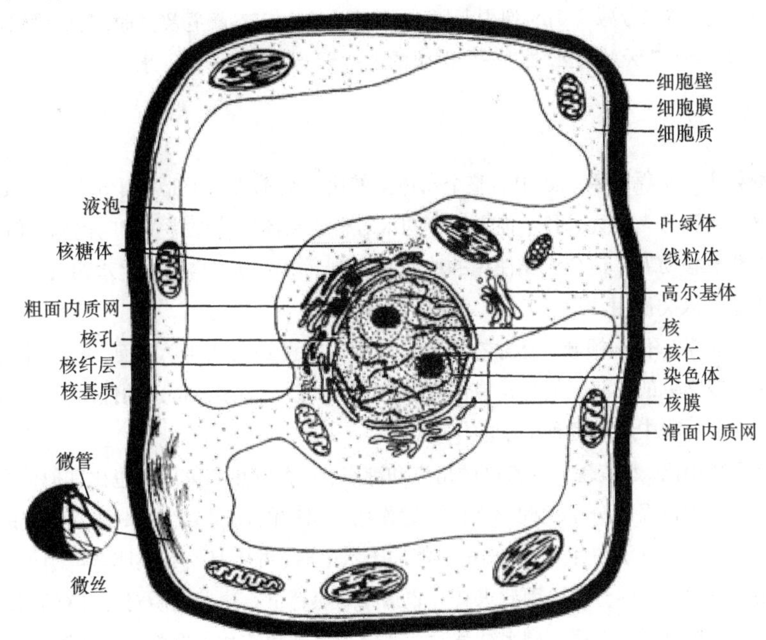

图 2-4　植物细胞模式图

1) 细胞壁

细胞壁是在细胞分裂过程中形成的，先在分裂细胞之间形成胞间层，主要成分是果胶质，再在胞间层之间形成有弹性的初生壁(1～3 μm)，有些细胞还形成坚硬的次生壁(5～10 μm)，细胞壁的主要成分是纤维素，还有果胶质、半纤维素和木质素等。植物细胞壁产生了地球上最多的天然聚合物：木材、纸和布的纤维。细胞壁的某些部位有间隙，原生质可以由此沟通，形成胞间连丝。

2) 液泡

液泡是植物细胞的代谢库，起调节细胞内环境的作用。它是由脂蛋白膜包围的封闭系统，内部是水溶液，溶有盐、糖和色素等物质，溶液的浓度可以达到很高的程度。液泡是随着细胞的生长，由小液泡合并、增大而成为大液泡。液泡的另一功能是可能具有压力渗透计的作用，使细胞保持膨胀的状态。

3) 叶绿体

叶绿体是植物细胞内最重要与最普遍的质体，它是进行光合作用的细胞器。叶绿体利用其叶绿素将光能转变为化学能，将 CO_2 与水转变为糖。叶绿体是世界上成本最低，创造物质财富最多的“生物工厂”。

2.2　生命体的物质组成

2.2.1　水

水是最重要且用途广泛的化合物，是动物及植物生命活动不可缺少的体内组织重要因素，没有水，生命是不能存在的。动物体中平均含有 70%的水，植物体中一般含有 40%～60%的水。人体平均含水 65%，其中血液约有 80%的水分。人体水分减少 10%便引起脱水，减少 20%～22%就危及生命。人如果只饮水可生存 20～30 天，但如果不饮水，5～7 天就会死亡。一个健康的人一天要摄取 2～5 kg 水。

1. 水的性质

地球上的水都处于一个循环系统之中。整个水体虽然决不会消失，但是由于蒸发、冷凝、降雨及流动，水可以从某个位置移动到另一位置。各个地方储存的水对整个水体尽管保持一定的比例，但是在该循环系统内，水却在连续不断地移动着。适合人类使用的地面水和地下水不过占全地球上水的 1%。相反，含盐的海水占 97%以上，不适合人类使用。

水，无论是在物理学、化学领域，还是在生物学角度，甚至是在社会学层面，都是非常有意义的物质。虽然我们认为水是一般常见的东西，但与其他化合物相比，水具有很多极特殊的性质。正是由于水有这种特殊性质，所以它在生命过程中起着各种复杂的作用。

与其他类似化合物相比，水表现出异常高的熔点和沸点，其熔解热和蒸发热也比其他化合物的值大得多。这要归结于水分子的极性以及水分子之间存在的氢键作用。氢键的强度虽然较一般共价键的结合力小得多，但是其影响却充分地反映到分子的性质中。当把热能加于水中时，并不是所有热能全都用于分子动能的增加，其中一部分同时用于氢键偶合的分离，因此水具有非常高的热容量。这种性质对环境有很大影响，即水对缓和周围土地温度变化承担重要的作用。湖水结冰时，冰分子呈规则的六角形构造，这就是由于氢键偶合所起的作用。美国北卡罗来纳大学的化学家罗杰米勒教授曾制成了世界最小的冰块，这些冰块只由 6 个水分子组成，呈六边形环状。

大多数固体比液体的密度高，但是水的情况却不同。因为冰的晶体构造含有很大的空间部分，所以 0℃的冰较 0℃的液体水的密度小。因该结晶构造排列是 4℃以下才出现的，所以水的冰点虽然是 0℃，但是水的密度却在 4℃为最大。如果冰不浮在温暖的水上而沉下，那么世界又将会变成什么样呢?如果冰不具有这样的特异性，那么冬天在冰层下生存的鱼群或许将成为最初的牺牲者吧。

2. 作为溶剂的水

水可以称为“万能的溶剂”，这是因为水很容易溶解极性物质或离子键型物质。在这种情况下，溶解度取决于两种吸引力的相对强度。如果对于极性的水分子的引力较离子间的引力强，则该物质容易溶解成水溶液。例如，将氯化钠的结晶加入水中时，则被水分子所吸引而分离成离子，因此很多离子型化合物在水中都具有很大的溶解度。

水与其他极性物质间的吸引力不仅能分离开静电结合，而且也有引起化学反应的情况。例如，把气相 HCl 加入水中时，则反应生成盐酸水溶液。

水与极性物质形成溶液的性质在生物体系中是非常重要的。一般认为人体的 70%～75%是由水组成的，水起着输送营养、排出排泄物的重要作用。在生物体系中的主要有机化合物都含有 C—O 及 N—H 的原子团，这些原子团适合形成氢键偶合，正是由于水与这些物质的相互作用才起到了物质输送作用。

不幸的是，水的这种能溶解很多物质的性质也给环境带来很大的影响。水渠由于溶解很多物质形成溶液而成为污染源，不溶解的物质则悬浮在水面，随水流动。在大气中也是如此，污染物质一旦溶于水中即形成新的化学形态，给其分析和去除造成非常大的困难。

作为水的新形式“聚合水”，在 1968～1971 年引起很多议论，成为研究的对象。这种新水是由于苏联化学家的报告才显露头角的。报告说水蒸气在毛细管中变成密度很高的黏稠液体，并且在比普通水的凝固温度低得多的温度下，冻结成玻璃状的固体。另外，由于它不蒸发，因此可以认为水分子成为很大的聚合块而粘连在一起的。

现在不是把“聚合水”看成新的物质，而是理解为特殊情况的毛细管作用。毛细管具有使液体沿固体表面上升的作用，这是由于形成了氢键偶合，管内的水受管中自身的氢原子或氧原子吸引，逆重力而在管内上升。这种机制在血液循环或植物从根系摄取营养过程中都存在。在孤立的毛细管中，水的溶解力特别大，水蒸气把普通不溶解的离子由管壁萃出，并以它为核心而凝聚。这样，我们可以把“聚合水”看成是水和从玻璃表面萃取矿物质的一种复合溶液。

2.2.2　生命元素

生命不是超自然的，而是地壳物质的转化物，它们在与地壳物质不断新陈代谢交换中得以生存。例如，人类的健康与安宁取决于从环境中摄取的化学元素。这些元素经过多种地质作用成为对我们有用的东西,它们之中的绝大部分是依靠风化作用释放出来，并进入土壤和水体循环的元素。这些元素被当地植物吸收，最终又被当地的动物界摄取。当人们饮水或食用动植物之后，就会通过各种途径获取或接触这些最初被束缚在岩石中的元素。我们在这里说的生命元素，是指在生命过程中必不可少的元素，如碘、氟、硒、铬、钙和镁 (水硬度)等，与人、畜的地方病和心血管病有关；铜、铁、钴、锌、硒等与动物的生长发育以及疾病有关。当前，这方面的研究工作越来越被重视。

1. 人体与环境中的生命元素

人类今天所处的自然化学环境是经过长期演化而来的。地球上的主要元素是硅、碳、铁等。今天地球的大气主要成分是氮气和氧气，而原始大气主要成分是水蒸气、甲烷、氨、氮气、二氧化碳、硫化氢等，属还原性，没有游离的氧分子。氧气的出现与生物有关，特别与植物的光合作用有关。而生命的出现是与化学环境发展紧密相连的。

生命的出现需要一定的化学环境，而生物的演化过程也无时不与所生存的化学环境相联系、相适应。人类与环境间进行着不停顿的化学物质和能量的代谢过程。从人体的化学组成与环境化学组成之间的对比也可以看到它们的联系。表 2-2 列出了它们的主要化学组成。

表 2-2　环境和人体的主要化学组成(质量分数/%)

元素	环境					标准人体
	地壳	土壤	海水	大气	生命物质	
H	—	—	10.72		10.50	10.0
C	0.023	2.0	0.003		18.0	18.0
O	47.0	49.0	85.94	23.15	70.0	65.0

续表

元素	环境					标准人体
	地壳	土壤	海水	大气	生命物质	
N	0.0019	0.1		75.51	0.3	3.0
K	2.50	1.36	0.04		0.3	0.2
Na	2.50	0.63	1.077		0.002	0.65
Ca	2.96	0.37	0.04		0.5	1.5
Mg	1.87	0.63	0.13		0.04	0.05
S	0.047	0.05	0.09		0.05	0.25
P	0.093	0.08	1.94		0.07	1.0
Cl	0.0013	0.01			0.02	0.15
Si	29.00	33.0			0.2	
Al	8.05	7.13			0.005	0.001
Fe	4.65	3.8			0.01	0.0057
Ar				1.28		
合计	98.6966	99.26	99.980	99.94	99.997	99.8067

首先可以明显看到地壳与土壤之间，以及人体与整个生命物质之间在化学组成上是相似的，人体主要化学组成与海水也有相似之处，但与地壳和土壤的化学组成大不相同。近年来研究人血与地壳物质的化学组成，发现人血的化学元素组成不仅与海水成分相似，而且除去生物物质主要成分元素(H、C、O)和地壳物质主要成分元素(Si、Al)以外，其他元素的丰度分布在两者之间也有极大的相似性。据研究，在自然环境中的元素，几乎都能从人体中发现。人体活质结构的99%是由元素周期表前20种元素中的大部分丰量元素所组成。元素周期表中第48种以前的元素中有一半参与了生物的活动。其中有25种被认为是必需元素，即氧、碳、氢、氮、钾、钠、钙、镁、硫、磷、氯、铁、碘、铜、锌、锰、铝、钼、硒、铬、镍、锡、硅、氟和钒。前面11种在人体中含量比例很大，而镍、锡、硅、氟、钒是最近几年才被认为属于必需元素。再过一些年，很可能还要发现其他新的必需元素。上述元素包括了大部分非金属元素、碱金属、碱土金属和过渡金属元素。其中11种大量元素构成人体各细胞、组织、器官、体液和血液的主要成分，而且各有其特殊的生物学功能。必需微量元素在人体中虽然量极少，但它往往是维生素、激素和酶系统不可缺少的组分，担负着特定的生物学功能作用。

2. 生命元素的地域差异与阈值

可以说，生物与所处的化学环境基本上是相适应的。若某时某地，一旦生物(如人类)和环境不太适应，就容易发生地方病。地方病是环境中生命元素发生地域差异的结果。而引起这种差异的因素是多种多样的，一是化学元素本身的性质和内部结构；二是所在的外部自然环境条件和自然过程性质；三是社会生产类型和生活习惯与方式。在上述三种因素中第一类和第三类因素的影响相对较易估计，而第二类因素是彼此牵连、相互交错的，较难估计其影响。上述所有因素根据它们在地球表面所表现出来的分布规律可分为地带性和非地带性两类，如地质和人为因素等属于非地带性一类，掌握这一简单特点是我们研究生命元素地域差异规律的重要途径。地域差异对于因地制宜地评价污染和制定环境标准是有用的依据之一。

例如，若某区域内缺乏多种化学元素(Ca、K、P、Se、Cu、B、F、I、Co、Na等)，则农作物出现 Cu、K、P、Ca、B 缺乏症，牲畜出现 Co 缺乏症、地方性甲状腺肿和白肌病；人类也出现地方性甲状腺肿、佝偻病和龋齿。在某些森林、草原，各种化学元素含量充足，很少出现缺乏性地方病与中毒性地方病。又如，在某些干草原、半沙漠，Mo、Se、Na、Cl、B、Pb、Ni、F、NO_3^-、SO_4^{2-}等化学元素与离子积累，动物中出现钼中毒、硒中毒、硼肠炎、共济失调、氟中毒；居民中出现钼痛风、正铁血红蛋白血症等较常见的地方病。在山区，由于具有五花八门的地球化学特色，以缺 I、F 最普遍，但在矿区、矿泉和火山地区往往出现 I、F 过剩的现象，流行钼中毒、铅神经痛、硒中毒、氟中毒、镍性目盲等症。

生命元素的地域差异，即环境中化学元素的过多或缺乏，会直接影响它们在体内的含量，影响生命体的生命活动，甚至人体患病。环境化学元素的定量指标常采用阈值浓度，阈值浓度对于区域规划、对比评价环境质量的好坏，改造不利于人体健康的环境向有利于人类健康生存的良好环境发展，具有重要的参考意义。表 2-3 是土壤中地球化学元素的阈值浓度。

表 2-3　土壤中地球化学元素的阈值浓度(mg/kg)

元素	缺乏	正常	过多
钴	2～7	7～30	>30
铜	6～15	15～60	>60
锰	<400	400～3000	>3000
锌	<30	30～70	>70
钼	<1.5	1.5～4	>4
硼	3～6	6～30	>30
钡	—	600	600～1000
碘	2～5	5～40	>40

3. 一些重要的生命元素

在人体的总重量中，氧、氮、氢、碳 4 种元素占 96%，钙、镁、钾、铁、硫、钠、氯、磷 8 种元素占 3.954%，这 12 种元素已经占了 99.954%。剩余的 0.046%即所谓痕量元素，在人体中可检出 41 种痕量元素。最重要的无机元素的地域分布和人体生理功能如下。

1) 钙

在自然环境中，钙是最普遍的元素之一，占地壳原子总数的 1.5%，在所有的化学元素中，钙在地壳中的含量仅次于氧、铝、硅、铁，居第五位。钙在自然界大量以碳酸钙($CaCO_3$)、石膏($CaSO_4$)等形式存在。碳酸钙微溶于水，在溶有 CO_2 的水中易溶解。硫酸钙也微溶于水，但在冷水中的溶解度大于热水中的溶解度。而溶有钙(以及镁)离子的水称为硬水，在硬水中存在的阴离子往往是氯离子、硫酸根离子和碳酸氢根离子。钙、镁和铁离子与可溶性肥皂，如硬脂酸钠反应生成不溶性肥皂，不仅没有去垢能力，且有黏性，易黏附在纤维上，形成污斑，因此硬水作为生活用水是不理想的。在高温下硬水中大部分矿物质沉淀为水垢，其中大部分是硫酸钙，它在热水中的溶解度小于在冷水中的溶解度，正是由于这一点而沉淀出来。水垢是热的不良导体，锅炉中生成水垢，既浪费燃料又易引起爆炸事故，因此硬水作为工业用水也是不理想的。但硬水对人体健康有益处，对心血管系统均有保护作用。长期饮用硬水，可预防高血压及其他心血管疾病。但也有报道，长期饮用硬水，可导致尿石症。

钙是人体不可缺少的元素，人骨骼主要成分是磷酸钙。血液中也含有一定的钙离子，没有它，皮肤划破了，血液不易凝结。从分布量上看，体内 99%的钙存在于骨骼和牙齿中，其余分布在血液中，参与某些重要的酶反应。如果周围温度高，人骨组织会发生变化，钙量就减少。饮水中钙多，有可能会抑制某些有害元素

(如 Pb、Cd)的吸收，如果与痕量元素同时存在的钙量大，经水和食物摄取的痕量元素就少，相反在钙量少的地区，被人体吸收的痕量元素就多。在研究针刺麻醉机制时，有人发现小鼠脑中游离的钙多时，能起阻止针麻的作用。如果注射一种配合剂，如 EDTA，可以把脑中游离的钙浓度降低，针麻就能起作用。北方发现大骨节病和克山病地区显著的特点之一就是周围环境中的钙含量高。据推算，成年人一昼夜需要摄取 0.7 g 钙。在食物中，以豆腐、牛奶、蟹、肉类含钙较多。婴儿比成年人需要更多的钙。

2) 镁

镁是自然环境中分布很广的元素之一，在地壳中，镁的含量为 0.14%。由于它的活泼性，自然界从未出现过镁的单质，但化合态的镁分布广泛。镁的氯化物和硫酸盐都易溶于水，因而它们存在于地下水中，使地下水具有非碳酸盐硬度，硬水对心血管病人有保护作用，其中 $MgSO_4$ 的作用胜过 $CaCO_3$。特别在海水中，既含有氯化镁又含有硫酸镁，镁的含量仅次于钠。硫酸镁是最常用的泻药，它是一种无色结晶物质，很容易溶于水，味道很苦。口服后在肠道内它很难被吸收，由于渗透压的关系，在肠内留有大量的水分，使肠容积增加，于是机械地刺激肠壁，引起排便。服用硫酸镁是较安全的，但剂量上也有一定限制，成年人每次 15～30 g。在叶绿素中，镁是重要的组成成分，其含量达 2%。据估计，在全世界的植物体中，镁的含量高达 100 亿 t。

在人体中，70%的镁存在于骨骼中，其余分布在各软体组织及体内，是很多酶系统反应中的重要因素。缺镁可能造成心肌和骨骼肌的局部坏死和炎症。缺镁可以加重维生素 E 缺乏所致的骨骼肌损伤，长期缺镁时可产生骨质脆弱和牙齿生长障碍。镁和胆固醇、镁和钙均有拮抗作用，摄入过多的钙，将减少镁的吸收并可能出现缺镁症状。镁离子在体内可控制细胞生长，如果缺乏镁元素，能阻止脱氧核糖核酸的合成，从而阻止细胞生长。也有人报道，镁含量低的地区癌症死亡率高。

3) 钾

由于钾极易氧化，所以在自然界中没有钾的单质，它的化合物大量存在并广泛分布于自然界中。当矿物受到风化作用而逐渐分解时，钾就转变为可溶性化合物。其中大部分又被水从土壤中溶解出来，最后流入大海。当它们流经土壤时，某些钾化合物被土壤胶体吸附供给植物利用。在过去的地质年代里，不同时期和不同地区的地壳变动使得一部分海被隔开并逐渐蒸发，这些地质变化的结果形成了钾盐矿床。钾在自然界通常以氯化物、硫酸盐和硼酸盐矿物存在。

钾是植物生长三要素之一，每收获 1 t 小麦或马铃薯，就需要从土壤中取走 5 kg 钾；收获 1 t 甜萝卜，从土壤中取走 2 kg 钾。全世界平均每年要从土壤中取走 2500 万 t 钾。含钾的肥料主要有硝酸钾、氯化钾、硫酸钾、碳酸钾。人们从钾长石、海水中提取钾的化合物。特别是海水，含有大量的钾。在农家肥料中，以草木灰，特别是向日葵，含钾最多。每吨粪便中约含有 6 kg 钾。

动物与人体内也含有钾，特别在肝脏、脾脏中含钾最多。在成年人器官中，钾多于钠。而在婴儿的器官中，钠多于钾。据此，有学者认为，陆上动物起源于海中的有机体，因为在海水中，钠多于钾。

钾也是人体细胞内的主要阳离子，它对维持细胞的正常结构和功能起重要作用。缺钾引起心肌坏死。钠和钾有拮抗作用。在缺钾食物中去掉钠时，可防止心肌坏死的产生。因此，维持钾、钠之间的平衡是保持心肌正常活动的必要条件。缺钾还可能引起肾脏近端曲管上皮细胞肿胀，空泡变性，髓质皮层和乳头顶端集合管上细胞粗大，颗粒变性，骨骼肌表现软弱无力，重者有肌肉麻痹、肌肉蜡样坏死现象。

4) 铁

在所有金属元素中铁的丰度居第二位(铝居第一位)，在地壳所有元素中铁的丰度居第四位。地球中心核是铁。金属陨石约 90%是铁，其余主要是镍。在大自然中，纯粹的金属铁很少见，绝大部分铁是以化合物的状态存在。在土壤中，含有不少铁的化合物，也多以矿物形式存在。风化时，铁以氧化物的形式释放出来，形成胶体。绝大多数水都含铁，但含量都非常少(< 0.1 mg/L)，可与腐殖质形成配合物。在缺氧状态下呈二价

离子，在富氧状态下呈三价离子。在砖红壤、红壤和黄壤中，含有很多氧化铁。植物中也含有铁，铁是植物制造叶绿素不可缺少的催化剂。

哺乳动物的血液中输送和交换氧气必需铁，动物体内许多体系的氧化还原作用也需要铁。在成年人的血液中约含有 3 g 铁，有 75%存在于血红素中，因为铁原子是血红素的核心原子——这正如镁是叶绿素的核心原子一样。在器官中，含铁最多的是肝脏和脾脏。铁也是血红蛋白、肌红蛋白和一些酶的组分。缺铁会引起贫血，过多会导致血色病。而血色素沉着症可能是缺乏一种对铁的内环境恒定控制的因素，导致大量铁在肝、心肌、胰腺等细胞内沉积，铁从体液中分离而导致发病。铁对预防白血病也极为重要。食用含铁食物(肝、绿叶蔬菜)的人患贫血症的概率低；长期食用用铁锅烹调食物的人群贫血症出现的也少，这是因为有足量的铁从铁锅转移至食物中。

5) 锰

在大自然中，锰是分布很广的元素之一，约占地壳总原子数的万分之三。由于锰生成氧化态时有各种价态(+2～+7)，所以在自然环境中有不同的形态存在。在还原环境的土壤和水体中(与铁一起)可出现紫褐色的锈斑。而在高氧化环境的土壤中可出现铁锰结核。天然水中锰含量很少，但在海洋深处的淤泥中，含锰量却达千分之三。

在动植物体中，锰的含量一般不超过十万分之几。但红蚂蚁体内含锰竟达万分之五，有些细菌含锰甚至达百分之几。由动物和植物生理研究证明，钙和锰有拮抗作用，食物中高钙和高磷会影响动物对锰的吸收。人体中含锰为百万分之四，大部分分布在心脏、肝脏和肾脏。锰影响人体的生长、血液的形成与内分泌功能。锰参与许多酶反应，对精氨酸酶、磷酸酶、羧酸酶和胆碱酯酶有激活作用。缺锰会使动物出现软骨生长障碍，硫酸软骨素明显减少、干骺骨端小梁减少、长骨缩短弯曲等。缺锰会影响骨、脑和生殖系统，如骨的畸形生长、死胎、女性早亡、不孕和惊厥等。在人体心肌梗死后，血清中锰含量升高，其上升程度、持续时间与心肌坏死大致平行。

6) 锌

锌在地壳中的含量约为十万分之一。锌在土壤中的含量大多为 10～300 ppm(1 ppm=10^{-6})。矿物风化后，锌以二价阳离子态被吸入吸收性复合体或有机化合物中。锌也是植物生长不可缺少的元素。据推测，一般的植物中约含有百万分之一的锌，个别植物含锌量较高，如车前草含万分之一的锌，芹菜含万分之五的锌，而在某些谷类的灰分中，竟有 12%的锌。

锌是人体正常生长发育所必需的微量元素。在人体中，锌含量在十万分之一以上，含锌最多的是牙齿(0.02%)和神经系统。人体很多酶是含锌的蛋白质，如碳酸酐酶、羧基酞酶等。锌似乎是构成蛋白质的必需组分。它是使血中碳酸氢盐释放二氧化碳的酶的一个组分，也是使醇和其他天然物质开始氧化的酶和分解蛋白质部分的酶的一个组分。几乎所有的锌都在细胞内部，在那里比其他任何痕量元素都丰富。人和动物精液中有大量的锌，高至 0.2%。而在眼的视觉部分含有高至 4%的锌。有趣的是，鱼类在产卵期以前，几乎把身体中的锌全部转移到鱼卵中。锌对创伤的修复和细胞免疫也有重要作用。疱疹性皮肤炎、婴儿遗传异常与锌缺乏有关，这些疾病的特点包括皮肤红斑、布满全身而且严重的疱疹性皮炎、脱发、腹泻。缺锌也可引起侏儒、性功能和味觉减退，影响外科手术伤口和顽固性溃疡愈合的速度。对于孕妇、开放性结核病人，炎症、急慢性心肌梗死、肝硬化、某些癌症、白血病、重度动脉粥样化、营养不良、尿毒症等都与锌的降低有关。

锌只是生长发育中一种有限度的营养物。幸运的是，缺锌的现象并不常见。过多的锌可导致肠胃炎。

7) 铜

铜是生命的必需元素，但量太多又是一种有毒元素。

铜在地壳中含量为十万分之三，自然界的铜大多以化合物存在于地壳中。大自然的风化和淋蚀使大量矿石和岩石中的铜进入生物圈。有人估计河水中溶解的铜每年高达 2.5×10^{7} t。

铜易沉积在黏性沉积物中，特别是有机质丰富的矿物质中。值得注意的是，铜集中在氧化锰的沉积物中，含量可高达 10%，由河水流入海洋的铜，有 99.9%沉积于海底，大部分与黏土一起沉淀，少部分与氧化锰一起沉淀。由于铜在火成岩中分布普遍，由火成岩母质发育的土壤一般都不缺铜。缺铜主要出现于富含硅或碳酸盐的沉淀物所发育的土壤中。在富含有机质的土壤表层，铜有富集的现象。在酸性条件下，岩石和土壤中的铜易于迁移，碱性土壤和碱性地面水容易使铜沉淀。

植物中同样含有少量的铜，据测定，在 1 kg 干燥的谷物中含有 5～14 mg 铜，豆类含铜 18～20 mg，瓜类为 30 mg，面包为 3～5 mg。在食物中，含铜量最多的是牛奶、章鱼及牡蛎等。

铜在人体内主要作用是构成铜蛋白。铜蛋白在人体内起着重要的作用。缺铜的症状之一是遗传性交联缺陷病，得病的男性婴儿有卷曲而脱色的毛发，体力和智力发育迟缓，大脑退化，体温过低，寿命只有几年。慢性缺铜可导致味觉减退、低蛋白质血症和一般所说的营养不良症。家畜中牛、羊会出现地方性贫血。

同位素研究表明，大约半数的食物铜不被吸收，直接从粪便中排出。铜进入上皮组织后，被类似于金属硫蛋白吸收。铜被吸收后，立即被输送到血液中，与血清蛋白结合，或许也与氨基酸结合。进入血液的铜几乎很快地积聚在肝中，在肝中约有 80%的铜存在于泡液中，与三种蛋白质——肝铜蛋白、铜螯合蛋白和金属硫蛋白结合，其余 20%被同化成其他铜蛋白(如细胞色素 C 氧化酶)或者被溶酶体封隔起来。

铜在肝中含量不随人的年龄而增加，肝在起结合作用时，一些铜同化到蓝血蛋白中，然后进入血液，而溶酶体中的铜排泄到胆汁中，然后进入肠道，这样保持肝中铜浓度的恒定，成年人的肝每天代谢 150～300 mg 血蓝蛋白(含 0.5～1.0 mg 铜)，而每天排泄到肠道中的铜约 0.1 mg(合 30 mg 血蓝蛋白)。胆汁中的铜不能再吸收，因为它被某种蛋白质结合。其余的粪便铜来自涎腺，胃、胰和空肠的分泌物以及未吸收的食物铜。

人发生急性铜中毒至少要吃下几克硫酸铜。人的铜中毒比较少见，但对于肝功能损伤的病人，多量铜的有害作用是值得注意的。铜过多可导致胃肠炎、肝炎、溶血震颤麻痹综合征、肺炎。而一些骨胶原病、类风湿性关节炎以及心肌梗死、传染病、营养不良、各种贫血、甲状腺中毒症和精神分裂症，与铜的过量均有关联。

8) 钼

在地壳中，钼的含量约为百万分之三。在岩浆岩和沉积岩中一般含量为 1～3 ppm，常含于橄榄石、黏土矿物和硫化物的组成中，土壤中一般含量为 3～5 ppm。由矿物风化释放出来的钼以钼酸根阴离子存在。植物对土壤钼的吸取受土壤条件的影响。例如，施用石灰使土壤 pH 自 5 升至 7 时，可使钼的吸取量增加 10 倍。因此，植物对钼的过量吸取一般发生在土壤为中性或碱性的情况下，而植物缺钼现象则出现在土壤为酸性的情况下。我国南方和北方都有缺钼的土壤。如果施用钼肥，增产效果会很好，尤其是豆科和禾本科植物，更加需要钼。在人的眼色素中，也含有微量的钼。在蔬菜中，以甘蓝、白菜等含钼较多，经常吃甘蓝、白菜对眼睛有好处。植物缺钼将会减产，谷物的蛋白质含量显著减少，植物所提供的抗坏血酸将显著减少，在环境中，无论淡水、海水、大气或粮食中钼含量均极少。

钼是人体必需的微量元素。钼是黄嘌呤氧化酶的组成成分。这种酶用于嘌呤类转化为尿酸的代谢过程中的最后一步。嘌呤类是充满能量的结构，它们对于许多能量交换是必需的。钼的过多或过少可影响黄嘌呤氧化酶和醛酸酶这两个钼黄蛋白，并可能影响对葡萄糖的代谢。根据医学证明，钼对动物心肌起保护作用。钼在心肌代谢中可以抵消或中断 NO_2^-对心肌的损害。如果钼过多，也会发生钼痛风。在我国北方地方病环境病因调查时发现，在我国东北山地针阔叶混交林暗棕色森林土地区，由于生物气候的影响，在那些相对湿润、有机质分解彻底、腐殖酸含量较高、多形成中偏酸的有机还原环境，环境中的钼活性可能降低，因此造成钼的地球化学异常。例如，病区饮水中钼平均含量为 1.05 ppb(1 ppb=10^{-9})，非病区饮水为 5.57 ppb。

9) 钴

在地壳中，钴的含量约为十万分之一。在陨石中约含有千分之五的钴。在自然界，有稳定的钴，还有放射性钴，即钴-60。土壤中钴的平均含量约为 3 ppm。但有些森林土壤中，钴含量上升到 12 ppm，淡水钴含量为 0.0009 ppm，海水为 0.0003 ppm。

在生物体内，钴是重要的微量元素。据实验，如果羊的饲料中缺少钴，将引起严重的脱毛症。然而，只要在饲料中加入微量的钴——每昼夜 1 mg，便可治好脱毛症。

钴是维生素 B_{12} 的组成部分。维生素 B_{12} 是细菌制造且为哺乳动物所必需，又是形成血红细胞所必需的。维生素 B_{12} 是一种金属离子制造的唯一的维生素，钴起到了基础元素的功能，1 g 维生素 B_{12} 约含钴 0.04 μg。反刍动物每天需要几微克钴，以供胃中微生物制造维生素 B_{12}，非反刍动物虽然不能直接利用无机钴，但它们每天仍需要维生素 B_{12}。

钴引起人体的心肌衰竭，加钴啤酒中能保持泡沫不散，饮用大量啤酒的人可能引起心脏病。钴过可引起红细胞增多和甲状腺大。人口服大量钴可引起食欲减退、恶心、呕吐、腹泻、耳鸣和神经性耳聋，同时钴对动脉硬化有促进作用。现在，人们已大量人工合成维生素 B_{12}，用维生素 B_{12} 和无机钴医治恶性贫血、气喘、脊髓病等。

10) 硒

硒在地壳中的丰度是一亿分之一，分布很分散，很少有集中的矿物。在白垩纪岩石中可能是火山喷发留下的。硒最初富集于碳质页岩中，在石灰岩和碳酸盐中含量很少。基岩中的最初来源也可能是火成岩或富集的沉积岩被侵蚀，或在海水中被海洋生物富集，以后这些生物在海面上继续积累，或者生长在浅水海域或邻近的泛滥平原上。由于岩石风化作用和土壤的形成过程，含硒页岩发育的土壤含硒量高，而冰积物发育的土壤含硒量低。土壤缺硒，往往使生长的作物和牧草饲料也缺硒，环境缺硒会给人和动物带来很多疾病。

动物白肌病是最普遍的一种缺硒疾病。凡有报道的国家都位于南北两半球的温带森林和森林草原土系为中心的地带，而在亚热带和热带地区除局部地区外未见报道。已报道的国家有，北半球的美国、加拿大、英国、法国、德国、挪威、芬兰、瑞士、意大利、希腊、土耳其、匈牙利、俄罗斯、日本、中国；南半球的澳大利亚、新西兰、南非、阿根廷。但这些国家的荒漠草原地区也无白肌病。上述地区国家中粮食硒含量低，如美国为 9.02 ppm(玉米)、瑞典 0.004～0.046 ppm(谷物)、芬兰 0.002～0.018 ppm(谷粒)、丹麦 0.020 ppm(麦类)、我国低硒地带<0.025 ppm(玉米、水稻)。处于热带的巴西玉米最高含硒量为 0.200 ppm，最低含硒量也有 0.020 ppm，我国亚热带-热带和荒漠-草原带粮食含硒量大都在 0.040 ppm 以上。硒的主要生物学功能是谷胱甘肽过氧化物酶的活性组分，这种酶的功能是破坏过氧化物，保护细胞膜和细胞内容物免受其损伤。缺硒除引起动物白肌病外，还会引起动物营养不良、肝坏死、生殖系统紊乱以及家禽产生渗出性素质、胰纤维变性等症。

关于硒与人体健康的关系，近年来研究较多，认为硒与生育能力有关，也与心血管病的死亡率有关，与局部缺血心脏病有很高的负相关。硒能防癌，有人认为过多则致癌。有人研究认为乳房、结肠、直肠、卵巢、前列腺、脾脏和泌尿器官等部位的癌症和白血病与低硒环境有关。硒能降低汞、镉、铊、砷等元素的毒性，能拮抗当前最重要的污染元素汞、镉、砷等。有人还用硒、抗坏血酸、维生素 A 组成配方，可防治大气污染所引起的疾病。缺硒可引起贫血，并妨碍人的肺细胞生长，过多可导致腹泻和神经官能症。近来在研究克山病和大骨节病环境病因时也发现，这两种地方病均发生于缺硒地区。如果用硒处理土壤，喷洒作物或直接服用含硒药物均可使病情得到改善。

11) 碘

碘占地壳总质量的千万分之一。由于碘易升华，因此到处都有，海水中浓度为 50～60 μg/L，与人血清中含量大致相同。土壤中平均碘浓度是 300 μg/kg，而空气中是 0.7 $\mu g/m^3$。碘和氯、溴一样，在地球的原始进化时期就存在。在整个地质年代中，由于雪和雨的作用，大量碘从表层土壤中淋滤出来，通过风和河流带入海洋。一般来说，受过冰川作用的地区要比没有受过冰川作用的地区碘含量低。

海洋是当今世界碘的主要来源，碘离子通过太阳光(560 nm 波长)氧化为元素碘，元素碘有挥发性，所以每年约有 40 万 t 碘从海面逸出。

大气碘浓度一般低于 0.7 μg/m^3，由于燃烧矿物燃料而增高。雨水含碘量(1.8～8.5 μg/L)比空气高，而其 I/Cl 值比海水高 100 倍，因而雨水增加了土壤表层的碘含量。这一过程很慢，可能要几千年，这也就是为什么土壤中的碘含量比母岩高许多倍，老土壤中碘比新土壤中多的原因。

降水不仅能使土壤碘富集，也能使其流失，坡地上的暴雨可冲走富碘的土壤表层，而新暴露的土壤是缺碘的。因此，地方性甲状腺肿地区尤其多见于土壤受侵蚀的地区，18000～8000 年前的末次冰期更具有关键的作用。熟化富碘的腐殖土被冲走，而被结晶岩生成的缺碘的新土所代替，因而地方性甲状腺肿地区一般是相当于遭受过严重冰川作用的地区。

在海藻中有较多的碘(占灰分的 1%)。一些比较集中的碘矿含有较多的碘酸钠和过碘酸钠，在智利硝石中也含有一些碘化物。葱、鱼中都含有较多量的碘。实验发现，在牛或猪的饲料中加入少量碘化物，能促进它们的发育。经常给母鸡加喂少量碘化物，可使受精率提高 95%～99%。

碘在人体内只有一个功能，就是完成甲状腺素的形成。每个甲状腺素分子有四个碘原子，若缺碘则甲状腺不能制造出正常需要量的甲状腺激素，而是制造出许多半成品堆积在甲状腺中，促使甲状腺组织增生肥大，久而久之就导致甲状腺肿大症。

12) 铬

铬在自然界中不以单质出现。环境中铬含量差异很大。土壤中铬含量为 5～3000 ppm，平均为 100 ppm。在煤灰中铬含量接近 803 ppm，它们似乎是从土壤中集聚而来的。现在已知啤酒酵母、野生动物体内、家畜的肝脏、牛肉等含铬量高，而且活性大。黑胡椒、原粮(大麦、玉米、大米)、粗面粉、糙米、红糖、葡萄糖、菌类含铬量也高。食品在精制过程中其含铬量显著减少，美国人以精面粉和精白糖为主要热能来源，从而导致普遍缺铬，这是冠心病发病率及死亡率较高的可能原因之一。在主要食用谷类、糙米、粗糠的国家，情况则相反。

六价铬对人体有毒害作用，干扰很多酶活性，损伤肝和肾脏，可以诱发肺癌等恶性肿瘤。而三价铬是人体所必需的微量元素，通过形成所谓“葡萄糖耐量因子”(简称 GTF)或其他有机铬化合物，协助胰岛素发挥生化作用和其他生理作用。植物从环境中吸收铬，并把六价铬转为三价铬，动物从植物中吸收铬营养，人又从动植物食物中取得铬营养，在生物体中，三价铬并不氧化为六价铬。相反六价铬可被有机质还原为三价铬，如六价铬在胃中可以由胃还原为三价铬。因此，在讨论铬营养时，只需考虑三价铬。

三价铬是胰岛素生化作用的辅助因子。一般认为铬协助胰岛素与细胞膜上胰岛素受体上的巯基形成二硫键，促使胰岛素发挥最大的生物学效能，缺铬后，胰岛素的生物学活性降低，糖耐量受损，严重时出现糖尿、空腹糖尿及糖尿病。缺铬对血内胆固醇、甘油三酯及胰岛素水平有影响。

铬与脂肪及胆固醇的代谢密切相关，缺铬后，血内脂肪类脂(特别是胆固醇)的含量增加，出现动脉粥样化病变。

铬与蛋白质代谢及生长发育有关，在土耳其进行的实验发现，营养不良的婴儿，接受单一剂量铬(250 μg)后生长发育加速，体重增加，体质改善。还有人认为铬对血红蛋白合成及造血过程具有良好的促进作用。

一般认为成年人体内含铬总量为 6mg 左右，有些报告更低。男子平均含铬总量为 0.05～2.83 mg，新生婴儿体内含铬量通常高于儿童，3 岁时达成年人水平。其后，随年龄增长体内含铬量逐渐减少。

无机铬吸收率很低，铬与有机物形成的复合物均较易吸收。含烟酸的三价铬低相对分子质量 GTF 吸收率更高。如果按每日摄取 75 μg 铬计算，吸收率为 1%，实际上吸收 0.7 μg。按施罗德的报告，每天从食物、水和空气中共吸收 110 μg 铬，吸收率为 10%，实际上共吸收 11 μg。

进入人体的铬主要由尿内排泄。施罗德认为体内大部分铬由胆汁内排泄，每日由尿内排泄 20 μg，胆汁内占 15%，汗内为 1 μg，毛发及指甲内为 0.6 μg。人体每天约需要 75 μg 铬。

13) 氟

在所有的元素中，氟是最活泼的元素。在大自然中，氟的分布很广，约占地壳总质量的万分之二。岩浆岩和沉积岩都含有大量氟元素，其含量为 330～740 ppm。土壤中氟含量变化较大，从 10～7000 ppm，平均为 200 ppm。它是通过风化过程获得的，印度和非洲有些土壤中的氟含量可导致食草动物中毒。地表面水中氟含量为 0.2～0.5 ppm，动物体为 3.0 ppm，牡蛎壳的氟含量比海水氟含量高出约 20 倍。植物体含氟 40.0 ppm，葱和豆类含氟最多。人体需要的氟主要来源于饮水。氟的功能只在骨组织和牙组织方面，氟的存在增加了牙齿磷灰石晶体的“结晶度”，防止牙齿的腐蚀，结晶度越大，则结晶体越趋完整，这种变化将减轻牙表面的负担，起到保护牙齿的作用。

在自然状态下，长期居住在高氟环境(8～20 ppm)，会引起骨膜组织增生及韧带钙化。人们饮用氟化物含量达 1.0ppm 的水后，就可能引起氟化物中毒。当人体吸收 4～8 g 氟时即可致命。

环境中氟过多，会使居民患斑釉齿病，严重时牙齿易磨损，破碎脱落，影响消化或吸收，还会产生腰腿痛和大关节痛，或出现运动功能障碍、知觉异常、骨质增生，骨膜、肌腿、韧带钙化等症状，甚至弯腰驼背，肢体变形，肌肉萎缩，直至瘫痪。而长期缺氟，则出现另一种氟骨病，如龋齿。

14) 其他元素

其他还有很多元素在生命过程中起着很重要的作用。例如，锶和钙有相似的生理作用，锶过少时可降低抗龋齿作用及老年性骨质疏松症，锶元素过剩可能与大骨节病有关。环境中镍含量过多，与心肌梗死有关。水土中锡、矾、硼的含量过多，可以引起胃肠炎或慢性腹泻。矾的过多或过少会影响胆固醇和脂肪酸的代谢。钨过多会造成黄嘌呤氧化酶缺乏症和血糖过高。钛失调可引起先天不正常、早产、体小和死亡。中国台湾地区的黑腿病及智利、阿根廷的慢性中毒综合征与自然环境中的砷过量有关。另外研究证明，钒有抑制几种 ATP 酶和磷酸酶的作用。也有人证明铷是动物和人所需要的微量元素。总之，这方面的工作将会随着环境医学的发展得到很大提高。

2.2.3　有机物

蛋白质和核酸等含碳、氮、氧(C、N、O)元素的化合物是生命科学中十分重要的复杂生物分子。以蛋白质为例，虽然它们的水解产物都不过是仅 20 多种氨基酸的小分子，但在人体中的蛋白质分子总计有 10 万余种，并且极少与其他生物体内的相同。生物大分子的复杂性不仅表现在本身的结构(组成、序列、构象)上，而且还表现在这些物质所处的环境往往是各种大小分子的混杂体。生物大分子的另一个重要特点是它们的热稳定性普遍都很差，有严格的构象，在脱离了它们已习惯的生理液条件下，大都有失活变性的可能，它们对环境的 pH、有机溶剂、某些无机载体和金属很敏感。

1. 糖类

糖类(又称碳水化合物)是人体主要的能源之一。它是含碳、氢、氧的有机分子。可以将糖类定义为多羟基醛或多羟基酮，或者是水解能产生多羟基醛或多羟基酮的有机物质。单糖可以进一步分为醛糖或酮糖。核糖和脱氧核糖是两种重要的戊醛糖，它们以开链式和闭链式两种形式存在，链的闭合形成两种可能的环状半缩醛，即 α 型和 β 型。在溶液中，α 型、β 型和少量开链式糖形成一种平衡体系。最重要的单糖是葡萄糖(也称为右旋糖或血糖)，是一种已醛糖，是正常存在于人体血液中的一种化合物，是生命的主要能源。当病人不能用口进食时，可以进行葡萄糖静脉注射。尿中的葡萄糖含量可以用本尼迪特实验和根据氧化还原反应设计的有关方法进行近似的测量。半乳糖是另一种已醛糖，果糖是已酮糖，都是葡萄糖的异构体，化学式也是

$C_6H_{12}O_6$。二糖(双糖)是由两个单糖组成的。这两个单糖由形成缩醛键的氧原子连接到一起。麦芽糖由两个葡萄糖单位组成。乳糖由葡萄糖和半乳糖结合组成。最普通的二糖是蔗糖，或称“食糖”，是由葡萄糖和果糖结合形成的。蔗糖水解后即形成“转化糖”。

多糖是含有许多个单糖分子的聚合物，这些单糖分子由氧桥连到一起。淀粉是两种多糖——直链淀粉(占20%～39%)和高度分支的支链淀粉(占 70%～80%)的混合物。它是饮食中最重要的糖类，一向被认为是膳食的基础。糖原是肝脏和肌肉组织中糖类的贮存形式，其结构类似于支链淀粉。纤维素是自然界中含量最丰富的有机物质，它含的碳原子占自然界一切有机碳原子数目的 50%以上。它是由 β 葡萄糖单位组成的，不同于含有葡萄糖的淀粉和糖原，人体不能消化纤维素，因此它形成食物的“粗糙”部分。

2. 油脂

脂类是一类混合的有机化合物，它们存在于动植物体内，能溶于非极性的有机溶剂，如醚、氯仿和四氯化碳。许多脂类物质是由醇和脂肪酸形成的特殊种类的酯。这些脂肪酸的碳原子数是偶数，含有 0～4 个双键的直链羧酸。人类饮食中应当含有必需的脂肪酸，即亚油酸和亚麻酸。前列腺素是一种有多种生理功能的二十碳脂肪酸。

蜡是由脂肪酸和高相对分子质量的醇所形成的酯。脂肪是最普通的脂类物质，它是由三个脂肪酸分子与一个醇(甘油)分子形成的三酯，称为三酰基甘油(甘油三酯)。动物脂肪是饱和的，所以是固体；植物脂肪即油，是不饱和的，含有 1～4 个双键，所以是液体。

三酰基甘油最重要的化学反应是水解反应，是酯化反应的逆反应。皂化反应是强碱与三酰基甘油反应生成甘油和脂肪酸盐。用一种加氢的加成反应，可以使油部分地变成脂肪，成为固体。如果饮食所含的热量超过体内的需要，那么多余的能量就以脂肪的形式贮存于脂肪组织里。所谓贮存脂这种脂肪是人体能量的浓缩贮存形式。脂肪还有绝热和支持体内器官的作用。

磷脂或磷酸甘油酯与脂肪的差别在于甘油的一个羟基不是被脂肪酸而是被磷酸酯化。磷酸的游离端与含氮基团形成另一种酯，如磷脂酰胆碱(卵磷脂)和磷脂酰乙醇胺(脑磷脂)。这些分子与去污剂一样，也有极性端和非极性端。

细胞膜是两列磷酸甘油酯形成的双层或“夹心面包”，极性的“头部”在外面，非极性的“尾巴”夹在中间。细胞靠主动运输使一些营养物质和“燃料”分子穿过细胞膜进入细胞内，这个过程是与扩散的方向相反的。

神经鞘脂并不含有甘油，而是以鞘氨醇(神经氨醇)为主体的化合物，最重要的鞘脂是鞘磷脂。糖鞘脂或糖脂有一个结合到鞘氨醇上的碳水化合物。

称为甾族化合物(或类固醇)的脂类物质分子，是由四个饱和的烃环结合在一起，构成分子骨架。胆固醇(胆甾醇)是最重要的类固醇；人体以它合成激素类分子。如果胆固醇沉积在动脉血管内壁上，就易患心脏病。

3. 氨基酸和蛋白质

蛋白质是维持人体细胞正常结构和功能所必需的一种复杂分子。氨基酸是蛋白质大分子的基本单元。生命体总共有 20 种主要的氨基酸，除了甘氨酸没有旋光异构体以外，其余所有氨基酸都是 L 构型的。在中性溶液中，它们是带有两种电荷的分子，称为两性离子。有几种氨基酸称为必需氨基酸，因为它们不能由人体本身合成，但它们对人体的健康是必不可少的。两种氨基酸相互作用，由一个分子的羧基和另一个分子的氨基形成一个酰胺键，即肽键，形成二肽。蛋白质就是由很大的、天然存在的氨基酸聚合物——多肽所组成。

蛋白质的一级结构就是描述连接在一起的氨基酸的顺序；二级结构是描述蛋白质脊骨(主链)部分所采取的有规则的形状；三级结构是由侧链间相互作用，多肽链发生折叠而形成的复杂的三维空间形状。蛋白质分子中的相互作用包括很强的二硫键和较弱的疏水键、氢键和盐键等。蛋白质的功能取决于它的形状或构象；而构象本身又是由它的一级结构决定的。

胶原蛋白是体内最丰富的蛋白；它是支持组织和结缔组织的主要组成成分。基本单元是由三条多肽链缠绕而形成的三股螺旋。血红蛋白是红细胞的氧载体，含有四条单独的多肽链，每一条都有一个血红素基因。

根据分子形状和在水中的溶解度，可以把蛋白质分为下列种类：纤维蛋白、球蛋白和结合蛋白。根据功能，可以把蛋白质分为酶、结构蛋白、收缩蛋白、运输蛋白、激素、贮存蛋白、保护蛋白和毒素蛋白。蛋白质最重要的性质之一是它的分子大，所以蛋白质能形成胶体而不能形成溶液。蛋白质分子带有酸碱基团，所以整个分子是带有电荷的。蛋白质最重要的化学反应是水解，即因为加入水分子而使肽键断裂。

种蛋白质在溶液中都有其正常的形状，称为蛋白质的天然构象，这是蛋白质保持活性所必需的。变性作用就是蛋白质的结构破坏(无序化)。热、有机溶剂、酸和碱、金属离子以及氧化或还原剂都能引起变性。

骨骼和牙齿是蛋白质(胶原蛋白)和矿物质(羟磷灰石)一种独特的复合物。钙盐从牙齿中除去，即脱钙作用可由龋齿引起。

4. 核酸和基因工程

基因含有决定人体特征的信息，它们是称为脱氧核糖核酸(DNA)的聚合物大分子。分子中重复的单元是核苷酸。核苷酸分子由三种成分组成：五碳糖(脱氧核糖)；四种称为碱基的含氮杂环中的一种，或者是嘌呤(腺嘌呤或鸟嘌呤)，或者是嘧啶(胞嘧啶或胸腺嘧啶)；以及一个磷酸基。

DNA 是一种多核苷酸，它是带含氮碱基的糖和磷酸组成的重复序列；糖和磷酸之间的键是磷酸二酯键。整个 DNA 结构由两条多核苷酸链组成，它们彼此缠绕形成双螺旋。一条链上的碱基与另一条链上的碱基是互补的；就是说，腺嘌呤总是和胸腺嘧啶配对，而鸟嘌呤总是与胞嘧啶配对。这些关系称为碱基配对，是由特定的氢键引起的。DNA 的双螺旋是右手螺旋，它依靠碱基芳香环之间的疏水吸引力而得以稳定。RNA 即核糖核酸，含有核糖和碱基(由尿嘧啶代替胸腺嘧啶)；RNA 是单链的。

DNA 中的核苷酸顺序决定蛋白质中氨基酸的排列顺序。遗传密码由三个核苷酸为一组构成，每一个这样的“三联体”指定一个特定的氨基酸。蛋白质合成的第一步是由转录过程形成 mRNA。通过碱基配对，复制 DNA 的顺序，把遗传信息从细胞核带到核蛋白体——蛋白质合成的位置，在这里进行转译，即通过 mRNA 分子对遗传密码进行翻译的过程。每一种氨基酸都有相应单独的 tRNA；而每一个 tRNA 都有一个反密码子，它能够识别 mRNA 上相应的密码子(核苷酸三联体)。

遗传是表现祖先特征的一种先天性能力，由于 DNA 能够进行复制，即能通过碱基配对机制形成精确的复制品，这种遗传能力才得以实现。DNA 的核苷酸顺序所发生的任何变化称为突变。它是由碱基的置换、缺失或添加三种形式组成；突变可以自发发生，正是这种突变提供了进化的基础。突变也可以由电离辐射、紫外辐射或化学诱变剂(如烷化剂、碱基的结构类似物及某些染料等物质)等引起。

分子病是人体中某些蛋白质或酶发生缺陷而引起的，它是遗传性的，因为这种病的根本原因是基因产生了突变，如镰刀形红细胞贫血病和苯丙酮尿症。

信息可以从 DNA 传递到 RNA，再由 RNA 传递到蛋白质。DNA 是贮存遗传信息的分子，它含有遗传指令。通过复制，DNA 把密码传递到其他细胞。这就是所谓的“中心法则”。

5. 维生素和激素

除糖类、脂肪和蛋白质以外，还有一些化合物同样也是机体所必需的，虽然所需的量很少。这些化合物就是激素和维生素。激素由身体自己制造，维生素则通常必须由饮食供给。

维生素是一些生物学活性物质，为了正常的健康和生长，仅需极微量。大多数维生素是以辅酶的形式作为一种催化剂参与人体内的化学反应，本身发生变化，然后又被另一些物质恢复原状。缺乏某些维生素能引起维生素缺乏症。但某些维生素太多，又可能是有毒的。巨量维生素疗法，即用大剂量的维生素治疗疾病，临床医学正在进行研究。各种维生素的结构差别很大，有的是水溶性的，有的是脂溶性的。有些食物所含维生素是以维生素原形式存在的，它们首先需要经过某些化学反应变成维生素以后才能被人体利用。

和维生素不同，激素全部是由体内一些特殊的无管腺——内分泌腺所产生的。除了神经系统以外，激素是人体另一种传递信息的方式。它携带着信息，沿血流旅行，把信息从一个器官传递到另一个器官。它们的调节作用使人体的各种功能协调起来。当需要改变细胞的某一特殊反应的速度时，激素就分泌出来，它们被血液输送到作用靶，执行使命，然后常以几分钟计的时间迅速失活。

这些调节性物质一般是多肽，或是与固醇类结构相类似。它们的释放受许多因素控制，包括反馈作用、脑垂体和下丘脑释放因子。cAMP 作为“第二信使”，把激素携带的信息传递到细胞中。血糖水平的调节和月经周期的控制是激素调节过程的两个例子。

6. 酶

人体中的化学变化是依赖于酶的。作为生物催化剂，酶能增加反应速率，如果没有酶，那么细胞中与生命有关的化学反应速率就会太慢，以致不能维持生命。在人体的几百种酶中，即使缺少其中一种，也会因为有些反应不能足够快地完成而带来严重后果，甚至是致命的。

所有的酶都是蛋白质。可以看到，由于酶是蛋白质，所以它的作用是专一的，并能高效率地实现其作用。

有关酶作用机制的理论很多，一般都涉及形成暂时性的结合物，即酶-底物复合体。涉及酶和底物作用的因素与维系蛋白质结构的因素(疏水键、离子键和氢键)相类似。一旦底物分子处于酶的活性部位，酶的功能基团就与底物分子发生作用。它的影响可以是削弱了其中的一个键，或者是借转移电子或质子而参与反应。酶催化剂能提供一种活化能较小的反应途径，因此酶能在较短的时间内产生更多的产品，据计算，每分钟酶能够催化上百万的底物分子参加反应。酶除了具有很高的催化效率以外，还具有选择性，只对某种底物有效。

许多因素能影响酶的活性，并因而影响反应速率。例如，增加底物分子的浓度，则反应速率就会加快。如果化学变化是可逆的，则酶能催化两个方向的反应，即把底物分子转化为产物的正反应和产物转化为底物的逆反应。一般来说，温度每升高 10℃，反应速率增加 1.1～3 倍。但是，酶有最适温度，这时它的活性最大。正常体温是 37℃(98.6°F)，对人体大多数酶来说，这个温度接近于“最好的”温度。因为酶是蛋白质，在高温时，如 60℃或 60℃以上，酶就发生变性。酶的活性也取决于周围溶液的 pH。在最适 pH 时，酶表现出最大的活性。最适 pH 通常为 6～8。但是，胃蛋白酶，即胃液中的酶，是一个特殊的例外。胃蛋白酶的最适 pH 在 2 左右，在这种酸性溶液中，它能有效地发挥作用。

有些酶需要有一个额外的非蛋白部分存在，才能呈现出活性，这些非蛋白部分就称为酶的辅因子。假如辅因子是一个有机分子，那么它就称为辅酶；许多维生素就能成为辅酶。辅酶通常能够把原子或电子转移到(或脱离开)底物分子。

有些酶如果缺少一种无机激活剂——金属离子，也不会呈现酶的功能。镁、锌、锰、钴、铁、铜或钼等阳离子一般都位于活性部位上。必须有金属离子存在的酶称为金属酶。也有的酶只有在一种特殊的阴离子存在时才表现出活性，如淀粉酶必须要有氯离子的存在。

某些称为抑制剂的物质能够阻止或减缓酶的作用，竞争性抑制剂是一些结构与底物类似的分子。它们能可逆地结合到酶的活性部位，致使酶分子不能再催化底物分子所参加的反应。例如，甲醇中毒时，可以利用一些乙醇解毒，因为乙醇的结构与甲醇十分相似。这时，乙醇就与毒物竞争酶(醇脱氢酶)的活性部位，最后乙醇“得胜”，结合上去，这样就防止了甲醇形成有毒的产物。

有一类重要的化合物磺胺药类，就是通过对细菌的生长和繁殖所必需的关键性酶进行竞争性抑制而起作用的。这些磺胺的化学结构与细菌酶的底物——对氨基苯甲酸相似。对氨基苯甲酸是一种代谢物，是细菌产生叶酸时必需的物质。磺胺又称为抗代谢物，因为它能作为抑制剂与代谢产物对氨基苯甲酸竞争，阻止细菌酶合成细菌生长所必需的叶酸。

非竞争性抑制剂能可逆性地结合在酶分子的活性部位以外的位置，从而改变酶的结构，以使其不能完成原有的功能。最普通的非竞争性抑制剂是重金属离子，如 Hg^{2+}、Ag^{+}或 Cu^{2+}，这些离子能与半胱氨酸的巯基结合。CN^{-}能与铁结合，作为毒物，能抑制与呼吸有关的酶。

不可逆性抑制剂能永久地改变或破坏酶分子的一部分。有些含磷的有机化合物是神经毒剂，因为它们能与乙酰胆碱酯酶结合，并使其丧失活性。乙酰胆碱酯酶是神经系统进行正常功能所必需的。有一些不可逆抑制剂用来作为杀虫剂。

抑制作用在人体中的最重要应用之一是进行酶反应的调节。在人体许多化学过程中，有一系列的酶参加，一个反应接一个反应地进行。在许多情况下，反应链中最后一个反应的产物正好是催化第一个反应的酶的抑制剂。因此，当合成了足够的产物时，整个系统被“关闭”了，因为起始步骤被抑制了。这个过程也称为反馈抑制。被控制的酶称为调节酶(或别构酶)。当然，一旦人体耗光了所供应的产物时，作为抑制剂的产物不再存在，整个酶系统再一次启动，发挥它的作用。

2.3　生命的化学环境

2.3.1　大气环境

1. 大气层

在人类居住的环境中，空气是极其重要的因素之一。一个成年人每天大约呼吸 10 000 L 空气，质量约等于 13.6 kg。在表面积相当于 50 m^2 的肺泡内进行着氧气和二氧化碳的气体交换，一个人五周不吃食物，五天不饮水还可以生存，但五分钟没有空气就不能生存。

地球的四周包围着相当厚的空气层，这就是大气。它既是我们呼吸所需要的氧气的唯一源泉，又是维持地面温度并使生物免受各种有害射线伤害的重要屏障。一般认为，地球上大气的理论边界，在两极达 28 000 km，赤道为 42 000 km，而对我们意义最大的是 1000 km 或 2500 km 以内的大气层。

对流层高达 9～17 km，含 70%～75%的大气物质和几乎全部的水蒸气。大气中的水蒸气吸收 25%的地球长波辐射，使空气加热。所有气象现象与过程(如温度的剧变，雾、雷、云、雨、雪、雹、台风等)均发生在这一层。

对流层上面有一过渡层，称为“对流顶层”，其厚度为 1～3 km。接近地面的大气(对流层)，在 7.9 km 以下，其成分是相同的，主要是氧气、二氧化碳、氮气和其他稀有气体的混合物，此外还有水蒸气、尘埃和微生物。通常称这一部分的大气为空气，它是人类生活最重要的环境之一。

平流层位于对流层上，高达 80～90 km，此层内空气稀薄，35 km 以下温度恒定(−65～−55℃)。40～50 km 以上，因太阳光紫外线照射使氧分子分裂为氧原子并产生臭氧形成臭氧层，此层吸收了紫外线和地球的长波辐射(25%)，使能杀灭动植物的太阳短波紫外线照射不到地面上，并使臭氧层升温，因此 50～60 km 高处的气温高达 75℃。

电离层大约从 80 km 起，由于太阳紫外线和太阳放射出来的微粒(微小的电荷的团体粒子)的作用，气体发生电离，生成带正、负电荷的粒子——离子，故称为电离层。它能够反射无线电波，在远距离无线电通信中具有重大意义。

外大气层位于 1000～2500 km 高处，此层气体更为稀薄，都是轻的气体，如氢、氦、氖等。该层气温也是随高度增加而升高。据人造卫星观测，宇宙空间也不是真空，每立方米体积中仍有数十个粒子存在。

2. 大气的化学组成

大气圈的质量占地壳总质量的 0.05%，约为 5×10^{15} t。对流层的气体成分相当均匀，且与地表附近的气体成分大致相同。按大气的成分，应把它分为两组：恒定的成分组，几乎占大气圈的百分之百；非恒定的成分组，主要是液、固态水和水蒸气，主要分布在近大气层，有时体积可达 2%～3%。其他杂质成分微不足道。

由于环境被污染，空气质量要达到以上标准是很难的。例如，我国西藏的南咖巴瓦峰地区(北纬 94°～96°，东经 29.2°～30.5°)由于山势落差较大，交通不便，除少数居民外，无外来因素干扰，并且远离工业污染区，该地区基本上保持着完好的自然状态，其大气组成可以认为是理想的背景值。即使这样的地区，也有污染物存在，有人对该地区大气中汞的自然背景值进行了分析，看到也有一定的含量，当然其量是很微小的。

3. 大气中主要气体的平衡与循环

1) 氧

环境中的氧最初是水蒸气的光化学分解产生的，它消耗于地表矿物的氧化作用。在现代环境条件下，大气圈中游离氧的来源主要有三个方面。一部分是由光解作用产生，其量值为 4×10^{11} g/a。另一部分是绿色植物的光合作用，即大气中的二氧化碳和土壤中的水，在叶绿素和太阳光的作用下，合成可溶性葡萄糖($C_6H_{12}O_6$)积累在植物体中，而氧被排出体外，游离到大气中，其量值为 10^{17} g/a。第三部分则是糖类变为有机碳时游离出氧，其量值为 3×10^{14} g/a。

在现代环境中氧的消耗也有三个主要途径，一部分是氧化作用，使氧不断消耗；另一部分是有机物质呼吸时，需要消耗氧；第三部分则是在靠近地表条件下，低价铁氧化成高价铁，低价锰氧化为高价锰，硫化物转变为硫酸盐或硫酸以及类似的化学反应，使大气中氧不断消耗。正是这种动态平衡，使正常大气中的氧保持在 20.95%的水平，这个水平也正适合人类和其他生物正常生存。

2) 氮

氮在原始大气中是很少的，主要以游离状态存在，随着大气圈中氧的出现，在各种射线作用下以及大气中放电和光化学反应而产生了氮的氧化物，地表水中以硝酸和硝酸盐形式出现。

在现代环境条件下，自然界氮循环的关键步骤是单质氮的固定，即氮转为氨和硝酸等化合物。在闪电过程中，少量的氮转为 NO，然后与氧和水生成硝酸。固氮的另一种天然过程是豆科植物的根菌固氮。这些细菌含有酶，它可以催化单质氮转化为氨的反应。一般认为分子氮与酶的金属原子生成一种弱性配合物，此配合物又转化为稳定的氨配合物，从而使氮固定下来。

有机体死亡腐烂以后，氮又重新返回大气圈中。

3) 二氧化碳

在大气中 CO_2 约占总体积的百万分之三百，是氮气的 1/2600。有机体的呼吸、腐烂以及火山的爆发、温泉气体以及风化作用使 CO_2 不断进入大气圈。光合作用使 CO_2 不断消耗。自然界的 CO_2 处在一定的平衡中，而生物在 CO_2 的平衡中起着极其重要的作用。火山作用和无机反应与生物作用相比是极其微小的。在地球发展阶段，由于地幔物质的分异，CO_2 进入大气圈，而后 CO_2 长期与岩石作用，产生各种反应，消耗 CO_2。例如

$$CaSiO_3+CO_2 = CaCO_3+SiO_2$$

$$K_2Al_2Si_6O_{16}+CO_2+2H_2O = K_2CO_3+H_2Al_2Si_2O_8 \cdot H_2O+4SiO_2$$

$$CO_2+H_2O+CaCO_3 = Ca(HCO_3)_2$$

碳酸盐岩石在高温时又分解放出 CO_2 返回大气圈，参与了无机循环。

地球上存在生物以后，CO_2 的有机循环起着很重要的作用，植物在光的作用下，通过叶绿体按下列方式从大气圈中吸收 CO_2：

$$6CO_2 + 6H_2O \longrightarrow C_6H_{12}O_6 + 6O_2 - 2.82\ \text{kJ}$$

然后建造具有大量热力学能的复杂有机化合物。后者又在各种微生物作用下分解成 CO_2，使 CO_2 重新返回大气圈。有机体的呼吸作用也可使 CO_2 返回大气圈。

大气中的 CO_2 与海水中的 CO_2 处于不断的交换之中。海水中的 CO_2 (1.3×10^{14} t)比大气中的 CO_2 多 60 倍。其中大约有 1×10^{11} t 的 CO_2 在大气和海洋之间交换。由于 CO_2 在高纬冷水中的溶解度比热带海水中高，所以寒冷地区的海洋像抽气机一样，将 CO_2 吸收在海水中。被吸收的 CO_2 随深层海流带到热带地区排到大气中，因此热带地区大气中二氧化碳分压比高纬度地区高。

但总的看来，自有史以来，CO_2 在地球上没有多大变化，到 20 世纪末大气中 CO_2 却增加了 5%，CO_2 能吸收地球上的热，阻止它进入太空，并让太阳光直射地面，这样在 CO_2 密集地区，地球表面就逐渐热起来了。

4) 氢

大气层中各种含氢化合物(H_2O、CH_4)在各种射线影响下形成 H_2。在岩层中水是 H_2 的主要来源，高温时水的热分解作用及水与低氧化合物相互作用形成氧化物和析出游离氢。例如

$$3FeO+H_2O = Fe_3O_4+H_2$$

在放射性射线影响下也可发生水的分解析出氢。进入大气圈中的氢，一部分上升到上层并逸散到宇宙空间；另一部分发生氧化作用形成水，水凝结又返回地面。

自然界中水与氢的循环是：水的分解→氢转移到大气圈→氢又氧化成水→重新返回地面。

5) 硫

大气中的硫主要来自火山爆发，在火山气体中以 H_2S 和 SO_2 形式析出，大气中 H_2S 又被氧化成水和 SO_2，而 SO_2 又被局部氧化为 SO_3。SO_3 和 SO_2 较易溶解于水而形成 H_2SO_4 和 H_2SO_3。它们又进入岩石圈与岩石相互作用形成硫酸盐，并放出 CO_2、较弱的酸和其他酸酐。但是 SO_3 和 SO_2 是较重的气体，它们仅存在于析出体的附近，所以大气中 SO_3 和 SO_2 含量是很小的。

2.3.2　天然的水

生命离不开水，因为水不仅是组成生命体的重要物质，也是生命体生存的必要环境。与生命有关的水，除水蒸气与冰雪外，都是以溶液形式存在。溶液是一种混合物，整个溶液是一致(均匀)的，各部分都具有相同的性质。

天然的水组成十分复杂，其中主要含有各种无机离子，含量最多的 8 种离子为：氯离子(Cl^-)、钙离子(Ca^{2+})、硫酸根离子(SO_4^{2-})、钠离子(Na^+)、碳酸氢根离子(HCO_3^-)、镁离子(Mg^{2+})、碳酸根离子(CO_3^{2-})、钾离子(K^+)，它们在天然水中的含量占天然水中各种离子总量的 95%～99%。各种离子在天然水中的总量称为矿化度，这些离子在天然水中的累积过程称为矿化过程。

1. 天然水的矿化途径

1) 水对岩石和土壤中盐类的溶解作用

在土壤和岩石中常含有一定量的易溶盐类，流动着的地表水和地下水不断地溶解它们，从而使水体的矿

化度增高。各种盐类具有不同的溶解度，见表 2-4。

表 2-4　主要盐类在水中的溶解度(g/L)

$CaSO_4$	K_2SO_4	Na_2SO_4	NaCl	KCl	$MgSO_4$	$MgCl_2$	$CaCl_2$
2.0	100.0	161.0	264.0	255.0	262.0	353.0	427.0

由于天然水中溶有各种盐类，因而盐类的溶解度受同离子效应和盐效应的影响而发生变化。例如，当水中含有 NaCl 与 Na_2SO_4 时，碳酸钙的溶解度增大。$CaSO_4$ 在纯水中几乎不溶，只有当水中含有 CO_2 时，$CaSO_4$ 才溶解：

$$CaSO_4 + 2CO_2 + 2H_2O = Ca^{2+} + 2HCO_3^- + SO_4^{2-} + 2H^+$$

在正常情况下，$CaSO_4$ 的溶解度不超过 2.0 g/L，当水中 Na_2SO_4 的含量为 140 g/L 时，$CaSO_4$ 的溶解度可增至 17.6 g/L；当水中 NaCl 的含量为 5 g/L 时，$CaSO_4$ 的溶解度增至 3.0 g/L。

$CaCO_3$ 在水中的溶解度还与温度有关，温度降低，$CaCO_3$ 溶解度增大，因为温度降低时水中 CO_2 的溶解量增加。

温度变化引起水中 CO_2 含量的变化对土壤中 $CaCO_3$、$MgCO_3$ 的积累有重要的作用。当富含 $Ca(HCO_3)_2$ 的冷地下水沿土壤毛细管上升时，越往地表，温度升高，溶于水中的 CO_2 逸出，从而使 $CaCO_3$ 沉积于土壤中。这种情况在干旱地区和半干旱地区比较普遍。温度变化引起不同区域海水 CO_2 含量的变化，对地球生态系统的影响是十分巨大的，正引起越来越多有识之士的关注。

2) 天然水中盐类之间的反应

溶解于天然水中的各种盐类之间将发生化学反应，从而改变了天然水的化学成分。

碱金属硅酸盐(如 Na_2SiO_3)是低矿化阶段天然水的主要成分。在 CO_2 参与下，当水与岩石作用时，岩石中铝硅酸盐矿物和硅酸盐矿物分解，形成碱金属硅酸盐，进入水溶液中。这个时期的天然水含其他盐类很少，故这个阶段的天然水的主要成分为碱金属硅酸盐，称为 SiO_3-Na 型水，水呈弱碱性。经过一系列反应，以 Na_2SiO_3 为主要成分的水转变为以 $Ca(HCO_3)_2$ 为主要成分的水(HCO_3-Ca 型水)。当水中有 Na_2CO_3 时，$CaSiO_3$ 与其反应生成 $CaCO_3$ 从水中沉积出来，硅酸盐不能析出沉淀。在这种情况下，即在碱性水中 SiO_2 可以得到极大浓度，水仍为 SiO_3-Na 型水。

Na_2CO_3 水溶液在遇到 $CaCO_3$、$MgSO_4$、$CaCl_2$ 和 $MgCl_2$ 时，发生反应生成 $CaCO_3$ 与 $MgCO_3$，天然水转变为以 Na_2SO_4 或氯化物为主要成分的水(SO_4-Na 型水或氯化物水)。

天然水中镁盐在与 $CaCO_3$ 作用过程中常形成白云石类的沉淀物，水中的镁离子常被矿质胶体不可逆地吸收。这两种作用对天然水的化学组成有重要影响。镁盐有较高的溶解度($MgSO_4$: 262.0 g/L，$MgCl_2$: 353.0 g/L)，但在各类天然水中并未发现大量的镁积累。当然，这与 Mg 常不可逆地析出沉淀和被吸附的反应有关。

钾盐也很容易从天然水中析出，它常被矿质胶体吸收，形成绢云母、伊利水云母等次生矿物，还有相当一部分钾盐被植物吸收。这些原因决定了钾盐在天然水中的低累积性。

3) 天然水中阳离子与岩石和土壤中的阳离子的交换反应

天然水在运动过程中，水中的阳离子常与土壤和岩石中的阳离子发生一系列交换反应。这种交换反应不断地改变天然水本身的离子组成。天然水在不同矿化阶段可能发生以下主要离子的交换反应：

在天然水矿化的早期阶段，水中的主要成分为 Na_2SiO_3 与 $NaHCO_3$，这时水与土壤胶体可能发生的离子交换反应是

$$Na_2SiO_3+Ca^{2+}(胶体) = 2Na^+(胶体)+CaSiO_3\downarrow$$

$$2NaHCO_3+Ca^{2+}(胶体) = 2Na^+(胶体)+Ca(HCO_3)_2$$

在这类反应中，交换性钠进入胶体中，$CaSiO_3$ 析出为沉淀，地下水积累 $Ca(HCO_3)_2$。这一交换结果使硅酸盐水有转变为碳酸氢盐钙质水的趋势。

碳酸氢盐钙质水在进一步矿化过程中，随着矿化度的增高和底质中石膏的溶解，天然水中的钙盐增多。在这种情况下，天然水与周围环境中的胶体可能发生的离子交换反应是

$$CaSO_4+2Na^+(\text{胶体})=\!=\!=Ca^{2+}(\text{胶体})+Na_2SO_4$$

在这类反应中交换性钙进入底质中，天然水中逐渐富含 Na_2SO_4。此时，碳酸氢盐钙质水有转变为硫酸盐钠质水的趋势。

随着天然水矿化度的继续增高，水中的镁含量趋于增加。这就引起镁相胶体中 Ca^{2+}和 Na^+的交换反应

$$Mg^{2+}+2Na^+(\text{胶体})=\!=\!=2Na^++Mg^{2+}(\text{胶体})$$

这类交换过程在干旱区氯化物-硫酸盐天然水中普遍存在。

在矿化度极高的天然水中，盐类浓度较高，Na^+的水化度较小，因而 Na^+与底质中其他离子交换的能力增强。Na^+进入胶体中，胶体中的 Ca^{2+}和 Mg^{2+}被交换出来。

$$2NaCl+Mg^{2+}(\text{胶体})=\!=\!=MgCl_2+2Na^+(\text{胶体})$$

$$2NaCl+Ca^{2+}(\text{胶体})=\!=\!=CaCl_2+2Na^+(\text{胶体})$$

$$Na_2SO_4+Ca^{2+}(\text{胶体})=\!=\!=CaSO_4\downarrow+2Na^+(\text{胶体})$$

$$Na_2SO_4+Mg^{2+}(\text{胶体})=\!=\!=MgSO_4+2Na^+(\text{胶体})$$

由于上述离子交换反应，$MgCl_2$、$CaCl_2$ 和 $MgSO_4$ 等在天然水中积累起来，部分 Na^+进入底质胶体，$CaSO_4$ 析出为沉淀。

前面提到 Mg^{2+}被底质交换吸收的反应通常是不可逆的，因此在很多天然水中未发现镁有大量的积累。但是这里我们又谈到 Mg^{2+}有可能被底质中的钠交换，进入水中。必须注意，前一反应是在矿化度不高的情况下发生的，而后一情况是在天然矿化度高时发生的。此时由于钠盐浓度很高，降低了 Na^+的水化度，增大了 Na^+的交换能力，使 Na^+有可能交换出 Mg^{2+}。

2. 天然水中主要离子的积累

HCO_3^-和 CO_3^{2-}是天然水中弱矿化水的主要离子成分。随着 CO_2 的增高，HCO_3^-和 CO_3^{2-}增高，同时随着温度的升高，CO_2 自水中逸出，水中的 HCO_3^-与 Ca^{2+}形成难溶的 $CaCO_3$ 水垢。在一般天然水中，由于含有 Ca^{2+}，所以 HCO_3^-含量不高，一般河水和湖水中不超过 250 mg/L，在地下水中含量略高。

Cl^-在天然水中分布广泛，主要来源于各种氯化物的溶解。在天然水中 Cl^-的含量变化范围很大，在河流及淡水湖泊中，特别在潮湿地区，水中 Cl^-含量很少，有时只有几十毫克每升，甚至更低。但随着水的矿化度增高，Cl^-含量高于其他离子。在海水及部分湖水中 Cl^-是主要的离子。在有的咸水湖中，Cl^-的含量可高达 170 g/L 以上。

SO_4^{2-}主要来源于石膏的溶解，另外自然硫和硫化物的氧化作用也是天然水中 SO_4^{2-}的来源。天然水中 SO_4^{2-}含量因 Ca^{2+}的存在而受到限制。Ca^{2+}和 SO_4^{2-}生成沉淀。根据 $CaSO_4$ 的溶度积常数可以算出，当水中 Ca^{2+}和 SO_4^{2-}的物质的量相等时，SO_4^{2-}含量为 1.5 g/L 左右。但在高矿化水中，由于其他离子的作用，Ca^{2+}的含量相对降低，因此 SO_4^{2-}的含量有所提高。例如，海水总矿化度为 35 g/kg，Ca^{2+}接近 0.208 g/kg，SO_4^{2-}含量则达 2.7 g/kg。因此，在一般水中$[SO_4^{2-}]<[Ca^{2+}]$，而当$[SO_4^{2-}]>[Ca^{2+}]$时，大多数情况下是由于 Ca^{2+}与底质胶体上的 Na^+发生了交换反应，这是高矿化水的特征。

在还原条件下，SO_4^{2-}是不稳定的，可以被还原为自然硫或硫化氢。

天然水中 Na^+含量在阳离子中占第一位，超过其他阳离子的总量。与 Cl^-相似，Na^+是表征高矿化水的离子，在弱矿化水中含量很少，一般为几毫克每升，随着水的矿化度增高，Na^+含量显著增加，达数克每升。

在海水中，Na^+含量达 10 g/L，按质量计，占全部阳离子的 81%。天然水中 Na^+主要来源于各种海相沉积和干旱区大陆沉积中的钠盐矿床(主要为 NaCl)。在天然水中 K^+含量很少，一般为 Na^+含量的 10%以下。它是植物生长所必需的元素。

天然水中 Ca^{2+}是低矿化水中的主要离子，随着矿化度的增高，其相对含量迅速降低，Ca^{2+}在天然水中含量通常不超过 1 g/L，Ca^{2+}主要是石灰在 CO_2 作用下溶解及石膏溶解所产生的。Mg^{2+}存在于所有天然水中，主要是由白云石、泥灰岩及橄榄岩与角闪岩的风化产物的溶解产生。在不同的矿化阶段，Ca 和 Mg 的含量有一定的比例关系。在低矿化水中，Ca^{2+}显著多于 Mg^{2+}，这是因为在沉积岩中 Ca 多于 Mg(Ca 占地壳质量的 38.2%，Mg 占 1.52%)，在交换吸附中 Mg^{2+}的吸附力大于 Ca^{2+}。在高矿化水中，因为镁盐溶解度高，所以水中 Mg^{2+}的含量升高，达数克每升。

3. 天然水中的微量无机成分

硅是岩石的主要组分之一，岩石风化时，硅以硅酸(H_2SiO_3)或碱金属硅酸盐(如 Na_2SiO_3)的形式进入天然水中。在低矿化水中，特别在潮湿气候地区早期生成的地下水和地表水中，硅的含量通常不高，为 0.1～10 mg/L，但在 pH>9 的苏打盐水中，硅的含量可达 500～800 mg/L。限制硅在天然水中积累的因素是生物作用和 Ca^{2+}、Mg^{2+}的作用。硅能被某些水生生物大量摄取，能与 Ca^{2+}、Mg^{2+}作用析出 $CaSiO_3$ 和 $MgSiO_3$ 沉淀，随后在 CO_2 作用下转变为细小分散的硅酸凝胶。

天然水中氮化合物主要来源于各种含蛋白质的有机化合物。它们在各种细菌和酶的参与下，发生复杂的生物化学作用，使蛋白质最终分解为氨基酸，氨基酸水解形成氨。NH_3 溶于水形成 NH_4^+。天然水中的 NH_4^+ 是不稳定的，在氧充足的条件下或者在特殊的亚硝化细菌和硝化细菌的作用下可以被氧化为 NO_2^-和 NO_3^-，这一过程称为亚硝化作用与硝化作用。NO_3^-在特殊的去氮细菌作用下可再被分解为 N_2+CO_2。这一作用称为去氮作用，它是在缺氧且不含氮的物质存在时进行的。硝酸根离子中的氧都消耗在这些不含氮的物质的氧化作用中。当发生这一作用时，N_2 和 CO_2 分别成游离态逸出。天然水中氮化合物含量不高，在通气良好的地表水中，虽然经常有 NH_4^+存在，但其含量极微，一般不超过 0.1 mg/L。在沼泽水中 NH_4^+有时可达几毫克每升。在与油田有关的密封构造的地下水中，NH_4^+有可能大量存在，甚至达到 100 mg/L。在地下水中 NO_3^-的含量一般为 0.01～0.1 mg/L。土壤中进行的硝化作用，常使得潜水中的 NO_3^-含量较高(一至十几毫克每升)。

硝酸盐对植物的生长很重要。植物自水中摄取 NO_3^-，因此在植物生长期(如水藻生长最旺盛的时期)，地表水中 NO_3^-含量急剧减少，甚至接近于零。在冬季由于生物死亡，在有机物质分解过程中重新形成 NO_3^-。饮水中硝酸盐含量过高时，对人体健康有影响，主要是使儿童血液中变性血红蛋白增加。一般来说，饮水中的硝酸盐不宜超过 10 mg/L。

天然水中磷的化合物分为有机态和无机态两种，有机态的磷是复杂的有机化合物的组成部分。无机态的磷主要是 HPO_4^{2-}，$H_2PO_4^-$较少，PO_4^{3-}更少。水中各种磷酸根离子含量由水中的氢离子决定，pH 越高，越有利于 H_3PO_4 的解离。因为天然水的 pH 大多为 6～8，所以磷酸根离子以 HPO_4^{2-}形式为主，其次是 $H_2PO_4^-$。天然水中的磷含量极少(百分之几至十分之几毫克每升)，但对水生生物的发展有主要影响，是制约水生生物繁殖率的因素之一，P 和 N 的化合物过多会造成水体富营养化。

铁广泛分布在各种岩石中。岩石中的铁在氧化剂和酸的作用下转移到天然水溶液中。天然水中的铁有各种形式，在地面水中占多数的是亚铁离子[主要以碳酸氢亚铁 $Fe(HCO_3)_2$ 的形式存在]。在含有大量 CO_2 和缺氧的水中，$Fe(HCO_3)_2$ 是稳定的。当 CO_2 减少和溶解有氧时，如当地下水露于地表时，就发生 $Fe(HCO_3)_2$ 的水解作用，形成难溶的 $Fe(OH)_2$。$Fe(OH)_2$ 很容易进一步氧化为 $Fe(OH)_3$，$Fe(OH)_3$ 很难溶解，但可以胶体状态存在于溶液中。当水中有腐殖质时，水中胶体铁的稳定性提高，胶体是铁在地表存在的主要形式之一。水中有机酸和腐殖酸与铁形成螯合物而溶于水，因此在腐殖质多的天然水(沼泽水)中经常有较多的铁。

铜、钴、镍在天然水中含量很少，部分原因是由于地表水中 H^+含量很低，这些金属形成氢氧化物沉淀下来。河流及淡水湖中这些元素的平均含量为：钴 0.0043 mg/L，镍 0.001 mg/L，铜 0.02 mg/L。铬、汞、砷在天然水中的含量为：铬小于 0.01 mg/L，汞 0.0001～0.01 mg/L，砷 0.001～0.1 mg/L。

天然水中放射性元素含量极少。放射性水通常为两类：①氡水，水中仅含有氡射气，大多数矿泉水属于此类；②镭水，水中含有一定量的镭和与镭相平衡的镭射气，不少深层油田属此类。

天然水中氟的含量为 0.1～20 mg/L。在一般河流与湖泊中，氟的含量仅为 0.01～1.0 mg/L。地下水特别是深层地下热水中氟的含量有时可达十几毫克每升。饮水中氟含量过高或过低均不利于人的健康。天然水中碘含量小于溴，淡水中碘含量小于 0.003 mg/L，在海水中碘的含量增到 0.05 mg/L。与溴不同，碘不存在于盐湖中，但碘和溴可大量积累于油田水中，碘的含量达几十至一百毫克每升，可作为提取碘的原料。

4. 天然水中的有机物质

天然水中有机物质一般含量较低，海水中有机物质和无机物质的比例约为 10^{-4}，内陆水中可能稍高。水中有机物质由下列物质组成：植物和动物在不同分解阶段产物的混合物；这些断裂产物的合成物质；微生物和小动物及其分解残留物等。为了简化这个复杂的体系，通常将有机物质分为两类：非腐殖质和腐殖质。

非腐殖质包括可以辨认化学特征的化合物，如糖类、蛋白质、肽类、氨基酸、脂肪、色素等许多低分子有机物质。一般来说，这类化合物易被微生物所分解，其残留率是相当低的。

天然水中的大部分有机物质是腐殖质，其相对分子质量较低，为无定形的、褐色或黑色的、亲水的、酸性的、高分散的物质。按照它们在碱和酸中的溶解度，通常可分为两种主要成分：①胡敏酸，它可以溶解于稀的碱溶液中，但是碱萃取液酸化后就沉淀；②富啡酸，它是留在酸化水溶液中的腐殖酸部分，可溶解于酸和碱中。但因来源及环境不同，组成有较大差别。

天然水中腐殖酸的分子结构复杂，有人推测分子中具有芳香烃的成分，这些芳香烃上取代基的碳原子数不大于 10，环结构之间可能通过醚键连接，或者是 C—C 键。腐殖酸的反应能力主要是通过取代基，特别是含氧官能团(如羧基、酚羟基、醇羟基)进行的。

水中腐殖质的重要特征是：有与金属离子和水合氧化物形成稳定的水溶性和非水溶性的盐类以及配合物的能力，有与底泥中黏土矿物以及人们加入的有机化合物(这些有机物能够造成有毒的污染)相互作用的能力。例如，玛萨等报告在大湖水中 Cd、Pb、Cu 不存在游离离子，而是以胡敏酸有机配合物的形式存在。也有人研究指出，Fe、Zn、Ca、Ni、Pb 和 Ag 以有机配合物的形式存在于底泥空隙水及水体中，而这些可配位的有机物是可溶的。在淡水中 Hg 和 Cu 大部分与腐殖酸形成配合物。有人从海洋底泥中分离出腐殖质，测定时金属离子的螯合量为 40～250 mg/g 腐殖质，平均为 97～150 mg/g 腐殖质。Hg 和 Cu 有较强的配位能力，Li^+、Na^+、K^+、Co^{2+}、Mn^{2+}、Ba^{2+}、Zn^{2+}、Mg^{2+}、La^{3+}、Fe^{3+}、Al^{3+}、Ce^{3+}、Th^{4+}都不能与 Hg 置换。在淡水中，Cu、Hg 的 90%以上与腐殖酸配位，而其他金属与腐殖酸配位一般少于 11%。

5. 江河湖海水质的化学成分

河流的降水经地表径流汇集而成，其水质成分与地区及气候条件密切相关，河水主要离子成分及含盐量一般为 100～200 mg/L，不超过 500 mg/L，某些内陆河流更高。世界河流平均含盐量为 100 mg/L。我国河流平均含盐量为 166 mg/L。湖泊、水库水质与此类似。

地下水由于来源不同，其水质有很大的差异。泉水一般属于地下水，由于流经的岩层不同，其组分含量也有很大差异。有一种泉水因含有较多的固体物质、气体物质或特殊物质，称为矿泉水。矿泉水可作为饮用水或沐浴用水，多数具有医疗作用。苏联把总矿化度为 8～12 g/L 的水列为饮用医疗矿泉水，如果水中砷、硼及其他微量元素成分较多，即使总矿化度低于 8 g/L 也被列为饮用医疗矿泉水。矿泉水的医疗化学性能取决于 6 种主要离子，3 种正离子 Na^+、Ca^{2+}、Mg^{2+}和 3 种负离子 Cl^-、SO_4^{2-}、HCO_3^-，几乎所有的矿泉水在很大程度上是这 6 种离子不同程度的组合。

海洋水量占地球总水量的 97.2%，有 13 亿多立方千米，覆盖着地球表面 70%以上，海洋每年蒸发量 40 万立方千米，其中 85%又直接降水回到海洋，每年有 3.33～3.8 万立方千米的水由河流进入海洋，其中带入的溶解盐类有 38.5 亿吨，而悬浮物有 32.5 亿吨。这就是说，海洋水每年蒸发量为 0.03%，其中有 10%由河流循环回来，而河水平均含盐量约 100 mg/L，经历了长久的年代，海水已积累了很高的含盐量，大约为 3.5%，即浓度为 35 g/L。海水中的溶解物质大致可以分为三类：

(1) 主要离子，按顺序为 Cl^-、Na^+、SO_4^{2-}、Mg^{2+}、Ca^{2+}、K^+、HCO_3^-、Br^-、CO_3^{2-}。它们占海水中溶解物质的 99.90%。

(2) 少量物质：Sr^{2+}、O_2、SiO_2、F、含 N 化合物、Ar、Li、磷酸化合物、I^-等。一般浓度为 10^{-6}～10^{-4} mol/L。

(3) 微量元素：包括周期表中几乎其余全部元素，含量大多数在微克每升数量级。

2.3.3 细胞外液

体液一般是指高等动物体内所有液体成分的总括，不包括植物。从生命的生存环境角度，本书涉及的“体液”本意应指所有生命体内的所有环境物质，但由于资料有限，只能根据生物学的一般划分展开叙述。体液分为细胞内液和细胞外液两大部分。在体液中，以水的含量最多。人体所含的水占体重的 60%～70%。体内的水与各种溶质形成不同的溶液，以维持体内正常的生理活动和功能。

正常成人的体液总量约占体重的 60%。体液总量在个体之间存在着差异。脂肪组织含水较少，因此成年女子和肥胖者体内含有的水分较少，耐受体液丢失的能力相对较低。新生儿的体液总量约占体重的 75%，一般在一年内降至正常成人水平。由于小儿新陈代谢率高，体液代谢比较旺盛，小儿机体发育，包括神经系统、内分泌系统和肾脏等的发育又不完善，各种调节机能也较差，故体液丢失的情况比较常见，也比较严重。成人体液中细胞内液约占总体液量的 2/3，即体重的 40%；细胞外液约占总体液量的 1/3，即体重的 20%。细胞外液包括血液的液体部分(血浆)、细胞之间的组织间液、胃肠道的分泌物(如胃液、胰液等)、包围着脑和脊髓的脑脊液、眼睛的水样液(眼内液)，还有体内空间里的各种液体，如关节中的液体等。胃肠消化液、尿液、汗液等分泌液和排出液被认为是细胞外液的特殊部分，因为这些特殊体液的大量丢失将引起细胞外液容量的降低。

1. 体液的一般性质

1) 渗透

渗透是溶剂分子通过一种膜(如一块动物组织)的扩散作用(图 2-5)。在这种半透膜两边的溶液浓度不同时就会发生渗透。半透膜的“半透”指的是仅水分子能透过，而溶质分子不能透过。水分子移向较浓溶液，并将其稀释。如果用半透膜将 1%盐溶液与 2%盐溶液隔开，则水经半透膜从 1%盐溶液进入 2%盐溶液中。

发生渗透时，因为水进入较浓溶液一侧，所以后者的液面升高。当两溶液之间的液面高度差产生了足够阻止水再流动的压力时，渗透即停止。如果向较浓溶液一侧加一压力，则可使水分子反方向流动。为使这两侧液面保持同一水平,需在较浓一侧施加的压力称为渗透压。溶液的渗透压力取决于其浓度和温度。与大气压一样，渗透压也可用汞柱高度或水柱高度表示。例如，血液正常的渗透压为 37 cmH_2O 或 50 Torr(6.67 kPa)。

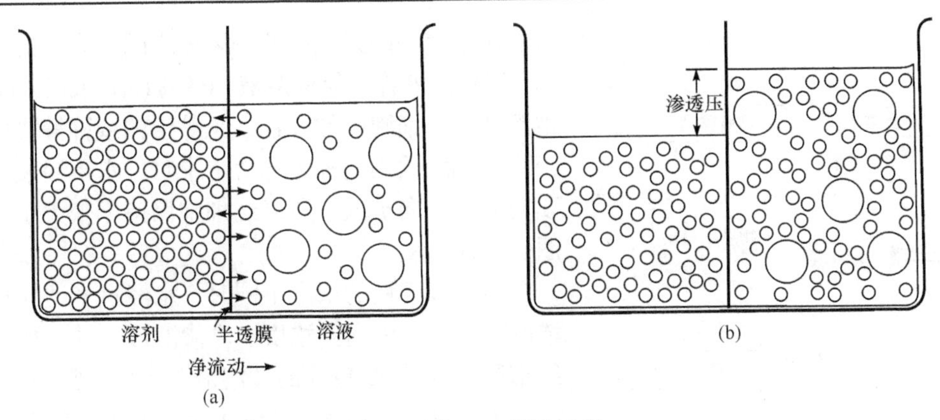

图 2-5　渗透过程

(a) 溶剂从纯溶剂向溶液方向流动；(b) 溶剂流动引起膜两边之间产生液面高度差和压力差(渗透压)
小圆圈表示溶剂分子，大圆圈表示溶质分子

当需要考虑体液各部分水的转移时，就需要了解体液的渗透压。

当将体液中的溶质用 mmol/L 为单位表示其浓度时，并不能正确反映其渗透压的高低。溶液的渗透压取决于单位体积溶液中所含溶质的微粒数，而与溶质的性质(如大小、电荷量)无关。医学上表示溶液渗透压的常用单位是毫渗量每升(mOsmol/L)。1 mOsmol/L 相当于 1 mmol 任何不解离的溶质在 1 L 溶液中所产生的渗透压。含多种溶质的溶液渗透压等于溶液内各种物质所产生的渗透压的总和，也就是将溶液中各种微粒(无论是离子或不解离的分子)的渗透压相加，即为总的渗透压。

1 mol/L NaCl 溶液中有 86%电离，即每 100 个化学式单元氯化钠中有 86 个解离成 Na^+和 Cl^-。因此，体积渗透摩尔浓度(Osm)是 1.86 Osm(此溶液由 1.86 渗透摩尔/升粒子组成)。渗透摩尔浓度是溶质的物质的量乘以在渗透现象中呈活性的粒子数目[Na^+和 Cl^-的浓度都是 0.86 mol/L，未解离的氯化钠浓度是 0.14 mol/L，0.86+0.86+0.14=1.86(mol/L)]。

因为人体中的溶液是稀溶液，所以常使用的单位是毫渗透摩尔浓度，即 1 渗透摩尔浓度的 1/1000。正常血浆和细胞内液的渗透压大致相等，约为 310 毫渗量/升，凡渗透压为 280～320 毫渗量/升的溶液为等渗溶液，低于或高于此值的分别为低渗或高渗溶液。生理盐水(0.9%NaCl)为等渗溶液，因 Na^+与 Cl^-的浓度各为 154 mmol/L，渗透浓度为二者相加即 308 毫渗量/升。大部分体液浓度约为 300 毫渗透摩尔/升。

常用质量渗透摩尔浓度(每 1000 g 水中渗透摩尔数)代替体积渗透摩尔浓度。因为体液是稀溶液，所以这两种单位的差别可以忽略。

血液中含有很大的清蛋白分子，它不能通过膜从血液中扩散出来。因此，血液比周围组织液体的蛋白质浓度高，渗透压也高出约 25 Torr。这个压力有助于将水和小溶质推进血液。它抵消经毛细血管泵送的血液通常压力(静压力)，这些小血管将动脉与静脉连接起来。到达毛细血管的血液的压力为 35 Torr，因为相反的渗透压仅 25 Torr，所以将水和营养素推出。

当血液离开毛细血管时，血压下降到约 15 Torr，但渗透压仍几乎不变。结果，水带着组织产生的废物分子一起返回血液。因此，主要由清蛋白引起的渗透压防止了血液中水的失去，并帮助食物分子流向各组织和废物分子流进血液。血压和渗透压之间的关系如图 2-6 所示。

红细胞本身也受到渗透压差的影响(图 2-7)。如果将具有相同浓度因而渗透压相同的两种

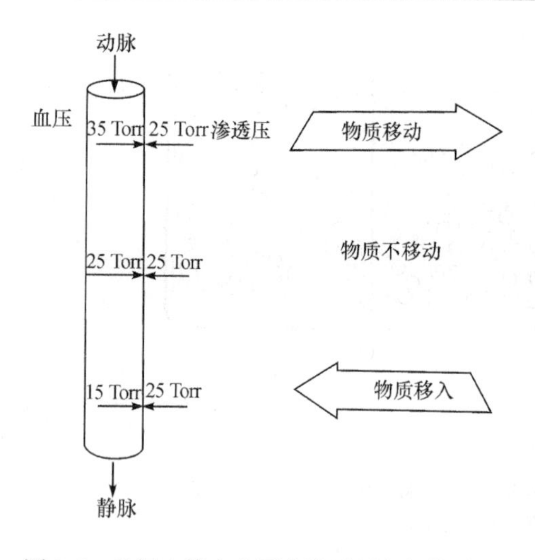

图 2-6　毛细血管中血压和渗透压之间的关系

溶液用半透膜隔开，则两种溶液之间没有水的净流动，这些溶液称为等渗溶液。0.9% (0.15 mol/L)氯化钠溶液与红细胞内的“溶液”是等渗的或称等张的。当将红细胞放入这种生理盐水中时，水不穿过半透膜向某一方向扩散，所以红细胞保持原来大小，如图 2-7(a)所示。

当两种溶液的浓度不同时，水经过半透膜从低浓度、低渗溶液向高浓度、高渗溶液运动。如果将红细胞放入纯水(最稀的“溶液”)中，则水分子扩散进入红细胞，如图 2-7(b)所示，在低渗溶液中，红细胞膨胀并破裂，这称为溶血。在向病人静脉注射水而不是注射生理盐水时会发生这种情况。如果将红细胞放入高渗溶液(如 5%氯化钠溶液)中，则呈现反方向渗透，如图 2-7(c)所示，水从红细胞中扩散出来，而红细胞皱缩成圆齿状，我国许多地方对鱼、肉的腌制处理就是这一原理的应用实例。

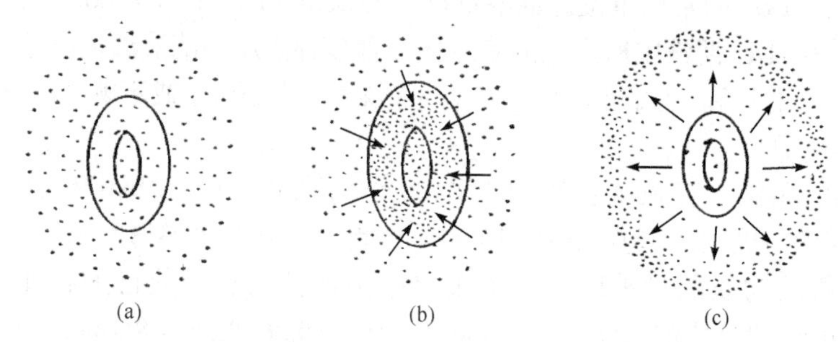

图 2-7　溶液中的红细胞(箭头表示水流动方向)

2) 胶体

混合物并非都是由小分子和离子构成的溶液。大粒子的混合物可以形成胶体，如血液和牛奶。胶体粒子的直径为 1～1000 nm(1 nm=10^{-9} m)。在胶体中，一种物质被认为是分散在另一物质中，表 2-5 中列举了有关的例子。

表 2-5　胶体实例

被分散的物质	分散介质		
	固体	液体	气体
固体	混凝土	果冻(凝胶)、墨汁(溶胶)	灰尘(气溶胶)
液体	干酪	蛋黄酱(乳液)	雾(气溶胶)
气体	泡沫橡胶(泡沫)	搅打的奶油(泡沫)	无*

＊气体混合物形成溶液。

溶胶是固体分散于液体中形成的胶体，如镁乳就是在水中分散有氢氧化镁粒子。乳剂是由液体分散于液体中形成的，如牛奶就是乳脂的小滴分散于水中。防止乳剂分离常需要乳化剂(在牛奶中是一种蛋白质——酪蛋白)。气溶胶是液体或固体分散于气体中而成，如空气中的小水滴。泡沫是气体分散于固体或液体中而成，如搅打奶油就是在奶油中分散有空气。凝胶具有坚固的空隙结构，而由另一物质填充于其空隙，如明胶甜点心和果冻。

虽然胶体粒子比溶液中的粒子大，但仍然太小，用显微镜不能看到。然而，它们的大小足以反射和散射光。例如，胶体呈现“丁铎尔效应”(Tyndall effect)，即光线经过分散体系时可看到一光束。当在显微镜下观察此光束，可以看见极小光点在迅速地运动。这种无规律的曲折运动是由胶体粒子与分散介质的分子碰撞而引起的，称为布朗运动(Brownian motion)。这类似于气体中的分子运动。与溶液不同(溶液是透明的)，胶体可以是半透明的(像磨砂灯泡)或呈云雾状。

胶体的另一重要性质是吸附，即能将其他物质吸附在分散粒子的表面(这种性质与吸收不同，后者是分子进入另一物质的内部，如海绵吸水)。某种胶体(疏液胶体)将离子吸附在胶体粒子的表面，从而带电。这种胶体的一个例子是可用来检验脑脊髓液体的金溶胶。相同电荷之间的排斥作用通常防止了胶体粒子相互结合成较大粒子，这种较大粒子可由于重力而沉降下来。

另一种不同类型的胶体(亲液胶体)，如明胶，在分散粒子周围吸附有一分子膜(如水)，这个保护层也有助于防止胶体粒子沉降。因此，明胶可用来稳定照相胶片上的溴化银胶体。人体中的许多胶体也属于此类。

具有比胶体粒子更大(大到足以用肉眼看到)的混合物称为悬浮体。悬浮体是多相体系(其组成不均匀)，在静置时会沉降，可用滤纸分离。黏土与水的混合物就是一种悬浮体。

胶体中的小分子和离子可通过透析过程分离出来。透析和渗透不同。渗透是溶剂的运动，透析是溶质经透析膜扩散。胶体粒子太大不能透过透析膜小孔，因而留在一边。然而，离子和小分子能从较浓一侧经过透析膜向较稀一侧运动，流动方向是使溶质的浓度趋于平衡。

透析用于净化肾衰竭病人的血液，此过程称为血液透析。病人血液经人工肾机器的管子循环。管子起透析膜的作用，使聚集在血液中的有害物质扩散进入周围的水溶液中。水溶液(含 0.6% NaCl、0.2% $NaHCO_3$、0.04% KCl 和 1.5%葡萄糖)在长达 6 h 的透析时间内，每 2 h 换一次。否则，由血液中扩散出来的废物浓度增加，并开始返回血液。在透析过程中，血液中的大分子没有损失，因为大分子不能通过透析膜。肾衰竭的病人每周需进行血液透析几次，否则会发生尿中毒。身体内聚集废物，会引起慢性酸中毒、贫血以及各种系统和神经的症状，最后导致死亡。

2. 血液

血液是人体的运输系统，主要作用是把氧和食物分子携带到各组织，同时把二氧化碳和代谢废物运走；也协助维持体液平衡、酸碱平衡和正常的体温，以及输送激素和代谢中间产物并保护身体抗拒疾病感染等。

血液约占体重的 8%。成年人的血液有 5～6 L，大部分是由液体即血浆组成。悬浮的是红细胞(俗称红血球)、白细胞(俗称白血球)和血小板。血浆中含量最丰富的是蛋白质，约占 7%，其余是无机盐(1%)和其他有机化合物(2%)，如表 2-6 所示。清蛋白占血浆蛋白质的一半以上(59%)，主要功能是调节渗透压。血浆清蛋白的第二个功能是输送血液中仅微溶于水的各种分子，它们一旦结合到蛋白质上，溶解度就大为增加。脂肪酸和其他代谢产物就是由清蛋白输送的。

表 2-6　血浆中的非蛋白质有机化合物

组分	正常范围/(mg/100 mL)	组分	正常范围/(mg/100 mL)
脂肪酸(总量)	150～500	乳酸	8～17
磷酸甘油酯	150～250	果糖	6～8
胆固醇	100～225	糖原	5～6
三酰基甘油(甘油三酯)	80～240	有机酸(除乳酸外)	3～10
多糖(以己糖计)	70～105	尿酸	3～8
葡萄糖	70～105	戊糖	2～4
氨基酸	35～65	肌酸酐	0.6～1.1
尿素	20～30	胆红素	0.2～1.2
鞘磷脂	10～30	肌酸	0.2～0.9

1) 血液抗体

球蛋白是血浆中存在的另一类蛋白质。其中最主要的是 γ 球蛋白。因为这些蛋白质对疾病具有免疫力，又称为免疫球蛋白。它们作为抗体形成人体的一种防御系统，能消灭入侵的微生物，使那些称为抗原的外来蛋白分子失活。在抗原范畴中有一种外来蛋白质分子是毒素——细菌、动物或植物产生的有毒物质，抵抗这些抗原而形成的抗体称为抗毒素。

抗体的作用是专一的。对于某一种抗原反应所形成的 γ 球蛋白仅与该种特定的分子(无论它是毒素、病毒或细菌)起作用。它们能中和抗原，变成若干凝块沉淀，或者破坏细菌的细胞膜，在所有这些场合都能使入侵的颗粒变成无害的物质。如果向人体注射不致病的抗原(如已被杀死的微生物)，可以产生人工免疫力。

2) 血液凝固

血液凝固是对失血的化学性防护反应，由于液体的血形成脓状固体而实现。正常人血流出后在 37℃经过 5～8 min 即可凝固。

血液凝固的机制是很复杂的，发生的主要变化是纤维蛋白原转化为纤维蛋白。后者是一种能形成硬凝块的纤维状不溶性聚合物。催化这一变化的酶是凝血酶。凝血酶是由一种没有活性的酶原，即凝血酶原在钙离子和另一种蛋白质(促凝血酶原激酶)的存在下产生的。凝血酶原的生物合成需要维生素 K。

在凝血过程中，血小板含有促凝血酶原激酶，以及在它破裂时释放出的其他一些激活因素。血管受伤后，血小板在该部位聚集，封闭伤口并形成一个作用中心，围绕这个中心形成血纤维蛋白细丝。患血小板减少症(血小板量不足)时，出血时间就会延长。还有其他一些因素能延长血液凝固时间。

在新抽取的血液中，如果加入一种能“捕获”钙离子的化合物，防止它参与凝固过程，则可以阻止血液凝固。例如，柠檬酸钾就能与钙离子生成微溶的柠檬酸钙，从而除去钙离子，因此可以将这种盐加入输血或献血的血液中。草酸钠或氟化钠也可作为血浆抗凝剂。

人体本身存在溶解血凝块的系统，正常情况下这一过程在几小时或几天之后发生。催化溶解的酶是一种蛋白酶，称为血纤维蛋白溶酶。通常它是以酶原即血纤维蛋白溶酶原的形式存在的。从无活性形式到活性形式的转化，受各种因素的刺激，如情绪紧张、体育锻炼以及创伤的正常恢复等。

3) 红细胞与气体运输

红细胞的主要功能是运送氧及二氧化碳。这些细胞含有人体最浓的蛋白质溶液，血红蛋白浓度高达 34%(每个细胞约有 10^6 个血红蛋白分子)。血液中血红蛋白的正常范围是 13～17 g/100 mL(2.0～2.6 mmol/L)。红细胞由骨髓形成，寿命约为 126 天。1 mm^3 血液有 4.2×10^6～5.9×10^6 个红细胞(4.2×10^{12}～5.9×10^{12} 个/L)。

人体的血红蛋白分子每天能把 600 多升来自空气的氧携带到身体的各部位。氧分子可逆地结合于血红素的铁原子上，将脱氧血红蛋白(符号为 Hb 或 HHb^+)转化为氧合血红蛋白(HbO_2)。结合了氧以后，血红蛋白的 4 个亚单位的构象发生了改变，血的颜色也变得更红了。在肺里，红细胞中 96%的血红蛋白转化为氧合血红蛋白。当血液到达各种组织时，氧气被释放出来，剩下的氧合血红蛋白约占 64%。在体育锻炼时，有更多的氧合血红蛋白变成血红蛋白，能释放出更多的氧。

大部分的二氧化碳从组织中转运出去，形成红细胞中的碳酸氢根离子(HCO_3^-)，大部分新形成的碳酸氢根离子由红细胞进入血浆。其总结果是，二氧化碳总量的 60%以血浆碳酸氢根离子的形式从组织运走。其余的 CO_2 是以红细胞内碳酸氢根离子或氨基甲酰血红蛋白的形式运输的。

当血液经过静脉回流到肺里时，出现了恰好相反的过程。在碳酸酐酶的作用下，碳酸氢根离子脱水，又形成二氧化碳，氨基甲酰血红蛋白也释放出二氧化碳。这时就从肺里呼出了二氧化碳气体。氧立即再一次与血红蛋白进行氧合作用。这样周而复始，循环不已。

4) 红细胞数目异常

有些情况下，血液中的红细胞高于正常数目或低于正常数目存在。红细胞产生过多称为红细胞增多症(如果是由肿瘤引起的，就称为真性红细胞增多症)，血的总体积也加倍。循环时间从约 60 s 增加到 120 s。大量血红蛋白失去氧，还原为蓝色形式，导致发绀，皮肤呈蓝紫色。还有少数红细胞增多是由于在高山上逗留了几周后，人体为补偿较低的氧分压而产生较多的红细胞。

贫血是红细胞不足引起的。意外出血会引起贫血。虽然人体在 1～3 天后能够补足血浆，但红细胞的浓度要经过 3～4 周才能恢复到正常水平。再生障碍性贫血是产生红细胞的红骨髓破坏所致。受到 X 射线或 γ 射线照射以及某些化学品或药物(如抗生素氯霉素)的作用都可引起该病。如果“内源因素”(胃的一种黏蛋白)的生产欠缺，导致人体不能从肠道中吸收维生素 B_{12}，就产生恶性贫血。红细胞变脆，当流过毛细血管时，就很容易发生破裂引起溶血性贫血。还有一个已经熟知的例子就是镰刀形红细胞贫血病，是一种遗传病。

5) 血型

人类的红细胞膜含有两种不同的糖鞘脂，称为血型物质。当与另外血型，即其血浆中含有能针对这些糖鞘脂起反应的 γ 球蛋白抗体的血液混合时，它们起抗原的作用。人类总共有四种不同的血型，列于表 2-7。

表 2-7　ABO 血型

血型	红细胞抗原	血浆抗体
A	A	抗 B
B	B	抗 A
AB	A 和 B	无
O	无	抗 A 和抗 B

在输血时，如果血型不同，受血者就与供血者的血发生作用，其他血型的红细胞好像入侵的微生物一样。因此，受血者释放出抗体，使“外来”血液“凝集”(形成凝团)，从而使其不能作为失去血液的代替品。

Rh 因子是第二种起抗原作用的红细胞的特殊组分。所谓“Rh 阳性”是指某人具有这些因子中的一种；而“Rh 阴性”是指血液中不存在这些因子。与 ABO 型的情况不同，人类没有抗 Rh 抗原的抗体，除非是该人的血液先前曾接触过含 Rh 因子的血液。当 Rh 阴性的母亲怀孕了一个 Rh 阳性的胎儿，母体便产生了抗胎儿红细胞的抗体。

6) 白细胞

白细胞俗称白血球，是人体保护系统的一部分。它们在骨髓(粒性白细胞)或淋巴结(淋巴细胞)中形成以后，就被运输到有炎症的部位。在该处，有一些白细胞(吞噬细胞)将细菌和损伤组织的碎片包围起来，加以消灭，而形成称为脓的混合物。其他类型的白细胞能形成制造抗体的浆细胞，抗体可以使抗原失活。正是这第二步防御系统提供给人体长期对抗感染的免疫力。

正常成年人每立方毫米血液含 5000～10 000 个白细胞，感染时数目增加。无控制的大量增生白细胞是一种癌症，称为白血病。白细胞大量增加，耗光了人体的营养和代谢物的供应，却起不到有用的功能。当患伤寒、结核病、麻疹、流行性感冒、风疹、流行性腮腺炎和受到射线照射时，白细胞数目会降低。

7) 血液分析

对全血、血浆或血清(除去了纤维蛋白原的血浆)可以进行各种分析化验。表 2-8 列举了最重要的化验项目、正常范围和引起数值升高或减少的各种原因。在国际单位制系统，单位一般采用 mmol/L 或μmol/L。

表 2-8　常规血液化验

化验名称	正常范围(100mL)	正常范围	升高原因	减少原因
清蛋白	4～5g	540～770 μmol/L	—	肾病或肝病
胆红素	0.5～1.4 g	3～21 μmol/L	红细胞破坏 肝脏损伤(黄疸)	—
胆固醇	150～250 mg	2.6～5.9 mmol/L	糖尿病 高脂血症 妊娠	严重传染病 恶性贫血 癫痫(羊角风)
肌酸酐	0.7～1.5 mg	53～106 μmol/L	肾病 肠道或尿道梗阻	—
葡萄糖	70～100 mg	3.9～5.8 mmol/L	糖尿病 甲状腺功能亢进 妊娠 情绪紧张	饥饿 胰岛素分泌过多 甲状腺功能亢进 肝病
无机磷酸盐	3～4.5 mg	1.0～1.5 mmol/L	饥饿 肾病 甲状旁腺功能减退	佝偻病 黏液性水肿 甲状旁腺功能亢进
蛋白质总量	6～8 g	60～80 g/L	多发性骨髓瘤	传染性肝炎 肾病变 肝硬化

续表

化验名称	正常范围(100mL)	正常范围	升高原因	减少原因
尿素氮(BUN)	8～25 mg	2.1～7.1 mmol/L	金属中毒 肾病 脱水	妊娠 肝衰竭
尿酸	3～7 mg	0.18～0.48 mmol/L	痛风 白血病 肾病 传染病	肝萎缩 水杨酸盐治疗

3. 其他细胞外液

除了血浆以外，为了维持身体的正常功能，还需要另一些专门化的液体。细胞外液总量的大部分是组织间液，约占体重的 15%。它存在于细胞之间的间隙里，大多不能自由流动，而是使间隙中的物质分子水合的水。这种体液大部分存在于以透明质酸(一种多糖，作为一种黏合剂将细胞结合在一起)为主的胶体中。溶解的物质在血液和组织细胞之间进行扩散，途中通过这种胶体。

1) 淋巴

虽然术语“组织间液”和“淋巴”有时是指同一种物质，但淋巴更准确的定义是含在淋巴管内的液体。淋巴系统是特殊的循环系统的一部分，包括淋巴静脉和毛细血管，但无相应的动脉，如图 2-8 所示。淋巴系统把物质特别是蛋白质和过量的组织液从组织中运回血液。这个过程对维持血液和组织之间的正常渗透压平衡是非常重要的。淋巴的另一重要的性质是它能从小肠中吸收脂肪。此外，存在于淋巴系统中的结缔组织团块——淋巴结，能够形成某些白细胞。淋巴结还起着过滤器的作用，捕获死细胞并杀灭侵入人体的细菌。

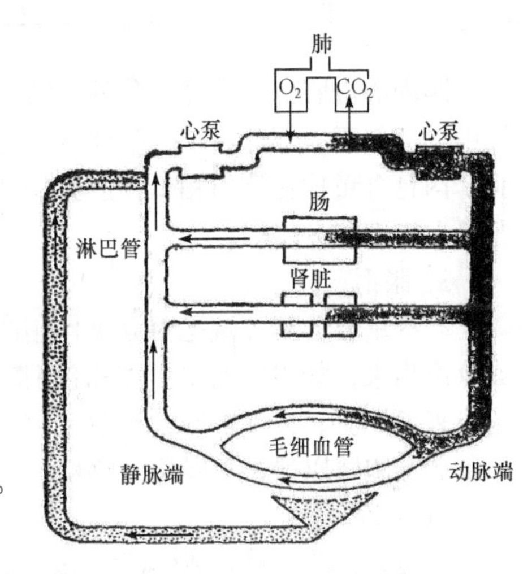

图 2-8　淋巴系统及与循环系统的关系

2) 胆汁

胆汁是脊椎动物特有的从肝脏分泌出来的分泌液。自肝脏刚分泌出来的胆汁称为肝胆汁，而储存于胆囊中被浓缩了的胆汁称为胆囊胆汁。肝胆汁中溶解的固体成分占 3%，水分占 97%；而胆囊胆汁中溶解的固体成分占 16%左右。胆汁中所含的化学成分很多。人胆汁每天的分泌量为 300～700 mL。肝胆汁呈金黄色或橙色，胆囊胆汁呈暗褐色。胆汁含胆汁酸盐(胆盐)，具苦味，含黏蛋白带黏稠性。胆汁中特有的化学成分为胆盐和胆色素，另外胆汁中还含有卵磷脂、胆固醇，Na^+、K^+、Ca^{2+}、Mg^{2+}、Cl^-、HPO_4^{2-}、$H_2PO_4^-$、HCO_3^-、CO_3^{2-}等离子成分，蛋白质、尿素、某些激素(甲状腺素和性激素等的代谢产物)、酶(碱性磷酸酶、亮氨酸氨肽酶)等。胆汁中各种组成成分的含量及比例如表 2-9 所示。

表 2-9　正常人胆汁的组成成分及含量

成分	肝胆汁	胆囊胆汁
水分	96%～97%	80%～95%
总固体	3%～4%	4%～20%
相对密度	1.010～1.012	1.012～1.059
pH	6.5～8.6(因膳食而异)	6.1～8.6(平均 7.35)
结合胆汁酸	0.96%～1.2%	1.8%～6.2%
游离胆汁酸	0.28%～0.52%	2.0%
胆红素	0.002%～0.03%	0.05%～1%
胆固醇	0.02%～0.180%	0.1%～1.5%
卵磷脂	0.25%	0.35%
蛋白质	0.180%	0.45%
脂肪酸	0.1%～0.45%	0.08%～1.6%
钙	2 mmol/L	5～6 mmol/L
氯	90～100 mmol/L	16～110 mmol/L
钠	140 mmol/L	>140 mmol/L
钾	3～12 mmol/L	3～15 mmol/L
碳酸氢盐	20～25 mmol/L	25～50 mmol/L
尿素	<血清值	易变动

胆固醇占胆汁中固体成分的 3%～6%，胆汁中的胆固醇绝大部分是游离型的。正常人胆汁中的胆红素大部分为结合胆红素(胆红素葡萄糖醛酸苷)，而游离型胆红素在胆汁中极少。肝胆汁内钙含量比血清值稍低，胆囊胆汁中钙含量较高。胆汁中的黏液物质——糖蛋白类是由胆囊上皮细胞分泌的。

3) 眼泪

有些重要的胞外液是由分泌作用产生的，即依靠一个需能过程，由血液和组织间液形成或分离出来，如眼睛的水样液和包围着脑和脊髓的脑脊髓液。眼泪是一种分泌物，它能保持角膜表面润湿，以保护眼睛和改善它的光学性质。这种液体含有一种酶——溶菌酶，它能水解细菌细胞壁以保护角膜免受感染。

4) 唾液

唾液是口腔几种腺体(腮腺、颌下腺、舌下腺)的分泌物。唾液含有α淀粉酶(唾液淀粉酶)，它能把淀粉水解为分子较小的多糖。另外，唾液还含有一种糖蛋白的混合物，称为黏蛋白，形成黏液的主体，起润滑作用以帮助吞咽。唾液还是清除阻塞牙齿的食物颗粒的清洁剂。消化道的其他分泌物是胃分泌的胃液，胰的胰液及小肠的小肠液等。

5) 汗液

分泌汗液是为了通过蒸发作用降低体温。若排出了大量汗液而没有及时补充水分的损失，会引起身体的细胞内和细胞外部分失水，使中枢神经系统发生变化。产生的失调包括热致衰竭(虚脱)和热痛性痉挛，这些情况可以口服氯化钠片剂(每次 1～2 g，水送下，每天 4 次或 4 次以上)加以防止。

6) 乳汁

乳汁是由妇女的乳腺在妊娠末期分泌的。它是最完备的天然食品之一，含有婴儿生长和发育所需要的营养丰富的物质。人乳与牛乳组成成分的主要差别是人乳的碳水化合物含量高于牛乳，而牛乳的蛋白质含量高于人乳。白色来源于乳化的脂类物质以及酪蛋白(乳汁中最重要的蛋白质)的钙盐。乳汁的 pH 为 6.6～6.8，但是在放置时由于其中的乳糖通过微生物发酵而形成乳酸，因而会变得更酸。

乳汁中主要的糖类是称为乳糖的二糖。乳汁所含的脂类物质是三酰基甘油(甘油三酯)，它含有一切常见的饱和脂肪酸，由它们提供乳汁所含的大部分热能(250 mL 约有 669 kJ 热量)。乳汁还含有维生素 A 和核黄素，少量的抗坏血酸、维生素 D、硫胺素、遍多酸和烟酸。抗坏血酸可被巴斯德消毒法(一种低热消毒法，在 62℃热处理 30 min，以杀死乳汁中有害的微生物)破坏。除了钙质和磷质以外，乳汁中重要的无机组分还有钾、钠、镁和氯(这些物质组成了它的“灰分”)。由于乳汁的铁含量低，如果乳汁是婴儿的唯一食品，则易患贫血病。

4. 尿液

尿是由人体主要的分泌器官肾脏从血浆分离出的液体，是一种比较特殊的体液。尿中含有代谢废物和许多过量存在于人体而必须排除的其他物质。肾脏通过控制排出的尿的性质，帮助机体调节细胞外体液的体积和成分。

正常成年人 24 h 内排尿量为 600～2000 mL。排尿的确切数量取决于许多因素，如液体的摄取量，摄取某些食物或药物，患有某种疾病以及环境的温度等。能增加排尿量的化学物质称为利尿药。

因为有尿色素存在，故尿液呈琥珀色，透明，静置后有沉淀生成，这些沉淀物主要是蛋白质和磷酸盐。尿液的 pH 通常为 5.5～6.5，但可在 4.8～8.9 变化。一般来说，尿液呈酸性，因为饮食的残余物含有硫酸(来自含硫氨基酸)和磷酸(来自含磷的分子，如核酸和磷酸甘油酯)。但如果摄入大量水果和蔬菜，就会出现碱性尿液。

1) 尿的正常成分

肾脏重吸收人体所需要的一些分子，其中包括 99%的水、葡萄糖、氨基酸以及钠离子、氯离子和碳酸氢根离子。分泌和出现在尿中的离子和分子列于表 2-10。

表 2-10　尿液的组成成分

成分	含量	成分	含量
钠离子	2.4 g	磷酸根离子	0.7～1.6 g 磷
钾离子	1.5～2.0 g	硫酸根离子	0.6～1.8 g 硫
镁离子	0.1～0.2 g	有机硫酸酯	0.06～0.2 g 硫
钙离子	0.1～0.3 g	尿酸	0.08～0.2 g 氮
铁离子	0.2 mg	氨基酸	0.08～0.15 g 氮
铵离子	0.4～1.0 g 氮	马尿酸	0.04～0.08 g 氮
氢离子	微量	肌酸酐	0.3～0.8 g 氮
氯离子	9～16 g	肽	0.3～0.7 g 氮
碳酸氢根离子	0～3 g	尿素	6～18 g 氮

食物中最丰富的阳离子是钠离子和钾离子，也是尿中主要的阳离子，其含量随饮食而变化，但每日排出的钾离子的最少量是 1 g。尿液中还含有少量的钙离子、镁离子和铵离子[但在严重酸中毒时，尿中出现大量的铵离子(NH_4^+)]。主要的阴离子是氯离子(Cl^-)，从尿中排出的量约等于摄取的量。磷是以磷酸根离子(PO_4^{3-})的形式存在；酸中毒或碱中毒时，其浓度增加，而肾脏损伤、妊娠和发生腹泻时，浓度减少。硫是以硫酸根离子(SO_4^{2-})的形式存在于尿中。

尿液中主要的有机成分是尿素。它是人体氮素代谢的最终产物。由于人体保持氮素平衡，因此排出的量直接取决于食物中的含氮量，特别是进食中蛋白质的量。

尿酸是一种嘌呤代谢形成的废物；它的浓度与饮食(特别是腺体性肉类食物)中核蛋白的含量有关。患有痛风、白血病、红细胞增多症和肝炎时，尿酸的排出量增加。

肌酸和肌酸酐是存在于肌肉中的分子。肌酸酐是尿的正常成分，是肌酸代谢的最终产物。尿液中肌酸酐的含量是衡量人体肌肉数量的尺度。当肌肉消瘦时，如饥饿、发烧、糖尿病、肌营养不良，尿中就大量地排出肌酸超过肌酸酐的量。

马尿酸(苯甲酰甘氨酸)是人体排出苯甲酸的形式。苯甲酸存在于水果、浆果等食物中。尿液中还有其他一些有机分子，包括尿胆素原、少量的维生素和激素。

2) 尿液中的异常化合物

有些情况下，尿液中还能出现另一些分子，常说明存在某种疾病。如果尿中存在不寻常的大量的糖，就称为糖尿。最常见的原因是糖尿病，另一些原因是麻醉、窒息、情绪激动和甲状腺功能亢进。尿液中含有大量蛋白质时，就称为蛋白尿，患肾脏疾病(如肾炎)时就能发生这种情况，清蛋白常是主要组分，所以又称为清蛋白尿。其他异常组分还包括酮体(患酮症时)。如果尿中排出各种取代的卟啉化合物，就称为卟啉尿。而患肝病时，尿中存在胆红素和尿胆素原。在内出血时，尿中带血(“潜血”)。而尿中带脓，则表明肾脏或尿道感染。

2.3.4　细胞内液

细胞外液是生命体的内环境，而生命的核心物质细胞的内环境，可认为是细胞内液。一般来说，细胞内液的定义仅限于高等动物，不包括植物，主要包括细胞质基质、核液、细胞器基质等细胞内液态物质。成熟植物细胞液泡内的液体称为细胞液。实际上，生命体系真正最重要的化学过程，就是发生在细胞内液态环境的过程。因此，全面了解细胞内溶液的组成、结构与性质具有重大意义。遗憾的是，尽管描述细胞内液的信息很多，但系统全面介绍的资料却很少。下面只能简单介绍一些有关概念。

1. 细胞液与细胞内液

植物细胞的液泡中的液体称为细胞液(cellsap)，是细胞质中除去能分辨的细胞器和颗粒以外的胶态基底物质，这种胞质溶胶也就是细胞匀浆经超速离心除去所有细胞器和颗粒后的上清液部分，其中溶有无机盐、氨基酸、糖类、生物碱以及各种色素，特别是花青素(anthocyanidin)等。从内环境的角度来说，细胞液应属于细胞内液的范畴。

细胞内液是高等动物细胞的一个专门概念。细胞内液在细胞中所占比例很高，地位举足轻重。例如，人体体液约占体重的 65%，而细胞内液占到了其中的 2/3。作为细胞核、细胞质、细胞器中的流体，细胞内液由小分子的水、无机离子，中等分子的脂类、氨基酸、核苷酸，大分子的蛋白质、核酸、脂蛋白、多糖等物质组成。

细胞质(cytoplasm)是细胞膜以内、细胞核以外的部分，是进行新陈代谢的主要场所，绝大多数化学反应都在细胞质中进行。同时它对细胞核也有调控作用。细胞质由均质半透明的胞质溶胶(cytosol)和细胞器及内含物组成。胞质溶胶约占细胞体积 1/2，含无机离子(如 K^+、Mg^{2+}、Ca^{2+}等)、脂类、糖类、氨基酸、蛋白质(包含酶类及构成细胞骨架的蛋白)等。骨架蛋白与细胞形态和运动密切相关，被认为对胞质溶胶中酶反应提供了有利的框架结构。绝大部分物质中间代谢(如糖酵解作用、氨基酸、脂肪酸和核苷酸代谢)和一些蛋白的修饰作用(如磷酸化)在胞质溶胶中进行。悬浮在胞质溶胶中的细胞器分为有界膜的和无界膜的，它们参与了细胞的多种代谢途径。内含物则是在细胞生命代谢过程中形成的产物，如糖原、色素粒、脂肪滴等。

细胞质基质实质上是一个在不同层次均有高度组织结构的系统，可分为两个部分：①微梁网络，分布在整个细胞中，由蛋白质性质的微梁纤维构成；②水状的网络空间，其中溶解或悬浮着多种小分子，如糖、氨基酸、无机盐等。微梁网络的边缘附着在细胞的质膜上，并与微管、微丝等细胞骨架成分交织成为网架，支挂着内质网、线粒体等细胞器。游离的多核糖体则悬于微梁网络的交叉点上。

细胞液中的花青素与植物颜色有关，花、果实和叶的紫色、深红色都是取决于花青素。花青素是一种水溶性的植物色素，存在于液泡内的细胞液中，可以随着细胞液的酸碱性改变颜色，常见于花、果实的组织中及茎叶的表皮细胞与下表皮层，与糖类物质以糖苷键结合。植物的花、叶、果实的颜色，除绿色之外，大多由此产生。

细胞液中常含有特殊气味的物质，起杀菌和防腐作用。细胞液也是药用和工业用物质的来源，如洋地黄的强心苷、茶叶的鞣质、治疗疟疾的奎宁碱和常山碱、镇痛止咳的吗啡、治疗哮喘的麻黄碱等。此外，液泡还是植物代谢废物屯集的场所，这些废物以晶体的状态沉积于液泡中。

由于细胞液中含有很多溶解物质，因而具有较高的渗透压，可以维持一定膨压。植物细胞发生渗透作用时，细胞中的水分因为细胞外的浓度较高而往外渗出，同时细胞的选择吸收将一些无机盐等物质通过细胞膜的蛋白质运送到细胞内，使细胞内的溶液浓度高于外界浓度，这样水分就由外界的低浓度向细胞内的高浓度运输，进入液泡的原理一样。

植物细胞的液泡充满水溶液，将液泡膜及质膜视为半透膜，则细胞与细胞之间，或细胞浸于溶液或水中，都会发生渗透作用。实际上，生物膜并非理想半透膜，它是选择性透膜，既允许水分子通过也允许某些溶质通过，但通常使溶剂分子比溶质分子通过多得多，因此可以发生渗透作用。植物细胞由于细胞壁的存在，可以产生压力而逐渐使细胞内、外水势相等，细胞停止渗透吸水。因此，植物细胞放在水中一般不会破裂，而动物细胞(如红细胞)放入水中则会破裂。

2. 细胞内、外液电解质的组成

体液中的溶质分为电解质和非电解质两大类：①非电解质，如尿素、葡萄糖等；②电解质，如 K^+、Na^+、HCO_3^-、蛋白质和有机酸等。电解质在维持体液分布与动态平衡中起重要作用。其中大分子的蛋白质难以透过毛细血管壁和细胞膜。电解质在细胞内、外液中的浓度和分布见表 2-11 和图 2-9。

表 2-11　各种消化液中的电解质浓度(mmol/L)

消化液	Na^+	K^+	Cl^-	HCO_3^-	备注
唾液	30	20	30	20	Na^+和Cl^-可随流出量而显著升高
胃液	6	10	165	0	含H^+ 155 mmol/L
肝胆汁	150	10	95	22	含结合胆汁酸等阴离子 20～30 mmol/L
胆囊胆汁	150	12	17	10	含结合胆汁酸等阴离子 150～210 mmol/L
胰液	130	10	70	85	组成可因刺激而发生变化，且随刺激不同而异
空肠液	111	4.6	104	31	组成的变动较大

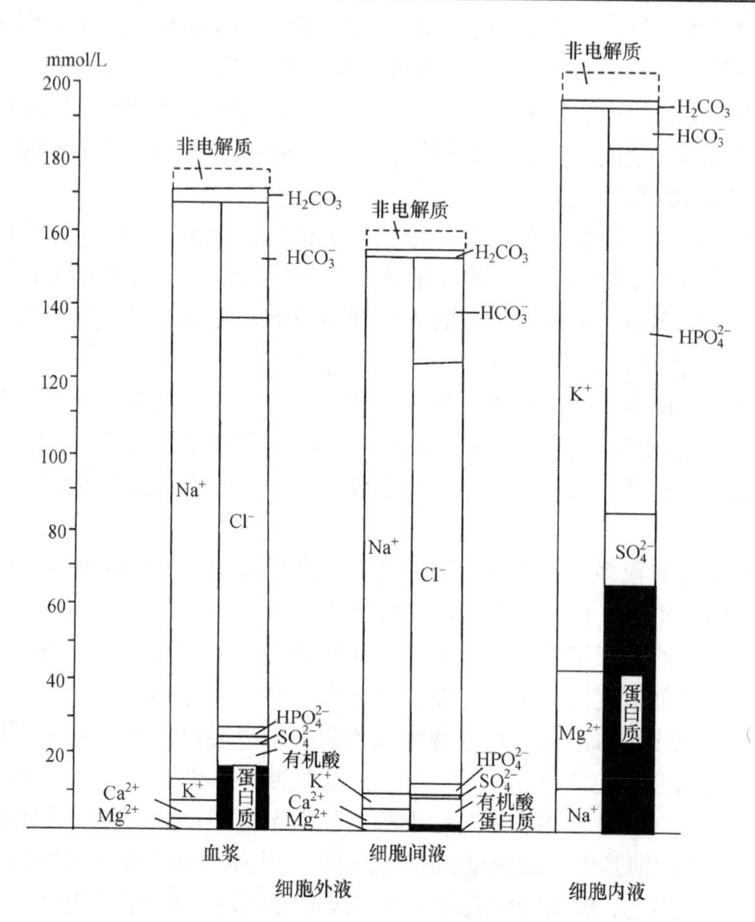

图 2-9　细胞内液与血浆中各种电解质的浓度

体内电解质浓度常用 mmol/L 表示。当以此单位表示时，体液内的正、负离子总数是相等的。体内各部分电解质组成有所不同。细胞外液的主要正离子为 Na^+，负离子为 Cl^-，其次为 HCO_3^-。细胞内液的主要正离子为 K^+，负离子是磷酸根和蛋白质离子。

3. 水的代谢

1) 水的来源和去路

水是构成体液的主要组成成分。在人体与外界环境交换的物质中，以水为最多。正常成人每日需水量约为 2500 mL，新生儿约为 700 mL，10 岁儿童约为 1300 mL。在维持体内水的动态平衡时，进入体内的水和排出体外的水基本上相等(图 2-10)。

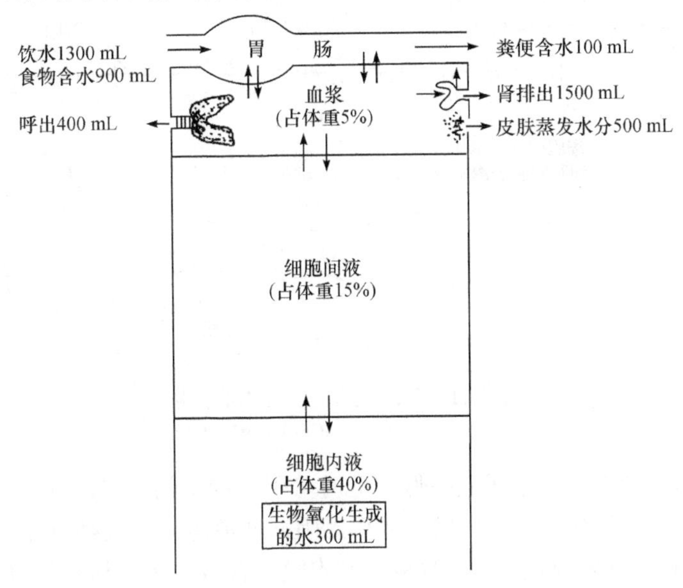

图 2-10　水在体内的动态平衡

正常人体由粪便失去的水虽少，但每日仍有大量的水和电解质出入胃肠道。普通成人每天分泌的消化液的平均量大约为:唾液 1500 mL，胃液 2500 mL，胆囊胆汁 500 mL，胰液 700 mL，肠液 3000 mL。

大量含电解质的消化液(相当于等渗液或 2/3 等渗液)在正常情况下几乎全部被重吸收。但呕吐、胃肠道引流、肠瘘、腹泻等疾病均可引起消化液的大量丢失，从而产生水与电解质平衡的失常。

2) 体液各部分水的转移

人体每天除与外界交换水分外，体内各部分体液的水也不断相互交换，而且交换的速度相当快。例如，在休息状态下血液循环全身一周约需 1 min，在运动时可缩短为 10 s。

(1) 血浆和细胞间液之间水的转移。血浆和细胞间液之间隔着一层毛细血管壁，此壁可看做是多孔的半透膜。为简单起见，可以认为此种半透膜不能透过蛋白质(实际上不是绝对不能透过)，而其他物质包括水和小分子化合物都能透过，故血管内外渗透压的差异主要为胶渗压的差异。引起毛细血管内、外水转移的因素，在血管内为血压和胶渗压，血管外为细胞间液静水压和胶渗压。血管内、外水的转移如图 2-11 所示。

在毛细血管的动脉端，血管内外静水压差(血压—细胞间液静水压)大于胶渗压差，差值约为 6.7 mmHg，故水自血浆流向细胞间液。在毛细血管的静脉端，胶渗压差大于静水压差，差值约为 6.1 mmHg，故水自细胞间液流向血浆。此外还有一部分液体由于淋巴管内的负压而经淋巴系统进入血液。

在正常情况下，进入细胞间液的水和离开细胞间液的水基本上相等，这样才能维持一定的细胞间液总量。但当各种原因引起细胞外液量增加或减少时，首先影响的是细胞间液量，通过其量的增加或减少尽可能维持循环血量的恒定。若体液继续丢失，则循环血量迅速下降。与此相反，当出现血浆蛋白浓度降低，或由于毛细血管通透性增加而使细胞间液蛋白质浓度

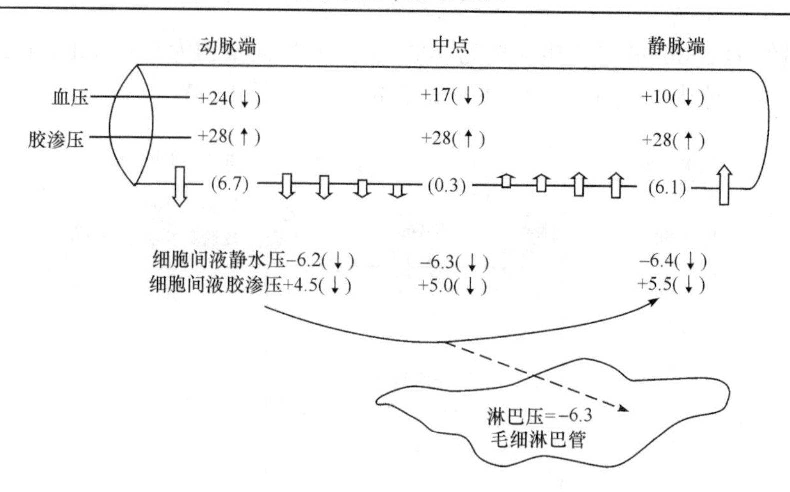

图 2-11　毛细血管内、外水的转移

压力单位为 mmHg(1 mmHg=1.333 22×10^2 Pa)

增加时，则可引起血管内外胶渗压差降低，此时可引起细胞间液量增加，导致水肿；静脉回流受阻如心力衰竭时，毛细血管血压增高或淋巴阻塞回流障碍，也都可导致水肿。

(2) 细胞间液和细胞内液之间水的转移。细胞膜可看做功能极其复杂的半透膜，除蛋白质不易透过外，很多无机离子也不能随意透过。由于无机离子所产生的晶体渗透压远大于蛋白质所产生的胶渗压，故决定细胞间液与细胞内液水转移的主要因素是无机离子所产生的晶体渗透压。

由于水可以透过细胞膜，因此在一般情况下细胞内、外液的晶体渗透压基本上相等。然而根据测定结果，细胞内液离子总数大于细胞外液，这可能是由于细胞内一部分离子与细胞的蛋白质或其他物质结合。当细胞内液或外液渗透压发生变化时，即可引起水的转移,如前所述，当细胞外液渗透压升高时，水自细胞内液转移至细胞外液，引起细胞皱缩；当细胞外液渗透压降低时，水自细胞外液转移至细胞内液，引起细胞肿胀。

4. 体液中的缓冲体系及其在调节酸碱平衡中的作用

在正常膳食情况下，体内产生的酸性物质比碱性物质多。在一定范围内这些酸性或碱性物质进入血液后不会引起血液的显著变化，原因在于体内有一系列调节机理，这些调节机理包括体液中的缓冲体系(化学调节)和肺与肾对酸碱平衡的调节(生理调节)。

体内生成或摄入的 H^+首先与细胞外液的缓冲体系作用，有一部分进入细胞与细胞内的缓冲体系作用，通过缓冲作用生成的碳酸可在肺中分解为 CO_2 和水，CO_2 被呼出体外。体内调节固定酸的根本途径是从肾脏排出 H^+和保留碳酸氢盐。

1) 体液中的缓冲体系

体液中的缓冲体系由乙酸和弱酸强碱盐组成。血液缓冲体系含量仅占体内缓冲体系的 1/4。

血液中的缓冲体系：

血浆中：$NaHCO_3$-H_2CO_3，Na-蛋白质-H-蛋白质，Na_2HPO_4-NaH_2PO_4

红细胞中：$KHCO_3$-H_2CO_3，$KHbO_2$-$HHbO_2$，KHb-HHb，K_2HPO_4-KH_2PO_4

血浆中以碳酸氢盐($NaHCO_3$-H_2CO_3)体系为主，红细胞中以血红蛋白体系($KHbO_2$-$HHbO_2$ 和 KHb-HHb)为主。全血中各种缓冲体系的浓度占缓冲体系总浓度的百分数列于表 2-12，从中可以看出各种缓冲体系缓冲酸的能力。

表 2-12 全血中各缓冲体系的含量百分数

缓冲体系	占全血中缓冲体系总含量百分数/%
HbO_2 和 Hb	35
有机磷酸盐	3
无机磷酸盐	2
血浆蛋白质	7
血浆碳酸氢盐	35
红细胞碳酸氢盐	18

HCO_3^--H_2CO_3 缓冲体系在酸碱平衡调节中最为重要，因 HCO_3^--H_2CO_3 含量最多，而且易于调节。H_2CO_3 浓度可通过肺部呼出 CO_2 的多少加以调节，而 HCO_3^-的量可通过肾脏对其排出或保留的增减予以调节。

血浆中 $NaHCO_3/H_2CO_3$ 的正常值为 20/1。正常人血浆 pH=7.4 时，血浆[$NaHCO_3$]≈ 24 mmol/L，[H_2CO_3] ≈ 1.2 mmol/L，二者比值为 24/1.2=20/1。血浆的 pH 可由下式计算：

$$pH = pK_a + \lg[HCO_3^-] / [H_2CO_3]$$

式中的[H_2CO_3]实际上绝大部分是物理溶解的 CO_2 的浓度，pK_a 是其解离常数的负对数值，37℃时为 6.1，代入上式，pH=7.4。可见，只要维持[HCO_3^-]/[H_2CO_3]值恒定，即能维持血浆 pH 恒定。

2) 缓冲体系的缓冲机理

体内的固定酸或碱可被所有缓冲体系缓冲，但根据表 2-11，对其缓冲作用最大的是碳酸氢盐缓冲体系。而挥发性酸(碳酸)可由磷酸盐、血浆蛋白质及血红蛋白的缓冲体系来缓冲，其中最主要的是血红蛋白缓冲体系。以血浆碳酸氢盐缓冲体系为例，对固定酸碱的缓冲过程可描述如下：

当固定酸(以 HA 表示)进入血液时，可进行下列反应：

$$HA + NaHCO_3 \longrightarrow H_2CO_3 + NaA$$

$$H_2CO_3 \longrightarrow CO_2 + H_2O$$

此时酸性较强的固定酸转变为较弱的碳酸，因而起到了缓冲作用，而且碳酸可分解为 CO_2，自肺排出体外。

当碱性物质(如 Na_2CO_3)进入血液时，可进行下列反应，使碱性减弱。

$$Na_2CO_3 + H_2CO_3 \longrightarrow 2NaHCO_3$$

生成的过多的碳酸氢盐还可由肾脏排出体外。

由于血浆中的缓冲体系以碳酸氢盐缓冲体系为主，在此体系中，$NaHCO_3$ 的量为 H_2CO_3 的 20 倍，因此对体内产生的固定酸缓冲效能最大，是血浆中含量最多的碱性物质，在一定程度上可以代表血浆对固定酸的缓冲能力，故称血浆中的 $NaHCO_3$ 为碱储或碱藏。

第 3 章　生命物质的特性

可以说，生命中的化学过程是有别于一般环境中的化学过程的。第 2 章已经提到，生命体系的化学反应基本限定在细胞这个纳米尺寸的空间范围，且以动态平衡为特征；反应体系的溶剂环境已经不是一般意义上的水或水溶液了。本章进一步描述生命物质的一些特性，包括生命必需元素、不对称、液晶、自由基等，对于从根本上认识生命具有重要意义。

3.1　矿物质与生命必需元素

矿物质在生命体中起着极其重要的作用。构成生命主体的有机物如果没有矿物质的存在，则不会有生命现象出现，更不会产生多姿多彩的生命活动。天体在从大到小分化的过程中生成了地表上丰富的矿物质，矿物质在水、大气等条件存在下又演绎出生命。从进化这个角度看，认识矿物质在生命体中的作用及作用规律必然是揭示生命本质的钥匙。

3.1.1　矿物质在生命体中的运动规律

1. 生命元素的选择与演化规律

现代生命是经过漫长的进化过程而逐渐形成的。根据对微化石的研究，已证明生命的起源约在 35 亿年前。在生命演化中，各种生命元素是怎样被生物所选择、所利用已成为研究的热点。

一般认为，生物的初期进化是在海洋中完成的。首先是将比较容易得到的物质作为构成生命有机体的材料而逐渐在进化过程中加以完善。因此，可以认为生命的最初形态是由海洋中比较多的几种元素所构成；至于对微量金属利用也是优先利用在海洋中浓度较高的(丰度规则)。具体地说，就是各种元素有个临界浓度，它的存在量若在临界浓度以上，则对生物进化有所影响。生物体将会以它们作为必需元素；若在临界浓度以下，则对生物进化影响不大。

海水中元素的浓度与人体必需元素含量(参见表 3-1)大体相似，如下所示：

(1) $>10^{-3}$ mol/L，如 H、O、Na、Cl、Mg、S、K、Ca、C、N 等。

(2) 10^{-7}～10^{-3} mol/L，如 Br、B、Si、Sr、F、Li、P、Rb、I 和 Ba 等。

(3) 5×10^{-9}～10^{-7} mol/L，如 Mo、Fe、Zn、Al、Cu、Ti、Sn、V、Ni、Co、Se、Cr 等。

(4) 浓度更低的元素。

显然，第(1)类是构成人体宏量必需元素；而第(3)类和部分第(2)类元素则是构成人体或生物体的必需微量元素。这是地球演化的结果，也说明了在生物演化过程中，无论是低等生物还是高等生物都不断地从环境中选择某种元素去完成某一需要的功能。为完成同一功能可能选用同一元素(如细胞色素 C 都以铁为中心)或具有同样性质的元素。

一般从以下几个方面考虑在生物演化过程中元素选择时应遵循的规律。

表 3-1　人体必需元素含量

元素	体内含量/g	质量分数/%	元素	体内含量/g	质量分数/%
O	43 000	61	Pb*	0.12	0.000 17
C	16 000	23	Cu	0.072	0.000 10
H	7 000	10	Al*	0.061	0.000 091
N	1 800	2.6	Cd*	0.052	0.000 07
Ca	1 000	1.4	B*	<0.048	0.000 07
P	720	1.0	Ba*	0.022	0.000 03
S	140	0.20	Sn	<0.017	0.000 02
K	140	0.20	Mn	0.012	0.000 02
Na	100	0.14	Ni	0.010	0.000 01
Cl	95	0.12	Au*	<0.010	0.000 01
Mg	19	0.027	Mo	<0.009 3	0.000 01
Si	18	0.026	Cr	<0.006 6	0.000 009
Fe	4.2	0.006	Cs*	0.001 5	0.000 002
F	2.6	0.003 7	Co	0.001 5	0.000 002
Zn	2.3	0.003 3	V	0.000 7	0.000 001
Rb	0.32	0.000 46	Be*	0.000 036	
Sr	0.32	0.000 46	Ra*	3×10^{-11}	
Br	0.20	0.000 29			

注：人的体重为 70 kg，标“*”元素的功能尚未确定。

1) 丰度规则和生物可利用规则

当某一生物功能可以从几种可用的元素中选择其一去完成时，生物体选择在自然界存在较丰富的那种元素，因此人体内的宏量元素都是溶在海水中的最丰富的元素。

例如，在酶所依赖的金属中，最常见的是铁、钼、铜和锌。它们在海水中的浓度也都比较高。特别是钼，它以 MoO_4^{2-}的形式存在于海水中，浓度与铁差不多。锌在海水中的浓度也和铁差不多。铜的浓度大约为它们的一半。

又如，多数生物用钙的碳酸盐或磷酸盐作为构成内或外骨骼的材料。无疑，这是利用碳酸钙和磷酸钙的难溶性。然而，相应的锶的化合物也是不溶的。用钙而不用锶主要就是因为钙比锶丰富得多。这条规则的实质是生物若要适应环境，它就必须以环境中易得的元素当做必需元素。除丰度外，各元素的生物利用度的高低也起决定作用。丰度虽高，可利用度低，也不会被选为必需元素。反之亦然。

2) 有效规则

生物体要选择更加有效的化合物加以利用。

例如，黄素氧还蛋白和铁氧还蛋白都有传递电子的功能。它们有许多相似的方面，在大多数情况下可以互换。然而，它们的组成是完全不同的。黄素氧还蛋白是以黄素单核苷酸作为辅酶，而铁氧还蛋白中的功能单位则是铁硫原子簇，因此黄素氧还蛋白一般不及铁氧还蛋白有效。值得注意的是，铁含量丰富的细胞就不含黄素氧还蛋白；而在缺铁的介质中，还是会利用黄素氧还蛋白。

3) 基本适宜规则

根据基本适宜规则，一种无机元素(通常为金属)若被选择，它就应具有能完成某种功能的能力。换句话说，某种元素本来就适应于某一特定的功能。

众所周知，金属离子对氧化还原反应的催化作用可以受许多因素的影响。其中主要的因素有以下两点，一是金属离子本身的价电子数和最佳配位数；二是受配体和外部因素影响的氧化还原电位和路易斯酸度。自然界选择金属组成氧化还原酶时就利用了这个规则，选择的尺度是氧化还原电位。

生物体系基本上都是水体系，在这种体系中起电子传递作用的金属酶必须在氧化还原电位上满足两个条件：①在水溶液中稳定；②能与底物可逆地传递电子。从理论上来看，任何一个氧化剂在 pH=7 时的电极电势高于 $E(O_2/H_2O)$时，这个氧化剂就会把水氧化而分解出氧；任何一个还原剂在 pH=7 时的电极电势低于 $E(H^+/H_2)$时，这个还原剂就会将水还原而分解出氢。相反，如果任何一个氧化剂在 pH=7 时的电极电势低于 $E(O_2/H_2O)$，或任何一个还原剂在 pH=7 时的电极电势高于 $E(H^+/H_2)$时，水既不被氧化，也不被还原。如图 3-1 所示，处于两条实线之间的区域表示水的稳定区，而处于两条实线之外的区域则为水的不稳定区。但是，应该指出，实验表明，$O_2+4H^+ + 4e^- = 2H_2O$ 和 $2H^++2e^- = H_2$ 的实际作用线都各自从理论值伸展出约 0.5 V，也就是说水的稳定区其实变得更大了。

从E-pH图(图3-1)可知以下两点：首先，处于水不稳定区域的Co^{3+}/Co^{2+}、Sn^{4+}/Sn^{2+}、Cr^{3+}/Cr^{2+}体系，从热力学意义上说，易使水氧化或还原，所以在水溶液中不太稳定，不适合在水溶液中作为催化实体；其次，许多铁酶和铁蛋白的还原电位都位于水的稳定区域内，如铁硫蛋白的电位接近 Fe_2S_3/FeS 体系，这就意味着一些铁酶和铁蛋白的生物前体的催化实体可能就是$Fe(H_2O)_{6-n}(OH)_n$和 FeS/Fe_2S_3 这些简单化合物。这些简单的化合物在进化过程中被结合进入卟啉和蛋白中，因而形成细胞色素类和铁氧还蛋白类的更有效、更有选择性的催化形态。

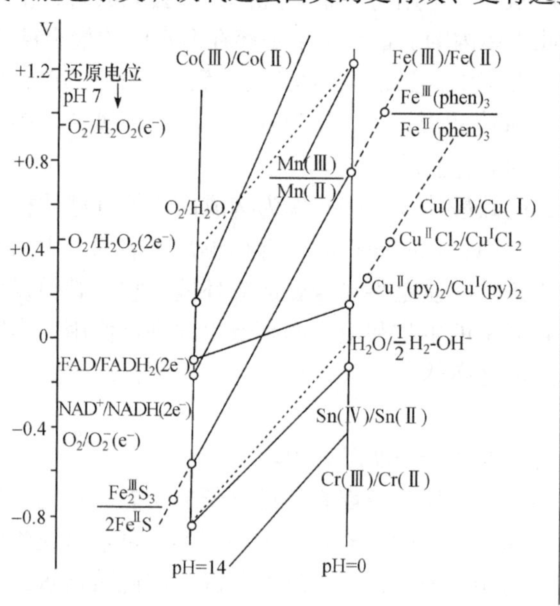

图 3-1　一些金属离子和氧化还原系统的还原电位

4) 有效性和特异性的进化规则

某元素的简单化合物是否可以被选择来完成某种功能，选择的元素是在与生物大分子结合成某种特殊形式的情况下完成功能的，离开这一特定的大分子就不能发挥作用。

例如，血红蛋白的生物功能就是在血液中结合氧分子和释放氧。这个作用依靠分子中的 Fe^{2+}。但是，若没有特殊的蛋白质与它结合，Fe^{2+}遇到氧分子只会被氧化，不可能可逆地结合和释放氧。选择铁作为人的氧载体血红蛋白的活性金属是与这个蛋白质的演化有关的。这一特定结构保证了活性，或者说有效性。另一些生物没有选择铁而是选择钒或铜，是因为它们在生物大分子演化过程中产生了另一些蛋白质。

上述这些规则都是在古老地质年代的生物演化过程中进行的。例如，没有生物时地球大气是还原性的，有了生物后变成氧化性的。环境选择生物，生物力图改造环境。因此，在生物界中每种元素的作用和地位都在变化。

目前一般认为，在距今 46 亿年前，由一个星云收缩而形成太阳系时，地球与其他行星同时诞生。那时原始大气的大体组成为：H_2O，16 300×10^{20} g；N，44×10^{20} g；C(按 CO_2)，2490×10^{20} g；S，24×10^{20} g；Cl，335×10^{20} g；Ar、F、H、He 等，13×10^{20} g。

原始大气中含有较多的水蒸气、二氧化碳、氢气、氯化氢、氮气和二氧化硫，但氧气极少。因此，原始大气是还原性的。当时，水蒸气凝结成海水，海水中溶解了大量的氯化氢，约相当于 0.5 mol/L 盐酸。在这样的酸性海洋中，二氧化碳不能溶存，所以大气的主要成分为二氧化碳。这时在地面引起了一系列化学反应。其中主要是玄武岩状岩石中的成分溶入海水。从化学本质说，相当于在 CO_2 气氛中玄武岩(Fe、Al、Ca、Mg、Na、K 等金属)与 0.5 mol/L 盐酸的反应。因此，在水中存在 Fe^{2+}(而不是 Fe^{3+})、Al^{3+}、Ca^{2+}、Mg^{2+}、Na^+、K^+以及微量金属离子，如 Zn^{2+}、Mg^{2+}等。

其后，原始生物的出现，光合作用的发生，把大量的氧放出，大气由还原性变成氧化性。氧对习惯于在还原性环境中生存的生物来说是有毒的。为了适应这一环境，在生物演化过程中，有机体必须适应利用氧获得能量(由光合作用变成呼吸作用)，并且建立一系列防御体系防止氧对细胞的损伤。为了实现这两个目的，生物体选择了铁离子。因为它在当时的水中浓度大，可以在 Fe(Ⅱ)/Fe(Ⅲ)两种价态间转变(因此可以催化或参与电子传递)，而且可以与氧分子配位结合，所以从铁硫蛋白到血红蛋白、细胞色素 C、过氧化氢酶等全是以铁为中心的。此外，也有一些生物采用了铜或锰。

2. 无机元素在生命体内的功能

金属离子对生命过程有着非常重要的作用。生物体内的宏量元素与微量元素所起的生理生化作用主要有以下几个方面。

1) 结构材料

所谓结构材料是指骨骼和牙齿的结构材料，结构材料的元素有 Ca、F、P 等，Ca 是骨骼中羟基磷灰石组成部分，F 对牙齿和骨骼的形成和结构以及 Ca、P 代谢均有重要作用。

2) 运载作用

金属离子与生物分子的配合物起运载作用。动物体内的铁大部分与蛋白质相结合形成血红蛋白，血液中的铁主要以血红蛋白的形式存在于红细胞中(血浆中铁以转铁蛋白形式存在)。铁的存在使血红蛋白具有载氧功能。

3) 组成金属酶或作为酶的激活剂

酶是生物体内一类非常重要的化学物质，人体 1/4 的酶活性与金属有关，还有一些酶只有在金属离子存在时才能被激活发挥催化作用，这些酶称为金属激活酶，K^+、Na^+、Ca^{2+}、Zn^{2+}和 Fe^{2+}等离子可作为酶激活剂。除了上述作用外，生物体内元素还有传递信息、调节体液的物理化学特性。

3. 微量元素的作用形式

生命必需微量元素的唯一共性是它们通常在生物组织中浓度低但具有重要作用。在正常组织中,它们的浓度极不相同,元素浓度的差异性很大。其浓度一般用 ppm(μg/g)或 10^{-6} 表示，有的元素，如碘、铬和硒，以 ppb(ng/g)或 10^{-9} 表示。组织浓度大小并不反映营养的重要性，也不预示营养的危险性。某些元素，如溴和铷，还不知其必需的作用，而它在组织中的浓度远高于大多数必需微量元素。

为了保护组织的功能和结构的完整性，使生长、健康与繁殖不受损害，微量元素的特征性浓度和功能形式必须维持在狭小的生理限度内。较高等的生物具有体内平衡机制，无论摄入多少均能维持其活性部位的微量元素浓度在狭小的生理限度内。这些机制包括控制肠道的吸收或排泄，各种元素的特异储存能力，“化学槽”使可能达到中毒量的元素结合成无害的形式。各种元素的体内平衡各不相同，但连续处于某一元素严重缺乏、平衡或过高的膳食环境中就会诱发该元素在身体组织或体液中功能形式、活性和浓度的改变，以致其组织和体液中的量高于或低于可允许的限量。在这种情况下，就会发生生化缺陷，生理功能受到影响，并出现结构上的病变，这些变化因元素而异，并且与缺乏或中毒的程度、时间及动物的年龄、性别和品种有关。

大多数微量元素在细胞中有广泛的功能(表 3-2)，但不是所有的微量元素在细胞的酶系统中都主要起催化剂的作用。微量元素的作用范围是从弱离子作用到与金属酶的高度专一性结合。在金属酶中，金属与蛋白质牢固结合，并且每一个分子蛋白质结合固定数量的金属原子，一般来说，这些原子不能被其他金属原子所替代。然而，瓦利曾证明钴和锆可以替代几种含锌酶中的锌原子，使其专一性有些改变但并不致失活。他进一步说明：“金属酶的专一性和催化能力的关键在于它的活性部位的残基及其金属原子的多样性和拓扑学的排列，所有这些均与底物相互作用。”他曾强调，金属酶活性部位探针的波谱的重要性在于它能显示有关这些系统的功能的几何学和电子学的细节。他在该领域内的基本研究为了解涉及金属酶的分子机制和在其反应中的金属离子专一性的本质做出了重要的贡献。

表 3-2　生物元素及其功能

元素	符号	功能
氢	H	水，有机化合物的组成成分
硼	B	植物生长必需
碳	C	有机化合物组成成分
氮	N	有机化合物组成成分
氧	O	水，有机化合物的组成成分
氟	F	鼠的生长因素，人骨骼的成长所必需
钠	Na	细胞外的阳离子
镁	Mg	酶的激活，叶绿素构成，骨骼的成分

续表

元素	符号	功能
硅	Si	在骨骼、软骨形成的初期阶段所必需
磷	P	含在 ATP 等之中，为生物合成与能量代谢所必需
硫	S	蛋白质的组分，组成铁硫蛋白
氯	Cl	细胞外的阴离子
钾	K	细胞外的阳离子
钙	Ca	骨骼、牙齿的主要组分，神经传递和肌肉收缩所必需
钒	V	鼠和绿藻生长因素，促进牙齿的矿化
铬	Cr	促进葡萄糖的利用，与胰岛素的作用机制有关
锰	Mn	酶的激活，光合作用中水光解所必需
铁	Fe	最主要的过渡金属，组成血红蛋白、细胞色素、铁硫蛋白等
钴	Co	红细胞形成所必需的维生素 B_{12} 的组分
铜	Cu	铜蛋白的组分，铁的吸收和利用
锌	Zn	许多酶的活性中心，胰岛素组分
硒	Se	与肌肉功能代谢有关
钼	Mo	黄素氧化酶、醛氧化酶、固氮酶等所必需
锡	Sn	鼠发育必需
碘	I	甲状腺素的成分

事实不断证明，蛋白质金属相互作用不仅增强了酶的催化活性，也增加了蛋白质成分代谢更新的稳定性。例如，哈里斯证明铜是鸡主动脉中的赖氨酸氧化酶的关键调节者，并且可能是该酶在主动脉中维持稳定水平的主要决定因素。现在有些金属酶的组织水平和活性与动物的微量元素缺乏或中毒状态有关，以后会有讨论。然而大多数动物或人因微量元素缺乏或过多而造成的临床和病理症状还不能用生化的酶的表现来解释，可能有另外的作用部位。钴是维生素 B_{12} 的必需金属，碘赋予无激素活性的化合物甲腺原氨酸以激素活性，铬作为激素胰岛素的辅助因子。某些必需的微量元素也可能在维持非酶大分子结构中有作用。有人推测硅在胶原中有这种作用。核酸中某些微量元素的含量很高，可能也起类似的作用。

当然，要阐明微量元素在体内的功能，对微量元素研究者仍然是一种挑战。

4. 元素间的相互作用(协同作用和拮抗作用)

金属离子对生物有不同的活性与毒性。在自然界还发现金属或类金属间的各种相互作用会影响生物活性或毒性。例如，含铁的血红蛋白的合成，从营养学来看需要微量的铁，但含铁高的牧草却会导致牛出现健康和繁殖问题，补充铜之后即可减轻。阴离子之间也有类似作用，砷酸钾引起微生物的繁殖减缓和阻断，但添加磷酸盐后有所减轻。这种现象称为拮抗作用(antagonism)。

在自然界或实验中发现了许多相互拮抗的元素，如铜与钼、锌与铁、铁与锰和铅等。硒则能与更多的金属或类金属拮抗，如硒对汞和甲基汞毒性的抑制已有大量的实验证明。从环境科学角度来看，因为污染物的形态与毒性有关，与共存的其他元素或污染物也有关，所以弄清环境中形形色色元素之间和化合物之间存在哪些拮抗作用和协同作用、了解一“群”化合物(污染物或非污染物)对环境的效应与单个污染物影响的差异，能使环境管理、环境质量评价、环境保护措施等更符合实际。不过这些拮抗作用是什么过程所表现的结果，是两种化合物之间直接作用，还是间接影响；是纯化学过程，还是在生物体内发生的生物化学过程，这些问题还难以了解，下面只叙述一些现象。

1) 硒与汞、镉的拮抗作用

早在 1967 年就报道了硒对汞毒性的抑制。大量实验证实了这一关系。在观察器官中汞和硒的分布时发现同时给汞和硒，提高了肝脏中汞的含量，也提高了肝脏中硒的含量，而且汞和硒的物质的量比接近 1∶1。在用金鱼进行实验时，硒的投入使鱼因汞中毒的死亡率下降，而且当 Hg∶Se 的物质的量比为 1∶1 时效果最佳。死亡汞矿工人甲状腺、脑垂体、肾甚至小脑和皮质中硒与汞的物质的量比都接近 1∶1，这些现象提示拮抗作用的机理可能是形成了一个化合物。该化合物中 Se∶Hg 接近 1∶1。另外，比较了同时给硒和汞与单独给汞时细胞内可溶性汞的含量。硒的加入使可溶性汞由 56%降为 1%，说明硒和汞可能形成了不溶性化合物，很可能是 SeO_3^{2-}在体内的代谢产物与血浆组分(蛋白质)的巯基连接，再与汞键合。渗析法测定结果提示键合方式有可能是—S—Se—Hg—X(X 为阴离子)，或者是—S—Se—Hg—Hg—Se—S—。在其他器官中，这些不溶性 Hg—Se 配合物残留时间长，化学性质不活泼，几乎无毒性。因此，内脏器官中汞和硒浓度虽高，却不至于造成仅有汞时那样大的损害。这是生物自身解毒的办法。关于硒化合物对甲基汞的影响机理有以下几种不同的看法：

(1) 通过谷胱甘肽过氧化物酶(GPX)的作用。已知硒是 GPX 的组成成分。甲基汞在生物体内引起类脂等成分过氧化，从而表现神经中毒；而投入 Se 后，使 GPX 活性增加，使氧化的类脂还原。

(2) 甲基汞在机体内分解。从理论上看，SeO_3^{2-}与甲基汞之间的反应不仅是结合，而且可以加速 C—Hg 键的断开，甲基汞分解。甲基汞好像是 Hg^{2+}的载体，因为动物实验发现投入甲基汞后，在背根神经节中的总汞量高于投 $HgCl_2$ 的情况。

(3) 自由基生成。甲基汞因 SeO_3^{2-}的投入，使发生 C—Hg 键断开而产生甲基自由基造成的损害减轻。甲基自由基造成氧化性损害。而硒是很好的自由基清除剂。

(4) 生成脂溶性配合物。在动物实验中，给动物体一定量甲基汞及亚硒酸钠后，进入脑组织的汞增加，而血中甲基汞浓度却减少。这被看做是 SeO_3^{2-}使甲基汞变成亲脂性强的配合物。用 $SeO_3{}^{2-}$全血培养后，甲基汞可被苯萃取，即能使甲基汞从蛋白质分子中释放出来。此时硒与 CH_3Hg^+形成的配合物可能是 $CH_3HgSeHgCH_3$[二甲基硒化汞(Ⅱ)，bis(methyl mercuric) selenide，BMS]。将 ^{203}Hg 及 ^{75}Se 双重标记的 BMS 经静脉注射给小鼠时，脑中的 ^{203}Hg 及 ^{75}Se 比同时投以 $CH_3^{203}Hg^+$及 $^{75}SeO_3^{2-}$的对照组高出数倍，其物质的量比和 BMS 中 Hg 与 Se 之比(2∶1)相近。结果表明 SeO_3^{2-}使甲基汞在脑中以 BMS 形式积累。

实验证明，硒对砷和镉中毒也有拮抗作用，但作用机理还不清楚。

总的来说，硒对其他元素的拮抗作用是广泛的，已知有 20 多种无机离子可与硒相互作用。近来还发现它对有机物(如多环芳烃和偶氮化合物)的致癌作用也可抑制，因此硒的生物学功能引起了广泛的注意。

2) 锌与重金属的拮抗作用

锌是人体必需元素之一，已知它对铜、镉、汞等均有拮抗作用。

例如，锌可以影响非反刍动物(特别是猪)的铜代谢，它可以保护猪免受高铜(250～750 ppm)的有害影响，因此两者之间的拮抗作用是存在的，但在饲料中铜与锌的比例要适当。坎彭的关于锌影响肠内铜吸收的研究表明，经直肠给药时，锌直接阻断大鼠对 Cu 的吸收；但腹腔注射时则看不到这种现象。结果说明在消化道中，金属竞相与蛋白质等生物配体中的结合部位结合，由于有些元素与同一类大分子亲和性相近从而有可能进行竞争，如铜和锌可能竞争金属硫蛋白(metallothionein，MT)的—SH 基结合部位；锌与镉之间也可能因锌促进的合成而对镉有拮抗作用，从而在肾脏中镉以 Cd-MT 或镉、锌金属硫蛋白(Cd，Zn-MT)形式存在。这种蛋白质能提高肾脏对镉毒性的耐受性。

锌对汞的毒性也有明显的抑制作用，机理类似锌对铜的拮抗机理。因为在实验中已证明，在同时给锌和汞的一组大鼠肝脏和肾脏中，汞和锌均结合在 MT 中，成为配合物，而成小分子(LM)结合态的很少，仅有 1%～3%；在单独给汞的一组肝脏和肾脏中有大量与高分子(HM)组分结合的汞。因此，仅有汞时，肝脏 MT 的生物合成大分子配合物是极少的，此时表现毒性。同时投入锌时，汞则与锌所诱导产生的 MT 结合，使高分子组分中的汞减少，降低了汞的毒性。

3) 拮抗作用的机理

通过上述硒-汞、锌-汞等拮抗作用机理的简单介绍，可看到其机理不尽相同，显然与元素本身的性质、在机体内的反应和功能有关，其中还有许多待研究的问题。现在已提出的机理可归纳如下：

(1) 直接反应。以硒-汞拮抗为例，已知硒化合物(如亚硒酸钠)和汞盐(如氯化汞)可在体内直接反应。例如，在肾近端输尿管细胞内出现 Se∶Hg 为 1∶1 的黑色化合物，而所产生拮抗作用效果最好也是在二者浓度比为 1∶1 时。并且实验进一步证明，硒降低汞化合物毒性的原因不是由于它能降低汞的摄取和积累，而是它们之间直接反应的结果。这种反应或许与蛋白质有关。

(2) 通过形成 MT 的抑制反应。锌对铜毒性的抑制可以在金属硫蛋白的基础上解释。一方面金属硫蛋白与汞铜离子作用，从而铜离子置换原来结合的锌，生成了铜硫蛋白，从而减少铜的毒性。显然，这一置换的可能性和程度与这两种金属对硫蛋白的相对结合能力有关。例如，铜硫蛋白中的铜比较稳定，因此汞离子不能有效地置换铜离子，所以铜不能抑制汞的毒性。除此以外，锌离子之所以能抑制铜的毒性还可能由于它能诱发金属硫蛋白的合成，从而清除了铜离子。

(3) 相似元素竞争配位位置。重金属的主要毒理过程是对某些金属酶或金属激活酶表现抑制。如果有一重金属与酶所需要的金属性质相似，就可因竞争酶的配位位置，从而发生拮抗作用。例如，镉对需要锌的酶起抑制作用就是因为镉离子置换了酶中的锌，使酶失活。但若加入大量的锌盐，则锌离子可以除去结合在酶中的镉，在一定程度内恢复活性。竞争作用与金属离子的化学反应性和物理特性(如离子半径、负电性等)有关。希尔在 1970 年提出原子电子层结构相类似的离子可能发生生物拮抗作用的假说。其要点为：Fe(Ⅲ)以 d^5 电子排列，即在第三电子层中，d 轨道上具有 5 个电子。Fe(Ⅱ)的 d 层有 6 个电子。Mn(Ⅱ)也是 d^5 离子，Co(Ⅲ)是 d^6 离子。从它们电子结构的相似性推测，锰和钴对铁有拮抗作用，以后的实验证明确实如此。另一些金属离子，如 Zn^{2+}、Cd^{2+}和 Cu^{+}都具有 d^{10} 的电子结构，可以推测这三种离子间也存在拮抗作用。生物实验证明锌-铜，锌-镉确实有这一作用。其他如铬酸盐与钒酸盐、砷酸盐与磷酸盐等无机酸盐也有类似现象。

上述机理还不能完全解释自然界存在的许多拮抗作用。对于自然界存在的拮抗(或协同)效应也有待研究和利用。纵观未来，在环境化学领域内，从总量检测到形态分析与生物效应的研究热潮过后，环境中拮抗作用和协同作用的研究将成为另一个更为瞩目的重点。

3.1.2 微量元素与必需元素

1. 必需元素

许多矿物元素在生物组织中的含量很少，早年的工作者所使用的分析方法还不能测出其精确的浓度，故常以“痕量”表示，并称这类元素为痕量元素(微量元素)。虽然现在已能较准确、较精确地测出所有微量元素在生物样品中的含量，但这个名称仍在普遍沿用，其命名简单且随时间推移已被公认了。微量元素占人体总质量的 0.03%左右。这些微量元素在体内的含量虽小，但在生命活动过程中的作用十分重要。

从元素的角度看，地表及海洋中存在的矿物质同样也存在于生命体中。目前已知自然界存在的 90 种元素中近 1/3 的元素是生命必需的。其中如果再除去 6 种似乎没有生理功能的稀有气体，周期表中还剩 73 种元素，因其在生物物质中的浓度低，称为微量元素。至今，多数科学家比较一致的看法是，生命必需的元素共有 29 种，在 29 种生命元素中，宏量元素(或常量元素)11 种：碳、氢、氧、氮、硫、钙、磷、钾、钠、氯和镁，微量元素 18 种：铁、铜、锌、钴、锰、铬、硒、碘、镍、氟、钼、钒、锡、硅、锶、硼、铷、砷等。

对微量元素进行有意义的分类很难，甚至在微量元素和所谓的常量元素之间也难以划一条完全满意的分界线。就我们现有的知识，除根据化学性质外，还不可能找出一种合理且永久的微量元素分类方法。确认必需元素的数量可反映某一定时期的知识状态和技术水平。首先，分析技术的水平是确定某种微量元素是否必需的决定性因素。飞秒级别的分析能力为进一步确定必需微量元素打下了基础，但这并不表示确定新的必需微量元素的工作就已到达终点。其次，对微量元素性质、功能全方位认识水平的提高是确定某种微量元素是否必需的必要条件。例如，关于必需元素与有毒元素的认识，长时间影响人类的判断，其影响甚至已经超越了医药学、营养学等自然科学领域。

过去，将微量元素分为两类：一类是必需的，另一类是“有毒的”。目前，比较一致的看法是，确定一类元素有毒在逻辑上是错误的，因为所有元素的毒性都是存在的，且与它同生物物质接触的浓度有关。约 100 年前，舒尔茨就已提出这一观点，随后伯特兰又以数学公式表示。Venchikov 更加扩展了这一概念，并将剂量反应以曲线形式表达出来，这曲线表现了微量元素作用的 2 个高峰和 3 个区带：在生物学区带内，微量元素起营养作用；接着是非活动区；随后为接触过多而达到药理毒性作用的区带[图 3-2(a)]。

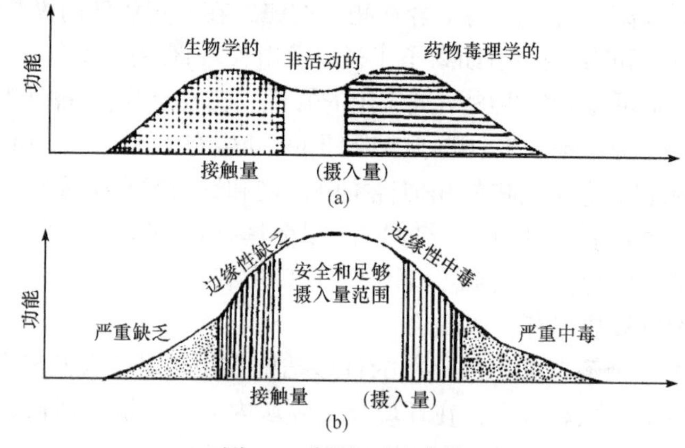

图 3-2　剂量-反应曲线

(a) Venchikov 双相曲线；(b) 总生物剂量-反应曲线

这些不同作用阶段的摄入量、接触水平以及适宜剂量的平段部分的宽度都是明确的。不同微量元素之间差异很大，并受动物体内和所食用的膳食中其他各种元素或化合物所影响。

无疑 Venchikov 的观察适用于许多低等生物，而不一定适用于有强的体内平衡防御能力的高等生物。事实上，每种元素都在一定浓度产生毒性，而在低于此浓度范围接触时对生命是适宜的，无论这种低范围接触仅是能被生物耐受，还是维持生命功能所必需的量。当可耐受量(最好称为安全和适宜摄入范围)进一步减少，以致造成固定的、可重复的生理功能损伤时，就能确定其必需性。一种必需元素的任何生物学作用(生理的或中毒的)对接触量的依赖性可用“总生物剂量-反应曲线”来表示，在理想情况下，这一曲线能清楚地表示出足以满足生物需要的接触剂量范围和不出现中毒症状的安全量[图 3-2(b)]。在“总生物剂量-反应曲线”的右侧，描述中毒反应部分的定量比左侧的容易，因右侧的浓度较高，对这部分的知识较左边的“生物学”曲线部分更完全。其实，在微量元素的研究历史中，曾对有些元素(如硒、铬、铅和砷)是否存在曲线的左侧部分(“生物学”部分)是有争议的。

上述的必需性定义是客观的，它是根据可复制出固定的生理功能损伤的证据提出的。Cotzias 曾比较严格地陈述了必需性的标准。他主张一种必需微量元素要符合下列条件：①存在于所有生命体的所有健康组织中；②一个动物与另一个动物的浓度非常一致；③无论用何种动物进行研究，从体内除去该元素后，可重复诱发相同的生理和结构的异常；④补充这种元素可使其恢复或预防这种异常的发生；⑤由于缺乏这种元素所引起的异常经常伴有特殊的生物化学改变；⑥当这种缺乏被预防或治愈时，这些生物学上的改变也能恢复正常。显然，必需元素无论用何种标准认定，其认证效果视实验步骤的复杂程度而定。实验证明高浓度元素的必需性在技术上的鉴定要比需要量浓度低的元素容易。因此，可以预料，进一步改进实验技术会有更多的元素被证明是必需的。目前，由“有害”元素转变成必需元素的进程在不断加快。

有些微量元素的实际重要性可能与必需性完全无关；有些必需元素可能根本与营养无关，如锰在人类营养中的情况；其他如硒，可能在一个地区缺乏而在另一地区中毒，有高度的地区性。

根据定义列出必需元素有很大的困难。虽然铬、锰、铁、钴、铜、锌、硒、钼和碘在人类营养中并不都存在问题，对其必需性没有争议；氟包括在必需微量元素之内，它对牙齿健康有利，对维持骨骼的完整性也起作用；有些“新的微量元素”，锂、硅、钒、镍、砷和铅也包括在内，因一些研究者曾经诱发出其缺乏症，但到现在对其作用形式和作用部位及其对人类需要量的认识还不充分。Schwafz 曾证明锡有促进生长作用，但尚无其他人证明。硼对植物的必需性是早已确知的，但对动物的必需性尚待证明。无论谁列出的必需元素菜单，都是暂时的、武断的。所谓暂时，是因为正在进行的和未来的研究可能会对其作必要的修改；所谓武断，是因为对一些元素，如铅、锂和锡是否必需所提出的证据是由个人判断的。当然，这种分类的不定性及其灵活性正是现代微量元素研究活力的表现。

2. 微量元素的发现

1 世纪前已发现，生物体中有许多特殊化合物含有以前未想到的有生物学意义的各种金属元素，这就开始引起人们对微量元素在动物生理学中的兴趣。这些特殊化合物包括鸟羽红质(turacin)，是存在于某些鸟类羽毛中的一种红色色素，含有不少于 7%的铜；血青素

(hemocyanin)，是在蜗牛血中发现的另一种含铜化合物；sycotypin 是软体动物体内一种含锌的血液色素；还有海乌贼血中的一种含钒的参与呼吸作用的化合物。这些发现来自早期对细胞呼吸和铁与氧化过程的研究，从而激发人们对其组成元素的更广泛意义的研究，为后来金属-酶催化作用和金属酶的研究指出了道路，并大大启发了我们对组织中微量元素功能的理解。早期研究还有：①发现锌为黑鞠菌营养所需；②法国生物学家对土壤、水和食物中的碘含量及人类甲状腺肿的发生与环境中缺碘的关系等的观察，这很有价值；③1832 年证明萎黄病患者血中铁含量低于正常人，随后较早发现了铁是血中的一种特殊成分。

20 世纪最初的 25 年，已开始进一步研究铁和碘在人类健康营养中的作用，包括肯德尔由甲状腺中分离出一种含 65%碘的晶体化合物，他宣称这是其活性所在，命名为甲状腺素，并且用补充碘的方法在几个甲状腺肿流行地区成功地控制了人和动物的甲状腺肿病。在此时期，发射光谱的出现使同时估测 20 种低浓度的元素成为可能，并开始了微量元素“分布”相的研究。当分析技术改进后，对土壤、植物、动物和人组织中的微量元素水平进行了大量调查。研究微量元素分布的意义在于：①确定食物和组织中许多微量元素浓度的范围；②阐明一些因素，如年龄、地区、疾病和工业污染对这些浓度影响的意义；③促进对以前认为不会有生物学作用的几种元素的生理意义的研究。

20 世纪的第二个 25 年，人们对微量元素营养重要性的认识又有很大进展。这些进展来自为扩大人们对总营养需求的理解，而用实验动物所进行的一些基础研究和对在自然界广泛分布的许多人畜营养疾病的考察。20 世纪 20 年代，法国的伯特兰和美国的麦克哈古首先用这些元素的纯化饲料进行实验动物研究。但所用饲料中其他营养素非常缺乏，特别是维生素，研究时即使加入所缺乏的元素后，动物仍生长不良，或存活时间很短。当时尚未能将纯化或半纯化的维生素加入饲料中。哈特所在的威斯康星学校为这些研究开创了新纪元，1928 年他们证明用牛奶饲养的大鼠除补铁外还要补充铜才能达到生长和形成血红蛋白的需要，几年内同一个研究组利用特殊饲料取得很大成功，先后证明锰、锌是小鼠和大鼠饲料的必需成分。这些重要发现立即被证实并扩展到其他动物。约 20 年后，纯化饲料技术在鉴定更多的必需微量元素中再次取得成功。1935 年证明钼是必需的，1957 年证明硒是必需的，1959 年证明铬是必需的。

20 世纪 30 年代就已经发现人畜的多种疾病是由于从自然界摄取的各种微量元素不足或过多引起的。1931 年所进行的三个独立实验证明了人类的斑牙釉是由于自来水中含有过量的氟；1933 年和 1935 年又分别证实了美国大平原发生的畜牧的“碱毒病”和“牛羊蹒跚病”是硒慢性和急性中毒引起的；1937 年证明母羊在怀孕时缺乏铜会导致新生羊羔运动失调。各种事实表明，微量元素的过多与不足都直接影响生物的正常发育与代谢。

在上述研究中，开始时把注意力集中在发现有明显临床和病理营养缺乏表现的急性病症病因和设计切实可行的预防和控制措施。不久证实还存在一系列与微量元素有关的较轻的疾病。这些轻型病例很少有特殊症状，并且比促使最初研究的急性病例的动物更多，侵犯的地区更大。常发现微量元素缺乏或中毒状态的改善或恶化与环境中是否存在其他元素、营养素或化合物有关，即受条件影响。20 世纪 50 年代早期，在研究南澳羊慢性铜中毒时，发现在铜、钼和无机硫酸盐之间存在着相互作用。只有存在足够浓度的硫酸盐时，钼限制铜在动物体内存留的能力才表现出来。这一发现使得这类膳食相互关系的重要性更加突出。随后证明在代谢过程中微量元素间的相互作用对个体有深远影响，其中还涉及其他多种元素。

在 20 世纪的第三个 25 年内，对微量元素营养生理的研究又取得很大的进展。这些进展大多数都依赖于同时发展的分析技术，其中以原子吸收、中子活化和微电子探针等技术尤为突出。由于应用这些技术，灵敏度和精确度明显提高，在组织、细胞，甚至细胞器中大多数元素的分布和浓度均能被测出。借助于适当半衰期的稳定性同位素或放射性同位素可标定代谢活动和这些活动的动力学。同时发现了许多具有酶活性的金属蛋白，从而得以鉴定与动物微量元素缺乏或中毒等症状有关的基本生化损伤。阐明铜在弹性蛋白生物合成中的作用与铜缺乏时动物出现心血管疾病的关系是说明该领域进展的一个典型例子。

在 20 世纪最后一个 25 年开始时，已被证明为必需微量元素的数目迅速增加，对其在人类健康和营养中的意义及潜在重要性研究的兴趣和活动也明显高涨，有人描述了 9 种“新”微量元素缺乏，虽然还缺少一些独立的证明材料，但这个工作给微量元素研究提供了一个全新的领域。应用塑料隔离器技术，将动物隔离在全部用塑料制成的系统中，没有金属、玻璃和橡皮，只有一个空气开关以便从所谓的微量元素消毒环境进出通过，还有两个空气过滤器，以除去几乎小至 0.3 μm 的所有尘埃。可以证明，给在隔离系统外的大鼠喂以相同的高纯维生素、氨基酸的饲料和饮水，可以维持生长，而在隔离系统中的动物则出现临床缺乏症状。

20 世纪的最后 25 年中，在微量元素领域中最有意义的发展或许是对微量元素的认识迅速提高，认识到微量元素对维持人类健康有根本的作用，并且认识到对微量元素的适宜接触量(在安全和适宜的摄入量范围内)不是无所谓的。几种元素对微生物、化学、病毒和氧化侵害机制中的防御功能已为人熟知，有些微量元素不仅与传染病有关，而且与慢性退行性疾病甚至肿瘤也有关。根据对流行病学的相关性调查表明，虽然临床的接触量还没有引起任何临床或生化的缺乏症状，但会使发生缺乏病的危险性增加，因此建议提出新指标以确定适宜的微量元素营养状态并制定国家、国际的微量元素供给量。另一方面，由于工农业生产，现代化社区的机动车化、都市化，使空气、供水和食物可能被微量元素污染，从而对居民长远的健康和幸福可能有不良影响。这些因素都促使人们对这些元素在环境中的浓度和变动，以及对人类的最大允许摄入量研究的兴趣增加。

21 世纪初，短短十几年时间，微量元素研究已发展到全面应用阶段。

当前，摆在微量元素研究者面前的任务是巩固已有的成果，更多地掌握增进健康所需要的科学知识。实现增进健康可能性是很大的，现在这方面的知识仍然是基于相关的流行病学和动物实验结果。对“新微量元素”的作用形式不完全了解，关于几百种推测的或已知的微量元素相互作用中，仅有很少数能用量的关系来说明，至于营养学家和毒理学家极为关心的微量元素边缘状态，还不能轻易、可靠地判断出来。

3. 微量元素的需要量和耐受量

动物和人对微量元素的需要量和耐受量可用绝对量或膳食中的量来表示。对某元素的绝对需要量和耐受量与实际吸收到机体内的量有关。绝对需要量与膳食需要量或耐受量不一样，后者是指能满足吸收到绝对需要量(或绝对耐受量)时，典型的每日膳食中所含有的量。因为肠对各种元素的吸收效率不同，绝对需要量和膳食需要量之间的比例差异很大。对几乎能完全吸收的元素(如碘)接近于 1，设想有中间值(如铁平均为 1∶10)，也可能小于 1∶100(如铬)。绝对需要量可以相对精确地测出，但其实际意义不大，因胃肠外营养不经过肠道吸收过程。维持某一营养状态的绝对需要量等于每日该元素丢失(通过粪便、尿、皮肤及其附屑物、奶汁、月经血或精液)的总量适当加上维持正在生长的组织中该元素浓度所需的量。

实际上所有国家或国际专家委员会的推荐量都宣称是膳食需要量，它可用一种能满足对微量元素需要的有代表性的国家膳食中的某种浓度(或浓度范围)来表示，但这种膳食也应能满足建立推荐量的人和动物的热能需要。换言之，膳食推荐量也可以定为一种元素每日所食用的量(或一个量的范围)。与从营养角度考虑的推荐量或允许量相反，膳食推荐量不考虑非膳食来源的微量元素接触量。耐受量常代表不应超越的来自膳食、水和空气的总接触量。膳食允许量受所食用代表膳食性质的影响很大，因为膳食成分与各种食物中的不同化学形式间的相互作用决定了其生物利用率。众多可能的膳食相互作用还不能定量，只有极少数例外。许多微量元素在膳食中的形式尚未被鉴定，所以测定膳食需要量(和耐受量)以及随之而来制定的膳食推荐量是非常困难的，比绝对需要量更难以确定。因此，各国间的微量元素推荐摄入量各不相同，通常相差很大。即便是世界卫生组织的专家委员会也不能推荐出一种适合世界范围内所有使用者的膳食锌摄入量，而根据人群膳食锌的低、中、高生物利用率达成 3 种推荐量。

微量元素的需要量是由能维持机体处于正常营养状态的一种有代表性的膳食中微量元素的每日摄入量确立的。在理想的情况下，有灵敏的方法可用于测量状态的可靠指标，如组织铁储存的程度、血中含碘的甲状腺激素水平。其他方法包括实验性诱发轻度的临床缺乏、恢复及维持正常功能所需的量。测量元素专一性酶对摄入水平不同反应的代谢研究可为有些元素提供有价值的信息。例如，从几种动物研究外推，再结合国家的健康和营养调查结果，能估计出硒初步需要量的值。无论需要量是如何测得的，严格来说，它只能应用于求出该需要量时确切类似的膳食情况，因为膳食相互作用对生物利用有明显影响。当将膳食需要量转换为膳食推荐量并将其应用到公共卫生政策中时，必须考虑这个重要事实。膳食推荐量应能概括“实际上所有的健康人”的需要量，因此它比估计的平均需要量稍高。它们不能用于病态。

膳食推荐量可以用一个范围来表示，而不是单一的摄入数量。“推荐的膳食允许量”所介绍的“安全和足够的摄入范围”定义是足以满足健康人的微量元素需要量。它们并不表示能防止缺乏的一端，也不表示能防止中毒的另一端所希望的摄入量，超出此范围之外的摄入量只是分别表明了缺乏或中毒的危险性增加。

同样，已确定了一系列可能中毒的微量元素的“安全”膳食水平，这些水平依赖于能影响其吸收和存留的其他元素的量。这种考虑可不同程度地应用于所有的元素，而对有些元素(如铜)尤为重要，它在某一特定的摄入水平时可导致动物铜缺乏或铜中毒，这依赖于钼和硫或锌和铁的相对摄入量。应提及的是，萨特尔和米尔斯所做的猪铜中毒实验明显地说明在定一个特定元素的“安全”摄入量时，微量元素的膳食平衡具有重要意义。这些工作证明，饲料铜水平为 425～450 μg/g 时，可引起严重的中毒，若同时另给 150 μg/g 锌加 150 μg/g 铁则能预防所有的症状。

评价足够和安全的摄入量因所用的指标而异。当动物可利用必需微量元素的量不足以应付它所参与的所有代谢过程时，由于摄入的不足和体内储存的下降，便会有一些过程无力竞争这不足的供应。特定代谢过程对一种必需微量元素缺乏的敏感性和所引起的对需要的优先性因动物种类而异，在同一种动物中，又因年龄、性别和缺乏发展的速度而异。例如，羊的低铜状态的影响首先表现在毛的着色和角化，因而在某些铜摄入水平时，与铜有关的其他功能未受损伤。故若以羊毛的质量作为评价的指标，羊的铜需要量会高于以生长速度或血红蛋白水平为指标时的结果。还证明这种动物的睾丸生长发育和正常精子生成所需要锌的量显著高于维持正常体重和食欲所需的量。若以体重作为评价足够量的指标时，供肉用的幼年公羊对锌的需要量会低于为繁殖而饲养的同类动物所需的量。猪的锗营养也相似，大量事实可证明猪生长所需要锗的量大大低于为满足繁殖所需的量。最近证明锌的摄入量与创伤愈合速度及味觉和嗅觉的敏锐性有关，从而也提出一个重要问题，即用以评价人类锌需要量的适宜指标的问题。

现在已证明，过去武断地将元素分为"必需"元素和"有毒"元素的做法是错误的。营养学家仅仅是确定"必需"元素的膳食推荐量，而毒理学家只为"有毒"元素确立耐受量。两个学科之间长久以来缺乏沟通，有时甚至将不可实施的"零耐受量水平"用于有公共卫生重要性的必需元素(如硒)，从而使其应用极不规范。最近对硒的研究的进展证明，缺乏和中毒对生活在两个地方的人群的健康有同等危险性。营养学家对适宜摄入量的研究和毒理学家对耐受量的关心并不矛盾，虽然是从不同方面，但都为构成总剂量-反应曲线和赋予"安全和适宜摄入量"以准确定义做出了贡献。

4. 元素在体内的平衡调节

机体对每种宏量元素的耐受范围和维持平衡的能力都相当大。例如，人体内摄入超过人体需要量的钠元素时，大肠就会停止吸收，而肾脏就会将血液中过量的钠元素排泄出去。在温暖的气候条件下，人体对钠元素的耐受范围是0.2～18 g。又如，当镁元素的摄入量很低时，血液中过量的镁也能为肾所保留。

这种保留机制非常有效，以至于当摄入量只有正常水平的4%时，即能维持体内的平衡。微量元素和宏量元素一样，也受到体内平衡机制的调控，体内仅在两个调节方面失效，一是当元素每天摄入量低于每天必要的排出量时，生物体就要动用体内的储存元素给予补偿，此时人体处于负平衡状态；二是当元素摄入量超过排出量时，将导致元素在体内积累，任何必需的微量元素，无论它的存在有多么重要，但要是过量摄取了，就是有害的，见表3-3。

表3-3　元素缺乏与过量对身体的影响

元素	元素缺乏所引起的疾病	元素过量所引起的疾病
Ca	骨骼畸形，痉挛	胆结石，动脉硬化
Co	贫血症	心肌衰竭，红细胞增多
Cu	贫血症，卷毛综合征	威尔逊氏症(肝豆状核变性)
Cr	糖尿病，动脉硬化	色素性肝硬化
Fe	贫血症	铁质沉着病
Mg	惊厥	麻木
Mn	骨骼畸形	运动失调
K		艾迪生病
Na	艾迪生病	
Zn	侏儒症，阻碍生长发育	金属烟雾发烧症
Se	肝坏死，白肌症	家禽晕倒病

3.2　分子的立体异构与不对称性

生命现象中有许多异构现象。例如，椎实螺的外壳有左旋和右旋之分。人的手有左手和右手之分。而且，左手和右手不能完全重叠，它们互为镜像的关系。这些现象是生命中立体构型最直观的例子。然而，从分子水平上看，生命体的有机物也存在着立体构型的不同，通常用不对称性来描述生命物质的这种特性。

3.2.1　立体异构

立体异构是指分子构造相同，分子中的原子或基团在空间排布不同而产生的异构现象。立体异构包括分子的构型异构与构象异构。

1. 构型异构

构型异构包括光学异构和顺反异构两种。顺反异构按 IUPAC 顺序规则(sequence rule)，直接连在双键或环上的原子，原子序数最大的两个在一边的称为 *Z* 型，在两边的称为 *E* 型。在构造异构体丙-甘二肽和甘-丙二肽的分子内，还各含有一个手性碳原子，它们连接的 4 个基团不完全一样。对每一种二肽，由于各有一个手性碳原子，它们又各自产生一对对映体，互为镜像不能重叠的对映体，这样的分子称为手性分子，因分子手性而产生的异构体也称为光学异构体。根据 IUPAC 提议的命名法，光学异构体的构型采用 *R*/*S* 系统命名(图 3-3)。

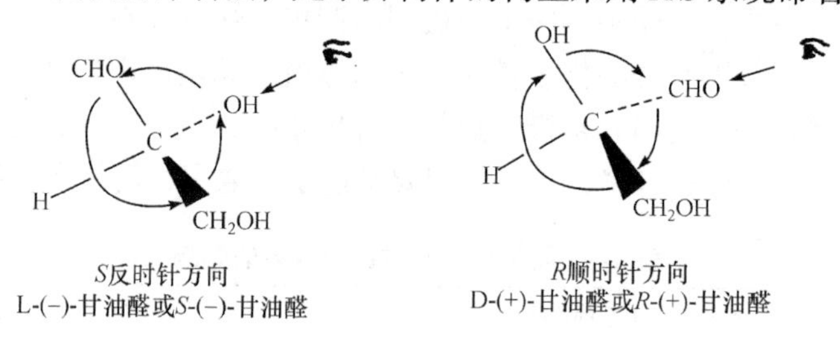

图 3-3　光学异构体的 *R*/*S* 系统命名

2. 构象异构

所谓构象(conformation)，是指在不断开键的情况下，仅通过单键的转动而产生的原子或基团在空间的不同排布方式。每一种不同的排布方式，原则上说，就是一种构象异构体。其特点就是要改变构型无需打开共价键，只要沿单键转动即可，这也是构型和构象这两个概念的根本不同之处。

研究蛋白质或核糖核酸的结构和功能时，一级结构确定后的生物高分子通常具有一种基本固定的构象形式。例如，蛋白质的α-螺旋、β-折叠，tRNA 的 T 型构象等，都与它们的生物功能密切相关。也就是说，生物体内生物大分子的功能活性都是生物大分子在一定范围内构象变化的结果。生物体在整个生命期间体内生物大分子的构象一刻也不会停止变动，只是通常局限在一定范围之内。

3.2.2 优势构象与分子的物理和化学性质

1. 与光谱的关系

一般规律是横向取代衍生物的吸收频率比竖向的高，这可能是由于横向取代基的伸展移动使得所连接的环发生相应的扩张和收缩，而竖向取代基伸展移动的方向几乎与环垂直，影响较小，故竖向移动的回复力比横向小，因此只能引起较低频率的振动。例如，α-卤代甾体酮类，取代基是平伏键时，在红外光谱中就有高峰的移动，若是直立键，就没有移位了，在紫外光谱中则恰好相反。红外光谱不能区别竖向和横向取代的α-羟基环己酮及其相应的乙酸酯，但在紫外光谱中却呈现显著的差别。

2. 对吸附的影响

甾族化合物纸上层析结果指出，环已烷部分某一碳原子上的横向异构物比竖向异构物有较强的吸附作用。横向羟基有较强的吸附与它们容易酯化的道理是一样的。

3.2.3 立体选择性反应和立体专一性反应

这两个概念无论在一般有机化学合成 (如不对称合成) 还是酶催化反应中都是非常重要的。双键碳原子上没有芳基的烯烃和卤素发生加成反应后，主要产物是反式加成产物，反式加成产物与顺式加成产物比例约为 100：1。

O　Br　⇌　O　Br

不稳定　　　　稳定

又如，丙酮酸还原所得乳酸总是由一半右旋乳酸和一半左旋乳酸组成的外消旋体。这样的加氢还原在立体化学上没有什么选择性。

$$CH_3C(=O)-C(=O)-OH \xrightarrow[\text{还原}]{H_2} CH_3-CH(OH)-COOH$$

(±)各50%

假如把丙酮酸先用一个有旋光活性的(−)-薄荷醇酯化，然后进行还原，这时反应就选择性地朝某一个空间有利的方向进行，结果产生不等量的对映体。

上述反应中，丙酮酸与薄荷醇酯化后，薄荷醇的手性对还原反应所形成的第二个手性中心有一定的指导作用，结果产生不等量的对映体，(−)-乳酸的产量比(+)-乳酸多得多。

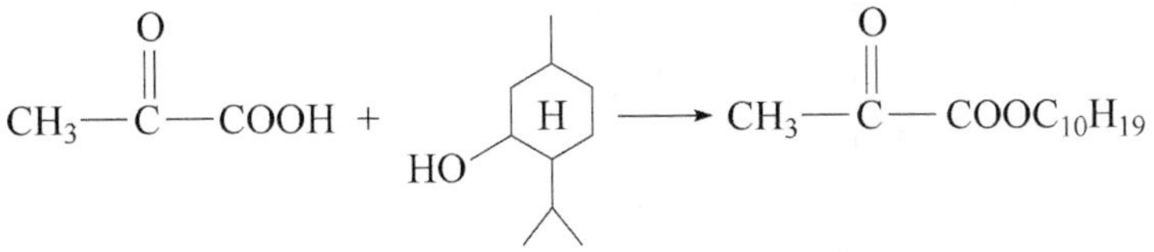

$$CH_3-C(=O)-COOH + \text{(−)-薄荷醇 (HO, H)} \longrightarrow CH_3-C(=O)-COOC_{10}H_{19}$$

丙酮酸　　(−)-薄荷醇　　(−)-薄荷醇-丙酮酸酯

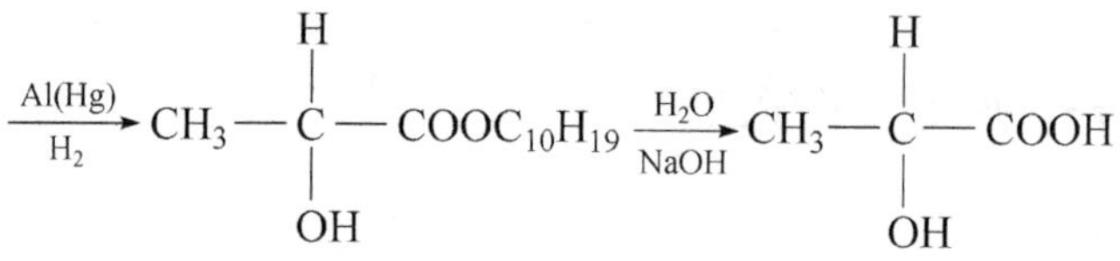

$$\xrightarrow[H_2]{Al(Hg)} CH_3-\underset{OH}{\overset{H}{C}}-COOC_{10}H_{19} \xrightarrow[NaOH]{H_2O} CH_3-\underset{OH}{\overset{H}{C}}-COOH$$

(−)-薄荷醇-(−)-乳酸酯　　(−)-乳酸（主要产物）

在一个能生成多种立体异构体的反应中，其中一种或一组立体异构体的产量比其他的多得多，就称为立体选择性反应。利用立体选择性反应合成两个对映体之一，即一个产量远大于另一个的合成方法称为不对称合成。

在柠檬酸循环反应中，反丁烯二酸酶能催化反丁烯二酸盐和 *S*-苹果酸盐的可逆的立体专一性互相转化。37℃下反应产物是约 20%反丁烯二酸盐和 80%苹果酸盐的平衡混合物。反丁烯二酸酶催化水分子的反式加成和反式消除反应。上述酶促反应是由于底物反丁烯二酸在活性区结合到酶分子上，造成了立体化学上的有效控制。酶催化反应都是立体专一性的。

3.2.4　生物分子中几种铁配合物的立体化学

无论植物或动物，它们的生存和生长过程都离不开铁。铁在植物利用光能进行的光合磷酸化过程和动物利用食物能进行的氧化磷酸化过程中都起着重要的作用。

低自旋铁(Fe^{2+}或 Fe^{3+})比高自旋铁的 d 电子处于更致密状态。这种体积上的变化对于血红素铁化学是极为重要的。四吡咯大环的空腔直径为 2.02 Å(1 Å=10^{-10} m)，低自旋铁 Fe^{2+}和 Fe^{3+}(～1.9 Å)恰好适合这个空腔，因此能处于大环的平面之内。但是高自旋铁其直径约为 2.06 Å，实验结果也证明它不能进入血红素空腔，因为容纳不下。高自旋 Fe^{3+}高出环平面约 0.3 Å，高自旋 Fe^{2+}(多一个电子)高出环平面约 0.7 Å。因此，血红素空腔中的铁为低自旋。

1. 铁卟啉

铁卟啉(图 3-4)是一些氧化酶和细胞色素的辅基，几乎在所有的实例中，辅基(辅基与酶的结合较弱，而辅酶与酶的结合较强)都含有一个铁离子(Fe^{2+}或 Fe^{3+})与 4 个吡咯环配位结合。吡咯氮在平伏位置上组成铁的 4 个配体，剩下两个轴向位置为其他配体所占用。一般至少底面轴向位置为一脱辅基的蛋白配体所填充。上面轴向位置的配体可以是一个蛋白质、水或氧分子，偶尔也可能是 CO 或 CO_2 等。

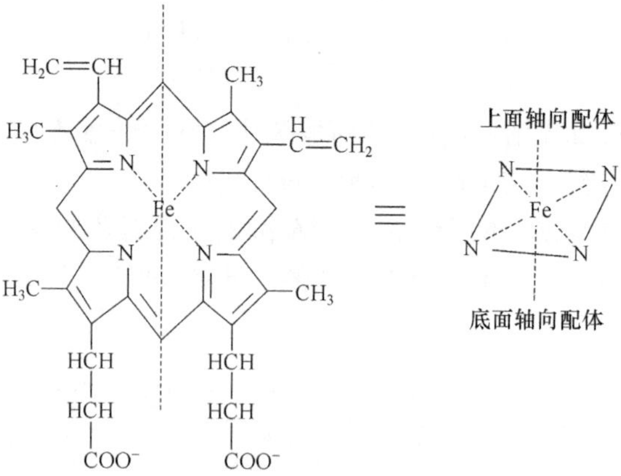

原卟啉区或亚铁血红素区　　上面轴向配体　　底面轴向配体

图 3-4　铁卟啉

金属卟啉配合物的氧化还原性质与环的电子性能密切相关。用中位四苯基卟啉作为模型，研究苯环取代基对金属卟啉各种氧化态的影响还是比较容易的(图 3-5)。

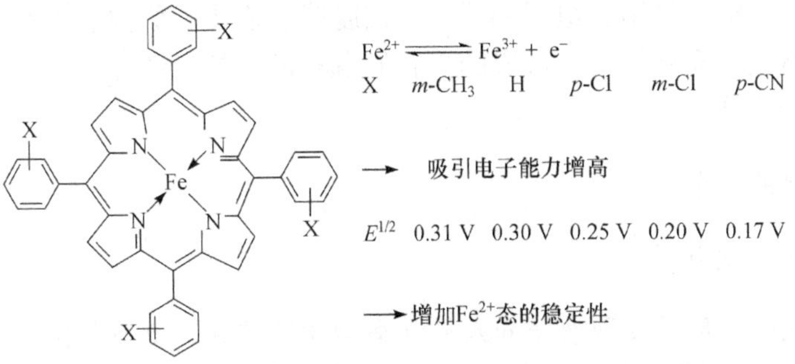

$Fe^{2+} \rightleftharpoons Fe^{3+} + e^-$

X　m-CH_3　H　p-Cl　m-Cl　p-CN

→ 吸引电子能力增高

$E^{1/2}$　0.31 V　0.30 V　0.25 V　0.20 V　0.17 V

→ 增加Fe^{2+}态的稳定性

图 3-5　苯环取代基对金属卟啉各种氧化态的影响

2. 血红蛋白

所有脊椎动物和许多无脊动物的血红蛋白都含有同样的原卟啉区(或称亚铁血红素区)。血红蛋白是这样组成的：铁与原卟啉结合成血红素，血红素再与球蛋白结合成一个亚基。血红蛋白由 4 个亚基组成；其中两个属α型，两个属β型。相对分子质量约为 65 000。血红蛋白中的亚铁原卟啉位于血红蛋白的疏水腔中，其中铁轴向第五配体由蛋白分子中近侧组氨酸(F8)的咪唑基提供。此时，配位场较弱，铁处于高自旋状态，离子半径也大，四吡咯环容纳不下，Fe^{2+}突出环平面约 0.7 Å，因此脱氧血红蛋白中铁的配位数为 5。当氧与血红蛋白中的血红素结合时，能增强配位场的强度，迫使高自旋 Fe^{2+}转变为低自旋的 Fe^{2+}，这时离子半径减小，Fe^{2+}落入四吡咯环平面的中心腔内，同时将远侧组氨酸进一步拉向血红素环。Fe^{2+}的这一移动能进一步引起许多更大的变化，并使血红蛋白四聚体内一种构象(绷紧态)转变成另一种构象(松弛态)。

在血红蛋白与肌红蛋白的正常功能中，铁原子与氧结合和失去氧时，其原子价不变，始终保持 Fe^{2+}状态。但是，血红蛋白和肌红蛋白都能被高铁氰化钾类氧化剂氧化成 Fe^{3+}或高铁血红素的形式，颜色则由红色变为褐色。其产物称为高铁血红蛋白或高铁肌红蛋白。这时，它们已不可能起可逆的氧载体的作用了。氧与血红蛋白配合物的形成，使本来是顺磁性的血红蛋白和氧分子成为抗磁性的氧合血红蛋白。这一改变是氧与 Fe^{2+}相结合造成的。

3.3　生物液晶

用手捏一下腿上的肌肉，就可以发现肌肉可以动，但是又有一定的形状和体积。肌肉是固体还是液体?说它是固体，它却有类似液体的性质，具有一定的流动性；说它是液体，它又有类似固体的性质，有一定的形状和体积。在电子显微镜下可以清楚地看到，一条条肌纤维整齐地排列在一起，简直就是一种美妙的晶体。人体内有许多器官和组织都与肌肉一样，既像固体，又像液体，我们称它们为生物体内的液晶。

要了解生物液晶，必须先弄清楚什么是液晶。众所周知，通常的物质有固、液、气三态。液晶态的发现，打破了人们关于物质三态的常规概念。液晶态是一种中间态，它既有液体的流动性，又有类似晶体结构的有序性。这类物质在力学性质上像是液体，在光学性质上又像是晶体，故称为液态晶体，简称液晶。广泛存在于生物体内的液晶物质就称为生物液晶。

在分子水平上观察生物体的结构时，人们发现，众多的生物分子在体内的水环境中，通过各种排列组合，构成了细胞、组织和器官。细胞膜、表皮、肌肉、神经和视网膜等，都是由生物分子在水溶液中有序排列而形成的。它们既有液体的流动性，又有与晶体类似的有序性，因而正好处于液晶态。

3.3.1 生物与液晶的关系

1. 液晶研究的历史事件

液晶研究史表明，最早发现液晶的人，既不是物理学家，也不是化学家，而是一位生物学家。1888 年，奥地利植物学家莱尼茨尔在研究类固醇的植物生理作用时，对胆甾醇样品进行了成分测定，制成了在当时来说纯度最高的胆甾醇苯甲酸酯晶体。他加热这种晶体时，观察到一个奇怪的现象，这种苯甲酸酯竟然有两个熔点。第一个熔点是 145.5℃，达到这个温度之后，结晶熔解成为浑浊黏稠的液体。第二个熔点是 178.5℃，只有加热到这个温度，浑浊黏稠的液体才能变成透明的液体。

众所周知，当温度升到 0℃时，冰就会融化成无色透明的水。反之，当温度降到 0℃时，水又会凝结成冰。总之，冰只有一个熔点。通常的固态物质和冰一样，也只有一个熔点。这是人们早已司空见惯的现象。

胆甾醇苯甲酸酯却不同，它有两个熔点，这种独特的物理性质引起了莱尼茨尔极大的研究兴趣。他又仔细观察了这种酯的冷却过程，两个凝固点的奇迹再次出现。而且，在冷却至凝固点之前，还会呈现出许多不断变幻的鲜艳色彩。开始是鲜绿色，随着温度的降低，依次变为深绿色、深藏青色、黄绿色、黄色、橙红色和鲜红色，凝固后才变为无色。这就是人类对液晶认识的开端。

为了弄清这种神秘的现象，莱尼茨尔把他的发现告诉了德国物理学家莱曼，并把样品送给他，希望他进行更深入的研究。当时莱曼已是一位著名的物理学家，他的专长是结晶物理方面的研究。在这个学科领域里，他已付出了 20 多年的心血，但从未遇到如此奇特的“怪事”。他怀着极大的好奇心，很快就着手研究了这种奇妙的物质。莱曼用偏光显微镜观察 145.5～178.5℃的胆甾醇苯甲酸酯液体，意外地发现这种浑浊黏稠的液体竟然和晶体一样，也有双折射性；但它又和晶体有所不同，仍然能流动，这又是液体的特征。1889 年，莱曼把这种集液体、晶体二重性于一身的物质命名为液晶。

液晶的诞生，虽然也曾给科学家带来过喜悦和期望，吸引了众多学者的研究兴趣，但它的成长却是缓慢的。在 20 世纪 50 年代之前，液晶虽然已诞生了 60 余年，但仍处在“童年”时期，由于历史条件所限，人们对它的结构和性质了解甚少。但是，即使在液晶的“童年”时代，它也与生物结下了不解之缘。那时，人们常用生物材料进行液晶的启蒙探索。早在 1915 年，莱曼就预见到液晶在生命机体内的作用。1930 年，穆拉尔特和埃德索尔观测到肌肉的流动双折射现象，从而确证肌肉具有液晶性质。1941 年，在烟草花叶病毒的蛋白质溶液中发现了液晶状物质。回顾过去的漫长岁月，可以说，把液晶与生命现象联系起来进行考察也是液晶发展史的一大特点。

20 世纪 50 年代以来，随着科学技术突飞猛进地发展，液晶也逐渐从实验室走了出来，进入了实际应用的领域，它作为一种新型材料，在工业上崭露头角。与此相应，对生物液晶的研究也有了长足的进展。

1956 年鲁宾逊发现，人工合成多肽 PBLG(聚 L-谷氨酸苄酯)是一种有旋光作用的胆甾型液晶。1962 年斯潘塞用 X 射线衍射技术，对 tRNA 单晶进行观察，证明它的性质与 PBLG 类似，也是一种胆甾型液晶。1964 年，丁坦法斯证明，红细胞内部是液体，而外部的膜则是一种液晶态膜。此后，科学家陆续证实，副肾皮质、卵巢、神经髓鞘、动脉等，在体温范围内，均以液晶形式存在于生物体中。然后，又陆续发现脱氧核糖核酸、蛋白质、类脂、脂蛋白等生物体内重要的生物分子都具有液晶性质。它们在某个临界浓度之上，会在水溶液中自动排列成整齐的“队伍”。

这一系列重大发现终于使人们认识到，液晶态广泛存在于生物体内，这对阐明生物体内液晶的结构和功能，解答生物学的一些根本问题以及当前生物学的许多未解之谜，都是极为重要的。

2. 对生物液晶的广泛研究

生物液晶是一门新兴的分支边缘学科。当前，对生物液晶的研究方兴未艾，取得了许多丰硕的成果。

其实，只要知道水含量约占生物体重的三分之二这一事实，就不难想象液晶态为什么会广泛地存在于生物体内。事实上，完全用固态或液态的观点均不能满意地解释生命现象，而液晶态能较好地说明生物的特征，更能正确地阐明生命的奥妙。

许多重要的生物分子，如多肽、多核苷酸、蛋白质、核糖核酸和遗传物质脱氧核糖核酸等，在水溶液中都是棒状的刚性分子。它们在稀溶液中的分布是随机的，这样的溶液仅仅是液体，尚无任何液晶性质。但是，当溶液浓度达到某个临界值之后，这些生物分子就会聚集在一起，形成有序排列的液晶结构。实验表明，当溶液浓度达到 25%～30%时，脱氧核糖核酸分子会在水溶液中排列成非常整齐的队形，形成了比较理想的液晶结构。值得注意的是，这时的溶液浓度与生物体内水含量占三分之二的比例大体一致。

分子生物学的研究表明，良好的液晶态结构为生物体内的生物化学反应提供了最合适的环境。对于生物的生长发育和分化，生物液晶也创造了比较理想的条件。例如，人和动物在液晶态的环境中进行新陈代谢，长出的毛发和肌肉纤维的强度最好。非常有趣的是，化学家也不约而同地发现了这一规律，使人有异途同归的感觉。美国杜邦公司的化学家正是利用高分子液晶态的特异性质进行纺丝，才成功地制得了超高强度的有机合成纤维。由此可见，生物液晶与化学中的高分子液晶有许多共同的规律。

对生物膜的研究是当代生物学中最引人入胜的课题之一。细胞膜以及细胞内各种细胞器的膜都是生物膜。按照生物膜的“流体镶嵌”模型，构成膜的脂类和蛋白质分子按一定顺序整齐地排列起来，产生了类似晶体结构的有序性。另一方面，由于脂类和蛋白质分子在水溶液中处于不停顿的运动状态，这样生物膜又具有液体的流动性。因此，生物膜是典型的液晶态结构。

液晶态生物膜在生物有机体内到处都有。生物体内的能量发生器和转换器，如叶绿体、线粒体和眼睛视网膜等，它们的基本结构都是生物膜。因此，液晶态生物膜适当的流动性和有序性是维持正常生命的必要前提。而膜的液晶态又往往受到膜的化学成分的影响。例如，幼年时期的鼠类，其生物膜的不饱和脂肪酸含量较成年期高，因而流动性较大，有序性较小。此时，膜的通透性也比较大。这与正在生长发育的小鼠处于旺盛的新陈代谢时期是相适应的。

大量的实验证明，生物体内的物质运送、能量转移、细胞分化、酶的活力和激素作用等，都与处于液晶态的生物膜有密切的关系。为了使生物膜处于适当的液晶态，生物体可以通过细胞代谢等方式予以调控。如果超出调节范围，细胞就难以表现正常功能而产生病变。例如，β-脂蛋白缺乏症和某种贫血症患者，他们红细胞膜的液态性质(流动性)比正常人少得多。由此可见，生物膜物理性质的改变也会引起严重的后果。

电子自旋共振和核磁共振实验表明，癌细胞膜的物理状态也与正常细胞不同，它的晶态性质(有序性)减弱，而液态性质(流动性)却大大增强。实质上，癌细胞膜发生了从液晶态到液态的相变，而且引起癌变的相变往往是不可逆的。当前，利用癌细胞膜的相变特征，用核磁共振方法对癌症进行早期诊断的研究工作，已取得了令人鼓舞的进展。

液晶态也为生命的开端提供了良好的环境条件。已经证明，生命系统中的各种有机分子能在实验室内模拟自然条件，不经活细胞的作用而合成。由此表明，在远古时代长期的演变过程中，凭借大自然的力量，可以从非生命物质合成原始的生物分子。问题在于：这些原始的生物分子如何组装成生命的最基本单元——细胞?许多学者认为，液晶为原始生物分子组装成可以进行自我复制的细胞雏形提供了良好的条件。而且，液晶也可以为有活力的生物分子的诞生创造适宜的环境。

视觉与液晶也是密切相关的。人和脊椎动物眼睛的视色素分子在光感受器里面的排列是有序的，但又是能流动的，也就是说处于液晶态。当光刺激眼睛时，由于液晶的“光生伏特效应”，视色素分子便产生了“早期感受器电位”，经视神经传入视觉中枢，就使我们感知了这一光信号。由此可见，视色素分子以液晶态存在，是光感受器激发的必要条件。

此外，人和脊椎动物的肌肉、神经，节肢动物的外骨骼，无脊椎动物的连接组织，萤火虫的复眼等，都是既有序又能流动的液晶态结构。正是这样的液晶态结构，才能确保它们发挥应有的功能。例如，肌肉细胞只有处于液晶态，才能与它的能量来源腺苷三磷酸保持最密切的接触，从而得到源源不断的能量供应。许多昆虫复眼的液晶结构可以检测到自然界的偏振光，并以此来定位，从而使得它们在飞行中能够灵活自如地寻食避敌。

当代医学研究表明，动脉粥样硬化、胆结石、衰老、镰状细胞贫血症、微循环障碍等疾病均与人体某些器官、组织偏离正常的液晶态有关。对于这类病变，必须采取相应的治疗措施，使体内恢复到正常的液晶态。我国传统医学——中医，在治疗这些疾病时，经常按照“活血化瘀”和“利水逐瘀”的指导思想来开方用药，也是为了达到上述治疗目的。由此可见，许多疾病的发生、诊断和治疗都与人体内的液晶态有关。因此，对生物液晶的研究也为预防、诊断和治疗某些疾病打开了新的思路。

最近，将人工合成的液晶物质应用于医学临床诊断也取得了很大的进展。目前，已有一些液晶材料在临床上用来鉴别和诊断动脉硬化、胎儿部位、烧伤程度、皮肤癌、乳腺癌和末梢血液障碍等疾病。例如，按一定比例配制的胆甾醇液晶，它的相变温度正好在体温 37℃左右。在相变过程中，只要温度有极微小的差异，这种液晶材料就会显示出不同的颜色。由于癌组织的代谢旺盛，温度略高于正常组织，把胆甾醇液晶涂抹在皮肤上，患癌部位就会立即显示出与周围环境不同的颜色。用这种方法诊断皮肤癌和乳腺癌是非常方便的。

显然，利用液晶物质诊断疾病具有快速、简便、对人体无损伤等优点。因此，液晶技术在医学上的应用吸引了越来越多的医务工作者。当前，这方面的研究工作也正在世界各国大力推行。

总之，有关生物液晶的研究工作已经取得了丰硕的成果。用液晶的结构和原理来解释包括动物、植物和微生物在内的广泛的生命现象也取得了极大的成功。当前，各国学者正在对生物液晶进行广泛而积极的探索，他们的研究工作正在向理论深度和实际应用两个方面发展。

3.3.2 液晶及其特性

1. 液晶的特征

从微观来看，液晶态是各种特定分子在溶剂中有序排列而形成的聚集态。具有液晶性质的物质，在芳香族、脂肪族、多环族和胆甾醇衍生出来的有机化合物中都可以找到。

显然，并非所有物质都能形成液晶态，只有符合以下几个基本条件的物质，才有可能形成液晶态：①分子链必须是具有刚性或类似刚性的物质，在溶液中，分子链呈棒状或接近棒状的构象，此外，最近发现，有些平板状分子也可形成液晶态；②这种物质的分子链上必须具有苯环和氢键等极性基团；③对于形成胆甾型液晶的分子，除了具备上述两个条件外，还必须具有光学活性因素，如含有不对称碳原子等，因此分子本身就具有较大的各向异性。我们可以按照这三个条件来判断某种物质是否具有液晶性质，以及能形成什么样的液晶结构。

液晶物质的宏观表征，既有类似液体的流动性和连续性，又有类似晶体的有序性。它们在光学、力学和电学性质上具有明显的各向异性，能呈现浑浊、双折射、彩虹、旋光等一系列奇特的现象。从分子水平上来看，液晶物质内部分子的排列是有序的，但又是可以流动的。

2. 液晶的形成

就形成方式而言，液晶物质可分为两类。

1) 热致性液晶

热致性液晶是加热液晶物质时形成的各向异性熔体。如前所述，莱尼茨尔首次发现的液晶物质胆甾醇苯甲酸酯就是一种热致性液晶。这种液晶通常有两个熔点。

把某种能形成液晶的固体加热到第一熔点，这种物质就转变成既有双折射性又有流动性的液晶态。肉眼看到的是一种黏稠而浑浊的液体，其黏稠度随不同的化合物而有所不同，从糊状到自由流动的液体都有。从分子水平来看，温度超过第一熔点时，物质内部的分子排列还是有序的，仍然具有晶体结构的特征。但是，这时的分子又是能够流动的，产生了和液体一样的性质。所以说，该种物质此时处于液晶态。由于这种液晶态是靠加热形成的，因此称为热致性液晶。

温度继续升高，加热到第二熔点时，液晶态又转变成各向同性的液体。所谓各向同性，就是说无论从哪个方向测量这种液体，它的光学性质(如折射率)都是相同的。从分子水平来看，温度超过第二熔点时，物质分子的取向是随机的。此时，这种物质仅有和液体一样的流动性，而无任何有序性。所以说，这种物质在加热到第二熔点的温度之后，就完成了从液晶态到液态的相变。

如果冷却这种液体，逆过程又可以倒转回来。但是，有些液晶物质在冷却时会出现“过度冷却”现象，从而形成一种不稳定相。

总之，具有热致性液晶行为的物质，当温度低于第一熔点时，是固态；温度在第一熔点和第二熔点之间，是液晶态；温度高于第二熔点时，就会从液晶态转变成液态。

2) 溶致性液晶

溶致性液晶是物质溶解于某种溶剂中而形成的各向异性溶液。在生物体内的液晶多属此类。

为便于理解，我们举个例子。将一小把火柴棍撒在脸盆的水面上，由于水面相对来说比较宽阔，这些火柴棍在水面上的分布是随机的，东一根，西一根，到处飘浮，各处都有，看起来是杂乱无章的，火柴棍就好比能形成液晶态的溶质——棒状刚性分子，水是一种溶剂。在均质溶液中；溶质分子在溶剂中的分布是随机的、杂乱无章的，如同在脸盆水面上看到的火柴棍。但是，把同样多的火柴棍放在一个茶杯里，由于水面窄，火柴棍多，这些火柴棍就不得不朝着某个方向挤在一起，比较有秩序地排列起来。溶致性液晶就是这样形成的。当然，实际情况比上述例子复杂得多，但可以据此来想象溶致性液晶的形成过程。

随着溶剂的减少，棒状刚性分子就会像火柴棍那样，朝着某个方向挤在一起，有秩序地排列起来，形成了一种有序而又能流动的液晶态。这种液晶态是在溶液中，由于溶剂的减少或溶质的增多而形成的，所以称为溶致性液晶。

从均质溶液开始转变为各向异性溶液时溶液的浓度就称为临界浓度。在临界浓度之上，物质开始形成溶致性液晶。从火柴棍飘浮于水面的例子不难想象，分子链越长，临界浓度就越低。但是，要在比临界浓度更浓的溶液中，才能形成有序程度更高的液晶态。

如果把溶剂完全去掉，仅剩下单一的溶质分子，这时就从液晶态转变成固态。

3. 液晶的结构

从微观来看，按分子排列方式的不同，可以把液晶分为三种类型。

1) 向列型液晶

这种液晶分子的形状像雪茄烟，分子的长轴近于平行，但不能排列成层(图 3-6)。处于这种液晶态的分子能上下、前后、左右移动，单个分子也能绕长轴旋转。

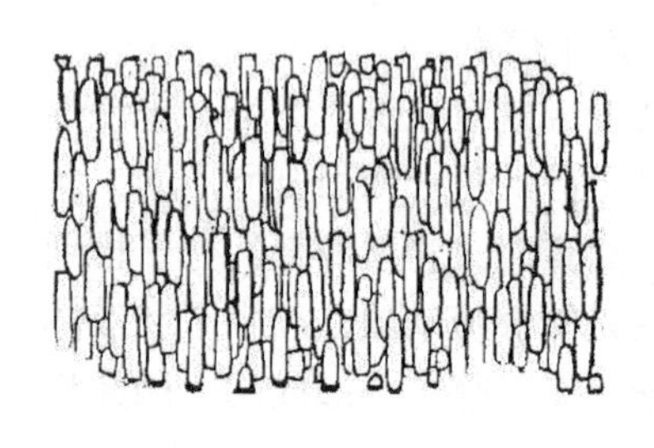

图 3-6　向列型液晶分子排列模型

向列型液晶最大的特点是：在磁场、电场、表面力和机械力的影响下，分子排列一律倾向于同一方向。例如，在未经处理的两块玻璃之间涂上一薄层向列型液晶，这时液晶薄层表面分子排列方向与玻璃面平行。如果用定向排列剂铬酸处理玻璃，然后在两块玻璃之间夹一薄层向列型液晶，这时液晶薄层内部的分子虽然不直接与玻璃面接触，但因受定向排列剂的影响，液晶分子的取向转了 90°，它们在与玻璃面垂直的方向上整齐地排列起来。

向列型液晶在外因作用下，分子排列方向易趋于一致，这一特征在工业上有广泛的用途，在生物液晶中也常显示出来。

2) 近晶型液晶

能形成这种液晶态的分子，它们的形状也像雪茄烟，分子长轴互相平行，且排列成层，层与层之间相互平行，分子排列比较整齐，近似于晶体的分子排列状况(图 3-7)。

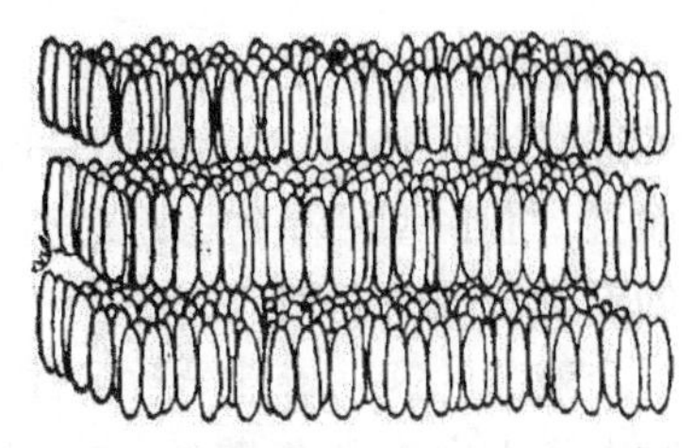
图 3-7　近晶型液晶分子排列模型

在这种液晶结构中，通常分子只能在层内前后左右移动，而不易在上下层之间越层移动。但是，单个分子也能绕其长轴旋转。由于层内分子的磁场等外界干扰，不如向列型液晶敏感。但是，层与层之间容易产生滑动。由于这类液晶的规整性接近晶体的结构，因而称为近晶型液晶。

3) 胆甾型液晶

形成这种液晶态的棒状分子分层排列。在每一层中，分子的排列是平行的，取向是一致的，但相邻两层分子的排列方向扭转了一定的角度，因此多层分子链的排列方向逐层扭转，从而呈现螺旋形结构(图 3-8)。因这种结构是胆甾族化合物液晶所特有的性质，故名胆甾型液晶。

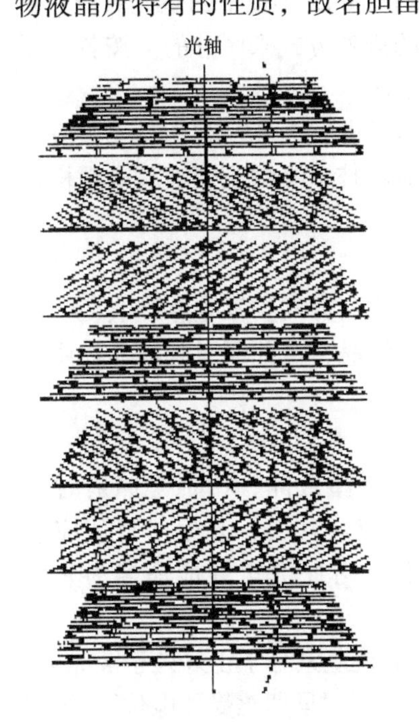

图 3-8　胆甾型液晶分子排列模型

胆甾型液晶的分子排列有周期性。当分子的排列方向旋转了 360°，又回到原来的取向时，即为一周期。在一周期中，分子链排列方向完全相同的两层之间的距离，称为胆甾型液晶的螺距，它是表征胆甾型液晶的一个非常重要的物理量。胆甾型液晶的螺距的变化通常随溶液浓度的增加而减小，随体系温度的升高而增大。当螺距增加到无限大时，胆甾型液晶就变成向列型液晶。因此，胆甾型液晶实际上可以看做是一种扭曲了的向列型液晶。

一般来说，液晶物质的分子基本上是细长的(1978 年以来，用扁平的圆盘形或方形分子也合成了液晶)，而且在分子末端或中心部位都有极性基团，或者有极性的大分子团。总之，从分子结构的特点来分析，液晶态必须在有分子间相互作用的条件下才能形成。

应当注意的是，液晶物质可以形成不止一种类型的液晶。许多化合物既可形成热致性液晶，也可形成溶致性液晶。有的液晶物质，当温度达到第一熔点之后，先形成近晶型液晶；温度继续升高到接近第二熔点时，又可形成向列型液晶。

生物液晶就其形成方式而言，都是溶致性液晶。但是，它们在不同的温度下也可发生相变。这种相变对生命活动是至关重要的。例如，在夏天，昆虫体内许多器官、组织的结构呈液晶态，使昆虫的活动得以正常进行。在冬天，昆虫体内的这些结构发生了从液晶态到凝胶态的相变，也就是从液晶态到固态的相变。这样，昆虫就处于休眠状态了。

4. 液晶的效应

液晶的独特性质就在于它对各种外界因素(如热、电、磁、光、声、应力、化学气体、辐射等)的微小变化都非常敏感。很小的外界能量就能使它的结构发生变化，从而使其功能发生相应的变化。因此，液晶有许多奇妙的“效应”。

1) 温度效应

胆甾型液晶具有引人注目的温度效应。它是条“变色龙”，能随微小的温度变化而显示出不同的颜色。这是由于它的分子结构呈螺旋状排列，当螺距与光的波长一致时，就产生强烈的选择性反射。虽然入射光是包含各种波长的可见光，反射光却是有一定波长范围的单色光。而且，胆甾型液晶的螺距对温度非常敏感，这就使得它的颜色可以在几度，甚至十分之几度的温度范围内剧烈地改变。

液晶的这一特性导致了许多重要的应用，如金属材料和零件的无损探伤，红外像转换，微电子学中热点(短路处)的探测，制冷机的漏热检查以及在医学上诊断疾病、探查肿瘤等。

2) 电光效应

液晶分子对电场的作用非常敏感，外电场的微小变化就会引起液晶分子排列方式的改变，从而引起液晶光学性质的改变。因此，在外电场作用下，从液晶反射出的光线在强度、颜色和色调上都有所不同，这就是液晶的电光效应。至今已发现液晶有 15 种以上的电光效应。它们是按液晶分子最初的排列方式以及在外电场作用下改变后的排列方式来区分的。按各种要求，使液晶分子获得各种排列方式的工作称为液晶分子排列工程。

利用各种液晶的电光效应，可以实现各种显示。液晶显示的电子表就是利用电光效应实现的。液晶表的出现导致了手表工业的一场革命。利用液晶显示技术又制成了液晶电视机。它的出现也导致了电视机工业的一场革命。

3) 磁效应

液晶分子的排列对磁场也很敏感，在外磁场作用下，它的排列方式会发生急剧改变。例如，当磁场强度超过某个阈值时，向列型液晶可以变成胆甾型液晶，由此而引起液晶物质光学性质的改变。显然，磁效应在原理上与电光效应是类似的。

4) 光生伏特效应

在镀有透明电极的两块玻璃板之间夹有一层向列型或近晶型液晶，用强光照射时，发现电极间出现电动势，这种现象就称为液晶的光生伏特效应。其实，光生伏特效应就是液晶的光电效应。为了不至于与前面讲过的电光效应混淆，才把光电效应命名为光生伏特效应。

光生伏特效应在生物液晶中是非常重要的。人眼视网膜中的视色素分子正好处于液晶态，当光刺激眼睛时，由于液晶的光生伏特效应，视色素分子便产生了“早期感受器电位”，经视神经传入视觉中枢，才使我们感知了这一光信号。

5) 超声效应

超声波是研究液晶的一种重要手段。在超声波的作用下，液晶分子的排列改变同样会引起光学性质的变化。也就是说，在超声波的作用下，液晶物质会显示出不同的颜色和透光性质。当前，科学家利用这一特性，正在加紧研制液晶声光调制器。此外，也可应用超声来测量液晶的黏滞系数。

6) 应力效应

液晶对机械力也很敏感。在两块玻璃板之间夹上一层胆甾型液晶膜。只要在玻璃板上稍加压力，就会导致胆甾型液晶螺距的改变，从而引起散射光波长的变化，这就是液晶的应力效应。

此外，在液晶中也观察到了压电效应。

7) 理化效应

液晶化合物是有机化合物，对于有机溶剂有较大的亲和力。把液晶化合物暴露在有机溶剂的蒸气中，这些蒸气就溶解在液晶物质中，从而使液晶物质的物理化学性质发生变化，这就是液晶的理化效应。

例如，在某种胆甾型液晶中加入一种碱性的胆固醇衍生物，然后把这种液晶物质暴露在氯化氢或氰化氢等有毒气体中，毒气与胆固醇衍生物的作用将改变胆甾型液晶的螺距，从而引起液晶物质颜色的改变。这种方法的灵敏度极高，只要有百亿分之一克的毒气，就能引起液晶颜色的变化。因此，可以利用液晶物质来监测有毒气体。

8) 辐照效应

液晶物质对于能量较高的电离辐射，如 X 射线、γ 射线、中子等也很敏感。受到一定剂量的辐照后，液晶的颜色也会发生变化。因此，可用液晶物质来测量 X 射线、γ 射线和中子的剂量，制作这些射线的剂量仪。

3.3.3 液晶在生命中的重要作用

已经证明，在实验室可以合成蛋白质、核酸和多糖等生物大分子。也就是说，凭借阳光、风雨、地热、波浪、蒸发、凝结等大自然的神奇力量，经过漫长的岁月，也可以在自然界合成上述生物大分子。至此，人们不禁要问，原始的生物分子如何组装成可以进行自我繁殖、有生命活力的基本单元——细胞呢?

最近的研究表明，液晶态为生物大分子的组装提供了良好的环境。在液晶环境中，各种生物分子之间更容易形成有生命活力的聚集态结构。也许生命就是这样诞生的。

1. 液晶与旋光分子

许多生物分子都有不对称碳原子和极性基团。这样，很多生物分子都具有光学活性，如旋光性、双折射性等。早在 19 世纪末，巴斯德就注意到了这一点。他认为，不对称的分子总是生命过程的产物。在巴斯德看来，这正是生命物质的代谢过程与非生命物质化学反应之间的本质区别。

巴斯德认为，细胞的内环境存在一种不对称力。在细胞的代谢过程中，由于不对称力的参与，便合成了不对称的生物分子。因此，生物分子普遍具有旋光性。例如，构成人体蛋白质的氨基酸都是左旋氨基酸，能使透过它们的偏振光向左旋转。而陨石中的氨基酸就不具备这种旋光性。这就是人体氨基酸与陨石氨基酸的本质差别。

人们不禁要问，具有旋光性的生物分子是如何诞生的呢? 这个长期不能解答的问题可以在液晶中找到答案。

我们先看一个例子。在同一方向摩擦两块平板玻璃，在它们之间放上一层向列型液晶物质。然后，把其中一块玻璃旋转 90°，这样一来，夹在它们之间的液晶物质也发生了扭转，使向列型液晶变成了类似胆甾型液晶的结构。此时透过液晶物质的偏振光也能旋转 90°。也就是说，这种液晶物质变成了具有旋光性的光学活性物质。

在生命演化的过程中，同样的情况也可能发生。例如，由于雨水的积聚，形成了一个水潭，水潭中有许多具有液晶性质的有机分子。由于长期蒸发，水潭中溶液的浓度达到了形成液晶态的临界浓度。这些有机分子就在水潭中形成了向列型液晶。因为蒸发过程中受地形的限制，底部无机盐结晶的电荷排列方向是东西向的。这时，由于经常刮北风，水面电荷的排列呈南北方向。在底部和表面垂直方向的电荷作用下，水潭中的液晶态就成为一种扭曲的向列型液晶。这样得到的扭曲向列型液晶可以作为一种溶剂进行有机反应，合成左旋或右旋的旋光物质。左旋氨基酸可能就是在这样的液晶环境中诞生的。后来发展成各种生命的原始蛋白质就是由这些左旋氨基酸形成的。再通过不停地自我繁殖，左旋氨基酸终于成为蛋白质结构的基本单元。现在，无论动物、植物或人体内的蛋白质都是由左旋氨基酸构成的，追根究底，其原因也许就在于此。

2. *液晶与细胞起源*

细胞是生命结构的基本单元。对于一个人来说，细胞实在是太小了，在显微镜下才能看得见。但从化学结构来看，细胞确实是太复杂了，它由千千万万形形色色的生物分子组成。那么，细胞是如何诞生的呢?

1938 年，奥巴林做了一个实验。他在水中混合明胶和阿拉伯树胶，把溶液加热到 42℃，再调节酸碱度。当溶液达到某个临界 pH 时，溶液中便有“小滴”出现。他把这些“小滴”称为团聚体。奥巴林确信，团聚体是与细胞起源有关的一种聚集态。

其后，美国生物化学家福克斯进一步研究了细胞起源问题。他认为，早期的地球一定是非常热的，单靠热能就足以使简单的化合物聚合成复杂的化合物。为了证明这个论点，1958 年福克斯把氨基酸的混合物加热到 160～200℃，然后在氮气和无水条件下反应 2 h。结果发现，在热缩聚作用下，氨基酸之间彼此连成了长链。这种长链与蛋白质分子的链很类似。于是，他把这种氨基酸共聚物称为“类蛋白”。经过分析测定，类蛋白中含有 18 种氨基酸，相对分子质量为 3000～9000。而且，这种类蛋白能消化某些酶，并且可作为细菌的食物。

更加令人吃惊的是，当福克斯把溶解在热水中的类蛋白冷却时，类蛋白就会缩在一起，形成“微球体”(图 3-9)。它的大小和细菌差不多，而且表现出许多与活细胞类似的特征。福克斯在这样的溶液中加入某些化学药物以后，这些小球能像通常的细胞那样胀起来或缩下去。它们能出芽，芽有时还能长大，然后脱落下来。小球还能像细胞那样分裂，一个分成两个。总而言之，微球体有类似细胞生长的全过程。

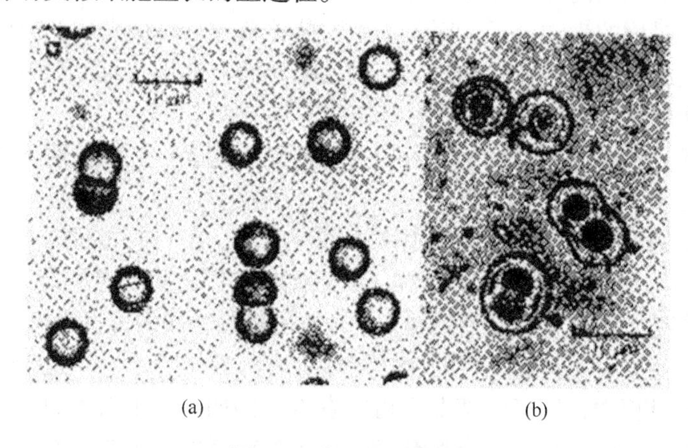

(a) (b)

图 3-9 类蛋白微球体

(a)、(b)为形态略异的两种微球体

最近的研究工作表明，液晶态为类蛋白微球体的形成提供了良好的条件。美国学者鲁宾逊在研究另一种人工合成的类蛋白物质 PBLG(聚 L-谷氨酸苄酯)时，观察到它也能形成“球粒”。

但是，这种球粒结构只有当 PBLG 形成液晶态时才有(图 3-10)。液晶态 PBLG 球粒与类蛋白微球体在结构上是相似的。许多生物分子处于液晶态时，都能形成球状或棒状的聚集态结构。有人在研究 DNA 时也观察到类似的情况。当 DNA 水溶液的浓度达到 1%以后，溶液从各向同性转变成双折射性。当溶液浓度达到 30%时，DNA 分子会朝着同一方向自动排列成一个个“小棒”。现在的实验已经证明，在液晶结构中，不仅同类分子可以聚集成球状或棒状微区，不同类分子之间也具备这种能力。

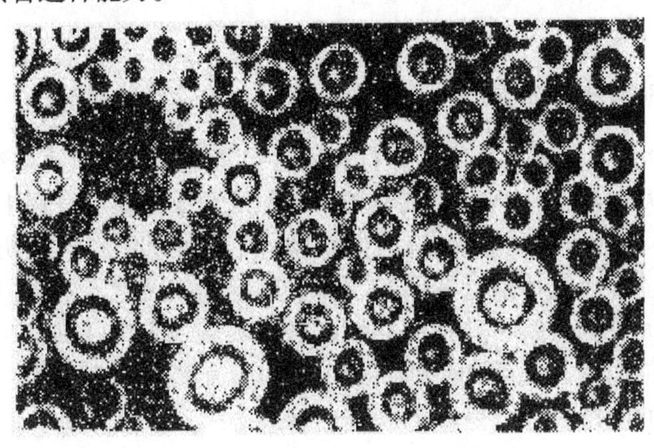

图 3-10　液晶态 PBLG 的球粒结构

据此，有些学者提出一种设想。他们认为，在远古时代，由于水分的蒸发，在某些水池中达到了形成液晶态的临界浓度。于是，原始蛋白质、核酸及其他有机分子便聚集成某种球状或棒状的聚集态结构单元，这就是细胞的雏形。在聚集态结构内部，各种原始生物分子之间形成了某种化学结合，这就使得刚出现的雏细胞成为不可逆的。这就意味着，即使它们再回到不能形成液晶态的稀浓度水溶液中，仍然将以聚集态的雏细胞形式存在，不会再回到单个游离分子的状态。

这样，在一场大雨之后，这些雏细胞被带到了更广阔的水域，在大自然各种力量的作用下，经过自然选择过程，得到进一步的发展。此后，又经过漫长的岁月，不断的演变，终于出现了真正的活细胞。由此可见，液晶态为生命的开端提供了良好的转化环境。

总之，已经证实，生命体系中的各种有机分子可以在实验室里模拟自然条件，不经活细胞的作用而合成。由此表明，在远古时代长期的演变过程中，凭借大自然的力量，可以从非生命物质合成原始生物分子。液晶为原始生物分子组装成可以进行自我复制的细胞雏形提供了良好的环境条件。而且，液晶也为有活力的生物分子的诞生提供了适宜的环境。

3.3.4　生物分子的液晶性质

什么是液晶性质?如果把生物分子从生物体内提取出来，溶解在水中，当水溶液浓度达到某个临界值之后，生物分子便开始在溶液中有序地排列起来，形成球状或棒状的聚集态结构。随着溶液浓度的加大，有序程度也越来越高。这时的溶液就处于既有序又能流动的状态，也就是液晶态。液晶性质就是形成液晶态的能力。具有液晶性质的生物分子就是能形成液晶态的生物分子。

许多重要的生物分子，如蛋白质、核酸、脂类、多糖、卟啉和类胡萝卜素等，都符合形成液晶态的基本条件。它们在溶液中多呈棒状或扁平状的构象，分子链上有苯环和氢键等极性基团，还含有不对称碳原子。因此，它们都具有液晶性质，在水中都能呈现出液晶结构。

由于生物分子在生物体内的浓度几乎都在形成液晶态的临界浓度之上，因此液晶态普遍存在于生物体内。这就不难理解，为什么生物分子的液晶性质对维持生命机体的结构和功能起着非常重大的作用。但生物体内成分复杂，难以研究，这就需要把生物分子提取出来，纯化之后，在体外来观察它们的液晶性质。这对于阐明生物体内的液晶结构和功能是非常必要的，也是生物液晶研究工作中不可缺少的一环。

1. 蛋白质和多肽的液晶性质

正是对各种多肽液晶性质的研究，才打开了近代高分子液晶和生物液晶研究的局面。埃利奥特和安布鲁斯从人工合成 PBLG 的氯仿溶液蒸发形成薄膜的过程中观察到具有双折射现象的溶液。后来，鲁宾逊对 PBLG 溶液体系进行了详细的研究，证明 PBLG 能形成胆甾型液晶，由此开始了近代生物液晶的研究工作。其后，各国学者对蛋白质和多肽类高分子的液晶性质进行了大量的考察，并把研究面扩展到核酸、脂类及其他生物大分子。实验证明聚合度 n 至少是千位数。此结构表明，PBLG 和所有多肽、蛋白质一样，骨架是成千上万个肽键连接起来的肽链，再由氢键把肽链连接成α-螺旋。其带苯环的侧链围绕螺旋轴呈放射状向外伸出。

这样，PBLG 在溶液中是一种棒状刚性高分子。当溶液浓度达到某个临界值之后，PBLG 便开始在溶液中定向排列，从而使溶液呈双折射性。也就是说，溶液开始成为液晶态。

液晶态的 PBLG 溶液呈现出平行的、等间隔的、明暗交替变换的带状结构。相邻的暗带或明带之间的间隔有周期性，变动范围为 2～100 μm。周期性间隔的大小取决于溶剂、浓度和温度。

偏光显微镜的观察表明，PBLG 具有扭曲结构，其螺距在光谱的可见区域，能进行光学观察。如果 PBLG 的浓度加大，螺距就会缩小。所以说，PBLG 液晶态具有胆甾型液晶性质。

20 世纪 70 年代中期，威尔克斯对 PBLG、聚-α-L-谷氨酸和胶原等多种多肽和蛋白质进行了广泛的研究。他的研究小组用小角激光光散射(SALS)、偏光显微镜、电子显微镜和小角 X 射线散射等技术手段，对多肽和蛋白质液晶态结构进行了综合研究。结果发现，它们的液晶态结构模型大致是这样的：当溶液浓度达到临界值之后，分子便开始定向排列，逐渐形成了棒状微区。微区的尺寸大约在微米数量级。分子在棒状微区内部的排列是有序的。从小角激光光散射图来看，蛋白质和多肽分子可以有两种排列方式：一是分子的取向与棒轴成 45°；二是分子的取向与棒轴平行。对于每一种蛋白质或多肽来说，只能采取其中的一种排列方式。虽然每个棒状微区内部分子排列的方向是一致的，但是棒状微区在溶液中的分布是随机的，只有在外电场或磁场的作用下，棒状微区才趋向于同一方向排列。

2. 抗冻糖蛋白

南极和北极的海区常年封冻，但仍有名目繁多的生物在那里生活。在北温带海区，海洋生物在冬季也要经受–30～–20℃的严寒。即使在热带，深海沟里的水温也接近 0℃。海洋生物面临如此恶劣的低温环境，它们是如何适应的呢?

最近的研究表明，在低温环境下生活的鱼类，它们的血液中有一类高浓度的大分子物质，能降低极地区域的鱼和某些越冬温带区域的鱼血液的冰点。经过这类物质的提纯分析，确证这种高浓度大分子物质就是糖蛋白。

例如，南极鳕鱼的血清冰点比水低，为–2.07℃。其中，血液糖蛋白能使冰点下降 1.1℃，占 53%；其余部分由 NaCl 等电解质起作用，可使冰点下降 0.97℃，占 47%。另一种越冬的温带比目鱼，其血清冰点总下降为–1.4℃，其中，糖蛋白做出的贡献占 57%，能使冰点下降 0.8℃。

生活在温暖海洋中的鱼，情况便有所不同。一种生活在暖温带的海鲫，血清冰点为–0.7℃，电解质引起的下降达 0.69℃，占 98.6%。这种鱼的血液中糖蛋白的含量很少，它对血清冰点的下降几乎不起作用。

上述情况表明，随着环境温度的下降，鱼类血液中糖蛋白等大分子的含量明显增加，在总冰点下降中所起的作用也增大。

糖蛋白为什么会起到下降血液冰点的作用呢?我们先来看一看它的结构。抗冻糖蛋白的基本结构单元如下：

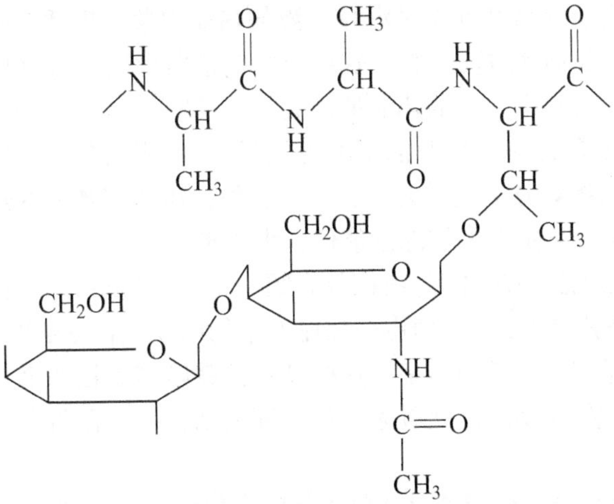

糖蛋白由糖三肽的重复单元组成，三肽为丙氨酰-丙氨酰-苏氨酰，侧链有一个二糖连接在苏氨酸上。二糖是由两个吡喃半乳糖连接起来的。用层析和电泳分离，可以得到 8 种相对分子质量不同的糖蛋白。这 8 种糖蛋白的相对分子质量分别为：33 700、28 800、21 500、17 000、10 500、7900、3500 和 2600。

从结构来看，糖蛋白和多聚谷氨酸类物质(如 PBLG)是非常类似的。因此，它在溶液中不可能是乱麻似的线团，应该像 PBLG 那样是伸展开的构象。经圆二色谱分析，糖蛋白的光谱也与多聚谷氨酸类物质相似。这就说明糖蛋白在溶液中也是伸展开的刚性高分子，而不是球状线团。

但是，最新研究成果表明，糖蛋白与多聚谷氨酸类物质也有所不同：前者是伸展开的线圈，后者是伸展开的螺旋。在考虑功能时，糖蛋白溶液的构象是很重要的。

由上述分析可见，糖蛋白分子是一种伸展开的刚性分子，它有极性基团(如羟基)和不对称碳原子，符合液晶分子的基本条件。因此，糖蛋白也是一种液晶物质。但是，考虑到它是伸展开的线团而不是螺旋，在结构的有序程度上似乎比多聚谷氨酸类物质略差，因此糖蛋白液晶态结构的有序程度也可能比多聚谷氨酸类物质略逊一筹。

糖蛋白降低血清的冰点，比 NaCl 降低得更多。按质量比较，糖蛋白降低冰点的效率比 NaCl 高两倍；按每分子浓度比较，糖蛋白降低冰点的效率比 NaCl 高 200～500 倍。尤其重要的是，糖蛋白浓度增加，不会改变体内渗透压；而 NaCl 增加将改变渗透压，浓度过高还会影响正常的生命活动，甚至危及生命。这和海水不能止渴是一个道理。

生理浓度的糖蛋白能降低冰点约 1℃，但不会降低熔点，从而造成冰点和熔点的差异，这是糖蛋白的一大特征。通常，冰点是固、液两态相平衡的温度，冰点和熔点应该相同，如 NaCl 溶液的冰点和熔点是相同的。可是糖蛋白却不然，2%糖蛋白溶液就会使冰点大大下降，到−0.9℃才结冰。但它从冰化成水的熔点几乎没有降低，即使温度升高到−0.02℃也不融化。

冰点和熔点不同的现象称为热滞现象。冰点和熔点的差值(冰-熔差)称为热滞值。热滞值的大小可以衡量生物抗冻剂抗冻能力的高低。实验表明，糖蛋白的相对分子质量越大，浓度越高，热滞值就越大，抗冻能力也就越强。而熔点却几乎不受相对分子质量大小和浓度的影响。

近年来，已测得南、北极和北温带海鱼血液的热滞现象。生活在南极最冷的冰水中的鱼具有最低的冰点和最大的冰-熔差，反映了这些鱼的糖蛋白含量较高。例如，在麦克默多海峡，南极鳕栖居于有浮冰的海水中，它的热滞值最大，冰-熔差达 1.27℃。

实验表明，热滞现象主要是由糖蛋白引起的，所以糖蛋白是一种生物抗冻剂。但是，糖蛋白的抗冻性能不仅与相对分子质量大小、浓度有关，还与糖基上的羟基有关。例如，只要有一部分羟基被乙酰化，糖蛋白的抗冻性能便会大受影响。

关于糖蛋白的抗冻机制说法甚多。我们仅介绍一种与液晶态有关的机理。以南极鳕为例，它的糖蛋白能使冰点下降 1.1℃，则糖蛋白在血液中的浓度就在 2%以上。考虑到它是一种伸展开的线团，线团上还有亲水基团羟基，这样糖蛋白就能与大量的水结合。而且，被糖蛋白捕获的水将随糖蛋白一起移动。由此看来，如果算上结合水，糖蛋白在南极鳕血液中的浓度将远超过 2%。

实验表明，有些生物分子形成液晶态的临界浓度仅为 1%。因此，可以期望糖蛋白在血液中的浓度超过形成液晶态的临界浓度。因此，糖蛋白在南极鳕的血液中以液晶态存在。

当南极鳕在低于 0℃但又高于−2.34℃(血液的冰点)的冰水中游动时，糖蛋白的排列将更为有序，但它仍然处于液晶态。也就是说，仍然具有和液体一样的流动性。正如纺织工业上利用液晶态来纺丝一样，这时的流动性也许还是相当不错的，从而保证南极鳕的血液循环正常进行。

当然，关于抗冻糖蛋白降低鱼类血清冰点的机制还有结合水学说和表面结合学说。由此看来，这种效应也许是多种因素综合作用的结果，不能简单地归为某一种因素。

当前，人类正在向海洋进军，开发南极和北极。为了解决所面临的低温问题，也许能从抗冻糖蛋白的研究工作中得到一些启示。

3. DNA 的液晶态

由于 DNA 具有双螺旋结构，它在溶液中是棒状刚性高分子，因此它必然是一种具有液晶性质的分子。

通过实验直接观察 DNA 液晶态的方法是：把不同浓度的 DNA 水溶液夹在两块玻璃片之间，将玻璃片四周封死，制成厚度约 0.5 mm 的 DNA 液膜。然后，用偏光显微镜和小角激光光散射仪观察液膜中 DNA 的排列和取向。

小角激光光散射仪是研究液晶态的一种仪器，它的光源是氦氖激光器。测定时，DNA 液膜(样品)放在两块偏光镜之间。两块偏光镜平行时，拍出的照片称为 Vv 图；两块偏光镜垂直时，拍出的照片称为 Hv 图(图 3-11)。然后，按照光散射理论，从散射图形便可判明液膜内 DNA 分子的排列和取向。在偏光显微镜下，拍出 DNA 液膜的照片，再用小角激光光散射仪测定 DNA 液膜的光散射图。

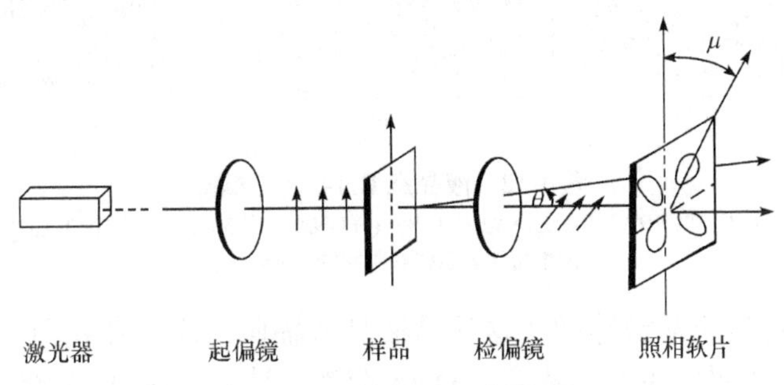

图 3-11　小角激光光散射仪的工作原理

当 DNA 水溶液的浓度小于 1%时，在偏光显微镜下只能看到一片黑暗。这表明，此时的 DNA 分子在溶液中的分布是随机的，还没有明显的取向。当 DNA 水溶液的浓度达到 1%以后，即可在偏光显微镜下观察到开始发亮的视野。此现象表明，像火柴棍那样的棒状刚性 DNA 分子已开始定向排列。因此，溶液也从各向同性转变为双折射性。这时的 DNA 水溶液已开始成为液晶态了。由此可见，1%就是 DNA 开始形成液晶态的临界浓度。

棒状刚性分子在溶液中形成液晶态的临界浓度可按弗洛里公式($c=8/x$)近似计算，式中，c 为形成液晶态的临界浓度；x 为轴比(分子长度/分子直径)。此式表明，形成液晶态的临界浓度与分子的轴比成反比。

通常，按照生物化学方法制备的 DNA 很难获得完整的分子，仅能得到它的片段。一般实验用的 DNA 相对分子质量约为 3 000 000 的片段，轴比不到 1000。按照这些参数，从弗洛里公式推算出形成液晶态的临界浓度与实测值(约 1%)很接近。

由此可见，像 DNA 这样在溶液中具有双螺旋构象的棒状刚性高分子也和许多有机高分子一样，具有溶致性液晶性质。但是，由于 DNA 的相对分子质量大，轴比高，因此形成液晶态的临界浓度低于多肽类和通常的有机高分子。

当浓度达到 3%以后，从偏光显微镜看到了一团团乌云状的图形；在小角光散射仪上，也开始出现了圆形散射图像。这时的 DNA 分子已聚集成许多短而粗的棒状微区。此后，随着溶液浓度的加大，DNA 分子排列的有序程度也不断增高。

当溶液浓度增加到 30%时，由 DNA 分子有序排列而形成的棒状结构微区已增加到光波长或更大的范围，甚至达到了微米数量级。这时，“棒”的外形也更加规整。用偏光显微镜可以直接看到这样的棒状微区。从光散射图的方位角依赖性可知，在棒状微区中，棒轴与光轴夹角为 45°，光轴方向应该是具有双螺旋构象的 DNA 分子占优势的极化方向。由此可见，在棒状微区中，DNA 分子平行排列的方向与棒轴夹角为 45°。考虑到棒状微区在溶液中的取向是随机的，浓度为30%的DNA溶液，其液晶态结构模型如图3-12(b)所示。这时，DNA液晶态结构非常规整，有序程度最高。

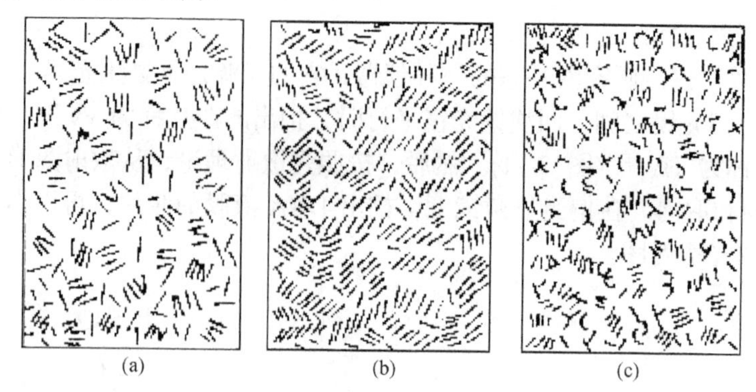

图 3-12　液晶态DNA结构模型

(a) DNA水溶液浓度3%～9%；(b) DNA浓度30%；(c) DNA浓度30%，但经5000 rad ^{60}Co γ射线照射

图中短线表示棒状刚性的DNA分子

液晶对电离辐射是非常敏感的，这就是液晶的辐照效应。在我们的实验中，用剂量为5000 rad的 ^{60}Co γ射线照射30%的液晶态DNA溶液，结果发现DNA液晶态的有序程度大大下降。在照射之后，外形美观而又规整的棒状微区已不复存在，它们变得又短又小，内部的分子排列也极不规整。由此可见，DNA的液晶性质比较容易受到电离辐射的损伤。经紫外光谱和黏度测量发现，大量的DNA分子已从双螺旋构象转变成了无规则线团。这就证实，DNA分子的液晶性质与其双螺旋构象是密切相关的。因此，DNA分子从双螺旋到无规则线团的构象转变必然会引起其液晶性质的改变。这就是电离辐射使DNA液晶态变得不规整、有序程度显著下降的原因。

4. 脂类

脂类是另一类重要的生物分子。它们是构成生物膜的重要原料，对维持生命机体的结构和功能起着非常重要的作用。

关于脂类分子在生物体内如何构成生物膜，以及生物膜的结构和功能，将在下一节专门论述。这里要谈的仅仅是把脂类分子从生物体内抽提出来，弄清它们的结构，看看它们在溶液中有什么样的液晶行为，能形成什么样的液晶结构。

磷脂类分子的基本结构由头部和尾部组成。头部是电荷基团，有强烈的极性，易溶于水，所以头部是亲水端。尾部由含有16～20个碳原子的两条脂肪酸链组成，像油一样，在水中不易溶解，所以是疏水端。

磷脂分子在液体中的排列方向视溶剂而定。在水等极性溶剂中，它们头朝外、尾朝内，有序地排列起来。在苯等非极性溶剂中，它们尾朝外、头朝内地排列。在两者均有的混合溶剂中，便形成双分子层。总之，这时的磷脂分子在溶液中既排列有序，又能流动，所以处于液晶态。

当大量的磷脂与水混合时，要经历一个从浑浊到清亮溶液的相转变过程，并呈现出液晶性质。把水中的卵磷脂放在显微镜下观察，即可看到片层或髓磷脂图像。这和细胞中的髓磷脂和片层结构是非常类似的。脂类分子在体外的液晶态结构，与体内的实际结构，竟然会如此之相似，但这绝非偶然。由此可见，生物分子的液晶性质对维系生命机体的结构和功能起了非常重要的作用。

此外，淀粉、糖原、纤维素、几丁质等多糖类物质的基本结构是$(C_6H_{10}O_5)_n$，在溶液中是伸展开的、有一定刚性的大分子。因此，多糖类物质在水溶液中也可形成液晶结构。近来还发现，构成红细胞和叶绿素的扁平状卟啉分子也具有液晶性质。总之，许多生物分子都有液晶行为，液晶结构广泛存在于生物体内。

3.3.5 生物液晶的应用举例

1. 卫星预报鱼群方位

人和各种动植物对温度都很敏感。这是因为核酸、蛋白质、脂类等生物分子都具有液晶性质，生命与液晶态之间有着密切的关系。只有在适当的温度环境中，才有最适宜的液晶态。在生物体内，生物膜、细胞、组织和器官只有处于适当的液晶态，才能进行正常的新陈代谢。

人、哺乳类和鸟类靠恒定的体温，使各种具有液晶性质的生物分子在体内处于适当的液晶态，以维持其正常的功能。

鱼类则不同，它们是冷血动物，体温随水温的变化而变化。每种鱼类都需要生活在某个温度范围的水域中，以确保其体内环境处于适当的液晶态。因此，鱼类对温度的变化十分敏感，它们总是朝着对每种鱼来说有最佳温度的海域游去。人们正是利用鱼类的这一习性，才实现了用卫星预报鱼群方位。

不同品种的鱼类生活在不同温度的海洋中。适合鲑鱼生长的最佳温度为 11.13℃，蓝鳍金枪鱼最喜欢的海水温度为 16～20℃，鲱鱼经常在 4℃左右的洋面游动，南、北极的鱼类常常在−1.9～0.5℃的冰水中生活。而且，海洋学家和有经验的渔民早就发现了鱼类的另一习性：鱼群往往聚集在海洋冷暖交界面的水域中。因为这样的地方常发生海水上升和下降的对流，使鱼类的食物(如浮游生物等)在此聚集。例如，秘鲁附近的海面就是冷暖洋流的交汇处，鱼类资源非常丰富。人们掌握了鱼类对温度敏感的习性之后，也可利用气象卫星来预报鱼群的所在方位，以便增加捕获量，提高经济效益。这是由于洋面的温度不同，发射出的红外线便有所不同。在气象卫星上，通过红外线摄影装置，把这些资料记录下来，再经计算机处理，即可绘出精确的洋面温度图。渔民从卫星服务站得到洋面温度图后，认准某种鱼类最喜欢的温度区域，直接把渔船开去捕捞。这样，既可缩短寻找鱼群的时间，又能大大提高捕获量。

2. 温度检测

已知胆甾-向列型液晶在温度发生变化时，其颜色也随之发生变化。单纯的手性化合物和手性化合物组成的混合物(如胆甾醇酯)具有不同的液晶态温度范围。在整个范围内，颜色将随温度的变化而变化。温度升高，颜色由亮红到黄、绿、蓝、紫，一直到各向同性液体出现时，颜色最后消失。逐渐降温，颜色呈可逆性变化。

表 3-4 列出了几种标准混合物，其温度范围为 30～40℃。每组混合物的色带幅度为 3℃。由表中可以看出，各组的成分都一样，只是配比不同，在不同的温度范围内产生不同的颜色图像。表 3-5 列出一些有代表性的组分配比，温度测定范围为 0～250℃。利用这一探测温度变化的特性，可开发该类物质在疾病诊断、环保、装饰、防伪等领域的应用。

表 3-4 胆固醇酯混合物色带的温度变化

温度范围/℃	胆固醇基质量分数/%		
	油醇基碳酸酯	正壬酸酯	苯甲酸酯
30～33	44	46	10
31～34	42	48	10
32～35	40	50	10
33～36	38	52	10
34～37	36	54	10
35～38	34	56	10
36～39	32	58	10
37～40	30	60	10

表 3-5 胆固醇酯混合物的色带温度

成分	配比	温度范围/℃
油醇基碳酸酯，乙酸酯	80：20	0～4
油醇基碳酸酯，苯基碳酸酯	80：20	14～16
油醇基碳酸酯，磷酸酯	95：5	16～18
油醇基碳酸酯，正壬酸酯，苯甲酸酯	65：25：10	17～23
油醇基碳酸酯，正壬酸酯，苯甲酸酯	70：10：20	20～26
甲醇碳酸酯，正壬酸酯	20：80	22～47
正壬酸酯，油酸酯，巴豆酸酯	25：55：20	22～25
正壬酸酯，油酸酯，巴豆酸酯	10：70：20	24～26
油醇基碳酸酯，正壬酸酯，苯甲酸酯	45：45：10	26.5～30.5
油醇基碳酸酯，正壬酸酯，苯甲酸酯	43：47：10	29～32
油醇基碳酸酯，正壬酸酯，苯甲酸酯	44：46：10	30～33
油醇基碳酸酯，正壬酸酯，苯甲酸酯	38：52：10	33～36
油醇基碳酸酯，正壬酸酯，苯甲酸酯	32：58：10	36～39
正壬酸酯，油酸酯，巴豆酸酯	30：60：10	40～42
正壬酸酯，正丙酸酯	80：20	45～65
正壬酸酯，丁酸酯	80：20	55～57
3-苯基丙酸酯，正壬酸酯	20：80	64～67
肉桂酸酯，正壬酸酯	90：10	140～250

3. 液晶与生命科学研究

1) 液晶与衰老

衰老的过程是如何进行的，现在还不很清楚，但是物质的液晶态肯定与其有关。如果向晶态的两亲水分子体系加水，则产生一种片层(双层)液晶结构。进一步向体系中加水，将使液晶态从片层结构转变成六角形结构。继续加水，能使六角形结构转变成胶束态。再多加水就成为真溶液。无论是从片层结构转变成六角形结构，还是从六角形结构转变为片层结构，结构的转变都随着水组分的变化而变化。这个系统也与温度有关，而且两个参数(水与温度)可以同时作用或单独起作用。因此，衰老可能与细胞中水的总浓度有关。当人体失水时，液晶就可能从六角形结构转为片层结构，失水再多时就变成晶态结构。人们认为，在老化过程中，细胞膜向晶态转化。如果这是一个简单而又正确的假设，那么，从化学角度来说，加水有可能使衰老过程得到延缓。

2) 癌症与液晶

1976 年安布罗斯曾指出，癌症与细胞不正常生长有关，并且认为了解液晶现象对癌变过程的研究很有帮助。他还指出，在正常上皮细胞的组织培养中，细胞在边缘处互相接触，但在癌变细胞间它们的黏着性降低了。因此，从正常细胞到癌变细胞的变化之一是细胞之间有间隙出现。另外，他还提出一些其他特性，如细胞膜表面相的变化导致形状改变，与细胞器和细胞运动有关的丝状纤维蛋白的改变等。这些变化都与液晶有关，都是液晶态反映出来的一些特性。因此，正常细胞中液晶态的任何异常变化都能带来正常细胞的不正常生长，从而导致癌变。

过去对生物体内液晶现象的研究多数还是从组织和器官的静态观察出发。虽然这样的剖析有其重要意义，但是全面深刻地认识这一事物则必须从动态的角度，用变化和发展的观点来探讨生命体内的液晶现象。例如，胚胎发育过程中一系列液晶态的变化可能贯穿整个过程。生命科学领域中的许多根本问题与生物物质所处的结构状态，特别是液晶态所特有的物理性质是分不开的。液晶既可以像液体那样流动、变化和扩散，又能在长程范围内保持一定的有序性。它可在长距离内有选择地传递能量和信息，而本身耗能又非常小。特别是液晶对热、电、磁、光、声、应力等外界条件反应很敏感，由此可以推测生物体内各种灵敏的感觉系统(视觉、听觉、触觉、嗅觉等)的机制。生物体内能量与信息的传递过程，以及某些重要疾病的机理都可能与液晶有关。研究生物体内的液晶态和液晶现象对生命科学的发展将具有深远的意义。

3.3.6 生物膜

关于生物膜分子结构的模型，目前一般认为辛格和尼科尔森 1972 年提出的“流体镶嵌”模型比较合理。中国科学院上海有机化学研究所曾广植提出的“板块振动模型”发展了“流体镶嵌”模型的观点，他提出“由板块亚单位组成的生物膜”优于均匀的“流体镶嵌”膜。近年来在此基础上又做了大量研究工作，并有不少新的发展。生物膜在正常生理条件下大多呈液晶态，当温度下降时它可以从流动的液晶态转变为晶态。反之，晶态也可以在条件合适时转变为液晶态。如果这种变化是由温度引起的，那么这个温度就称为膜的相变温度。

此外，膜的流动性与膜的正常功能(能量转换、物质运输、信息传递等)密切相关。适当的流动性对膜功能的正常表现是一个极其重要的条件。膜的流动性又是膜的液晶态的必要条件。因此，膜的功能、膜的液晶态、膜的流动性是互相依存、密切联系着的。它们的共同基础是膜的组分和膜的结构。

1. 膜的成分与分子结构

现代膜结构的概念都是在对膜各组分进行深入研究的基础上提出来的。通过膜的分离、纯化和分析知道，膜主要由蛋白质和脂类构成，此外还有少量的糖、核酸、无机离子和水等。除少数情况外，一般来说蛋白质含量最多，脂肪次之，糖含量最少。蛋白质嵌入膜中的称为体蛋白(占膜蛋白总量的 70%～80%)，在膜表面的称为表蛋白(占膜蛋白总量的 20%～30%)。

细胞膜上的蛋白质都是α-螺旋结构，因此都是球形蛋白质。一般来说，功能比较复杂的生物膜中蛋白质的比例更大，反之，膜功能越简单，所含蛋白质的种类和数量也越少。例如，神经髓鞘主要起绝缘作用，其蛋白质只有三种，与类脂的质量比仅为 23%。线粒体内膜功能复杂，含 30～40 种蛋白质，而且蛋白质的含量比类脂高数倍。

构成质膜的类脂有磷脂、糖脂和类固醇等，其中以磷脂为主。磷脂则主要由脂肪酸、磷酸、甘油等组成。它的种类也多，如卵磷脂(磷脂酰胆碱)、磷脂酰乙醇胺、磷脂酰丝氨酸以及鞘磷脂等。

磷脂是两亲性分子。在水中磷脂常主动地以疏水端聚集起来形成连续的非极性区，并以其极性基团和水或其他极性基团相互作用成为界面。这样就能形成胶束或双分子层。细胞膜中的脂类分子大多是双分子层排列的，而且磷脂分子的极性部分在外，非极性部分在内。胆固醇则插入磷脂双分子层内，使磷脂双分子层更为紧密。磷脂在水中的分散状态一般呈以下四种稳定结构：单分子(溶液中的单个分子)状态，表面的单分子层，以及胶束与双分子层(脂双层)，如图 3-13 所示。

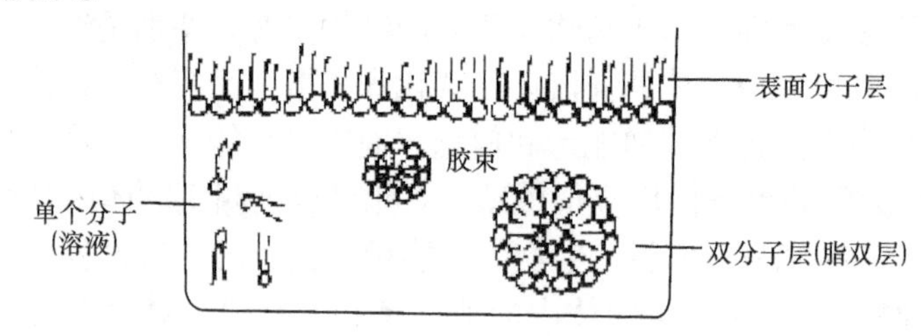

图 3-13　磷酯分子的四种稳定结构

磷脂-水系统的相变，从结晶相到液晶相，主要是疏水部分烃链变化引起的。在结晶相中烃链为固态，在液晶相中烃链为液相，但亲水部分的基团仍能保持长程有序状态。

从生物组织中提取出的脂质或人工合成的脂质，在适当的含水量和温度条件下是以液晶状态存在的。从支原体膜获得的一些研究结果说明，生物膜中的脂质在生理条件下确实是处于液晶态的。

2. 生物膜的流动性

由于类脂分子的长程有序性排列，在细胞存活的正常温度条件下，它具有液晶的性质。这已从各种物理方法的检测中得到了证实。既然膜具有液晶的性质，而液晶是具有一定流动性的，因此膜的流动性是膜的一个基本特征。大量实验证明，生物膜的各种主要生物功能，如能量转换、物质转运、信息传递、细胞识别、细胞分化、激素作用等，与膜的流动性是直接相关的。膜功能的正常表现，要求膜必须具有一定的流动性。

影响膜流动性的因素很多，大体上可归纳为以下几点。

1) 胆固醇与磷脂比值

一般来说，在相变温度以上胆固醇含量增加时，就有增加膜脂的有序性和降低膜脂流动性的作用。但在低于相变温度的情况下，胆固醇却又能扰乱膜脂有序性的出现，阻止晶态的形成。胆固醇多分布于需要强化的组织中，心肌内含量最多。另外，在人体肌肉(21%)、结缔组织(22%)和皮肤(9%)中含量也较多，还有一些分布于脑神经系统中；为适应液晶态脂质的构象要求，胆固醇必须具有β-OH 和反式交叉构型的甾环。

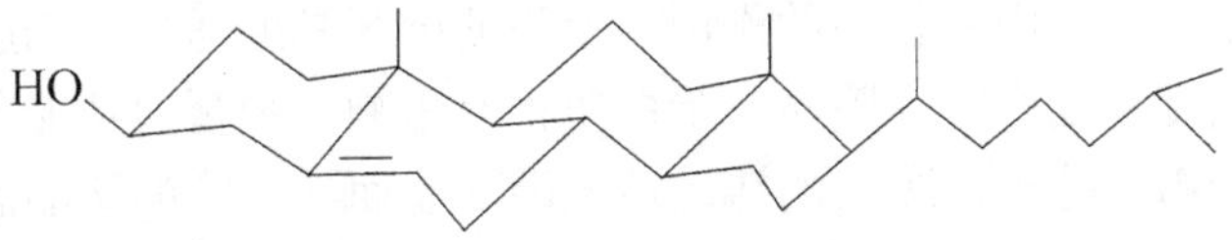

HO

许多人用多种手段对胆固醇在生物膜中作用的研究证明，胆固醇像增塑剂，能使双层膜在很大的温度范围内呈半流动态而不发生相变(如变为晶态)。如果把胆固醇加入卵磷脂中，则系统的相变温度稍有降低，相变热也减小了，亦即使相变温度变得更低了(更不易固化)。

美国加州理工学院美籍教授陈长谦通过电子显微镜发现，在双层膜脂质体制作过程中，如加入少量(<25%)的胆固醇，则脂质体直径为 250～350 nm，而且胆固醇分布在脂质体的内层脂中。当胆固醇的比例增加到 40%时，脂质体的直径则大于 300 nm，同时胆固醇也向外层膜插入。这些事实说明，胆固醇能使类脂双层膜的曲率变小。他们用 500 MHz 核磁共振谱研究证明，胆固醇插入了双层膜的内层。胆固醇掺入脂双层膜所引起的变化如下：当胆固醇与磷脂混合时，它们先生成 1∶1 的配合物，这种配合物排列得很规则，形成六角晶格。

2) 膜脂中脂肪酸链的不饱和程度和链长

脂肪酸不饱和键的存在会降低膜脂分子间排列的有序性，从而增加了膜的流动性。但是，流动性与不饱和键并不是成比例增长的关系。含有一个双键的油酸代替硬脂酸可明显地增加膜脂的流动性。但用含有两个双键的亚油酸代替油酸，流动性的增加并不明显。有人证明，脂肪酸具有 C9 位顺式双键的熔点最低，偏离 C9 位越远，则其熔点越高。在 C9 前后又以含丙烯型双键的熔点最低。具有共轭双键、孤立的远离羧基的双键、或反式双键的，熔点均较高，不利于形成液晶态，在进化中被淘汰了。此外，脂肪酸的链长也会明显影响膜脂的流动性。链长越长，则流动性越低。有人做过这样的实验，在不同温度下，在不加脂肪酸的培养基中培养雷氏支原体来研究支原体膜脂质的脂肪酸组成。因为在这样的培养条件下，组成膜脂质的脂肪酸全部是由生物新合成的。实验结果说明，在较低的温度下培养，碳原子数为 12 或 13 的脂肪酸增加了，而碳原子数为 16、17、18 的脂肪酸减少了。但 14 个碳原子的脂肪酸含量比较稳定，没有随培养温度的变化而改变。这一结果和用其他微生物、动物、植物所得的结果是一致的。培养温度低，膜脂质的短链脂肪酸变多。因为只有这样生物才能在较低的温度下维持膜的流动性，并保持生物功能的活性。假如用各种不同的脂肪酸，在不同的温度下培养支原体，观察在最低培养温度下测定自膜中提取出来的脂质的结晶-液晶相变温度范围，结果发现支原体的最低培养温度与膜脂质的物理状态密切相关。合适的培养温度总是在生物膜类脂的结晶-液晶相变温度范围之内，或者稍高于相变温度。培养温度太低，致使膜脂质处于固态。在这样的温度条件下进行培养，支原体不能发育，培养不成功。

从以上事实可以看出，膜脂质在生理条件下是处于液晶态，或至少部分处于液晶态。

3) 卵磷脂与鞘磷脂比值

在哺乳动物细胞膜系统中，卵磷脂和鞘磷脂含量约占整个膜脂的 50%。卵磷脂所含脂肪酸不饱和程度高，相变温度较低。鞘磷脂则相反，它含的脂肪酸不饱和程度高，相变温度高，易于硬化。

在人体温度条件下，即使是流体的鞘磷脂的黏度也比卵磷脂约大 6 倍。人类老化和动脉粥样硬化，其卵磷脂与鞘磷脂的比例也低。

4) 膜蛋白对流动性的影响

膜蛋白与膜脂质因结合的方式不同，对膜流动性的影响也不同。一般来说，蛋白质嵌入膜脂疏水区后，就具有与胆固醇相似的作用，使膜的微区黏度增加。当膜脂发生相变时，蛋白质的存在使相变温度范围变宽。膜质与蛋白质相互影响，膜蛋白功能的表现是与膜质的流动性密切相关的，蛋白质分子在膜内的活动情况因功能而异。膜的液晶态结构能调节并保证其生物功能的正常进行。

5) 其他因素对膜流动性的影响

除上述因素外，影响膜流动性的因素还有不少。例如，温度升高，膜脂分子从有序排列向无序排列转化，这就能增加膜的流动性。此外，钙、镁离子能使流动性下降(提高了相变温度)；而锂、钠、钾等离子的作用正相反，能降低膜液晶系统的相变温度，使流动性增大。改变 pH，如 pH 从 7 升到 9，其相变温度约降低 20℃。

3.4　生物自由基

机体在代谢过程中会经常不断地产生自由基，在许多生理与病理过程中也有自由基参与。在氧化还原反应的酶系统中，自由基就是这类反应的中间体。自由基在光合作用中发挥重要作用，在呼吸链中负责传递电子。

自由基以及由它诱导引发的某些反应在生物衰老的发生发展过程中起着重要作用。衰老可能起因于代谢过程中不断产生的自由基的破坏作用。随着年龄的增长，抗氧化能力减弱，因而降低了对自由基危害的防御能力。

某些严重的疾病也与自由基有关，如动脉粥样硬化、心血管与脑血管病、癌症、中枢神经系统机能障碍、肌肉萎缩、关节炎等，都与自由基引起的直接或间接危害有关。

3.4.1　自由基的性能

一般来说，自由基的寿命是很短的，它通常是某些反应过程中活性很高的中间体。如果自由基中未成对电子的电荷可以通过共轭体系分散到其他原子上，分散的程度越大，则该自由基的稳定性越高，这是一个普遍规律。然而，也有一些自由基具有极大的空间障碍，从而获得了很大的稳定性。

常见的自由基大多具有很高的活性，能发生许多类型的反应。

(1) 自由基的偶联反应。两个自由基碰在一起，一般情况下发生偶联，生成一个稳定的分子。这些自由基可以相同也可以不同，结构各种各样，它们都可能发生偶联，产生一个新的共价键。

在生物体内，有些更大分子的自由基也常发生偶联反应，生成一些生物体不太需要的大分子物质。在生物合成中，可以用这样的反应合成一些结构复杂的化合物。

(2) 自由基的歧化反应。自由基的偶联反应和歧化反应代表自由基型反应中的链终止过程。

(3) 自由基的裂解反应。许多自由基可以进一步裂解变成比较简单的自由基。这种裂解常产生一个新自由基和一个非自由基物质。含氧自由基特别容易发生这种裂解反应，最常见的是过氧化苯甲酰的加热分解。

(4) 转移电子作用。许多金属离子，特别是过渡金属离子，容易从一种氧化态过渡到另一种氧化态，从而达到转移电子的作用。因此，金属离子通常是许多重要反应的催化剂。例如，含铜、锌、铁、锰离子的超氧化物歧化酶(简写为 SOD)容易使超氧离子自由基发生歧化反应，以保护细胞免遭有氧代谢反应中产生的O·的损害。

(5) 自由基取代反应。自由基取代反应，如卤代反应等都是自由基连锁反应。其历程也可以分为三个主要阶段：①链的引发；②链的增长；③链的终止。实际上生成的大分子聚合物是相对分子质量在某一范围内的聚合物的混合物。

另外，两个大分子自由基链之间发生氢原子转移的歧化反应后，也可以终止链的反应。

3.4.2　碳烯的结构与性能

仲胺与亚硝酸作用很容易形成亚硝胺。在生物体内，二甲基亚硝胺这一致癌物质进入细胞后即进行代谢，依次转变为甲基亚硝胺、重氮甲烷和甲基自由基等。后两者可能是真正的致癌物质，它们能与许多分子发生反应。在生物体内，它们能修饰蛋白分子、酶分子、核酸分子等，致使许多生物信息发生错误，导致细胞发生癌变。

碳烯($:CH_2$)，其英文名称为 carbene，故又名卡宾。碳烯的寿命比一般自由基更短，活性更高，只有在很低温度下用特殊方法才能把它分离出来。碳烯及其衍生物在化学中的重要性越来越大，并已自成系统。现在，碳烯不仅在化学合成中，而且在生化实验中也是重要的中间体。

产生碳烯的最简单、最常用的方法就是加热或光照重氮甲烷。重氮甲烷是一种有毒、易爆并高度致癌的物质，通过光解或热解很容易发生等电子分解生成碳烯和氮。在生物体内，通过代谢也可能生成碳烯。碳烯及其衍生物有很高的化学活性，既容易与双键发生加成作用，又容易进行 C—H 键的插入反应(C—C 键不能插入)。碳烯几乎可以加到任何一种 C═C 键上，生成环丙烷或其衍生物。碳烯与乙烯相遇生成环丙烷。在生物体内，无论是碳烯还是甲基自由基都是强致癌物，它很容易与生物大分子作用形成共价化合物，从而可能导致细胞癌变。

3.4.3　水合电子

水合电子的发现给辐射化学、辐射生物学、物理化学、无机化学及有机化学、电化学等领域带来了深刻影响。

在极性溶液中，电子使极性分子取向，极性分子的阳极端朝向电子，阴极端远离电子。因此，电子就陷落在由它造成的极化位阱中，形成溶剂化电子。如果溶剂是水，则生成的溶剂化电子就称为水合电子。

水合电子目前被认为是由 1 个电子和 4 个、6 个或 8 个水分子取向组成的带单位负电荷的粒子。水合电子的电荷分布半径(2.5～3.0 Å)比碘离子稍大。水合自由能为–153.0 kJ/mol，说明电子的水合是一个自发过程。水合电子是一种活性很强的粒子，它的扩散系数和迁移率非常高。在水中的摩尔电导率为 190 $S\cdot m^2/mol$，与 HO^-(198 $S\cdot m^2/mol$)相近，比其他负电离子的电导率高得多。水合电子的氧化还原电位为 2.77 V，是比氢原子还强的还原剂。

实验证明，纯水或其他极性溶液通过 γ 射线等辐射分解能形成水合电子，用脉冲电子束辐照去气的纯水或用特定波长的光子对纯水进行闪光光解都可以产生水合电子。

在酸性溶液中，水合电子与 H^+反应非常迅速，所有水合电子都会变成氢原子。在中性或碱性溶液中，水合电子比较稳定，其半衰期分别为 0.23 ms 和 0.78 ms。

生物体系是近于中性的水溶液体系。因此，水合电子也是辐射生物体系中重要的中间产物。水合电子的发现对了解辐射生物化学的机制具有重大意义。例如，对氨基酸进行辐射分解，由于水合电子和氢原子攻击的目标不同，因此产物也明显不同。另外，水合电子和氢原子对嘧啶环的反应也不一样。这些现象说明了水合电子和氢原子这两种还原粒子在辐射生物学体系中产生的不同效果。

水合电子还可以通过其他方法产生，如碱金属与水作用、电解纯水、进行光化学反应等。

溶剂化电子，特别是水合电子的发现，对化学中的一些基本理论提出了挑战。实验结果要求人们必须重新认识和评价过去的一些反应机制。随着科学技术的发展，水合电子的理论研究和实际应用将更加深入和广泛，它的发展必将渗透到化学、生物学等许多学科而发挥重要作用。

3.4.4 活性氧的性能与作用

生物体内的自由基反应往往涉及活性氧与机体的作用问题，所以活性氧的研究直接与生物自由基化学、分子生物学、分子药理学、分子免疫学等许多学科密切相关。

目前认为，生物体内的自由基主要是生命过程中正常或异常的化学变化，如氧化还原反应所产生的。氧分子在生物体内的氧化还原反应中起着极其重要的作用。氧是很重要的电子受体，由于接受电子数不等，它可以形成多种产物。因此，人们就把某些含有氧而性质又比较活泼的自由基和分子称为活性氧。

单线态分子氧($^1O_2$)是很强的氧化剂，这是因为在反键轨道的两个电子集中到了一个轨道中，而且自旋方向相反，所以它的能量较高，从而具有较高的活性。$^1O_2$很容易与π键发生加成反应，从而形成内过氧化物。$^1O_2$还可以直接氧化带有α-H的烯烃，并生成氢过氧化物。在$^1O_2$的作用下，体内许多不饱和脂肪酸可被氧化成多种过氧化脂质。许多氨基酸也能被氧化分解。$^1O_2$还能分解多种核苷。

超氧离子自由基($O_2^-\cdot$)是O_2的一电子还原产物，既可以作为还原剂又可以作为氧化剂。作为还原剂时，它的反应产物为H_2O_2，在适当条件下还可以进一步反应生成HO·。超氧离子自由基发生歧化反应，一分子失电子被氧化，一分子得电子被还原，结果生成$^1O_2$和H_2O_2。$O_2^-\cdot$可以氧化体内的含硫氨基酸，使其中的硫变成SO_2，$O_2^-\cdot$和SO_2都能破坏核酸。

羟基自由基(HO·)是氧化能力很强的自由基，能破坏蛋白质、糖类和核酸。过氧化氢(H_2O_2)本身既是氧化剂，也是还原剂，但更常见的是作为氧化剂使用。在酸性溶液中，H_2O_2还可以将Fe^{2+}氧化成Fe^{3+}，并产生HO·。氧化活性很强的HO·可以把苯氧化成苯酚，这是$KMnO_4$和$K_2Cr_2O_7$等强氧化剂所不能比拟的。

脂质过氧化物中氢过氧化物(ROOH)的性质也很活泼，容易分解产生自由基(如RO·或ROO·等)，并引起一系列自由基反应，甚至损伤机体。另外，它还具有一定的氧化能力。例如，氢过氧化物可以氧化还原型谷胱甘肽。

由于大量吸入空气，活性氧在体内会不断地形成，并参与多种反应，发挥很多积极作用。但是，如果平衡被破坏了，也可能导致疾病的发生和机体的损伤。

在生物体内以水为介质的环境中，大剂量的电离辐射或紫外线照射会产生水合电子、HO·、H_2O_2、H·等，水合电子与O_2作用就生成$O_2^-\cdot$。例如，黄嘌呤氧化酶催化黄嘌呤氧化时可生成$O_2^-\cdot$；维生素K_3与氧合血红蛋白发生氧化反应，把后者氧化为高铁血红蛋白，同时生成高铁血红素和维生素K_3半醌型自由基。维生素K_3半醌型自由基与氧能发生可逆反应，并生成$O_2^-\cdot$；某些化学药物(如除草剂百草枯、卤代烷等)以及某些抗生素(如抗癌药物博来霉素、阿霉素等)

在体内也能产生较多的活性氧。

有人证明，博来霉素的抗肿瘤作用可能与产生 O_2^-·、H_2O_2 及 HO·有关。博来霉素在有 Fe^{2+} 和氧存在时，通过产生的活性氧作用于 DNA 的脱氧核糖的 4-位碳原子处，从而使 DNA 断裂产生醛类，如丙二醛等。

多核白细胞及巨噬细胞吞噬了微生物后，耗氧量增大，细胞会产生大量的 O_2^-·，后者再进一步反应，生成 H_2O_2 和 HO·。具有很强反应性能的 HO·作用于细菌的核酸、蛋白质、酶及生物膜等，从而把细菌杀死。

在生物体内，通过酶促反应还能以多种方式生成 O_2^-·，再由 O_2^-·转变成其他各种活性氧。在 $^1O_2$ 和 HO·的作用下，不饱和脂肪酸很容易氧化成脂质过氧化物。

总之，活性氧在生物体防御机能方面是起一定作用的。但是，活性氧自由基大多具有较高的活性，容易发生自由基链式反应，引起生物大分子的损伤。特别是 HO·具有很强的氧化能力，能与生物体内的一切有机化合物反应，破坏核酸、蛋白质、糖类和脂质，从而损害细胞的结构和功能。因此，活性氧对机体有一定的伤害作用，有时甚至是比较严重的。但是，在生物进化过程中，机体本身也产生了一些防御活性氧危害、并具有抗氧化活性的物质，其中有辅酶 Q、维生素 E、维生素 A、巯基化合物(如半胱氨酸、谷胱甘肽等)、硒及其某些化合物、肝素以及维生素 C 等，另外还有一些天然抗氧化酶类，如超氧化物歧化酶(SOD)、过氧化氢酶(CTA)、过氧化物酶(POD)、谷胱甘肽过氧化物酶(GPX)、谷胱甘肽还原酶(GSSG-R)等，这些物质的共同特性是都具有捕获各种反应所产生的高活性自由基和消除活性氧毒性的作用。

3.4.5　生物体内自由基引发的一些反应与变化

自由基在体内诱导的一系列化学反应也常对机体造成危害，大体有以下几种情况。

1. 自由基引发的脂质过氧化

脂肪是动物体的重要组成部分，人体脂肪内的脂肪酸主要为 C_{14}～C_{22} 偶数碳长链脂肪酸，其中饱和脂肪酸与不饱和脂肪酸的含量比约为 2∶3，而且油酸、亚油酸分别占 45.9%、9.6%。不饱和脂肪酸极易被氧化，其氧化敏感度、氧化速度与酸的不饱和度和几何构型直接相关，它们的一级氧化物是氢过氧化物。人体老化和各种器官的退化与脂肪酸氢过氧化物的形成密切相关。自从 1952 年 Glavind 提出动脉硬化症与过氧化脂肪有关以来，人们陆续发现它是促成高血压、脑血栓、糖尿病和心肌梗死等疾病，甚至癌变的重要因素。

脂质过氧化一般可通过脂类的光解、脂类的过氧化作用等途径进行。脂类过氧化产生的丙二醛可与蛋白质的游离氨基、磷脂酰乙醇胺和核酸碱基中的氨基反应形成席夫碱，从而使生物大分子发生交联。游离的氨基越多，就越容易进行缩合交联，生成由醛亚胺键联结的交联大分子。这样不仅破坏了原来蛋白质大分子的结构，而且相对分子质量更大，溶解度更小，生物功能也全部丧失。这些破坏了的细胞成分被溶酶体吞噬后，又能被其中的水解酶类消化，积累越来越多，就形成了褐色的脂褐素，这就是所谓的老年色素。除丙二醛外，机体内发生的自由基链式反应也可能使蛋白质分子发生交联而形成变性的、不溶和不被消化的高聚物脂褐素。

总之，不饱和脂肪酸的过氧化会严重伤害细胞膜的结构。例如，将少量的 ROOH 注入小鼠腹腔，可使内质网膜结构变得不规则，而线粒体等颗粒则膨胀、变形，导致膜镶嵌酶的一系列构型改变，从而丧失其应有的功能。线粒体膜受损后，破坏了三羧酸循环和电子传递装置，使细胞中产生能量的系统失效。溶酶体膜受损破裂，释放出溶酶体酶，使许多底物受到有害的水解作用。

小动脉管壁组织成分的过氧化反应物能导致小动脉管壁的纤维性病变，引起动脉硬化和心血管疾病。大量服用富含不饱和脂肪酸的饮食后，会出现体内过氧化脂质增加、维生素 E 缺乏症提前出现以及体重减轻等现象。

人们在防疫、卫生、消毒、杀菌方面曾用 H_2O_2 作为消毒剂。现在则多用过氧乙酸(CH_3COOOH)，其效果更好，是一种低毒、高效、速效、强力杀菌剂。它的作用原理就是活性很高的氢过氧化物易与病毒或细菌的生物大分子反应，破坏这些生物大分子的结构和功能，从而起到消毒杀菌的作用。

2. 自由基对氨基酸、多肽和蛋白质的损害

自由基(如各种活性氧)以及各种脂质过氧化物的分解产物(如丙二醛等)都能直接作用于蛋白质，或交联，或降解，或破坏某个关键氨基酸，从而造成蛋白质结构和功能的破坏。

有人报道在 24～30 个月的大鼠脑皮质中，不溶于水的蛋白质比 1～4 个月的多。这就进一步说明在衰老过程中自由基反应对机体的损害。在水溶液中大多数自由基是通过 HO·、H·或水合电子作用而产生的。例如，甘氨酸与 HO·或 H·作用，α-C 吸引一个 H 原子，并产生一个新自由基和一分子水或一分子氢：

$$HO\cdot + H_3N^+CH_2COO^- \longrightarrow H_3N^+\dot{C}HCOO^- + H_2O$$

$$H\cdot + H_3N^+CH_2COO^- \longrightarrow H_3N^+\dot{C}HCOO^- + H_2$$

H_3N^+的存在对α-位置有致钝作用。因此，有些简单的氨基酸，如α-氨基丁酸，也可能生成β或 γ 自由基。由于α自由基是一个共轭体系，所以它的吸收光谱与β或 γ 自由基的吸收光谱是不同的。

另外，通过产物分析已经知道，水合电子与简单氨基酸按以下两种方式进行反应：

$$\text{水合电子} + H_3N^+CH_2COO^- \begin{cases} \nearrow NH_3 + \cdot CH_2COO^- \\ \searrow H\cdot + H_2NCH_2COO^- \end{cases}$$

在充 N_2 的条件下照射核糖核酸酶溶液，发现氨基酸中的蛋氨酸、胱氨酸、酪氨酸、苯丙氨酸、赖氨酸和组氨酸的含量减少，而甘氨酸的含量增加，说明这些受损害的氨基酸可能通过它的自由基中间体把侧链丢失了。

活性氧自由基还可使含硫氨基酸中的硫氧化，这对神经系统危害很大。在放射生物学中，含硫化合物常有特殊的放射保护作用，所以含硫化合物自由基的研究受到了人们的重视。

从上述反应结果看出，无论是活性氧或是由它衍生出来的一系列中间体自由基以及水合电子等，对蛋白质及其组成都有明显的危害作用。电离辐射或紫外线照射也都会引起一系列的蛋白质损伤。某些氨基酸更活泼，在研究中应该更加注意。

3. 自由基导致的 DNA 和 RNA 的一些反应和变化

由于核酸在生命活动中所处的特殊地位，自由基对 DNA 和 RNA 所诱发的一些反应和变化也是当前分子生物学研究中的重要内容。

DNA 在受到短波射线照射时，其分子的各个部分都可能产生自由基。人们发现，大剂量的辐射可直接使 DNA 链断裂，较小剂量的辐射也可能使 DNA 主链断裂，或碱基降解，或氢键被破坏。在碱基中，嘧啶基对紫外线的灵敏度比嘌呤基高许多倍。

在中性溶液中，HO·和 H·加到核酸碱基的双键，最敏感的是胸腺嘧啶。当然，HO·等也可以加到其他碱基上，生成的这些嘧啶或嘌呤自由基还可再进行许多自由基反应，最后破坏碱基并造成遗传突变。

嘧啶和嘌呤能发生多种光化学转变，但只有嘧啶的两类反应具有一定的意义。一类是光水合反应，如胞嘧啶核苷的光水合作用，尿嘧啶的衍生物也能发生光水合作用。另一类，也是更重要的一类反应就是胸腺嘧啶的光二聚作用，尿嘧啶也有光二聚作用，产物有多种立体异构体。这种光二聚物的形成阻止了 DNA 的复制，这是紫外线照射生物体造成致死或突变效应的主要原因。但是非常重要的一个问题是细胞可以利用一种“修整”过程来切开胞嘧啶二聚体。许多年前曾观察到这样一个奇特的事实，以致死剂量的紫外线照射的细菌，当用可见光或近紫外光照射时被救活了。这种光致活作用救活了许多细菌，现在已经弄清楚，这种光致活作用是由一种光致活酶(DNA 光解酶)引起的，它能大量地吸收 380 nm 附近的光，并使上述二聚作用进行光化学逆转。

4. 糖类分子引起的一系列自由基反应

HO·自由基与醇类作用所产生的自由基至少有两种，包括能还原高铁氰化物的α-羟烷基自由基(RCHOH)和从其他 C 上脱去 H·的自由基。α-羟烷基自由基是强的还原性试剂。糖类与 HOO 作用，从 C—H 键上脱去 H·的方式和简单醇类是一样的。

自由基或某些过氧化物能将关节滑液中的黏多糖解聚，因而它可能是关节炎的一个发病因子。由于超氧化物歧化酶在细胞外液中很少，所以如果在细胞外液中产生了过氧化物，则不仅周围组织的细胞膜会受到损害，细胞外液的可溶性成分也会受到氧化破坏。吞噬细胞在杀菌时会产生大量的过氧化物和自由基，其功能是协助杀死细菌。但是如果这些自由基不能及时消除，则将引起不良后果。

3.4.6 生物体内防御

为防御自由基的损害，生命体内也产生了一些具有抗氧化活性的物质。一种是天然抗氧化剂类，另一种是天然抗氧化酶类。

机体内存在的天然抗氧化剂类有辅酶 Q、维生素 E、维生素 A、巯基化合物(如半胱氨酸，谷胱甘肽等)、硒及其化合物、肝素以及维生素 C 等。这些天然抗氧化剂的共同特性是具有捕获各种高活性自由基的能力，使其成为惰性物质。因此，这样的抗氧化剂也就具有消除氧的毒性效应的功能。

例如，1957 年施瓦茨等证明，极毒的元素硒竟是阻止大鼠肝细胞坏死的“营养因子”所必需的成分，在食物中加入硒能防止肝坏死。在缺硒地区放牧牛羊，只要用一定量的硒就可防止肌肉萎缩症。亚硒酸钠和其他无机硒比有机硒化合物效果更好。目前至少发现有 4 种蛋白质含有硒。事实证明，硒是谷胱甘肽过氧化物酶的重要组成部分，此酶能催化谷胱甘肽发生过氧化作用。硒对细胞膜结构有很好的保护作用。

天然的抗氧化酶类包括超氧化物歧化酶、过氧化氢酶、过氧化物酶、谷胱甘肽过氧化物酶和谷胱甘肽还原酶等。和维生素 C 不同的是，维生素 C 一般是在细胞外发挥作用，而酶的防御工作，如超氧化物歧化酶、谷胱甘肽还原酶等，往往只限于在细胞之内。

超氧化物歧化酶是一类含锌、锰、铁和铜的蛋白质，是消除活性氧毒害的保护酶类，广泛存在于需氧有机体内。SOD 的辅酶为金属离子，根据金属离子的不同可分为三大类。第一类含 Cu 和 Zn，呈绿色，动植物体内和一部分细菌均有。这种酶对 CN^-很敏感。第二类含 Mn，呈红紫色，主要分布在原核生物以及酵母中，哺乳动物肝线粒体基质中也有。第三类含 Fe，呈黄褐色，仅分布在厌氧细菌的原核生物中。含 Mn 和 Fe 的 SOD 对 CN^-并不敏感。

3.4.7　自由基与肿瘤

自由基在肿瘤的病因、诊断和治疗中都有重要作用，人们对它产生了极大的兴趣，并在这一领域开展了深入的研究工作。1972 年第四届国际生物物理学会议曾经就“自由基与肿瘤”等问题进行过专题讨论。

为什么本质上不同的许多因素(如化学的、物理的或病毒的)都能导致同一种生物效应而形成恶性肿瘤呢?究其原因，人们发现电离辐射或紫外光照射几乎能使所有有机物产生自由基，某些化学致癌物也能导致机体产生自由基。因此，人们认为自由基在肿瘤的形成中起着重要的作用。生物体系是近中性的水溶液体系，无论是用高能射线还是大剂量的紫外照射，都能较快地产生比 H·的还原性还强的水合电子，从而直接破坏氨基酸、蛋白质、核酸和糖类等生物活性分子。水合电子能与多种化合物直接反应生成另一种活性自由基，这些自由基所引起的一系列链式反应会对机体造成很大的损害。又如，嘧啶类化合物光二聚体的形成会阻止 DNA 的复制，这是紫外线照射生物体造成致死或突变的主要原因。

已有事实证明，二甲亚硝胺、二乙亚硝胺以及各种仲胺的亚硝基化合物等亚硝胺类化合物能诱发人的恶性癌变。它们进入细胞内后在酶的作用下进行代谢。例如，甲基亚硝胺类最后都可以转变为重氮甲烷。重氮甲烷是毒性很大、不稳定、高度致癌的物质，它很容易分解生成碳烯和氮气。碳烯具有极高的反应性能，它不仅能很容易地把嘌呤或嘧啶中活性较高的位置甲基化，而且还能夺取某些 C—H 键中的 H 进行甲基化。它还可以夺取其附近分子上的氢生成自由基。如果碰到不饱和脂肪酸等，它能很容易地与双键作用形成环状化合物。这些反应不是直接破坏了生物体内的活性分子，就是又导致产生了许多高活性的自由基，从而引起一系列破坏性反应，造成细胞的癌变。

还有许多研究者证明，绝大多数肿瘤细胞缺乏 Mn-SOD。迄今为止对所有研究过的肿瘤细胞测定结果证明，其 Mn-SOD 活性均降低，而在通常情况下，正常细胞和肿瘤细胞之间 Cu-SOD 和 Zn-SOD 的活性没有区别。在自发的、移植的或病毒诱导的体外和体内肿瘤组织中常发现 Mn-SOD 的丧失，这已成为普遍现象。由于 Mn-SOD 是和 O·直接相关的，它说明像 O·这样的自由基与细胞的癌变也是有关系的。

1977 年，加拿大《医学邮报》曾报道美国加利福尼亚大学施劳泽的研究成果。施劳泽认为，痕量元素硒有可能预防多种癌症。他做过许多调查和研究，虽然他还没有弄清楚硒是怎样以及为什么会预防癌症的，但他注意到硒是谷胱甘肽过氧化物酶的重要组成部分。这种酶能阻止不饱和脂肪酸氧化为过氧化物和各种自由基，以防止细胞的癌变。

许多实验还证明，伴随着肿瘤的生长，组织中自由基的含量会发生规律性的变化。从对动物和人的恶性肿瘤进行的一系列研究来看，自由基的浓度在肿瘤生长的活跃阶段是降低的，而在肿瘤发展的潜伏期末却最高。

从以上介绍可以看出，自由基与肿瘤病因有密切联系。

第 4 章　分子间相互作用与分子识别

物质处于不断运动变化之中，物质之间的各种相互作用支配着物质的运动和变化，物质之间相互作用十分复杂，它们有各种各样的表现形式。无论在生物体内，还是在生物体外，生物分子和所涉及的化学物质都存在分子运动及变化，包括生物分子的自身运动及各种物质的分子代谢。

生物分子之间，生物大分子与化学物质之间也存在各种各样的相互作用。化学物质具备特异的化学基团或化学结构，可与相应的(或称互补的)生物大分子发生作用，导致生物大分子化学和构象的变化，进而引发或抑制某些生物反应。因此，可以认为化学物质与蛋白质受体，酶与核酸之间的作用力，是生物效应的原动力。

通常把分子间相互作用分为两类，即强相互作用(主要指共价键)和弱相互作用(又称分子间力，包括范德华力、氢键)。前者通常维持分子的基本结构，它是使分子中或分子间的原子之间结合的主要相互作用，这些作用决定着生物大分子的一级结构。也有部分化合物是通过强相互作用起作用的，其结合能远远超过分子的平均热动能。弱相互作用在数值上虽然比强相互作用小得多，但它在维持生物大分子的二级、三级、四级结构以及维持其功能活性中起着相当重要的作用，也是化合物与生物大分子相互识别、相互作用的重要方式。

4.1　分子识别的物理基础

生物分子之间的相互作用过程首先是分子扩散、相互接触，进而通过一定方式联系在一起，或产生相互影响。

4.1.1　扩散

两个分子在结合之前需靠分子热运动使之彼此靠近。热运动引起的分子从开始位点漫步或移动称为扩散。由于速度不定的碰撞和反弹，单个分子不断从一条路线转变为另一条路线，扩散途径成为连续变化运动方向的随机“散步”。每个分子从开始位点出发所经历的平均距离与时间的平方根相关。

4.1.2　运动

细胞内发生的化学反应是最快的。例如，一个典型的酶分子每秒可催化 1000 次反应，某些酶反应速率可达 10^6。由于每个反应都要求一个酶分子与一个作用分子碰撞，所以分子必须运动十分迅速才能达到那样高的反应速率。

从广义上讲，分子运动可分为以下三类：①分子从某一位置移动到另一位置，称为转移运动；②共价连接的原子相对另一原子做快速反复运动；③旋转。

4.2 分子识别过程的动力学

4.2.1 结合与解离

通过简单扩散，两个大分子或一个大分子与一个小分子可发生随机碰撞，形成复合物。因此，这种结合反应导致复合物形成的速率是受扩散限制的。由于在碰撞过程中一个、有时是两个分子需要调节其表面结构以使分子反应表面相互契合，在反应表面调整适应前，经常发生两分子彼此反弹，使结合反应不能及时发生，所以复合物形成速率可能很低。一旦两分子表面相互契合，并能充分接近，彼此之间即可能形成多个弱化学键，实现双分子结合反应。随机热运动又可使弱化学键断裂，使复合物解离。在一个平衡反应体系中，结合反应与解离反应偶联在一起，处于平衡状态。

一般来说，复合物中两分子结合越强，解离反应的速率也就越低。与热运动能量比较，如果形成的化学键总能量极小，可以忽略不计，那么两分子的结合反应速率与复合物解离反应速率近似相等；如果形成的化学键总能量很高，则极少发生解离反应。当某种生物学分子需要两分子长期维持紧密结合状态时，两分子间结合反应就很强。如果某种功能需要复合物发生快速结构变化，那么两分子之间的相互作用则较弱。

4.2.2 平衡常数

两分子之间结合力大小是生物分子相互作用特异性高低的特征。如果分子 A 可特异识别分子 B，这种相互作用(结合反应)达到平衡点时复合物 AB 的形成速率与解离速率是相等的，即

$$A+B \rightleftharpoons AB$$

正反应的 K_{on} 为结合速率常数，K_{off} 为解离速率常数。利用两个速率常数可分别计算结合速率和解离速率：结合速率 $=K_{on}[A][B]$，解离速率 $=K_{off}[AB]$。当反应达到平衡点时结合速率与解离速率相等，即 $K_{on}[A][B]=K_{off}[AB]$，所以有

$$[A][B]/[AB]=K_{off}/K_{on}=K_{eq}$$

式中，K_{eq} 为平衡常数，又称亲和常数。测定反应达到平衡点时 A、B 和 AB 的浓度即可计算出平衡常数。结合反应越强，测得的亲和反应值越小。

两分子相互作用的反应平衡常数与结合所需的标准吉布斯自由能有关。生物系统中的简单的结合反应亲和常数为 10^3～10^{12} mol/L，相对应的结合能为 16.8～71.4 kJ/mol，可产生 4～17 个氢键。

4.3 分子识别的化学基础

4.3.1 共价键结合

共价键是化学键的一种，两个或多个原子共同使用它们的外层电子，在理想情况下达到电子饱和的状态，由此组成比较稳定和坚固的化学结构称为共价键。与离子键不同的是，进入共价键的原子向外不显示电荷，因为它们并没有获得或损失电子。共价键的强度比氢键强，

与离子键差不多或有些时候甚至比离子键强。配位键也是生物分子中常见的一种共价键，它的特点在于共用的一对电子出自同一原子。形成配位键的条件是，一个原子有孤电子对，而另一个原子有空轨道。配位化合物，尤其是过渡金属配合物，种类繁多，用途广泛。

在量子力学中，最早的共价键形成是由电子的复合而构成完整的轨道来解释的。第一个量子力学的共价键模型是 1927 年提出的，当时人们还只能计算最简单的共价键：氢气分子的共价键。今天的计算表明，当原子相互之间的距离非常近时，它们的电子轨道会发生相互作用而形成整个分子共用的电子轨道。共价键的主要特点如下：

1. 饱和性

在共价键的形成过程中，每个原子所能提供的未成对电子数是一定的，一个原子的一个未成对电子与其他原子的未成对电子配对后，就不能再与其他电子配对，即每个原子能形成的共价键总数是一定的，这就是共价键的饱和性。共价键的饱和性决定了各种原子形成分子时相互结合的数量关系，是定比定律(law of definite proportions)的内在原因之一。

2. 方向性

除 s 轨道是球形的以外，其他原子轨道都有其固定的延展方向，所以共价键在形成时，轨道重叠也有固定的方向，共价键也有它的方向性，共价键的方向决定着分子的构形。影响共价键的方向性的因素是轨道伸展方向。

生物大分子中常见的共价键性能列于表 4-1。

表 4-1　生物大分子中常见的共价键性能

化学键	键长/10^{-12}m	键能/(kJ/mol)	化学键	键长/10^{-12}m	键能/(kJ/mol)
S—S	207	268	N—H	101	389
C—B	156	393	O—H	98	464
C—Br	194	276	S—H	135	339
C—C	154	332	H—H	75	436
C═C	134	611	N═N	125	456
C≡C	120	837	N≡N	110	946
C—Cl	177	328	N—O	146	230
C—F	138	485	N═O	114	607
N—N	145	159	P—H	142	322
H—F	92	565	P—O	163	410

生物分子中常见的共价键有许多。例如，在肽键适当位置的两个半胱氨酸之间可通过氧化脱氢而形成二硫键，该化学键对稳定蛋白质空间构象具有重要意义。又如，烷化剂类化合物是能与一个或几个核酸碱基发生化学反应，从而引起 DNA 复制时碱基配对转换而发生遗传变异的化学物质。它在诱变育种和抗癌药物中广泛应用。由于这些烷化剂分子中有一个或多个活性烷基，它们能够转移到 DNA 分子中电子云密度极高的点上置换氢原子进行烷化反应，如在 DNA 分子中最可能的烷化位点似乎是鸟嘌呤的 N-7、N-3 位、腺嘌呤的 N-3 位、胞嘧啶的 N-3 位等，而胸腺嘧啶不能发生烷化作用(图 4-1)。

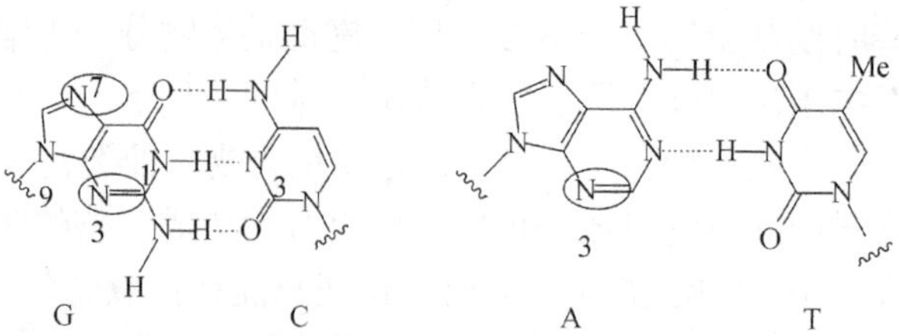

图 4-1　核酸碱基中的主要烷基化位点

4.3.2　非共价键的结合

非共价键的键合类型是可逆的结合形式，其键合的形式有：范德华力、氢键、疏水键、静电引力、电荷转移复合物、偶极相互作用力等。

1. 离子-离子相互作用

离子键在强度上可以和共价键相提并论(100～350 kJ/mol)。典型的就是氯化钠晶体。当然，这需要相当的想象力把 NaCl 当做超分子。一个更具有超分子性质的实例是带有三个正电荷的三(二氮杂二环辛烷)主体与阴离子 $Fe(CN)_6^{3-}$ 的相互作用(图 4-2)。

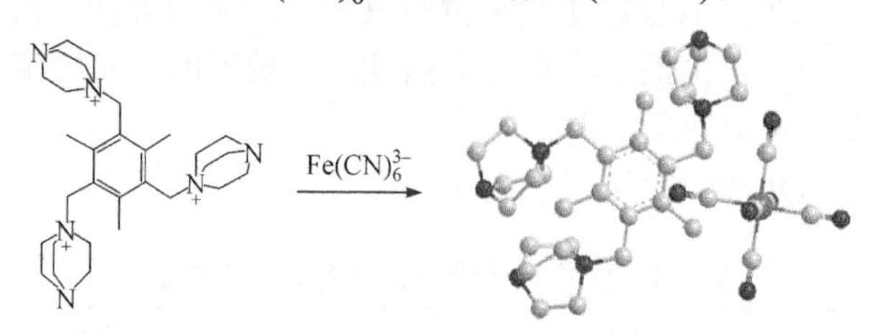

图 4-2　三(二氮杂二环辛烷)与 $Fe(CN)_6^{3-}$ 的相互作用

2. 离子-偶极相互作用

一个离子和一个极性分子的键合就是离子-偶极相互作用。例如，冠醚与钠离子结合形成冠醚配合物，这种作用力大小达到 50～200 kJ/mol(图 4-3)。

3. 偶极-偶极相互作用

两个偶极分子的排列可以形成明显的吸引作用，形成邻近的分子上一对单个偶极的排列(类型Ⅰ)或两个偶极分子相对的排列(类型Ⅱ)。有机碳剂化合物在固态时存在着明显的这样的相互作用，计算表明后一种类型的能量约为 20 kJ/mol，相当于中等强度的氢键。图 4-4 是酮之间的偶极-偶极相互作用。

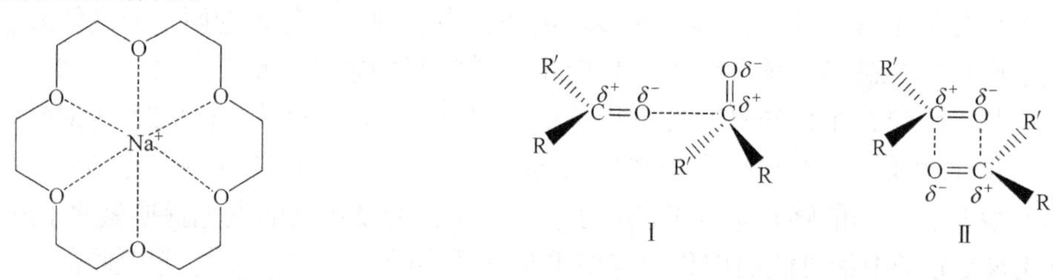

图 4-3　冠醚与钠离子的结合

图 4-4　酮之间的偶极-偶极相互作用

4. 氢键

氢键被称为“超分子中的万能作用”，尤其在许多蛋白质的整体构型、许多酶的基质识别及 DNA 的双螺旋结构中，起到非常重要的作用。这是因为氢键在长度、强度和几何构型上是变化多样的，在稳定结构、主客体电性互补中起到重要的作用，而当有很多氢键协同作用时效果更显著。

氢键就是键合于一个分子或分子碎片 X—H 上的氢原子与另一个原子或原子团之间形成的吸引力，有分子间氢键和分子内氢键，X 的电负性比氢原子强，可表示为 X—H···Y—Z。“···”是氢键。X—H 是氢键供体，Y 是氢键受体，Y 可以是分子、离子以及分子片段。受体 Y 必须是富电子的，可以是含孤电子对的 Y 原子，也可以是含 π 键的 Y 分子，X、Y 为相同原子时形成对称氢键。

氢键不同于范德华力，它具有饱和性和方向性。由于氢原子特别小而原子 A 和 B 比较大，所以 A—H 中的氢原子只能与一个 B 原子结合形成氢键。同时由于负离子之间的相互排斥，另一个电负性大的原子 B 就难以再接近氢原子。这就是氢键的饱和性。

氢键具有方向性则是由于电偶极矩 A—H 与原子 B 的相互作用，只有当 A—H···B 在同一条直线上时最强，同时原子 B 一般含有未共用电子对，在可能范围内氢键的方向与未共用电子对的对称轴一致，这样可使原子 B 中负电荷分布最多的部分最接近氢原子，这样形成的氢键最稳定。氢键的基本参数列于表 4-2。

表 4-2　氢键的基本参数

氢键强度	强	中等	弱
相互作用性质	强共价	静电	静电\色散
键长/Å	2.2～2.5	2.5～3.2	>3.2
X—H 与 H···Y 长度对比	X—H≈H···Y	X—H < H···Y	X—H << H···Y
方向性	具有强方向性	中等方向性	弱方向性
键角/(°)	170～180	>130	>90
键能/(kJ/mol)	60～160	15～60	<15

5. π-π 堆积

π-π 堆积是一种常发生在芳香环之间的弱相互作用，通常存在于相对富电子和缺电子的两个分子之间。常见的堆叠方式有两种：面对面和面对边。面对边相互作用可以看做是一个芳环上轻微缺电子的氢原子和另一个芳环上富电子的 π 电子云之间形成的弱氢键(图 4-5)。

6. 范德华力

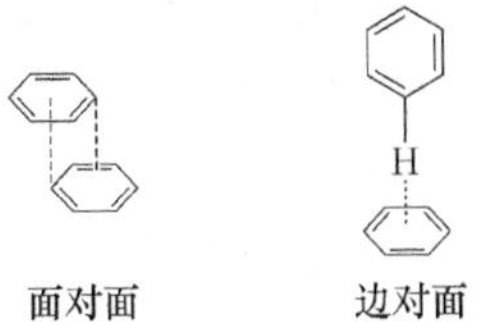

图 4-5　苯环间的 π-π 堆积

范德华力是由于邻近的原子核靠近极化的电子云而产生的弱静电相互作用，通常能量小于 5 kJ/mol，没有方向性，力的大小随着分子间距离的增大很快衰减。范德华力可以分为三种作用力：诱导力、色散力和取向力。极性分子对非极性分子有极化作用，使其产生诱导偶极矩，永久偶极矩与其诱导出的偶极矩相互作用，称为“诱导力”；一对非极性分子本身由于电子的概率运动，可以相互配合产生一对方向相反的瞬时偶极矩，这一对瞬时偶极矩相互作用，称为“色散力”；极性分子与极性分子之间的永久偶极矩相互作用称为“取向力”。

范德华力的大小会影响物质尤其是分子晶体的熔点和沸点，通常分子的相对分子质量越大，范德华力越大。例如，壁虎能够在墙及各种表面上行走，就是因为脚上极细致的匙突(spatula)和接触面产生了范德华力。

7. 疏水效应

疏水效应指的是由于水分子之间强烈的相互作用，非极性有机分子等疏水物质会自然形成一个聚集体，从而被排挤出强的溶剂间的相互作用之外(图 4-6)。一般来说，可以从焓与熵两个方面来解释疏水效应形成的原因。

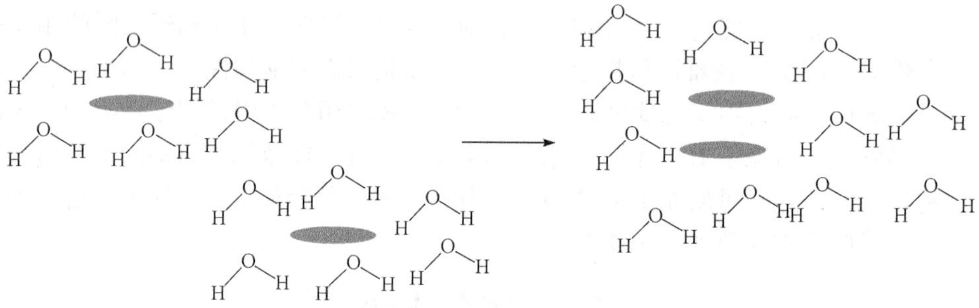

图 4-6　疏水效应示意图

从焓的角度看，因为主体空腔是疏水的，空腔内的水分子与主体分子的内壁作用不强，因此能量较高；当释放到大量溶剂中时，通过与其他水分子的相互作用，可以使能量降低。换句话说，在空腔内的水分子之间所能形成的氢键数目远远小于溶剂环境中形成的水分子数目，导致水分子从空腔里面释放出来以形成更多数目的氢键，从而达到能量降低的目的。

从熵的角度看，由于溶液中疏水分子的存在，在大量水分子结构中产生两个或更多的“孔”，而疏水分子结合后使溶剂结构的破坏减小，因而熵增加。也可以认为是在空腔中的水分子的混乱度小于在溶剂中的水分子，使得空腔中的水分子有释放出来的趋势。

8. 螯合效应

分子识别过程中涉及分子间非共价的相互作用，当有许多这样的相互作用一起作用时会产生加和的稳定效果。但是，在很多情况下，整个体系的协同相互作用大于部分的加和作用，也即是产生了额外的稳定作用。这样的额外稳定性是基于其螯合作用。配位化学中的螯合作用是我们很熟悉的，在配位化学中二齿配体的金属配合物明显比与其相近的单齿配体稳定。

分子间相互作用的化学键列于表 4-3。

表 4-3　分子间相互作用的化学键

化学键			
分子内(“强”)	共价键	依对称性	σ 键 π 键 δ 键 ψ 键
		依重叠数	单键 双键 三键 四重键 五重键 六重键
		三/四中心	3c-2e 双氢配合物 3c-4e 4c-2e
		杂项	抓氢键 弯曲键 配位键 反馈 π 键 哈普托数 反键
		共振键	共轭 超共轭 芳香性
分子间(“弱”)	金属离子键	金属芳香性	
	范德华力	色散力	
	氢键	低能垒氢键 共振辅助氢键 对称氢键 双氢键	
	其他非共价键	机械键 卤键 亲金作用 嵌入 重叠 阳离子-π 键 阴离子-π 键 盐桥	

注：最弱的强键不一定强于最强的弱键。

4.4　分子识别的特性

4.4.1　作用的专一性

生物大分子在机体内行使各种各样的功能，参与了形形色色的反应，它们行使的功能和参与的反应都具有高度专一性。这种专一性也是药物分子与生物大分子相互作用并产生某专一性生物效应的理论基础。不同生物大分子之间相互作用专一性的基本原理也是相同的。

1. 酶与底物的专一性

酶的主要特性之一就是其催化作用的专一性。在反应过程中底物浓度、酶浓度、反应温度、pH、激活剂和抑制剂等都是影响酶反应动力学的重要因素。底物与酶的特异性结合是催化反应的开始，所以结合能直接影响催化反应。

2. 抗原-抗体相互作用的专一性

机体的免疫系统接受抗原物质刺激后，由浆细胞合成和分泌的一类能与抗原发生特异性结合的球蛋白称为抗体。抗体和免疫球蛋白是同一物质的两个概念，抗体是生物学功能上的概念，免疫球蛋白是化学结构上的概念。抗原与相应的抗体相遇可发生特异性结合，呈现某种反应现象，在体内表现为溶菌、杀菌、促进吞噬、中和毒素等作用。在体外，可出现凝集、沉淀、细胞溶解和补体结合等反应。

3. 受体与配体相互作用的特异性

任何胞外信号分子引起靶细胞一定的应答反应均需要依赖信号分子与特异受体的结合。受体蛋白依据其细胞定位，区分为膜受体、膜内受体或核受体。信号分子，如激素、神经递质等称为配体，必须与受体蛋白特定位点结合，引起受体分子构象变化，进而启动细胞功能变化。

不同类型细胞所具有的受体不同，对同一配体分子所引起的反应不同；相同类型的受体也可能出现在不同类型的细胞中，但同一信号分子在不同类型细胞中以不同方式引起不同的反应。例如，乙酰胆碱受体分布于骨骼肌、心肌和胰腺泡细胞，当乙酰胆碱释放时在骨骼肌引起肌收缩，在心脏引起心律减缓，在胰腺则引起腺体分泌。

在某些细胞，不同受体-配体相互作用可引起相同的细胞反应。例如，胰高血糖素、肾上腺素与肝细胞相应受体结合均可引起糖原分解，释放葡萄糖使血糖升高。受体蛋白只能与特异的信号分子相结合，这就是受体与配体相互作用的特异性，又称结合特异性。

4. 蛋白质与糖链相互作用的专一性

在糖蛋白中，糖链结构可以直接影响肽链构象以及由构象决定的所有功能。糖链相互识别并互补性结合，引起细胞黏附动物凝结素对受体蛋白的专一性识别，可发生蛋白质与糖链、糖链与糖链之间的相互作用，表明糖链标记的识别具有多元化的特征。细胞表面的糖链犹如天线，担负着细胞间的识别、黏附以及信息传递任务。例如，受精卵识别过程中，糖起到了至关重要的作用。

5. 蛋白质与核酸相互作用的专一性

蛋白质与特异 DNA 序列的选择结合主要依赖两种类型的相互作用提供结合能。第一类相互作用是多肽链与碱基对之间的直接接触，第二类互补作用是多肽链中碱基氨基酸残基与戊糖骨架之间的电荷联系。

多肽链对特异 DNA 序列的识别与结合可以通过限定结构进行，结构生物学家利用多种先进分子技术，通过 DNA-蛋白质相互作用分析，已经鉴定出多种结合特异 DNA 序列的蛋白质结构元件，其中最常见的是存在于原核、真核调节蛋白中的 HTH(螺旋-转角-螺旋模体)，DNA、

RNA 结合蛋白中的锌指结构。目前已知的蛋白质识别基元大多数是与 DNA 大沟接触。例如，Lac 阻遏蛋白-DNA 的相互作用。

4.4.2　分子识别过程中高级结构的变化

生物大分子的高层次结构是靠分子内非共价键维系的，这种非共价键使分子中很多基团不能自由转动；而一些在表面的基团因不参与非共价键的形成，自由度较大，可处于不停的热运动中，有些非共价键可因外来分子或周围环境的影响而改变，从而使生物高分子局部空间构象有所改变。

构象的改变与生物活性呈现密切相关。酶反应的诱导契合学说就是以这种现象为依据，即酶与底物在相互作用下，具有柔性和可塑性的酶活性中心被诱导发生构象变化，因而产生互补性结合。这种构象的诱导变化是可逆的，可以复原。诱导契合学说也可以扩展到化学配体与受体的相互作用，抑制剂与酶的相互作用以及生物大分子之间的相互作用。受体分子与药物结合和解离时，构象发生可逆变化。激动剂与受体诱导契合后，使受体构象变化引起生物活性；而拮抗剂虽然可与受体结合，但不能诱导同样的构象变化。

4.4.3　分子识别过程的连续性与协调性

生物体内的成千上万种生物大分子，在生命活动过程中是相互配合又彼此协调统一的。生物体内存在着许多条“流水作业线”，每条“作业线”都由多个生物大分子组成，它们各司其职，又相互配合，共同完成某一反应。例如，生物体内的物质代谢过程，在这类体系中，不仅生产过程连续不断，而且生产速度越来越快，整个过程中有逐级放大作用。

总之，生物大分子在行使功能时表现出结构的可变性、作用的专一性，而且各种生物大分子相互配合，协调统一，构成活的有机整体。随着对生物大分子结构和功能方面共性的深入了解，对机体的一些生命活动、生理调节、病理变化以及药理机制等也都提供了新的资料，从而有的放矢地为新药的定向设计合成提供理论基础。

4.5　生物大分子之间的相互作用

4.5.1　生物大分子

对于生命个体来说，无论是原核生物还是真核生物，其化学组成都是蛋白质、核酸、脂类等生物大分子和一些小分子化合物及无机盐。

蛋白质、核酸、多糖和脂类是生物体细胞内四类重要的生物大分子。核酸中的 DNA 担负着传递遗传信息(遗传)的任务，RNA 担负着将遗传信息表达为蛋白质的任务；蛋白质是生命现象的主要体现者，是细胞和身体结构与功能的主要物质，其中酶是生命活动中各种化学反应的催化剂，是生物体进行发育与周密的新陈代谢的基本保证。

1. 核酸(DNA 和 RNA)

核酸分子的骨架是由核苷酸以 3′，5′-磷酸二酯键连接成的多核苷酸链，核苷酸是构成核苷酸链的构件。DNA 和 RNA 的区别在于前者是 4 种脱氧核苷酸，后者是 4 种核糖核苷酸，不同的脱氧核苷酸或核糖核苷酸的区别在于其碱基不同。核酸的含氮碱基又可分为 4 种：腺嘌呤(adenine，缩写为 A)、胸腺嘧啶(thymine，缩写为 T)、胞嘧啶(cytosine，缩写为 C)和鸟嘌呤(guanine，缩写为 G)。DNA 及其碱基结构如图 4-7 所示。DNA 的 4 种含氮碱基组成具有物种特异性，即 4 种含氮碱基的比例在同物种不同个体间是一致的，但在不同物种间则有差异。DNA 的 4 种含氮碱基比例具有奇特的规律性，遵守查加夫(Chargaff)法则(碱基互补配对原则)，每种生物体的 DNA 中 A=T，C=G。RNA 是由核糖核苷酸经磷酯键缩合成的长链状分子。一个核糖核苷酸分子由磷酸、核糖和碱基构成。RNA 的碱基主要有 4 种，即 A、G、C、U(尿嘧啶)，其中，U(尿嘧啶)取代了 DNA 中的 T。

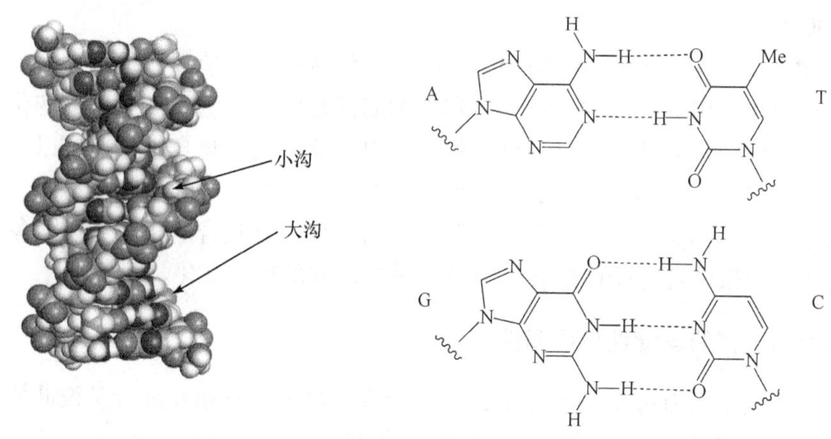

图 4-7　DNA 及其碱基结构示意图

2. 蛋白质

蛋白质是由氨基酸构成的生物大分子。蛋白质作为“生物性状”分子，在生命活动中具有非常重要的功能：

(1) 蛋白质作为生物催化剂——酶。细胞中各种生化反应都是在酶的催化下进行的，而酶就是一类有特定功能的蛋白质。

(2) 蛋白质参与细胞信号和配体运输。许多蛋白质参与细胞信号产生和转导过程。许多配体运输蛋白可以与特定的小分子物质结合，并把这些分子转运到多细胞生物体的其他部位。

(3) 结构蛋白。蛋白质是一切生命的物质基础，是生命体细胞结构的重要组成部分。

蛋白质分子的骨架是由 22 种氨基酸通过肽键连接成的多肽链。所有的蛋白质都含有碳、氢、氧、氮 4 种元素，有些蛋白质还含有硫、磷和一些金属元素。蛋白质平均含碳 50%、氢 7%、氧 23%、氮 16%。其中氮的含量较为恒定，而且糖和脂类中不含氮，所以常通过测量样品中氮的含量来测定蛋白质含量，如常用的凯氏定氮：蛋白质含量=蛋白氮×6.25(其中 6.25 是 16%的倒数)。

3. 糖类

糖类常称为碳水化合物，是由碳、氢、氧 3 种元素构成的有机化合物，这三种元素的比例一般为 1∶2∶1。在生物体内，糖既是能源，又是代谢过程的中间产物，某些糖还是构成其他重要生物大分子(如糖蛋白)的成分。生物体内的糖主要有单糖、寡糖和多糖。葡萄糖及果糖结构式如图 4-8 所示。

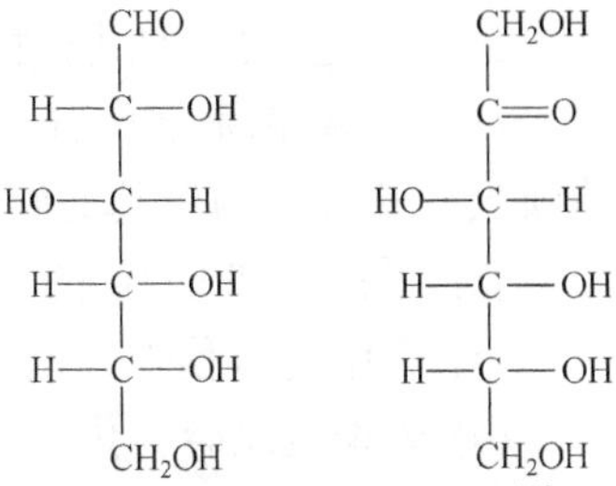

4. 脂类

脂类包括的范围很广，所有不溶于水而易溶于有机溶剂的生物分子都属于脂类，它们构成了细胞的疏水成分。生物体所含的脂类主要有：脂肪和油、蜡、磷脂类、类固醇和萜类。组成脂类的主要元素也是碳、氢、氧(有时含有磷、氮)，脂类是非极性物质，它们不溶于水，能溶于非极性溶剂。脂类在生物体内也有一系列重要功能：①磷脂(图 4-9)是构成生物膜结构的基础；②脂肪含较高能量，因而是储能物质；③蜡质等具有保护层，起保水、保温和绝缘等作用；④维生素、激素等重要的生物活性物质按其理化性质也可归在脂类中。

葡萄糖　　果糖

图 4-8　葡萄糖及果糖结构式

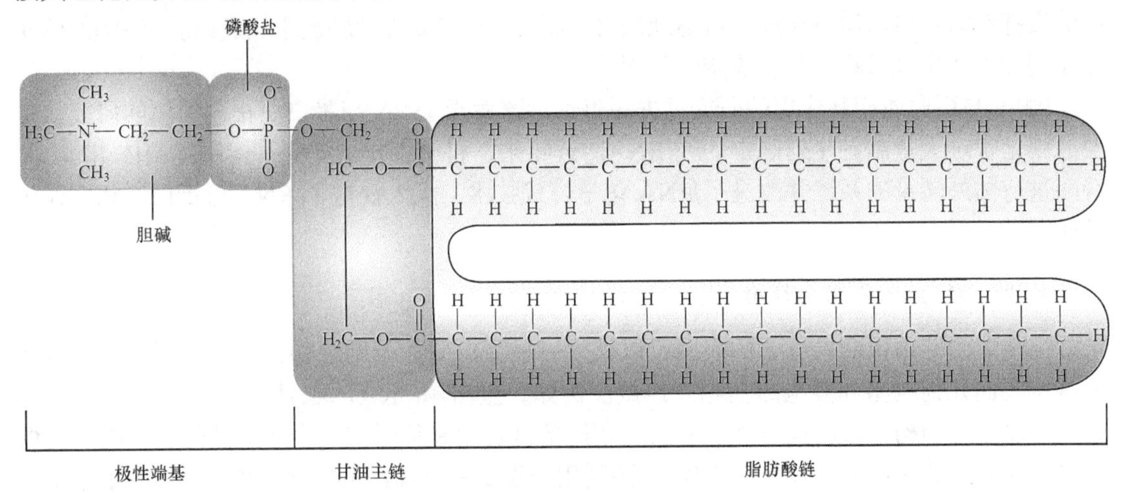

图 4-9　磷脂的结构

4.5.2　生物大分子间相互作用

生物大分子间相互作用主要表现在：①DNA 与蛋白质之间(染色体、染色质、病毒)；②RNA 与蛋白质之间(信号识别颗粒、核糖体、核小核糖核蛋白颗粒 snRNP)；③蛋白质与蛋白质之间(两个α亚基与两个β亚基结合形成血红蛋白；α微管蛋白与β微管蛋白先形成二聚体，再组装成微管；④糖与蛋白质的相互作用(糖蛋白，蛋白聚糖)；⑤脂与蛋白质的相互作用(脂蛋白)。

1. DNA 与蛋白质的相互作用

真核细胞中许多化学反应都涉及核酸与蛋白质的相互作用，如基因表达与调控、DNA 复制、损伤与修复、蛋白质的生物合成。其相互作用情况极其复杂，方式较多。

DNA 与蛋白质的相互作用主要有：

(1) DNA、组蛋白结合形成染色质。

(2) 蛋白质和 DNA 相互作用参与基因的表达调控。调节蛋白与 DNA 结合打开或关闭特定基因的活性。

(3) 蛋白质对 DNA 的位点特异性切割。限制性内切核酸酶能识别四核苷酸或六核苷酸序列，并在相邻的核苷酸之间打断磷酸二酯键。

DNA 与蛋白质的结合特性如下：

(1) DNA 识别部位有二度对称性。蛋白质一般是有二度对称结构的二聚体，两个单体具有旋转对称性，与碱基的旋转对称吻合。

(2) 蛋白质和 DNA 的接触区只在 DNA 一侧。

(3) 在结合过程中，蛋白质和 DNA 都有构象改变。

(4) 普遍性结合：蛋白质中带正电荷氨基酸与 DNA 骨架的磷酸基团形成离子键。

(5) 特异性结合：识别螺旋区内氨基酸与 DNA 特定碱基接触。

2. RNA 与蛋白质的相互作用

RNA 参与许多基本的细胞生理过程：携带 DNA 的遗传信息，参与形成核糖体、拼接体、端粒酶等许多核酸蛋白颗粒的结构，有些 RNA 还具有酶活性。但是，几乎所有 RNA 生物功能的发挥都需要蛋白质可逆或不可逆地结合。而且，在绝大多数情况下，蛋白质与 RNA 的相互作用在上述生理过程中起着决定性作用。

RNA 与蛋白质相互作用的研究过去一直远远落后于 DNA 与蛋白质相互作用的研究，主要原因是很难大量制备序列确定的纯 RNA。近年来，科研工作者建立了运用噬菌体 RNA 聚合酶进行体外转录的系统并改进了 RNA 化学合成技术，大大促进了 RNA 与蛋白质相互作用的研究。

3. 蛋白质-蛋白质相互作用

生物体内一种蛋白质分子的表面可以被另一种蛋白质分子结合，其相互作用多是通过两个多肽表面几何构型和静电力而相互连接。例如，蛋白酶(proteinase)和蛋白质聚集在一起形成一个复杂的结构，膜和病毒外壳尤其是相同部件自我聚集形成一个多亚基的复合物。蛋白质多亚基形式的优点是：①亚基对 DNA 的利用来说是一种经济的方法；②可以减少蛋白质合成过程中的随机错误对蛋白质活性的影响；③活性能够非常有效和迅速地被打开和关闭。

4. 糖与蛋白质的相互作用

1) 糖蛋白

糖蛋白是以蛋白质为主体的糖-蛋白质复合物，在肽链的特定残基上共价结合着一个、几个或十几个寡糖链。寡糖链一般由 2～15 个单糖构成。寡糖链与肽链的连接方式有两种：一种是它的还原末端以 *O*-糖苷键与肽链的丝氨酸或苏氨酸残基的侧链羟基结合；另一种是以 *N*-糖苷键与侧链的天冬酰胺残基的侧链氨基结合(图 4-10)。

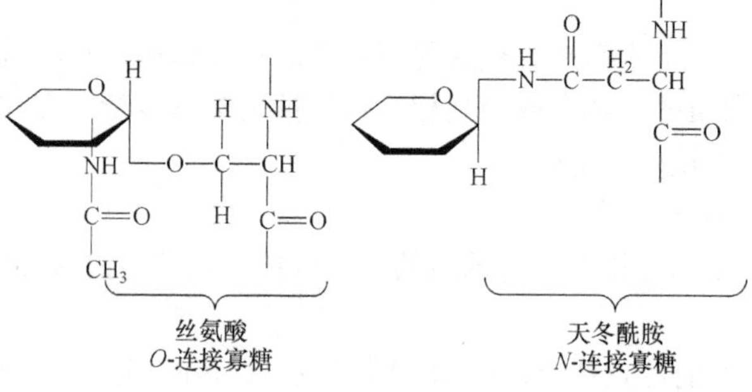

丝氨酸
O-连接寡糖

天冬酰胺
N-连接寡糖

图 4-10　两种寡糖结构示意图

糖蛋白在体内分布非常广泛，许多酶、激素、运输蛋白、结构蛋白都是糖蛋白。糖蛋白的生物学功能如下：

(1) 糖蛋白携带某些蛋白质代谢去向的信息。糖蛋白寡糖链末端的唾液酸残基决定着某种蛋白质是否在血流中存在或被肝脏除去的信息。

(2) 寡糖链在细胞识别、信号传递中起关键作用。淋巴细胞正常情况应归巢到脾脏，而切去唾液酸后，竟归巢到了肝脏。在原核中表达的真核基因无法糖基化。

2) 蛋白聚糖

蛋白聚糖(proteoglycan，PG)是蛋白质与硫酸化的糖胺聚糖共价连接的大分子糖复合物。糖胺聚糖(glycosaminoglycan，过去也称黏多糖)是具有多聚阴离子的杂多糖，由己糖醛酸或半乳糖与氨基己糖构成的二糖单位重复几十到几百次组成的线性糖链。一个蛋白聚糖分子可含有一条到上百条糖胺聚糖(GAG)链，存在于人和动物的皮肤、软骨、肌腱、脐带、角膜等部位的各种结缔组织中。蛋白聚糖以蛋白质为核心，以糖胺聚糖链为主体，在同一条核心蛋白肽链上密集地结合着几十条至千百条糖胺聚糖链，形成瓶刷状分子。每条糖胺聚糖链由100～200 个单糖分子构成，具有二糖重复序列，一般无分支。蛋白聚糖的性质多接近于多糖，有三种不同类型的糖肽键：①*N*-乙酰半乳糖胺与苏氨酸或丝氨酸羟基之间形成的 *O*-糖苷键；②*N*-乙酰葡萄糖胺与天冬酰胺之间形成的 *N*-糖苷键；③D-木糖与丝氨酸羟基之间形成的 *O*-糖苷键。

蛋白聚糖的功能如下：

(1) 蛋白聚糖具有极强的亲水性，能结合大量的水，能保持组织的体积和外形并使其具有抗拉、抗压强度。

(2) 蛋白聚糖链相互间的作用在细胞与细胞、细胞与基质相互结合，维持组织的完整性中起重要作用。

(3) 糖链的网状结构还具有分子筛效应，对物质的运送有一定意义。

(4) 类风湿性关节炎患者关节液的黏度降低与蛋白多糖的结构变化有关。

5. 脂与蛋白质的相互作用

脂蛋白(lipoprotein)是脂质与蛋白质结合在一起形成的脂质-蛋白质复合物。脂蛋白中脂质与蛋白质之间没有共极性部分，与蛋白质组分之间以疏水性相互作用结合在一起。因此，脂蛋白的物理特性与其所含的脂质和蛋白质的性质都有密切关系。

脂蛋白种类很多。通常用溶解特性、离心沉降行为和化学组成来鉴定脂蛋白的特性。可溶性脂蛋白——血浆脂蛋白在动物体内脂质的运输方面起重要作用，脂蛋白中的脂质还能与细胞膜的组分相互交换，参与细胞脂质代谢的调节；此外，血浆脂蛋白与动脉粥样硬化型心血管疾病之间有密切关系，低脂蛋白血和高脂蛋白血也都是血浆脂蛋白异常的疾病。不溶性脂蛋白是各种生物膜(如细胞膜、细胞器膜)的主要组成成分。

根据在特定盐密度内的漂浮行为，可把血浆脂蛋白分成以下四大类：

(1) 高密度脂蛋白(high density lipoprotein，HDL)：电泳时称为α脂蛋白。主要生理功能是转运磷脂和胆固醇。

(2) 低密度脂蛋白(low density lipoprotein，LDL)：电泳时称为β脂蛋白。主要生理功能是转运胆固醇和磷脂到肝脏进行代谢。

(3) 极低密度脂蛋白(very low density lipoprotein，VLDL)：电泳时称为前β脂蛋白。主要

生理功能是运输肝合成的内源性甘油三酯。

(4) 乳糜微粒(chylomicron，CM)：电泳时乳糜微粒留在原点。主要生理功能是运输外源性脂类。

4.6 分子识别中的立体化学因素

4.6.1 几何异构

分子中存在刚性或半刚性结构部分，如双键或脂环，使分子内部分共价键的自由旋转受到限制而产生的顺(Z)反(E)异构现象称为几何异构。几何异构体中的官能团或与受体互补的药效基团的排列相差极大，理化性质和生物活性也都有较大差别。例如，顺式己烯雌酚和反式己烯雌酚的立体结构和生物活性都相差甚远；治疗精神病药物泰尔登也有顺反异构体，其反式异构体的药理活性比顺式异构体强 5～40 倍；抑制纤维蛋白溶酶原激活因子的氨甲环酸，其反式异构体的止血作用比顺式异构体强得多。药物与底物契合度的好坏直接影响药物的生物活性，并且形式多种多样，见表 4-4。

表 4-4　典型药物异构体的生物活性

构型影响方式	几何异构	光学异构
一种异构体有效，另一种异构体无效	反式己烯雌酚有效，顺式无 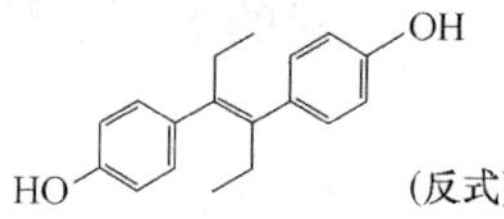 (反式)	*S*-(+)-氟苯丙胺有食欲抑制活性，*R*-(−)无 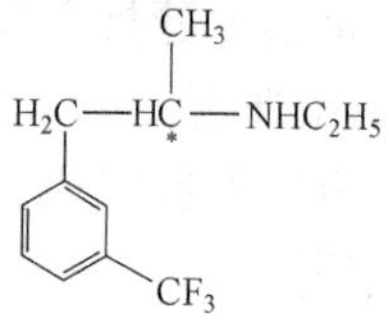 CH_3 $H_2C—HC^*—NHC_2H_5$ CF_3
异构体显示不同的生理作用	桂皮酰胺类化合物 反式：抗惊 顺式：致惊、中枢兴奋 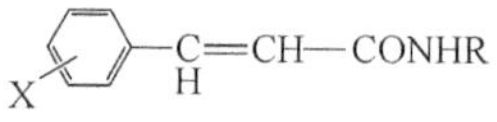 X—C$_6$H$_4$—CH=CH—CONHR	麻黄碱血管收缩，伪麻黄碱支气管扩张 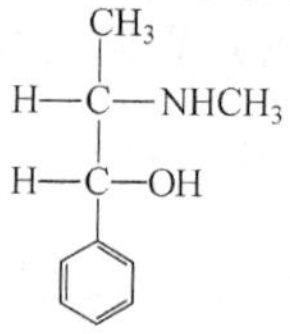 CH_3，H—C—$NHCH_3$，H—C—OH，C_6H_5；CH_3，H—C—$NHCH_3$，HO—C—H，C_6H_5 1*R*,2*S*-(−) 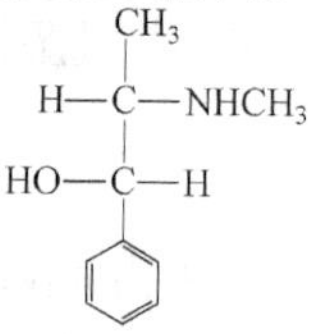　1*S*,2*S*-(+)
异构体有相同的生理活性，但强度不同	抗精神病药泰尔登，其反式比顺式活性强 5～40 倍 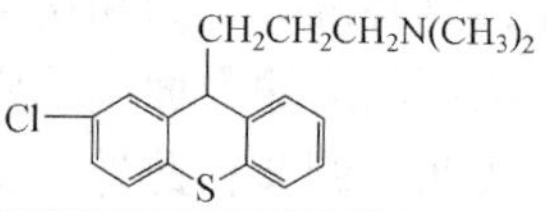 $CH_2CH_2CH_2N(CH_3)_2$，Cl，S	扑尔敏(+)-异构体比(−)-异构体活性强 12 倍 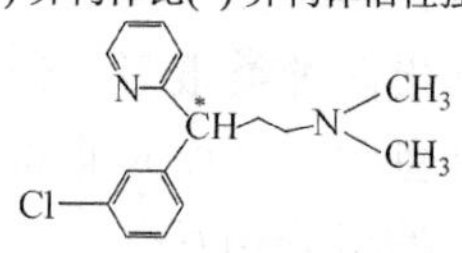 N，CH^*，N，CH_3，CH_3，Cl

4.6.2 光学异构

光学异构是由于分子中原子或基团的排列方式不同，使两个分子无法重叠的一种立体异构现象，两个分子具有实物和镜像的关系，也称为光学对映体。对映异构体除旋光性外，理化性质极相近，其生物活性的差别则更能反映受体对药物的立体选择性。例如，抗坏血酸 L-(+)-异构体的活性为 D-(−)-异构体的 20 倍；D-(−)-肾上腺素的血管收缩作用为 L-(+)-异构体的 12～15 倍；D-(−)-异丙肾上腺素的支气管扩张作用为 L-(+)-异构体的 800 倍。一般认为，肾上腺素类药物有三部分与受体形成三点结合：①氨基；②苯环及两个酚羟基；③侧链的醇羟基(图 4-11)。

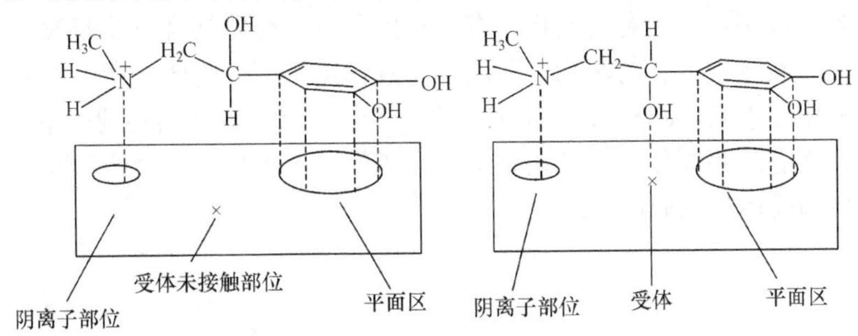

图 4-11　D-(−)-肾上腺素和 L-(+)-肾上腺素与受体结合示意图

异构体生物活性的差异归因于受体的特异性，如果受体的立体特异性不高或结合部位不包括手性碳或双键上的所有基团，则异构体的生物活性就没有差异；反之，受体的立体特异性越大，则异构体活性的差别也越大。

4.6.3　构象异构

分子内各原子和基团的空间排列因单键旋转而发生动态立体异构现象，称为构象异构。柔性分子的构象变化处于快速动态平衡状态，有多种异构体。自由能低的构象由于稳定，出现概率高，为优势构象。只有能为受体识别并与受体结合互补的构象才产生特定的药理效应，成为药效构象。

药物与受体结合时，药物本身不一定采取其优势构象。这是由于药物分子与受体间作用力的影响，可使药物与受体相互适应达到互补及分子识别过程的构象重组。药物与受体间的作用力可以补偿优势构象转为药效构象时分子的热力学能增加所需的能量，即维持药效构象所需的能量。一般允许药效构象与优势构象的能量差为 20.9～29.3 kJ/mol，大于这个差值的构象与受体不能稳定结合。

治疗震颤麻痹症有效的多巴胺作用于多巴胺受体，其优势构象为对位交叉式；而邻位交叉式很少。阿扑吗啡也作用于多巴胺受体。通过与多巴胺的结构比较，支持多巴胺的优势构象为对位交叉式。无羟基的阿扑吗啡、10-甲氧基阿扑吗啡、11-甲氧基阿扑吗啡及 10，11-二甲氧基阿扑吗啡均无作用，11-羟基阿扑吗啡也只有微弱的作用，只有增加 10-羟基后才有显著活性。对位交叉多巴胺的 N—O^4 距离和阿扑吗啡的 N—O^{10} 距离均为 0.78 nm，而阿扑吗啡的 N—O^{11} 的距离为 0.64 nm，与邻位交叉多巴胺的 N—O^4 距离 0.62 nm 接近(图 4-12)。由此推测多巴胺的药效构象为对位交叉式或近似形式。

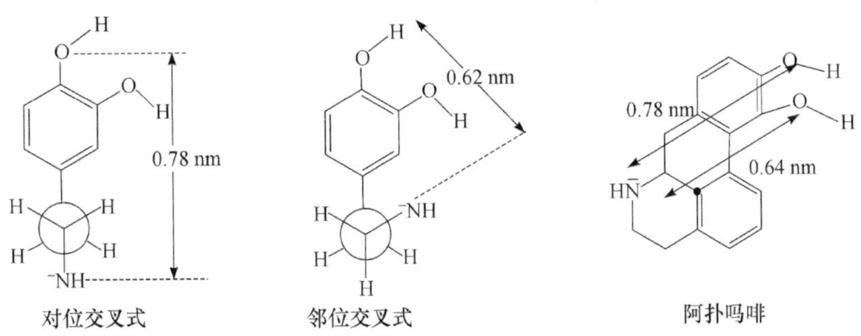

图 4-12　多巴胺的邻、对位结构及阿扑吗啡的结构式

药物的构象对药物和受体的识别起重要作用，从而直接影响药物的生理活性。构象对药效影响的方式是多种多样的，有的药物只有一种构象可与受体结合发挥药效，如多巴胺以反式构象作用于多巴胺受体；有的药物以不同的构象作用于两种受体，产生两种生理作用，如组胺以反式构象作用于 H1 受体，以扭曲式构象作用于受体；有些药物的构象不同，其生理作用的强度不同；而有时不同化合物的化学结构不相似，但可与某一受体的同一部位结合，正是这一结合部位与受体识别而产生药效。

第 5 章　超分子化学

超分子化学是基于分子间非共价键相互作用而形成的分子聚集体化学。在与材料科学、生命科学、信息科学、纳米科学与技术等其他学科的交叉融合中，超分子化学已发展成为超分子科学，被认为是 21 世纪新概念和高技术的重要源头之一。

5.1　超分子化学基础

5.1.1　超分子化学的概念

关于超分子化学的发展特别要提到三个人，佩德森、克拉姆和莱恩，他们分享了 1987 年诺贝尔化学奖。1967 年，佩德森发表了关于冠醚的合成和选择性配位碱金属的报告，揭示了分子和分子聚集体的形态对化学反应的选择性起着重要的作用；克拉姆基于在大环配体与金属或有机分子的配位化学方面的研究，提出了以配体(受体)为主体，以配合物(底物)为客体的主客体化学；莱恩模拟蛋白质螺旋结构的自组装体的研究内容，在一定程度上超越了大环与主客体化学而进入了所谓“分子工程”领域，即在分子水平上制造有一定结构的分子聚集体而具有一定特殊性质的工程材料，并进一步提出了超分子化学即“超越分子的化学”的概念，他指出：“基于共价键存在着分子化学领域，基于分子组装体和分子间键而存在着超分子化学。”

超分子化学是基于分子间的非共价键相互作用而形成的分子聚集体的化学，它主要研究分子间的非共价键的弱相互作用，如氢键、配位键、亲水键相互作用及它们之间的协同作用而生成的分子聚集体的组装、结构与功能。超分子化学作为化学的一个独立分支，已经得到普遍认同。它是一个交叉学科，涉及无机与配位化学、有机化学、高分子化学、生物化学和物理化学，由于能够模仿自然界已存在物质的许多特殊功能，形成器件，因此它的潜在应用价值备受人们青睐。超薄膜、纳米材料、高分子有机金属材料、非线性光学材料及高分子导电材料等已成为国内许多研究机构热点。此外，超分子化学在生物传感器、润滑材料、防腐蚀材料、膜材料、黏合剂及表面活性剂等方面也有广泛的应用前景，目前，除冠醚外，环糊精、杯芳烃、索烃、旋环烃、级联大分子等作为新的超分子实体，引起广泛关注。

国际上超分子科学的研究开展得如火如荼，发达国家和地区，如欧盟、美国和日本等都投入了大量的人力和物力进行超分子科学方面的研究与开发。在国家自然科学基金委、科技部、教育部、中国科学院等相关部门的大力支持下，我国的科学工作者较早地开展了超分子科学研究，并做出了一大批有特色的工作。

5.1.2　超分子化学的理论基础

超分子化合物是由主体分子和一个或多个客体分子之间通过非价键作用而形成的复杂而有组织的化学体系。主体通常是富电子的分子，可以作为电子给体，如碱、阴离子、亲核体等；客体是缺电子的分子，可作为电子受体，如酸、阳离子、亲电体等。超分子体系中主体和客体之间不是经典的配位键，而是分子间的弱相互作用，其键能为共价键的 5%～10%，且具有累加性，但形成的基础是相同的，都是分子间的协同和空间的互补。因此，可以认为超分子化学是配位化学概念的扩展，图 5-1(a)～(d)表示了有关概念的典型示例，目前研究超分子化学内的弱相互作用力的方法主要有：经验法、分子力学法、统计力学法和量子化学法。

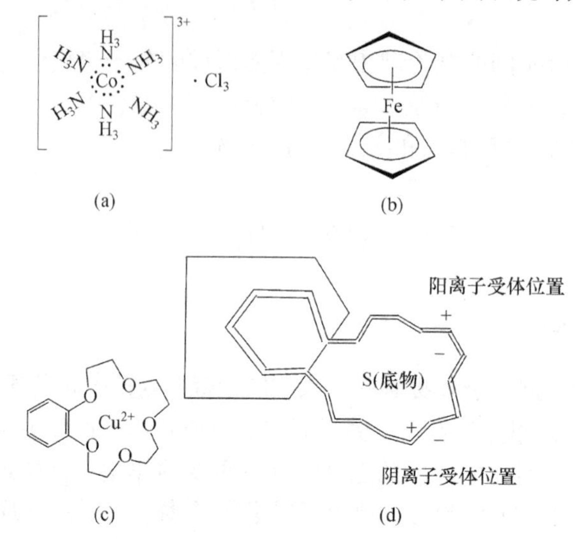

图 5-1　超分子的典型示例

(a) 典型的共价键配位化合物$[Co(NH_3)_6]Cl_3$；(b) 多中心键的有机配合物二茂铁中配体环戊二烯基；(c) 离子偶极作用和空间配位的主客体化合物苯并-15-冠-5 的铜配合物；(d) 弱作用的生物体系缔合物

5.2　超分子的重要特征

5.2.1　自组装

自组装通常涉及一个主体和一个或多个客体，沿用生物学中的术语，前者即受体，后者为基质。当自组装成超级分子时，较大的受体的结合位通常是会聚的，被结合的较小基质的结合位则是发散的，两者在电子性能和几何空间上互补。在生物过程中，基质和蛋白质受体的结合，酶反应中的锁钥关系，蛋白质-蛋白质络合物的组装，免疫抗体抗原的结合，分子间遗传密码的读码翻译和转录，神经递素诱发信号，组织的识别等，都涉及这种自组装作用。超分子化学不仅研究自然界中现实的自组装作用，还要人工合成具有这种作用的组装体。在形成组装体时，最基本的功能是分子的识别、转化和移位。

1. 分子识别

分子识别(molecular recognition)是主体(或受体)对客体(或底物)选择性结合并产生某种特定功能的过程。它是不同分子间的一种特殊的、专一的相互作用，既满足相互结合的分子间的空间要求，也满足分子间各种次级键力的匹配，体现出锁和钥匙原理(图 5-2)。

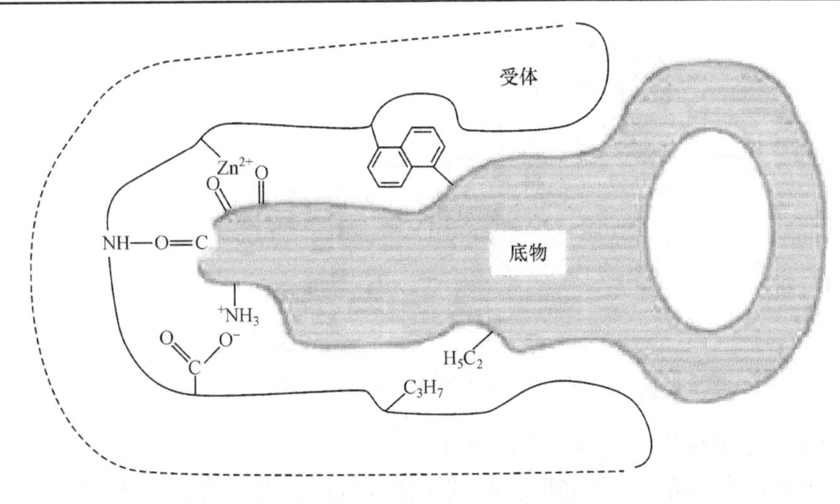

图 5-2　锁和钥匙原理示意图

在超分子中，一种接受体分子的特殊部位具有某些基团，正适合与另一种底物分子的基团相结合。当接受体分子和底物分子相遇时，相互选择对方，一起形成次级键；或者接受体分子按底物分子的大小尺寸，通过次级键构筑起适合底物分子居留的孔穴的结构。因此，分子识别的本质就是使接受体和底物分子间有形成次级键的最佳条件，互相选择对方结合在一起，使体系趋于稳定。

2. 分子催化

自组装的超分子配合物具有反应性和催化作用。催化可由反应的阳离子受体分子实现，如图 5-3 是大环聚醚受体在氨基上结合了一个二肽的对硝基苯酚酯基质。由于空间的匹配，反应时硝基苯酚基团与二肽发生切断分离，反应过程的选择性和手性识别能力强。这种酯断裂过程常见于酶反应中，在生物医学上可用于药物的抗体催化，专一选择识别反应物、过渡态和反应，实现反应的低活化能、高选择性，实现一些普通催化化学难以实现的反应。目前抗体催化已用于酰基转移、β-消去、C—C 键形成及断裂、水解、过氧化及氧化还原等反应中。

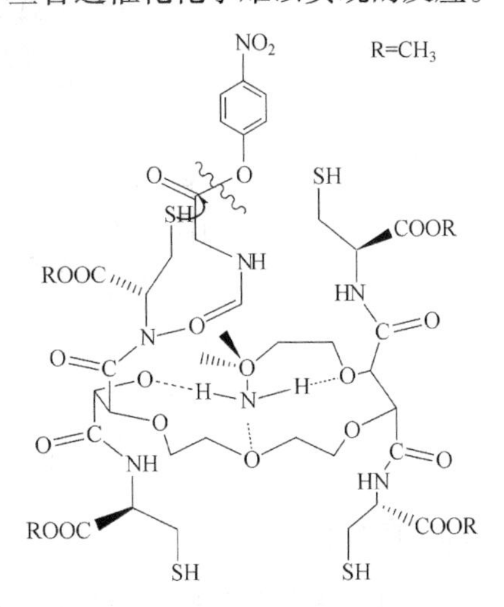

图 5-3　二肽酯在受体上的断裂

3. 分子传递

组装后的超级分子常能促进光子、电子或离子的传递，这对分子器件的意义重大。现已人工模拟的电子泵中的分子导线多为一种 π 电子系统。图 5-4 是一个磷脂囊泡，泡外是授体二硫羰酸钠(还原剂)，泡内是受体铁氰酸钾 $K_3Fe(CN)_6$(氧化剂)，起分子导线作用的是 caroviologene，它的两端是两性离子，中间是一个很长的共轭双键长链，是一个 π 电子系统。实验表明,在 150 000 个磷脂分子中掺以 150 个导线分子后，电子传递的能力提高了 8 倍。

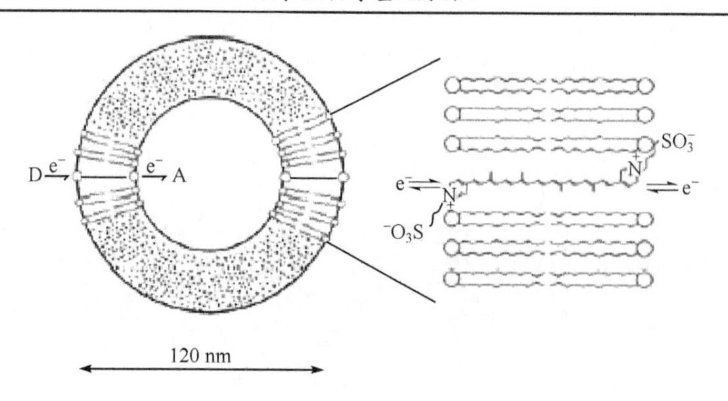

图 5-4 分子导线 caroviologene

自组装技术的重要作用主要体现在以下几方面：

(1) 在合成材料或制备功能体系时，科技工作者可以在更广的范围内选择原料。

(2) 自组装材料的多样性，通过自组装可以形成单分子层、膜、囊泡、胶束、微管以及更为复杂的有机/无机、生物/非生物的复合物等，其多样性超过其他方法制备的材料。

(3) 多种多样、性能独特的自组装材料将被广泛应用于光电子、生物制药、化工等领域，并对其中某些领域产生未可预知的促进作用。

(4) 自组装技术代表着一类新型的加工制造技术，对电子学等有很大的促进作用。

自组装技术应用最广的是制备超薄膜，这最早是由德谢尔等提出的用带相反电荷的聚电解质在液/固界面通过静电作用交替沉积形成多层膜技术。它只需将离子化的基片交替浸入带有相反电荷的聚电解质溶液中，静置一段时间，取出洗净，循环以上过程就可以得到多层膜体系(图 5-5)。基片的离子化修饰方法很多，依不同基底而异。此技术构筑的多层膜尽管有序度不如 LB 膜高，但制备过程简单，不需要复杂的仪器设备，成膜物质丰富，成膜不受基底大小和形状的限制，制备的薄膜具有良好的机械和化学稳定性，薄膜的组成和厚度可控等，近年来被广泛采用。

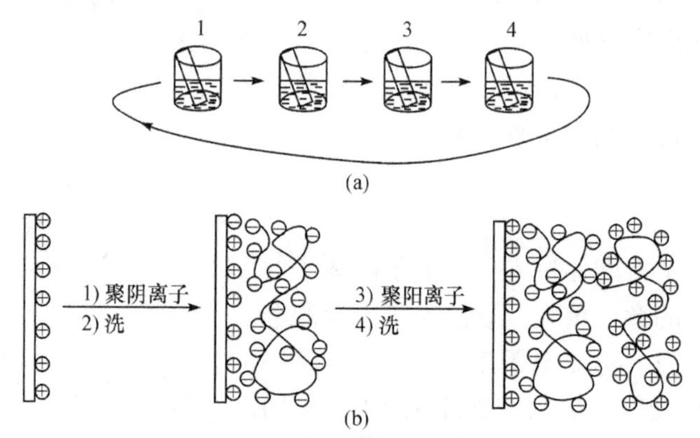

图 5-5 自组装多层膜的成膜过程

5.2.2 自组织

自组织通常指许多相同的分子由于分子间力的协同作用而自动组织起来，形成有一定结构但数目不等的多分子聚集体。单分子层、膜、囊泡、胶束、液晶等都是很好的例子，在人工合成时，常采用形成 LB 膜的方法，自组织成单分子层或多层膜。这里要着重指出的是，将上节的组装体与这种分子聚集体结合起来，形成操纵光子、电子或离子的功能是构造分子器件的有效途径。

5.2.3　自复制

超分子的自复制作用就相当于 DNA 的自复制。对于后者，首先是 DNA 双螺旋的两链拆开，两条母链即形成模板，它们的复制原理是一样的(图 5-6)。

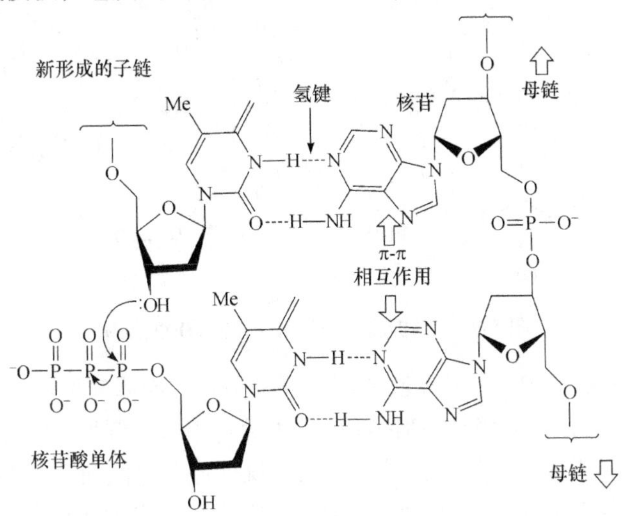

图 5-6　DNA 的自复制

5.3　超分子组装及自组装

5.3.1　超分子的组装方式

1. 冠醚和穴状配体的识别和自组装

以冠醚和穴状配体作为主体和客体分子组装成超分子的研究是 20 世纪 60～70 年代创立的超分子化学的基础内容。

(1) 球形离子大小的识别。不同的冠醚以其大小尺寸和电荷分布适合于不同大小的球形碱金属离子，使难以分离的碱金属离子在不同的冠醚中各得其所。表 5-1 列出了各种冠醚孔穴的直径以及适合组装的碱金属离子。

表 5-1　各种冠醚的孔穴直径和适合组装的碱金属离子

冠醚	孔穴直径/pm	适合组装的碱金属离子(离子直径/pm)
12-冠-4	—	Li^+(152)
15-冠-5	170～220	Na^+(204)
18-冠-6	260～320	K^+(276)
21-冠-7	340～430	Cs^+(334)

图 5-7(a)示出了 K^+18-冠-6 的结构。在人体的生理现象中，Na^+和 K^+可选择性地通过细胞膜，其作用机理类似于冠醚与 Na^+、K^+间的作用。二氮穴状配体是在两个 N 原子间以醚键桥连，具有穴状孔穴，可以选择性地与不同大小的离子结合。例如，穴状配体 C[222]在水溶液中对碱金属离子的稳定常数 K 以 K^+最大，Rb^+、Na^+次之，lg$K$ 的数值为：Na^+，3.8；K^+，5.4；Rb^+，4.3。图 5-7(b)示出穴状配体和 KI 配位组装所得晶体中 K^+C[222]的结构。

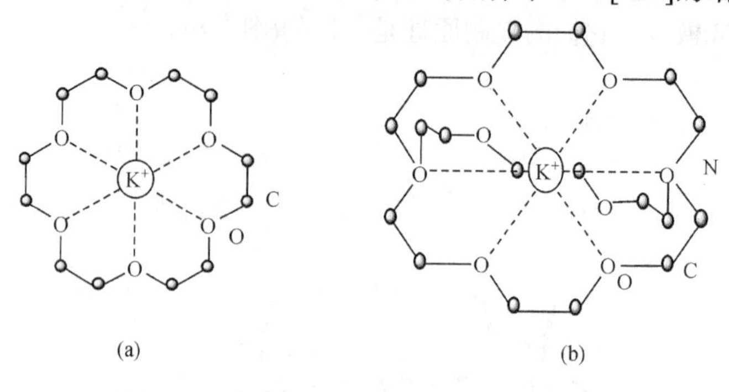

图 5-7　K^+18-冠-6(a)和 K^+C[222] (b)的结构

(2) 四面体方向成键的识别。三环氮杂冠醚分子中有四面体配位点的孔穴，它除具有大小识别功能外，还能按成键方向选择合适的离子优先进行组装。例如，NH_4^+和 K^+具有非常近似的大小尺寸；普通冠醚不能进行选择区分，而三环氮杂冠醚只倾向于与 NH_4^+结合，N—H···N 氢键。图 5-8 为三环氮杂冠醚与 NH 的结合情况。因为在孔穴中 4 个 N 原子的排布位置正好适合与 NH_4^+形成 4 个结构(只标出下 NH 上的 4 个 H，而将其他的 H 原子删去)。

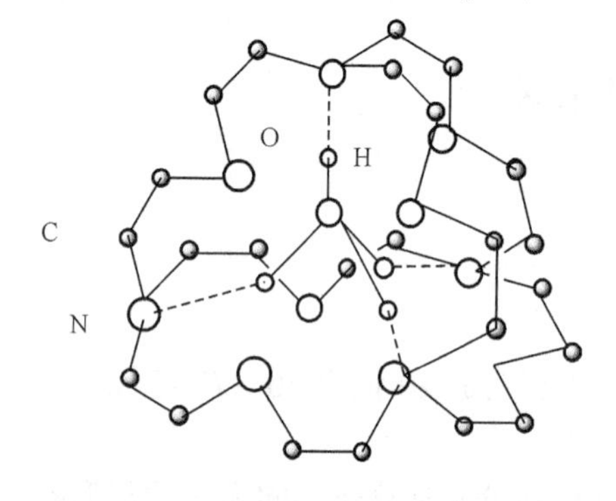

图 5-8　三环氮杂冠醚和 NH_4^+识别组装

2. 氢键识别和自组装

氢键是超分子识别和自组装中最重要的一种分子间相互作用，由于它的作用较强，涉及面极广，在生命科学和材料科学中都极为重要。例如，DNA 的碱基配对，互相识别，将两条长链自组装成双螺旋体。利用不同分子中所能形成氢键的条件，可以组装成多种多样的超分子。人们按照形状戏称它们为分子网球、分子饼、分子饺子等，如图 5-9 所示，其中(a)是两个同一种具有互补氢键的分子，由于分子内部结构的空间阻碍因素，弯曲成弧片状，两个分子的氢键互相匹配，组装成分子网球；(b)是三聚氰胺和三聚氰酸在分子的 3 个方向上形成分子间 N—H···O 和 N—H···N 氢键，组装成大片薄饼；(c)示出一个分子饺子的截面；(d)示出氢键识别和 π-π 堆叠联合作用组装成超分子。

3. 疏水作用的识别和组装

疏水基团互相结合在一起，并非在它们之间出现强的相互作用，而是它们结合时排挤水分子。其效果一方面是增加水分子间的氢键，降低体系的能量；另一方面是使无序的自由活动的水增加，熵增大。两个因素都促使疏水基团互相识别，从而自发地进行组装。

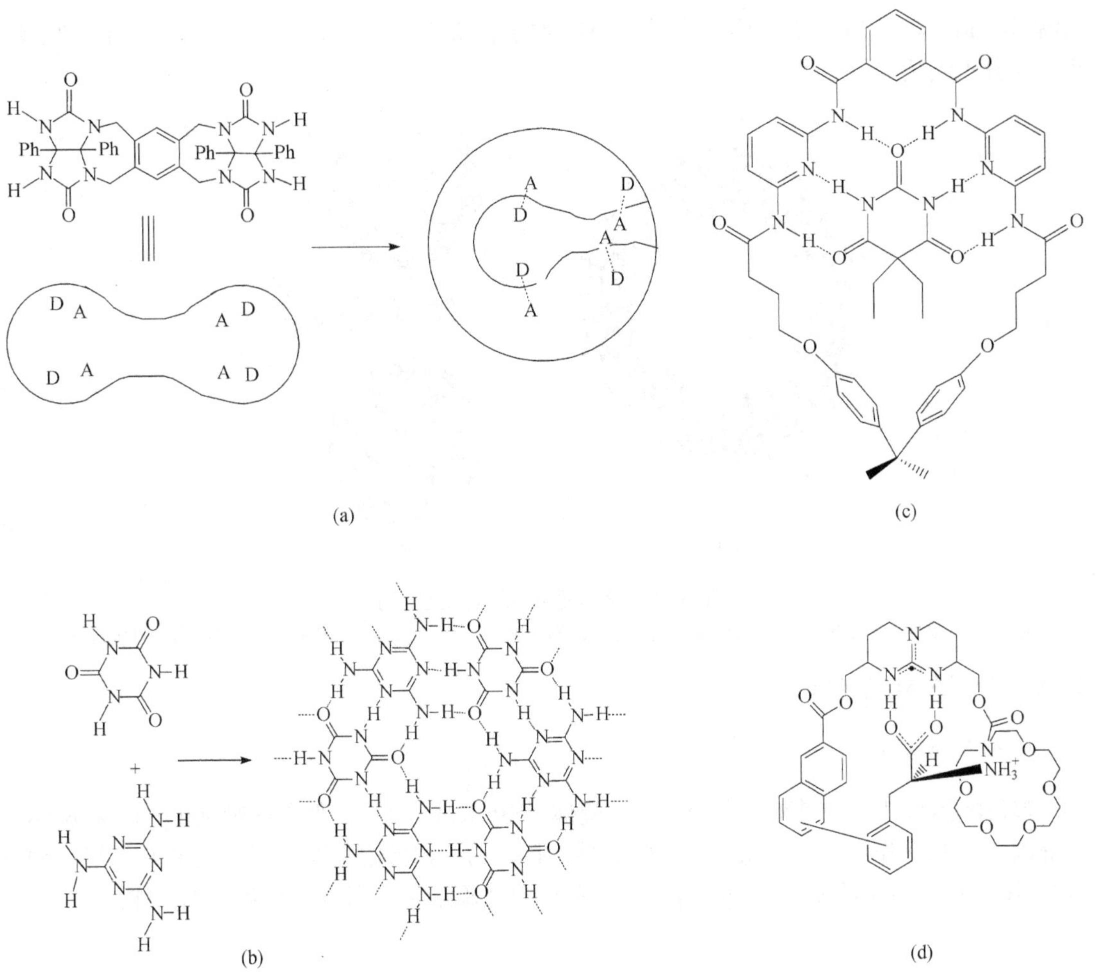

图 5-9　小分子通过氢键自组装成超分子

(a) 分子网球；(b) 分子饼；(c) 分子饺子；(d) 氢键识别和 π-π 堆叠联合作用组装成超分子

环糊精的内壁具有疏水性。如果在环糊精的小口径端置换上一个疏水基团，如 $C_6H_5CMe_3$，它的大小适合进入环糊精内部。这种疏水基团能与环糊精内壁互相识别而自发地进行组装，形成长链，如图 5-10 所示。

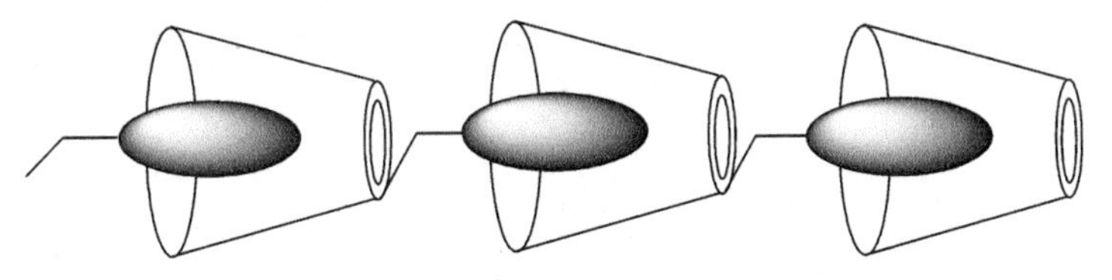

图 5-10　带有疏水基团的环糊精的自组装

4. 配位键的识别和组装

过渡金属的配位几何学以及与配体相互作用位置的方向性特征提供了合理地组装成各类超分子的蓝图。图 5-11 示出按配位键列出的超分子实例，(a)是在酸性 Na_2MoO_4 溶液中，通过 Mo—O 配位键使 MoO_4^{2-} 互相缩合组装成大环超分子，大环的组成为 $Mo_{176}O_{496}(OH)_{32}(H_2O)_{80}$， (b)是由 Mo—C 和 Mo—N 配位键使中心 Mo 原子将 2 个 C_{60} 分子、2 个 *p*-甲酸丁酯吡啶及 2 个 CO 分子组装成超分子。

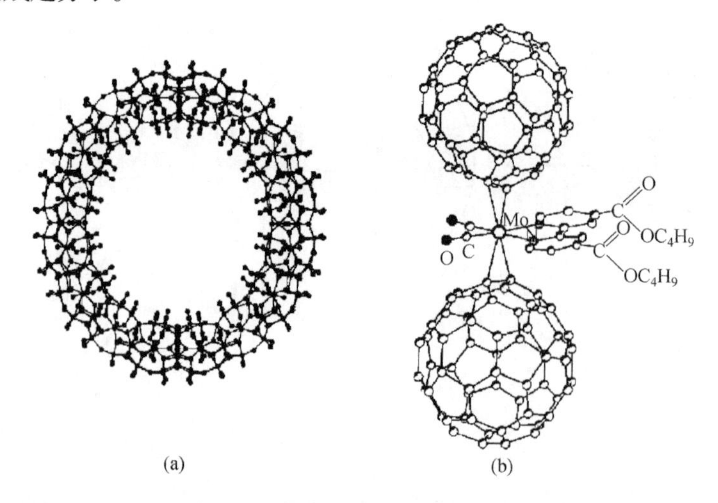

图 5-11　通过配位键组装成超分子

(a) Mo—O 键组装成大环超分子，大环组成为$[Mo_{176}O_{496}(OH)_{32}(H_2O)_{80}]$；(b) Mo—C 键和 Mo—N 键组装成球碳超分子

5.3.2　超分子自组装体系

1. 链状重复单元

多齿配体与某些金属离子配合产生螺旋体(helicates)。例如，低聚联吡啶(bpy)链状配体与一价铜离子(Cu^+)作用便自发组装成双螺旋体(图 5-12)。如果用不同长度的低聚 bpy 混合物与 Cu^+作用，只有同样长度的聚 bpy 可以相互形成双螺旋结构，即具有自身识别功能。

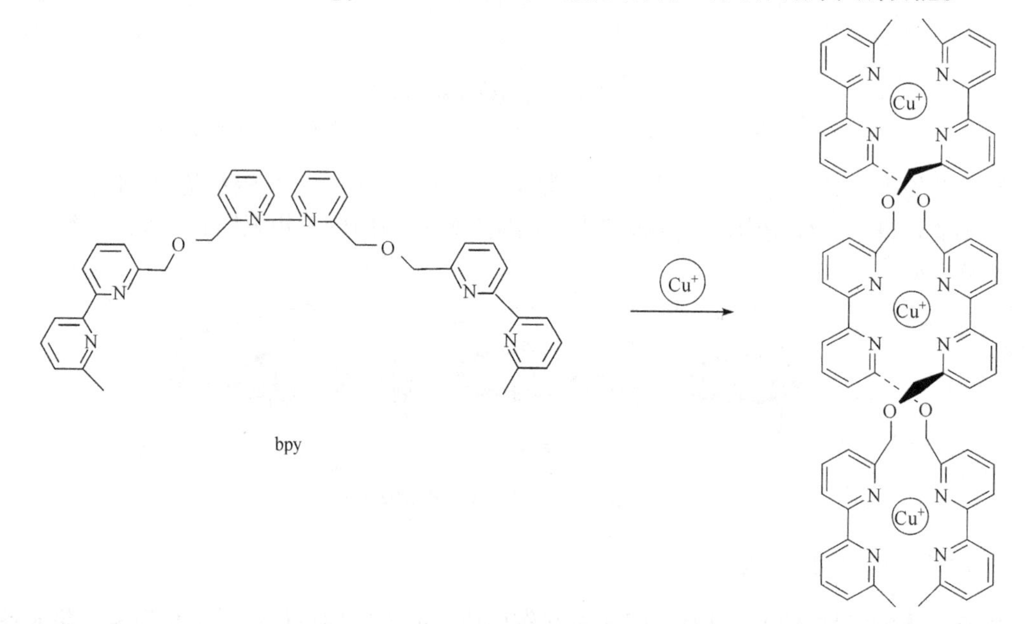

图 5-12　bpy 自发组装成双螺旋体示意图

2. 内锁超分子体系

轮烷(rotaxane)是由一个环分子和一个从其内腔穿过并且两端带有大的基团的线性分子组成的分子化合物。其线性和环分子通过所谓的“力学键”(mechanical bonding)相连，而不是通过强的共价键或配位键连接，但分子的性质却由两个单元分子共同决定。理论上任何一个线性分子都可以穿入或穿过一个内径足够大的环分子，假如随后在线性分子的两端引入足够大的基团能阻止线性分子的离去，就可以得到稳定的轮烷分子。而如果线性分子能从环分子内腔离去，二者形成的超分子称为拟轮烷(pseudorotaxane)。最简单的轮烷结构由一个线性分子和一个环分子构成，由一个线性分子和 n–1 个环分子构成的轮烷用[n]轮烷表示(图 5-13)。

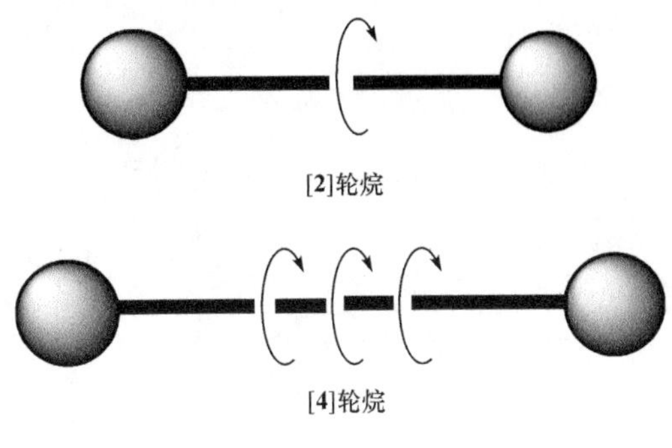

图 5-13　轮烷示意图

(1) 轮烷用于特殊结构分子的合成。任何环分子的合成都是与线性聚合反应竞争的，但通过分子间非共价键作用，可以使成环反应的反应位点在空间上处于有利位置，从而达到提高成环效率的目的。例如，环番(Ⅳ)作为缺电子受体在分子识别和超分子化学研究中得到广泛的应用，直接从联二吡啶(Ⅰ)与 1，4-二(溴甲基)苯(Ⅱ)反应或分步合成产率都很低(分别为 6%和 12%)。在模板化合物(Ⅲ)的存在下，Ⅳ的一步合成产率可提高到 62%。该方法实质上是利用富电子模板(Ⅲ)和缺电子的中间体之间的供体-受体作用首先形成一个拟轮烷结构，进而Ⅲ离去而得到Ⅳ，从而达到提高产率的目的(图 5-14)。

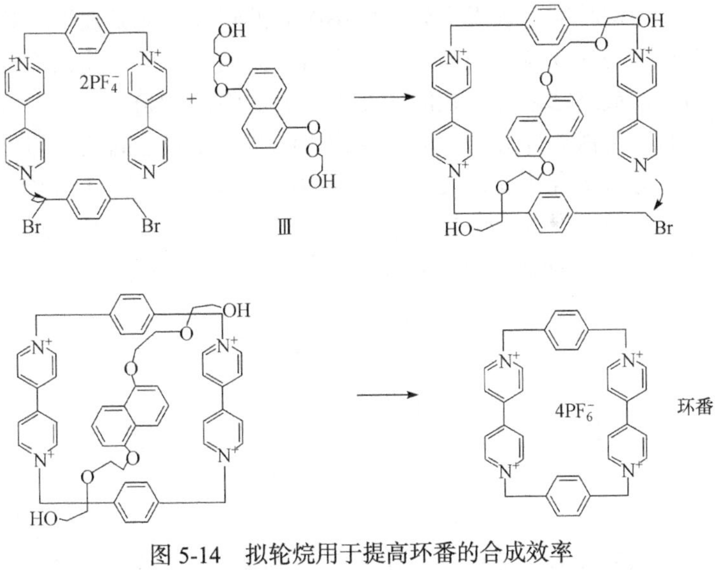

图 5-14　拟轮烷用于提高环番的合成效率

(2) 分子开关。轮烷是一类理想的研究分子开关的底物。通过改变和控制环组分和线性组分之间的相互作用，可以在分子水平上实现特定性质的可逆转换，化学、光学或电化学的手段都可以用于这种目的。基于这种思路，斯托达特等于 1994 年报道轮烷的开关性能。轮烷可以通过轮烷间接制备或通过穿环组分内穴的相应线性分子的两端硅醚化而制备，其线性组分带有两个识别位点，即联苯二胺和联苯二酚(图 5-15)。在常温下，缺电子组分在二者之间来回振荡处于动态的平衡状态。由于联苯二胺的富电性稍强，缺电子环更倾向于环绕在联苯二胺上。电化学氧化或质子化在联苯二胺上引入一个正电荷可以驱使缺电子环远离联苯二胺，而专一性地围绕在联苯二酚片段上。当还原联苯二胺为中性或去质子化后，缺电子环又能恢复其在二者之间的动态平衡，形成一个分子水平的开关过程。

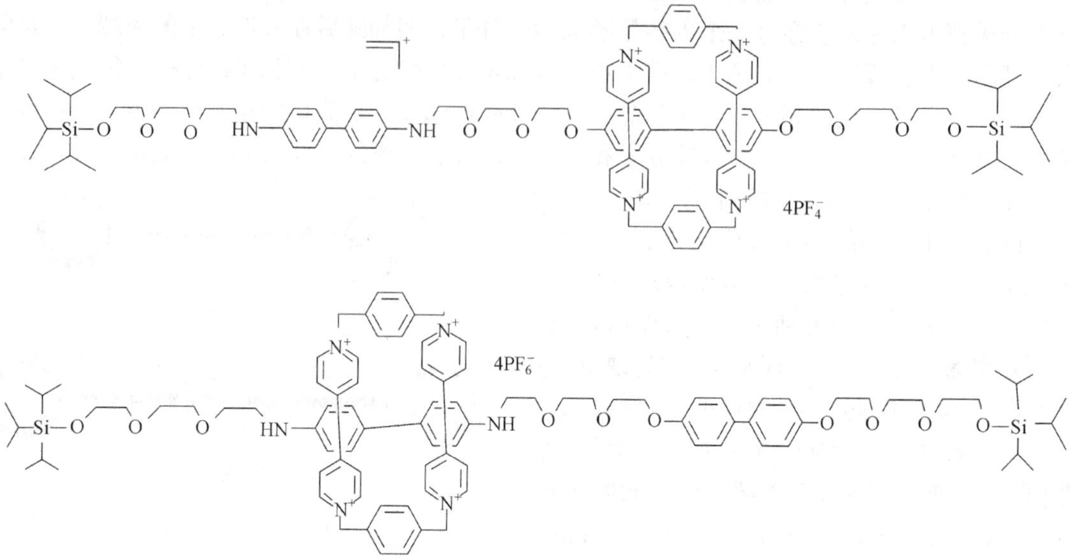

图 5-15　电化学和酸度控制的分子开关

光化学手段是另一种构筑分子开关的有效方法。例如，Benniston 等报道，光激发下的电荷分离可以使分子在一定程度上表现出光合作用中心的特征。光激发下二烷氧基苯片段与环分子由于距离相近很容易形成紧密的自由基离子对，而通过一个二茂铁片段的氧化产生一个长寿命的电荷分离态，最终结果是将光能转变为化学能(图 5-16)。但这一体系的不足之处在于，虽然带正电荷的二茂铁与环分子间的排斥作用能产生二者之间的空间分离，但该二茂铁和二烷氧基苯之间的电荷结合速度远大于环分子的运动速度。这种互相锁链组分间的相对运动所涉及的时间要求对于发展以轮烷为基础的分子器件是一个很大的限制，因为通常组分内的亚单元运动表现特定功能(如光电过程)所要求的时间相对于组分间的相互移动要快得多。

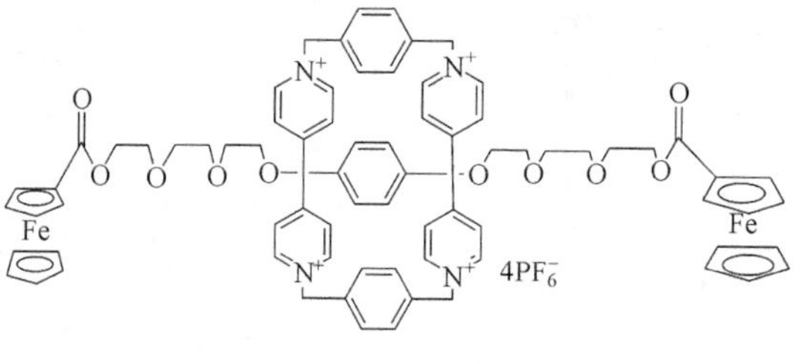

图 5-16　端基二茂铁的氧化还原可驱使环番远离和返回苯基位点

基于强极性溶剂中环糊精对疏水分子的包结作用，组装体也表现出光激分子开关的特征。例如，穿入α-环糊精内腔的反式偶氮片段在光诱导下异构成顺式构型，降低了二者的空间匹配性，从而驱使环糊精离开偶氮片段。由于没有其他有效的识别位点，环糊精仅移动到线性分子的亚甲基片段上，当顺式构型重新异构为能量较低的反式构型时，环糊精重新定位在偶氮基团上，形成了分子水平上的“开”和“关”过程(图 5-17)。

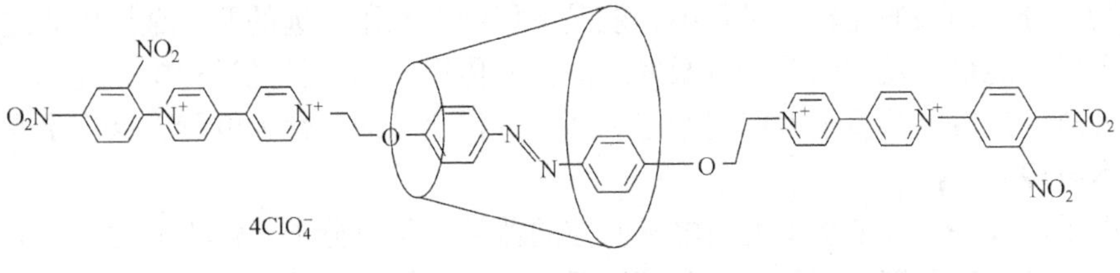

图 5-17　偶氮基团的光异构化控制环糊精在线性分子上的相对定位

3. 分子互补组分缔合产生超分子

中介相带长链的 2，6-二氨基吡啶(P)和尿嘧啶(U)单独存在时不显示液晶特性，而它们的 1∶1 混合物则呈现一种六方柱状介稳中间相，X 射线衍射数据说明其形成过程，如图 5-18 所示。超分子体系的结构与双螺旋 DNA 中碱基配对有类似之处。由分子识别引起的缔合、自组装能形成高分子超分子体系，开辟了材料化学的一个新领域。

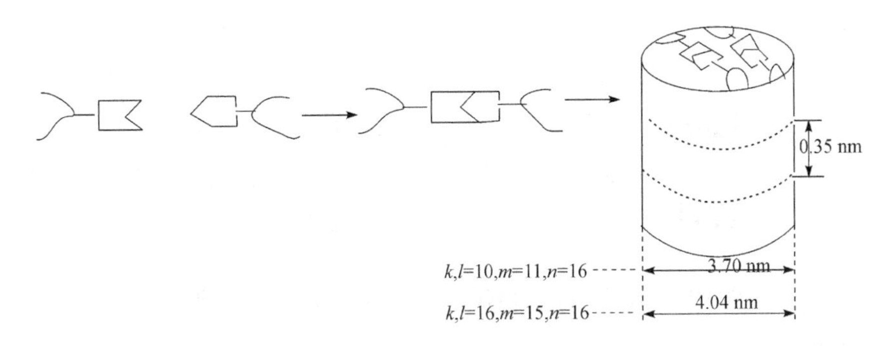

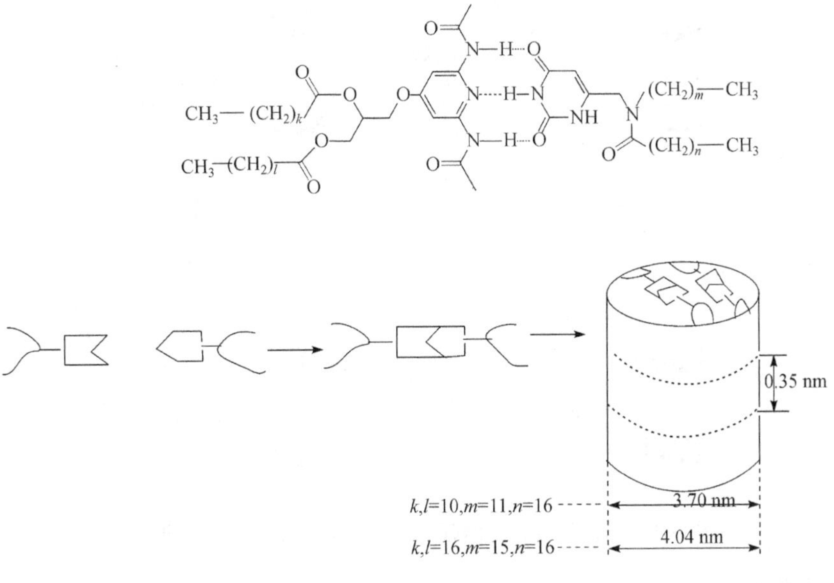

图 5-18　由超分子形成的柱状中介相

4. 分子器件

1981 年卡特提出在分子水平上组装分子器件的概念，1988 年莱恩在其诺贝尔奖演说词中提出了分子器件的概念、基本原理和应用前景，此后分子器件的研究引起了人们的广泛兴趣和重视。分子器件是在分子水平上由光子、电子或离子操纵的器件，通常是由有序的功能分子按特定要求组成的超分子体系。一个分子器件应具备以下条件：①离子或分子必须含有光、电或离子活性功能基；②元件分子必须能按特定需要组装成组件，大量组件有序排列能形成信息处理的超分子体系；③分子器件输出信号必须易于检测。分子器件一般分为光化学分子器件、分子电子器件和分子离子器件。

光化学分子器件是具有光活性组分的超分子体系，与光作用可发生光诱导能量传递(ET)

和光诱导电子迁移(CT)引起的电荷分离两种光化学过程。第一种光化学过程通过能量传递实现光转换过程。这一过程分为吸收(A)、能量传递(ET)、发射(E)三个步骤。据报道，许多金属多核配合物超分子体系的光转换过程中，能量不仅能在相距较远的两个金属中心之间辐射传递，而且可以高能量激发态到低能量激发态的方向传递。第二种光过程中，光诱导电子迁移导致电荷分离，最后电荷重组返回起始态。这一过程使光能转化为电能，这也是光敏半导体电池的基本原理。

分子电子器件是在分子水平上由电子操控的器件，是由分子元件构成的，如分子导线、分子开关、分子整流器等。例如，由共轭体系连接的双核、多核配合物中，金属中心的三重激发态电子离域到整个分子的 π^*轨道中，电子可以在共轭链间进行传递，起到迁移电荷的作用。受体或载体(超分子化学中将超分子中较大的组分称为受体，较小的组分称为载体)中的电活性基团的电子得失能改变它们识别和键合底物的能力，即利用氧化还原实现“开”、“关”。例如，在外电场作用下，含二茂铁的穴醚的茂基上的金属(Fe^+/Fe)可被氧化还原。当处于还原态时，穴醚选择性地识别 Na^+，当处于氧化态时，由于 Fe^+和 Na^+之间的斥力，键合能力下降，释放出 Na^+，利用受体核载体的这种效应来实现氧化还原光控“开”、“关”，如图 5-19 所示。

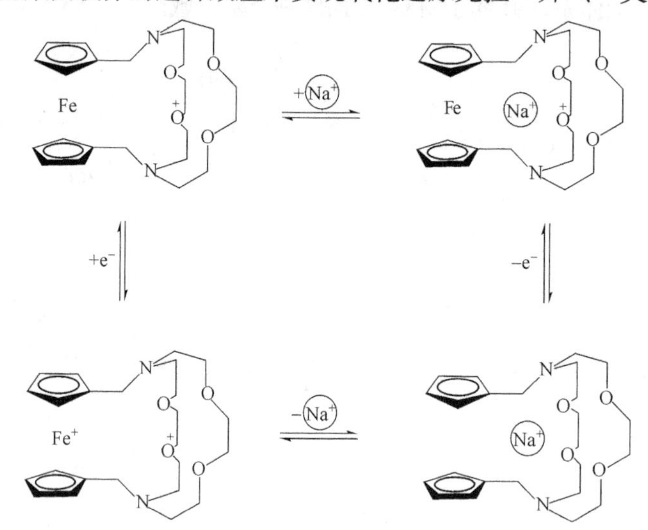

图 5-19　通过二茂铁穴醚控制氧化还原控制底物 Na^+的键合

5.3.3　超分子举例

1. 环糊精

环糊精(化学式 $C_{14}H_8O_2$)分子具有略呈锥形的中空圆筒立体环状结构，在其空洞结构中，外侧上端(较大开口端)由 C2 和 C3 的仲羟基构成，下端(较小开口端)由 C6 的伯羟基构成，具有亲水性，而空腔内由于受到 C—H 键的屏蔽作用形成了疏水区(图 5-20)。它既无还原端也无非还原端，没有还原性；在碱性介质中很稳定，但强酸可以使其裂解；只能被α-淀粉酶水解而不能被β-淀粉酶水解，对酸及一般淀粉酶的耐受性比直链淀粉强；在水溶液及醇水溶液中，能很好地结晶；无一定熔点，加热到约 200℃开始分解，有较好的热稳定性；无吸湿性，但容易形成各种稳定的水合物；它的疏水性空洞内可嵌入各种有机化合物，形成包接复合物，并改变被包络物的物理和化学性质；可以在环糊精分子上交联许多官能团或将环糊精交联于聚合物上进行化学改性，或者以环糊精为单体进行聚合。

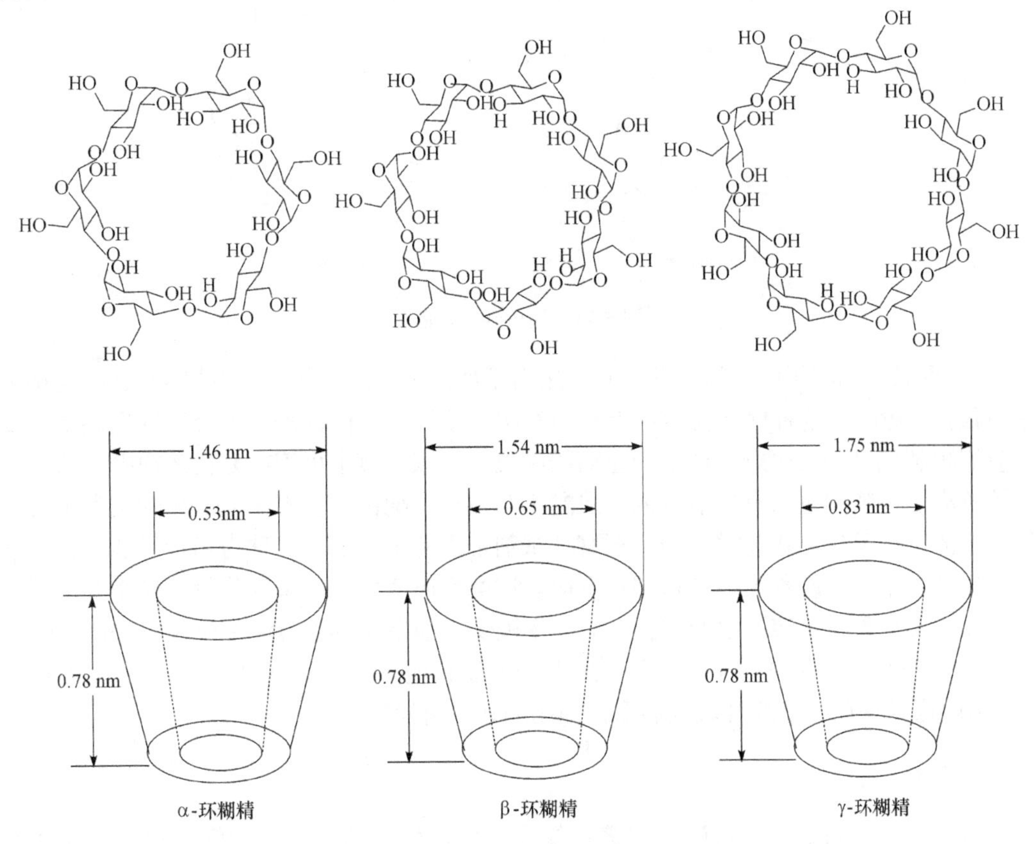

图 5-20　环糊精示意图

由于环糊精的外缘(rim)亲水而内腔(cavity)疏水，因而它能够像酶一样提供一个疏水的结合部位，作为主体(host)包络各种适当的客体(guest)，如有机分子、无机离子以及气体分子等。其内腔疏水而外部亲水的特性使其可依据范德华力、疏水相互作用力、主-客体分子间的匹配作用等与许多有机分子和无机分子形成包合物及分子组装体系，成为化学和化工研究者感兴趣的研究对象。这种选择性的包络作用即通常所说的分子识别，其结果是形成主-客体络合物(host-guest complex)。环糊精是迄今所发现的类似于酶的理想宿主分子，并且其本身就有酶模型的特性。因此，在催化、分离、食品以及药物等领域中，环糊精受到了极大的重视和广泛应用。由于环糊精在水中的溶解度和包结能力，改变环糊精的理化特性已成为化学修饰环糊精的重要目的之一。

2. 冠醚

冠醚又称“大环醚”，是对发现的一类含有多个氧原子的大环化合物的总称。两种常见的冠醚有 15-冠-5、18-冠-6(图 5-21)。

冠醚的空穴结构对离子有选择作用，在有机反应中可作催化剂。冠醚有一定的毒性，必须避免吸入其蒸气或与皮肤接触。冠醚最大的特点就是能与正离子，尤其是与碱金属离子配位，并且随环的大小不同而与不同的金属离子配位。例如，12-冠-4 与锂离子配位而不与钠、钾离子配位；18-冠-6 不仅与钾离子配位，还可与重氮盐配位，但不与锂或钠离子配位(其实

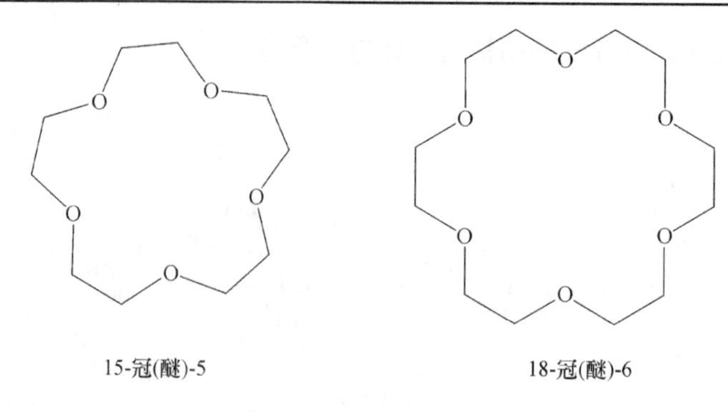

图 5-21　冠(醚)结构简式

18-冠-6 是可以与钠离子配位的，只是其作用力不如钾离子那么强，也不如 15-冠-5 与钠离子作用力强）。冠醚的这种性质在合成上极为有用，使许多在传统条件下难以发生甚至不发生的反应能顺利地进行。冠醚与试剂中正离子配位，使该正离子可溶在有机溶剂中，而与它相对应的负离子也随同进入有机溶剂内，冠醚不与负离子配位，使游离或裸露的负离子反应活性很高，能迅速反应。在此过程中，冠醚把试剂带入有机溶剂中，称为相转移剂或相转移催化剂，这样发生的反应称为相转移催化反应。这类反应速率快、条件简单、操作方便、产率高。例如，安息香在水溶液中的缩合反应产率极低，如果在该水溶液中加入 7%的冠醚,则可得到产率为 78%的安息香；若上一反应在苯(或乙腈)中进行，如果加入 18-冠-6，产率可高达 95%。冠醚通常采用威廉森合成法制取，即用醇盐与卤代烷反应。

3. 杯芳烃

杯芳烃(calixarene)是由苯酚与甲醛经缩合反应而生成的一类环状低聚物。因其分子的形状与希腊圣杯(calix crater)相似，且是由多个苯环构成的芳烃(arene)分子，由此得名杯芳烃(图 5-22)。杯芳烃的命名习惯上写成“杯[*n*]芳烃”。

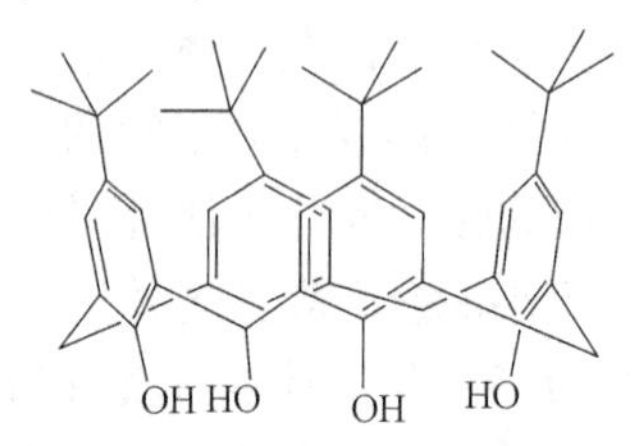

图 5-22　典型杯芳烃结构示意图

杯芳烃具有以下特点：①具有由亚甲基相连的苯环所构成的空腔；②具有易于导入官能团或用于催化反应的酚羟基；③具有可利用各种芳香族置换反应进行化学修饰的苯环；④通过引入适当取代基，构象能发生变化，可固定所需各种构型。

正因为杯芳烃具有上述特点，可以作为酶模拟物发挥离子载体、分子识别及酶催化活性等特殊功能，故被认为是继环糊精、冠醚之后的第三大类充满魅力的新型主体化合物。

1) 杯芳烃的金属离子的识别作用

碱金属离子是常见的球形客体，球形空腔主体对它们的识别能力优于平面主体。一般来说，锥形结构的杯芳烃其下沿的酚羟基(含衍生基团)具有配位碱金属离子的空腔，其选择性取决于空腔与金属离子的匹配程度，杯[*n*]芳烃衍生物随着母体苯酚单元的增多，对碱金属离子的选择性识别能力按离子半径增大次序增加。

杯芳烃识别分析 Na^+是研究最为深入的内容之一。由于杯[4]酚羟基氧提供了结合 Na^+的最佳空穴，杯[4]衍生物成为识别分析 Na^+的最佳受体。下沿含酮、酯、酰胺或硫代酰胺等杯

[4]衍生物均可作为 Na^+的识别受体；同时上沿的叔丁基、叔辛基常用来固定杯[4]的锥形结构，而无叔丁基的杯[4]衍生物对于 Na^+的电位选择性明显降低。

碱土金属也是常见球形底物，对其识别时不仅依靠静电及空腔等因素，同时还取决于基团与其相互作用的强弱。杯芳烃衍生物与碱土金属离子所形成的配合物往往带有颜色及电化学特性的变化，因此其识别分析以光度法、电化学法见长。

2) 杯芳烃对小分子有机物的识别作用

受生物体系内分子识别现象的启发而迅速发展起来的主客体化学领域中，杯芳烃同时具有离子载体和分子识别及包合两大功能，并且具有可改变构象、易于进行化学修饰等众多特点。杯芳烃对小分子有机物的识别研究，不仅在对进一步从理论上阐述生命过程的化学本质，而且在对映体拆分、新的特效药及药物载体的发现、生物传感器、信息处理的光电分子器件等方面展示了诱人的应用前景。

例如，水溶性杯芳烃[4]对氨基酸甲酯、氨基酸的识别，客体分子的非极性基团进入疏水的空腔中，带芳环的氨基酸比脂肪氨基酸有更强的键合能力，选择性顺序为 L-Trp≈D-Trp>L-Phe>L-Tyr>L-Ala>Gly。

而对于用杯[6]芳烃酯类衍生物对多巴胺、肾上腺素、去甲肾上腺素等儿茶酚胺类神经系统手性药物的识别研究表明，它们不仅对多巴胺具有很高的选择性，而且对钾离子(K^+)也具有很好的选择性。

3) 杯芳烃的模拟酶催化作用

由于杯芳烃分子独特的结构和性质，可以通过在杯芳烃上连接一些起催化作用的基团，从而赋予杯芳烃具有酶一样的催化功能。例如，水溶性杯芳烃[6]可作为甘油醛-3-磷酸脱氢酶的模拟物，在酸性条件下可催化水合反应，使 1-苄基-1，4-二氢烟酰胺(BNAH)的水合速率提高 426～1220 倍。

总之，杯芳烃作为新一代的大环化合物，在分子识别方面取得了很多令人瞩目的成果。相信今后在传感器、分子器件、模拟酶催化、污染治理、新材料开发和生命科学等方面会取得更多突破性的成果。

5.4　超分子液晶

液晶是处于连续流体和有序固体之间的一种中间态物质。按照液晶的结构特征可分为小分子液晶、高分子液晶和超分子液晶。所谓超分子液晶 ,是以不同的小分子液晶和(或)高分子液晶通过超分子结合形成的一种聚集态，它可定义为两种或多种不同的分子之间利用超分子化学方法制备的复合液晶体系

5.4.1　电荷转移作用组装超分子液晶体系

利用含有富电子基团的化合物作为电子给体(如烷氧苯并芘类)，利用含有缺电子基团的化合物作为电子受体(如 TNF、TCNQ、TCNAQ 等)，通过两者间的电荷相互作用，不仅可以使原来不是液晶的两种给、受体通过复合后具有液晶性，也可以改变两者的液晶行为、扩展液晶的相变范围或使液晶相的有序性增高，如图 5-23(a)所示。在这一类电荷转移复合物中，电子受体嵌入盘状的电子给体化合物所形成的柱状结构中，两种物质相互作用的结果决定了

核间的相互作用并影响介晶范围。例如，一个含有盘状结构的聚酯只呈现 35℃的玻璃化转变，但当它与 TNF 复合后所得到的聚合物具有很宽的液晶态范围(g22℃，D_{ho} 83℃)，其结构如图 5-23(b)所示。从聚合物与 TNF 复合后的相变温度随 TNF 的量的变化曲线[图 5-23(c)]中可以看到聚合物复合后均可呈现较宽的液晶范围。

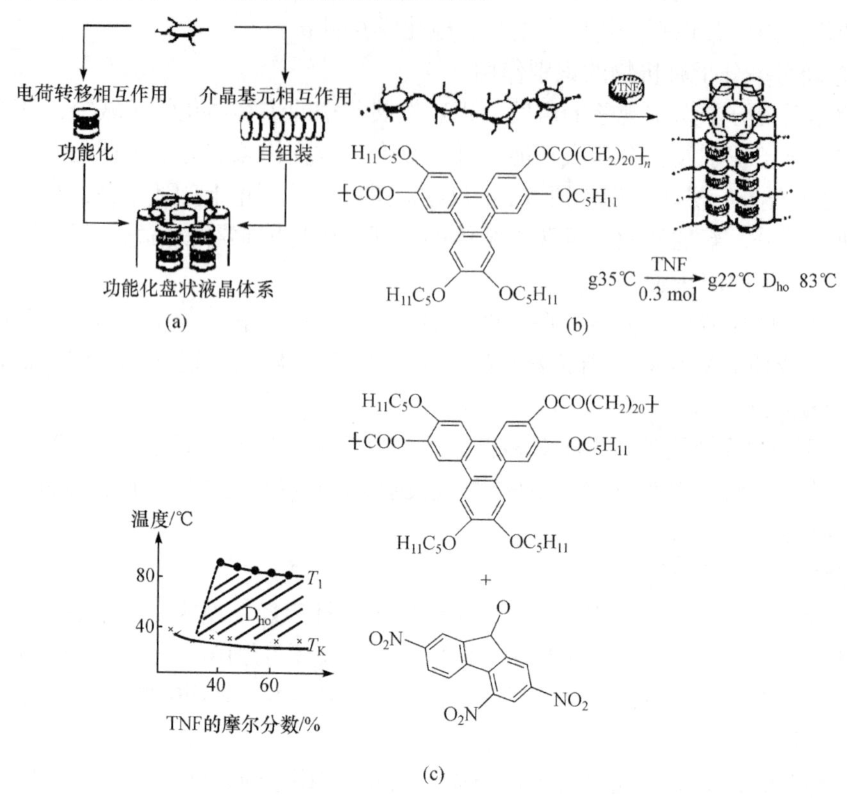

图 5-23　电荷转移作用组装超分子液晶体系

5.4.2　离子相互作用组装超分子液晶聚合物

离子相互作用也是一类经常用以组装超分子体系的比较强的非共价键合作用。Ujiie 等将非离子型侧链液晶高分子与 HBr 反应，形成离子型聚合物铵盐，如图 5-24(a)所示。这种新型的液晶高分子经研究发现具有扇形织构的近晶型特征，且其层状结构由离子层和非离子层两层所构成。其近晶相各向同性相的相转变温度(清亮点 T_i)比相应的非离子型分子的相转变温度高 58.8℃。这种聚合物铵盐的液晶行为的形成是由聚合物铵盐主链的聚集产生的，其聚集作用形成并稳固了近晶相层状结构，此类聚乙烯亚胺液晶高分子还有 Frere 等研究的聚合物铵盐，如图 5-24(b)和(c)所示。

近年，吴兵等利用对羟基联苯腈为原料(W)，合成了 *N*，*N*-二乙基-*N*-甲基-6-(4′-氰基联苯氧基)己基碘化铵(WQ)，WQ 不具液晶性，当其分别与聚丙烯酸钠和聚 2-丙烯酰胺基-2-甲基丙磺酸钠在乙醇-水体系中通过自组装合成复合物，如图 5-25 所示，并分别出现向列相和近晶相液晶性能。

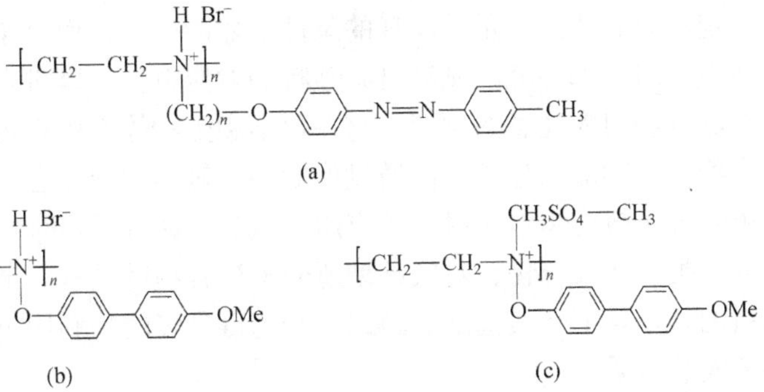

H Br^-
$-[CH_2-CH_2-N^+]_n-$
$(CH_2)_n-O-C_6H_4-N=N-C_6H_4-CH_3$

(a)

H Br^-
$[CH_2-CH_2-N^+]_n$
$O-C_6H_4-C_6H_4-OMe$

(b)

$CH_3SO_4-CH_3$
$-[CH_2-CH_2-N^+]_n-$
$O-C_6H_4-C_6H_4-OMe$

(c)

图 5-24　聚乙烯亚胺型液晶型晶体聚合物铵盐

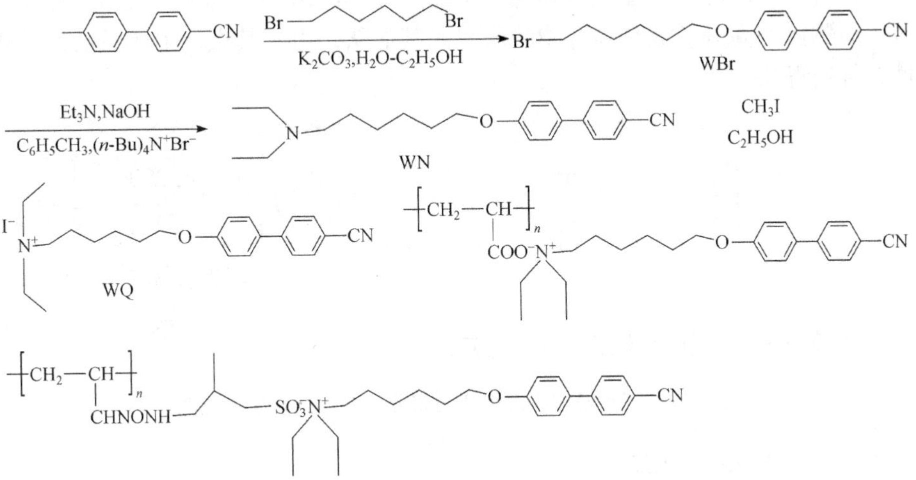

$-C_6H_4-C_6H_4-CN$
Br～～～～Br
$K_2CO_3,H_2O-C_2H_5OH$
$Br-(CH_2)_6-O-C_6H_4-C_6H_4-CN$
WBr

$Et_3N,NaOH$
$C_6H_5CH_3,(n\text{-}Bu)_4N^+Br^-$
$Et_2N-(CH_2)_6-O-C_6H_4-C_6H_4-CN$
WN

CH_3I
C_2H_5OH

I^-
$N^+-(CH_2)_6-O-C_6H_4-C_6H_4-CN$
WQ

$-[CH_2-CH]_n-$
$COO^-N^+-(CH_2)_6-O-C_6H_4-C_6H_4-CN$

$-[CH_2-CH]_n-$
CHNONH-
$SO_3^-N^+-(CH_2)_6-O-C_6H_4-C_6H_4-CN$

图 5-25　一种离子相互作用组装超分子液晶

5.4.3　共价键作用组装超分子液晶

由于氢键具有稳定性、方向性和饱和性，分子间氢键相互作用在材料科学和生命科学领域备受关注，在决定复合物性质和新型复合物的设计中至关重要。通过氢键从分子到超分子或超分子聚合物的自组装过程如图 5-26 所示。苯甲酸具有一个羧基(官能团)，两个苯甲酸通过氢键连接生成超分子，而超分子中非共价键的结构单元称为合成子。对苯二甲酸通过羧基间形成氢键可生成超分子聚合物。

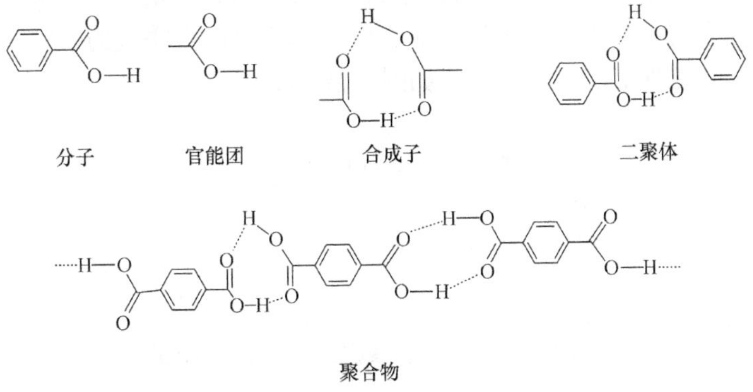

O
O—H
O
O—H
H
O
O
O
O—H
O
H
O
O
O—H
O

分子　官能团　合成子　二聚体

H
O
O
O—H
O
H—O
O
O
O—H
O—H
O
O—H
O
O—H

聚合物

图 5-26　分子、合成子、超分子和超分子聚合物

共价键很稳定，只有在提供足够能量的条件下才能裂开；而分子间氢键等弱相互作用具有动态可逆的特点，对外部环境的刺激具有独特的响应特性。氢键自组装超分子体系是超分子体系中相对较新颖和引人注意的领域，它在化学和生物体系中都占据非常重要的位置。氢键型超分子聚合物属于功能高分子，但通过形成多重氢键和液晶态，提高超分子聚合物的耐蠕变性，将扩展超分子聚合物作为材料的应用。氢键型超分子聚合物的结构也是与生物高分子结构最相近的一类合成聚合物，对氢键型超分子聚合物链结构、形态与性能的研究将为新型仿生合成材料的开发打下坚实基础。因此，研究得最多的是利用氢键相互作用实现组装合成，构筑超分子液晶体系。

此后利用氢键组装合成超分子液晶复合体系的研究非常活跃。大量氢键组装的超分子液晶聚合物大致可分为侧链型、主链型和网络型三大类(图 5-27)。其中主链型和侧链型两大类研究较多，而侧链型高分子液晶聚合物的研究尤其活跃，由于其设计上的灵活性及功能化的应用前景而备受青睐。

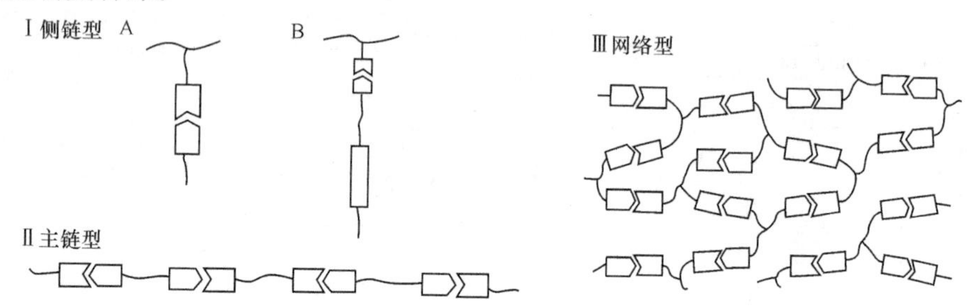

图 5-27　三类通过氢键组装的超分子液晶聚合物示意图

5.4.4　金属配位组装超分子液晶

液晶相的形成依赖于分子间相互作用。这种相互作用既不能太强，又不能太弱。这给液晶材料的分子设计带来一定困难。热致液晶通常是色散力和偶极-偶极相互作用，超分子液晶是通过分子间氢键作用。金属有机液晶除了上述相互作用外，还有中心金属与轴间分子间配位原子的相互作用，如过渡金属羧酸盐、二硫代羧酸盐、β-二酮金属铜配合物、金属酞菁等金属有机液晶均存在上述金属与分子间配体的相互作用。由于这些强相互作用，金属有机液晶有较高的熔点和清亮点(通常在 300℃以上)。这给相态的确定以及应用研究都带来困难。液晶金属配位聚合物是近年来液晶聚合物研究中的热点领域之一。液晶金属配位聚合物是一类金属离子(如铜、镍、铝、铂、锌、钴、钒等)以配位形式存在于聚合物大分子链中而成的热致液晶聚合物。液晶金属配位聚合物可以是非交联型的或金属交联型的，主链或侧链的紧密堆砌都可使其在一定的条件下产生液晶性，如图 5-28 所示。

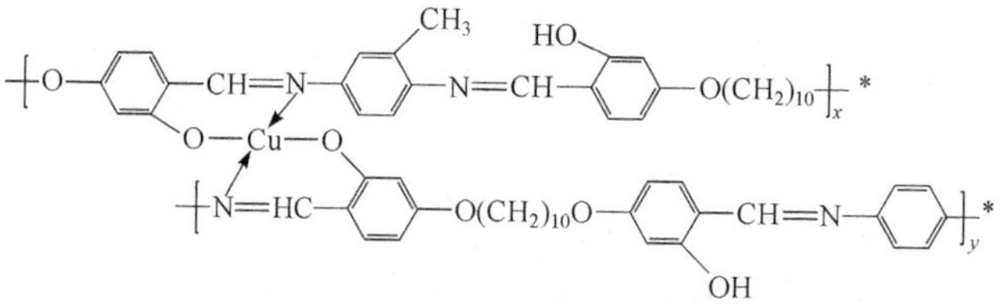

图 5-28　金属配位组装超分子液晶的结构式

费歇尔等报道了一种将烷基化的 PEI(聚乙烯亚胺)与过渡金属 Cu(Ⅱ)配位的物质，如图 5-29 所示。未被金属离子配位的支化 PEI 并不具有液晶性能，这是由于聚合物胺主链的高度柔性，而 Cu(Ⅱ)与 N 的配合则僵化了柔性链，使其呈现一种有序的结构，这种液晶高分子的分子结构可能有两种：一种是聚合物主链围绕铜原子中心的螺旋形堆积形成的圆筒形结构配合物，另一种是典型的层状介晶结构，如图 5-30(a)和(b)所示。通过过渡金属离子的配位而降低柔性高分子胺主链的活动性并提高聚合物的两亲性，因此又得到了介晶相的形成。

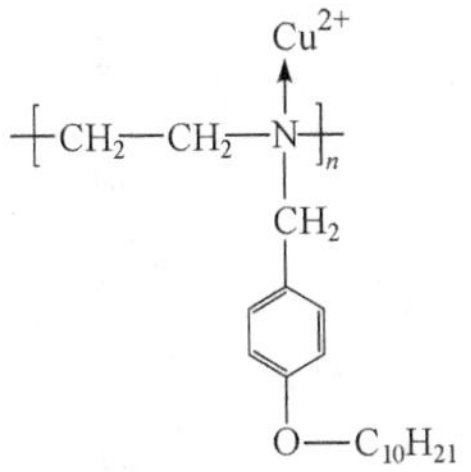

Cu^{2+}

$\text{-[}CH_2\text{—}CH_2\text{—}N\text{]}_n\text{-}$

CH_2

$O\text{—}C_{10}H_{21}$

图 5-29　PEI 型金属-离子配位液晶聚合物

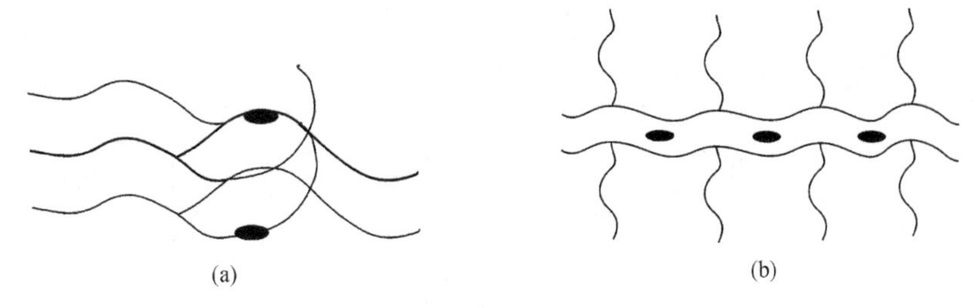

图 5-30　结构示意图

(a) 聚胺-Cu(Ⅱ)配合物螺旋形介晶结构；(b) 层状介晶结构

5.4.5 光化学组装合成超分子液晶

除了上述方法以外，另外还有其他方法合成超分子液晶，如光化学聚合法。由德谢尔提出的层间组装后来被其他科学家进行了进一步研究。基本的过程是将带电的物质交替地滴入含有阴、阳离子聚电解质的水溶液中。每次滴入后都应进行冲洗。因为聚电解质对每次滴入的吸附都能导致基质表面电荷的中和，所以轮转的吸附能导致多层组装。这一实验过程很简单，不需要复杂的仪器，不受基质的大小、形状和拓扑的限制。多层结构(双层厚度，界面间的渗透)和界面的功能性容易受到许多因素的影响，如离子强度，溶液的浓度，弱聚合物电解质的 pH。这种技术是建立在物理吸附过程上的，由于液体和固体界面的吸附平衡受到许多环境因素的影响，如溶剂的种类，溶液的离子强度，溶剂的 pH 和温度等，因此最终得到的多层组合体的稳定性也会受到这些因素的影响。如何提高稳定性是极具挑战性的问题，由于分子间共价作用力较强，一般通过图 5-31 所示实现这一目的。

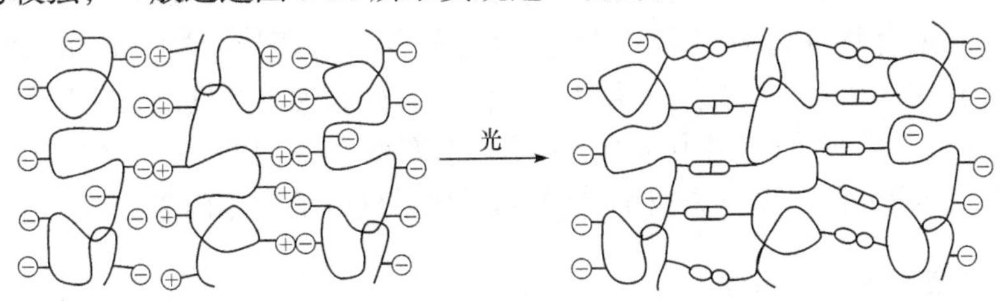

图 5-31　光化学反应将分子间的静电作用力变成共价作用力的示意图

具体来说主要有以下几种情况(图 5-32)。

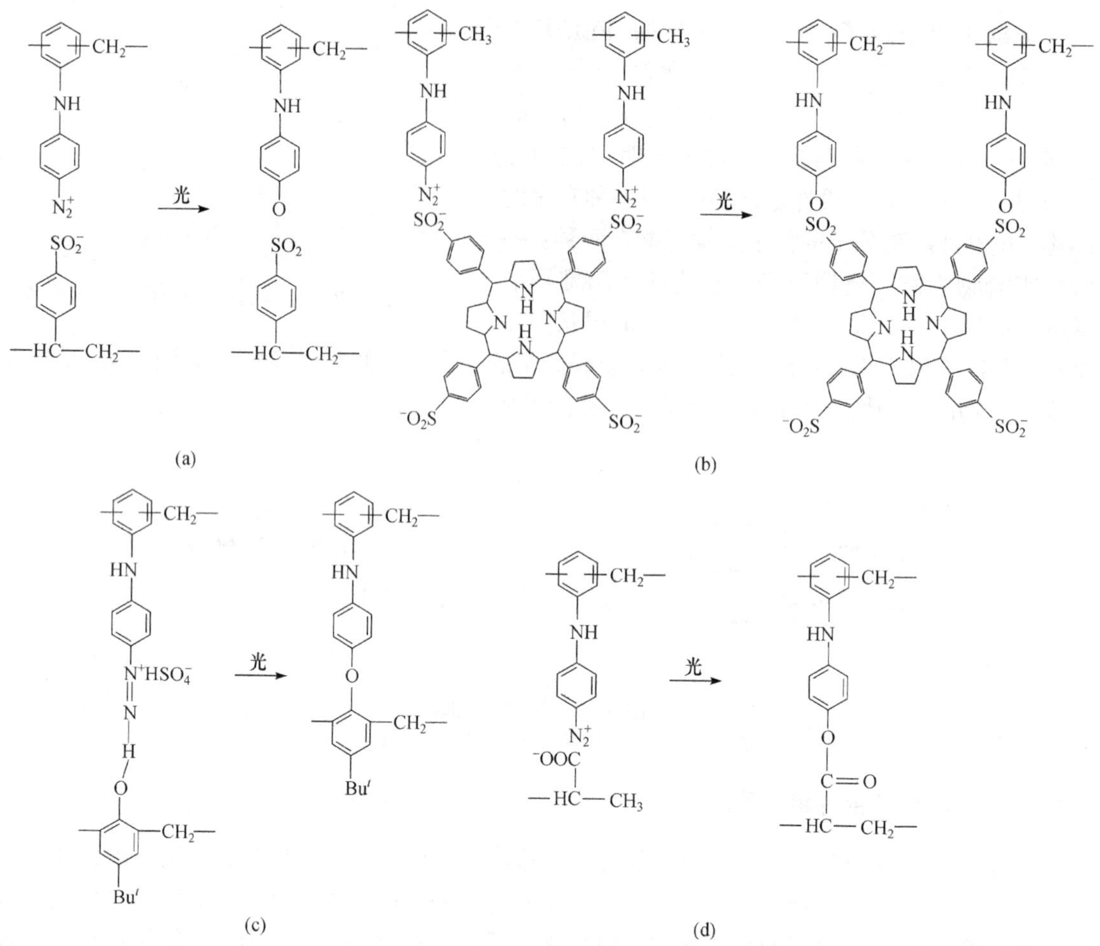

(a)　　(b)

(c)　　(d)

图 5-32　光化学反应将分子间的静电作用力变成共价作用力的几种情况

5.5　分子印迹聚合物应用

在自然界中，分子识别在生物活性方面发挥着重要作用，大多数生物分离技术都依赖于分子识别作用。分子印迹技术(molecular imprinting technique，MIT)是为了获得在空间结构和结合位点上与某一分子(通常称为模板分子)完全匹配的聚合物的实验制备技术，所得到的具有识别模板分子的聚合物称为分子印迹聚合物(也称分子烙印聚合物，molecularly imprinted polymers，MIP)。由于 MIP 具有抗恶劣环境的能力，能表现出高度的稳定性和长的使用寿命等优点，因此在许多领域(如色谱中对映体和异构体的分离、固相萃取、化学仿生传感器、模拟酶催化、临床药物分析、膜分离技术等领域)展现了良好的应用前景。

5.5.1　分子印迹技术的基本原理

分子印迹技术是将模板分子(印迹分子、目标分子)与交联剂在聚合物单体溶液中进行聚合得到固体介质，然后通过物理或化学方法洗脱除去介质中的模板分子，得到“印迹”有目标分子空间结构和结合位点的 MIPs。分子印迹的过程如图 5-33 所示。在功能单体和模板分子之间制备出共价的配合物或形成非共价的加成产物；对这种单体-模板配合物进行聚合；将模板分子从聚合物中除去。在第一步中，功能单体和模板分子之间可通过共价联结或通过处于相近位置的非共价联结而相互结合。第二步，配合物被冻结在高分子的三维网格内，而由功能单体所衍生的功能残基则按与模板互补方式而拓扑地布置于其中的第三阶段，将模板分子从聚合物中除去，于是在高聚物内，原来由模板分子所占有的空间形成了一个遗留的空腔。在合适的条件下，这一空腔可以满意地"记住"模板的结构、尺寸以及其他的物化性质，并能有效而有选择性地键合模板(或类似物)分子。

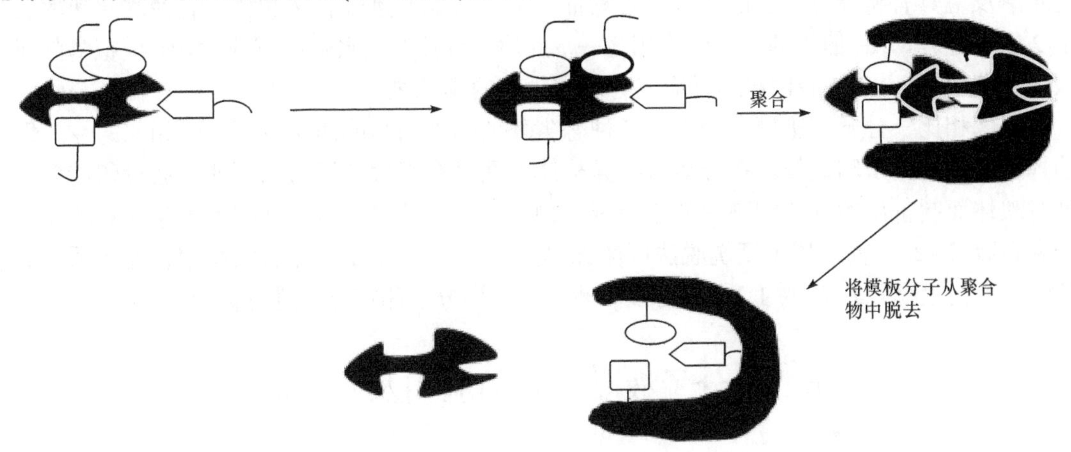

图 5-33　分子印迹过程示意图

根据模板分子同聚合物单体的官能团之间作用形式不同，分子印迹技术主要分为共价键法和非共价键法两类。

(1) 共价键法(预组织法)：由伍尔夫等创立，即模板分子与功能单体之间通过共价键结合，在交联剂存在下聚合成聚合物，而模板分子通过化学作用力断开共价键被除去，形成对模板分子具有分子识别性的分子印迹聚合物。

(2) 非共价键法(自组织法)：由 Norrlow 等创立，通过模板分子与功能单体、交联剂和引发剂相混合，利用非共价键作用力结合，形成与模板分子在形状和各功能基团互补的识别位点聚合物，并在聚合物形成后用溶剂将模板分子从聚合物中洗脱除去，所得的分子印迹聚合物对模板分子的空间结构具有"记忆"功能。

由于在非共价法中，模板分子与功能单体之间是通过氢键、偶极、离子、电荷转移及疏水作用相结合，非共价键作用力具有多样性，用简单的萃取方法便可除去模板分子，因此该技术适用范围较广。

5.5.2　分子印迹技术的特点

(1) 预定性，即它可以根据不同的目的制备出不同的 MIPs，以满足不同的需要。

(2) 识别专一性，即 MIPs 是根据模板分子定做的，可专一地识别印迹分子。

(3) 实用性，即它可以与天然的生物分子识别系统如酶与底物、抗体与抗原相比拟。但它是由化学合成的方法制备的，因此又有天然分子识别系统所不具备的抗恶劣环境的能力，从而表现出高度的稳定性和很长的使用寿命。

5.5.3 分子印迹技术的应用

分子印迹聚合物内的孔穴类似于酶活性中心，具有模拟酶催化作用。分子印迹在抗体仿生方面取得突破性进展后，人们开始考虑利用分子印迹技术的特点，将各种催化官能基团引入高分子内部，人工合成具有催化作用的聚合物高分子。1987 年，Mosbach 研究小组以底物类似物 SA-1 为模板，印迹于有 Co^{2+}配位的功能活性聚合物聚乙烯基咪唑中，制备出对底物的水解反应具有特殊键合位的印迹聚合物催化剂。与无印迹聚合物相比，它使水解速率提高了 2 倍，这是 MIPs 催化剂最早的应用之一。此后，对各类促水解反应的 MIPs 模拟酶的研究报道陆续出现，MIPs 催化水解反应成为研究最多的领域之一。

与酶相比，分子印迹聚合物不受各种恶劣环境因素的影响而又具有与酶相似的专一性和选择性，因此分子印迹技术在分离对映异构体方面具有很大的潜力。例如，通过印迹单一一种对映体而制备出的分子印迹聚苯乙烯聚合物，成功地分离了苯基甘露吡喃糖苷对映体，其分离系数 R_s=2.1，而利用梯度洗脱法可使 R_s 提高到 4.3。又如，利用自组织聚合物体系分离了苯丙氨酸衍生物，其 R_s 为 1.2。目前很多药物已应用分子印迹方法进行拆分。

5.6 超分子液晶材料的应用及发展前景

超分子液晶不仅具有液晶相特有的分子取向有序性，而且与其他小分子液晶化合物相比，它又具有相对分子质量高的特点，因此超分子液晶具有新的特性。虽然超分子液晶通常不适合用作显示材料，但它们在材料性能方面具有优势，即具有高强度、高模量、耐高温、低热膨胀系数、低成型收缩率、低密度，介电性、阻燃性和耐化学腐蚀性良好等优异性能，因而广泛用于电子电器、航天航空、国防工业、光通信等领域。在航天航空领域，超分子液晶已用作人造卫星的电子部件，喷气客机的零部件和内封条等。在纤维光学领域，超分子液晶用作石英光纤的二次包裹和光纤耦合器件等。特别是功能性液晶高分子膜易制备成面积较大、具有一定强度和渗透性的膜，而且对电场及溶液的 pH 有响应，因而受到研究人员的广泛重视。自组装合成超分子液晶聚合物的研究是一个生机勃勃的前沿研究领域，这方面的研究工作不仅具有重要的理论价值同时还具有巨大的潜在应用前景，是设计分子器件或新颖功能材料的一条新途径。Kato 曾预言，分子间次价相互作用在未来材料的设计中以及等级序结构在加工制备高级动态功能材料方面将发挥重要作用，这是一个充满机遇同时也极具挑战性的研究领域。

第6章 化学物质与蛋白质的相互作用

蛋白质化学通常包括蛋白质化学的结构性质、制备、分离纯化技术、分析鉴定技术，以及结构与功能关系等几个方面。随着基因组计划的完成，研究重心已转向蛋白质组的研究——在对应基因组的整体蛋白质水平上，系统研究调控细胞生命活动的蛋白质。化学蛋白质组学是化学生物学在后基因组时代的最新发展。利用化学小分子为工具和手段，以基于靶蛋白质功能的新战略探测体内蛋白质组，是新一代的功能蛋白质组学。本章侧重介绍蛋白质化学生物学研究的主要领域，包括化学修饰、探针、药物相互作用等，不深入涉及化学蛋白质组学的最新进展与应用。

6.1 化学物质对蛋白质的沉淀作用

在蛋白质体外的应用中，一般涉及分离纯化、储存、含量检测等过程，其中常发生化学物质与蛋白质非专一性的相互作用，如沉淀作用、变性作用、稳定作用以及化学修饰作用等。

蛋白质溶液是亲水溶胶，存在着两个稳定因素：电荷和水化膜。蛋白质胶粒上的同性电荷互相排斥，不易凝聚成团下沉；蛋白质表面的许多亲水基团的水合作用形成一层水化膜，在胶粒之间起了隔离作用。因此，蛋白质在水溶液中，虽然相对分子质量很大，但仍能维持稳定的溶解状态。蛋白质溶液具有胶体溶液的典型性质。

根据蛋白质的亲水胶体性质，当其环境发生改变时，蛋白质会发生沉淀作用。蛋白质胶体溶液的稳定性与它的相对分子质量大小、所带的电荷和水化作用有关。改变溶液的条件，将影响蛋白质的溶解性质。在适当的条件下，蛋白质能够从溶液中沉淀出来。

在某些物理或化学因素作用下，使蛋白质的空间构象破坏(但不包括肽链的断裂等一级结构的变化)，导致蛋白质若干理化性质(如溶解度、黏度、吸收光谱、电泳行为等)和生物学性质(如催化活性、免疫学特性等)的改变，这种现象称为蛋白质的变性。

蛋白质变性具有可逆性，由于变性并未破坏一级结构，因此在蛋白质变性开始不久，构象变化较小时，去除变性剂后，又可恢复其天然活性。

蛋白质分子凝聚从溶液中析出的现象称为蛋白质沉淀(precipitation)，变性蛋白质一般易于沉淀，但也可不变性而使蛋白质沉淀，在一定条件下，变性的蛋白质也可不发生沉淀。总的来说，蛋白质变性后不一定沉淀，蛋白质沉淀后不一定变性。

6.1.1 沉淀作用的分类

1. 可逆沉淀

在温和条件下，改变溶液的pH或电荷状况，使蛋白质从胶体溶液中沉淀分离。蛋白质在沉淀过程中结构和性质都没有发生变化，在适当的条件下，可以重新溶解形成溶液，又称为非变性沉淀。

2. 不可逆沉淀

在强烈沉淀条件下，不仅破坏了蛋白质胶体溶液的稳定性，而且也破坏了蛋白质的结构和性质，产生的蛋白质沉淀不可能再重新溶解于水，由于沉淀过程发生了蛋白质的结构和性质的变化，因此又称为变性沉淀。

3. 抗体-抗原沉淀

抗体-抗原沉淀是抗体和抗原蛋白通过相互识别和结合而发生的沉淀现象。这种特殊的沉淀作用是生物体免疫功能的基础。

免疫共沉淀法是一种用抗体将相应特定分子沉淀的同时，与该分子特异性结合的其他分子也会被带着一起沉淀出来的技术。这种技术常用于验证蛋白质之间相互特异性结合，目前广泛应用于检测生理条件下蛋白质相互作用。它是以抗体和抗原之间的专一性结合作用为基础，用于检测和确定生理条件下蛋白质之间相互作用的经典方法。

采用单因子法对影响免疫共沉淀结果的各因素进行优化。以 hCLP46 (humanCAP10-like protein46)蛋白和内质网分子伴侣(calnexin)为例，对相互作用开展研究。通过对细胞裂解液各组分浓度、抗体用量、hCLP46 的蛋白量和交联剂 DSP 因素的优化，验证了 hCLP46 蛋白和内质网分子伴侣间的弱相互作用。研究结果对探讨蛋白质之间弱相互作用具有一定的参考价值。

6.1.2 蛋白质的沉淀方法及常用沉淀剂

蛋白质所形成的亲水胶体颗粒具有两种稳定因素，即颗粒表面的水化层和电荷。若无外加条件，蛋白质不致互相凝集。然而除去这两个稳定因素，蛋白质便容易凝集析出。例如，将蛋白质溶液 pH 调节到等电点，蛋白质分子呈等电状态。虽然分子间同性电荷相互排斥作用消失了，但是还有水化膜起保护作用，一般不至于发生凝聚作用。如果这时再加入某种脱水剂，除去蛋白质分子的水化膜，则蛋白质分子就会互相凝聚而析出沉淀。反之，若先使蛋白质脱水，再调节 pH 到等电点，同样也可使蛋白质沉淀析出。其沉淀方法有多种，根据所加入的沉淀剂化学性质的不同，沉淀法可以分为无机物沉淀、等电点沉淀、有机物沉淀、聚合物沉淀。

1. 无机物沉淀

1) 盐析

盐析现象是指一般蛋白质在高浓度盐溶液中溶解度下降，因此如果向溶液中加入中性盐至一定浓度时，蛋白质就会从溶液中析出，它是一可逆过程。用盐析方法沉淀蛋白质时，较少引起蛋白质变性，经透析或用水稀释又可溶解。

当向蛋白质溶液中逐渐加入无机盐时，刚开始蛋白质的溶解增大，这是由于蛋白质的活度系数降低，这种现象称为**盐溶**。但当继续加入电解质时，另一种因素起作用，使蛋白质的溶解度减小，称为**盐析**。盐析与两种因素有关：①蛋白质分子被浓盐脱水；②分子所带电荷被中和。这是由于电解质的离子在水中发生水化，当电解质的浓度增加时，水分子就离开蛋白质的周围，暴露出疏水区域，疏水区域间的相互作用，使蛋白质聚集而沉淀，疏水区域越多，就越易产生沉淀。

含高价阴离子的盐，效果比一价的盐好。阴离子的盐析效果有下列次序：

$$柠檬酸盐>PO_4^{3-}>SO_4^{2-}>CH_3COO^{-}>Cl^{-}>NO_3^{-}>SCN^{-}$$

但高价阳离子的效果不如低价阳离子，如硫酸镁的效果不如硫酸铵。对于一价阳离子则有下列次序：$NH_4^+>K^+>Na^+$。

2) 金属离子沉淀法

一些高价金属离子对沉淀蛋白质很有效。它们可以分为三类：

第一类为 Mn^{2+}、Fe^{2+}、Co^{2+}、Ni^{2+}、Cu^{2+}、Zn^{2+}和 Cd^{2+}，能与蛋白质分子表面的羧基、氨基、咪唑基、胍基等侧链结合。

第二类为 Ca^{2+}、Ba^{2+}、Mg^{2+}和 Pb^{2+}，能与蛋白质分子表面的羧基结合，但不与含氮化合物结合。

第三类为 Ag^+、Hg^{2+}和 Pb^{2+}，能与蛋白质分子表面的巯基结合。

2. 等电点沉淀

蛋白质与多肽一样，能够发生两性解离，也有等电点。在等电点时，蛋白质的溶解度最小，在电场中不移动。等电点沉淀法的一个主要优点是很多蛋白质的等电点都在偏酸性范围内，而无机酸通常较廉价，并且某些酸(如磷酸、盐酸和硫酸)的应用能为蛋白质类食品所允许。同时，常可直接进行其他纯化操作，无需将残余的酸除去。等电点沉淀法的最主要缺点是酸化时，易使蛋白质失活，这是由于蛋白质对低 pH 比较敏感。图 6-1 为 pH 对β-乳球蛋白溶解度的影响。

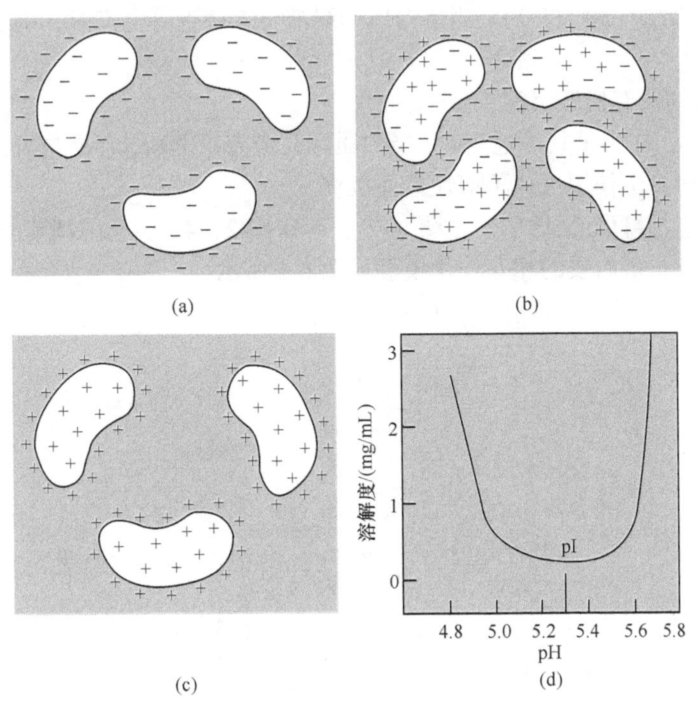

图 6-1　pH 对β-乳球蛋白溶解度的影响

(a) 高 pH：蛋白质溶解(去质子化)；(b) 等电点：蛋白质聚集；(c) 低 pH：蛋白质溶解(质子化)；(d) 不同 pH 下β-乳球蛋白的溶解度

为寻找鱼糜废水中鱼浆蛋白的优化回收方法，实现鱼糜废水净化及蛋白回收再利用的双重目的，有人对鱼糜废水中蛋白质的等电沉淀规律进行了研究。在初步了解鱼糜废水中蛋白成分性质的前提下，考察了不同 pH、酸种类、离子强度下的蛋白质沉淀规律，并尝试采用分级等电沉淀方法提高蛋白总回收率。结果表明，鱼浆蛋白成分的等电点主要密集分布在 4.3 和 5.9 两个位置；多元酸的沉淀效果较优，离子强度提高也有促进蛋白沉淀的作用；分级等电沉淀可将蛋白总回收率从传统方法的 60%左右提高至 74.36%。该研究所做的基础研究及提出的分级等电沉淀技术思路为蛋白沉淀回收技术基础理论的丰富和思路的开拓提供了有益的补充。

3. 有机物沉淀

1) 有机溶剂

当有机溶剂浓度增大时，水对蛋白质分子表面上荷电基团或亲水基团的水化程度降低，或者说溶剂的介电常数降低，因而静电吸力增大。

在疏水区域附近有序排列的水分子可以被有机溶剂所取代，使这些区域的溶解性增大。但除了疏水性特别强的蛋白质外，对多数蛋白质来说，后者影响较小，所以总的效果是导致蛋白质分子聚集而沉淀。

有机溶剂沉淀法的优点是溶剂容易蒸发除去，不会残留在成品中，因此适用于制备食品蛋白质。而且有机溶剂密度小，与沉淀物密度相差大，便于离心分离。有机溶剂沉淀法的缺点是容易使蛋白质变性失活，且有机溶剂易燃、易爆、安全要求较高。

一般所选择的溶剂必须能与水互溶，而不与蛋白质发生化学反应，最常用的溶剂是乙醇和丙酮，加量为 20%～50%(*V*/*V*)。当蛋白质的溶液 pH 接近等电点时，引起沉淀所需加入有机溶剂的量较少。

2) 酚类化合物及有机酸沉淀

当蛋白质溶液 pH 小于其等电点时，蛋白质颗粒带有正电荷，容易与酚类化合物或有机酸酸根所带的负电荷发生作用生成不溶性盐而沉淀。

这类化合物包括鞣酸(又称单宁，图 6-2)、苦味酸(2，4，6-三硝基苯酚)、三氯乙酸、磺酰水杨酸等。单宁与蛋白质的相互作用模型如图 6-3 所示。

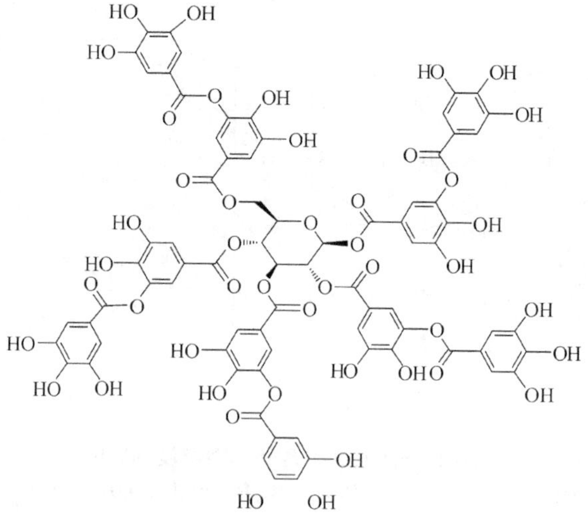

图 6-2 单宁的结构

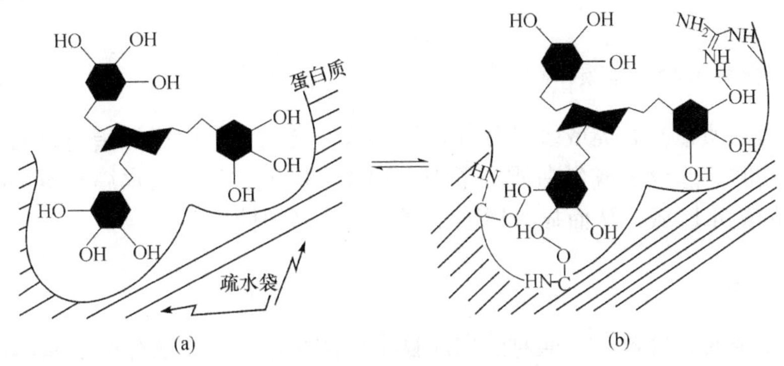

图 6-3　单宁与蛋白质的相互作用模型

4. 聚合物沉淀

1) 非离子型聚合物沉淀法

许多非离子型聚合物，包括聚乙二醇(PEG)可用来进行选择性沉淀以纯化蛋白质。聚合物的作用认为与有机溶剂相似，能降低水化度，使蛋白质沉淀。PEG 是一种特别有用的沉淀剂，因为无毒、不可燃且对大多数蛋白质有保护作用而被广泛使用。一般 PEG 的相对分子质量需大于 4000，最常用的是 6000 和 20 000。所用的 PEG 浓度通常为 20%。

2) 聚电解质沉淀法

有一些离子型多糖化合物可用于沉淀食品蛋白质，如羧甲基纤维素、海藻酸盐、果胶酸盐和卡拉胶等。它们的作用主要是静电引力，如羧甲基纤维素能在 pH 低于等电点时使蛋白质沉淀。

一些阴离子聚合物，如聚丙烯酸和聚甲基丙烯酸，以及一些阳离子聚合物，如聚乙烯亚胺和以聚苯乙烯为骨架的季铵盐也曾用来沉淀乳清蛋白质。

6.2　化学物质对蛋白质的稳定作用

蛋白质的稳定性是指蛋白质抵抗各种因素的影响，保持其生物活性的能力。许多蛋白质在一般缓冲溶液中的稳定性相当低，某些酶蛋白溶液在 37℃放置的半衰期仅几个小时。这种稳定性降低的原因通常是某些物理或化学因素破坏了维持蛋白质结构的天然状态，引起蛋白质理化性质的改变并导致其生理活性丧失，这种现象称为蛋白质的变性。

比较蛋白质稳定性的方法有：①熔化温度 T_m，即蛋白质受热伸展过渡中点时的温度；②变性剂浓度，即蛋白质加变性剂伸展过程中蛋白质伸展一半时所需的变性剂浓度；③蛋白质自由能；④最大稳定性温度 T_s；⑤在特定温度下蛋白质功能活性维持时间。其中，①和②是预测酶稳定性最有用的参数。

6.2.1　维持蛋白质结构稳定性的主要因素

1. 金属离子、底物、辅因子和其他低相对分子质量配体综合作用

金属离子由于结合到多肽链的不稳定部分(特别是弯曲多肽)，因而可以显著增加蛋白质的稳定性。当酶与底物、辅因子和其他低相对分子质量配体相互作用时，也会看到蛋白质稳定性增加。

其他低相对分子质量配体相互作用时，也会看到蛋白质稳定性的增加。

2. 蛋白质-蛋白质和蛋白质-脂的作用

在体内，蛋白质常与脂类或多糖相互作用形成复合物，从而增加蛋白质的稳定性。当蛋白质形成复合物时，脂分子或蛋白质分子固定到疏水簇上，防止疏水簇与溶剂的接触，屏蔽了蛋白质表面的疏水区域，从而显著增加了蛋白质的稳定性。

3. 盐桥和氢键

蛋白质中盐桥的数目较少，但对蛋白质稳定性的贡献显著。嗜热酶亚基间区域有盐桥协作系统,这是嗜温酶没有的,因此嗜热酶的催化活力的变性温度和最适温度都比嗜温酶高 20℃。

用定点突变法定性定量地测定了引入氢键对蛋白质稳定性的贡献，发现加入氢键对蛋白质的稳定性无关。

4. 二硫键

二硫键即 S—S 键，是两个巯基被氧化而形成的 S—S 形式的硫原子间的共价键，分为链内二硫键和链间二硫键。二硫键的形成引起蛋白质的交联，伸展蛋白质的熵急剧降低，从而增加蛋白质的稳定性。类似地，利用双功能试剂实现分子内交联，也能够使蛋白质构象稳定。例如，日常生活中的烫发和发型保持，主要原理就是操纵毛发角蛋白二硫键的还原和氧化，即二硫键的断开与重新键合。

5. 对氧化修饰敏感的氨基含量降低

蛋白质中一些结构比较重要的氨基酸残基(如活性部位的氨基酸)的氧化作用是蛋白质失活的重要原因，因此可以减少这类对氧化修饰敏感的氨基酸含量，从而提高其稳定性。

6. 氨基酸残基的坚实装配

蛋白质结构中存在空隙。按照 Chothia 的说法，蛋白球体积的 25%仍未充满，即不是被氨基酸占据。但溶质分子可以包埋在这些空隙中。这些空隙通常为水分子充满。相对分子质量为 20 000～30 000 的蛋白质中有 5～15 个水分子。由布朗运动调节的极性水分子与球体疏水核的接触会导致蛋白质不稳定。随着水分子从空隙中除去，蛋白质结构变得更坚实，蛋白质的稳定性也增加。因此，蛋白质的坚实化可作为一种人工稳定蛋白质的方法。

7. 疏水相互作用

带有非极性侧链的氨基酸约占蛋白质分子总体积的一半。它们与水的接触，从热力学角度来说是不利的，因为非极性部分加入水中，会使水的结构更加有序地排列。水分子的这种结构重排显然能引起系统的熵降和蛋白质折叠状态的改变；蛋白质的非极性部分倾向于使其不与水接触，并尽可能隐藏在蛋白质球体内部，从而使蛋白质稳定性增加。

不利于疏水相互作用的主要因素有：①蛋白质球体中氨基酸相当紧密地堆积；②影响氨基酸几何形状和能量的微环境；③蛋白质多肽链折叠时需要疏水簇仍保持在蛋白质表面，因为在体内，疏水簇负责蛋白质与其他分子的疏水相互作用。

6.2.2　蛋白质不可逆失活的化学因素

蛋白质特别是酶在使用和储存过程中也会失活，后者通常是微生物和外源蛋白水解酶做义工的结果，蛋白水解酶可催化肽键水解。蛋白质底物也是一种蛋白质水解酶时，会发生自我降解现象，称为自溶。蛋白质的聚合作用也会使蛋白质失活，可能是可逆的。这里主要阐述蛋白质不可逆失活的化学因素。

1. 强酸和强碱

极端 pH 下引起蛋白质变性，这会远离蛋白质的等电点，那么蛋白质分子内相同电荷间的静电斥力会导致蛋白质伸展，从而使埋藏在蛋白质内部非电离残基发生电离，导致失活。这种失活原则上是可逆的，但这些变化常能导致不可逆的聚合或酶的自溶，引起不可逆失活。

强的无机酸碱及有机酸碱都可以改变蛋白质溶液的 pH，引起蛋白质表面必需基团的电离，使蛋白质的空间结构发生较大的变化，造成蛋白质聚集，导致不可逆失活。

另外，在强酸、强碱条件下肽键也容易被水解断裂，使蛋白质构象重新排布，结果导致蛋白质的不可逆失活。

2. 氧化剂

各种氧化剂(分子氧、H_2O_2 及过氧化物、氧自由基、羟基自由基、超氧离子等)能够氧化芳香族侧链的氨基酸以及甲硫氨酸、半胱氨酸和酪氨酸残基，从而使蛋白质变性。其中酪氨酸侧链的酚羟基可以被氧化成醌，后者可以与蛋白质表面的巯基、氨基发生迈克尔加成反应生成交联产物。在碱性条件下，半胱氨酸可以被 Cu^{2+}氧化成次磺酸、磺酸或磺酸半胱氨酸。

3. 表面活性剂和去污剂

表面活性剂在很低浓度下能使蛋白质发生强烈的相互作用，导致蛋白质不可逆变性，其中阴离子去污剂的作用比阳离子和非离子去污剂强烈。

当少量的阴离子去污剂(如十二烷基硫酸钠，SDS)单体加入蛋白质溶液中时，去污剂与蛋白质表面的疏水区域结合，随着加入量增加，去污剂则以协同方式结合于蛋白质其他位点，导致蛋白质伸展，分子内部的疏水性氨基酸残基暴露，并进一步与去污剂结合，直到饱和为止，从而使蛋白质发生不可逆变性(图 6-4)。

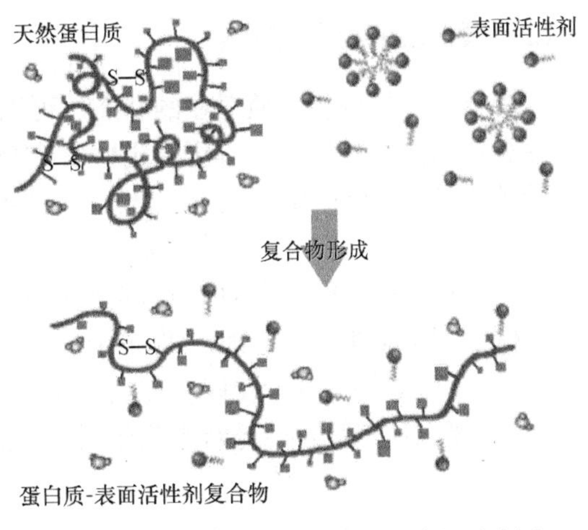

图 6-4　表面活性剂下的蛋白质变性示意图

4. 变性剂

1) 脲和盐酸胍

高浓度脲(8～10 mol/L)和盐酸胍(6 mol/L)通常用于蛋白质变性和复性的研究。脲和盐酸胍与蛋白质的多肽链作用，破坏了蛋白质分子内维持其二级结构和高级结构的氢键，引起蛋白质不可逆失活。

2) 有机溶剂

水互溶有机溶剂可以使酶蛋白质失去活性，是因为有机溶剂取代了蛋白质表面的结合水，并通过疏水作用与蛋白质结合，改变了溶液的介电常数，从而影响维持蛋白质天然构象的非共价力的平衡。

3) 螯合剂

结合金属离子的试剂(如 EDTA 等)可以使金属酶、金属蛋白失活，这是因为 EDTA 与金属离子形成了配位复合物，从而使酶失去金属辅助因子。

失去金属辅助因子的酶或蛋白质可以引起蛋白质构象发生较大的改变，导致蛋白质活力不可逆地丧失。

但是螯合剂可以螯合对蛋白质有害的金属离子，使那些不需要金属离子的蛋白质稳定。

5. 重金属离子和巯基试剂

在金属离子对蛋白质的沉淀作用中，一些重金属离子(如 Hg^{2+}、Cd^{2+}、Pd^{2+})能与蛋白质分子中的半胱氨酸残基、组氨酸的咪唑基以及色氨酸的吲哚基反应，使蛋白质不可逆沉淀而失活。

巯基试剂(如巯基乙醇等)通过还原蛋白质分子内的硫键而使蛋白质失去活性，但这个过程一般是可逆的。而低相对分子质量的含二硫键的试剂可与蛋白质分子中的巯基作用，形成混合二硫键，造成蛋白质结构发生变化。

6. 其他因素

热失活是工业上最常遇到的酶失活的原因，一般分两步过程：①伸展；②不可逆失活。

振动、剪切、超声波、压力也都可能引起蛋白质的变性。这种变性理论上是可逆的，但也可能伴随着其他反应而不可逆地失活。

冷冻和脱水时，溶质被浓缩，引起酶微环境中 pH 和离子强度的剧烈改变，减弱疏水相互作用，并可能引起二硫交换和巯基的氧化。

辐射可产生自由基($HO\cdot$、H_2O_2、$O_2^-\cdot$等)，可直接或间接地作用于蛋白质分子，引起失活。

6.2.3 蛋白质的稳定化策略

根据生物体内蛋白质存在的状态，可以利用化学物质或化学方法使蛋白质稳定化，以利于蛋白质的体外应用。通过研究蛋白质的变性及稳定性，可以了解蛋白质的结构功能与稳定性的关系等。在蛋白质(酶)分离、纯化、储藏和应用中，一般蛋白质的稳定性方法主要有以下四种。

(1) 固定化：将酶或蛋白质多点连接于载体(无机载体、多分子载体)上。

(2) 添加剂(非共价修饰)：保护蛋白质(酶)不受氧化剂氧化、不受变性剂变性等。

(3) 化学修饰：共价交联，使蛋白质构象固化。

(4) 蛋白质工程：降低对氧化作用敏感的氨基酸。

1. 固定化

固定化可通过以下两方面效应影响酶的稳定性(图 6-5)。

(1) 空间障碍：空间障碍可以防止蛋白水解酶的作用，阻挡酶与化学失活剂的接触，同时阻碍氧向酶的扩散，保护对氧不稳定的酶。

(2) 扩散机制：使酶发生交联或包埋在载体紧密的孔中，可以使酶的构象更加坚牢，从而阻止酶构象从折叠态向伸展态过渡。

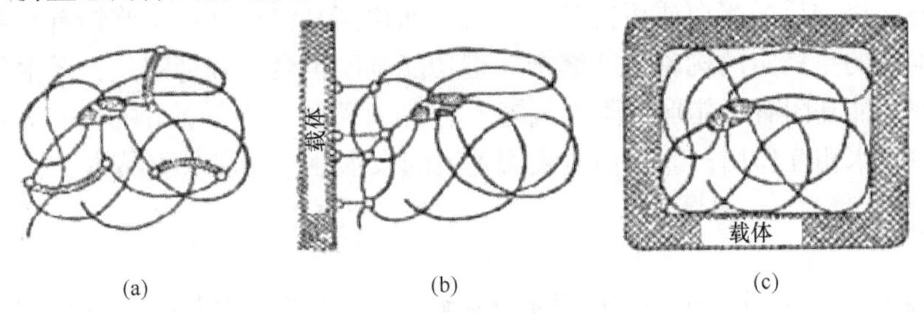

图 6-5　固定化酶示意图

(a) 用多功能试剂交联；(b) 共价或非共价连于载体上；(c) 包埋到载体的紧密孔中

酶固定到载体上后可产生空间障碍，结果其他大分子难以与酶作用。因此，固定到载体上的酶往往能抵抗蛋白水解酶的降解作用，这也是防止蛋白水解酶自溶的原因。

底物、配体和氢离子浓度在载体附近和整体溶液之间的分布不均一，造成载体周围的局部浓度与整体浓度不同，也就是酶的微环境发生了变化。

当酶包埋在多孔颗粒内，底物必须先扩散到颗粒表面(外部质量传递)，然后进入颗粒内部(内部质量传递)，酶才能与其作用，这些扩散限制可明显使固定化酶“稳定化”。

将酶多点共价连接到载体表面，或用双功能试剂交联酶，或将酶包埋在载体紧密的孔中，可以使酶的构象更加坚牢，从而阻止酶构象从折叠态向伸展态过渡。

2. 非共价键修饰

(1) 反胶束是由两性化合物在占优势的有机相中形成的。它不仅可以保护酶，还能提高酶活力，改变酶的专一性。

(2) 添加剂。添加剂不仅可以提高酶的热稳定性，还可提高酶的抗蛋白水解、抗化学试剂、抗 pH 变化、抗变性剂、抗稀释作用的能力。例如，甘油、糖和聚乙二醇是多羟基化合物，能形成很多氢键，并有助于形成“溶剂层”，增加表面张力和溶液黏度，这类添加剂通过对蛋白质的有效脱水，降低蛋白质水解作用而起稳定酶的作用。常见的稳定剂类型列于表 6-1。

表 6-1　常见的稳定剂类型

共溶剂	抗氧化剂	底物、辅酶	金属离子	化学交联剂
糖类、醇、氨基酸及其衍生物、无机盐、甘油、聚乙二醇等 常用 1～4 mol/L 浓度共溶剂稳定蛋白质和细胞器	半胱氨酸、2-巯基乙醇还原谷胱甘肽、二巯基赤藓醇等巯基试剂可防止巯基氧化植物抗氧化剂(如儿茶酚)，黄酮等也有保护作用	酶可被底物辅酶、竞争性抑制剂及反应产物等所稳定	金属离子不仅可以影响酶的活性，还可以影响酶的稳定性，如 Ca^{2+} 多位点结合使得蛋白质分子成为紧密的活性形式	交联剂可在相隔较近的两个氨基酸残基之间，或蛋白质与其他分子(如固定化载体)之间发生交联反应，使蛋白质的构象稳定

(3) 蛋白质间非共价相连。蛋白质间相互作用时，由于从蛋白质表面相互作用区域排除水，因而降低了自由能，增加了蛋白质的稳定。酶形成的多聚体或聚合体的活力和稳定性也常比其单体高。

3. 化学修饰

化学修饰即修饰作用可起到稳定酶的作用，得到可溶性稳定化酶。例如，利用可溶性大分子，如聚乙二醇(PEG)、右旋糖苷、肝素等多糖以及白蛋白、多聚氨基酸修饰酶；也可通过小分子修饰酶。修饰后的蛋白质可能从下面几方面提高其稳定性：①修饰有时会获得不同于天然蛋白质构象的更稳定的构象；②修饰关键功能基团也会达到稳定化；③由化学修饰引入蛋白质的新的功能基团有可能形成附加氢键或盐键(又可称为离子键)；④用非极性试剂修饰可加强蛋白质中疏水相互作用；⑤蛋白质表面基团的亲水性；⑥交联酶晶体。

4. 蛋白质工程

蛋白质工程是以蛋白质分子的结构规律及其生物功能的关系作为基础，通过化学、物理和分子生物学的手段进行基因修饰或基因合成，对现有蛋白质进行改造，或制造一种新的蛋白质。

按预期的结构和功能，通过分子设计和 DNA 重组技术，对现有蛋白质加以定向改造、设计、构建并最终生产出性能比天然蛋白质更加优良、更加符合人类社会需要的新型蛋白质。这种方法提供了有目的地改变酶性能的可能性，不仅改变酶的结构，也可以改变其催化活性、专一性和稳定性。

6.3 蛋白质的化学修饰

蛋白质的生物活性是由其特定的化学结构和空间结构决定的，化学结构不变，而空间结构破坏导致蛋白质生物学功能的丧失的过程称为蛋白质变性或去折叠。化学结构发生改变才称为蛋白质的化学修饰。有的情况下化学结构改变并不影响蛋白质的生物学活性，这些修饰成为非必需部分的修饰。但是在大多数情况下，蛋白质化学结构的改变将导致生物活性(如下降甚至完全丧失)的改变。作为生命活动物质基础的蛋白质的生物学活性不仅取决于其特定的一级结构(化学结构)，而且还取决于其特定的空间结构。从广义上说，凡通过活性基团的引入或除去而使蛋白质一级结构发生改变的过程统称为蛋白质的化学修饰。蛋白质的化学修饰主要包括两个方面：①蛋白质分子的侧链基团的改变；②蛋白质分子中主链结构的改变，属于基因重组和定点突变的方法。

自 20 世纪 70 年代末以来，有关用合成有机物进行蛋白质化学修饰的研究报道越来越多。蛋白质化学修饰的目的是用于生物医学和生物技术方面。在生物医学方面，化学修饰可以降低免疫原性的免疫反应性、抑制免疫球蛋白 E 的产生等；在生物技术领域，酶经过化学修饰后能够在有机溶剂中高效地发挥催化作用，并表现出特异的催化性能、稳定性能等。化学修饰是研究蛋白质的结构与功能关系的重要手段，也是定向改造蛋白质性质的有力工具。化学物质与生物大分子的共价作用常涉及物质的生物活性(包括药理、毒理等)，而判断化合物与蛋白质分子中的哪类基团作用，在体外主要使用化学修饰的方法。该方法是研究蛋白质结构与功能的一种重要的基础手段。

6.3.1　化学物质对蛋白质侧链基团的共价修饰作用

蛋白质侧链基团的化学修饰是一种广泛使用的研究手段，也是一种比较成熟的经典技术，在蛋白质特别是酶的结构与功能研究中起到过十分重要的作用。蛋白质侧链基团的化学修饰是通过选择性试剂或亲和标记试剂与蛋白质分子侧链上特定的功能基团发生化学反应而实现的。近年来，由于化学修饰剂专一性的提高，化学修饰过程分析技术和计算方法的完善以及结构生物学的发展，化学修饰的应用领域不断拓宽。

迄今为止，化学修饰在以下方面得到了不同程度的应用：酶和蛋白质的各级结构以及作用机理，蛋白质纯度分析与鉴定，蛋白质和酶分子的固定化，蛋白质分子的改性。

1. 生物内的蛋白质加合物的形成

许多化学毒物对细胞产生的损害与其亲电代谢产物同细胞大分子的亲核部位(如蛋白质的巯基)发生不可逆结合具有密切关系。当外源化合物的活性代谢产物与细胞内重要生物大分子(如核酸、蛋白质、脂质等)共价结合，发生烷基化或芳基化，即导致 DNA 损伤、蛋白质正常功能丧失，乃至细胞的损伤或死亡。

外源化合物与生物大分子相互作用主要有两种方式：非共价结合和共价结合。

1) 可与蛋白质发生反应的化合物

除少数烷基化剂外，绝大多数外源化合物须经体内代谢活化，转变成亲电子的活性代谢物(表 6-2)，再与细胞内生物大分子的亲核部位和基团发生共价结合，如蛋白质分子的亲核基团、DNA、RNA 及一些小分子物质(如谷胱甘肽等)的亲核部位等。

表 6-2　可与蛋白质形成共价加合物的化合物类型

试剂类型	化合物或前体	反应机制
烷基化	卤代物(RX)、环氧化物	亲核取代
芳香基化	硫酸烷基酯、活泼烯烃	亲核取代
羧基化合物	醛	形成席夫碱
酰基化	有机酸酐、酰氯等	亲核取代或加成
磷酰化	有机磷	亲核取代
自由基	·OH、·CCl_3	自由基反应
具有亲电氮化合物	芳香胺	亲核取代

2) 蛋白质分子中的可反应基团

蛋白质分子中有许多功能基团可与外源化合物相互作用，除各种氨基酸分子普遍存在氨基和羧基外，丝氨酸和苏氨酸所特有的羟基、半胱氨酸分子中的巯基都可与外源化合物发生相互作用(图 6-6)。

一旦这些部位与外源化合物发生共价结合，必将影响蛋白质的结构和功能。

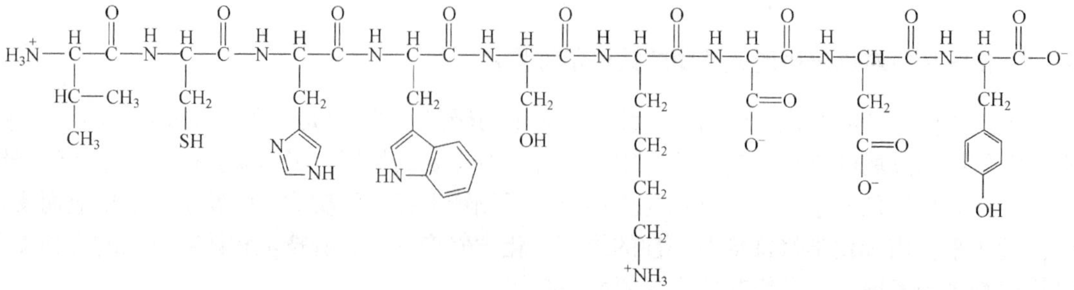

缬氨酸　半胱氨酸　组氨酸　色氨酸　丝氨酸　赖氨酸　天冬氨酸　谷氨酸　酪氨酸

图 6-6　可与化学物质发生共价反应的肽分子中的氨基酸残基

致癌物的相对分子质量大小不同，反应是不同的，相对分子质量较小的，如乙烯、丙烷和苯乙烯的氧化物、尿烷和氯乙烯的环氧化物、丙烯酰胺等，与蛋白质作用时，所形成的加合物依赖于外源化合物与各种氨基酸反应的相对速率。

3) 外源化合物与生物大分子相互作用方式

(1) 白蛋白的共价结合。白蛋白是血液和组织间质中的主要蛋白质，也是脂肪酸、内源性(生物体内存在的)化合物及外源性运输的主要载体，它容易与致癌物结合形成共价加合物。

(2) 细胞内蛋白质共价结合。进入体内的外源化合物或其代谢产物可与胞浆、质膜以及细胞核内蛋白质发生共价结合而形成加合物，已经发现有数十种外源化合物与蛋白质共价结合与其毒性有密切关系。

溴苯是一种重要的肝脏毒物，进入体内后经细胞色素 P450 作用形成溴苯-3,4-环氧化物，可与蛋白质、DNA 等共价结合。

(3) 血红蛋白的共价结合。外源化合物进入血液后，可与红细胞膜结合而进入红细胞内与血红蛋白发生共价结合。其中血红蛋白氨基酸中的氨基、巯基易与外源化合物发生共价结合。

烷基化试剂可与血红蛋白末端氨基酸的氨基、半胱氨酸的巯基以及组氨酸咪唑环上 N1 或 N3 共价结合。环氧乙烷、环氧丙烷可与血红蛋白中组氨酸、末端氨基酸残基共价结合；4-氨基联苯、苯胺经体内代谢氧化后可与半胱氨酸的巯基结合。

2. 蛋白质的侧链修饰

蛋白质侧链基团的修饰是通过选择性试剂或亲和性标记试剂与蛋白质分子侧链上特定的功能基团发生化合反应而实现的。其中的一个重要作用是用来探测活性部位的结构。理想情况下，修饰试剂只是有选择地与某一特定的残基反应，很少或几乎不引起蛋白质分子的构象变化。在此基础上，从该基团的修饰对蛋白质分子的生物活性所造成的影响就可以推测出被修饰的残基在该蛋白质分子中的功能。

1) 巯基的化学修饰

烷基化试剂是一种重要的巯基修饰试剂，如碘乙酸和碘乙酰胺，用于多肽链氨基酸顺序分析过程防止半胱氨酸的氧化。

5, 5′-二硫-2-硝基苯甲酸(DTNB)又称为埃尔曼试剂，目前已成为最常用的巯基修饰试剂。DTNB 可与巯基反应形成二硫键，产生的 5-巯基-2-硝基苯甲酸阴离子在 412 nm 具有很强的吸收，可以很容易通过光吸收的变化来监测反应进行的程度。

有机汞试剂是最早使用的巯基修饰试剂之一，其中最常用的是对氯汞苯甲酸，该化合物溶于水中形成羟基衍生物，与巯基相互作用时在 255 nm 处光吸收具有较大的增强效应。

2) 氨基的化学修饰

有许多化合物都可用来修饰赖氨酸残基，三硝基苯磺酸(TNBS)就是其中非常有效的一种。TNBS 与赖氨酸残基反应，在 420 nm 和 367 nm 能够产生特定的光吸收。

在蛋白质序列分析中，用于多肽链 N-末端残基测定的化学修饰方法，如 2，4-二硝基氟苯(DNFD)法、丹磺酰氯(DNS)法和苯异硫氰酸酯(PITC)法都是常用的氨基修饰方法。

3) 羧基的化学修饰

水溶性的碳化二亚胺类特定修饰蛋白质分子的羧基基团，目前已成为应用最普遍的标准方法，它在比较温和的条件下就可以进行。

4) 咪唑基的化学修饰

焦碳酸二乙酯(DPC)是最常用的修饰组氨酸残基的试剂。该试剂在接近中性的情况下表现出较好的专一性，与组氨酸残基反应使咪唑基上的一个氮羧乙基化，并且使得在 240 nm 处的光吸收增加。该取代反应在碱性条件下是可逆的，可以重新生成组氨酸残基。

5) 酚和脂肪族羟基的化学修饰

四硝基甲烷(TNM)由于反应的高度专一性和反应条件比较温和，已经成为酪氨酸残基修饰最常用的试剂，它与酪氨酸残基反应生成离子化的发色基团 3-硝基酪氨酸衍生物。苏氨酸和丝氨酸残基的专一性化学修饰研究较少，其羟基可被修饰酚羟基的修饰试剂所修饰，只是反应条件更严格。

6) 胍基的化学修饰

丁二酮和 1，2-环己酮与胍基反应可逆地形成精氨酸-丁二酮复合物，该产物可以与硼酸结合而稳定。

苯乙二醛是最早用来对精氨酸残基进行修饰的，通常是两个苯乙二醛与一个精氨酸残基不可逆地结合，该试剂与α-氨基也有一定反应性。

4-羟基-3-硝基苯乙二醛在温和条件下修饰精氨酸残基，具有光吸收性质，可使被修饰的精氨酸残基在 405 nm 处具有光吸收效应。

对硝基苯乙二醛修饰精氨酸残基可以得到唯一的产物。

蛋白质侧链的修饰反应总结于图 6-7。

7) 亲和性标记试剂

在 20 种构成蛋白质的常见氨基酸中，只有极性的氨基酸残基的侧链基团才能够进行化学修饰，并且反应试剂的专一性不够。为了克服这一缺陷，人们开始使用亲和性标记试剂。亲和性标记试剂是指那些能与蛋白质分子底物或配体反应的结构类似物。由于结构的相似性，它们对底物或配体的结合部位具有亲和性和饱和性，显示了高度的位点专一性，因而能够选择性地与蛋白质分子共价结合。这类试剂具有饱和性，与底物或天然配体竞争蛋白质分子的结合位点。

亲和性标记试剂中最重要的是光亲和标记和自杀性抑制剂。

8) 蛋白质修饰剂类型

小分子修饰剂：如乙酰咪唑、卤代乙酸、*N*-乙基马来酰亚胺、碳化二亚胺、焦碳酸二乙酯、四硝基甲烷、*N*-卤代琥珀酰亚胺等。

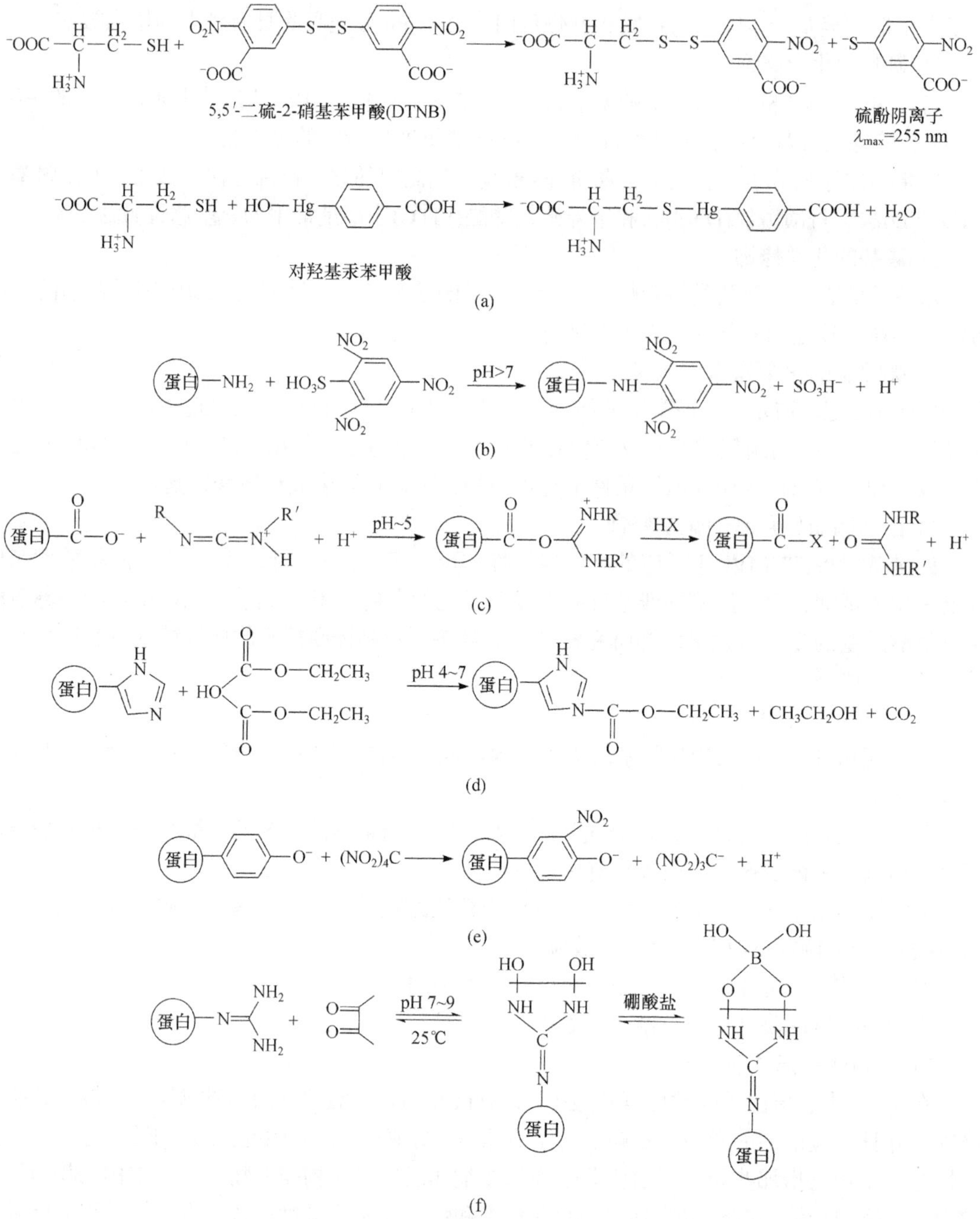

$$^{-}OOC-CH(NH_3^+)-CH_2-SH + O_2N-C_6H_3(COO^-)-S-S-C_6H_3(COO^-)-NO_2 \longrightarrow {}^{-}OOC-CH(NH_3^+)-CH_2-S-S-C_6H_3(COO^-)-NO_2 + {}^{-}S-C_6H_3(COO^-)-NO_2$$

5,5′-二硫-2-硝基苯甲酸(DTNB)

硫酚阴离子

λ_{max}=255 nm

$$^{-}OOC-CH(NH_3^+)-CH_2-SH + HO-Hg-C_6H_4-COOH \longrightarrow {}^{-}OOC-CH(NH_3^+)-CH_2-S-Hg-C_6H_4-COOH + H_2O$$

对羟基汞苯甲酸

(a)

$$\text{蛋白}-NH_2 + HO_3S-C_6H_2(NO_2)_3 \xrightarrow{pH>7} \text{蛋白}-NH-C_6H_2(NO_2)_3 + SO_3H^- + H^+$$

(b)

$$\text{蛋白}-COO^- + R-N=C=N^+H-R' + H^+ \xrightarrow{pH\sim5} \text{蛋白}-C(=O)-O-C(=N^+HR)-NHR' \xrightarrow{HX} \text{蛋白}-C(=O)-X + O=C(NHR)(NHR') + H^+$$

(c)

$$\text{蛋白}-\text{咪唑} + HO-CH(C(=O)-O-CH_2CH_3)_2 \xrightarrow{pH\ 4\sim7} \text{蛋白}-\text{咪唑}-N-C(=O)-O-CH_2CH_3 + CH_3CH_2OH + CO_2$$

(d)

$$\text{蛋白}-C_6H_4-O^- + (NO_2)_4C \longrightarrow \text{蛋白}-C_6H_3(NO_2)-O^- + (NO_2)_3C^- + H^+$$

(e)

$$\text{蛋白}-N=C(NH_2)_2 + O=C(CH_3)-C(CH_3)=O \underset{25℃}{\overset{pH\ 7\sim9}{\rightleftharpoons}} \text{(HO, OH; NH, NH; C=N-蛋白)} \overset{\text{硼酸盐}}{\rightleftharpoons} \text{(HO-B-OH; O, O; NH, NH; C=N-蛋白)}$$

(f)

图 6-7　蛋白质侧链的修饰反应

(a) 巯基修饰；(b) 氨基修饰；(c) 羧基修饰；(d) 组氨酸咪唑基修饰；(e) 酪氨酸酚羟基修饰；(f) 胍基修饰

大分子修饰剂：如聚乙二醇、聚 aa、乙二酸/丙二酸的共聚物、羧甲基纤维素、聚乙烯吡咯烷酮、多聚唾液酸、葡聚糖、环糊精等。在大分子修饰剂中，聚乙二醇类修饰剂以其优良的性能而应用最多。

9) 注意事项

一般情况下，选择蛋白质修饰剂要综合考虑以下问题：①修饰剂的水解稳定性和反应活性；②蛋白质的修饰位点，修饰剂与蛋白质上的 aa 残基之间的反应类型和专一性；③要求的修饰度；④修饰剂与蛋白质的连接键的稳定性、毒性、抗原性；⑤修饰后是否需要进一步分离；⑥是否适合建立快速、方便的分析方法；⑦修饰剂是否能够简便经济地合成或购买。

3. 蛋白质 PEG 修饰

聚乙二醇(polyethylene glycol，PEG)是线性、亲水、灵活而不带电的分子，基本单元为$(—CH_2—CH_2—O—)_n$(n 为 10～400)，相对分子质量范围为 6000～170 000。单甲氧基 PEG (monomethoxy polyethylene glycol，mPEG)应用较多。

PEG 末端的羟基是它在化学修饰反应中的功能基团，但是其反应活性较低，只有在较为强烈的条件下与其他基团反应，而这样的条件通常是蛋白质所无法耐受的。因此，必须在 PEG 与蛋白质结合之前，利用特定的活化剂对 PEG 进行活化。这些活化剂就像是一个个接头(Linker)，将 PEG 改造成各种活性中间体，以便在温和的反应条件下以高的反应速率与蛋白质偶联。PEG 活化剂有氰脲酰氯、*N*-羟基琥珀酰亚胺、*N*，*N*-羰基二咪唑等，活化后形成多种聚乙二醇类修饰剂，包括琥珀酰亚胺类、甲酰胺类、三嗪类、梳状类、环氧类和异端双功能基等。

6.3.2 蛋白质肽链的化学修饰

蛋白质肽链的化学修饰主要指产生半合成的结构，一个天然多肽与一个人造(或化学修饰)的多肽相缔合。主要有以下几种。

(1) 非共价缔合：在多肽链中如果出现一个切口，但多肽链并不因此分开，仍能保持其生物学活性。在变性系统中，破坏非共价键后，在非变性基质中仍可形成原来的构型，活力也随之恢复。这一现象可用来产生半合成的类似物。

(2) 产生二硫键：二硫键被还原剂打开，多肽彼此分开(DTT、二硫苏糖醇)。将这些片段与适当的被修饰或合成的另一肽相混合，通过重新形成二硫键而形成嵌合分子。

(3) 形成肽键：通过酶连接反应形成肽键。例如，从猪胰岛素生产人胰岛素、将 B 链丙氨酸残基改为苏氨酸残基(胰蛋白酶)、通过酶法与活性酯偶联，羟基琥珀酰亚胺酯作为接头分子。

(4) 产生非天然型的共价键：利用双功能试剂可以将不同的蛋白质连在一起。常用的方法是将双功能的接头与两个蛋白质分子中的赖氨酸残基侧链连接，如可以用主链肟键产生尾-尾相连二聚体。

6.3.3 修饰蛋白在生物医学和生物技术上的应用

化学修饰改变了蛋白质的性质，如消除了免疫原性和免疫反应性，延长了蛋白质在体内的作用时间，增强了蛋白质的免疫耐受性，提高了蛋白质的应用效率等，从而为蛋白质在生物医学和生物技术方面的应用提供了更多机会。

当异源蛋白质药物直接注射到人体血液中时，免疫系统可能将蛋白识别为异物，因为大多数实验中的蛋白质来自于其他动物、植物和微生物。因此，病人的免疫系统会对蛋白产生抗体，如过敏反应，严重可能有生命危险。而且，这些免疫系统能缩短药物的循环时间，降低药效。当蛋白质药物进行化学修饰后，免疫学问题就能够得到解决。例如，PEG-蛋白质应该有下列性质：①高的酶活性；②低的免疫反应；③自清时间延长；④一定的免疫耐受性。

1990 年，PEG-腺苷脱氨基酶偶合物(PEG-ADA)成为通过美国食品药品监督管理局(FDA)认证的第一种修饰蛋白。到目前为止，已有多种蛋白质被 PEG 修饰后用于生物医学理论和应用研究领域(表 6-3)。

表 6-3　修饰蛋白在生物医学上的应用

肿瘤治疗	抗体、天门冬酰胺酶、集落刺激因子、干扰素、白介素
酶的遗传基因缺失症	腺苷脱氨酶(ADA)、胆红素氧化酶、嘌呤核苷磷酸化酶、尿酸氧化酶
消炎	超氧化物歧化酶(SOD)、过氧化氢酶
抑制免疫反应	卵清蛋白
抗血栓	抗血凝剂、溶栓酶、前凝血酶、胰蛋白酶、尿激酶
血液代用品	血清蛋白、血红蛋白、免疫球蛋白、肌红蛋白、蛋白酶抑制剂
其他	碱性磷酸酯酶、胎蛋白酶、核糖核酸酶、大豆胰蛋白酶抑制剂

有机相中的酶催化是目前生物技术中一个非常活跃的研究方向，化学修饰同样起着特别重要的作用。氧化还原酶(过氧化氢酶、过氧化物酶、脱氢酶、氧化酶、血红蛋白、肌红蛋白)、水解酶(脂肪酶、胰凝乳蛋白酶、木瓜蛋白酶、枯草杆菌蛋白酶、嗜热菌蛋白酶、胰蛋白酶、纤维素酶、β-半乳糖苷酶)等经过化学修饰后在有机溶剂中的溶解度显著增强，尤其重要的是，这些酶得以在有机溶剂中高效地发挥催化作用，从而扩大了酶的应用范围。

6.3.4　蛋白质化学修饰的展望

化学修饰是设计蛋白质的一种重要手段。迄今为止，已有 100 多种蛋白质被修饰后在临床应用中显示出优良性质，如物理和热稳定性增强，对酶降解的敏感程度降低，溶解度增大，在体内循环半衰期、清除时间延长，免疫原性和抗原性降低及毒性减小等。修饰蛋白在肽类和非肽类药物、免疫学、诊断学和生物催化等诸多领域得到越来越广泛的应用。经过化学修饰及修饰的蛋白质不仅维持蛋白质较高的生物活性，而且能够有效地克服蛋白质免疫原性和毒性方面的缺点，同时赋予蛋白质一些新的优良性能。如果它与基因工程、蛋白质工程相结合，在生化药物研究与开发中将有更好的发展前景。化学修饰为蛋白质在生物医药和生物技术领域的广泛应用提供了一条新颖而有效的途径。

目前，化学修饰仍然存在修饰剂反应活性和/或选择性低，修饰后的蛋白质均一性差、活性低等突出问题。今后，蛋白质化学修饰的发展方向有：①研制新型高效的化学修饰剂；②建立分析和表征修饰蛋白的简便、准确、灵敏、快速的方法；③对修饰过程的机理获得更为清晰的认识。

6.4　蛋白质探针

蛋白质是构成生物体的重要物质之一，在生命体活动中有重要地位，如生物体内绝大部分生化反应是由酶催化的，而酶几乎都是蛋白质。此外，蛋白质是氧和激素的载体，是免疫系统的抗体等。总之，蛋白质是动物、植物组织中存在的大量的、重要的物质，对其进行研究有重要的意义。

对蛋白质进行定量分析和特异识别探讨生命机理是十分重要的，是化学生物学、生物化学和其他相关学科中经常涉及的分析内容，也是临床诊断和检验疾病治疗效果的重要指标，还是药物和食品分析的常见项目。

蛋白质含有 Tyr、Trp、Phe 残基，在 280 nm 附近有最大光吸收，并且在 340～350 nm 有荧光发射，因此可以用蛋白质的紫外吸收或荧光光谱进行定量分析。对微量分析而言，蛋白质内源光谱在灵敏度方面通常不能满足需要，为此人们发展了各种光谱探针分析方法。所谓蛋白质光谱探针，就是能与蛋白质发生相互作用的无机离子、有机小分子、配合物等，这些物质与蛋白质结合生成超分子复合物之后，体系的光谱、电化学性质发生变化，从而可以提供蛋白质浓度或结构方面的信息。

蛋白质的分子光谱分析方法按仪器原理的不同，可以分为分光光度法、荧光分析法、化学发光法和光散射分析法等，其中荧光分析法因其具有灵敏度高、选择性好、动态响应范围宽以及测定条件更接近生命体的生理环境等优点而在蛋白质分析中应用广泛。荧光探针技术是利用物质的光物理和光化学特性，在相对分子质量级上研究溶液中蛋白质的高灵敏度的分析方法。

蛋白质探针的类型主要分为有机小分子、无机离子、金属离子配合物和量子点等。其中有机小分子中的染料探针是研究得最早、最多的蛋白质探针。

6.4.1 金属探针

双缩脲法是一种测定蛋白质的经典方法。双缩脲反应是双缩脲在碱性溶液中与铜离子(Cu^{2+})生成紫红色化合物的反应。具有 2 个或 2 个以上肽键的化合物都有双缩脲反应，因此蛋白质在碱性溶液中也能与 Cu^{2+}生成紫红色化合物，可在 540 nm 测量吸光度。紫红色铜双缩脲复合物分子结构如下：

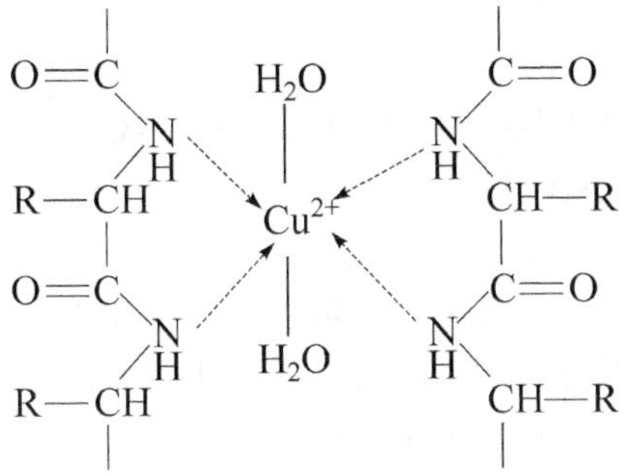

```
        |                          |
   O==C        H2O          C==O
        \                  /
         N      |        N
        /H       ↘  ↙    H\
  R—CH          Cu2+         CH—R
        |        ↗  ↖          |
   O==C         |           C==O
        \                  /
         N                N
        /H     H2O       H\
  R—CH                       CH—R
        |                          |
```

但含有—$CSNH_2$、—$C(NH)NH_2$ 或—CH_2NH_2 等基团而具有类似结构的化合物对双缩脲实验也呈阳性，所以本反应并非蛋白所特有。但在体液中，除蛋白质外不存在可与双缩脲试剂显色的物质。各种血浆蛋白质，包括病理的和正常的，显色的程度基本相同，因此在血浆蛋白质的比色测定中，双缩脲反应是较为理想的方法。

(1) Folin-Lowry 法。Lowry 等将双缩脲试剂盒、Folin 酚试剂(磷钼酸盐酸钨酸盐)结合使用，在蛋白质发生双缩脲反应之后，再与 Folin 酚试剂反应，此试剂在碱性条件下被蛋白质中酪氨酸的酚基还原，生成颜色更深的化合物，可在 640 nm 测量吸光度，该方法比双缩脲法灵敏 100 倍，其不足之处是此反应受多种因素干扰，且由于蛋白质中酪氨酸、色氨酸含量不同，在显色灵敏度方面存在差异。本法可测定 25～250 μg/mL 蛋白质。

(2) 双辛可宁酸法。1985 年，Smith 等提出了二喹啉甲酸[bicinchoninic acid(BCA)，又称双辛可宁酸，其结构见图 6-8]法，简称 BCA 法。其反应原理是：在碱性条件下，蛋白质分子中的肽键与 Cu^{2+}反应生成 Cu(Ⅰ),Cu(Ⅰ)再与 BCA 反应形成紫色配合物，在 565 nm 测量吸光度。BCA 试剂比 Folin-Lowry 法的试剂稳定，干扰少，各种蛋白质之间显色差异小，故这种方法逐渐被采用。

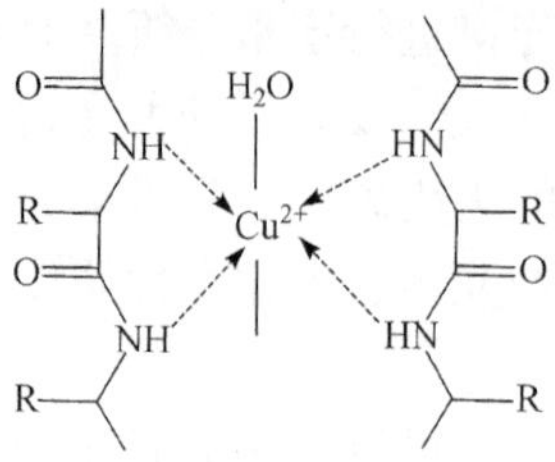

紫红色铜双缩脲复合物

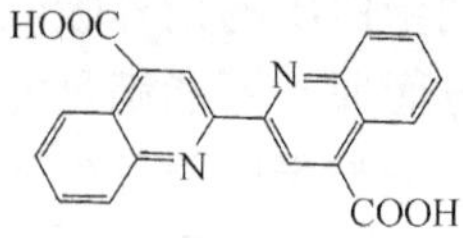

二喹啉甲酸

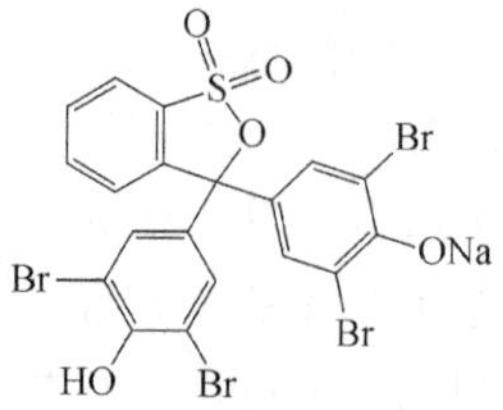

溴酚蓝

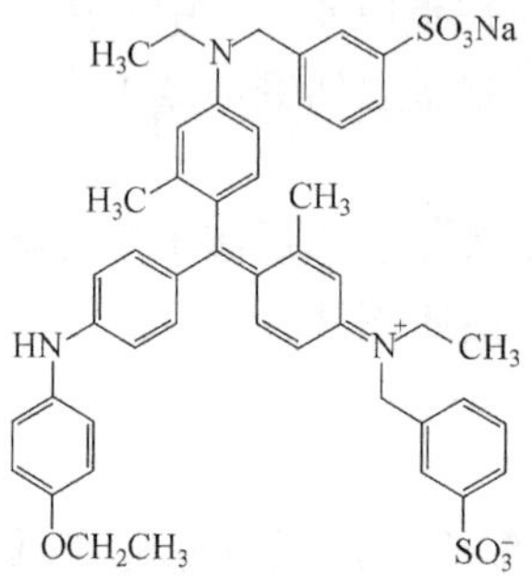

考马斯亮蓝G-250

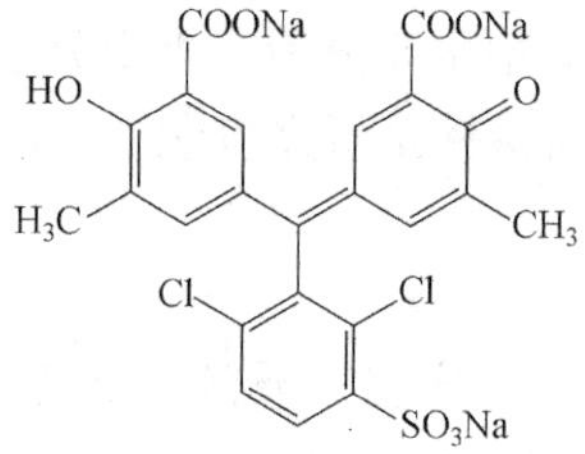

铬天青S

图 6-8　蛋白质探针的一些结构

6.4.2　染料探针

染料探针是蛋白质分析中种类最多、应用最广的一类探针，该法是利用蛋白质与染料结合成沉淀或改变结合染料的光吸收特性，借助染料颜色的减退或变化的程度来测定蛋白质的含量。

作为探针的染料分子中，大部分都含有带电荷的亲水性基团(如羟基、磺酸基、酚羟基)及不带电荷的疏水性基团(如苯环)。当溶液 pH 小于蛋白质的等电点时，蛋白质分子表面的氨基和 N 端氨基质子化成阳离子，它和带负电荷的染料分子通过静电作用相互吸引到蛋白质的表面；同时由于一些非静电力(如疏水作用、范德华力)的协同作用，使两者结合得更为紧密。

溴酚蓝(其结构见图 6-8)是一种研究较早、性能优良的探针试剂，该试剂颜色对比度为 160 nm，反应在 pH 3.2 左右进行，在 600 nm 测量吸光度。溴甲酚绿也是一种性能优良的试剂，该试剂颜色对比度约为 170 nm，反应在 pH 4.2 左右进行，在 628 nm 测量吸光度。这两种试剂在临床分析中已广泛应用。

1976 年，布拉德福德提出用考马斯亮蓝 G-250 分析蛋白质的方法。在酸性条件下，染料考马斯亮蓝 G-250(Coomassie blue G-520，其结构见图 6-8)与蛋白质结合后，其吸收峰从 465 nm 移至 595 nm 处，颜色也由棕黄色转为深蓝色。因蛋白质与染料生成复合物颜色的深浅与其浓度成比例关系，故可作为测定蛋白质浓度的方法。该方法使用方便，反应时间短，染色稳定，对显色时间不严格要求，并有抗干扰强的特点，是常用的蛋白质浓度测定方法。该法的线性范围为 1～20 μg/mL，灵敏度高于 Lowry 法、溴酚蓝法和溴甲酚绿法，成为灵敏度最高的染料探针分析方法。

6.4.3　蛋白质荧光探针

Tyr、Trp、Phe 残基能够吸收 270～300 nm 的紫外光而发出紫外荧光。

当测定体系中加入小分子配体时，小分子配体与蛋白质发生相互作用，会导致蛋白质荧光的猝灭，利用小分子配体对蛋白质内源荧光的猝灭这一现象可以确定蛋白质与小分子配体的作用类型及结合部位等。对于蛋白质研究仅利用其内源荧光是不够的，需要通过外源荧光性质的研究才能获得更多关于蛋白质分子的各种信息，这就使得荧光探针对蛋白质分析有着极其重要的意义，已成为蛋白质微量检测及溶液构象分析中不可缺少的手段之一。

好的荧光探针应满足以下条件：①探针分子与蛋白质分子的某一微区必须有特异性的结合，并且结合比较牢固；②探针的荧光必须对环境条件敏感；③蛋白质分子与探针结合后不影响其原来的结构和特性。在满足这些条件的基础上可进行蛋白质的测定及与金属离子结合的计量化学等。

蛋白质分子荧光探针按荧光波长可分为发射在紫外-可见区的荧光探针和近红外荧光探针。紫外-可见区的荧光探针(如香豆素、荧光素、罗丹明类分子等)因具有较高的量子产率而常用于制备荧光底物。近年来以菁类、噁嗪类为代表的近红外荧光探针发展迅速，其优点在于散射光弱、背景干扰低，低激发能量减小了光漂白，使用近红外激光器提高了灵敏度，因而特别适合用于生物样品的测定。此外，荧光共振能量转移(FRET)探针也在蛋白质结构、功能研究中得到广泛应用。

常用的蛋白质荧光探针有：水溶性卟啉，如α，β，γ，δ-四(对磺苯基)卟啉(TPPS4)和α，β，γ，δ-四(对羧苯基)卟啉(TCPP)也是性能优良的蛋白质荧光探针(图 6-9)。利用微量蛋白质对 TPPS4 的荧光熄灭作用，可以测定纳克级的蛋白质。

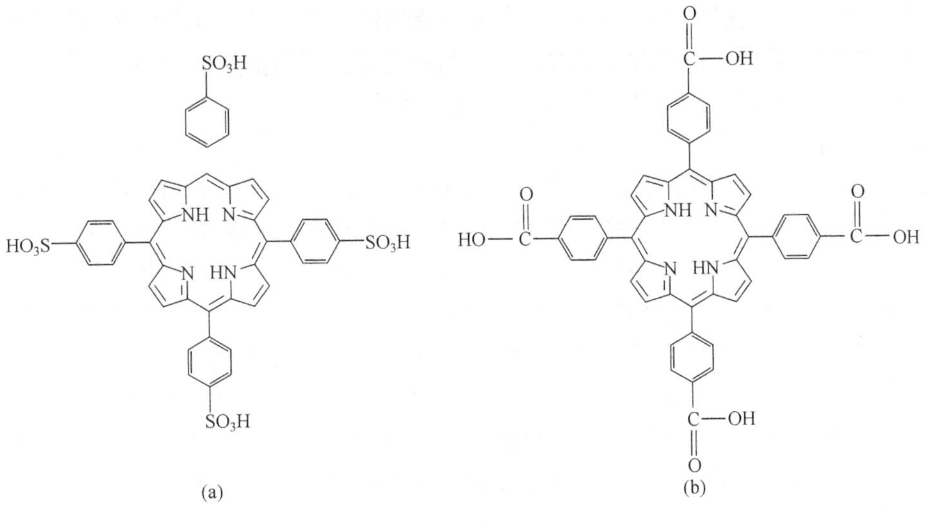

图 6-9　蛋白质荧光探针的分子结构

(a) α，β，γ，δ-四(对磺苯基)卟啉(TPPS4)；(b) α，β，γ，δ-四(对羧苯基)卟啉(TCPP)

酸性条件下，TCPP 本身荧光很弱，一定量的白蛋白可使 TCPP 荧光增强，但球蛋白的增强作用不明显；当有 SDS 存在时，白蛋白和球蛋白对 TCPP 的荧光增强作用均增加，基于这一现象，可以用一个体系分别测定白蛋白和球蛋白。

1. 紫外-可见区的荧光探针

紫外区的分子荧光探针在蛋白质的结构和功能研究中应用较少。因短波长激发光能量较大，易对被标记生物分子造成光损伤。当用紫外光激发时，许多细胞及组织产生背景光吸收和自身荧光(autofluorescence)，会对探针荧光产生干扰。但是，对于包含免疫荧光、核酸及蛋白质芯片等多波长荧光分析应用来说，短波长蓝光能够提供对比色，较容易从其他长波发射的荧光探针中分辨出来。可见区的荧光探针具有较高的摩尔吸光系数和荧光量子产率，结合光漂白后荧光恢复(FRAP)、荧光偏振(FP)、荧光相关光谱(FCS)、荧光共振能量转移(FRET)等技术使得它们成为蛋白质构象、结构性能以及蛋白质相互作用研究的极佳探针。

1) 香豆素类

大多数香豆素荧光染料为黄色，产生绿色荧光。但香豆素的母体结构是无色的，且无荧光。取代后的香豆素衍生物，特别是给电子基团的取代，将增加其荧光量子产率。常见的取代基是 7 位上的羟基、烷基、烷氧基及烷氨基。实验证明，在 3 位和 4 位上引入吸电子基团，将导致吸收和发射光谱向长波方向移动。Nakamura 等合成了 9 种 4-氨甲基-7-烷氧基香豆素衍生物，并用作人体肝脏微粒体重组细胞色素 P450 2D6 的荧光探针，P450 2D6 是参与人体药物代谢的末端氧化酶，在该酶的脱烷作用下，荧光底物会通过反应产生具有强荧光的 7-羟基香豆素，从而建立了快速、高通量检测细胞色素 P450 2D6 的分析方法。Photocaging 荧光探针分子已逐渐成为重要的研究手段。探针分子本身无荧光或荧光很弱，在紫外-可见光照或有酶的作用下保护基团离去，使得发色团本体结构恢复，伴有荧光成百倍的增长。近来香豆素也较多地用来设计成此类探针分子，经光转换后荧光增强 200 倍，较好地克服了光漂白问题，并成功用于 Hela 细胞的荧光成像。

2) 芘类

芘是一种研究介质极性的荧光探针，其 I_3/I_1(荧光发射第三谱带与第一谱带强度之比)与介质极性有较好的相关性。芘的激发单线态可以与基态芘分子碰撞形成激基二聚体，此二聚体在 480 nm 处有较强的荧光，常用来测定蛋白质溶液的构象变化。

陈凯等采用时间分辨荧光光谱等手段研究了手性探针分子 L-[4-(1-芘基)]丁酰基苯丙氨酸(PLP)与溶菌酶(Lys)、血清白蛋白的结合过程及机理。结果表明，PLP 与血清白蛋白的结合方式是芘基端包埋在血清白蛋白内部的疏水空腔中，使结合后的 PLP 分子中的芘基由水相包围转移到疏水空腔中；而 PLP 与溶菌酶的结合方式是其中的芘基结合在溶菌酶分子表面的疏水部分，使结合后的 PLP 仍然被周围的水相所包围。在某些条件下蛋白质可能发生聚集，蛋白质聚集对细胞往往是有害的，甚至引发疾病。因此，蛋白质聚集的固有性质和其危害性成为蛋白质研究的一个热点。牛血清白蛋白(BSA)与人血清白蛋白(HSA)结构类似，在胁迫条件下有聚集趋向。Brahma 等用马来酰胺衍生化芘试剂作探针研究了 BSA 的二聚行为，发现 cys-34 残基位于 0.6 nm 深的缝隙中，此区域对蛋白质二聚起着至关重要的作用。

3) 萘类

常见的有 1-苯胺基-8-萘磺酸(ANS)、2-对甲苯胺基萘-6-磺酸(TNS)、1-(*N*-二甲胺)萘-5-磺酸(DNS)和荧光胺。8-羟基-1-萘磺酸溶液在紫外照射下能发射出微弱的绿色荧光，激发峰位于

370～380 nm，荧光峰位于 510 nm，与组蛋白在酸性条件下结合时能产生很强的荧光，激发峰位于 375 nm，荧光峰位于 500 nm，可用于组蛋白含量的测定。

苯磺酸类荧光探针属于阴离子型荧光探针，在蛋白质疏水性测定中无法避免静电作用的干扰。有研究者采用了不带电荷的溶剂敏感性探针 6-丙酰基-2-(*N*，*N*-二甲胺基)萘(PRODAN)来测定蛋白质表面疏水性，从而避免了静电作用对疏水性测定的影响。PRODAN 作为荧光探针的优点还在于它可以用于测定 pH 范围广泛的蛋白质表面疏水性。

4) 荧光素类

荧光素的量子产率高，最大吸收/发射波长在 492 nm/525 nm，由于量子产率高，大量的荧光素衍生物被合成并用作荧光检测试剂。将荧光素共价连接到药物、蛋白质及其他生物活性分子上合成探针，可用于蛋白质、酶的检测及药物筛选等研究领域。基于蛋白质构象改变以合理设计生物传感器近年来成为蛋白质研究热点。Chan 等改变了传统选择异构酶构筑生物传感器的方法，用荧光素衍生试剂标记在 E166C 突变株的 166 位半胱氨酸残基上，被标记的 E166C 在中性水溶液中荧光极弱，随抗生素浓度变化荧光强度逐渐增大，从而建立了利用酶传感器灵敏检测抗生素的方法。

5) 罗丹明类

罗丹明类最大吸收/发射波长在 496 nm/520 nm，与荧光素类衍生物相比具有更强的光稳定性、更高的荧光量子产率以及更低的 pH 敏感性。罗丹明类荧光探针极为适合用于标记寡核甘酸，因为蛋白质会引起大多数罗丹明类荧光猝灭，故大多数不适合用于标记蛋白。但近年以罗丹明类作为底物研究蛋白质、酶类引起了广泛关注。

6) BODIPY 类

BODIPY(dipyrrometheneboron difluoride，二氟化二吡咯亚甲基硼类化合物)在荧光光谱区域内 T-T 吸收弱，具有摩尔吸光系数($\lg\varepsilon_{max} > 4.8$)大，pH、溶剂对荧光影响小，光稳定性强以及发射波谱窄等优点。BODIPY 类染料已广泛用于核酸、脂肪酸、磷脂、蛋白质以及各种受体研究，还可用于荧光共振能量转移探针。

用荧光标记的探针进行活细胞成像目前已发展成为生物学研究最重要的技术之一，但选择位点有效标记蛋白质是该技术应用中的瓶颈。生物荧光蛋白是此类研究的有力工具，但存在荧光蛋白相对分子质量大、立体位阻大以及蛋白质-蛋白质相互作用会产生干扰等问题。例如，Kuhlmann 等合成了 BODIPY-TR 及 BODIPY-FL 标记的鼠肉瘤“半合成”蛋白质(semisynthetic ras-protein)，在蛋白质的注射浓度仅有 10 μmol/L 时也能得到 PC12 细胞清晰的荧光镜像，该技术在医药化学研究领域具有潜在用途。

2. 近红外区的荧光探针

在近红外($\lambda_{em} > 600$ nm)光区，生物体自吸收或荧光强度很小；由于散射光强度与波长的四次方成反比，近红外区的散射干扰也大为减少；近红外荧光染料摩尔吸光系数大，斯托克斯位移显著，热力学、光化学稳定性强，耐猝灭。近年来，以结构紧凑、稳定性好、价格低廉的二极管激光器为基础发展起来的近红外荧光标记及检测技术的灵敏度得到较大提高，已用于免疫分析中荧光法检测生物活性物质等方面；近红外光还可以穿透皮肤和机体组织，在药物筛选、临床诊断中也有使用价值。随着激光荧光、传感器、免疫检测装置的建立，近红外荧光染料在蛋白质等生物分析中显示出其优越性。

1) 花菁染料

花菁染料的摩尔吸收系数大，荧光发射波长范围宽，一般为 600～1000 nm 的近红外区。与半导体激光器匹配，可用于聚合酶链反应(PCR)检测及抗体免疫分析等。近红外花菁染料共价标记具有特异性、标记更稳定、储存期长的优点，而且近红外荧光发射避免了生物基体的背景干扰，因此在生物成像等生物技术及医药研究中应用广泛。

2) 方酸菁染料

方酸菁染料是由方酸和一些电子给体化合物发生缩合反应生成的一类 1，3-双取代衍生物。取代衍生物通常是吡咯、吲哚、苯胺等基团，其结构类似于花菁染料，不同的是它的分子结构中心由方酸连接。方酸菁上存在的方酸环残基使其最大吸收波长和发射波长向长波方向移动，并可增加其富电子性，使方酸菁结构稳定。对称或不对称型方酸菁与血清蛋白、乳球蛋白、胰蛋白酶原以非共价结合后，荧光量子产率和荧光寿命都有显著增加，表明此类方酸菁染料是很好的蛋白标记物。

3) 噻嗪和噁嗪类染料

目前常用的噻嗪和噁嗪类染料探针主要有亚甲基蓝(methylene blue，MB)、尼罗红(Nile red)和尼罗蓝(Nile blue)及其类似物等。亚甲基蓝是一种具有平面结构的碱性生物荧光探针，在医学临床诊断及化学分析中已有较长的应用历史。噁嗪类染料在水中溶解度较小，最近出现了一种新型可溶性噁嗪类荧光探针，9 位上的氨基末端为两个磺酸基，使尼罗蓝衍生物水溶性大大提高；荧光波长发生红移(λ_{em}=680 nm)，荧光强度是尼罗蓝的 10 倍。

4) 其他近红外荧光探针

发射波长在可见区的荧光素、罗丹明、BODIPY 等探针都有其近红外荧光发射衍生物。近年来，科学家在利用此类探针进行蛋白质构象、酶的活性分析研究中取得一定成果。罗丹明类染料中常用作近红外探针的化合物是罗丹明 800、德克萨斯红。Zhao 等合成了一种荧光发射波长在 751 nm 的 BODIPY 荧光探针，具有量子产率高、激发发射谱带窄、光化学物理稳定性高的优点，有望用于生物传感技术研究中。

3. 荧光共振能量转移探针

荧光共振能量转移(FRET)是比较分子间距离与分子直径的有效工具。FRET 对距离和荧光基团的空间取向有高度敏感性，可以通过荧光能量转移效率的测量，观察生物分子间相互作用的改变情况，研究各种涉及分子间距离变化的生物现象，在蛋白质-蛋白质相互作用研究、酶活性分析等方面有很重要的应用。FRET 发生的基本条件是：供体 D 和受体 A 的距离必须达到一定数量级(1～10 nm)；受体的吸收光谱必须与供体的发射光谱相重叠；供体和受体能量转移偶极子的方向必须近似平行。此外，合适的供-受体对在量子产率、消光系数、水溶性、抗干扰能力等方面还有要求。

香豆素荧光发射光谱与荧光素荧光激发光谱有重叠，可以设计为能量供-受体对。Takakusa 等在利用小分子 FRET 探针检测酶活性方面取得了一些进展。他们合成了一系列香豆素-磷酸二酯-荧光素 FRET 探针分子，通过控制间隔链的长度和种类研究能量转移效率，供-受体荧光强度的比值与酶活性相关。此外，该研究组还将荧光素磷酸酯化，利用香豆素-荧光素供-受体对检测了蛋白质酪氨酸磷酸酶的活性。

6.4.4　光散射探针

共振光散射(RLS)技术是近年来发展起来研究小分子物质与蛋白质、核酸等生物大分子发生作用并形成聚集体的灵敏的探测技术。

当瑞利散射(Rayleigh scattering)位于分子中或其附近时，分子吸收较低能量的光子后，不足以使分子中的基态电子跃迁到电子激发态，而是激发至基态中较高的振动能级，在较短的时间(10～12 s)内，电子又返回原来的能级，同时伴随着不同方向上发出散射光。

如果介质中粒子很小(如 $d \leqslant 20\lambda$)即产生以瑞利散射为主的分子散射，在远离分子吸收带、各向异性的均匀介质中分子散射强度与入射光的波长四次方成反比，且各方向的散射光强度是不一样的。当入射光接近分子吸收带时，即散射光频率接近或等于散射分子吸收的频率，瑞利散射将偏离瑞利定律且某些波长强度将急剧提高，这种现象称为共振光散射。

光散射探针分析的基础是试剂分子或配合物与蛋白质结合，导致体系光散射信号明显增强。用作蛋白质分析的光散射探针与蛋白质的吸收光谱探针相类似，大多数探针属于三苯甲烷类，如卟啉类、偶氮类、溴酚蓝、铬天青 S 等。

铬天青 S 可与血清白蛋白在 pH 3.5 左右的柠檬酸-NaOH 介质中生成超分子化合物，产生最大散射波长为 370 nm 的光散射信号。基于这一现象可以测定低至 0.02 μg/mL 的血清白蛋白，方法灵敏度比考马斯亮蓝法高 50 倍。

溴酚蓝在 pH 3.98 与蛋白质结合导致在 334 nm 处产生最大共振散射峰，其强度与蛋白质浓度成长正比。该方法灵敏度高，简便快速，在 2 min 内即可完成。

共振光散射技术灵敏度较荧光分析法高，并且可在普通荧光分光光度计上操作，方便快捷。但是相对吸光光度法来说，荧光和共振光的干扰因素多，精密度和重现性差，实际运用效果不佳，有待进一步研究。

6.4.5　量子点探针

量子点(quantum dot，QD)又可称为半导体纳米微晶体(semiconductor nanocrystal)，是一种由Ⅱ-Ⅵ族或Ⅱ-Ⅴ族元素组成的纳米颗粒。目前研究较多的是 CdX(X=S，Se，Te)。量子点由于粒径很小(1～100 nm)，电子和空穴被量子限域，连续能带变成具有分子特性的分立能级结构，因此光学行为与一些有机分子(如多环的芳香烃)很相似，可以发射荧光。量子点的体积大小严格控制着它的光吸收和发射特征。

1998 年，Alivisatos 和 Nie 两个研究小组分别在《科学》(*Science*)上发表了量子点可作为生物探针并应用于活细胞体系的具有突破性的论文。他们解决了量子点与生物体相容，以及量子点如何通过表面的活性基团与生物大分子偶联的问题。与传统的染料探针相比，量子点具有多种优势，主要有宽带激发、窄带发射、发光强度大、抗光漂白、光谱特征由量子点的体积大小决定，存在的问题主要是目前量子点在国内尚未商品化。目前应用于蛋白质研究的量子点主要有 CdS、CdS-ZnS、CdSe-ZnS 等。

6.5 小分子药物与蛋白质的相互作用

6.5.1 作用于蛋白质的小分子药物

药物化学的起源可以追溯到数千年以前，人们为了寻找治疗疾病的方法而使用各种天然化合物，如植物的草、根、茎、叶和动物的壳、内脏和分泌物等。但是直到近 150 年以来，随着化学、生物学和医学的发展，人们才知道这些天然物质的有效成分，并逐渐了解它们的作用机理。

1. 作用机理

受体是细胞在进化过程中形成的生物大分子组分，能够特异性识别摄入机体的药物并与其发生作用，通过中介的信息传导与放大系统，最终产生药物效应。能够与受体特异性作用结合的物质称为配体。目前大部分药物分子受体都是膜蛋白，其次是酶、细胞因子和激素、离子通道、核酸、核受体及其他(图 6-10)。

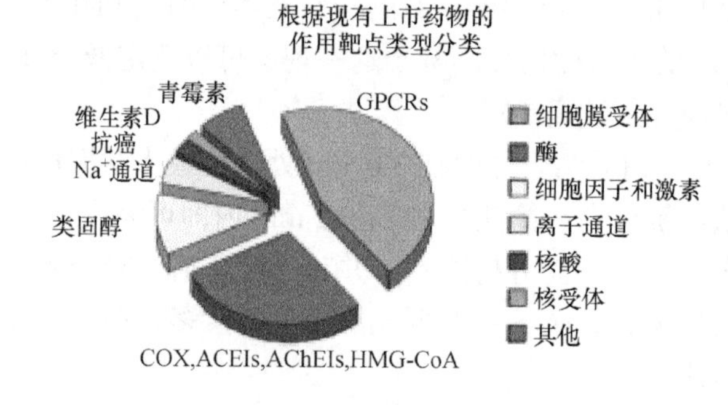

图 6-10 药物受体类型

药物配体和受体之间通过化学方式，如共价键、离子键、氢键、范德华力、电荷转移复合物、疏水相互作用、金属离子配合物等进行结合，形成药物和受体复合物，从而传递信号产生药理作用。实际情况中，药物和受体形成药物-受体复合物通常是多种相互作用力协同作用的结果。小分子与蛋白质相互结合的主要部位是蛋白质上的碱性氨基酸残基，这些碱性氨基酸残基包括精氨酸、赖氨酸、组氨酸和 N 端氨基。图 6-11 为青霉素(penicillin)-受体复合物中的多重作用方式。

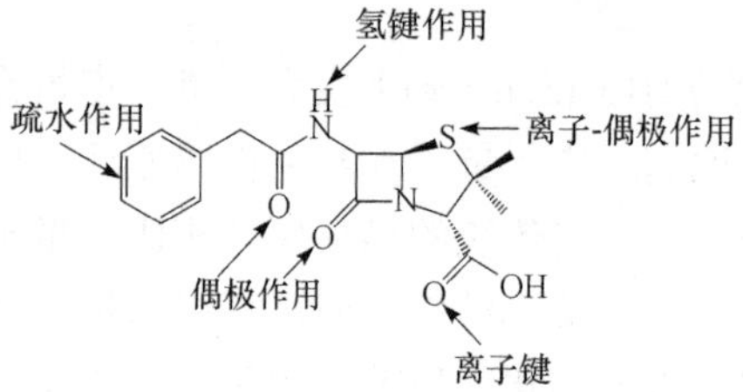

图 6-11 青霉素-受体复合物中的多重作用方式

目前有关蛋白质与小分子间相互作用的研究成为人们研究的热点，尤其关于药物小分子与蛋白质间相互作用的研究更是引起人们的广泛兴趣和共同关注。研究药物小分子与蛋白质间的相互作用，不仅有助于从分子水平上了解蛋白质与小分子的作用机理与规律，而且有助于认识药物的转运和代谢过程，为新的高活性的药物小分子的设计与开发研究提供有价值的信息及理论指导。

2. 小分子和蛋白质相互作用常用研究方法

有关药物小分子与蛋白质相互作用的研究，目前已有多种方法与技术被引入此研究领域，如紫外-可见吸收光谱、拉曼光谱、荧光光谱、傅里叶变换红外光谱、核磁共振、质谱、电化学、渗析、微量热技术、圆二色谱、平衡透析、薄层色谱、超滤及蛋白质结构模拟等。综合运用各种方法和手段可以得到有关药物小分子与蛋白结合的各种信息。

紫外-可见吸收光谱是研究小分子与蛋白质相互作用的一种最方便的技术。小分子与蛋白质的相互作用会引起吸收带的红移(蓝移)现象或增色(减色)效应。吸光度减小、吸收带红移以及等吸收点的形成是小分子与蛋白质发生相互作用的光谱标志，据此可以进行定性定量分析。

荧光光谱是研究小分子与蛋白质相互作用的主要手段，这种方法无论是定性还是定量研究都获得了成功。它是 19 世纪发展起来的一种分析方法，具有灵敏度高、选择性强、用样量少、方法简便等优点。蛋白质能够发出荧光，是因为蛋白质中存在 3 种芳香族氨基酸残基——色氨酸(Trp)、酪氨酸(Tyr)、苯丙氨酸(Phe)。蛋白质的荧光通常在 280 nm 或更长的波长被激发，而 Phe 在绝大多数实验条件下不被激发，所以很少能观察到，通常荧光强度比为 100∶9∶0.5。因此，认为蛋白质所显示的荧光主要来自色氨酸残基，而且含色氨酸残基的蛋白质的天然荧光及其变化值可以直接反映蛋白质中色氨酸残基本身和周围环境的变化。

另外，荧光光谱可以提供激发光谱、发射光谱以及荧光强度等许多物理参数，这些参数从各个角度反映了小分子与蛋白质大分子的成键和结合情况。通过这些参数的测定，不但可以进行一般的定量分析，而且可以推测小分子与蛋白质作用的机理。例如，通过药物小分子对蛋白质内源荧光的猝灭现象，确定猝灭机理及猝灭常数，可以了解药物和蛋白的作用机理和作用强度。根据能量转移原理，可以求出结合于蛋白的药物分子与蛋白色氨酸残基的距离。另外，通过药物分子与结合部位已知的荧光探针竞争蛋白结合部位，可以确定药物在蛋白上的结合部位。荧光光谱法是研究蛋白质的有效方法。

除了常用的荧光分析方法，近年来还涌现了一些荧光光谱的新方法，如同步荧光光谱法和三维荧光光谱法。同步荧光技术是同时扫描激发和发射波长时获得荧光光谱图。药物分子与蛋白作用时，常伴随有蛋白构象的变化，因此可以了解药物分子对蛋白质构象的影响。

核磁共振可应用于蛋白质构象和性质的研究，能够得到的结构信息类型包括蛋白-小分子复合物的构象、与生物大分子发生反应的配体的质子化状态及配体的结合位点的位置和结构。但此法不适合定量研究结合参数。

质谱分析是在真空系统中将样品分子解离成带电的离子，通过测定生成的离子的质量和强度来进行样品成分和结构分析。最近几年电喷雾电离(ESI)质谱的发展使得质谱在生物大分子研究中得到广泛应用。ESI 作为一种最软的电离方法，能在不破坏蛋白与小分子、蛋白与蛋白形成的复合物的条件下检测出这些复合物的存在。使用 ESI-MS 检测弱的非共价复合物时要特别注意溶液条件和一些参数的选择。为了减少在溶液状态下非特异性静电作用和氢键聚合物的形成，建议使用高浓度的缓冲盐溶液。不过，ESI 检测到的小分子与蛋白质是在气态环境下的作用情况，而人体内的生物大分子与小分子作用的环境是液态环境。同时，ESI 仅仅只能直观地观察到小分子与蛋白质的复合物，无法推导它们之间的作用机理。将质谱与核磁共振联用，能对药物-蛋白的结合作用进行多层次、全方位研究，可同时获得配体的亲和能、化学计量学及结构的相关信息。

电化学分析方法在小分子与蛋白质相互作用中也得到广泛的应用。它作为一个很活跃的领域，其研究方法也处在不断的发展中，如循环伏安法、线性扫描伏安法、常规脉冲法、差示脉冲法、计时电量法等。电化学方法在研究小分子与蛋白质相互作用时，主要是根据小分子与蛋白质作用前后氧化还原峰电流的变化、峰电位的移动进行分析研究。对于一些吸收光谱较弱或者与蛋白质作用前后光谱变化不明显，无法用紫外-可见光谱、荧光光谱等光谱手段来研究的分子，有可能用直接或间接电化学方法进行研究，从而获得其他分析方法无法得到的信息。不过，电化学分析法在一定程度上受分子电活性的限制，另外其需样量稍大，背景信号干扰相对较强。

我们对蛋白质结构的了解越清晰，小分子-蛋白质相互作用的研究也越来越明朗，新的测试方法的出现，更推动此类研究的进展。然而必须注意的是，目前仅仅用一种方法远远不能满足科学的发展，必须综合运用各种实验方法和手段进行全方位的研究才能得到更加可靠的结论。

3. 蛋白质的结晶结构在药物设计中的重要性

蛋白质的结构越清楚，药物-受体相互作用机理就会更加清楚，许多蛋白质本身就是药物，很多疾病的病因和治疗直接与蛋白质有关，因此蛋白质三维结构的研究对于开发有效治疗疾病的药物和疗法具有重要意义。目前很多发达国家都在进行蛋白质三维结构的研究，以加速新药研究的进程。然而，蛋白质晶体的获得却是这一领域发展的瓶颈。蛋白质的晶体结构是新药开发的基础，也是新型疫苗、新型抗体开发的基础，在整个药物发现阶段起着关键作用，影响新型药物的设计。根据药物作用的靶分子的空间结构来设计新药已是国际上新药研究的主流，许多公司已用结构指导药物设计方法开发优良候选药物。近年来，蛋白质结晶技术得到了很大发展，在进一步完善和发展传统结晶法的同时，许多新型结晶技术也得到了推广和应用，这对药物开发具有重要意义。

治疗艾滋病的氨普奈韦(amprenavir)和奈非那韦(nelfinavir)就是利用人类免疫缺陷病毒蛋白酶的晶体结构开发的药物。此外，还有根据乙酰胆碱酯酶设计的治疗老年痴呆症的药物，根据凝血酶设计的抗血栓药物，根据基质金属蛋白酶设计的抗肿瘤药物等。随着越来越多与疾病相关的功能蛋白/酶的结构被结晶，药物设计得到了很大的发展。最近，获得了细胞膜蛋白-LTC4 合酶的三维结构，该蛋白对人类哮喘的发生有重要影响，确定了该蛋白活性区域的精确位置和性质，这一发现对治疗相关疾病具有重要意义。

计算机辅助药物设计(computer aided drug design)是以计算机化学为基础，通过计算机模拟、计算和预测药物与受体生物大分子之间的关系，设计和优化先导化合物的方法。这种方法首先需要通过 X 单晶衍射等技术获得受体大分子结合部位的结构，采用分子模拟软件分析结合部位的结构性质，如静电场、疏水场、氢键作用位点分布等信息，然后运用数据库搜寻或者全新药物分子设计技术，识别得到分子形状和理化性质与受体作用位点相匹配的分子，合成并测试这些分子的生物活性，从而发现新的先导化合物。因此，计算机辅助药物设计包括活性位点分析法、数据库搜寻、全新药物设计等。近年来，随着蛋白组学的迅猛发展，以及大量与人类疾病相关基因的发现，药物作用的靶标分子急剧增加，计算机药物辅助设计也取得了更大的进展。

6.5.2 以蛋白酪氨酸激酶为靶点的抗肿瘤药物研究

蛋白酪氨酸激酶是介导细胞生长和分化调控的主要和关键的信号转导蛋白，几乎所有的与细胞生长和分化相关的细胞外信号都是通过酪氨酸激酶来介导的，并且酪氨酸激酶是细胞信号转导通路的最上游，在信号转导中起着总调控的作用。而肿瘤是细胞生长和分化的疾病，对于肿瘤细胞来说，酪氨酸激酶有着非常重要的特征。

(1) 必需性：所有肿瘤细胞的生长都依赖于酪氨酸激酶，阻断了酪氨酸激酶，肿瘤细胞就无法存活和生长。

(2) 个体性：不同的肿瘤细胞，表达和活化依赖于不同的酪氨酸激酶。

(3) 组合性：每个或每种肿瘤细胞，通常表达和活化依赖于多个酪氨酸激酶。

(4) 变化性：在肿瘤细胞的形成、发展及治疗过程中，酪氨酸激酶的表达和活化会不断发生变化。

这四个重要特性决定了它们在控制肿瘤生长和开发抗肿瘤药物研究中的决定性地位，也决定了肿瘤药物开发的方向和策略。抗肿瘤药物的关键是对肿瘤进行选择性的杀伤。酪氨酸激酶在肿瘤细胞中的这些特性决定了酪氨酸激酶成为抗肿瘤药物的关键靶点，决定了针对酪氨酸激酶选择性地杀伤肿瘤细胞成为可能，同时也指出针对酪氨酸激酶的抗肿瘤药物的开发和应用必须是个性化和组合化。

1. 概念和功能

蛋白激酶家族是一个庞大的、在进化和结构上紧密相关的酶家族。人体的蛋白激酶家族超过了 500 个成员。它们通过磷酸化蛋白改变蛋白质的活性，是调控蛋白质活性的主要机理。

蛋白激酶根据其磷酸化的对象氨基酸分为丝氨酸和苏氨酸激酶及酪氨酸激酶。人体内 500 个激酶成员中，以酪氨酸为催化底物的酪氨酸激酶家族成员为 90 个，其中有 58 个是跨膜受体型激酶，32 个是细胞内非受体型激酶。无论是受体还是非受体型酪氨酸激酶，它们都位于信号转导途径的最上游，是信号转导途径的第一步，也是决定性的一步。而丝氨酸和苏氨酸激酶的主要功能是介导细胞内的信号转导，通常属于酪氨酸激酶下游的信号转导分子。

蛋白酪氨酸激酶的生物化学功能是对蛋白质进行磷酸化修饰，催化 ATP 的 γ-磷酸基转移到下游蛋白质的酪氨酸残基上，使其发生磷酸化，从而调节其活性和功能。

被磷酸化的酪氨酸一般执行两个生物功能：一个是改变蛋白质的构象从而改变蛋白质的活性，另一个是产生一个“对接点”(docking site)，用以招募下游信号转导蛋白质其相互作用，通过这种方式，酪氨酸激酶把生物信号从上游转导至下游蛋白质。因此，酪氨酸激酶通常是处在细胞信号转号通路的最上游，调节细胞的生长、分化、死亡、迁移等一系列生理生化过程的主要和关键的激酶家族。

2. 酪氨酸激酶和肿瘤的关系

酪氨酸激酶主要介导的是细胞生长和分化的信号，而肿瘤是细胞生长和分化的疾病，因此酪氨酸激酶和肿瘤的发生发展密切相关。

酪氨酸激酶的基因变异和异常表达与肿瘤的发生、发展、侵袭、转移、黏附、肿瘤新生血管生成以及肿瘤的化疗抗药性密切相关。每一个被发现的致瘤基本就是酪氨酸激酶基因 Src，Src 在很多肿瘤中都被发现高表达和被激活。各种酪氨酸激酶的过量表达在肿瘤细胞中发生非常普遍，是肿瘤形成和支持肿瘤细胞生长的重要因素。许多酪氨酸激酶，如 EGFR、HER2、IGR-IR、PDGFR、FGFR、c-Met 等在众多肿瘤细胞中都被发现过量表达。除过量表达外，酪氨酸激酶基因的点突变和易位突变也是造成肿瘤的重要原因。表 6-4 列举了在肿瘤细胞中发生变异的酪氨酸激酶的典型例子。

表 6-4　肿瘤细胞中发生变异的酪氨酸激酶

激酶	癌症类型	致瘤变异
EGFR	乳腺癌、肺癌、神经胶质瘤	胞外域缺失、点突变(L858R、G719S 缺失)
HER2/ErbB2	乳腺癌、卵巢癌、肠癌、肺癌、胃癌	过表达
IGF-1R	肠癌、胰腺癌、乳腺癌、卵巢癌、多发性骨髓癌	过表达
$PDGFR_{\alpha}$	神经胶质瘤、胶质母细胞瘤、卵巢癌、高嗜酸细胞综合征	过表达、染色体易位
$PDGFR_{\beta}$	慢粒单白血病 CMML、神经胶质瘤、隆突性皮肤纤维肉瘤	染色体易位
c-Kit	胃肠间质瘤、精原细胞瘤、肥大细胞增多症	点突变(D815V)
Flt-4, Flt3	急性髓细胞白血病	基因内部串联重复
FGFR1	慢性粒细胞白血病、干细胞骨髓增生症	染色体易位(Bcr-，FOP-，ZNF198-，CEP110-)
FGFR3	多发性骨髓瘤	染色体易位和点突变(S249C)
FGFR4	乳腺癌、卵巢癌	过表达
c-Met	胶质母细胞瘤、肠癌、肝癌、肾癌、头颈部鳞癌转移	过表达、染色体易位(Tpr-)、点突变(Y1253D)
RON	肠癌、肝癌	过表达
c-Ret	2B 型多发性内分泌腺瘤、甲状腺瘤	染色体易位、点突变
ALK	大细胞淋巴瘤、肺癌、神经母细胞瘤	染色体易位(NPM-，EML4)、点突变
CTK c-Src	肺癌、肠癌、乳腺癌、前列腺癌	过表达、C 端断裂
c-YES	肺癌、肠癌、乳腺癌、前列腺癌	过表达
Abl	慢性粒细胞白血病	染色体易位(Bcr-)
JAK-2	慢性粒细胞白血病、T 细胞急性淋巴细胞白血病、实体瘤	染色体易位(Tel-)、点突变(V617F)

3. 针对酪氨酸激酶的药物

随着分子细胞生物学以及生物信息学的不断发展，人们逐渐认识到细胞癌变的本质是调控细胞生长的信号转导通路失调导致的细胞无限增殖。由于酪氨酸激酶在肿瘤细胞生长中的决定性作用，越来越多的酪氨酸激酶被用作肿瘤诊断的标志物和肿瘤治疗的分子靶点，目前有超过 20 个分属不同家族的受体和非受体酪氨酸激酶作为靶标进行抗肿瘤药物筛选，包括表皮生长因子受体(EGFR)、血管内皮细胞生长因子受体(VEGFR)、血小板衍生生长因子受体(PDGFR)、成纤维细胞生长因子受体(FGFR)、胰岛素受体(InsR)、Src、Abl 等。酪氨酸激酶抑制剂作为肿瘤靶向治疗的新方法已经广泛应用于临床众多实体肿瘤和血液系统恶性肿瘤的治疗并取得了良好的效果。

目前成功上市的酪氨酸激酶小分子抑制剂药物有 15 个，其中包括针对胞内激酶 Bcr-Abl 的伊马替尼(imatinib)、针对 EGFR 的厄洛替尼(erlotinib)和吉非替尼(grfitinib)，针对 VEGFR 的舒尼替尼(sunitinib)、索拉非尼(sorafenib)和达沙替尼(dasatinib)。另外还有一些是抗体类药物，如针对受体激酶 HER2/ErbB2 的赫赛汀(herceptin)和针对 EGFR 的爱必妥(cetuximab)。表 6-5 列举了酪氨酸激酶和部分丝氨酸、苏氨酸激酶(RAF、PI3K、mTOR)的抑制剂并显示了它们的作用靶点和位点。表 6-5 列举了酪氨酸激酶小分子抑制剂的结构。

表 6-5　已上市的酪氨酸激酶小分子抑制剂

中英文 通用名	上市时间	公司	靶点	适应证
伊马替尼 (imatinib)	2001	Novartis	Bcr-Abl, c-Kit, CD17	Ph+ve CML, All MDS/MPO c-Kit Asm cEL/HES DFSP CD17+ve GIST
吉非替尼 (grfitinib)	2003	Astra Zeneca	EGFR	NSCLC
厄洛替尼 (erlotinib)	2004	Roche, Astellas	EGFR	NCSLC pancreatic
索拉非尼 (sorafenib)	2005	Bayer,Onyx	VEGFR, PDGFR, PAF, MEK, ERK	HCC RCC
达沙替尼 (dasatinib)	2006	BMS	Src, Abl	Ph+ve CML, ALL
舒尼替尼 (sunitinib)	2006	Pfizer	FLT3, PDGFR, VEGFR,KIT	RCC, GIST pancreatic NET
尼罗替尼 (nilotinib)	2006	Novatris	Bcr, Abl	Ph+ve CML
帕唑帕尼 (pazopanib)	2009	GSK	VEGFR 1,2,3	RCC
拉帕替尼 (lapatinib)	2010	GSK	EGFR, HER2	HER+ve BC
凡德他尼 (vandetanib)	2011	Astra Zeneca	VEGFR,EGFR	Thyroid
威罗菲尼 (vemurafenib)	2011	Roche, Daiichi Sankyo	BRAF	melanoma
克唑替尼 (crizotinib)	2011	Pfizer	ALK, HGFR	ALK+ve
罗梭替尼 (ruxolitinib)	2011	Incyte, Novartis	JAK 1,2	Myelofibrosis
阿西替尼 (axitinib)	2012	Pfizer	VEGF 1,2,3	RCC
埃克替尼 (icotinib)	2011	浙江贝达	EGFR	NSCLC

注：ve 表示血管内皮钙黏蛋白。

Src 是第一个被发现的致癌基因，其编码的蛋白也是第一个被发现的蛋白酪氨酸激酶。Bishop 和 Varmus 因为 Src 的发现而获得 1989 年诺贝尔生理学或医学奖。然而，Src 制剂的药物开发却并不顺利。其中主要的原因是很难得到 Src 高选择性的抑制剂，特别是与另一个 Src

家族蛋白 LCK 的区别。因为 LCK 是 T 细胞活化和功能的一个关键信号蛋白，避免由于抑制 LCK 而引起的副作用成为开发 Src 抑制剂的关键。最近 Src 抑制剂的工作有所进展，有两个选择性较好的 Src 和 Abl 的双抑制剂 bosutinib 和 AZD0530 进入了临床二期的研究。

第一个(2002 年)成功上市的酪氨酸激酶抑制剂抗肿瘤药物是针对 Bcr-Abl 的伊马替尼(STI-571)。Bcr-Abl 是慢性髓性白血病(CML)中的 bcr 基因和 c-abl 基因间发生一个互换易位突变而产生的一个融合基因 bcr-abl 所产生的融合蛋白。该融合蛋白是一个组成型激活的致癌酪氨酸激酶，是造成白血病的直接原因。Bcr-Abl 的发现激发了众多研发 Abl 激酶抑制剂者的兴趣。以 Bcr-Abl 为靶点的化合物筛选发现了 2-苯基氨基嘧啶(2-phenylamino pyrimidine)，并在此基础上开发了伊马替尼。伊马替尼实际上是一个多靶点的抑制剂，它除了抑制 Abl，同时也抑制 c-Kit 受体和 PDGFR。因此，伊马替尼除了对 CML 有很好的疗效，对一些有 c-Kit 和 PDGFR 突变的胃肠道间质瘤(GIST)也有一定的疗效。Bcr-Abl 抑制剂的成功开发为后来广泛开发酪氨酸激酶抑制剂药物开创了先河。

酪氨酸激酶家族中一个在肿瘤细胞中最重要的成员是属于 HER(ErbB)家族的 EGFR。EGFR 几乎在所有的上皮细胞中都有表达，也在众多的来源于上皮细胞的实体瘤中异常高表达，是支持肿瘤细胞生长的关键受体酪氨酸激酶。大量的人力和物力被用在了开发 EGFR 抑制剂药物的研究上。目前针对 EGFR 的抑制药物分为两大类。一类是激酶的小分子化合物抑制剂：抑制 EGFR 的激酶活性，如吉非替尼和厄洛替尼，用于治疗非小细胞肺癌、胰腺癌、头颈部癌和胶质线细胞癌。我国第一个酪氨酸激酶抑制剂新药埃克替尼也是针对 EGFR 的、结构类似于吉非替尼和厄洛替尼的化合物。另一类是生物药，是针对 EGFR 的胞外受体部位的抗体药，它通过竞争性地抑制配体和受体间的相互作用，从而抑制指定的受体酪氨酸激酶的激活和肿瘤细胞的生长。例如，针对 EGFR 的单克隆抗体药爱必妥是已经上市的抗体药，主要用于直肠癌和头颈部癌。

酪氨酸激酶在细胞生长信号转导中的位置决定了它们在抗肿瘤药物靶点中的重要和关键地位，针对酪氨酸激酶的药物已经是并且还将继续在抗肿瘤药物的主流药物。由于每个肿瘤细胞通常都表达并依赖于不止一个酪氨酸激酶，因此理想的抗肿瘤药物是特异性酪氨酸激酶抑制剂的组合。专一性的酪氨酸激酶抑制剂和基于酪氨酸激酶的个性化诊断的开发将是酪氨酸激酶抗肿瘤药物的关键。肿瘤的有效控制期待更多、更专一性的酪氨酸激酶抑制剂的发现和开发。同时由于肿瘤是多种细胞共同作用的结果，对肿瘤细胞的微环境中支持肿瘤细胞生长的其他细胞中的酪氨酸激酶的调控也将是治疗肿瘤的一个重要方向。

6.5.3 G 蛋白偶联受体及其相关药物

G 蛋白偶联受体(G-protein-coupled receptors，GPCR)是与 G 蛋白有信号连接的 1000 多种受体的统称，是最大的一类涉及细胞信号转导的超级膜蛋白家族。G 蛋白横跨在细胞膜上，一方面可以解除细胞外的信号；另一方面可以与细胞内的物质发生作用，成为细胞外信息进入细胞内的桥梁。这些受体埋藏在细胞膜内的跨膜区域结构类似，但是暴露在细胞内和细胞外的部分千差万别。GPCR 立体结构中都有 7 个跨膜α-双螺旋结构。7 个跨膜的α-螺旋反复穿过细胞膜的脂双层，其中 N 端在细胞外，常被糖基化；C 端在细胞内，多表现为磷酸化(图 6-12)。

由于 GCPR 种类众多、数量庞大、分布广泛，并且在细胞的生理活动中起着重要的调控作用，所以 GPCR 及其相关联的信号通路的细微改变都会对机体的生命活动造成重大影响。人类许多疾病就是由 GPCR 的功能改变或紊乱引起的。例如，糖尿病是一种因病体内胰岛素绝对不足或相对不足导致的一系列临床综合症状的慢性疾病。2 型糖尿病主要是由胰岛功能紊乱、β细胞分泌胰岛素不足或β细胞受损，以及胰高血糖素水平上升引起的。葡萄糖可以刺激胰岛素，增加胰岛素的分泌并抑制胰高血糖素的分泌，从而使血糖含量下降；葡萄糖的这种刺激作用受多种因素调节，包括激素、神经递质及其他一些营养物。β细胞上有大量的 GPCR 表达，而这些 GPCR 对胰岛素的功能具有重要的调节作用，因此 GCPR 成为 2 型糖尿病的重要靶点。GPCR 还与肥胖症、心血管疾病、癌症、炎症等有着很大的相关性。

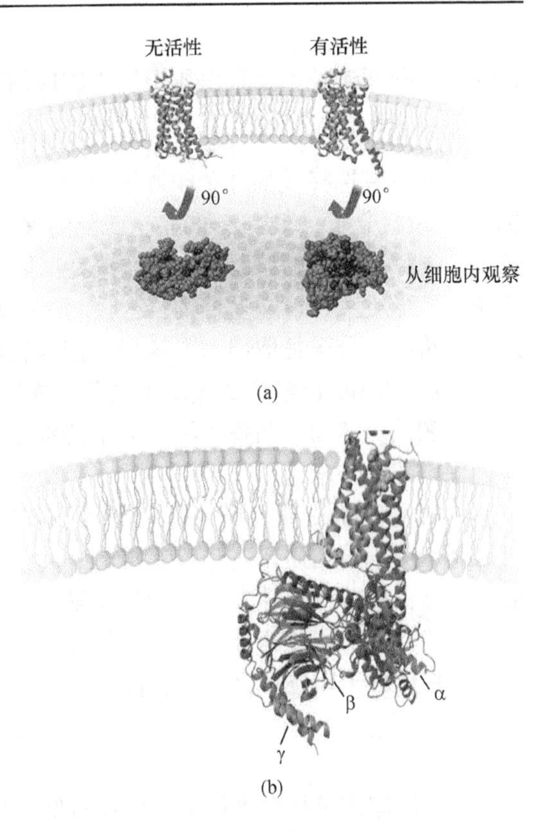

图 6-12　(a) G 蛋白偶联受体分子水平作用机制；(b) G 蛋白偶联受体、三聚体 G 蛋白与激素结合时的晶体结构

GPCR 的结构特征和在信号传导中的重要作用决定了其可以作为很好的药物靶标，在已知的 GPCR 中有 30%是药物靶点，世界药物市场上有 40%～45%的现代药物都是以 GPCR 为靶点，在医药产业中占据显著地位。在当今前 50 中最畅销的上市药物中，20%属于 G 蛋白受体相关的药物，曾先后有 9 次诺贝尔奖授予了 GPCR 领域的重要科学发现。GPCR 被认为是高血压、心力衰竭、帕金森氏综合征等多种疾病的药物治疗靶点。

由于 GPCR 是极具吸引力的药物治疗靶点，近几十年来世界各国医药公司都倾注全力开发这类受体靶点。表 6-6 列举了一些 GPCR 药物开发与疾病的相关情况。

表 6-6　一些 GPCR 药物开发与疾病的相关情况

受体种类	药物	疾病
肾上腺素受体		
Alpha-1	hytrin, alfuzosin	良性前列腺增生症、高血压
Alpha-2	catapres, zebeta, brevibloc, kerlone, sectral, toprol	高血压
Beta-1	toprol,lopressor,tenormin	高血压
降钙素受体	calcimar	骨质疏松
多巴胺受体		
D2	reglan	胃灼热
D2	haldol, zyprexa	精神分裂症
D2	requip, mirapex	帕金森病、不宁腿综合征
羟色胺受体(5-HT)		
5-HT1B	desyrel,imitrex	抑郁症

6.5.4 分子印迹技术在蛋白质识别中的应用

分子印迹技术是一种制备具有分子识别能力的聚合物的有效技术，已经广泛应用于制备对小分子具有选择性的分子印迹聚合物。分子印迹技术是指为获得在空间和结合位点上与目标分子(模板分子、印迹分子)完全匹配的聚合物(molecularly imprinted polymers，MIPs)的制备技术。制备 MIPs 通常要经过三个步骤：印迹、聚合和萃取。首先，功能单体与印迹分子在一定条件下形成某种可逆复合物；然后，加入交联剂将这种复合物“冻结”起来，制成高聚物；最后，将印迹分子抽取出来，这样在聚合物的骨架上就留有对印迹分子有预定选择性的空间结合位点。MIPs 已经广泛应用于医药、诊疗、蛋白质组学、环境分析、传感器以及药物传输等研究领域。然而，制备生物大分子特别是蛋白质的分子印迹聚合物一直是分子印迹技术发展过程中的一个难题。

1985 年，Glad 研究小组首次将分子印迹技术用于制备蛋白质的分子印迹聚合物。此后多年时间，关于蛋白质印迹却鲜有报道。究其原因，主要是蛋白质本身的一些物理化学性质造成的。蛋白质分子尺寸大、功能基团复杂、构象多样、在有机相中的溶解性小，这些性质都严重影响其分子印迹聚合物的成功制备。

蛋白质分子印迹聚合物的制备方法主要有以下几种。

1. 包埋法

包埋法印迹是指在本体聚合中通过嵌套模板分子产生印迹效果的方法。蛋白质包埋印迹法的主要问题是如何有效地从印迹聚合物中除去模板分子。印迹体系的基本要求都是使模板蛋白能够自由地进出印迹位点，这主要通过控制基质的孔隙率与孔的大小来实现。根据印迹聚合物所用基质材料的不同，包埋法又可分为丙烯酰胺类物质、水凝胶、溶胶凝胶印迹、混合分子印迹、生物大分子单体(如壳聚糖)。

2. 表面印迹技术

蛋白质在三维印迹聚合物中自由扩散比较困难，MIPs 制备过程中加入的大量印迹分子被包埋。在聚合物内部，也很难彻底洗脱。另外，模板分子很难到达 MIPs 内部的识别位点，影响识别效率。

利用表面印迹技术可有效地解决这个难题，印迹位点位于表面，能够克服空间位阻的影响，使蛋白质容易接近并吸附在 MIPs 的识别位点上。然而，表面印迹也会降低聚合物的吸附总容量，限制了其在分离环境下的实际应用。

例如，Sakaguchi 小组利用戊二醛活化氨基功能化的二氧化硅球，醛基与模板分子血红蛋白(Hb)上的游离氨基生成亚胺键，共价固定在二氧化硅球表面，然后加入有机硅烷试剂进行聚合，得到 Hb 的印迹薄层。利用草酸断裂亚胺键洗脱出印迹分子，这样在硅球表面就得到了 Hb 的识别位点。电泳实验表明该表面印迹的硅球对模板分子具有良好的选择性(图 6-13)。

根据空间位阻和结构互补效应能生成大量特异性相互作用位点的性质，Rachkov 发展了另一种蛋白质印迹方法——“抗原决定基”法，其原理来源于自然界中的相似方法，即抗体在识别抗原时，抗体只与抗原的一小部分即抗原决定基作用(图 6-14)。该法聚合反应所用的模板分子不是整个蛋白，而是一段能代表蛋白质一部分的多肽或短肽，类似于免疫学中一个

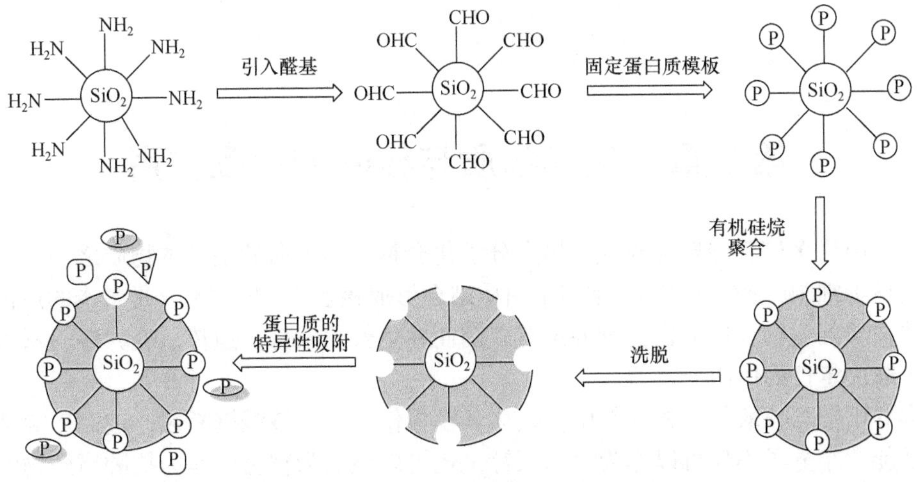

图 6-13　二氧化硅表面印迹示意图

抗原决定基能代表一个抗原。采用与蛋白质结构中暴露在表面的肽链(抗原决定基)相同的短肽为模板分子，得到的大孔分子印迹聚合物不仅可识别该肽，也可识别整个蛋白质分子。从方法上看，它不像传统意义上蛋白质的印迹，但其最终目标却是获得对母体分子的识别。

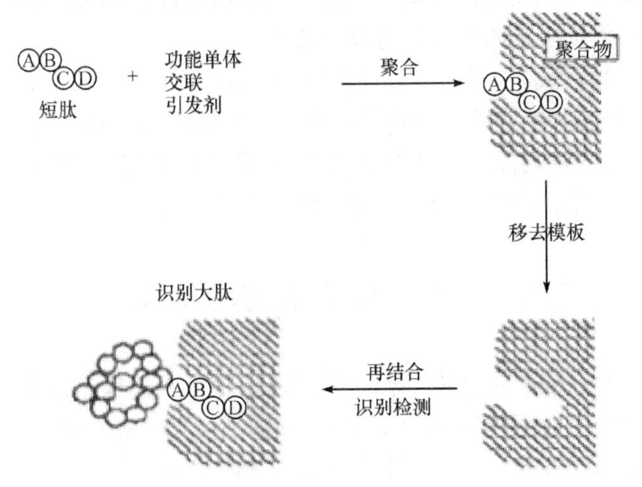

图 6-14　“抗原决定基”法示意图

蛋白质印迹聚合物是一种人工模拟抗体，与生物抗体相比，具有对高温、酸、碱耐受性强，在苛刻条件下可操作性及制作成本低、可重复使用等优点。目前已经在以下三个方面得到应用：①分离纯化；②抗体或受体模拟；③生物传感器。虽然蛋白质分子印迹技术已经取得了一定的进展，但与小分子印迹技术相比，可印迹的蛋白质种类仍然比较少，实验手段还处于摸索阶段，虽然目前已经发展了一些制备方法，但相关理论还不成熟，其主要困难在于聚合物的三维网络结构不稳定，容易造成识别位点的坍塌，此外模板分子在有机溶剂中溶解度小也是蛋白质印迹困难的主要原因。

第 7 章 化学物质与核酸的相互作用

核酸是由许多核苷酸聚合成的生物大分子化合物，是生命的最基本物质之一，广泛存在于所有动植物细胞、微生物体内，常与蛋白质结合形成核蛋白。核酸不仅是基本的遗传物质，而且在蛋白质的生物合成上也占重要位置，因而在生长、发育、遗传、变异等一系列重大生命现象中起决定性的作用。

许多分子能与核酸发生相互作用，破坏其模板作用，使核酸链断裂，进而影响基因调控和表达功能。小分子不仅可以作为生物探针，还可以核酸为靶目标作为抗肿瘤药物的母体，某些致癌物与核酸加合物还是癌变的预警标示物。测定小分子与核酸相互作用的亲和力及选择性，有利于阐明小分子与核酸作用的选择性及作用机理，进一步探讨小分子的结构与核酸作用模式及其生物活性之间的关系。

研究小分子化合物与生物大分子 DNA 的特异性定位结合，对阐明抗肿瘤、抗病毒药物的作用机理、药物体外筛选、致癌物的致癌作用机理的研究都有非常重要的意义。

按照用途小分子化合物大体上可分为以下几种：

(1) 诱变剂和化学致癌物，多为环芳烃类分子，如苯并芘等。

(2) 用作治疗各种疾病的药物，特别是抗肿瘤、抗病毒的药物，如顺铂、多柔比星等。

(3) 用作检测核酸的各类探针，如荧光探针、电化学探针等，可以检测核酸的含量及探测其机构，如吖啶、吩噻嗪、喹啉类分子、金属卟啉类分子等。

7.1 核酸的结构与功能

核酸是生物体内的高分子化合物，相对分子质量很大，一般是几十万至几百万。根据化学组成不同，核酸可分为核糖核酸(RNA)和脱氧核糖核酸(DNA)。DNA 是储存、复制和传递遗传信息的主要物质基础。RNA 在蛋白质合成过程中起着重要作用，其中转运核糖核酸(tRNA)起携带和转移活化氨基酸的作用，信使核糖核酸(mRNA)是合成蛋白质的模板，核糖体核糖核酸(rRNA)是细胞合成蛋白质的主要场所。

7.1.1 核酸的组成

核酸由核苷酸组成，而核苷酸分子包括碱基、核糖、磷酸酯三个部分。

构成核苷酸的碱基分为嘌呤碱(purine)和嘧啶碱(pyrimidine)两类。此外，核酸分子中还发现数十种修饰碱基，又称稀有碱基。它是指碱基环上的某一位置被一些化学基团修饰(如甲基化、甲硫基化等)后的衍生物。一般这些碱基在核酸中的含量稀少，在各种类型核酸中的分布不均，如 DNA 中的修饰碱基主要见于噬菌体 DNA，RNA 中以 tRNA 含修饰碱基最多。

RNA 中的戊糖是 D-核糖，DNA 中的戊糖是 D-2-脱氧核糖。戊糖 C1 所连的羟基是与碱基形成糖苷键的基团，糖苷键的连接都是β-构型。

核苷是一种糖苷，由戊糖和碱基缩合而成。糖与碱基之间以糖苷键连接。糖的 C1 与嘧啶碱的 N1 或嘌呤碱的 N9 连接。因此，糖与碱基间的连键是 N—C 键，一般称为糖苷键(图 7-1)。应用 X 射线衍射法已证明，核苷中的碱基与糖环平面互相垂直。根据核苷中所含戊糖的不同，将核苷分成两大类：核糖核苷和脱氧核糖核苷，常见的核苷有 8 种。

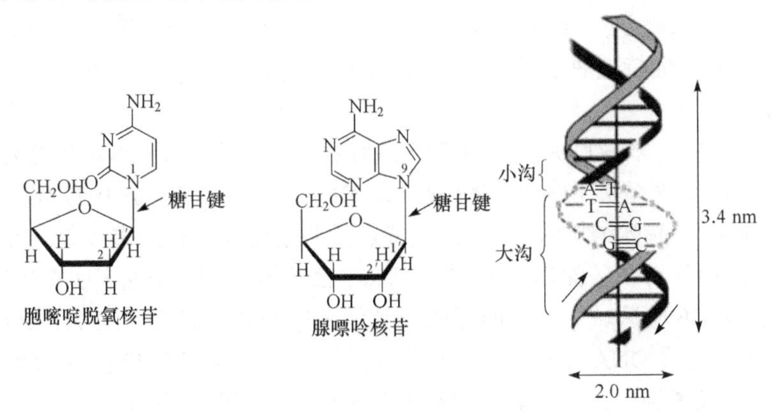

图 7-1　核酸的部分结构

核苷中的戊糖 C5 原子上的羟基被磷酸酯化形成核苷酸。核苷酸是核酸分子的结构单元。核酸分子中的磷酸酯键是在戊糖 C3 和 C5 所连的羟基上形成的，故构成核酸的核苷酸可视为 3-核苷酸或 5-核苷酸。DNA 分子中含有 A、G、C、T4 种碱基的脱氧核苷酸，RNA 分子中则含 A、G、C、U4 种碱基的核苷酸。依磷酸基团的多少，有一磷酸核苷、二磷酸核苷、三磷酸核苷。

核苷酸在体内除构成核酸外，还有一些游离核苷酸参与物质代谢、能量代谢与代谢调节，如三磷酸腺苷(ATP)是体内重要的能量载体；三磷酸尿苷参与糖原的合成；三磷酸胞苷参与磷脂的合成；环腺苷酸(cAMP)和环鸟苷酸(cGMP)作为第二信使，在信号传递过程中起重要作用；核苷酸还参与某些生物活性物质的组成，如尼克酰胺腺嘌呤二核苷酸(NAD^+)，尼克酰胺腺嘌呤二核苷酸磷酸($NADP^+$)和黄素腺嘌呤二核苷酸(FAD)。

7.1.2　核酸的结构与功能

1. 核酸的一级结构

核酸是由核苷酸线性聚合而成的生物大分子。核酸的共价结构也就是核酸的一级结构，通常指核酸的核苷酸序列。核酸是由核苷酸聚合而成的生物大分子。核酸中的核苷酸以 3′, 5′-磷酸二酯键构成无分支结构的线性分子。核酸链具有方向性，有两个末端分别是 5′末端与 3′末端：5′末端含磷酸基团，3′末端含羟基。通常将小于 50 个核苷酸残基组成的核酸称为寡核苷酸(oligonucleotide)，大于 50 个核苷酸残基称为多核苷酸(polynucleotide)。

2. DNA 的空间结构

1) DNA 的二级结构——双螺旋结构

双螺旋结构(double helix structure)特点如下：①两条 DNA 互补链反向平行；②由脱氧核糖和磷酸间隔相连而成的亲水骨架在螺旋分子的外侧，而疏水的碱基对在螺旋分子内部，碱基平面与螺旋轴垂直，螺旋旋转一周正好为 10 个碱基对，螺距为 3.4 nm，这样相邻碱基平面间隔为 0.34 nm 并有一个 36°的夹角；③DNA 双螺旋的表面存在一个大沟(major groove)和一个小沟(minor groove)，蛋白质分子通过这两个沟与碱基识别；④两条 DNA 链依靠彼此碱基之间形成的氢键而结合在一起。根据碱基结构特征，只能嘌呤与嘧啶配对，即 A 与 T 配对，形成 2 个氢键，G 与 C 配对，形成 3 个氢键，因此 G 与 C 之间的连接较为稳定；⑤DNA 双螺旋结构比较稳定。维持这种稳定性主要靠碱基对之间的氢键以及碱基的堆集力(stacking force)。

生理条件下，DNA 双螺旋大多以 B 型形式存在。右手双螺旋 DNA 除 B 型外还有 A 型、C 型、D 型、E 型，此外还发现左手双螺旋 Z 型 DNA。Z 型 DNA 是 1979 年里奇等在研究人工合成的 CGCGCG 的晶体结构时发现的，其特点是两条反向平行的多核苷酸互补链组成的螺旋呈锯齿形，其表面只有一条深沟，每旋转一周是 12 个碱基对。研究表明在生物体内的 DNA 分子中确实存在 Z-DNA 区域，其功能可能与基因表达的调控有关。DNA 二级结构还存在三股螺旋 DNA，三股螺旋 DNA 中通常是一条同型寡核苷酸与寡嘧啶核苷酸-寡嘌呤核苷酸双螺旋的大沟结合，三股螺旋中的第三股可以来自分子间，也可以来自分子内。三股螺旋 DNA 存在于基因调控区和其他重要区域，因此具有重要生理意义。

2) DNA 的三级结构——超螺旋结构

DNA 三级结构是指 DNA 链进一步扭曲盘旋形成超螺旋结构。生物体内有些 DNA 是以双链环状 DNA 形式存在，如有些病毒 DNA，某些噬菌体 DNA，细菌染色体与细菌中质粒 DNA，真核细胞中的线粒体 DNA、叶绿体 DNA。环状 DNA 分子可以是共价闭合环，即环上没有缺口，也可以是缺口环，环上有一个或多个缺口。在 DNA 双螺旋结构基础上，共价闭合环 DNA(covalently close circular DNA)可以进一步扭曲形成超螺旋形(super helical form)。根据螺旋的方向可分为正超螺旋和负超螺旋。正超螺旋使双螺旋结构更紧密，双螺旋圈数增加，而负超螺旋可以减少双螺旋的圈数。几乎所有天然 DNA 都存在负超螺旋结构。

3) DNA 的四级结构——DNA 与蛋白质形成复合物

在真核生物中其基因组 DNA 比原核生物大得多，如原核生物大肠杆菌的 DNA 约为 4.7×10^3 kb，而人的基因组 DNA 约为 3×10^6 kb，因此真核生物基因组 DNA 通常与蛋白质结合，经过多层次反复折叠，压缩近 10 000 倍后，以染色体形式存在于平均直径为 5 μm 的细胞核中。线性双螺旋 DNA 折叠的第一层次是形成核小体(nucleosome)，犹如一串念珠，核小体由直径为 11 nm×5.5 nm 的组蛋白核心和盘绕在核心上的 DNA 构成。核心由组蛋白 H2A、H2B、H3 和 H4 各 2 分子组成，为八聚体，146 bp 长的 DNA 以左手螺旋盘绕在组蛋白的核心 1.75 圈，形成核小体的核心颗粒，各核心颗粒间有一个连接区，约有 60 bp 双螺旋 DNA 和 1 个分子组蛋白 H1 构成。平均每个核小体重复单位约占 DNA 200 bp。DNA 组装成核小体其长度约缩短 7 倍。在此基础上核小体又进一步盘绕折叠，最后形成染色体。

3. 各类 RNA 的结构与功能

绝大部分 RNA 分子都是线状单链，但是 RNA 分子的某些区域可自身回折进行碱基互补配对，形成局部双螺旋。在 RNA 局部双螺旋中，A 与 U 配对、G 与 C 配对，除此以外，还存在非标准配对，如 G 与 U 配对。RNA 分子中的双螺旋与 A 型 DNA 双螺旋相似，而非互补区则膨胀形成凸出(bulge)或者环(loop)，这种短的双螺旋区域和环称为发夹(hairpin)结构。发夹结构是 RNA 中最普通的二级结构形式，二级结构进一步折叠形成三级结构，RNA 只有在具有三级结构时才能成为有活性的分子。RNA 也能与蛋白质形成核蛋白复合物，RNA 的四级结构是 RNA 与蛋白质的相互作用。

1) tRNA 的结构与功能

tRNA 约占总 RNA 的 15%，tRNA 主要的生理功能是在蛋白质生物合成中转运氨基酸和识别密码子，细胞内每种氨基酸都有其相应的一种或几种 tRNA，因此 tRNA 的种类很多，在细菌中有 30～40 种 tRNA，在动物和植物中有 50～100 种 tRNA。所有种类的 tRNA 都有非常相似的二级结构和三级结构。

tRNA 的二级结构[图 7-2(a)]：tRNA 的二级结构为三叶草型。配对碱基形成局部双螺旋而构成臂，不配对的单链部分则形成环。三叶草型结构由 4 臂 4 环组成。氨基酸臂由 7 对碱基组成，双螺旋区的 3′末端为一个 4 个碱基的单链区-ACCA-OH，腺苷酸残基的羟基可与氨基酸α-羧基结合而携带氨基酸。二氢尿嘧啶环以含有 2 个稀有碱基二氢尿嘧啶(DHU)而得名，不同的 tRNA 其大小并不恒定，在 8～14 个碱基变动，二氢尿嘧啶臂一般由 3～4 对碱基组成。反密码环由 7 个碱基组成，大小相对恒定，其中 3 个核苷酸组成反密码子(anticodon)，在蛋白质生物合成时，可与 mRNA 上相应的密码子配对。反密码臂由 5 对碱基组成。额外环在不同 tRNA 分子中变化较大可在 4～21 个碱基变动，又称为可变环，其大小往往是 tRNA 分类的重要指标。

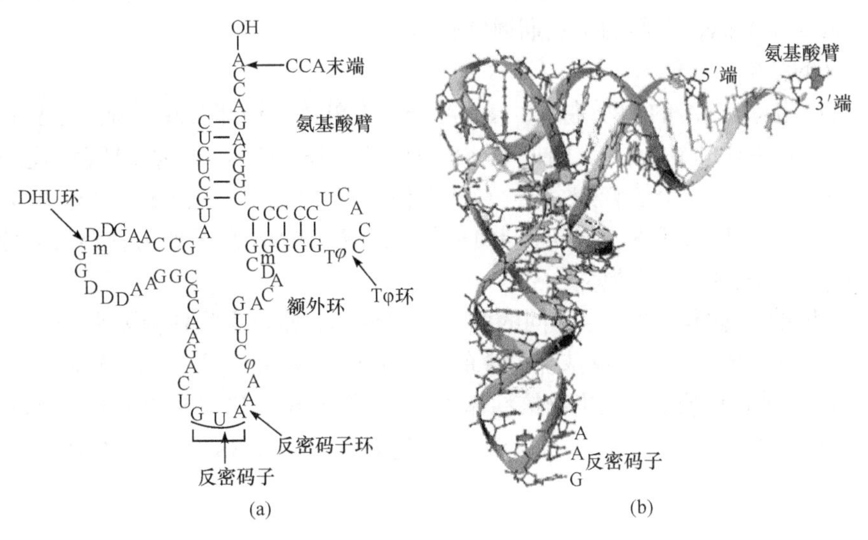

图 7-2　tRNA 的结构

(a) 二级结构；(b) 三级结构

tRNA 的三级结构：tRNA 的三级结构为倒 L 形，20 世纪 70 年代初科学家用 X 射线衍射技术分析发现 tRNA 的三级结构为倒 L 形[图 7-2(b)]。tRNA 三级结构的特点是氨基酸臂与 TψC 臂构成 L 的一横，-CCAOH 3′末端就在这一横的端点上，是结合氨基酸的部位；而二氢尿嘧啶臂与反密码臂及反密码环共同构成 L 的一竖，反密码环在一竖的端点上，能与 mRNA 上对应的密码子识别，二氢尿嘧啶环与 TψC 环在 L 的拐角上。形成三级结构的很多氢键与 tRNA 中不变的核苷酸密切相关，这就使得各种 tRNA 的三级结构都呈倒 L 形。在 tRNA 中碱基堆积力是稳定 tRNA 构型的主要因素。

2) mRNA 的结构与功能

原核生物中 mRNA 转录后一般不需加工，直接进行蛋白质翻译。mRNA 转录和翻译不仅发生在同一细胞空间，而且这两个过程几乎是同时进行的。真核细胞成熟 mRNA 是由其前体核内不均一 RNA(heterogeneous nuclear RNA，hnRNA)剪接并经修饰后才能进入细胞质中参与蛋白质合成，所以真核细胞 mRNA 的合成和表达发生在不同的空间和时间。mRNA 的结构在原核生物中和真核生物中差别很大。

原核生物的 mRNA 结构简单，往往含有几个功能上相关的蛋白质的编码序列，可翻译出几种蛋白质，为多顺反子。在原核生物 mRNA 中编码序列之间有间隔序列，可能与核糖体的识别和结合有关。在 5′端与 3′端有与翻译起始和终止有关的非编码序列，原核生物 mRNA 中没有修饰碱基，5′端没有帽子结构，3′端没有多聚腺苷酸的尾巴(polyadenylate tail，polyA 尾巴)。原核生物的 mRNA 的半衰期比真核生物的短得多，现在一般认为，转录后 1 min，mRNA 降解就开始。

真核生物 mRNA 为单顺反子结构，即一个 mRNA 分子只包含一条多肽链的信息。在真核生物成熟的 mRNA 中 5′端有 m7GpppN 的帽子结构，帽子结构可保护 mRNA 不被核酸外切酶水解，能与帽结合蛋白结合识别核糖体并与其结合，与翻译起始有关。3′端有 polyA 尾巴，其长度为 20～250 个腺苷酸，其功能可能与 mRNA 的稳定性有关，少数成熟 mRNA 没有 polyA 尾巴，如组蛋白 mRNA，它们的半衰期通常较短。

3) rRNA 的结构与功能

rRNA 占细胞总 RNA 的 80%左右，rRNA 分子为单链，局部有双螺旋区域具有复杂的空间结构，原核生物主要的 rRNA 有 3 种，即 5S、16S 和 23S rRNA，如大肠杆菌的这 3 种 rRNA 分别由 120、1542 和 2904 个核苷酸组成。真核生物则有 4 种，即 5S、5.8S、18S 和 28S rRNA，如小鼠，它们相应含 121、158、1874 和 4718 个核苷酸。rRNA 分子作为骨架与多种核糖体蛋白(ribosomal protein)装配成核糖体。

所有生物体的核糖体都由大小不同的两个亚基组成。原核生物核糖体为 70S，由 50S 和 30S 两个大小亚基组成。30S 小亚基含 16S 的 rRNA 和 21 种蛋白质，50S 大亚基含 23S 和 5S 两种 rRNA 及 34 种蛋白质。真核生物核糖体为 80S，是由 60S 和 40S 两个大小亚基组成。40S 的小亚基含 18S rRNA 及 33 种蛋白质，60S 大亚基则由 28S、5.8S 和 5S 3 种 rRNA 及 49 种蛋白质组成。

4) 其他 RNA 分子

20 世纪 80 年代以后，由于新技术不断产生，人们发现 RNA 有许多新的功能和新的 RNA 基因。细胞核内小分子 RNA(small nuclear RNA，snRNA)是细胞核内核蛋白颗粒(small nuclear ribonucleoprotein particles，snRNPs)的组成成分，参与 mRNA 前体的剪接以及成熟的 mRNA 由核内向胞浆中转运的过程。核仁小分子 RNA(small nucleolar RNA，snoRNA)是一类新的核酸调控分子，参与 rRNA 前体的加工以及核糖体亚基的装配。胞质小分子 RNA(small cytosol RNA，scRNA)的种类很多，其中 7S LRNA 与蛋白质一起组成信号识别颗粒(signal recognition particle，SRP)，SRP 参与分泌性蛋白质的合成，反义 RNA(antisense RNA)可以与特异的 mRNA 序列互补配对，阻断 mRNA 翻译，调节基因表达。核酶是具有催化活性的 RNA 分子或 RNA 片段。目前在医学研究中已设计了针对病毒的致病基因 mRNA 的核酶，抑制其蛋白质的生物合成，为基因治疗开辟新的途径，核酶的发现也推动了生物起源的研究。微 RNA(microRNA，

miRNA)是一种具有茎环结构的非编码 RNA，长度一般为 20～24 个核苷酸，在 mRNA 翻译过程中起到开关作用，它可以与靶 mRNA 结合，产生转录后基因沉默作用(post-transcriptional gene silencing，PTGS)，在一定条件下能释放，这样 mRNA 又能翻译蛋白质，由于 miRNA 的表达具有阶段特异性和组织特异性，它们在基因表达调控和控制个体发育中起重要作用。

7.2　化学物质的致突变作用

自然界中千万种生物在不停地发生着变异或者突变。正常情况下发生的突变称为自发性突变，发生的概率非常低。另一种是诱发性突变，是由于环境中存在某种诱导因子引起的突变，环境中存在的诱导因子越多，生物暴露在诱导因子之下的机会越多，则发生突变的频率就越高。诱发性突变将引起生物细胞体中遗传物质 DNA 等的改变或损伤。

从分子水平上看，基因突变是指基因在结构上发生碱基对组成或排列顺序的改变。基因虽然十分稳定，能在细胞分裂时精确地复制自己，但这种稳定性是相对的。在一定的物理、化学、生物等因素的影响下，基因可以从原来的存在形式突然改变成另一种新的存在形式，就是在一个位点上突然出现了一个新基因，代替了原有基因，这个基因称为突变基因。

基因突变可以发生在发育的任何时期，通常发生在 DNA 复制时期，即细胞分裂间期，包括有丝分裂间期和减数分裂间期；同时基因突变与脱氧核糖核酸的复制、DNA 损伤修复、癌变和衰老都有关系，基因突变也是生物进化的重要因素之一。因此，研究基因突变除了本身的理论意义以外还有广泛的生物学意义，如为遗传学研究提供突变型，为育种工作提供素材，在科学研究和生产上具有重要的实际意义。

7.2.1　基因突变的类型

基因突变是指基因组 DNA 分子发生的突然的、可遗传的变异现象。从分子水平上看，基因突变是指基因在结构上发生碱基对组成或排列顺序的改变。基因突变主要有以下几种类型。

1. 碱基置换

碱基置换是指 DNA 分子中一个碱基对被另一个不同的碱基对取代所引起的突变，也称为点突变。点突变分转换和颠换两种形式。一种嘌呤(嘧啶)被另一种嘌呤(嘧啶)取代的突变称为转换，嘌呤取代嘧啶或嘧啶取代嘌呤的突变则称为颠换(图 7-3)。在自然发生的突变中，转换多于颠换。

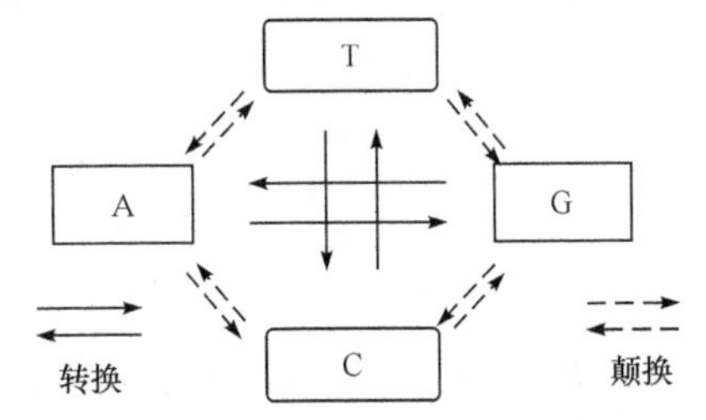

图 7-3　碱基的转换与颠换示意图

无论是转换还是颠换都只涉及一对碱基，是名副其实的点突变，其结果可造成一个三联体密码子的改变。可能造成的后果是：①同义突变,位于密码子第三碱基的置换，由于遗传密码的兼并，经转录和翻译所对应的氨基酸不变；②错义突变,碱基置换使密码子的意义改变，经转录和翻译所对应的氨基酸改变；③无义突变,碱基置换使密码子成为终止密码，导致肽链延长提前结束；④终止密码突变，碱基置换使终止密码转变成某种氨基酸密码，指导合成的肽链将延长到出现第二个终止密码才结束。

2. 移码

移码是指在正常的 DNA 分子中，某位点插入或者缺失的碱基数目为非 3 的倍数，造成该点之后的蛋白质三联体密码子阅读框发生改变，从而使一系列基因编码序列产生移位错误的改变。其结果是从原始损伤的密码子开始一直到信息末端的氨基酸序列完全改变；也可能使读码框架改变其中某一点形成无义密码，于是产生一个无功能的肽链片段。移码比较容易成为致死性突变。

3. 大段损伤

大段损伤是 DNA 链大段缺失或插入。缺失突变是指基因因为较长片段的 DNA 的缺失而发生突变。缺失的范围如果包括两个基因，那么就好像两个基因同时发生突变，因此又称为多位点突变。

插入突变是指一个基因的 DNA 中如果插入一段外来的 DNA，那么它的结构便被破坏而导致突变。

例如，大肠杆菌的噬菌体 Mu-1 和一些插入顺序以及转座子都是能够转移位置的遗传因子，当它们转移到某一基因中时，便使这一基因发生突变。许多转座子上带有抗药性基因，当它们转移到某一基因中时，一方面引起突变，另一方面使这一位置上出现一个抗药性基因。

7.2.2 化学诱变

诱变剂是能引起生物体遗传物质发生突然或根本的改变，使其基因突变或染色体畸变达到自然水平以上的物质。目前诱变基本上可分为物理诱变、化学诱变、生物诱变和空间诱变等。这里主要介绍化学诱变。

表 7-1 列出了部分常用化学诱变剂的类型、性质、作用机制和主要生物学效应。

表 7-1 部分常用化学诱变剂的类型及作用

名称	性质	作用机制	主要生物学效应
亚硝酸	脱氨基诱变剂	碱基脱氨基作用	DNA 关联；碱基缺失；碱基对的转换
5-氟尿嘧啶(5-FU)、5-溴尿嘧啶(5-BU)	碱基类似物	代替正常碱基掺入 DNA 分子中	碱基对转换
吖啶黄、吖啶橙	移码诱变剂	插入碱基对之间	碱基排列产生码组移动
氮芥(NM)、乙烯亚胺(EI)、硫酸二乙酯(EMS)、亚硝基胍(NTG)、亚硝基甲基脲(NMU)	烷化剂(双功能) 烷化剂(单功能)	碱基烷基化作用	DNA 交联；碱基缺失；引起染色体畸变；碱基对的转换或颠换

化学诱变剂根据其对 DNA 作用方式的不同可分为以下几类：烷化剂类诱变剂、核酸碱基类似物诱变剂、其他诱变剂等。

1. 烷化剂类诱变剂

烷化剂类诱变剂是在诱变育种中应用最广泛的一类化合物。它带有一个或多个活跃的烷基，这些烷基能转移到其他电子密度较高的分子(亲核中心)中。通过烷基置换，取代其他分子的氢原子称为“烷化作用”。它们借助于磷酸基、嘌呤、嘧啶基的烷化而与 DNA 或 RNA 作用，进而导致“遗传密码”的改变。碱基经常发生的改变是形成 7-烷基鸟嘌呤。

烷基化诱变剂诱发突变的原理是由于这些诱变剂分子中有一个或多个活性烷基，它们能够转移到 DNA 分子中电子云密度极高的位点上置换氢原子进行烷化反应。烷化剂的生物学效应主要是引起 DNA 结构功能异常：DNA 被烷基化后能形成异常碱基配对。例如，鸟嘌呤 N 烷基化后形成季胺，引起电子云密度分布发生改变，形成 G 与 T 的错配，同时原来与 G 配对的胞嘧啶 C 也受到影响，形成与 A 的错配，在下一次复制中，二者形成错误的配对，引起细胞变异。鸟嘌呤和腺嘌呤烷基化后还会发生脱嘌呤现象，在 DNA 链上形成一个缺口，在下次复制时产生框移现象，形成错误的三联码，造成整个 DNA 链遗传密码的错乱，脱嘌呤还可导致 DNA 的断裂。烷化剂所产生的最严重的后果是使 DNA 双链形成交联和断裂。

烷化鸟嘌呤的错误配对是烷化剂诱变的主要原因，脱嘌呤作用的结果往往是致死作用多于诱变作用。此外，其产生的生物学效应还有烷化后的烷基与另一链上鸟嘌呤的 N7 位烷化而产生 DNA 链间的交联。烷化后的碱基由于烷化部分带上活性烷基所产生的重量造成碱基开环。

属于烷化剂的有(图 7-4)：甲基磺酸乙酯(EMS)、乙基磺酸乙酯(EES)、甲基磺酸甲酯(MMS)、丙基磺酸丙酯(PPS)、甲基磺酸丙酯(PMS)、甲基磺酸丁酯(BMS)、亚硝基乙基脲(NEH)、亚硝基乙基尿烷(NEU)、亚硝基胍(NTG)、硫酸二乙酯(DES)、硫酸二甲酯(DMS)、乙烯亚胺(EI)。

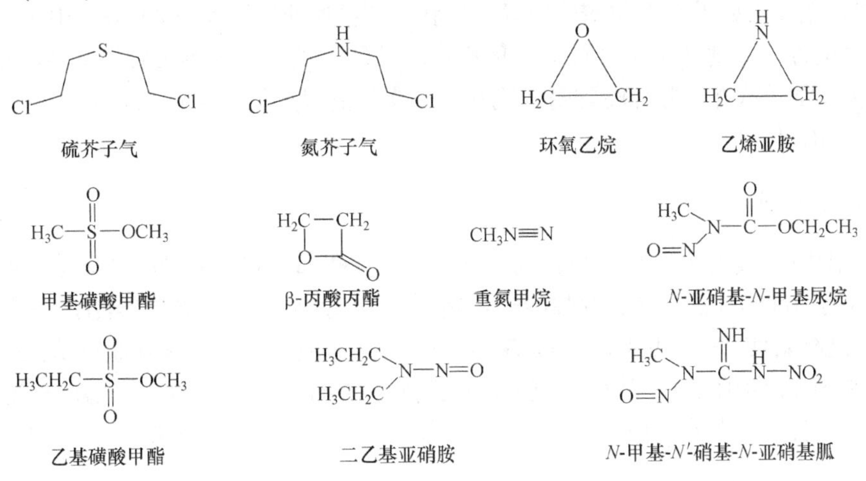

图 7-4　烷化剂的分子结构

在烷化剂中，常用的如甲基磺酸乙酯(EMS)，其为强诱变剂。烷化剂大部分是潜在的致癌物质，因此使用中应避免与皮肤接触，或吸入它的气体。其中甲基磺酸乙酯的毒性较小，是最好的诱变剂之一。

2. 核酸碱基类似物诱变剂

核酸碱基类似物是另一类重要的“拟辐射物质”，它们具有化学结构上与核酸碱基(A、G、C、T)相似的特点，可以在不妨碍 DNA 复制的情况下，作为组成 DNA 的成分而掺入 DNA 中，由于它们在某些取代基上与正常碱基不同，造成碱基配对的差错，从而引起突变，如 5-溴尿嘧啶(5-BU)、5-氟尿嘧啶、8-氮鸟嘌呤、2-氨基嘌呤(2AP)等。

碱基类似物诱发基因突变是导致碱基对的转换，也可回复突变。例如，5-溴尿嘧啶是胸腺嘧啶的结构类似物，它在生物体内以烯醇式和酮式存在。当 5-溴尿嘧啶以烯醇式状态存在时，它能与鸟嘌呤相配对。因此，在机体缺乏胸腺嘧啶时，5-溴尿嘧啶容易掺入 DNA 分子中。在掺入过程中，会出现以下两种情况：

(1) 复制错误。当 5-溴尿嘧啶以酮式状态正确地掺入正常互补碱基的相对位置上时，则 5-溴尿嘧啶的相对位置上是腺嘌呤，在掺入后的第一次复制时，由于它变为烯醇式状态而错误地与鸟嘌呤配对，则在第二次复制以后 5-溴尿嘧啶又引起碱基对从 A—T⟵⟶G—C 转换[图 7-5(a)]。

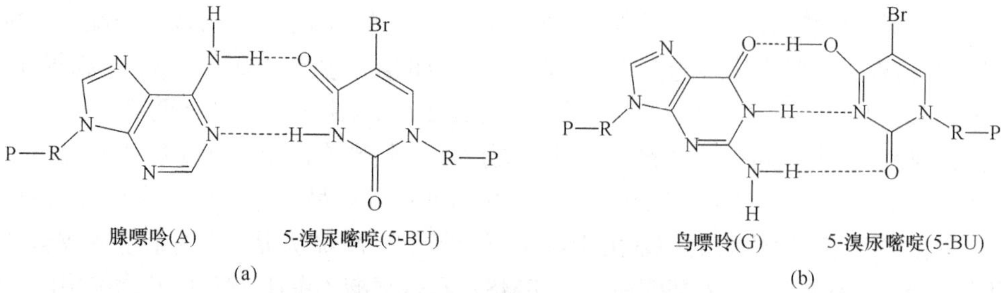

腺嘌呤(A)　5-溴尿嘧啶(5-BU)

(a)

鸟嘌呤(G)　5-溴尿嘧啶(5-BU)

(b)

图 7-5　5-溴尿嘧啶的诱变作用机制

(a) 复制错误：5-溴尿嘧啶的酮式与腺嘌呤(A)配对；(b) 掺入错误：5-溴尿嘧啶的醇式与鸟嘌呤(G)配对

(2) 掺入错误。如果 5-溴尿嘧啶以烯醇式状态"错误地"掺入 DNA 分子中正常的非互补碱基的相对位置上，则其相对位置上是鸟嘌呤而不是腺嘌呤。在掺入后的第一次复制时，5-溴尿嘧啶又以酮式状态与腺嘌呤配对，则在第二次复制以后就引起碱基对从 G—C⟵⟶A—T 的转换[图 7-5(b)]。

3. 其他诱变剂

亚硝酸(HNO_2)具有脱氨基作用，能使核酸、核苷酸和核苷中的嘌呤和嘧啶上的氨基转变为羟基，从而引起突变。例如，腺嘌呤经亚硝酸脱氨基后就变为次黄嘌呤(H)。次黄嘌呤与胞嘧啶配对，这样就使 A—T 配对转换成 G—C 配对。亚硝酸也可使胞嘧啶脱氨基而变成尿嘧啶(U)，尿嘧啶和腺嘌呤配对，从而通过 DNA 复制使 G═C 变为 A═T。鸟嘌呤经亚硝酸处理后，脱去氨基转变为黄嘌呤(X)，但黄嘌呤与鸟嘌呤一样，仍与胞嘧啶配对，因而不能引起转换突变。

叠氮化钠(NaN_3)是一种具有诱变作用的无机盐，为呼吸抑制剂，对植物体内好几种酶均有抑制作用。它具有很高的诱变频率，其中绝大多数是点突变，而染色体畸变的概率很低。它只作用于复制中的 DNA，与 DNA 作用的方式是碱基置换。

羟胺(NH_2OH)及其衍生物主要与胞嘧啶及尿嘧啶起专一性的反应，所以它几乎只诱发 G—C 为 A—T 置换而不诱发 A—T 为 G—C 置换。羟胺能使胞嘧啶 C4 位置上的氨基(—NH_2)转变为羟胺基(—NHOH)，由于羟胺基比氨基携带更多的负电荷，它上面的氢原子就更容易转移到 N1 位置上形成异构体。这种异构体改变了原来与鸟嘌呤配对的性质，而与腺嘌呤配对。DNA 分子进一步复制，在原来 G—C 碱基对的位置上就会出现 A—T 碱基对，从而导致碱基置换。

吖啶是一类杂环染料的代表，这类诱变剂结构都相似，有一个环状结构，外侧的附加基团大小也相差不大，它们既能诱发基因突变，也能引起染色体断裂。吖啶能与 DNA 或 RNA

作用而引起结构改变，但不形成共价键，它的分子可插入两个相邻的碱基对之间，造成双螺旋部分分开，两个碱基对的距离增加。这样可以促进正在复制的 DNA 链中的核苷酸的插入或缺失，造成复制时码组变化。所谓码组位移，即在 DNA 分子上减少或增加一两个碱基会引起碱基突变点以下全部遗传密码转录和翻译的错误，结果使合成的蛋白质发生质的变化。以原黄素和吖啶橙为例，它们的长度为 68 nm，恰好是一条 DNA 链上相邻两碱基的距离(34 nm)的两倍。当 DNA 分子复制时，双链解开，这类诱变剂分子可能插入模板链相邻的两个碱基的空隙中，进而把它们之间的距离撑大一倍，两个碱基之间的距离由 34 nm 加大到 68 nm，这样新合成的互补链上就增加了一个碱基，从而造成移码突变。反之，如果插入合成时的互补链上，就会使新合成的互补链缺少一个碱基，也会造成移码突变。由此可见，如果吖啶分子是在双链 DNA 复制之前插入，就会造成碱基对的增加；如果刚好在复制过程中插入，就可能造成碱基对的减少。

如果在一个碱基插入点的附近以后又丢失了同样数目的碱基，或者相反，在缺失点的附近又插入相等数 El 的碱基，则突变效应往往可被抑制，因为第二次移码突变把第一次移码突变弄乱了的编码系统又部分地变回去了。但这不是真正的回复突变，而是抑制突变。如果在两个突变位点之间包括一个终止密码子或起始密码子，那么就不会产生这种抑制效应。

7.2.3　化学诱变的应用

基因突变所形成的突变型可以是中性的，也可以是有利的而为生物进化提供丰富的原料，如微生物诱变育种、农作物诱变育种；还可以是有害的，如化学致癌物。

1. 花卉化学诱变育种

花卉化学诱变育种是人工利用化学诱变剂诱发花卉产生遗传变异，再通过多世代对突变体进行选择和鉴定，培育成具有较高观赏价值花卉新品种的技术。

花卉化学诱变育种主要是利用秋水仙素诱导多倍体的产生，从而产生新品种。多倍体花卉新品种一般具有植株粗壮、叶大、花器官增大、花色更娇艳等特征，增加了花卉的观赏价值和商业价值，这在百合、萱草、金鱼草、马蹄莲、报春花等众多花卉上均获成功。

2. 微生物诱变育种

微生物诱变育种是指人工有意识地将生物体暴露于物理的、化学的或生物的一种或多种诱变因子中，促使生物体发生突变，进而从突变体中筛选具有优良性状的突变株的过程。与自然选育相比，微生物诱变育种由于引入了诱变剂处理而使菌种发生突变的频率和变异的幅度得到了提高，从而使筛选获得优良特性的变异菌株的概率大大增加。

例如，无花果丝孢酵母一般具有较高的脂肪水解活力，不同来源的菌种，其脂肪酶在细胞内、细胞外和细胞膜上的分布、活力均有较大差异。采用紫外线和硫酸二乙酯作为诱变剂对无花果丝孢酵母进行复合诱变，得到具有高渗透性和抗阻遏的突变菌株，其胞外酶活性提高了 76%。

用紫外线和硫酸二乙酯对延胡索酸酶生产菌——黄色短杆菌(B1)为原始出发菌株进行诱变处理，经摇瓶、复筛后，得到较 B1 酶活力高出 23%的新突变菌株 B4，并且具有稳定的产酶性能。

以兽疫链球菌 C55151 为原始菌种，经 *N*-甲基化、*N*-硝基化、*N*-亚硝基胍(NTG)诱变处理，获得一株高产透明质酸(hyaluronic acid，HA)的变异株 J18，其 HA 产量较原始株提高一倍。

3. 农作物化学诱变育种

农作物化学诱变育种是人工利用化学诱变剂诱发作物发生突变，再通过多世代对突变体进行选择和鉴定，直接或间接地培育成生产上能利用的农作物品种。化学诱变始于 20 世纪初，1943 年 Ochlkers 用尿烷处理月见草以后，化学药剂的诱变作用得到肯定。1948 年 Gustafsson 等用芥子气处理大麦获得突变体，开创了化学诱变在农作物育种上应用的先河，20 世纪 50 年代末得到广泛研究并逐渐取得成果。1967 年 Nilan 用硫酸二乙酯处理大麦种子，育成了产量高、茎秆矮、抗倒伏的品种。此后，农作物化学诱变育种在世界各国得以推广。

7.2.4 化学致癌物质

化学致癌是指化学物质引起正常细胞发生恶性转化并发展成肿瘤的过程。

化学致癌物是指能引起人类或动物肿瘤、增加其发病率或死亡率的化合物。近代肿瘤研究中的主要进展之一就是发现了大量的化学致癌物质。这些物质作用于机体组织后，通过不同的途径，逐步引起组织癌变，最后形成肿瘤。化学致癌物使正常细胞转化为癌细胞称为致癌。国际癌症研究所 1970 年前后就指出，80%～90%的人类癌症和环境因素有关，其中主要是化学因素，占 90%以上。

1. 化学致癌物质的类型

根据化合物致癌作用机制，化学致癌物质可分为以下两大类：

(1) 遗传毒性致癌物，指进入细胞后与 DNA 共价结合，引起机体遗传物质改变，导致癌变的化学物质。

(2) 非遗传毒性致癌物(表遗传毒性致癌物)，指不作用于遗传物质的化学致癌物。

这里我们主要讨论遗传毒性致癌物，它可分为直接致癌物、间接致癌物和促癌物三类。

直接致癌物是指进入人体后不需经体内代谢转化，直接作用于细胞中的大分子化合物(RNA、DNA、蛋白质等)而引起癌症的物质，如某些烷化剂、亚硝胺类物质。

间接致癌物是指在体内需经代谢活化才能与大分子化合物结合的致癌物，如多环芳烃、亚硝胺类、芳香胺等。

促癌物是指本身并不致癌，但当它与致癌物同时作用时，能明显地强化致癌作用的一类物质，如巴豆油、丙酮、酚、氧化铁粉尘等。

大多数化学致癌物属于间接致癌物。体内活化作用主要靠肝脏中的微粒体混合功能氧化酶进行，使原来未经活化不具有致癌性的化学物质——前致癌物变成近致癌物，最终变成有活性的终致癌物，而与生物大分子化合物结合，在远离作用部位引起癌症。

有机致癌物大致可分为多环芳烃类、芳香胺类、偶氮类、亚硝胺类及亚硝酰胺类、烷化剂类、内酯类、性激素、霉菌毒素等(图 7-6)。其中多环芳烃、亚硝胺及霉菌毒素是环境中三类最普遍、最重要的致癌物。

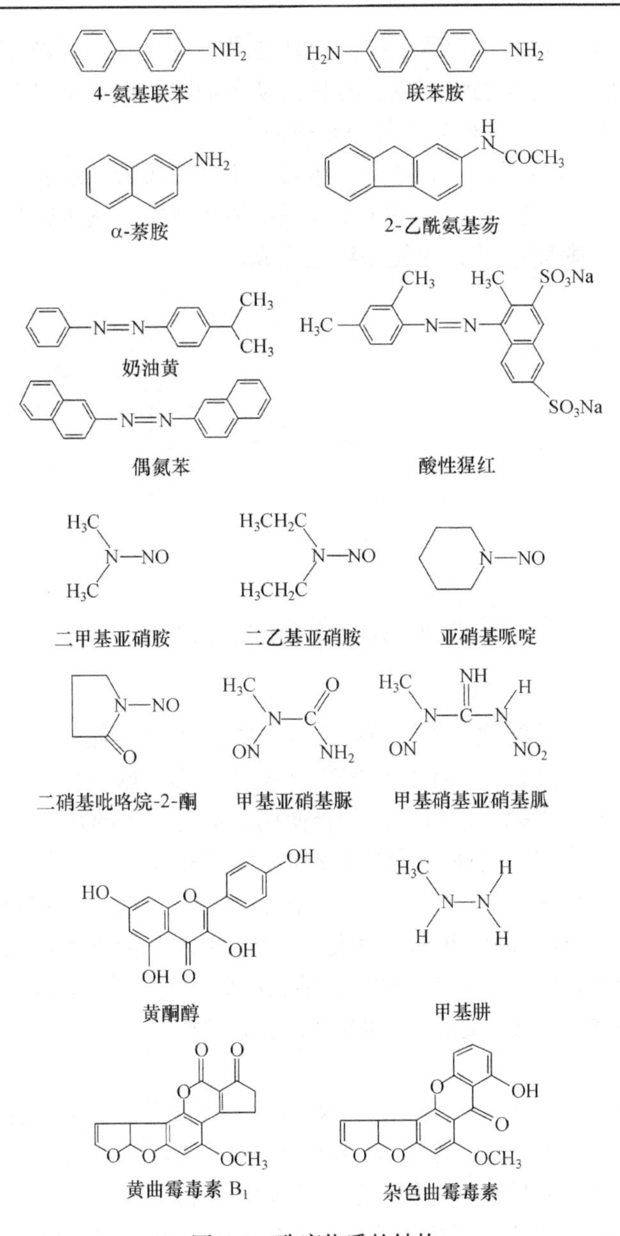

图 7-6　致癌物质的结构

1) 烷化剂类

这是一类具有烷化作用的有机物分子,其中某些功能基团有致癌作用,素有“化学射线”之称。例如，战争中使用的芥子毒气，工业原料中的异丙油、硫酸二甲酯、氯甲基甲醚、二氯甲醚、氯乙烯、氯丁二烯，药物氮芥、环磷酰胺等都有致癌性，其中的一些化合物常作为化学诱变剂使用。它们可诱发人皮肤、呼吸系统、消化系统、神经系统和造血系统的肿瘤，大部分已经禁止生产和使用。但是氮芥、环磷酰胺既是抗肿瘤药物，又可诱发继发性肿瘤。

2) 多环芳烃类

多环芳烃(PAH)是数量最多，分布最广，与人关系最密切、对人的健康威胁最大的一类环境污染物，也是最早被发现的化学致癌物。PAH 主要存在于煤、石油、焦油和沥青中，也可由含碳氢元素的化合物不完全燃烧产生，各种机动车辆内燃机所排出的废气、香烟的烟雾及露天焚烧(包括烧荒)等均含有多种多环芳烃致癌物。

多环芳烃是一种间接致癌物，需经微粒体酶代谢活化成为近致癌物，并最终成为终致癌物。此终致癌物是芳烃环氧化物，如苯并[a]芘经微粒体单氧酶系氧化成 7,8-环氧化物(图 7-7)。被损伤的 DNA 导致“基因突变”，促使癌细胞形成。

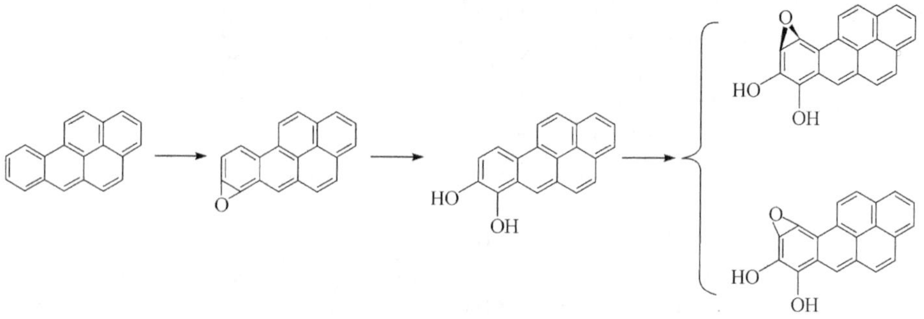

图 7-7　多环芳烃的代谢活化过程

3) 芳香胺类

芳香胺是染料合成和药物化工等的重要原料，需在体内代谢酶系活化后才有致癌性。它们可以分为芳香胺和芳香酰胺，前者如β-萘胺、4-氨基联苯、联苯胺，后者如 2-乙酰胺基芴。芳香胺主要引起职业性膀胱癌，多数已被禁止使用。值得注意的是，目前市场上销售的许多染发剂即为此类物质，有致突变性，可使美发师和使用者增加患癌(如白血病)的风险。

芳香胺需被代谢活化成为活泼的亲电子代谢物，这些代谢物再与 DNA 结合成为 DNA 加合物。DNA 加合物会造成基因中碱基的改变，如果 DNA 的修复工作没做好就会因 DNA 碱基的改变而突变。例如，4-氨基联苯会被代谢活化酶转变为 4-羟基二苯胺和 *N*-羟基乙酰二苯胺，这些产物经过一连串代谢，最后与 DNA 形成加合物。

4) 偶氮染料

芳香族偶氮化合物含有偶氮基团(—N═N—)，多数与芳香基团相连，少数则连接于杂环基团或链烃上，属间接致癌物。偶氮苯本身不致癌，但它的衍生物致癌，如奶油黄、偶氮萘、酸性猩红等，在体内很容易与肝脏的蛋白质或 DNA 结合，主要引起职业性肝脏肿瘤。例如，对二甲氨基偶氮苯又称奶油黄或基黄，曾用作食用色素，现发现它可在体内代谢产生有致癌性的终致癌物，因此已停止使用。

5) 亚硝基化合物

亚硝基化合物(NOC)为具有 R—N(NO)—R′结构的一类化合物，能溶于水和脂肪中，可在人体内外环境中合成，具有使 DNA 烷化的作用。其前体物广泛分布于环境中，几乎对所有的实验动物都具有致癌性。它们可分为亚硝胺、亚硝酰胺、亚硝基氨基酸等。

亚硝胺为间接致癌物，如二甲基亚硝胺、甲基乙基亚硝胺等。亚硝酰胺的化学性质比亚硝胺更活泼，是一种直接致癌物，致癌剂量远远小于芳香胺和偶氮化合物，经哺乳动物的混合功能氧化酶系统代谢活化后才具有致突变性，主要诱发胃癌和食道癌。

6) 生物毒素

生物毒素是源自各种生物体、分子结构各异的天然性化学致癌物，需经代谢活化才能发挥致癌作用。目前发现的这类致癌物主要来自植物和微生物，它们往往是这些生物体内的正常成分，对生物体本身无害，主要引起消化系统肿瘤。

植物源性毒素广泛存在于植物中的吡咯碱(如野百合碱、千里光碱)，蕨菜等植物中广泛存在的黄酮类衍生物(如黄酮醇、漆黄素)，铁树果实中的苏铁素，生姜和肉桂中的黄樟素，白蘑菇中的伞菌氨酸和甲基肼等。

微生物源性毒素有真菌性和放线菌性的，前者如黄曲霉毒素、杂色曲霉毒素、镰刀菌毒素 D、博来霉素、丝裂霉菌 C 等抗癌药物。黄曲霉毒素是由黄曲霉菌生物体产生的毒素的总称，是多种结构相似的杂环混合物。已发现的黄曲霉毒素及其衍生物有 20 余种，分别用 B、G、M、P、U 符号表示。其中 B_1 的致癌性最强，其致癌性比奶油黄强 900 倍，比二甲基亚硝胺大 75 倍，致癌所需的最短时间为 24 周，是已知致癌物中最强的一种肝癌致癌剂。

7) 其他化学致癌物

除了上述几类重要的化学致癌物质以外，为数众多的其他类型的化学致癌物质也陆续发现，引起人们的重视。它们很多是在生物学研究中发现的，也有的是在寻求肿瘤治疗药物和长期系统实验致癌研究中发现的。

(1) 乌拉坦类——氨基甲酸酯。日本学者 Fukui 等曾研究了一系列氨基甲酸酯结构中羰基碳原子的电子能量与致癌作用的关系，发现此碳原子的亲电能力超过某一水平时即有致癌作用，以 S'(N)表示，其数值为 0.979。他们认为，乌拉坦类的致癌作用与生物烷化剂一样，是基于分子中的亲电性，在体内与细胞受体中电子云丰富的部位相结合，以破坏或影响正常代谢。除羰基碳原子的极性影响外，它们的致癌作用也可能与分子结构的空间效应有关，如氨基甲酸乙酯和丙酯的羰基碳原子具有相同的 S'(N)值，但后者的致癌作用远小于前者，这与它的分子结构空间位置有关，影响了与组织受体的结合。

(2) 4-硝基喹啉-*N*-氧化物。4-硝基喹啉-*N*-氧化物是日本人 Nakahara 于 1956 年发现的强力致癌化合物，同时它也有抑制肿瘤生长的作用。

4-硝基喹啉-*N*-氧化物涂抹皮肤有与多环碳氢化合物相似的致癌作用，可以诱发皮肤纤维肉瘤，此外它还可以引起多种实验癌肿的生长。

(3) 内酯环化物。近年来，发现具有四元和五元内酯环的化合物也表现了明显的致癌作用，它们具有和生物烷化剂类极为相似的细胞毒性和烷基化作用。其中最早研究的是β-丙内酯(LXXXVⅡ)，它是一种效果极佳的空气消毒剂，由于四元环的张力较大，因此有相当大的烷基化作用能力，动物注射时可在注射部位引起肉瘤，对皮肤也有一定的致癌作用。

2. 化学致癌物质的作用机理

化学致癌物诱发肿瘤的发生是一个长期的、多阶段、多基因改变累积的过程，具有多基因和多因素调节的复杂性。正常细胞经过遗传学改变的积累，才能转变为癌细胞，癌症的发生是多阶段过程，至少包括引发、促长和进展阶段。

1) 引发阶段

化学致癌物与机体靶细胞 DNA 反应，对其产生损伤作用经细胞分裂增殖固定下引起基因突变，成为突变细胞，导致遗传密码改变。这个过程是化学致癌物不可逆转变为肿瘤细胞的步骤。大部分环境致癌物都是间接致癌物，需要通过机体代谢活化，经近致癌物至终致癌物，由终致癌物引发。若细胞中原有修复机制对 DNA 损伤不能修复或修复力度不够，正常细胞将会转变为突变细胞。

2) 促长阶段

这一阶段是促进引发形成肿瘤细胞分裂生长的作用阶段，主要是突变细胞改变了遗传信息的表达，增殖成为肿瘤，其中恶性肿瘤还会向机体其他部位扩展。基于苯并[a]芘、二甲苯并[a]蒽和二苯并[a,h]蒽这三种强致癌物，有学者分别以亚致癌剂量涂抹小鼠皮肤一次，20 周后不发生肿瘤或很少发生。但如在使用相同剂量致癌物后再用通常不致癌的巴豆油涂抹同一部位(每周 2 次，共 20 周)，则分别有 37.5%、58.0%和 29.5%发生皮肤癌，但是单独使用或在给予致癌物之前使用巴豆油都不引起肿瘤形成。引发剂在使用很长一段时间后，再使用促癌剂，结果仍能引发肿瘤的形成。这一系列实验说明两个问题：①促长阶段必须依靠引发阶段来完成，引发作用是不可逆的；②适时停止或延长促癌剂的使用，都不能引起肿瘤，这说明促癌作用是可逆的。

3) 进展阶段

这一阶段是良性肿瘤转变成恶性肿瘤的过程。细胞表现出不可逆的遗传学改变。在该阶段可观察到恶性肿瘤的许多特征，如生长率增加、侵袭、转移等。核型不稳定性导致细胞基因组结构的形态学改变。进展剂可引起染色体畸变，但不一定具有引发活性。

7.3 小分子化合物与 DNA 的相互作用

小分子与 DNA 的相互作用是以 DNA 为靶分子的各种物质生物效应的分子基础，其键合状态可能是导致癌变、突变和细胞死亡的重要环节。这些能与 DNA 结合的小分子很多是临床上广泛应用的抗癌药物。与 DNA 相互作用的小分子药物的数量非常多，它们与 DNA 结合的部位主要是 DNA 的磷酸骨架、碱基对及戊糖环，以及由核苷酸螺旋形成的大、小沟槽，它们主要通过共价键、非共价键及剪切作用发生结合，其中大部分药物分子是以非共价键方式与 DNA 发生作用。故小分子药物与 DNA 的相互作用方式归纳起来大致有三种：共价结合、非共价结合和剪切作用。

7.3.1 共价结合

早期使用的一些抗癌药物(如氮芥)具有使 DNA 烷基化的功能，它们对细胞的作用基本上没有选择性，所以临床使用有严重的毒副作用。后来发展的一些天然抗癌抗生素是首先与 DNA 形成非共价复合物，再与其共价结合。很多这类天然抗癌抗生素表现出了明显的抗癌活性，而且具有选择性毒性。能与 DNA 发生共价结合的药物小分子比较少，但是与非共价结合相比，共价结合的小分子识别 DNA 序列的能力强得多。有机小分子与核酸共价结合包括与亲核试剂和亲电试剂的作用，主要表现为核酸的烷基化与 DNA 的链间交联、链内交联等。

1. 氮丙啶类抗生素

丝裂霉素 C 是此类物质中研究得最多的一种抗癌抗生素。它需要酶的还原，而还原活化会引起结构中某些碳位甲醇组成的脱去，继而进行一元或二元 DNA 的烷基化(图 7-8)。由于还原作用在丝裂霉素结构中产生两个活性部位，化合物与位于 DNA 临近链的鸟嘌呤碱基发生亲核反应，形成交叉连接。

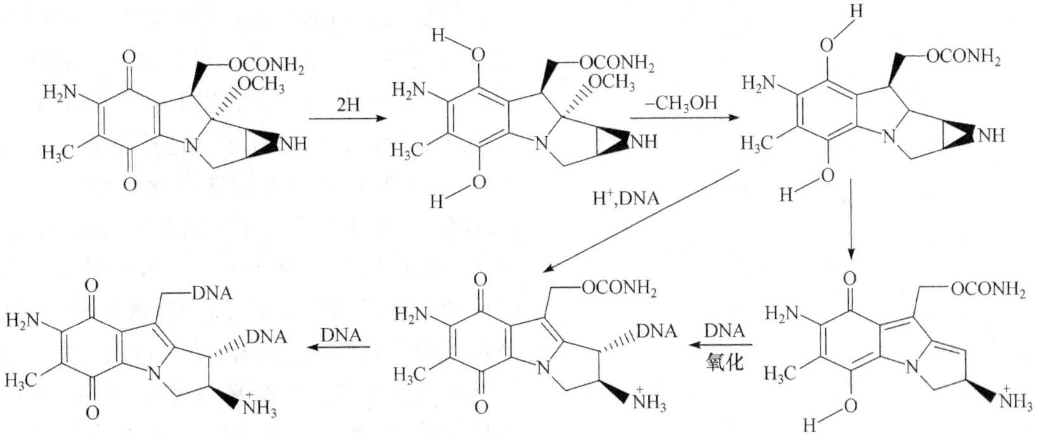

图 7-8 丝裂霉素 C 代谢还原活化及与 DNA 的双功能烷基化

2. 氨茴霉素、茅屋霉素等抗生素

氨茴霉素、茅屋霉素(图 7-9)、西伯利亚霉素以及新乳霉素等抗生素与 DNA 作用有两个过程，首先迅速地、非共价地结合在 DNA 的小沟区，在通过失水或醇与鸟嘌呤碱基上 N2 形成共价键。茅屋霉素与寡核苷酸 d(ATGCAT)2 结合的产物表明鸟嘌呤的 N2 位共价结合到 C11 上，在复合物所呈现的构象中抗生素恰好位于 DNA 小沟区中。

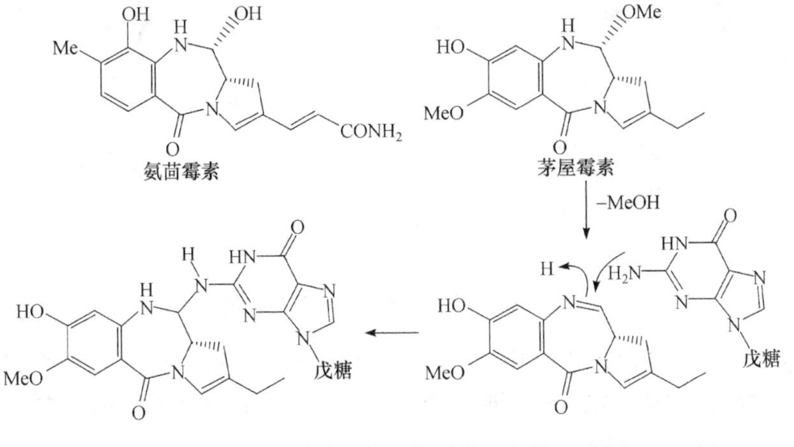

图 7-9 茅屋霉素与 DNA 鸟嘌呤上氨基 N2 结合

3. 螺旋丙烷类抗生素

螺旋丙烷类抗生素 CC1065 首先序列特异性地作用在 DNA 小沟区，然后攻击腺嘌呤 N3 位，发生脱嘌呤作用，引起 DNA 单链断裂(图 7-10)。序列分析表明 CC1065 对 DNA 的 A/T 富集区有选择性。CC1065 对白血病 L1210 细胞有细胞毒性，并且有良好的体内抗肿瘤活性。

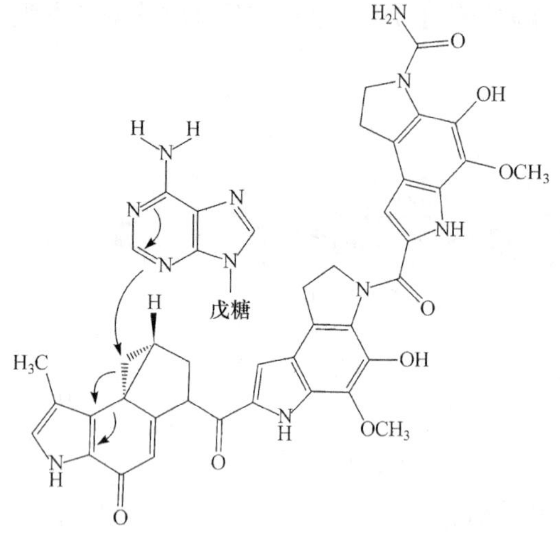

图 7-10 CC1065 与腺嘌呤 N3 结合

4. 谷田霉素抗生素

谷田霉素(Yatakemycin)在体外对肿瘤细胞显示出很高的细胞毒性，可以抑制致病性真菌的生长，其 MIC 值(最低抑菌浓度)仅需 0.01～0.0309 μg/mL，远远高于其他抗生素。如此高的生物活性主要是因为这类化合物家族，以 CC1065、倍癌霉素 A 和倍癌霉素 SA 为代表，一个主要的特征是有一个与 DNA 结合并作用的环丙烷吡咯吲哚基团。以倍癌霉素 SA 为例，该家族的生物作用机制(图 7-11)如下：化合物首先结合在富含 A、T 碱基的双链 DNA 小沟中，然后活性基团三元环丙烷亲电子攻击结合在 DNA 双链中腺嘌呤的 N3 位残基，从而形成共价结合的加和产物，于是 DNA 正常的代谢被阻断，并且该类 DNA 的加和产物非常稳定，所以 DNA 的修复机制也受到了阻抑。

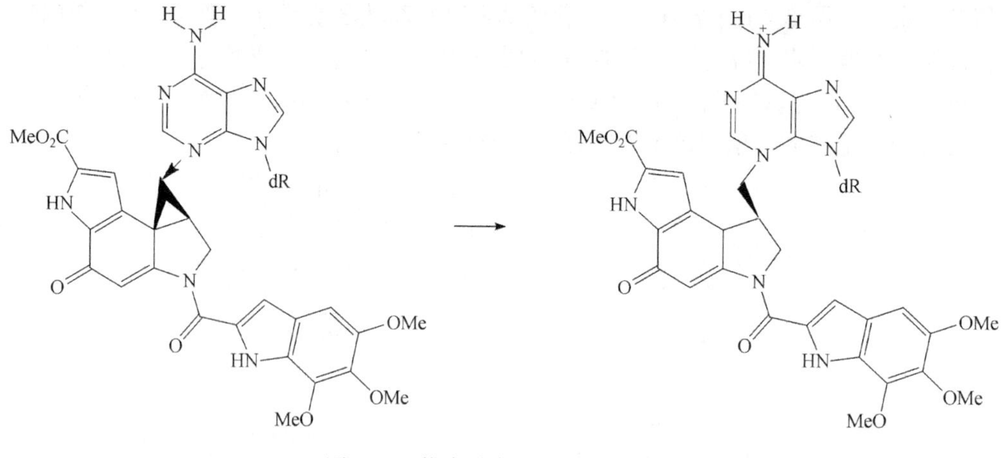

图 7-11 倍癌霉素 SA 的烷化机制

谷田霉素和本家族的烷化机制基本一致，但是它本身独特的结构决定了它的生物作用机制与倍癌霉素 SA 的烷化机制有所不同。首先，在它的烷化基团的两侧都有结合位点，这种“三明治”式的结构使它能够与 DNA 更加稳定地结合(图 7-12)。

于是谷田霉素体现出许多与该家族其他成员不同的属性，如它对 DNA 的烷基化反应是不可逆的；烷基化 DNA 的反应速率也比同家族的其他天然产物快；正是因为它的反应速率最快，所以细胞毒性也是最大的；而且，谷田霉素的两种异构体对 DNA 烷化的速率以及细胞毒性基本一致。

谷田霉素对于将要烷基化的 DNA 碱基具有高度的选择性，其烷化位点旁侧 5′和 3′几乎是专一地偏好 A 或 T 碱基。谷田霉素烷基化最偏好的是 5 个连续的 A/T 碱基中间的腺嘌呤(如 5′-AAAAA)，而且要求中间的 3 个碱基必须是 A 或 T。

2004 年，美国化学家博格在确定了谷田霉素的绝对构型后，提出了烷基化 DNA 的模型：

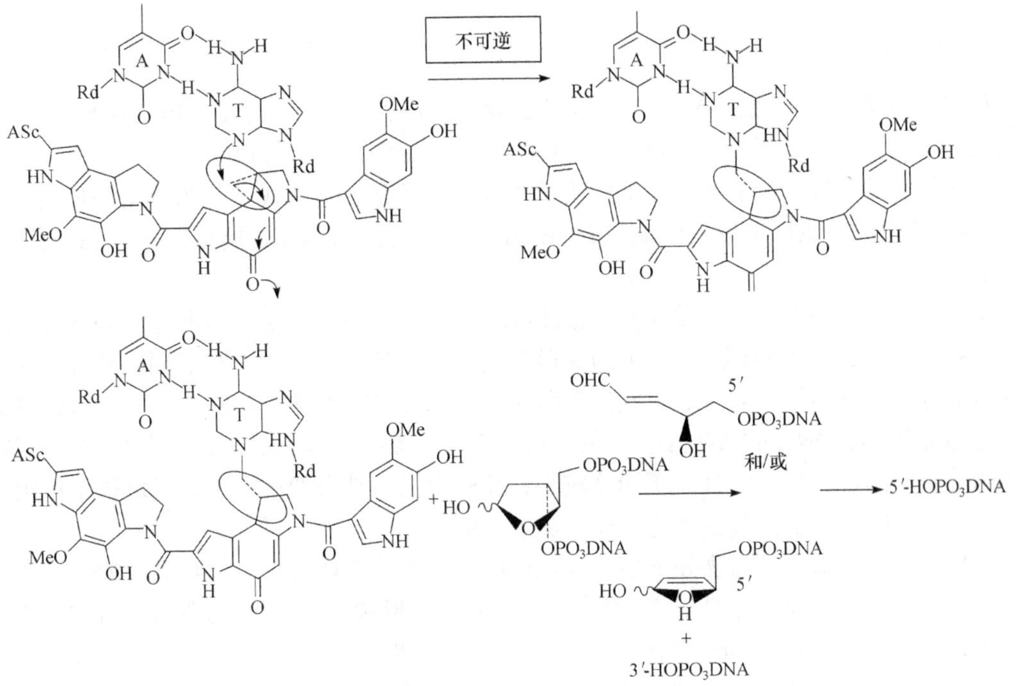

图 7-12　谷田霉素的“三明治”式烷化机制

它首先结合到 DNA 分子的小沟中，利用“三明治”结构牢牢地嵌入 DNA 分子中，然后位于分子中心的环丙烷中最外端的碳原子将腺嘌呤 N3 位共价结合，最后对其进行烷化。

7.3.2　非共价结合

大多数抗癌药物与 DNA 的作用都是非共价结合，包括静电结合、沟区结合和嵌插结合三种方式。这三种基本作用方式中，静电结合无选择性，沟区结合和嵌插结合有选择性。此外，还存在氢键、范德华力、疏水作用、瞬时偶极等较弱的作用力，这些作用力一起维系着 DNA 特有的各种活性结构。

1. 静电结合

静电结合即分子通过非特异性的相互作用结合于带负电荷的 DNA 双螺旋结构的外壁，一般认为小分子与 DNA 的这种表面结合发生在磷酸骨架，无选择性。DNA 的主链是由磷酸与戊糖通过 3′, 5′-磷酸二酯键相互连接而成的，在 DNA 双螺旋骨架外部充满了带负电荷的磷酸根，因此 DNA 是一个高度带电的聚合电解质，许多小分子通过静电结合模式与带负电荷的 DNA 骨架外部的磷酸根发生作用。核酸是一个高度带电的聚合电解质，它的阴离子磷酸根部分强烈地影响 DNA 的构象及其反应。许多环境因素，如离子强度、pH 等能影响磷酸根的解离状态，使 DNA 的构象以不同的形式出现。如今人们发现的 DNA 构象存在形式(其中 A 型、B 型、C 型、D 型四种为右手螺旋，Z 型为左手螺旋)就是在不同的条件下获得的。

带有阳离子电荷的小分子化合物与 DNA 发生静电相互作用，可以改变 DNA 分子的构象，但一般很难作为药物使用。因为这种螺旋外部静电相互作用多是非特异性的，如乙二胺、聚乙烯亚胺、十六烷基三甲基溴化铵等与 DNA 作用，造成 DNA 聚集形成沉淀，所以该小分子化合物用于对 DNA 进行分离、纯化，而非作为药物使用。

2. 沟区结合

很多蛋白质与DNA的特异性结合是在DNA大沟区，而药物小分子一般是在小沟区作用。大沟区、小沟区在电势能、氢键特征、立体效应、水合作用上都有很大的不同。

沟区结合的药物分子能选择性地作用于DNA双螺旋结构中A/T较为丰富的片段，通过氢键、范德华力等作用，非嵌入性地与DNA结合，从而阻止DNA的模板复制，起到抗病毒、抗肿瘤的作用。

小沟区是A/T富集区，不像G/C富集区比较宽，药物小分子通过与胸腺嘧啶碱基C2上的碳氧基(C═O)或腺嘌呤碱基N3上的氮形成氢键与A/T碱基结合。虽然同样的碱基在G/C碱基对上也存在，但是鸟嘌呤上的氨基在形成氢键时有立体阻碍，对于药物进入G/C富集区有一定的抑制。而DNA的A/T小沟区的负静电势大于G/C富集区，这是形成DNA沟区特异性作用的一个静电因素。而且由于沟比较小，比较容易与结合的小分子形成范德华作用力，因此带正电荷的小分子比较容易与小沟区发生作用。

典型的小沟区结合的药物分子多含有几种简单的芳香杂环结构，如呋喃、吡咯或苯环，这些芳环由能够自由旋转的键连接，整个分子具有半月形状。这种小分子形状与DNA的小沟区曲率相吻合，它们通过π电子与碱基对芳香杂环发生堆积作用，或者依靠氢键、范德华力、静电相互作用在小沟沿着DNA螺旋的沟槽与其官能团相互作用，与DNA形成一种“三明治”的结构。

1) 偏端霉素和纺锤霉素

偏端霉素和纺锤霉素的核心结构是寡聚的吡咯酰胺，分子中不含手性分子，容易合成。实验表明偏端霉素A对DNA的A/T富集区有高选择性，尤其与5′-AAATT-3′序列的结合性非常好。此类抗肿瘤抗生素能够对称地位于B型DNA小沟的中间，分子中的每个酰胺键均与相邻的碱基腺嘌呤的N3和另一条链上的胞嘧啶的O2形成桥型的氢键。

2) SN6999

药物SN6999也具有较高的A/T碱基对选择性，它们结合在DNA的小沟区，药物的弯月形正好适合双螺旋的小沟区，像其他沟区结合分子一样与A/T碱基对形成氢键。

3) CC1065的类似物

CC1065能与腺嘌呤的N3形成共价化合物，具有良好的体内抗肿瘤活性，但对人体有慢性毒性。根据CC1065的结构特点，德国的Tietzr以及美国Scripps研究所设计了一系列CC1065类似物，如U71、184、阿多来新、卡扎来新和比折来新等。

4) 苯并咪唑类分子

苯并咪唑类分子中最著名的是广泛用于DNA荧光标记的hoechst33258，它具有一定的抗肿瘤活性，对4～5个碱基的A/T序列有很强的亲和性，结合在AATC序列的C/G部分的末端。hoechst33258分子的弯曲形状在结构上与DNA小沟区的曲线很符合，该分子的甲基哌嗪部分结合于双键的中央，而酚羟基定位在序列的3′端。

以hoechst33258为母体，发展了一批苯并咪唑类分子。通过改变取代基或采用二聚、三聚的形式，可有效提高分子与DNA的结合性，咪唑环的引用则可以提高与非A/T富集区的结合性。

5) 二苯脒类分子

1,3-二(4-脒基苯基)三氮烯(berenil)具有抗原生物活性和抗菌活性。X射线晶体衍射实验表明：它是通过其脒基与胸腺嘧啶的 O2 或腺嘌呤的 N3 之间的氢键结合在 DNA 的小沟 A/T 富集区。1,5-二(4-脒基酚基)戊烷可以与双链 DNA 结合(主要识别 A/T 碱基对，识别序列的长度约为 4 个碱基对)，并具有治疗肺炎的临床效力。不过它引起低血糖或白细胞缺少症的缺陷限制了在临床的推广。

另一代表物是 DAPI(4′,6-二脒基-2-苯基吲哚)，它被广泛应用于染色体 DNA 的荧光标记。DAPI 是一个典型的 DNA 小沟 A/T 富集区结合分子，但它也能嵌入结合在 G/C 富集区(G/C 区结合力不如 A/T 区)。DAPI 通过脒基上的氮原子与环外鸟嘌呤的氨基形成氢键，来有效识别 A/T 富集区中 5′-GGCGAATTCGCG-3′序列和 5′-GGCCAATTGGG-3′序列。

6) 寡糖的衍生物

Calicheamicin γ1I(CLM)是含寡糖的天然抗生素，它既能结合在 DNA 小沟区，同时也对 DNA 进行切割。CLM 主要由两部分构成：一是烯二炔部分，它在一定条件下能切割 DNA；二是寡糖，对 DNA 的识别主要由寡糖部分完成。CLM 能较好地识别 DNA 中的四碱基序列：5′-TCCT-3′、5′-TCTC-3′、5′-TTTT-3′。

CLM 的全合成比较复杂，它的一些衍生物已被合成(图 7-13)，如 CLM MG。CLM MG 没有烯二炔基团，不能切割 DNA，但具有相似的序列选择性。CLM MG 不仅能在体外抑制特定序列的 DNA 与蛋白质的相互作用，而且能抑制体内的特定序列 DNA 的转录。

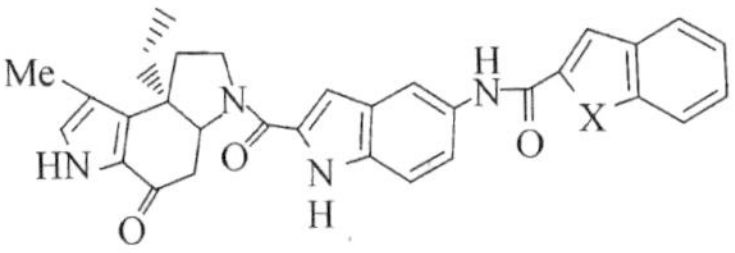

X=NH,U71,184 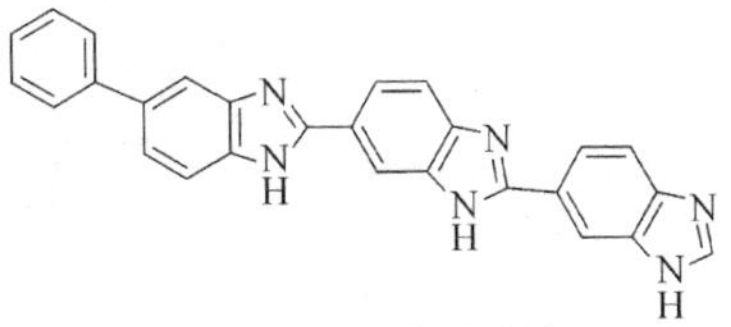　　hoechst33258

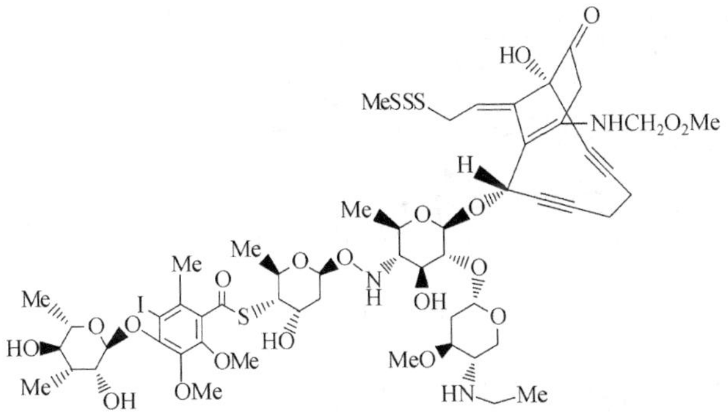

CLM

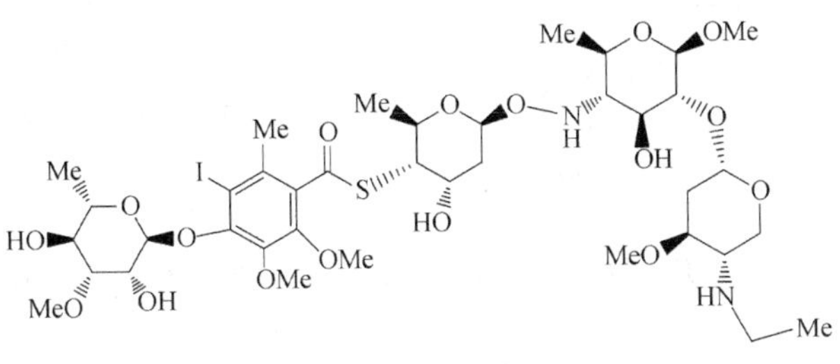

CLM MG

图 7-13　沟区结合的小分子结构

7) 寡聚酰胺

受偏端霉素结构的启发，Dervan 合成以寡聚酰胺为模板的 DNA 识别分子。为了让寡聚酰胺分子能与 G/C 碱基对有效结合，Dervan 又合成 ImPyPyDp 分子(Im=*N*-甲基咪唑，Py=*N*-甲基吡咯，Dp=*N*,*N*-二甲基丙胺)。它以 2∶1 的比例、反向平行地与 DNA 小沟区的(A/T)G(A/T)C(A/T)序列结合。

以此现象为基础，Dervan 通过研究提出寡聚酰胺识别 DNA 的配对规则：反向平行成对的 Py/Im 特异性识别 C/G 碱基对，而 Im/Py 识别 G/C 碱基对；反向平行成对的 Dp/Py(Dp=*N*-甲基-3-羟基吡咯)特异识别 T/A 碱基对，Py/Dp 识别 A/T 碱基对。

X 射线晶体衍射实验表明：在 Im/Py 与 G/C 碱基对之间共有三个氢键，其中咪唑环的 N3 与鸟嘌呤环外的氨基之间有一个氢键；而在 Hp/Py 与 T/A 碱基对之间共有三个氢键，其中 Dp 与胸腺嘧啶 O2 之间有两个氢键。

在 2∶1 的寡聚酰胺-DNA 复合物模型的基础上，Dervan 等又设计了发夹状的寡聚酰胺(通过γ-氨基丁酸或β-丙氨酸将两条反向平行寡聚酰胺链的 C 端与 N 端连接起来)。这种“头对尾”的头针状寡聚酰胺的序列选择性和亲和性优于两条反向平行的酰胺链，相对于独立的两条寡聚酰胺链，头针状寡聚酰胺与 DNA 的亲和性提高了约 400 倍(图 7-14)。

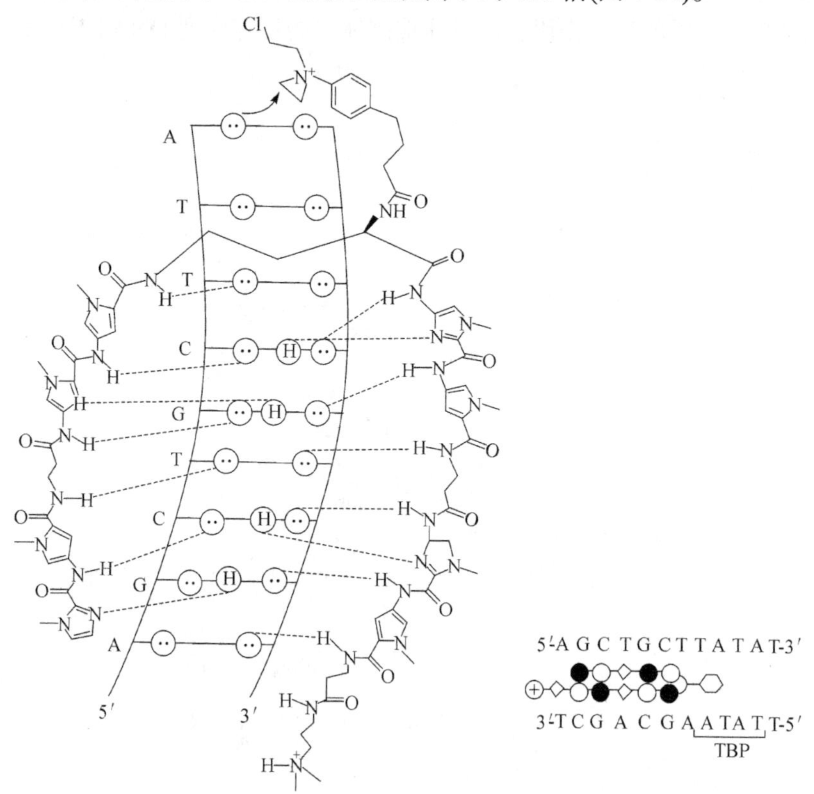

图 7-14　带 CHL 切割基团的寡聚酰胺与 5′-AGCTGCT-3′的结合模型

3. 嵌插结合

碱基相互配对处于 DNA 双链内侧，配对的碱基大致处于同一平面内，与主轴近似垂直。碱基之间有着很强的堆积力，维系着 DNA 结构的稳定。当具有平面芳香环结构的小分子与

DNA 发生作用时，小分子直接嵌插到碱基对当中，通过芳香环离域体系与碱基间的堆积相互作用、疏水相互作用以及偶极-偶极相互作用，共同构成小分子与 DNA 发生嵌插作用的主要作用力。嵌插方式是小分子与 DNA 最主要的方式之一，也是三种非共价作用模式中与 DNA 结合最强烈的方式。当小分子嵌插到 DNA 碱基对当中后，有的可以直接抑制 DNA 复制及转录，有的则在进一步活化后使 DNA 链断裂，从而影响其某些特殊功能。

DNA 嵌插试剂有一些共同的结构特点，都具有平面或近似平面的芳香环系统(生色团)，可以插入 DNA 的碱基对之间。DNA 嵌插试剂可以分为单链嵌插试剂和双链嵌插试剂。双重嵌插剂是两个嵌插环被不同长度的连接臂共价连接起来，相对于一元嵌插试剂来说，作为药物的生物活性往往由于与 DNA 的强结合而增强。同时，具有不同长度和刚性的连接臂对于嵌插剂的亲和性和选择性也非常重要。

1) 经典的嵌插结合

早在 1960 年，Lerman 对平面芳香化合物的作用进行了研究，提出了一个平面芳香稠环结构的分子能以嵌插方式与 DNA 相结合的模式。在经典的嵌插模式中，由于嵌插部位的形成引起了碱基对的分开，螺旋伸长 0.34 nm，这正是典型的芳香系统的厚度。一些药物分子正是通过嵌入 DNA 令 DNA 构象发生改变，使其不能或不易复制，从而显现出抗肿瘤、抗病毒的活性。

临床上广泛应用的抗癌药多柔比星及与柔红霉素(图 7-15)均为典型的 DNA 嵌插剂，它们能够嵌插在 DNA 小沟区，与 G/C 部位结合，随之氨基糖伸向内部且基本上填充了小沟区。柔红霉素特别容易与 B 型 DNA 结合，表现出对 DNA 不同构象的识别特异性。

由于小分子药物嵌插造成了 DNA 双螺旋的解链和伸长，DNA 溶液的黏度在加入药物后逐渐增大，这是嵌插结合方式的一个重要特征。嵌插结合后 DNA ^{32}P NMR 谱化学位移向低场方向移动。而 DNA 的螺旋骨架所受到的干扰可通过圆二色光谱(CD)来评价嵌插结合物键的刚性及方向性的改变。

其次，由嵌插引起的小分子药物方面的变化特征也很明显，这是嵌插剂与 DNA 双螺旋内碱基对之间的电性相互反应造成的。嵌插入 DNA 的小分子与碱基对形成有序的堆积，嵌插化合物的表面紧挨着 DNA 碱基的芳香杂环，在双螺旋中以 π-π 共轭、偶极-偶极相互反应从电性上达到稳定，这些变化可以通过光谱来测量。在紫外光、可见光的测定中发现，嵌插结合常引起减色效应，使最大吸收波长向长波长方向移动，出现等吸光点。在荧光测定中可观察到由于嵌插作用所产生的荧光猝灭现象。根据得到的光谱滴定数据，可以测定配合物表现稳定常数、结合位点数等。嵌插剂分子芳香环上电性环境的改变也造成了嵌插部位芳环原子的 ^{1}H NMR 谱的化学位移向高场方向移动，同时由于弛豫时间的改变，谱峰明显拓宽。

2) 金属嵌入剂

金属嵌入剂(metallointercalator)是指含有芳香杂环的小分子为配体的金属配合物，这些小分子配体可以嵌入、堆叠在 DNA 双螺旋的碱基对之间。美国加州理工学院的巴顿实验组对八面体结构的金属嵌入剂的研究做出了杰出贡献。巴顿曾发现 Rh、Co、Ru 等金属的邻二氮杂菲(phen)配合物是一类主要依靠外形和极性上的匹配结合在双螺旋 DNA 大沟区的小分子，相对于左手型的 A 异构体，右手型的 A 异构体更易嵌入右手螺旋的 DNA。由于此类配合物的空间结构比较紧凑，形成了相对屏蔽的表面，因此邻二氮杂菲配体无法深度嵌入 DNA 中，此类化合物与 DNA 的亲和性不高。这促使研究者考虑外形更长、表面积更大的配体，如 DPB、dppz、phehat 等有效地提高了与 DNA 的结合力。

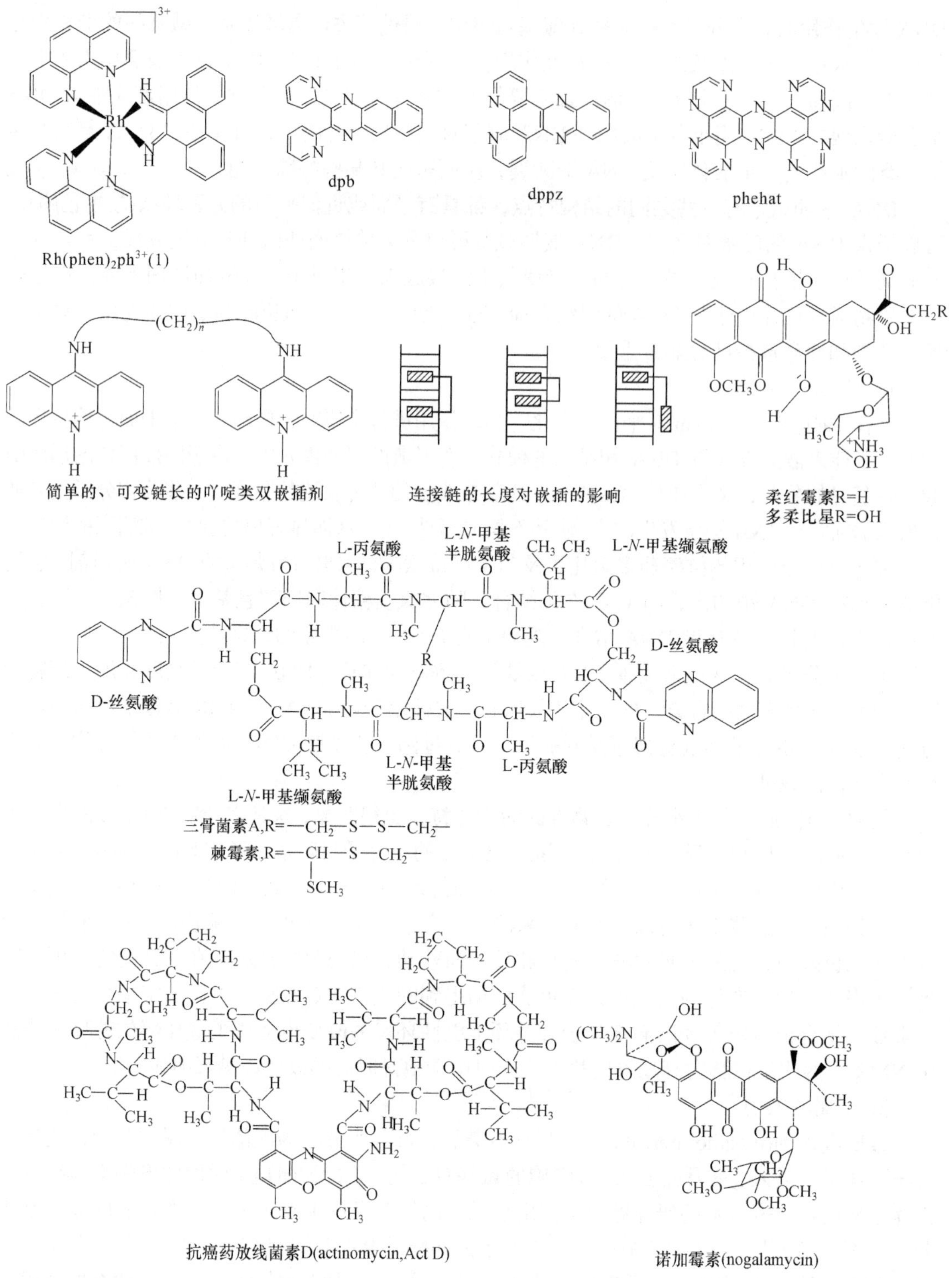

Rh(phen)₂ph³⁺(1)
dpb
dppz
phehat
简单的、可变链长的吖啶类双嵌插剂
连接链的长度对嵌插的影响
柔红霉素R=H
多柔比星R=OH
L-丙氨酸
L-N-甲基半胱氨酸
L-N-甲基缬氨酸
D-丝氨酸
三骨菌素A,R=—CH₂—S—S—CH₂—
棘霉素,R=—CH—S—CH₂— SCH₃
抗癌药放线菌素D(actinomycin,Act D)
诺加霉素(nogalamycin)

图 7-15　DNA 嵌插试剂的一些化合物结构

依靠外形选择的金属嵌入剂中，典型的例子是Δ-$[Rh(DPB)_2phi]^{3+}$(phi = phenanthrenequinone diimine)。在光的诱导下，它可以选择性地切割 5′-CTCTAGAG-3′中的胞嘧啶位点。但是它的

光学异构体 Λ-[Rh(DPB)$_2$phi]$^{3+}$即使在 1000 倍的浓度下也不能切割该位点。对于一个单链 DNA，Δ-[Rh(DPB)$_2$phi]$^{3+}$只能跨越 6 个碱基的位点，识别 5′-CTCTAG-3′，但对于反向平行成对交叠形成的 8 个碱基对的序列 5′-CTCTAGAG-3′，Δ-[Rh(DPB)$_2$phi]$^{3+}$能同时嵌入双链中部的 5′-CT-3′位点，同时提高了结合的亲和力和选择性。基于这种选择性，Δ-[Rh(DPB)$_2$phi]$^{3+}$被成功用于抑制 Xbal 限制性内切酶的活性。

金属铑与胺类配体的配合物则多是依靠氢键以及范德华力作用于 DNA 的大沟区，此类配合物与 DNA 结合的选择性较好，也更加紧密。例如，Δ-α-[Rh[(R,R)-Me$_2$trien]phi]$^{3+}$(Me$_2$trien=2,9-diamino-4,7-diazadecane)能识别 5′-TGCA-3′序列，这主要是依靠配合物轴向的氨基与鸟嘌呤 O6 间的氢键及配合物配基上的甲基与胸腺间的范德华力作用。以 Rh(phen)$_2$phi^{3+}为母体的一系列带有胍基的衍生物则同时兼备外形选择和氢键、范德华力作用，因此也是高选择性和结合性好的一类金属嵌入剂。带有胍基的衍生物的几何异构体，每一种都有两个光学异构体，这些不同的异构体显示出对 DNA 不同的识别性。其中，Λ-1-[Rh(MGP)$_2$phi]$^{5+}$(MGP=4-guanidylmethyl-1,10-phenanthroline)的两条胍基臂沿轴向伸展至 phi 平面上方与 phi 配基同向，能有效识别 5′-CATATG-3′序列并与其紧密结合；而 Λ-2-[Rh(MGP)$_2$phi]$^{5+}$的胍基则远离 phi 配基，仅显示出与母体 Rh(phen)$_2$phi^{3+}类似的选择性；Λ-3-[Rh(MGP)$_2$phi]$^{5+}$的选择性则介于两者之间。以上的分析进一步说明了金属配合物与 DNA 结合的选择性与官能团的空间排列，即外形选择有关，据此可以设计一些与 DNA 选择性结合的金属配合物。

3) 双嵌插剂

双嵌插剂是将两个嵌插环通过不同长度的链共价连接起来。双嵌插剂与 DNA 的结合加强，分解速率降低，如一些吖啶类的双嵌插剂，连接链的长度对嵌插的影响如图 7-15 所示。天然的双嵌插剂是以三骨菌素 A(triostin A)和棘霉素(echinomycin)为代表。双嵌插剂上所有的喹喔啉环都是双嵌插到 G/C 序列中，形成“三明治”结构。三骨菌素 A 与 DNA 之间的特异性识别的分子基础显然是与药物的丙氨酸羧基与 G 碱基的 NH$_2$ 之间的氢键形成有关。

4) 带有多个大取代基的嵌插剂

如果嵌插剂带的取代基太大，或有极性，或带电荷，则对嵌插结构及分解的动力学都会有影响。Act D 是一种 DNA 嵌插药物，序列 CGTC 是 Act D 的强结合位点，与 DNA 结合后可能引起 DNA 扭曲，造成被 DNase I 切割的速率增强。诺加霉素是一种含有蒽环的抗生素，连在糖苷配基上的是一种诺加糖和一个大的双环氨基糖。在与 DNA 结合时，诺加霉素连在双链磷酸二酯键骨架之间，糖苷配基的三个芳环嵌入 DNA 中，诺加糖位于 DNA 的小沟区，而双环氨基糖位于 DNA 的大沟区，从而能选择性地抑制某些含鸟嘌呤序列的 DNA 断裂以及硫酸二甲酯对 DNA 的氨基化作用。

5) 其他非经典嵌插剂

一般的双螺旋插入剂不能稳定 DNA 的 Z 螺旋结构，所以人们研究了一些可以稳定 DNA 三螺旋结构的化合物。溴乙菲啶对 DNA 三螺旋有强亲和性，尤其是对 T-A-T 位点。另外还有苯并吡啶并吲哚类(benzopyridoindole)、苯并吲哚并喹啉类(benzoindoloquinoline)、苯并吡啶并喹啉类(benzopyridoquinoline)衍生物和 N 质子化的喹啉类衍生物。这些化合物有抗肿瘤活性主要是因为可以抑制 Top I 或 Top 11，但它们也可以干扰 DNA 的转录和复制，为抗肿瘤药物提供了一种新的作用机制。

人们还设计合成了 DNA 三重嵌插试剂，虽然在活性方面相对于单、双插入剂没有显著的提高，但是它们与DNA的作用方式引起了人们极大的兴趣。由于双重或多重嵌插剂能够比其相应的单体提高与DNA的结合常数，而且从药理活性上说能够降低解离常数，人们对其进行了更加广泛的研究。

非共价结合的这三种作用模式并不是相互排斥的，许多试剂往往可以通过多种模式与DNA结合，有时是一种作用模式结合后诱导另一种模式的结合。例如，$Co(phen)_3C_{12}$既可以通过静电作用与DNA结合，又可以采取插入模式结合到DNA双螺旋结构中。在沟区结合方面，人们也提出了序列选择性识别、位点专一性识别、形状选择性识别等识别机理。

7.3.3 剪切作用

剪切作用是指具有特殊识别功能的药物分子不但特异性选择结合位点，而且最终使DNA断裂。DNA断裂在DNA修复、转录及突变中是很重要的生物学过程。具有剪切作用的分子断裂DNA的位点是由其与DNA结合的选择性决定的。小分子通过与DNA分子双链的特异性结合而导致DNA链的断裂，是导致基因突变的原因之一。了解这种与DNA具有特异性结合又能使得DNA断裂的小分子与DNA相互作用的机理，可以为人们研发新型抗肿瘤药物提供重要的指导信息。DNA断裂剂的研究是小分子与DNA分子识别研究中不可缺少的一部分。许多DNA断裂剂属于金属配合物类化合物，本节只讲授一些天然的或合成的有机小分子对DNA的断裂作用。

1. 针棘霉素和生硝霉素

针棘霉素和生硝霉素都是作用很强的一类新型抗癌剂，是具有一个特殊的被称为“弹头”的1,5-二炔-3-烯系统，一个芳环部分和四个糖基的天然产物，结构如图7-16所示。在巯基存在的情况下，连在药物弹头位置的三硫化合物部分会转变成一种硫醇阴离子，该阴离子通过一种内部迈克尔加成反应，最终将1,5-二炔-3-烯部分转变成能切割DNA的亚苯基双自由基。由于两种自由基同时经由单一活化过程所形成，因此活化后的药物分子能同时与相反的DNA链作用，产生双链断裂。

2. 新致癌菌素

新致癌菌素是从链霉菌属培养液中分离得到的一个含二炔-烯生色团的抗肿瘤抗生素，它含有一个具有生物活性的生色团和一个作为载体的、保护生色团在体内不受破坏的脱辅基蛋白，生色团部分结构如图7-16所示。药物通过静电引力与DNA磷酸骨架接近，随后弹头部分嵌入DNA碱基对之间。当加入一种巯基辅助因子如二硫苏糖醇后，会使生色团的环氧基开环，再通过重排产生一种具有自由基中心的中间物，引起DNA的单链断裂。

3. 具有断裂作用的寡聚酰胺

在头针状寡聚酰胺的转折处接上4-双[(氯乙基)胺]苯丁酸(CHL)，这个新分子同样能识别并切割HIV 1启动子。这种新型寡聚酰胺分子无疑为设计新一代的DNA烷基化切割试剂指明了一条途径。从生物活性实验来看，寡聚酰胺不仅能进入细胞内，而且能够有效地调控基因表达，还能抑制HIV 1的转录及复制。

4. 博来霉素

博来霉素(bleomycin，BLM)是从轮丝链霉菌中分离得到的糖肽抗生素，用于多种肿瘤颈鳞癌、睾丸癌等的治疗，可单独或联合用药。临床上使用的硫酸博来霉素是由博来霉素的两种同源物 A_2 和 B_2 组成的。博来霉素和它的结构同源物是很好的 DNA 断裂剂，作用机制主要是通过形成金属-BLM-O2 复合物来氧化 DNA 使其断裂。

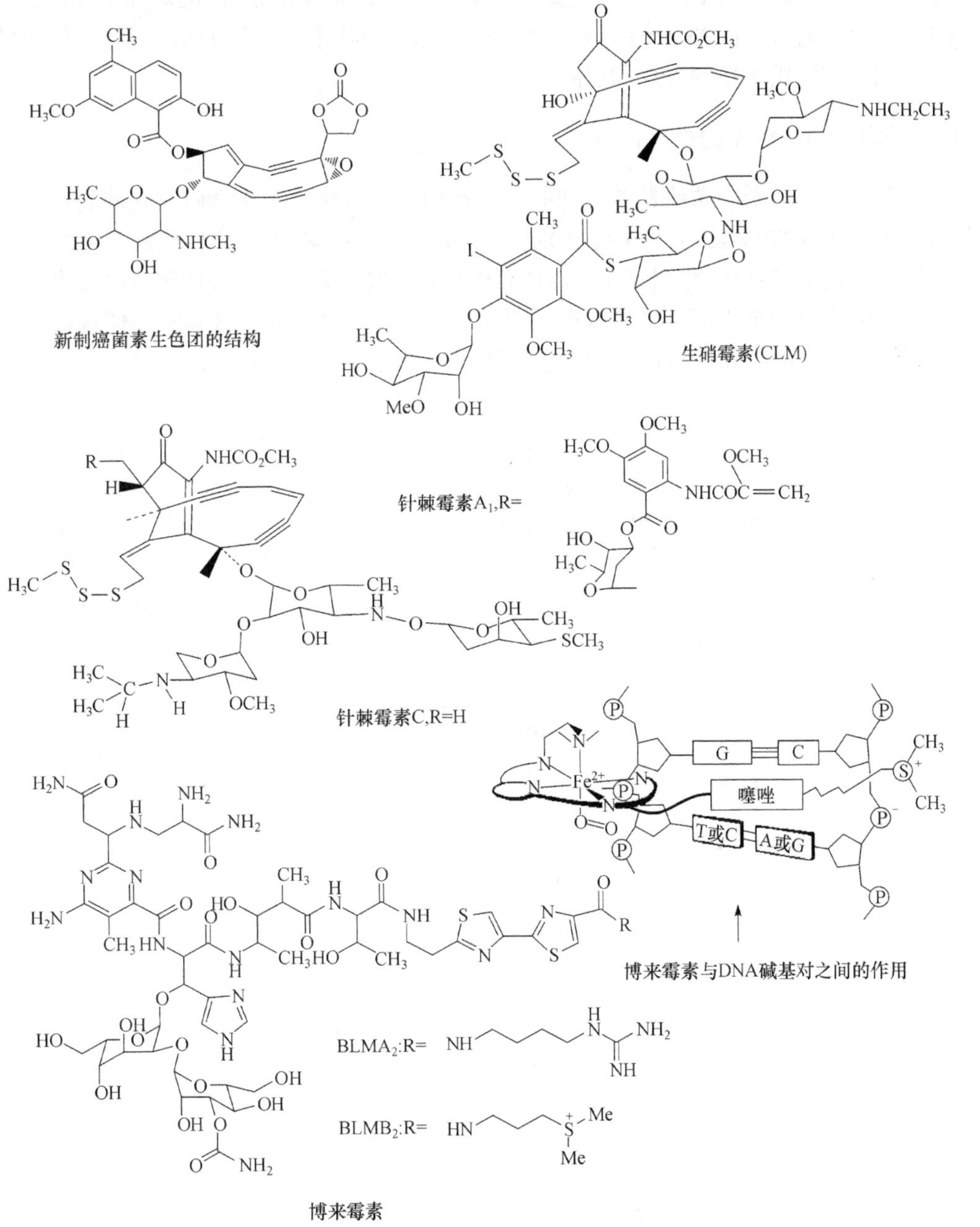

新制癌菌素生色团的结构

生硝霉素(CLM)

针棘霉素 A_1,R=

针棘霉素C,R=H

博来霉素与DNA碱基对之间的作用

BLMA$_2$:R=

BLMB$_2$:R=

博来霉素

图 7-16　DNA 剪切作用的一些化合物结构

博来霉素可插入目标 DNA 碱基对之间从而实现对核酸的定位识别与断裂。研究表明其分子由两部分构成，一部分是具有氧化断裂功能的铁配合物，另一部分是具有识别功能的双噻唑杂环。博来霉素通过与DNA结合引起核酸链断裂而起作用。它同时也能抑制胸苷掺入DNA。

研究表明，除了一般的药物与DNA作用方式外，药物小分子与DNA相互作用形式还有“半嵌插结合”(half intercalation)、与特定的碱基对螺纹结合(threading binding)、分子与核酸的长距组装(long range assembly)、带有正电荷的分子对核酸有凝聚作用(condensing effect)等。此外，最近研究还发现有的药物如重铬酸钾与还原型谷胱苷肽反应所形成的配合物，与DNA既不发生嵌插作用，也不与DNA磷酸骨架产生静电结合，而是在DNA碱基部位作用，破坏了DNA的二级结构，诱导DNA发生了变性。这些都对药物小分子与DNA的相互作用的研究进展和研究方向提供了新的观点和思路。

7.3.4 金属离子与DNA的相互作用

近年来，金属离子和功能核酸之间的相互作用引起了化学生物学研究领域的极大兴趣。某些金属离子对核酸碱基有着特异性识别，如Ag^+对C碱基有着特异性识别、Hg^{2+}对T碱基有着特异性识别(图7-17)。它们对序列的依赖性较低，这为灵活的设计传感策略提供了方便。利用功能核酸来检测金属离子已经取得了很好的发展，这些检测方法具有简便快速、成本低廉、重复性好、灵敏度和选择性较为理想等优点，因此受到广泛关注。

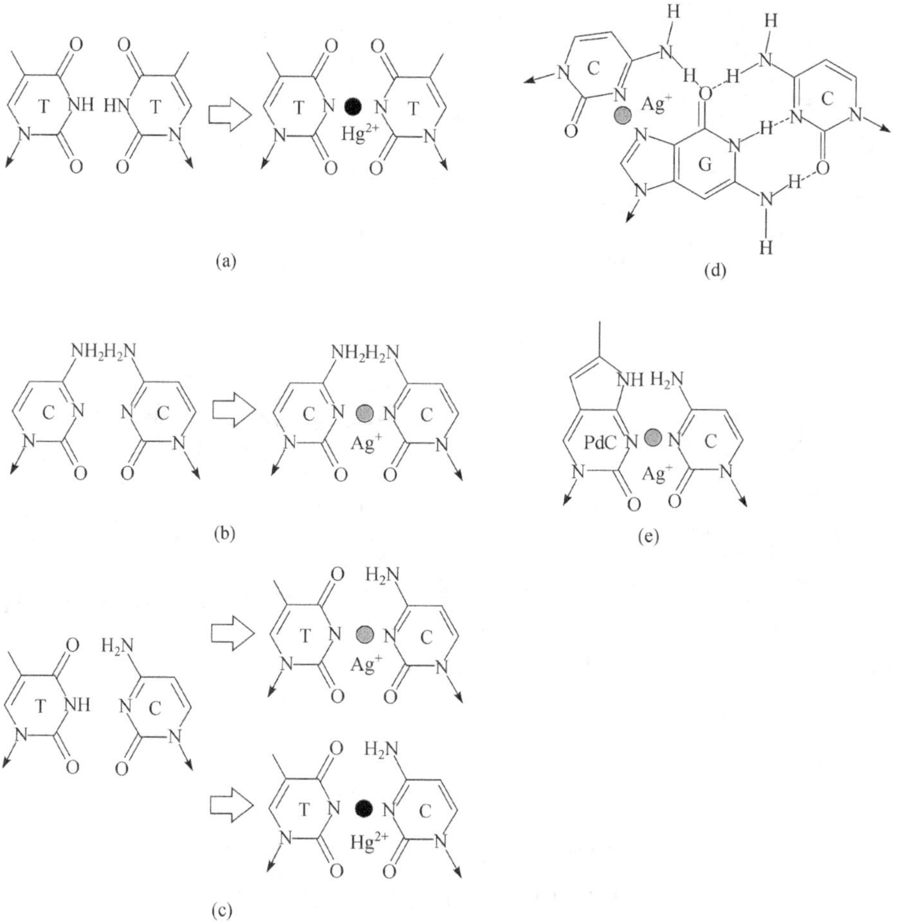

(a)

(d)

(b)

(e)

(c)

图7-17 金属离子作用的核酸碱基对作用模式

目前常用的功能核酸主要有核酸适配体(aptamer)、脱氧核酶(DNAzyme)以及 aptazyme (aptamer 与 DNAzyme 的复合物)。K^+和 Na^+可以稳定 G-四链体的结构。很多实验组利用 Hg^{2+}可以稳定 TT 错配碱基对，实现了对 Hg^{2+}的特异性检测，如许多实验组利用 Hg^{2+}对 T 碱基有着特异性识别，构建了 DNA 传感检测 Hg^{2+}。利用 CC 错配碱基与 Ag^+的特异性作用以及 SG 区分不同构象 DNA 的原理，有课题组对 Ag^+进行了检测，与检测 Hg^{2+}的原理类似，富 C 序列在结合 Ag^+后由单链变为发卡结构，SG 与后者的作用较强，导致荧光显著升高。利用该方法最低可以检测 5 nmol/L 的 Ag^+，且整个过程在 5 min 内即可完成。董等利用富 C 序列与 Ag^+特异性结合形成 C-AgLC 结构的性质，实现对 Ag^+的高灵敏度和高选择性可视化检测，肉眼最低可观察到 52 nmol Ag^+引起的纳米金颜色变化。

7.4 小分子化合物与 RNA 的相互作用

新药的开发有赖于新的筛选靶标和筛选模型的建立。传统上药物是以蛋白质、必需酶、受体、离子通道等为靶标进行筛选的。近年来，随着人类基因组和微生物基因组工作的进展，与 DNA 的双螺旋结构相比，RNA 的结构具有更令人惊奇的复杂性和多样性。RNA 与蛋白质同样形成复杂的三级结构，可成为新型小分子药物的作用靶点，如 rRNA、mRNA、病毒基因 RNA、miRNA 和核酶等都可以作为药物筛选的靶标。新药筛选模型的关键就是寻找、确定和制备药物筛选靶——分子药靶。选择确定新颖的有效药靶是新药开发的首要任务。

7.4.1 RNA 药靶的优越性

基因组计划的顺利进行为 RNA 作为药靶提供了机遇。基因组测序揭示了编码蛋白质的 mRNA 信息，而所有的蛋白质都是由 mRNA 翻译获得的。通过干扰 mRNA 的翻译，可以更有效地抑制蛋白质发挥作用。

因此，结合 RNA 的小分子药物可以产生结合蛋白质的小分子药物所达不到的作用效果——除了抑制蛋白质的产生，还可以诱导提高蛋白质的产量。根据 RNA 的结构可以看出，与 DNA 相比，RNA 更适合作为药物的靶点。

1. RNA 种类的多样性

虽然生物体内 RNA 的含量仅占 6%左右，但不同类型的分子数目远远大于蛋白质的数量(表 7-2)。RNA 具有三种不同的类型(mRNA、rRNA 和 tRNA)，每一种蛋白质都有一种与其相对应的 mRNA，每一种 mRNA 还具有不同的启动、转录、调控等基因，使得不同组织表达不同的 mRNA，而同一种 mRNA 在不同组织中的起始、剪接、腺苷酰化也不同，所以与 RNA 特定区域结合的小分子药物只可能在特定的组织中起作用，而不影响其他组织 RNA 的功能。

表 7-2 大肠杆菌中蛋白质、核酸的组成

化学成分	相对含量/%	所含不同类型分子大概数目
蛋白质	15	3000
DNA	1	1
RNA	6	>3000

2. RNA 结构的多样性

RNA 是单链分子，与 DNA 分子相比具有更复杂的分子结构。一般由独立的折叠亚结构域构成，分离的亚结构域仍保持其形状和功能，可以利用其与药物结合进行筛选，此方法比用蛋白质靶筛选药物廉价且快 100～1000 倍。因此，作为药靶 RNA 具有明显的优点，为创新型药物的研制提供了机遇和广阔的前景。

7.4.2 作用于 RNA 的小分子药物

1. 与 rRNA 作用的小分子化合物

以 RNA 为靶点的小分子药物的研制需要建立一系列的研究技术和方法，涉及功能基因组学、生物信息学、结构生物学、RNA 化学、药物学、组合化学和高通量筛选等一系列新理论和新方法。目前，以 RNA 为作用靶的药物研究主要包括两大类：一类是传染性疾病——新型抗菌和抗病毒药物的研制；另一类是非传染性疾病——抗癌和抗炎症药物的研制。

通过基因组学、生物信息学和结构生物学等方法获得靶分子后，靶向结合的小分子化合物的设计合成是一个重要的挑战。结合靶的小分子药物先导化合物可以采用计算机模拟设计，再以计算机模拟出的小分子结构为模板，采用组合化学方法合成大量小分子化合物，运用高通量筛选方法检测化合物分子结合靶分子的亲和力和特异性。

作用于 RNA 的小分子应具有以下性质：①足够的亲和力，使其在细胞内结合靶后，产生生物学效应；②与靶 RNA 高级结构形状相匹配的能力，以及特异性结合靶的能力；③良好的细胞穿透力；④良好的药代动力学性质；⑤低或无毒副作用。要解决这一难题，首先必须建立小分子识别形状的化学方法。蛋白质与 RNA 的相互作用、RNA 与 RNA 的相互作用、天然产物抗生素与 RNA 的结合以及人工合成 RNA 与小分子的作用研究基础为此提供了可借鉴的经验。

天然抗生素氨基糖类抗生素与 RNA 的相互作用研究同样提供了一些经验。巴龙霉素(paromomycin)、新霉素(neomycin)(图 7-18)、利维霉素与核糖体 16S A 位点的结合研究，有助于阐明特定基团的静电作用和氢键作用对小分子结合 RNA 亲和力的影响规律。与蛋白质相比，RNA 上的结合位点是亲水的和相对开放的，基于分子形状的小分子识别能力因 RNA 结构的可变性而增加，小分子结合特定靶 RNA 形成相对刚性结构取决于构象、电荷分布、芳香性、氢键，恰当位置的正电荷也是很重要的，同样，长距的静电作用使分子以正确的方向结合到口袋中。在核苷酸碱基暴露的结构中，芳香基的堆积力对小分子与 RNA 的相互作用有很大贡献。

RNA 结构和序列的多样性表明 RNA 是具有高亲和性和特异性的靶点，由此可以将小分子化合物作为基因研究的工具，特别是对于它们在细胞内的作用方面。但是，要实现这一目标还有许多重要工作要做，合成小分子化合物能特异识别的 RNA 三维形状的规律还有待发展，最佳 RNA 靶的鉴别方法还需完善，先导化合物的设计、合成、筛选、临床前研究和临床研究都有漫长的路要走。

根据 RNA 与配基相互作用的理化性质，通过计算机模拟设计结合靶 RNA 的小分子先导化合物，采用组合化学的方法就可以获得大量的待选化合物，此时的关键问题就是如何进行高通量筛选。基因组计划的完成、生物信息学的迅猛发展、分子进化理论和研究方法的不断

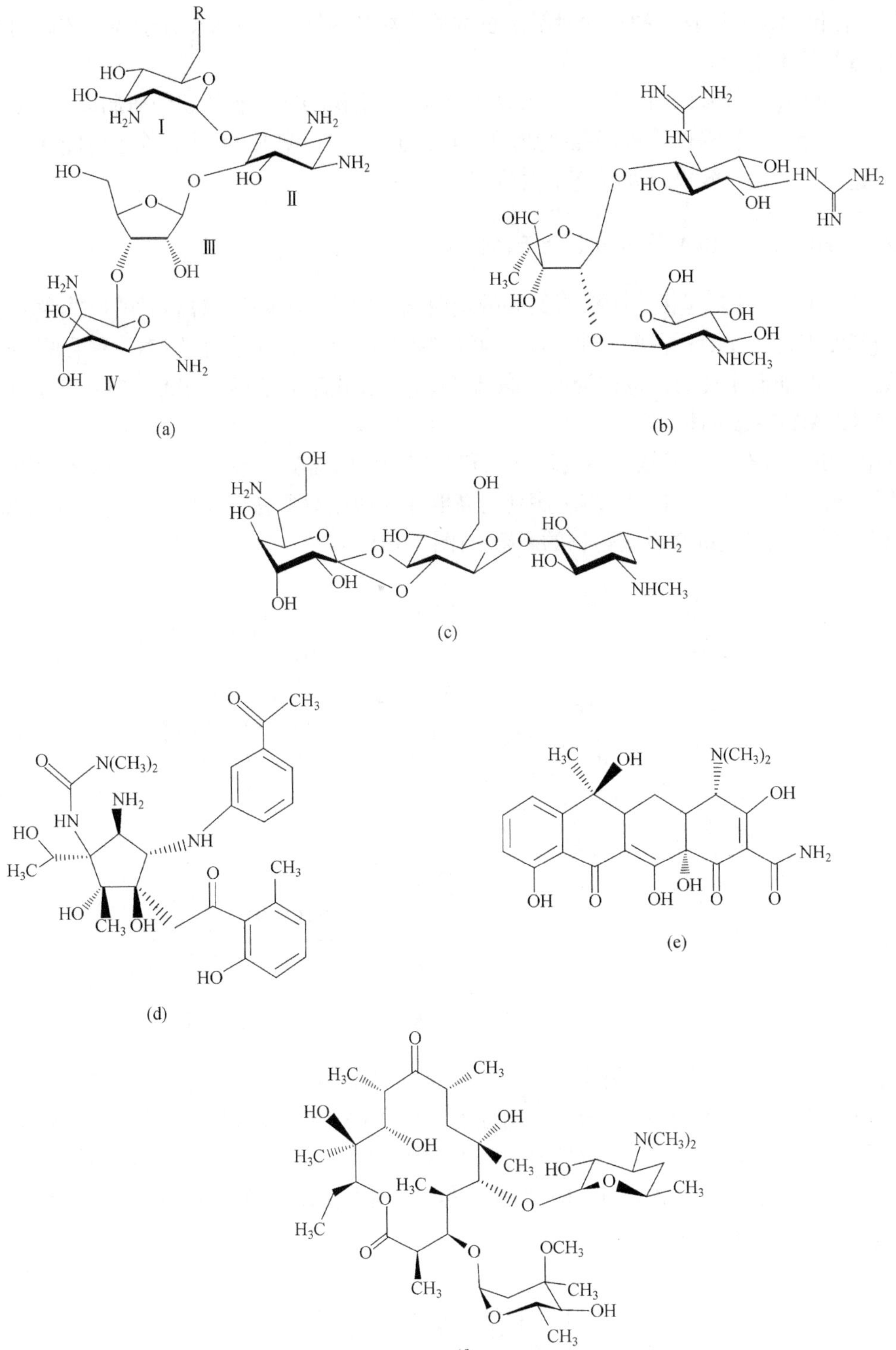

图 7-18 选择性作用于 rRNA 的抗生素结构(可抑制细菌内蛋白的合成)

(a) 氨基糖苷、巴龙霉素(R=OH)和新霉素 B(R=NH_2)；(b) 链霉素；(c) 潮霉素；(d) 螺旋霉素；(e) 四环素腈；(f) 大环内酯类红霉素完善、组合化学技术以及药物高通量筛选技术的建立都为结合靶 RNA 分子药物的研制提供了理论储备和技术支持。

同时，RNA 功能基因组研究的深入以及对 RNA 结构功能的新认识为研制以 RNA 为药靶的新一代小分子药物提供了机遇和挑战。更重要的是，结合靶 RNA 的药物还可能获得在蛋白质水平达不到的治疗效果，如提高蛋白质表达量等。

2. 与 HIV TAR RNA 作用的小分子化合物

HIV-1 基因的表达是由一类病毒编码的蛋白调控的，其中包括一种转录的反式激活子 Tat。只有当基因表达的 Tat 水平增高时，病毒的复制才能够进行，这是通过 RNA 聚合酶Ⅱ转录复合物延长的增加而实现的，也称为反式激活(TAR)。反式激活依赖于 Tat 蛋白和一个 RNA 序列特异区(TAR RNA)的相互结合。

TAR RNA 含有一个六核苷酸的环状区和三核苷酸的嘧啶骨架区，三核苷酸的骨架把双螺旋颈区分成上下两部分。TAR RNA 序列的高度保守和相对不易变异性，使得它成为 20 世纪 90 年代以后人们寻找抗艾滋病药物的新靶点(图 7-19)。

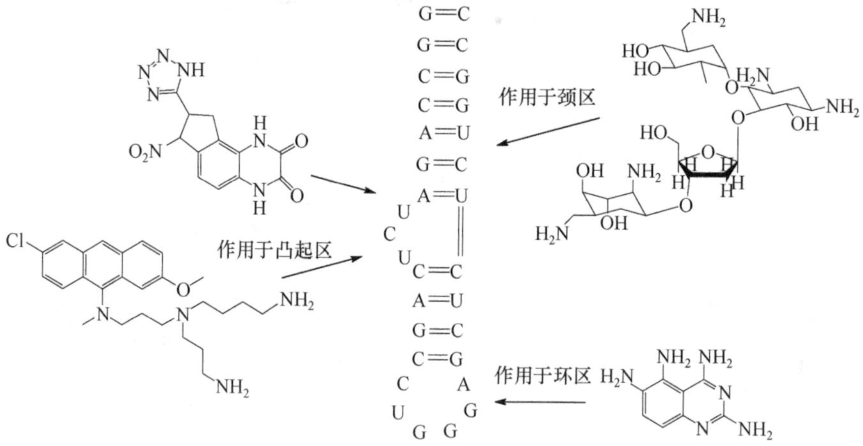

图 7-19　小分子化合物与 HIV-1 TAR RNA 结合及对 Tat 的识别

要解决这一难题，首先必须建立小分子识别 RNA 的化学方法。蛋白质与 RNA 的相互作用、RNA 与 RNA 的相互作用、天然产物抗生素与 RNA 的结合以及人工合成 RNA 与小分子的作用作为研究基础为此提供了可借鉴的经验。对结合 RNA 的蛋白质的研究提供了一些 RNA 碱基、氢键、骨架等结构的结合规律；而对天然抗生素氨基糖类抗生素与 RNA 的相互作用的研究同样提供了一些经验。

7.5　核酸探针及应用

核酸的组成、排列顺序、结构特征及其生物学功能是核酸研究的重要内容，但是如今对于核酸的定量测定逐渐成为人们关注和研究的课题之一。核酸的定量测定对于研究核酸的生物化学反应，发展核酸医药制品以及对疾病的诊断和防治均有重要意义。用有机小分子探针进行核酸含量测定的方法很多，如色谱法、探针技术法、显微光度法、免疫分析法、分光光度法以及荧光光度法等。目前以分光光度法和荧光光度法为主，还有共振瑞利散射法等。

7.5.1　核酸的光谱探针

1. 分光光度法

1) 紫外光度法

核酸中的嘌呤碱与嘧啶碱具有共轭双键，碱基、核苷、核苷酸和核酸在 240～290 nm 的紫外光区有一强烈的吸收峰，最大吸收值位于 260 nm 附近，不同的核苷酸有不同的吸收特性，根据此性质可用紫外分光光度法对核酸进行定性和定量测定，同时由于 ε_{260}= 6600 L · mol^{-1} · cm^{-1}，只要测定体系在 260 nm 处的吸光度 A 值，根据朗伯-比尔定律即可计算其浓度。该方法简便、快速，但是由于核酸与蛋白质(λ_{max}=280 nm)的吸收峰接近，若同时存在，则相互干扰，造成相当大的误差。

2) 测糖法

在酸溶液中，RNA 与 DNA 的嘌呤核苷键易水解断裂而产生含有戊糖醛基的水解产物，称为去嘌呤酸。去嘌呤酸在酸中进一步变成糖醛衍生物，后者可以与某些试剂呈现颜色反应，由此可对核酸进行定量测定。根据所用的试剂可以分为以下几种方法：二苯胺法、硫代巴比士酸法、地衣酚法和定磷法。

(1) 二苯胺法。

二苯胺法是测定核酸方法中一种较为古老但至今仍广泛应用的方法。1930 年，Dische 首次提出将二苯胺用于测定 DNA，在强酸性条件下 DNA 分子中的脱氧核糖基变成ω-羟基-γ-酮基戊醛，水解后的 DNA 能与二苯胺反应，生成蓝色化合物，其最大吸收波长位于 600 nm 处，由此可以测得样品中核酸的含量，测定 DNA 的范围为 25～250 μg/mL。与紫外光度法相比，该方法更准确，灵敏度更高，若在反应液中加入少量乙醛，可以进一步提高反应灵敏度，该方法还可以测定混合物。然而该方法时间冗长(需 16～20 h)，条件苛刻，且在测定过程中容易造成样品的损失。

反应方程式为

$$\text{DNA(脱氧核糖残基)} \xrightarrow{H^+} HO-CH_2-\underset{\underset{O}{\|}}{C}-CH_2-CH_2-CHO \xrightarrow{\text{二苯胺}} \text{蓝色化合物}$$

(2) 硫代巴比士酸法。

经硫酸水解后的 DNA，加入高碘酸和硫代巴比士酸，则有粉红色反应物生成，λ_{max} 位于 532 nm 处，可用于 DNA 的测定，RNA 和蛋白质不干扰测定。与二苯胺法相比，该方法灵敏度更高，而且耗时较短。

(3) 地衣酚法。

RNA 与浓盐酸共热时，即发生降解，形成的核糖继而变成糠醛，后者与 3,5-二羟基甲苯(地衣酚)反应，在浓 HCl 及 Cu(Ⅱ)或 $FeCl_3$ 存在下反应，生成鲜绿色复合物。λ_{max} 位于 670 nm 处，在 20～250 μg/mL 吸收强度与 RNA 的浓度成正比，用于测定 RNA 及其衍生物，灵敏度为 0.015 μmol/L。

(4) 定磷法。

定磷法也是核酸测定的一种常用方法。核酸分子结构中含有一定比例的磷(RNA 含磷量为 8.5%～9.0%，DNA 含磷量约为 9.2%)，测定其含磷量即可求出核酸的量。其过程是先将核酸和核苷酸用强酸消化，使有机磷变成磷酸根，在酸性条件下，磷酸根与钼酸铵结合形成黄色磷钼酸铵沉淀，在还原剂(维生素 C)的存在下，高价钼 Mo^{6+}被还原成 Mo^{4+}，四价钼再与试剂中的其他钼酸根离子结合成磷钼蓝。在一定浓度范围内，蓝色的深浅与磷含量成正比，可用比色法测定。该方法反应灵敏，但由于 DNA 和 RNA 都有磷，所以在测定时必须将两者分开，分别测定。反应方程式为

$$(NH_4)_2MoO_4+H_2SO_4 \longrightarrow H_2MoO_4+(NH_4)_2SO_4$$

$$H_3PO_4+12H_2MoO_4 \longrightarrow H_3P(Mo_3O_{10})_4+12H_2O$$

$$H_3P(Mo_3O_{10})_4 \longrightarrow Mo_2O_3 \cdot MoO_3$$

3) 染料结合法

在光度分析中，除了以上几种测定核酸的方法之外，染料与核酸的结合也是核酸光度分析中较为重要的一类方法。该方法主要是基于多核苷酸中两个单核苷酸残基之间的电离具有较低的 pK'值($pK'=1.5$)，当溶液的 pH>4 时全部解离，呈多阴离子状态，具有与某些阳离子染料结合的能力。染料结合法测定核酸具有简便、快速、灵敏、准确的特点，但蛋白质对体系的测定干扰严重，如有蛋白质存在，需采取适当的方法预先除去。目前，作为标记物测定核酸的阳离子染料或螯合阳离子有以下几种。

(1) 甲基绿。

单独的甲基绿溶液极易褪色，一定条件下，核酸的加入能使甲基绿保持不褪色。根据此性质可进行核酸的定量测定。在 pH 7.9 的 Tris-HCl 缓冲溶液中，将甲基绿与核酸的混合液加热至 45℃，3 h 之后，在最大吸收峰 630 nm 处测溶液的吸光度，吸光度的强度与一定浓度的 DNA 成正比，将该方法用于测定 DNA，其测定范围为 0～300 μg，检出限为 2 μg。

(2) 甲苯胺蓝。

苯甲胺蓝的水溶液在 628 nm 处有一最大吸收峰，当有痕量 DNA 存在时，会导致最大吸收峰降低，吸收峰的降低程度与一定浓度的 DNA 成正比，据此可用甲苯胺蓝测定微克级的 DNA，其线性范围为 0～4.0 μg/mL，检出限为 0.048 μg/mL。与甲基绿法相比，该方法的灵敏度更高，反应更迅速(混合后即可测定)，且操作简便，反应只需在室温下即可进行。因此，甲苯胺蓝法是目前测定痕量 DNA 的较好方法。

(3) 乙基紫。

在 pH 6.4～7.4 的条件下，乙基紫的 λ_{max} 位于 595 nm 处，当加入 DNA 后，乙基紫的吸收峰显著下降，而在 507 nm 处出现新的吸收峰。以乙基紫为标记物，根据其 595 nm 的吸收峰下降的程度，可进行 DNA 的定量测定。DNA 的线性范围为 0～1.08×10^{-5} mol/L。该方法操作简便，灵敏度高，选择性较好，且反应迅速(2 min 后即可测定)。

(4) 甲基紫。

在中性条件下，甲基紫的 λ_{max} 位于 579 nm 处，随着核酸的加入，发生明显的减色效应，减色强度随着核酸浓度的加大而增强，据此可建立测定核酸的方法，方法线性分别范围为 0～5.0 mg/L(ctDNA)和 0～10.0 mg/L(yRNA)。

(5) 其他。

在碱性条件下，金属螯合阳离子 Co(Ⅱ)-5-Cl-PADAB 与核酸反应后，有紫红色三元配合物生成，最大吸收峰位于 545 nm 处，由此建立痕量核酸的测定方法，线性范围为 0～4.0 μg/mL，检出限为 40～49 ng/mL。该方法具有较好的重复性和灵敏度，且提高了测定核酸的选择性。

2. 荧光法

荧光法是定量测定核酸的另一种常用方法，包括荧光增强法和荧光猝灭法，通常比光度法有更高的灵敏度。目前，用于核酸研究和测定的荧光试剂有金属离子、金属配合物及有机荧光试剂。

1) 金属离子及金属配合物

(1) 金属离子。

近年来，以金属离子作为荧光探针标记和测定核酸得到了很大的发展，尤其是三价镧系元素，它的共振能带正好与核酸受紫外光激发时的三线态相重叠，能有效地发生从有机配体到中心离子之间的能量转移，使具有弱内频荧光的中心离子荧光得到加强，从而成为荧光量子产率高的荧光探针。

常用作核酸探针的金属阳离子有 Tb(Ⅱ)、Eu(Ⅲ)，这些金属阳离子与核酸作用后能使荧光强度增强，并在一定的范围内与核酸浓度成正比，据此可用于核酸含量的测定。此外，Ce(Ⅲ)也是一种较好的金属离子探针，由于 Ce(Ⅲ)具有其独特的荧光性质，在弱酸性(pH 4.3～6.8)的 NaCl 介质中，Ce(Ⅲ)的荧光(λ_{ex}=245.0 nm，λ_{em}=350.0 nm)为多种核酸所猝灭，利用核酸对 Ce(Ⅲ)的这种荧光猝灭特征可以灵敏地测定不同核酸。

(2) 金属配合物。

8-羟基喹啉的金属配合物：8-羟基喹啉(8-HQL)能与金属离子如 La(Ⅲ)、Y(Ⅲ)、Sc(Ⅲ)、Al(Ⅲ)形成金属发光配合物，此二元配合物在 270 nm 和 365 nm 附近都能产生 500 nm 左右的荧光。加入核酸后形成的三元体系的荧光大幅度增强，与二元体系相比，三元体系荧光寿命增长且最大发射波长有部分蓝移现象。不同的金属配合物以及不同种类的核酸，其蓝移范围略有不同。荧光强度与核酸在一定浓度范围内呈线性关系，可建立高灵敏度的测定核酸的荧光分析法。

Tb(Ⅲ)-邻菲咯啉配合物：在 pH 6.8～7.2 的 Tris-HCl 缓冲溶液中，稀土金属离子 Tb(Ⅲ)能与邻菲咯啉和核酸、变性核酸、核苷酸、多核苷酸等形成三元配合物，其荧光强度(λ_{ex}=298 nm，λ_{em}=543.5 nm)远远强于二元配合物 Tb(Ⅲ)邻菲咯啉和 Tb(Ⅲ)-核酸。该法用于测定核酸，其线性范围为 20.0 μg/mL 或 0.4～15.0 μg/mL，检出限为 0.1～0.2 μg/mL。

Eu(Ⅲ)-四环素配合物：在 pH 6.8～7.2 的 Tris-HCl 缓冲溶液中，Eu(Ⅲ)-四环素配合物能与单链或双链 DNA 结合，导致荧光强度增强(λ_{ex}=298 nm，λ_{em}=543.5 nm)，此时它几乎不与 RNA 反应。因此，可建立测定核酸中 DNA 的灵敏方法，此法有特异性，其线性范围为 0.02～1.0 μg/mL，检出限为 0.01 μg/mL，使用时间分辨技术可以提高测定检出限(0.003 μg/mL)，当有 RNA 存在时，不干扰 DNA 的测定。

Tb(Ⅲ)-钛铁试剂(TR)配合物：金属配合物对于核酸的测定多是基于荧光增强效应，而在 pH 6.9 的六次甲基四胺-HCl 缓冲液中，核苷酸、多核苷酸和核酸能猝灭 Tb(Ⅲ)-TR 配合物的荧光(λ_{ex}=317 nm，λ_{em}=490 nm 或 547 nm)，据此可以建立测定核苷酸、多核苷酸和核酸的灵敏方法，测定范围为 0.005～10.0 μg/mL，检出限为 0.2～3.7 ng/mL。

2) 有机荧光试剂

(1) 3,5-二氨基苯甲酸。

DNA 在无机酸介质中与 3,5-二氨基苯甲酸反应形成的荧光产物(λ_{ex}=405 nm，λ_{em}=500 nm)可用于 DNA 的定量测定。该方法对 DNA 的测定具有特异性，RNA 的浓度是 DNA 的 20 倍也不干扰测定。若试样为组织，则应先用乙醇和三氯乙酸处理，然后加 3,5-二氨基苯甲酸，反应停止后于 406 nm 处激发，在 507 nm 处测量荧光强度。DNA 的含量为 0.0025～0.104 μg/mL 范围内，荧光强度与 DNA 的浓度成正比。赛塔罗等曾将此法用于细胞或组织的培养液中 DNA 的测定，激发波长为 420 nm，在 520 nm 处测量荧光强度。利恩等则将此法用于衣滴虫细胞中 DNA 的测定，于 430 nm 处激发，530 nm 处测定。

(2) 溴乙锭。

溴乙锭(ethidium bromide，EB)是一种非啶类染料(图 7-20)，它能直接插入核酸双链之间与核酸相结合，所得的反应产物的荧光强度将大大增强，其增大值正比于加入 RNA 或 DNA 的浓度。于 540 nm 处激发，在 590 nm 处测量荧光强度，测定范围为 0.01～10 μg/mL。方法可用于测定骨髓中核酸的含量，其灵敏度可达到 0.025 μg/mL，与二苯胺法相比至少提高了 40 倍。不足的是 EB 是一种强致癌性物质。

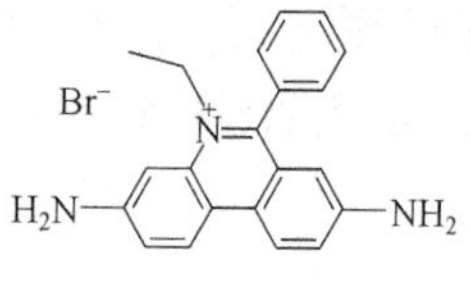

图 7-20　溴乙锭的分子结构

(3) 4′,6-二脒基-2-苯基吲哚。

在 pH 为 5～10 的介质中，4′,6-二脒基-2-苯基吲哚(DAPI)与 DNA 形成配合物的荧光强度(λ_{ex} =372 nm，λ_{em} =454 nm)比其本身的荧光强度约大 20 倍，荧光强度与 DNA 的浓度成正比，可用于测定 DNA，灵敏度为 0.5 ng/mL，测定范围为 0.5 ng/mL～10 g/mL。

(4) hoechst33258。

这是一种二苯并咪唑染料，曾用于测定细胞核组织中 DNA 的含量。在激发波长 350 nm、455 nm 处测定荧光强度，测定范围为 5～150 ng。

(5) 1-二甲基萘-5-碘酰鱼精蛋白。

在 pH 7.0 的磷酸盐缓冲溶液中，1-二甲基萘-5-碘酰鱼精蛋白(dansylprotamine，DNSP)发生荧光猝灭，当加入 DNA 或 RNA 后，会导致荧光增强，反应产物的激发波长为 360 nm，发射波长于 515 nm 处，核酸浓度在 0.1～5.0 μg/mL 与荧光强度成正比。

(6) 卟啉类。

meso-四(对-三甲基氨基)卟啉(TAPP)为一种水溶性阳离子卟啉，在低离子强度和 pH>7.48 的介质中，TAPP 在 413.0 nm 处有最大荧光激发峰，产生的荧光峰在 638.0 nm 处，当体系中存在核酸时，卟啉分子将在核酸表面堆结进行组装而诱导核酸分子构象发生变化，形成一种超螺旋结构，并导致 TAPP 的荧光猝灭，核酸的浓度在 1.5×10^{-6}～9.0×10^{-6} mol/L(ctDNA)或 1.5×10^{-6}～10.5×10^{-6} mol/L(yRNA)与荧光猝灭强度呈线性关系。另一类水溶性阳离子卟啉 meso-四(对-甲基吡啶基)卟啉(TMpyP-4)，其激发波长在 417.0 nm 处，发射波长为 642.0 nm，加核酸后会导致荧光猝灭，猝灭程度与核酸浓度成正比。

(7) 邻菲咯啉。

在 pH 6.2 的六次甲基四胺缓冲溶液中，邻菲咯啉在紫外光(λ=230 nm 或 267 nm)的照射下，能发出 367 nm 的荧光，天然和热变性 hsDNA 以及 yRNA 的加入会导致邻菲咯啉的荧光猝灭，根据该反应可在较宽范围内灵敏地测定溶液中核酸的含量，用于 hsDNA 的测定，其线性范围为 0.2～2.5 和 2.5～18.0 μg/mL，检出限为 0.07 μg/mL。

(8) 藏红 T。

藏红 T(safranine T, ST)为一种碱性醌亚胺类染料，在低离子强度和弱碱性(pH 7.05)的 Tris 缓冲溶液中，ST 的单体溶液在 532.7 nm 可见光激发下，可产生 578.6 nm 的强荧光，加入核酸溶液，ST 的荧光猝灭，体系的最大激发发生紫移，荧光发射峰不变，此时 ST 与核酸的物质的量比 R>0.33，DNA 对 ST 的荧光猝灭表现为线性猝灭，核酸的线性范围分别为 0～4.5×10^{-5} mol/L(ctDNA)，0～6.0×10^{-5} mol/L(fsDNA)和 0～3.8×10^{-5} mol/L(yRNA)。

(9) 耐尔蓝。

耐尔蓝(Nile blue，NB)又名尼罗蓝，是一种碱性吩嗪染料，具有平面、刚性结构，本身具有荧光，激发波长是 627 nm，发射波长是 672 nm，加入核酸后会导致荧光猝灭，根据此性质可进行核酸的测定，对于 ctDNA 的测定范围为 0.003～2.0 μg/mL，检出限为 3.0 ng/mL。

(10) Phosphin 3R。

Phosphin 3R(PR)在 468 nm 可见光的激发下，能于 505 nm 处发射较强的荧光，在中性条件下加入核酸后会导致荧光猝灭。据此建立了一种测定 ctDNA 的方法，其线性范围为 0～0.1 g/mL 和 0.1～2.0 μg/mL，检出限为 5.0 μg/mL。

(11) 吖啶橙。

在阴离子表面活性剂存在下，吖啶橙(acridine orange，AO)与核酸结合后，会导致荧光强度急剧增强，反应原理是基于染料二聚体(AOAO)-单体(AO)的平衡转换，在阴离子表面活性剂介质中，由于 AO(强荧光物质)嵌入核酸中，引起 AOAO(非荧光物质)解离，从而导致荧光增强。根据该性质，可用荧光分光光度法测定核酸和聚核苷酸，方法简便、灵敏度高，用于测定 ctDNA，其线性范围为 7.8～10.0 μg/mL，检出限为 3.9 ng/mL。

3. 共振瑞利散射法

1993 年，Pasternack 等使用普通荧光分光光度计，建立了共振光散射技术，研究了卟啉分子的聚集。自李克安和黄承志等将共振光散射法应用于核酸的定量测定以来，共振光谱散射法成为继分光光度法、荧光法之后的又一新的高灵敏度的核酸测定方法。

共振瑞利散射(RRS)是当瑞利散射(RS)位于吸收带中或附近时产生的一种吸收再散射过程，它不仅偏离了 $I\propto\lambda$ 的瑞利定律，而且某些波长的散射强度急剧提高。由于 RRS 兼具瑞利散射和电子吸收光谱的双重特性，与单纯的 RS 相比，不仅灵敏度高、选择性好，而且可提供更丰富的信息量，因此近年来受到了分析工作者的重视和研究。目前除将利用离子缔合反应产生的强 RRS 用于痕量金属如汞(Ⅱ)、铬(Ⅳ)、钼(Ⅵ)、铝(Ⅲ)、非金属[如硒(Ⅳ)]和某些有机化合物(如阳离子表面活性剂)以及药物(如肝素钠、维生素 B_1)的测定外，主要用于生物大分子的表征和测定。

1993 年，Pasternack 首先用这种光散射技术研究生色团在生物大分子的聚集作用时显示出高的灵敏度和选择性，表明它对核酸等生物大分子的测定和表征是一种非常有用的技术。近年来国内外在这方面做了大量的工作，取得了可喜的成绩，同时也为生物化学和临床分析中微量生物大分子的测定开辟了一条新的途径。

共振瑞利散射中，用染料及其金属螯合阳离子测定核酸是基于染料及其金属螯合阳离子在核酸等生物大分子上进行堆积，从而导致强烈的共振光散射增强并产生新的 RRS 光谱。由于在一定条件下，共振光散射的信号增强与生物大分子的浓度呈线性关系并具有很高的灵敏度，因此该方法可用于核酸的定量测定。常用的染料及其他试剂如下。

1) TAPP 及质子化 TAPP

在碱性条件(pH 7.48)下，TAPP 及质子化 TAPP 与核酸作用能导致共振瑞利光散射增强，并在 432 nm 附近产生特征吸收峰。利用核酸对 TAPP 的共振光散射增强可以测定 ng 级的核酸，用于测定 ctDNA，其线性范围为$(1.8\sim10.8)\times10^{-7}$ mol/L，检出限为 4.1×10^{-8} mol/L。

2) 藏红 T

在中性条件(pH 5.6～7.4)下，藏红 T(ST)能在核酸表面进行长距组装，并于 350 nm、470 nm 和 550 nm 附近产生三个特征的共振光散射峰。分别测定几种核酸，其检出限为 8.2～61.1 ng/mL，方法具有较高的灵敏度。

3) 亚甲蓝

在 pH 6.87～8.74 和离子强度低于 0.01mol/L 的溶液中，亚甲蓝(methylene blue，MB)能在核酸表面进行长距离组装，并于 355.0 nm 和 560.0 nm 附近产生特征的共振光散射峰。该方法用于痕量核酸的定量测定，其线性范围为 0～14 μg/mL(ctDNA)和 0～0.24 μg/mL(yRNA)，检出限为 11.0 ng/mL(ctDNA)和 8.6 ng/mL(yRNA)。

4) 中性红

在 pH 2.3 的中性红(neutral red，NR)溶液中，加入核酸后溶液的 RRS 强度急剧增强，最大吸收 RRS 峰位于 330 nm 处，用于测定 ctDNA,其线性范围为 0.048～5.25 μg/mL，检出限为 48.2 ng/mL。

5) 耐尔蓝

在弱碱性(pH 7.20～7.80)的 Tris 缓冲介质中，耐尔蓝硫酸盐(NBS)能在核酸表面进行长距组装，并于 293.8 nm 处产生特征的共振瑞利光散射峰。据此可进行 0～1.00 μg/mL ctDNA 的测定。方法具有很高的灵敏度，检出限可达 0.7 ng/mL。

6) 碱性三苯甲烷染料

某些碱性三苯甲烷染料如乙基紫(EV)、结晶紫(CV)和甲基紫(MV)能与核酸结合而使 RRS 急剧增强并产生新的 RRS 光谱，基于此现象可进行核酸的定量测定，核酸浓度为 0～2.0 μg/mL 与散射强度呈线性关系，其检出限分别为 4.7 ng/mL(EV-hsDNA 体系)、13.0 ng/mL(CV-hsDNA 体系)和 12.2 ng/mL(MV-hsDNA 体系)，方法具有较高的灵敏度。

7) 硫酸鱼精蛋白

在 pH 2.2～4.4 的溶液中，核酸和硫酸鱼精蛋白(Ps)能通过静电引力结合形成配合物，导致 RRS 剧增，最大 RRS 峰位于 365 nm 处，用于测定 ctDNA，线性范围为 0.05～60.0 μg/mL，检出限为 12.5 ng/mL。

8) Co(Ⅱ)-5-Cl-PADAB

实验发现在碱性条件下，Co(Ⅱ)-5-Cl-PADAB 螯合阳离子能在核酸分子上进行堆积，并在 547 nm 处产生强烈的共振瑞利散射峰，强度与核酸的浓度在一定范围内成正比。该方法用于测定 ctDNA，其线性范围为 0.06～0.36 μg/mL，检出限可达 0.8 ng/mL(比分光光度法提高了 5 倍)。

以上仅列举了几个有机小分子探针，可用于核酸测定的小分子探针还有很多，如罗丹明 B、噻二嗪、香豆素、荧光素等，许多方法已广泛应用。

7.5.2 端粒 DNA 及其识别探针

1. 端粒简介及作用

端粒 DNA(telomere DNA)是位于染色体末端并对染色体具有保护作用的富含鸟嘌呤(G)的 DNA 序列，它由一段双链重复区域和一段单链重复区域构成，本身没有任何密码功能，它与端粒结合蛋白一起构成了特殊的“帽子”结构，作用是保持染色体的完整性和控制细胞分裂周期。在新细胞中，细胞每分裂一次，染色体顶端的端粒就缩短一次，当端粒不能再缩短时，细胞就无法继续分裂了。这时候细胞也就到了普遍认为的分裂 100 次的极限并开始死亡。因此，端粒被科学家视为“生命时钟”。端粒、着丝粒和复制原点是染色体保持完整和稳定的三大要素。

人类和哺乳动物端粒 DNA 是由富含鸟嘌呤的重复序列 d[TTAGGG]组成的，其主要结构为双链 DNA，但是在 3′末端有一段被称为 G-单链突出端(G-overhang)的单链结构。这些富含鸟嘌呤的序列在生理条件下通过 G 碱基间 Hoogsteen 氢键能够形成一种特殊的 DNA 二级结构——鸟嘌呤四链体(简称 G-四链体)。G-四链体的形成或拆散可能涉及体内的一些重要生理过程的调控，如细胞凋亡、细胞增殖、信号转导和肿瘤形成等。2009 年诺贝尔生理学或医学奖授予了布莱克本、格雷德和绍斯塔克三位科学家，以表彰他们在端粒和端粒酶如何保护染色体方面的研究贡献。关于染色体端粒的研究早在 20 世纪 70 年代就已经逐渐展开，直至今日，这一领域的发展仍然对生命科学尤其是癌症和基金组织的研究起着重要的影响。

研究表明，85%～90%恶性肿瘤的发病都与端粒酶的活性有关，而 G-四链体 DNA 结构的形成可以有效抑制端粒酶的活性，因其独特的结构特点和可能的生物学功能，G-四链体结构已经成为一个非常有潜力的药物设计靶点，因此，能够诱导 G-四链体 DNA 形成并使其稳定的小分子配体的设计及其与 DNA G-四链体的相互作用成为抗肿瘤研究热点。

端粒酶可用于给端粒 DNA 加尾，DNA 分子每次分裂复制，端粒就缩短一点，一旦端粒消耗殆尽，细胞将会立即激活凋亡机制，即细胞走向凋亡，所以端粒的长度反映细胞复制史及复制潜能。端粒酶(telomerase)是一种特殊的核糖核蛋白反转录酶，其主要组成成分包括人端粒酶 RNA 模板、端粒酶相关蛋白(TP1)和人端粒酶催化亚单位(hTERT)。端粒酶的本质是 RNA 指导的 DNA 聚合酶。它能在端粒结合蛋白的辅助下，以自身 RNA 为模板，以端粒 3′-端突出的单链 DNA 为引物，由催化亚单位催化，反转录合成端粒 DNA 重复序列并添加到染色体末端，从而维持端粒长度及染色体的稳定性。

端粒结合蛋白与端粒酶的相互协作调节了端粒 DNA 的长度。端粒 DNA 的长度对于细胞的生长和衰老以及凋亡调控非常重要，因为每经过一次复制周期，端粒 DNA 就会缩短 50.200 bp，如果端粒的长度持续缩短，就会被细胞周期蛋白检测出来，随即进入衰老和死亡阶段。只有极少数细胞，如癌细胞，由于发生了一些新的突变而激活端粒酶，端粒的功能得到恢复，基因也重获稳定，使细胞过渡为永生化细胞，这一过程称为端粒的维持机制。端粒保卫蛋白复合体的高表达及端粒酶的高催化活性都是癌细胞区别于正常细胞的重要特征。特别是端粒酶，在成熟体细胞中端粒酶的活性会被关闭，以此来调控细胞的生长、分化和衰老。而恶性肿瘤组织端粒酶活性的阳性率达到 84%～95%，良性肿瘤和正常组织的端粒酶活性检出率则仅为 4%左右。因此，抑制癌细胞的端粒维持机制(端粒/端粒酶抑制剂)作为新的抗癌策略正成为癌症靶向治疗研究的热点,这种抑制剂按其作用机制的不同主要可分为：①抗致敏分子类；②反转录酶抑制剂类；③端粒 G 四螺旋 DNA(G quadruplex DNA)配体类。近年来尤其以第③

类，即能与端粒 G 四螺旋 DNA 相互作用的配体的研究最引人注目。

G-四链体 DNA 是一类特殊的 DNA 二级结构。它由富含鸟嘌呤(G)的 DNA 序列构成。序列中的四个鸟嘌呤通过 Hoogsteen 氢键组装形成环状的 G-四分体(G-quartet)结构，多个 G-四分体叠加构成了 G-四链体。一定浓度的金属离子、小分子配体或分子拥挤等条件都可以诱导 G-四链体 DNA 的形成。

根据形成 G-四分体的鸟嘌呤序列的取向性不同，G-四链体结构可以进一步细分为平行型与反平行型构象。而反平行型的 G-四链体结构最为复杂，其相邻形成 G-四分体的序列取向可以是反平行，也可以是部分正平行，一般只要其中一段序列与其他三段序列的取向不同，该结构就可定义为反平行型构象，如混合式的 G-四链体结构。因此，在一分子或两分子 DNA 组装 G-四链体的过程中，序列中的残基可以构成形式各样的环(loop)结构。

2. 端粒 G-四链体 DNA 识别小分子研究

端粒核酸的结构多样性引起了人们的广泛关注，其主要原因之一在于端粒 DNA 是端粒酶的识别底物，如果阻止了端粒酶识别端粒，就能够抑制端粒酶活性，从而达到选择性抗癌的目的。迄今为止，已经发展出多种端粒 G-四链体 DNA 的识别分子，其结构特征主要可以分为以下四大类。

1) 共平面的稠环芳香体系

共平面的稠环芳香体系包括酰胺蒽醌类、吖啶类、异咯嗪类、吲哚喹啉类、喹诺吖啶类、二苯邻二氮杂菲类、二萘嵌苯类化合物等(图 7-21)。

(1) 蒽醌类衍生物。蒽醌类衍生物是研究得最为广泛的一类 G-四链体配体。Neidle 等发展了一系列氨基蒽醌衍生物，其中 1,4-AQ-NMe_2 与 d[AG3(T2AG3)2]形成的 G-四链体结合常数很高，对端粒酶抑制的 IC_{50} 值为 1.8 μmol/L，对细胞抑制的 IC_{50} 值可达 0.01～0.3 μmol/L。分子模拟显示，2,6-、1,4-和 2,7-AQ 衍生物的两条侧链结合于 G-四链体的沟区内，通过氢键作用使结合常数大大增强。而另一类蒽醌衍生物 2,7-二酰胺基芴酮类结果不很理想(端粒酶抑制活性 IC_{50} 值为 9～33 μmol/L)，究其原因，可能是化合物的曲度增加降低了 π-π 堆积作用。Neidle 等解析了多柔比星与 d(TGGGGT)G-四链体的晶体复合物，发现其糖基侧链与 G-四链体的磷酸骨架形成氢键作用，增加了结合作用。Manet 等研究了多柔比星和 sabambicin 与端粒 G-四链体的相互作用，发现它们以 1：1 的比例结合而发挥很强的抗肿瘤活性。可见，在蒽醌母核中引入糖基，可以增加其结合力，带糖基的新型 G-四链体配体或许将成为人们研究的重点对象。

(2) 吖啶类衍生物。吖啶类母核的氮原子在人体生理 pH 下可以质子化，这有利于与 G-四链体的离子通道发生静电作用而结合。Neidle 课题组设计了靶向端粒 DNA 的化合物 BRACO-19，其芳香平面堆积在 G-四链体上，同时 3 条含氮侧链通过氢键作用结合于四链体的 3 个沟区内。BRACO-19 有很低的细胞毒性，但是却能与端粒 G-四链体紧密结合发挥很好的端粒酶抑制活性。在非急性细胞毒性浓度下，BRACO-19 于 7～10 天内诱导 Du-145 前列腺癌细胞明显凋亡，15 天内使 21NT 人类乳腺癌细胞明显凋亡，对 UxFl 138L 宫颈癌抑制率达 96%。但是 BRACO-19 的细胞膜通透性存在缺陷。

(3) 二萘嵌苯及萘酰亚胺类化合物。萘酰亚胺化合物 NII，获得了其与端粒 DNA G-四链体的共结晶复合物，并解析了其三维结构，确定了萘酰亚胺类化合物 NII 与 G-四链体的结合比为 6：1，其中 4 分子与 G-四集体发生 π-π 堆积，另外 2 分子则嵌合在沟区内，可见当芳香平面发色团上增加柔性氨基或羟基长链时，可以使结合比大大增加，并丰富了结合模式。

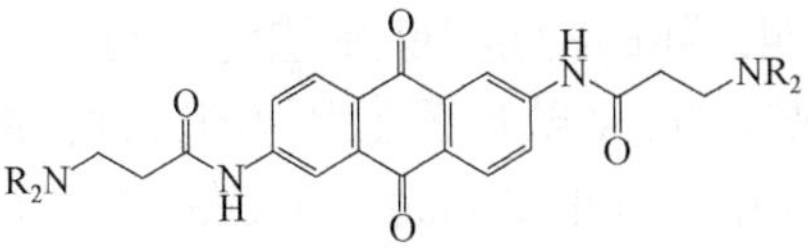

2,6-AQ 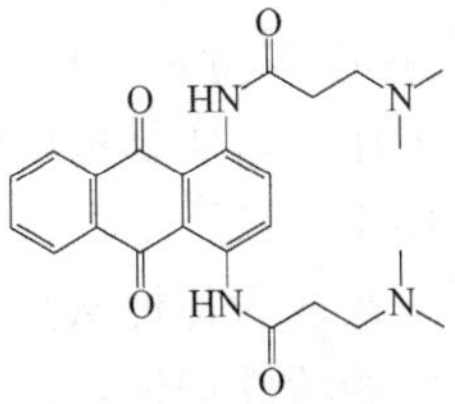　1,4-AQ-NMe2 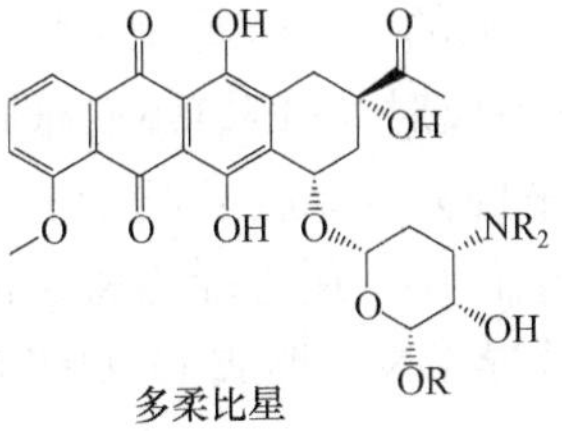　多柔比星 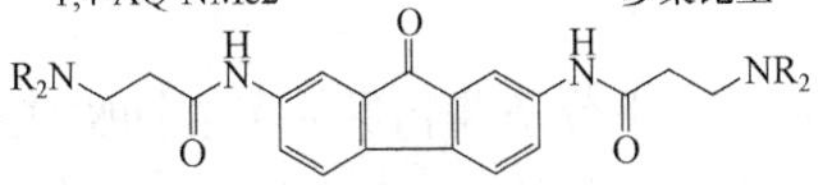　2,7-FO

蒽醌类衍生物分子结构

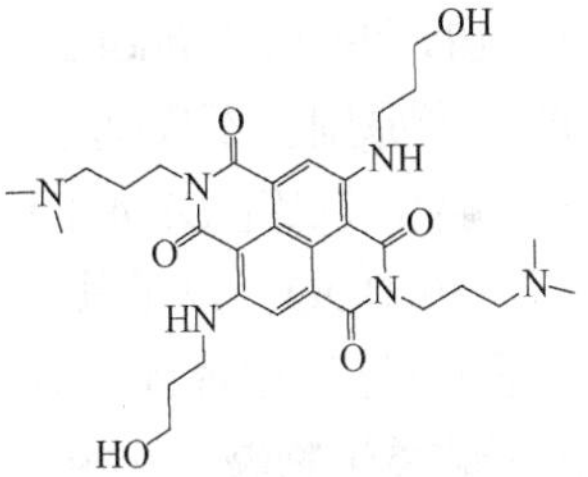

NII 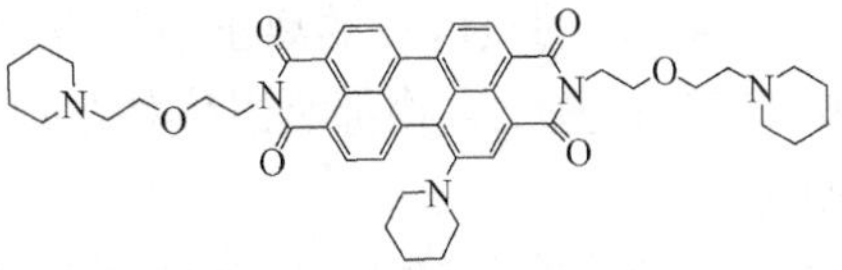　PPL3C

二萘嵌苯及萘酰亚胺类化合物分子结构

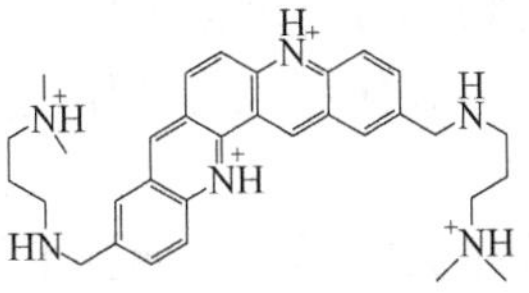

MMQ_3 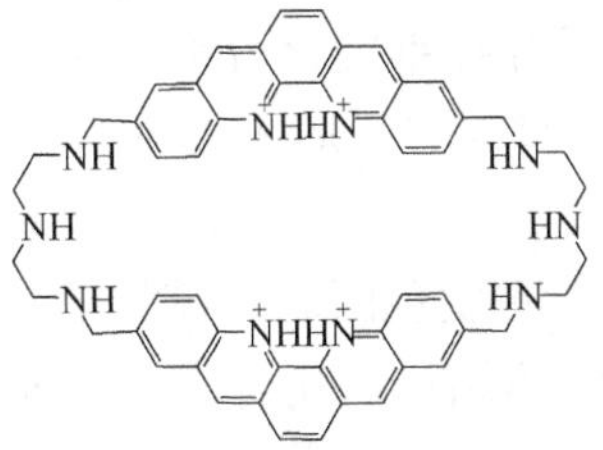　BOQ_1 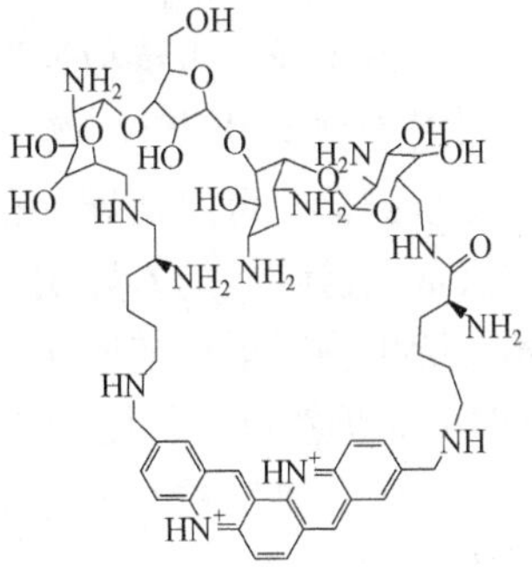　NCQ

二氮杂菲类衍生物分子结构

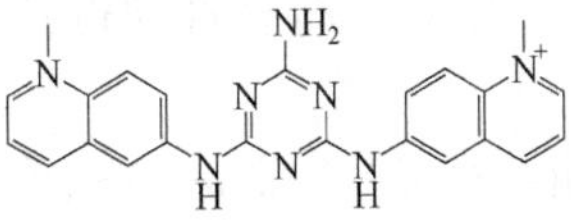

12459 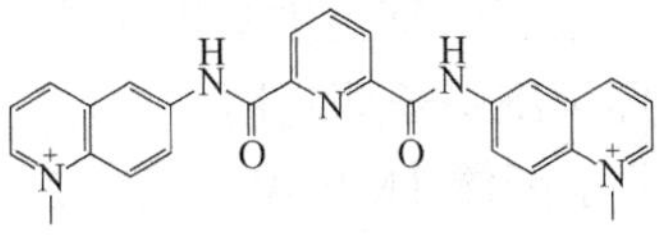　307A 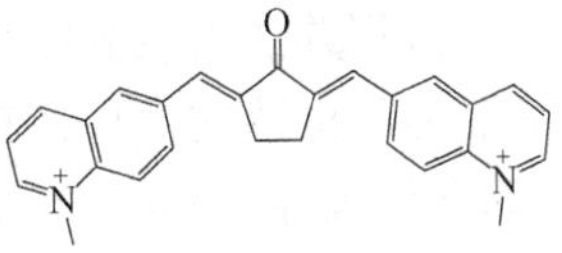　M2

喹啉类衍生物分子结构

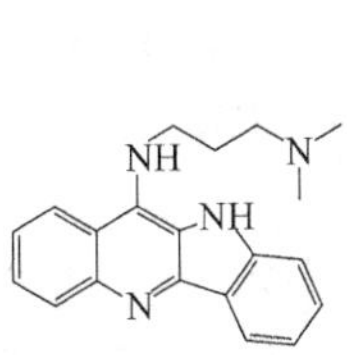

吲哚并喹啉类衍生物
SYUIQ-05分子结构

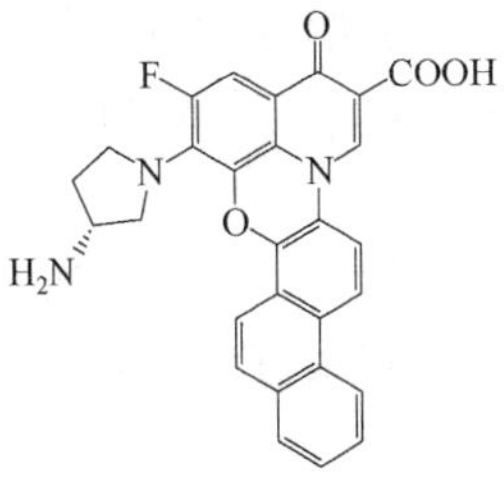

FQA-CR 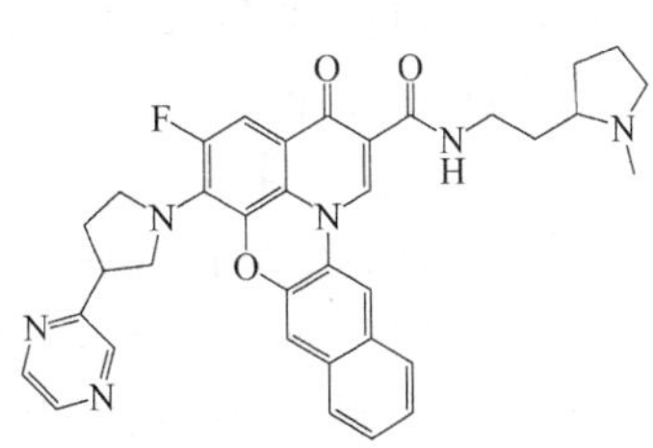　quarfloxin

喹诺酮类衍生物分子结构

图 7-21　共平面环的一些 G-四链体配体分子

(4) 二氮杂菲类化合物。二氮杂菲类化合物的 5 个芳香环排列成新月形，更易于结合分子内 G-四链体。它们对 G-四链体具有很好的稳定作用，具有很强的端粒酶抑制作用，IC_{50} 值分别为 0.5 μmol/L 和 0.028 μmol/L。提高化合物对 G-四链体的特异性识别能力是 G-四链体配体分子设计的一个原则，不仅基于 G-四链体平面与双链 DNA 碱基平面之间的区别，而且还考虑到了 G-四链体与双链 DNA 的沟区和 loop 区的差异，因此 Teulade、Fichou 等合成了大环二氮杂菲衍生物 BOQ，由于其芳香环平面的扩大，其立体效应阻碍了与双链 DNA 的结合，提高了对 G-四链体的选择性，并且具有很强的端粒酶抑制活性(IC_{50} 值为 0.13 μmol/L)。

(5) 异喹啉类生物碱。小檗碱衍生物不仅对 G-四链体有很强的稳定作用，而且可以诱导端粒 DNA 序列形成 G-四链体结构，其平面芳香结构有利于 π-π 堆积作用，其正电荷有利于与 G-四链体的负电性的离子通道发生静电作用。黄志纾等将 9 位甲氧基改造为各种氨基衍生物取代，这些化合物都可以代替阳离子诱导 DNA 形成 G-四链体，它们的活性均远远强于小檗碱。

(6) 喹诺酮类衍生物。喹诺酮类衍生物中已经有一个小分子药物进入了Ⅱ期临床试验，是由 Cylene 制药公司和 Hurley 课题组共同开发的 quarfloxin。起初，Hurley 以 G-四链体为靶标，在氟喹诺酮母核基础上设计合成了一系列衍生物，其中 FQA-CR 对端粒酶抑制的 IC_{50} 值可达 60 nmoL/L。Cylene 公司基于 c-myc 基因重新对其进行了设计，最终得到了 quarfloxin。

中山大学黄志纾、古练权课题组以白叶藤碱为先导化合物，先后以端粒 DNA、6cf-2 和 c-myc 癌基因为靶点设计了一系列吲哚并喹啉类化合物。这些化合物都含有近似平面的芳香发色团和氨基侧链，可以诱导并稳定这些 DNA 形成 G-四链体结构，其作用强度和作用效果与衍生物氨基侧链结构的差异明显相关。

喹啉类衍生物以柔性链连接 3 个芳香发色团后，赋予了化合物很大的柔性，使其不易插入双链 DNA 而仍然可以作用于 G-四链体结构。化合物 12459 更易于结合 c-myc 基因启动区 G-四链体，结合力是端粒 G-四链体的 2 倍，抑制端粒酶活性 IC_{50} 值为 130 nmol/L。

2) 大环体系

大环体系包括卟啉类化合物、端粒抑素类化合物等(图 7-22)。卟啉类药物能够选择性地在肿瘤细胞中蓄积并达到较高浓度，而在正常细胞中却迅速被代谢分解，这种特性使得其具有降低对正常细胞毒性的优势，在肿瘤细胞中长期应用。

例如，具有代表性的 G-四链体小分子配体 TMPy4[5,10,15,20-四(*N*-甲基)-4-吡啶卟啉]是最具有代表性的阳离子卟啉类化合物，它与 G-四链体结合达到饱和时，采取插入平行结构的 G-四链体的层层之间，同时还伴有末端堆积结合两种方式共存的相互作用状态。生物学研究表明，TMPy4 在抑制细胞生长的同时，降低了 G1 期的细胞数量，增加了 S 期和 G2/M 期的细胞数量，能够减少 c-myc 蛋白的生成，通过活化 p38、MAPK、JNK 以及 ERK，诱导 P21 和 P57 蛋白，从而表现出抗癌活性。

武汉大学周翔课题组设计合成了多种此类吡咯大环类化合物，如阳离子卟啉、氮杂卟啉、酞菁类化合物和咔咯(corrole)类化合物等。它们具有很好的稳定和调控四链核酸结构和功能的作用，并对端粒酶有明显的抑制作用。

3) 非稠合芳香类分子

非稠合芳香类分子包括双芳基嘧啶类化合物、三芳基吡啶类化合物、1, 4-三唑类化合物、吲哚类化合物、芳基脲类化合物等。

4) 金属配合物

相对于大量有机小分子化合物，金属配合物研究起步较晚，报道也少很多。金属配合物

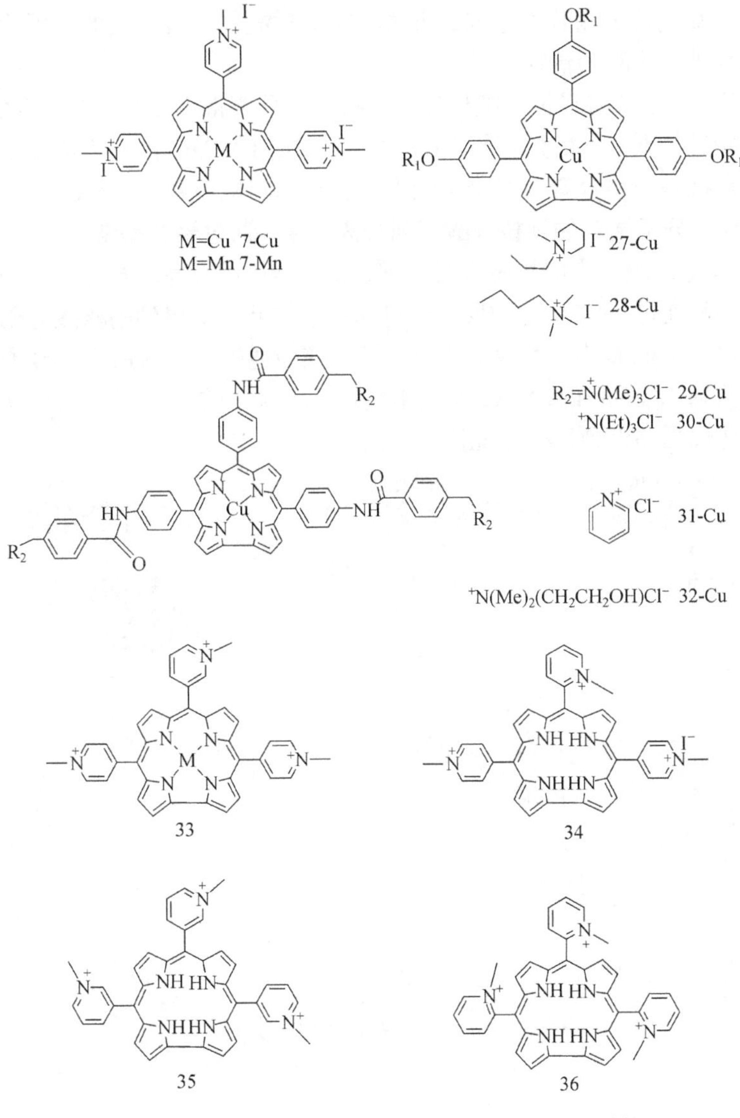

图 7-22　大环体系的 G-四链体识别分子结构

具有多变的结构，合成步骤相对简单，并且金属中心所带的正电荷有利于与 G-四链体的沟区、环以及带负电荷的磷酸骨架作用。越来越多的金属配合物用来研究与 G-四链体的作用。主要有铂、钌、镍、锰等金属配合物。铂类金属配合物作为临床上应用最广泛的金属抗肿瘤化疗药物，其研究引起广泛的关注。

7.5.3　核酸适配体

核酸适配体(aptamer)的名称来源于拉丁词“aptus”，意为“适合”，它是单链结构的寡聚 DNA 或 RNA，碱基数一般为 20～100 个，通过一种 SELEX(systematic evolution of ligands by exponential enrichment，指数富集的配体系统进化)技术筛选得到。最早由埃林顿等研究人员在 1990 年提出，同年，埃林顿等同样利用 SELEX 技术成功筛选出了能够与汽巴克隆蓝、活性蓝发生特异性结合的 RNA，命名为 aptamer(适配体)。两年后，他们再次利用 SELEX 技术筛选到了一种单链 DNA 适配体。因此，SELEX 技术是一种通过体外反复选择和放大，从巨大的核苷酸组合库中筛选特定核苷酸序列的方法。核酸适配体具有广泛的实用性，它能用于任何一分子识别为基础的诊断和治疗。

在 SELEX 过程中，通过将目标与随机核酸库孵育，分离得到能与目标结合的核酸序列，然后将其扩增放大并进行下一次的孵育筛选(图 7-23)。SELEX 技术的基本流程如下：首先通过化学合成的方法获得一个约含有 10^{15} 个不同寡核苷酸的随机序列库，把靶分子加入该库中，待充分结合后，将与靶分子结合的寡核苷酸序列分离出来。通过聚合酶链反应(PCR)，对从靶分子-寡核苷酸复合体上洗脱下来的核酸进行扩增，得到新的组合库后再进行下一轮筛选。对于大部分的靶标，一般通过 6～20 轮的反复分离和扩增循环，所得到的核酸与靶标的结合力就达到饱和，就可以产生能够特异性地结合靶分子的核酸适配体，最后进行分子测序以得到核酸适配体的序列信息。总的来说，SELEX 技术包括五个基本的步骤，即结合、分离、洗脱、扩增和调节，通过迭代循环得到目标适配体。

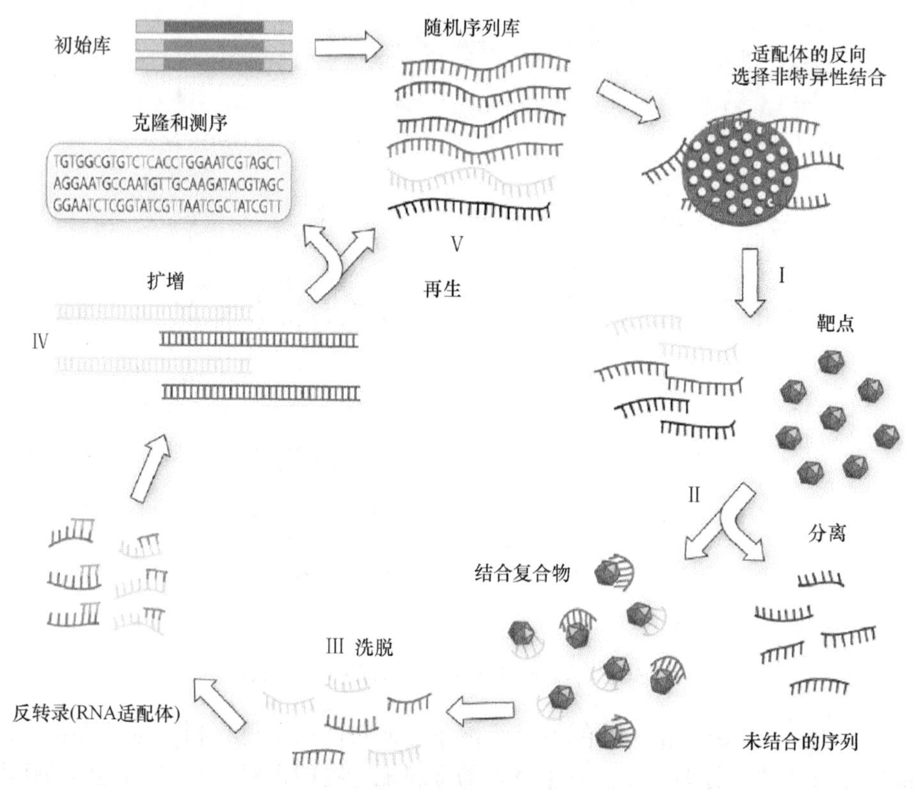

图 7-23　核酸适配体筛选过程示意图

Ⅰ～Ⅴ分别代表不同的步骤：结合、分离、洗脱、放大和调节

自从 20 多年前 SELEX 技术应用以来，该方法经历了很多变化和改进。目前，一个新的核酸适配体的筛选可能只有几个小时，而不是以前传统方法的几周。新的计算软件等改进使适配体结构和亲和性结合预测的选择性得到提高，筛选过程更加有效、低成本，同时核酸适配体的不同化学修饰不仅增强了适配体的稳定性，同时也扩大了核酸适配体的应用，如毛细管电泳(capillary electrophoresis)-SELEX，基于磁珠的(magnetic bead-based)SELEX，细胞(cell)-SELEX，体内(in vivo)SELEX，一轮(one-round)SELEX，高通量测序(high-throughput sequencing)与 SELEX 结合，极小量和无引物 SELEX。

筛选得到的核酸适配体与靶标的结合力很强，可以与抗体媲美：核酸适配体与蛋白质的解离常数为 10^{-12}～10^{-7} mol/L，与小分子的一般在 10^{-6} mol/L 左右。核酸适配体一般通过氢键、静电和疏水等超分子多齿作用与靶标作用：或者折叠形成空腔结构将目标包含在内，或者被诱导形成特定三维结构与靶标形成大的复合物。核酸适配体对靶标也有很高的选择性，可以区分分子间单个基团的差异如甲基或羟基的有无，也可以区分手性的不同。核酸库容量大，达到 10^{14}～10^{15}，且可以形成多种三维结构，所以核酸适配体的目标很广，可以是小分子、肽、蛋白质甚至是细胞、病毒或组织等复杂生物体。

与抗体相比，核酸适配体有许多优势：

(1) 抗体的获得是通过动物体的免疫反应得到，而与动物体内类似的物质难以引起免疫反应，它们的抗体获取很困难。此外，当靶标是对动物有毒性的物质时，抗体也无法获得。而核酸适配体是通过体外筛选得到的，不依赖于动物体，所以它们的靶标可以是任何物质。

(2) 核酸适配体的筛选条件可以人为设定和改变，不需要在生理条件下进行。它们与靶标的作用不需要苛刻环境，这对于体外分析诊断更加有利。

(3) 核酸适配体可以通过化学合成法精确合成，其结构可以精确到单个分子。因此，核酸适配体可以克服抗体批次差异大的缺点，还可以通过化学修饰提高它的选择性和亲和力，它的筛选和批量合成周期也比抗体的制备过程短。

(4) 核酸适配体可以进行精确的化学修饰，能方便地输出被分析信号，还可以方便地与检测界面或纳米材料融合。

(5) 核酸适配体稳定性高，能在室温储存和运输，还可以退火处理且结构高度可逆。而抗体需要苛刻的保存条件，且容易失活。

核酸适配体的应用非常广泛，目前主要应用于检测、分离纯化、疾病诊断、疾病治疗、药物传输、恐怖安检、食品检验等(图 7-24)。核酸适配体在生物医学基础研究、疾病诊断和

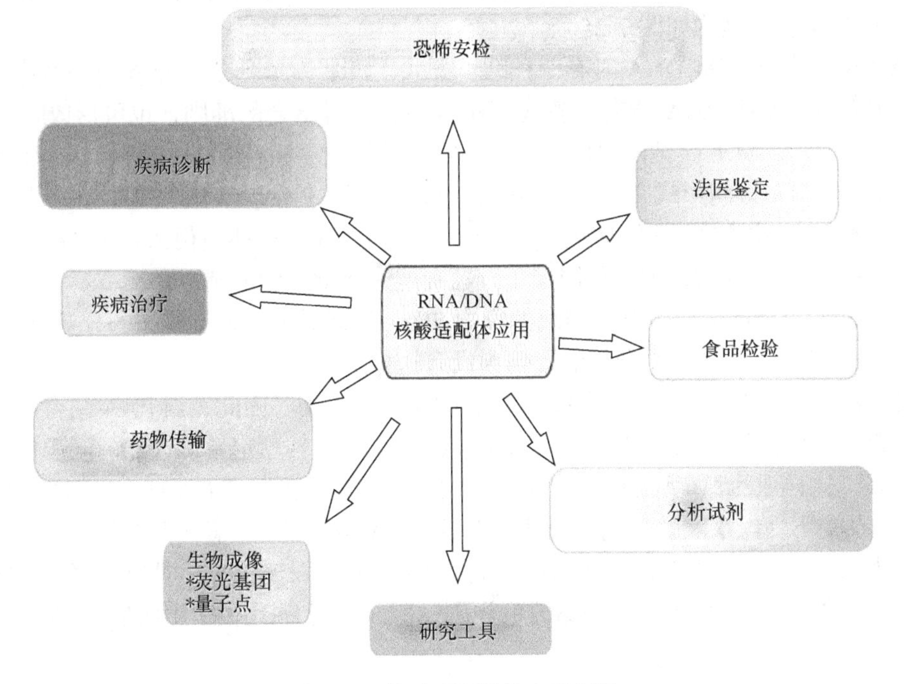

图 7-24　核酸适配体的应用领域

治疗领域显示出广阔的应用前景，但其实际应用还只刚刚起步，远远滞后于其研究发现，面临着更大的发展空间。与目前在生物医学领域中广泛应用的抗体相比，核酸适配体是一种全新的分子识别方法，它与靶标结合的特异性和亲和力与抗体相当甚至更强，而且合成简单快速；适用范围广，易于进行化学修饰和多功能化，组织穿透性好，有望直接运用于活体分子成像和药物传输；且其具有免疫原性小、稳定性好等优点。与反义核酸、干扰 RNA 等基因药物相比，核酸适配体作为药物或靶向药物载体具有更为普遍的适用性。

7.6 肽 核 酸

肽核酸(peptide nucleic acids，PNA)是丹麦有机化学家 Buchardt 和生物化学家 Nielsen 于 20 世纪 80 年代开始潜心研究的一种新的核酸序列特异性试剂。它是在第一代、第二代反义试剂的基础上，通过计算机设计构建并最终人工合成的第三代反义试剂。肽核酸是将核酸分子中带电荷的磷酸戊糖骨架置换成电中性、非手性、类似多肽的骨架，后者是由酰胺键连接的 *N*-(2-氨基乙基)-甘氨酸单元重复组成，A、G、C、T 碱基与骨架以亚甲基羰基相连。PNA 的独特构象决定了它具有一些特殊的性质，如不易被已知蛋白酶和核酸酶降解，与互补的 DNA 或 RNA 序列杂交有极强的特异性和热稳定性，并可以与配基相连共转染进入细胞。这些都是其他寡核苷酸所不具备的优点。因此，PNA 在疾病诊断、生物检测等方面有着重要的发展意义。

7.6.1 肽核酸结构

肽核酸是一种以中性酰胺键为骨架的全新的DNA类似物,可序列特异的靶向作用于DNA 的大沟槽，其骨架的结构单元为 *N*-(2-氨基乙基)-甘氨酸，碱基部分通过亚甲基羰基连接于主骨架的氨基 N 上。其结构如图 7-25 所示。

PNA 靶向作用于双链 DNA 时有四种结合方式，如图 7-26 所示。PNA 以一种序列依赖的方式与互补的 DNA 或 RNA 杂交，遵从沃森-克里克氢键结合的准则，也可形成既包含沃森-克里克又包含 Hoogsteen 碱基配对的三链体结构。其中，一条全嘧啶的 DNA 或 RNA 链与两条序列互补的 PNA 链间形成杂交复合体时，不是常规的 PNA_2-DNA 三链体，而是形成一种三链侵入复合物(其中 DNA 双链体被一内部的 PNA_2-DNA 三链体所侵入)，被替代的 DNA 单链形成 D 环结构。这种结合类型仅限定于全嘧啶/全嘌呤的 DNA 靶标。

PNA-DNA 杂交严格地受碱基错配的影响,PNA 具有对单个碱基错配的分辨能力。相反，碱基错配对相应的 DNA-DNA 杂交的影响则没有这样严重。

另外，PNA 与 DNA、RNA 不同，它的骨架是不带电的。因此，当 PNA 结合到它的靶核酸链上时没有静电排斥现象。PNA-DNA 或 PNA-RNA 双链的稳定性比天然的同源或异源双链稳定性更强。这样强的稳定性使其热解链温度 T_m 值比观察到的 DNA-DNA、DNA-RNA 高。同时 PNA 杂交不受盐浓度的影响。因此，PNA-DNA 双链的 T_m 值在低盐强度下几乎不受影响，这就大大便利了它们的杂交。PNA 的非天然骨架也意味着 PNA 可以抵挡蛋白酶和核酸酶的降解。另外，由于 PNA 不能被聚合酶识别，所以不能直接用做引物进行复制和转录。

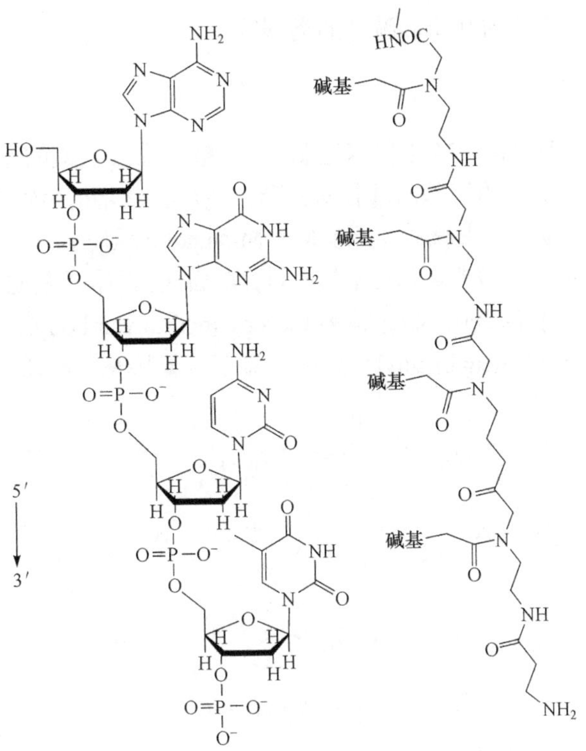

图 7-25　PNA 的化学结构与 DNA 的比较

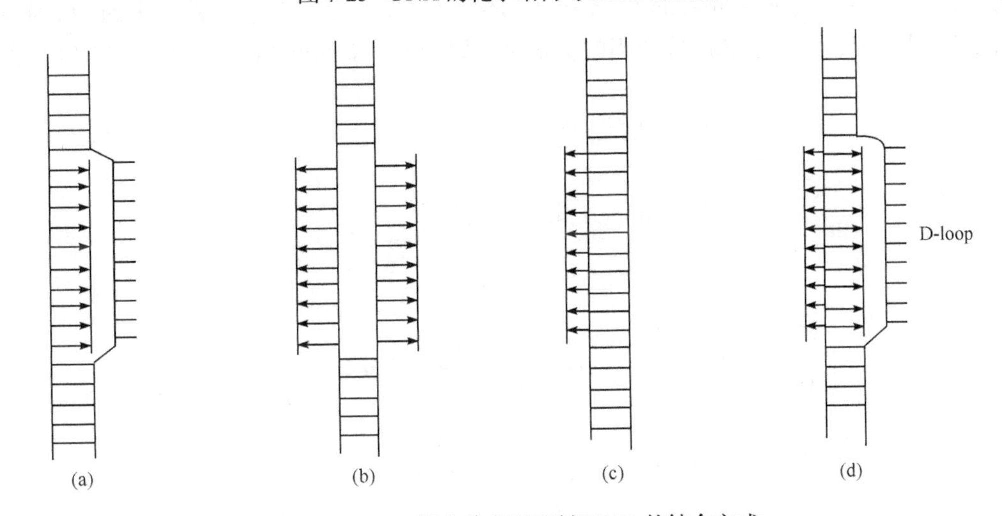

图 7-26　PNA 靶向作用于双链 DNA 的结合方式

(a) 标准的多聚嘌呤 PNA 入侵双链 DNA；(b) PNA 双重双链入侵，形成稳定的复合物，但只能发生在含有修饰碱基的 PNA 分子上；(c) 传统的三链体结构，由富含胞嘧啶的多聚嘧啶 PNA 与互补的多聚嘌呤 DNA 靶标结合；(d) 稳定的三链体入侵复合物，导致右侧被取代的 DNA 单链形成 D-loop 环结构

PNA 对 DNA/RNA 的识别特异性、非常好的生物稳定性、化学合成的灵活性使其具有无可比拟的基因调控的功能和作为分子探针的检测功能。

7.6.2　肽核酸的合成和修饰

各种各样的构建模块被用于合成 PNA 及其类似物，包括骨架结构、在 *N*-(2-氨基乙基)-

甘氨酸上连接手性和非手性的基团、碱基的类型等。

1. 经典的骨架合成

经典的 PNA 的骨架单体是 *N*-(2-氨基乙基)-甘氨酸，在甘氨酸的氮上连接碱基的衍生物。通常先合成端基 N 有保护基的氨基乙基甘氨酸酯，然后将碱基衍生物连在未受保护的氮上。常用的方法有烷基化反应、席夫碱的还原反应、Mitsunobu 反应。

如图 7-27 所示，以乙二胺或氨基乙腈为原料，与卤代乙酸衍生物进行烷基化反应，适用的保护基(protect group，PG)有：芴甲氧酰基(9-fluorenylmethoxycarbonyl，Fmoc)、对甲氧基苯基二苯甲基(4-methoxyphenyldiphenylmethyl，Mmt)、叔丁氧羰基(tert-butyloxycarbonyl，Boc)。

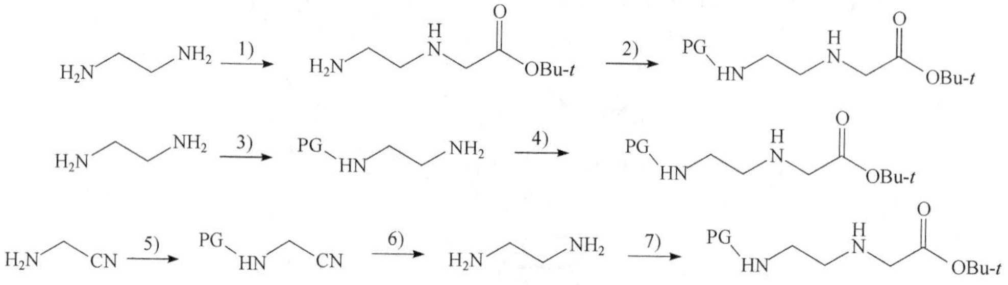

图 7-27　烷基化反应合成 PNA 骨架

还原甘氨酸酯与保护的氨基乙醛形成的席夫碱，虽然只适用于 Boc 保护基，但该方法稍加修改即可用于合成各种有侧链的 PNA 单体。还原乙二胺与乙醛酸形成的席夫碱，得到 *N*-(2-氨基乙基)-甘氨酸，然后选择连接适当的保护基，如 Fmoc 和 Mmt 等(图 7-28)。先将甘氨酸还

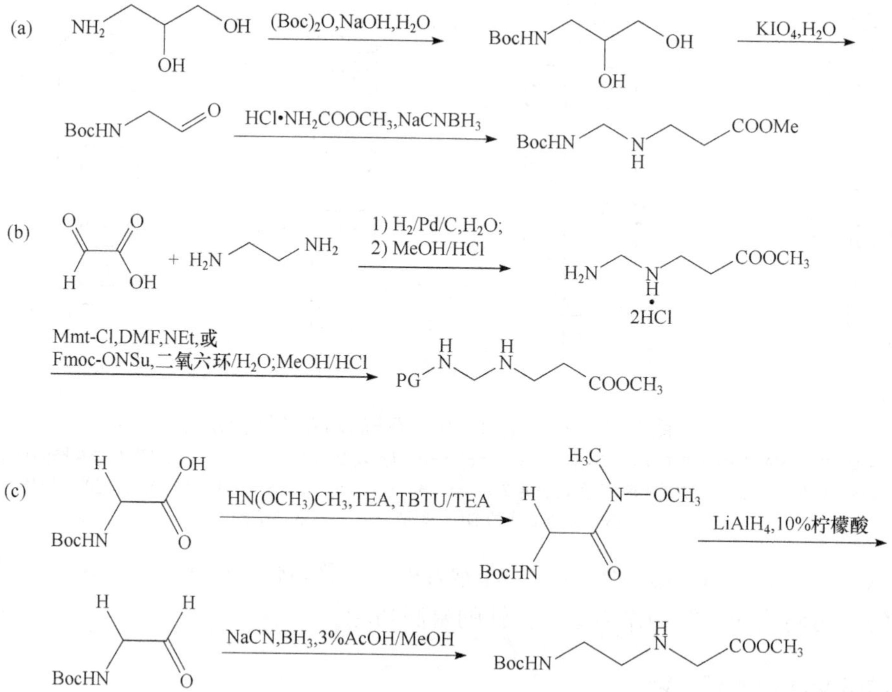

图 7-28　席夫碱的还原反应

(a) 由甘氨酸酯和氨基丙二醇合成 PNA 骨架；(b) 由乙二胺和乙醛酸合成 PNA 骨架；(c) 由甘氨酸合成 PNA 骨架

原成 Boc 氨基乙醛，再与甘氨酸酯反应。

利用氨基乙醇与对硝基苯基甲磺酰基(*o*-NBS)保护的甘氨酸甲酯进行 Mitsunobu 反应(图 7-29)。

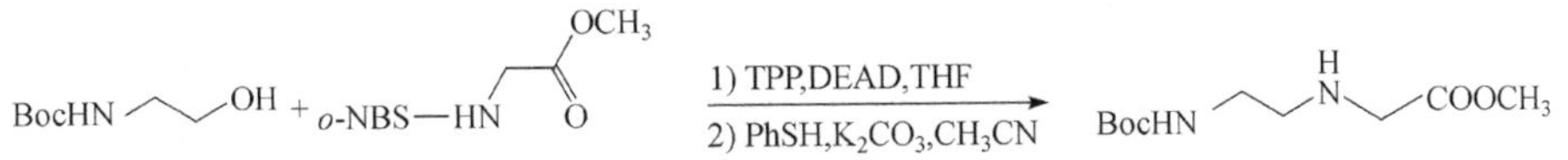

$$\text{BocHN}\diagdown\diagup\text{OH} + o\text{-NBS—HN}\diagdown\text{C(=O)OCH}_3 \xrightarrow[\text{2) PhSH,K}_2\text{CO}_3\text{,CH}_3\text{CN}]{\text{1) TPP,DEAD,THF}} \text{BocHN}\diagdown\diagup\text{NH}\diagdown\text{COOCH}_3$$

图 7-29　Mitsunobu 反应由氨基乙酸和甘氨酸甲酯合成 PNA 骨架

2. 引入碱基

四种碱基都是经胺的烷基化反应形成碱基乙酸衍生物，再采用通常的多肽合成的方法，连接碱基乙酸和骨架上的未受保护的氮。

胸腺嘧啶的烷基化反应通常不需要使用保护基团，因此当与溴乙酸酯反应再经皂化或直接与溴乙酸反应即可得胸腺嘧啶乙酸。其余三种碱基上都有活泼基团，需先加以保护。

胞嘧啶上的活泼基团为 4 位上的氨基，可选择的保护基有：苄氧羰基(benzyloxycarbonyl, Cbz)、对叔丁基苯甲酰基(4-tert-butylbenzoyl, 4-t-BuBz)、苯甲酰基(benzoyl, Bz)以及 Mmt 等，然后与溴乙酸酯进行烷基化反应，再皂化即得胞嘧啶乙酸的衍生物。

腺嘌呤的保护过程与胞嘧啶基本相同，鸟嘌呤的保护比较复杂，需要在烷基化的过程中避免 N7 烷基化的副反应干扰。一种常用的方法是在烷基化中用 2-氨基-6-氯嘌呤，烷基化后再在酸性或碱性条件下回流，将氯水解转化为羰基，过程如图 7-30 所示。或是直接烷基化 N2 连有保护基的腺嘌呤，色谱分离 N7、N9 两种烷基化产物，然后皂化得鸟嘌呤乙酸的衍生物(图 7-31)。

3. 对经典 PNA 的修饰

对 PNA 的修饰主要集中在对骨架 PNA 的改造，碱基的替换以及骨架和碱基的连接方式。目前，PNA 合成的研究集中在骨架修饰 PNA 衍生物上，是因为用改造和未改造的 PNA 单体混合制成骨架的寡核苷酸类似物对 DNA 和 RNA 有更好的杂交特性，而且骨架修饰能优化 PNA 的特性，如水溶性、生物利用度等，但是延长骨架碳链会使 PNA 杂交活性显著降低。

可以在骨架上引入支链和环状结构。引入支链可使单体成为手性分子，而对杂交性质影响很小。常用的几种引入侧链的方法包括对经典单体合成方法的改进，利用各种天然α-氨基酸引入侧链，不对称催化氢化反应等。

带有环状结构的 PNA 有很多，其合成过程各异，脯氨酸由于其天然结构特点成为研究的主要热点，具有代表性的是 4-羟基脯氨酸或四氢吡咯衍生物制备的骨架含五元环结构的 PNA 单体的合成途径(图 7-32)。其他带有环状结构的 PNA 单体还有同为五元环的以及带有硫原子的(图 7-33)。

碱基与骨架的连接方式主要有以无羰基的直链 C—C 键连接，以烯键连接，以环状结构连接等。但这种改造方式使 PNA 的结构有很大改变，有可能会对杂交性质产生较大的负面影响。

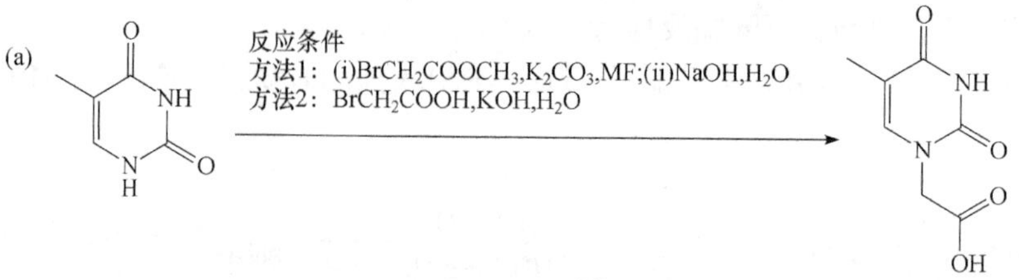

(a)

反应条件
方法1：(i)$BrCH_2COOCH_3$,K_2CO_3,MF;(ii)NaOH,H_2O
方法2：$BrCH_2COOH$,KOH,H_2O

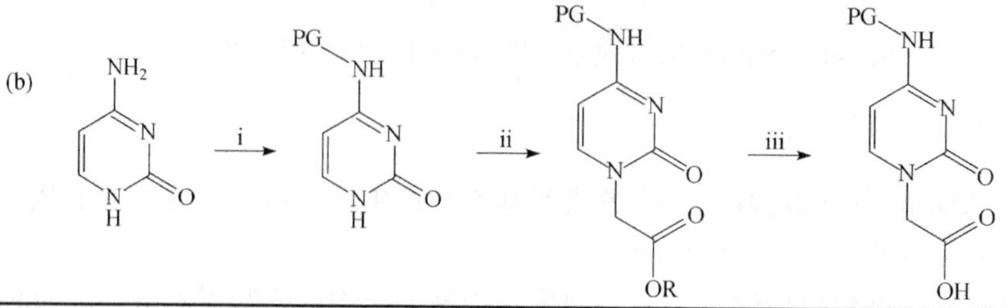

(b)

PG	R	i	ii	iii
CBz	*t*-Bu	Cbz-Cl,DMAP,吡啶	$BrCH_2COOBu$,K_2CO_3,Cs_2CO_3,DMF	HCl/二氧六环,CH_2Cl_2
4-*t*-BuBz	Me	*t*-BuBz-Cl,吡啶	$BrCH_2COOMe$,NaH,DMF	NaOH,H_2O/二氧六环
Bz	Et	BzCl,吡啶	$BrCH_2COOEt$,K_2CO_3	NaOH,H_2O
Mmt	Me	Mmt-Cl,吡啶	$BrCH_2COOMe$,NaH,DMF	NaOH,H_2O/二氧六环

(c)

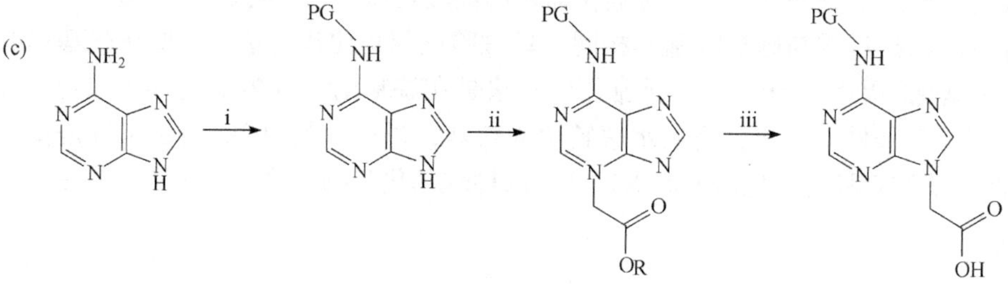

PG	R	i	ii	iii
Cbz	*t*-Bu	NaH,Cbz-Cl,DMF	$BrCH_2COOBu$-*t*,K_2CO_3,Cs_2CO_3,DMF	THF,CH_2Cl_2,Et_3SiH
Mmt	Me	Mmt-Cl,吡啶	$BrCH_2COOMe$,NaH,DMF	NaOH,H_2O/二氧六环
An	Me	An-Cl,吡啶	$BrCH_2COOMe$,NaH,DMF	NaOH,H_2O/二氧六环

图 7-30　(a) 胸腺嘧啶乙酸的合成；(b) 胞嘧啶乙酸衍生物的合成；(c) 腺嘌呤乙酸衍生物的合成

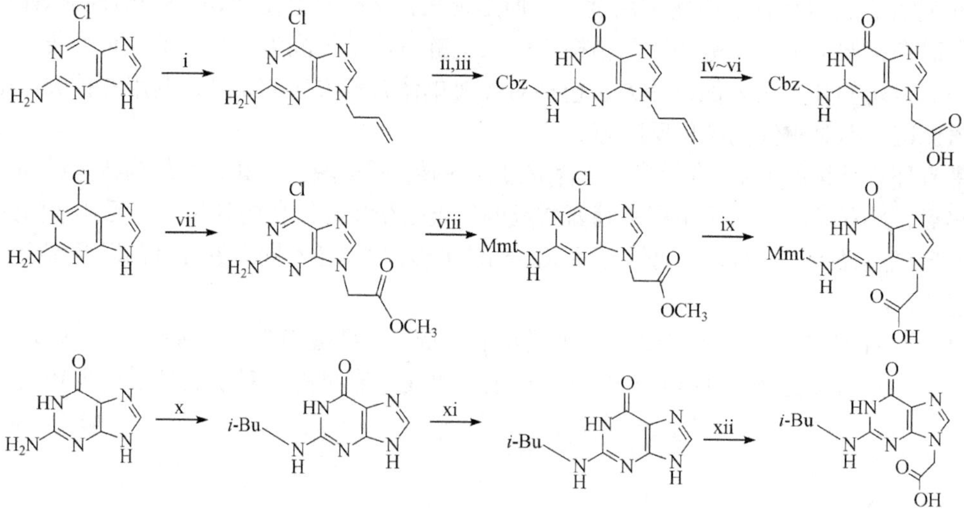

图 7-31　鸟嘌呤乙酸衍生物的合成

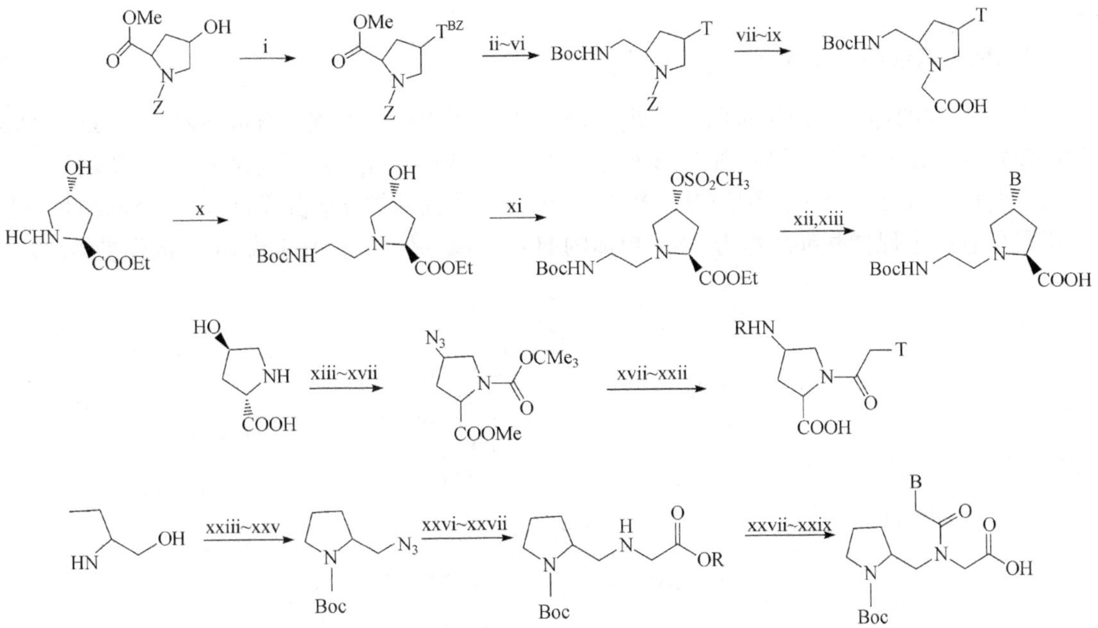

图 7-32　合成骨架中含有环状结构 PNA 单体

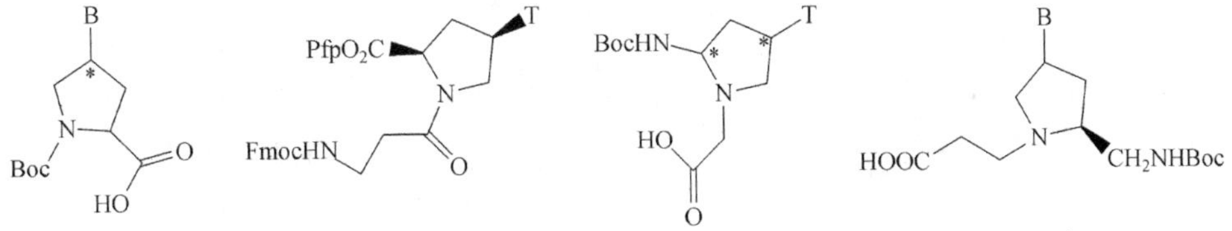

图 7-33　骨架中含有环状结构的 PNA 单体

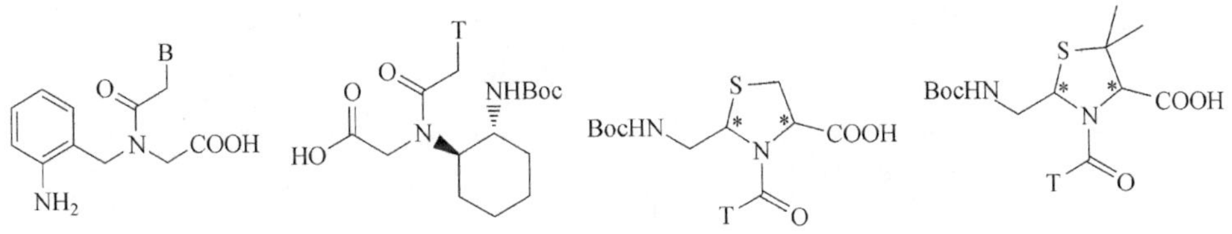

另一方面，也可对碱基进行替代，如图 7-34 中的一些结构已被实验用作碱基的替代物，并观察到了与 DNA 的杂交。

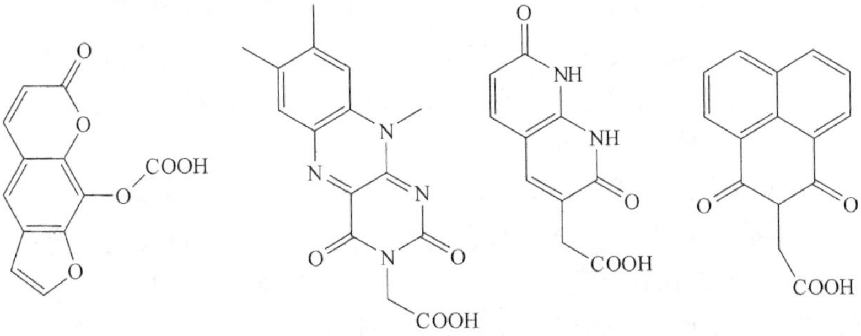

图 7-34　碱基类似物

4. PNA 低聚物的合成

PNA 之间的连接类似于多肽，因此 PNA 的合成可采用多肽固相合成技术。以 Boc、Cbz 保护策略为例，其反应过程如图 7-35 所示。PNA 合成中应注意选择合适的 N 端和碱基保护策略。虽然 PNA 单体合成用到的保护基很多，但由于受到保护和脱除条件及固相合成的限制，并不是任意两个保护基都能作为 PNA 单体的 N 端和碱基保护基对(N 端/碱基)的保护策略。

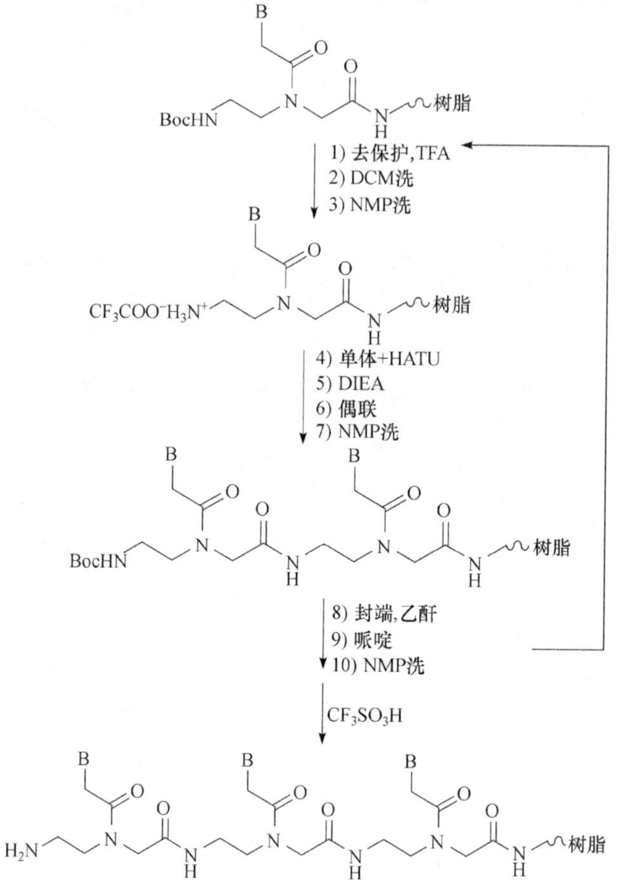

1) 去保护, TFA
2) DCM洗
3) NMP洗

4) 单体+HATU
5) DIEA
6) 偶联
7) NMP洗

8) 封端, 乙酐
9) 哌啶
10) NMP洗

CF_3SO_3H

图 7-35　PNA 的固相合成

7.6.3　肽核酸的应用

PNA 分子不含戊糖和磷酸基，故呈电中性，此电中性的存在赋予了其许多 DNA 或 DNA 类似物所不具有的性质，如高灵敏度、高特异性、非盐依赖性、高稳定性等。因此，PNA 分子作为一种优良的寡核苷酸取代物被广泛应用于分子生物学研究及相关领域，主要应用于杂交检测、疾病治疗、反义核酸药物等领域。

理论上看，PNA 具有以下优点：①PNA 不能被核酸酶和蛋白酶降解；②与 DNA 和 RNA 的结合力强，特异性高；③PNA 与 RNA 结合的稳定性远高于与 DNA 的结合；④PNA 与 DNA 形成的 PNA_2-DNA 三螺旋结构能引起转录停止，PNA 与 RNA 形成的 PNA_2/RNA 能引起翻译停止。这些特点都是反义寡核苷酸所不具备的，因此 PNA 有发展为反义药物的可能。

PNA 作为反义、反基因药物，可调节转录、反转录、翻译等过程。它具有良好的生物稳定性.除了能抵抗核酸酶降解外，对蛋白酶也有高度的稳定性。在人血清、细菌提取物、埃氏腹水癌细胞核和细胞质抽提物中均无明显降解。但 PNA 的细胞膜通透性差，动物组织器官对其摄入量极微，这限制了 PNA 作为基因调节药物的开发，但可以借合适的运载系统来解决这一困难，利用运转系统来进行 PNA 药理研究将很有前途。PNA 作为基因调节药物用于基因水平的治疗具有良好的前景。为拓宽 PNA 应用范围，将其发展成为实用药物的研究，如对 PNA 进行深入的化学修饰、改造，从而改进、调整其理化和生物学特性是非常重要的。

PNA 在疾病诊断上也有很好的应用前景，由于①PNA 的碱基序列鉴别力和稳定性都好于寡核苷酸；②PNA 能够以链侵占的方式识别双链 DNA；③PNA 与互补核酸的结合极大地改变了电泳迁移率，因此 PNA 能够作为诊断探针用于检测基因突变和错配分析。PNA 芯片是根据反向杂交的原理，把事先设计好的寡核苷酸探针固定到基片上，与荧光标记的靶序列在一定条件下杂交，通过洗涤后检测信号来检测基因分型和突变。它能够很好地解决目前用 DNA 作为探针的寡核苷酸芯片存在的许多问题，如对单碱基识别能力差，杂交时存在链间斥力等。

使用 PCR-clamping 方法可以分析点突变部位。靶核酸 PCR 扩增是检测基因突变的一个重要步骤。PNA 与 DNA 的结合不能被 DNA 聚合酶识别，链不能延伸，扩增不能进行，相反其突变型则可以很好地扩增。使用这一技术可以精确地证实点突变位置。一种称为荧光原位杂交(FISH)测定的方法与 PNA 探针技术结合，已被用于癌症和衰老研究。PNA 探针与 DNA 探针联合，用于分析 x-my 导致的染色体互换，以及染色体异常诊断。PNA-FISH 也被用于医学诊断和环境样品中检测和鉴定细菌，这种检测非常快速和灵敏，但不能区分存活的和死亡的细菌。

第 8 章 酶的化学生物学

生物化学的历史很大程度上是酶的研究历史。我国远在上古时代已经利用微生物发酵酿酒和制酱，但人类对酶的现代研究开始于 19 世纪。法国人巴斯德从事发酵的化学过程研究，1857 年他提出糖被酵母发酵为乙醇是酵母中的酵素催化的。1897 年德国人巴克纳发现无细胞的酵母提取液也能把糖转化为乙醇，证明了发酵是被一些能离开活酵母的分子(酶)所催化的。

1926 年美国人萨姆纳从刀豆中分离并结晶出脲酶，揭示了酶的化学本质是蛋白质，然而，近期研究表明核酸也具有酶的性质和功能。20 世纪中后期，酶学研究有了飞跃的发展，较集中地研究酶在代谢调控和细胞分化中的作用，数千种酶被分离纯化，其中许多酶的结构和催化机制被阐明，使人们在分子水平上更好地了解酶是如何行使它们的生物学功能的。

8.1 生命过程中的酶

酶(enzyme)是由活细胞产生的一类具有催化作用的蛋白质，故又有生物催化剂之称，通过有效降低反应活化能而加快反应速率。与一般催化剂相比，酶的催化作用有高度专一性、高度催化效率以及催化活性的可调节性和高度的不稳定性(变性失活)等特点，酶的这些性质使细胞内错综复杂的物质代谢过程能有条不紊地进行，使物质代谢与正常的生理机能互相适应。因此，酶构成了生命基础，它催化的各种生化反应保证了能量生成、物质转化、细胞增殖和物种繁殖等过程的正常进行。可以说，没有酶的参与，生命活动一刻也不能进行。若因遗传缺陷造成某种酶缺损，或其他原因造成酶的活性减弱，均可导致该酶催化的反应异常，使物质代谢紊乱，甚至发生疾病，因此酶与医学的关系也是十分密切的。

自 1982 年以来，随着具有催化功能的 RNA 和 DNA 的陆续发现，目前认为生物体内除了存在酶这类催化剂外，另一类则是核酸催化剂，其本质为 RNA，称为核酶。因此，现代科学认为酶是由活细胞产生，能在体内或体外发挥相同催化作用的一类具有活性中心和特殊结构的生物大分子，包括蛋白质和核酸，但由于核酸参与催化反应有限，而且这些反应均可由相应的酶所催化，因此蛋白酶仍是体内最主要的催化剂。蛋白酶按其所参加酶促反应的性质，主要分为以下 6 大类：

(1) 氧化还原酶类(oxidoreductase)，指催化底物进行氧化还原反应的酶类，如乳酸脱氢酶、琥珀酸脱氢酶、细胞色素氧化酶、过氧化氢酶等。

(2) 转移酶类(transferase)，指催化底物之间进行某些基团的转移或交换的酶类，如转甲基酶、转氨酶、己糖激酶、磷酸化酶等。

(3) 水解酶类(hydrolase)，指催化底物发生水解反应的酶类，如淀粉酶、蛋白酶、脂肪酶、磷酸酶等。

(4) 裂合酶类(lyase)，指催化一个底物分解为两个化合物或两个化合物合成为一个化合物的酶类，如柠檬酸合成酶、醛缩酶等。

(5) 异构酶类(isomerase)，指催化各种同分异构体之间相互转化的酶类，如磷酸丙糖异构酶、消旋酶等。

(6) 合成酶类(连接酶类，ligase)，指催化两分子底物合成为一分子化合物，同时还必须偶联有 ATP 的磷酸键断裂的酶类，如谷氨酰胺合成酶、氨基酸-tRNA 连接酶等。

8.1.1　生物氧化与酶

有机物质在生物体内的氧化作用称为生物氧化。有机物质的生物氧化是在生物细胞内进行的酶促氧化过程，也是一个每一步都由特殊的酶催化的分步过程，生物氧化释放的能量转换成生物体能够直接利用的生物能 ATP。

1. 线粒体呼吸链中的酶

线粒体呼吸链的电子传递酶系及相关的蛋白都分布在内膜上。这些酶和蛋白以超分子形式存在，组成具有相对独立功能的复合物。现在已经分离出了 4 种复合物以及 ATP 合成酶系，它们组成一个完整的线粒体呼吸链体系。

线粒体呼吸链电子传递的一条主要途径包括两个电子载体和三个大的蛋白质复合物。

(1) 泛醌(简写为 Q)或辅酶-Q(CoQ)：是电子传递链中唯一的非蛋白电子载体，为一种脂溶性醌类化合物。大多数动物的线粒体中存在的泛醌，侧链都含有 10 个异戊烯结构单元(n=10)，通常称为 Q_{10}。某些动物和微生物中也含有 n=6～9 的泛醌。Q(醌型结构)很容易接受电子和质子，还原成 QH_2(还原型)；QH_2 也容易给出电子和质子，重新氧化成醌型。因此，它在线粒体呼吸链中作为电子和质子的传递体。

(2) 细胞色素 c：是电子传递链中一个独立的蛋白质电子载体，位于线粒体内膜外表，属于膜周蛋白，易溶于水。

(3) 泛醌-细胞色素 c 还原酶：简写为 QH，是线粒体内膜上的一种跨膜蛋白复合物，其作用是催化还原型 QH_2 的氧化和细胞色素 c 的还原。细胞色素主要是通过 Fe^{3+}-Fe^{2+}的互变起传递电子的作用。

(4) NADH-Q 泛醌还原酶(NADH 指烟酰胺腺嘌呤二核苷酸)：是线粒体内膜上最大的一个蛋白质复合物，最少含有 16 个多肽亚基。它的活性部分含有辅基 FMN 和铁硫蛋白。铁硫蛋白(简写为 Fe-S)是一种与电子传递有关的蛋白质，它与 NADH-Q 还原酶的其他蛋白质组分结合成复合物形式存在。它主要以(2Fe-2S)或(4Fe-4S)形式存在。(2Fe-2S)含有两个活泼的无机硫和两个铁原子。在酶催化的氧化还原反应中，铁硫蛋白通过 Fe^{3+}-Fe^{2+}变化起传递电子的作用。

(5) 细胞色素 c 氧化酶：是位于线粒体呼吸链末端的蛋白复合物，由 12 个多肽亚基组成。

线粒体呼吸链电子传递的另一条主要途径是从琥珀酸传递到 O_2。琥珀酸是生物代谢过程(三羧酸循环)中产生的中间产物。琥珀酸-Q 还原酶也是存在于线粒体内膜上的蛋白复合物，它比 NADH-Q 还原酶的结构简单，由 4 个不同的多肽亚基组成，其活性部分含有辅基 FAD 和铁硫蛋白。琥珀酸-Q 还原酶的作用是催化琥珀酸的脱氢氧化和 Q 的还原。

2. 氧化磷酸化

线粒体内膜的表面有一层规则的间隔排列着的球状颗粒，称为 ATP 酶复合体，催化 ATP 的合成，ATP 酶含有 5 种不同的亚基。线粒体呼吸链的电子传递过程是在内膜上进行的，线粒体电子传递链与 ATP 合成酶系形成一个完整的能量转换系统。

氧化磷酸化作用的抑制和解偶联生物氧化的释能反应与 ADP 的磷酸化反应偶联合成 ATP 的过程称为氧化磷酸化。

能够阻断呼吸链中某一部位电子流的物质称为电子传递抑制剂，利用某些特异性的抑制剂切断某部位的电子流，再测定电子传递链中各组分的氧化还原状态，是研究电子传递顺序的一种重要方法。已知的抑制剂有以下几种。

(1) 复合物Ⅰ抑制剂：鱼藤酮(rotenone)、安密妥以及杀粉蝶菌素(piericidin)，它们的作用是抑制 NADH-泛醌还原酶，从而阻断电子由 NADH 向辅酶 Q 的传递。鱼藤酮是一种极毒的植物物质，常用作杀虫剂。杀粉蝶菌素的结构类似辅酶 Q，因此可以与辅酶 Q 竞争。

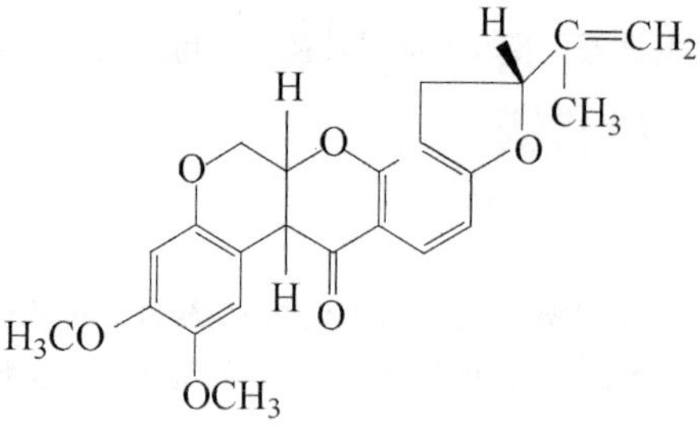

鱼藤酮 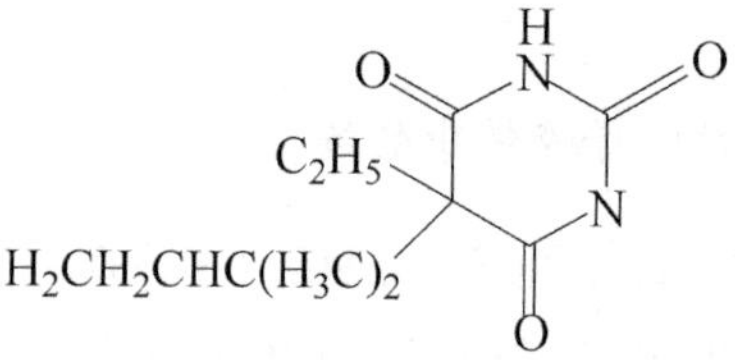　　　　安密妥

(2) 复合物Ⅲ抑制剂：抗霉素 A(antimycin A)是从链霉菌(streptomycesgriseus)中分离出的抗生素，可以抑制电子从细胞色素 b 到细胞色素 c1 的传递作用。

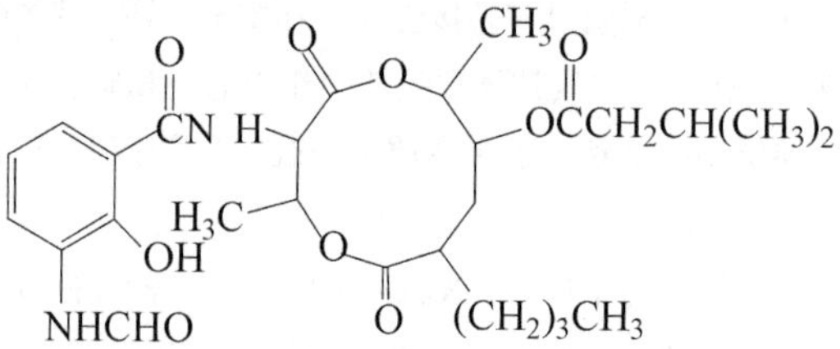

抗霉素

(3) 复合物Ⅳ抑制剂：氰化物、硫化氢、叠氮化物和一氧化碳等可以抑制细胞色素 c 氧化酶，从而阻断电子由细胞色素 a 和细胞色素 a3 传至氧的作用，这就是氰化物等中毒的原理。

(4) 氧化磷酸化作用的解偶联剂：除了上述抑制剂外，还有一类抑制剂可以阻断氧化磷酸化作用，这类物质称为解偶联剂。解偶联剂可使正常紧密联系着的氧化过程与磷酸化过程发生松解，甚至完全拆离，相应地使 P/O 值下降或变为零。由于氧化速度增加而磷酸化作用下降，结果产生过量的热。在整体的动物过量产热表现为发热及导致由其他代谢紊乱而出现的临床症状，因为 ATP 相对缺乏，阻滞了某些重要的细胞活动，如离子的转送、膜的通透性改变等。

常见的解偶联剂有双羟基香豆素、2，4-二硝基苯酚、某些水杨酸苯胺的取代物以及游离的水杨酸，即阿司匹林的代谢物。从用量多少比较，水杨酸苯胺是目前已知的最强效解偶联剂。天然解偶联剂包括胆色素、胆红素、游离脂肪酸，也许还有甲状腺素。这些物质必须在线粒体内达到足够高浓度才起解偶联作用。某些病原微生物产生的可溶性毒素也有解偶联作用，粮食生产以及家庭使用的某些杀虫药，过量时也有解偶联作用。

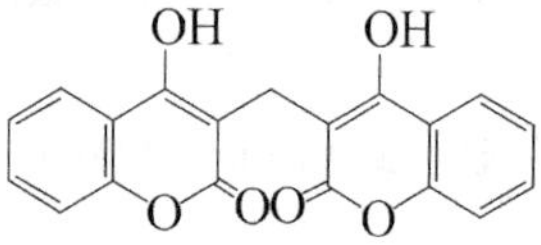

双羟基香豆素 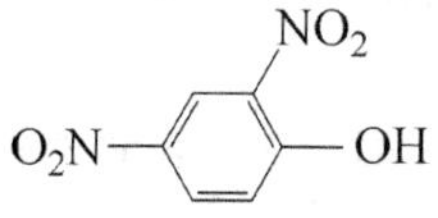　　　　2,4-二硝基苯酚 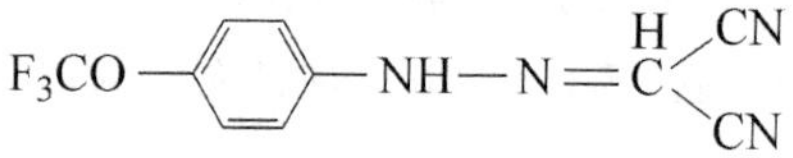　　　　一种羰氰苯腙

3. 微粒体氧化体系

在高等动植物细胞内，线粒体氧化体系是主要的氧化体系。此外，还有一些其他氧化体

系，如微粒体氧化体系、过氧化物酶氧化体系、高等植物中的一些其他氧化体系、细菌的氧化体系等。其中以肝脏的微粒体与过氧化物酶体系较为重要。它们有不同于线粒体的氧化酶类，组成特殊的氧化体系，在氧化过程中不伴有偶联磷酸化，不产生 ATP，不是机体氧化产能的基地，而是与某些代谢中间产物或某些药物、毒物的生物转化有关。

微粒体并非独立的细胞器，是内质网在细胞匀浆过程中形成的颗粒，其中富含催化氧化反应的各种酶类。微粒体氧化酶系催化的氧化反应类型有以下几种。

1) 脂肪烃羟化反应

脂肪烃羟化反应也称为脂肪族氧化反应，常见于直链脂肪族化合物烷烃类，其羟化产物为醇类，该氧化作用具有立体选择性。

例如，地西泮(diazepam)的 C3 被羟化，生成生理活性更强的 3*S*-(+)-羟基地西泮。口服降血糖药氯磺丙脲(chlopropamide)在 ω-1 位发生氧化，产物从尿中排出。

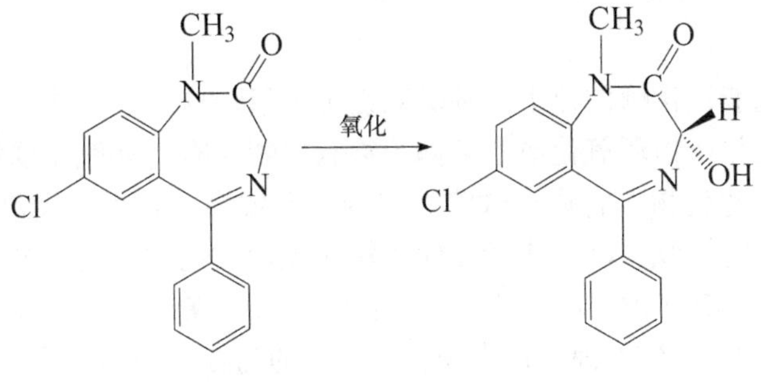

氧化

地西泮

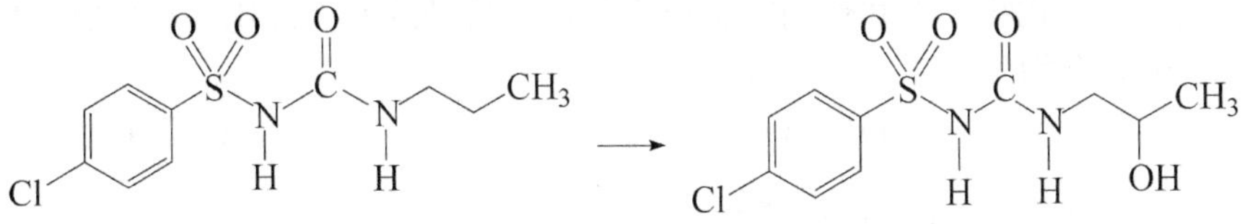

氯磺丙脲

环己烷等脂肪族环状化合物和芳香族化合物的烷烃侧链也可发生羟化。例如，口服降血糖药乙酰磺己脲(acetohexamide)的主要代谢产物是 4E 羟基化合物。

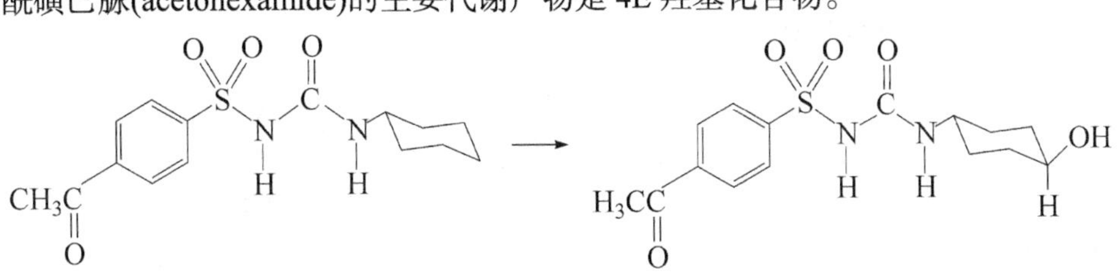

乙酰磺己脲

2) 芳香族羟化反应

芳香环上的氢被氧化，形成酚类。例如，苯可形成苯酚，苯胺可形成对氨基酚或邻氨基酚。

含有单取代苯环的药物，羟化主要发生在对位，如降血糖药苯乙双胍和抗炎药保泰松。

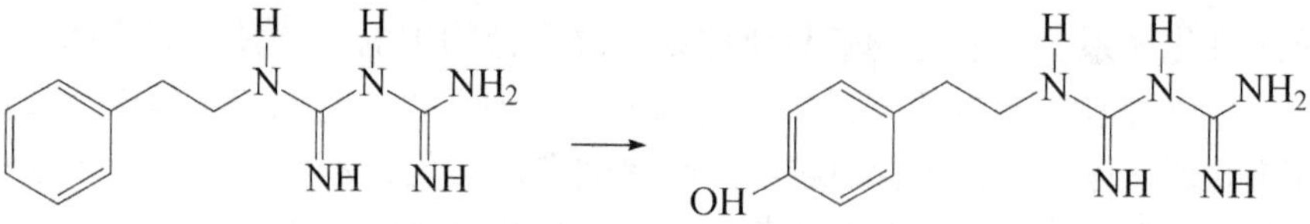

苯乙双胍

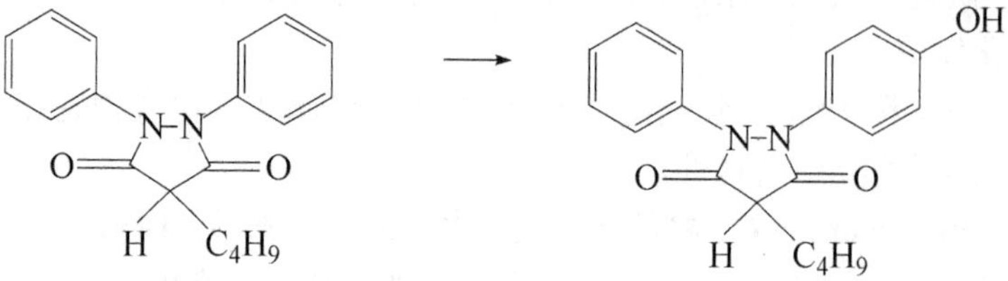

保泰松

3) 环氧化反应

在微粒体混合功能氧化酶催化下，碳碳双键可加氧形成环氧化物。有些环氧化物可以致癌，如氯乙烯的环氧化产物环氧化氯乙烯即为终致癌物。有些环氧化物性质极不稳定，将继续发生水解，形成二醇化物。有许多致癌物本身并不致癌，需要经代谢转化(或称代谢活化)才形成具有致癌作用的终致癌物，或者经代谢转化先形成近致癌物，继续代谢转化形成终致癌物。例如，黄曲霉素 B_1 在体内经环氧化反应可形成黄曲霉素 B_1-8，9-环氧化物。此种环氧化物性质并不稳定，可形成 11 种羟化产物，其中有的为终致癌物，将与 DNA 等生物大分子结合，诱发突变及癌变。黄曲霉素 B_1 芳香族化合物经环氧化反应先形成环氧化物，称为芳香族氧化物。此种环氧化物为中间代谢物，极不稳定，将继续发生羟化，在环氧化物水化酶催化下，形成二醇化合物。

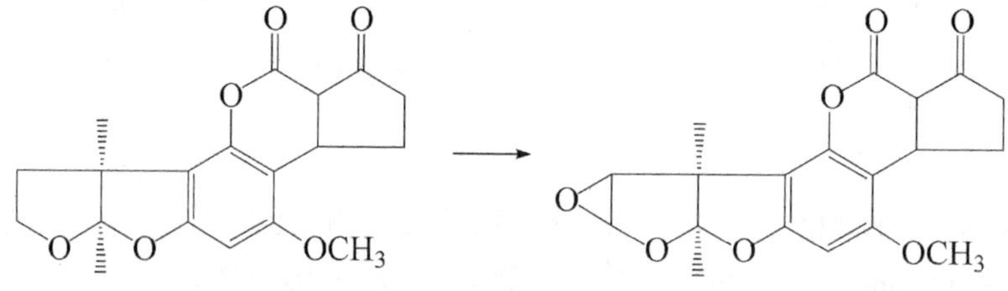

黄曲霉素B_1

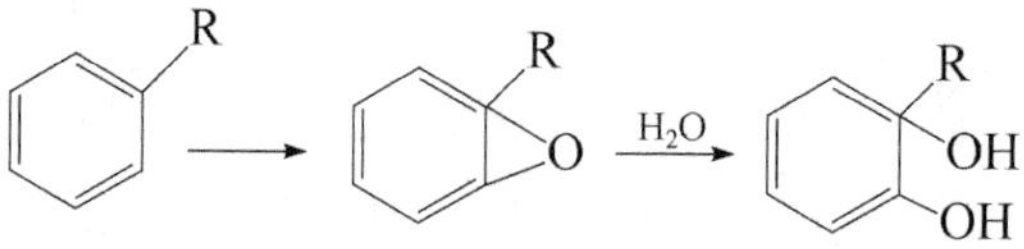

4) *N*-羟化反应

脂肪胺和芳香胺类物质在微粒体混合功能氧化酶催化下，在氨基上引入羟基，所以也称为 *N*-氧化反应。由于底物的不同，可形成不同的代谢产物。苯胺可代表一种类型。苯胺经羟化后形成羟胺，羟胺的毒性比苯胺高，可使血红蛋白氧化为高铁血红蛋白。具有毒理学意义的是有些芳香胺类本身并不致癌，经 *N*-羟化后才具有致癌作用。

$$\underset{\text{脂肪胺}}{R—NH_2} \longrightarrow \underset{\text{羟胺}}{R—NHOH}$$

$$C_6H_5—NH_2 \longrightarrow C_6H_5—NHOH$$

N-羟基苯胺

2-乙酰氨基芴经 *N*-羟化形成近致癌物 *N*-羟基-2-乙酰氨基芴，并可继续转化为终致癌物。羟化反应如发生在芳香环上，通过芳香族羟化，形成 7-羟基-2-乙酰氨基芴，则不具有致癌作用。

$$\text{芴基}—N(H)—C(=O)—CH_3 \longrightarrow \text{芴基}—N(OH)—C(=O)—CH_3$$

5) 脱烷基反应

醚、硫醚以及有机含氮化合物，分子中含有 N、S 或 O 原子相连的烷基。在微粒体氧化酶系的作用下，碳原子被氧化并脱去一个烷基，反应产物为分别含有氨基、羟基或巯基的化合物并有醛或酮生成，称为氧化脱烷基反应。根据反应发生的位置不同，可分为 *N*-脱烷基反应、*O*-脱烷基反应和 *S*-脱烷基反应。

(1) *N*-脱烷基反应。在 *N*-脱烷基反应中，酶首先催化与氮相连的 α-烷基羟化，由于形成的 α-羟基胺不稳定，自动裂解成脱烷基胺和羰基化合物。例如，烟碱在机体内生物转化过程中可脱去甲基形成去甲烟碱。

$$\underset{\text{烟碱}}{N—CH_3} \longrightarrow \underset{\text{去甲烟碱}}{N—H}$$

致癌物二甲基亚硝胺经脱烷基后，形成甲基亚硝胺和甲醛。单甲基亚硝胺自身分子重排形成重氮羟化物羟基重氮甲烷。羟基重氮甲烷分解产生自由甲基，可使细胞核内核酸分子的嘌呤碱发生烷基化，诱发突变以及癌变。

$$\underset{\text{二甲基亚硝胺}}{(H_3C)_2N—N=O} \longrightarrow \underset{\text{甲基亚硝胺}}{(H_3C)_2N—N=O} + HCHO$$

$$\downarrow$$

$$\underset{\text{羟基重氮甲烷}}{CH_3—N=N—OH} \longrightarrow [\dot{C}H_2] + H_2O + N_2$$

(2) *O*-脱烷基反应。*O*-脱烷基反应与 *N*-脱烷基反应相似。以对硝基茴香醚为例，对硝基茴香醚经混合功能氧化酶催化，先形成不稳定的中间产物羟甲基化合物即羟甲基对硝基酚，并再分解为对硝基酚和甲醛。

$$p\text{-}O_2N—C_6H_4—OCH_3 \longrightarrow [p\text{-}O_2N—C_6H_4—OCH_2OH] \longrightarrow p\text{-}O_2N—C_6H_4—OH + HCHO$$

非那西丁(phenacetin)脱乙酰基后形成生理活性更强的对乙酰氨基酚(paracetamol，扑热息痛)。

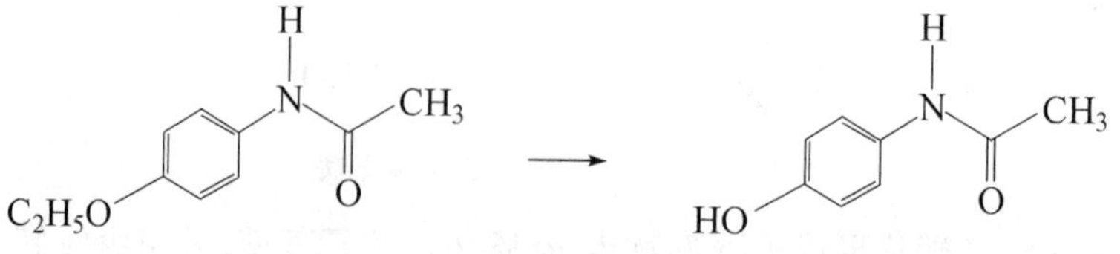

非那西丁　　扑热息痛

(3) *S*-脱烷基反应。硫醚类化合物同样可以发生脱烷基反应。例如，6-甲巯嘌呤(6-methylmercaptopurine)和催眠药美西妥拉(methitural)可在微粒体氧化酶系作用下脱甲基化。

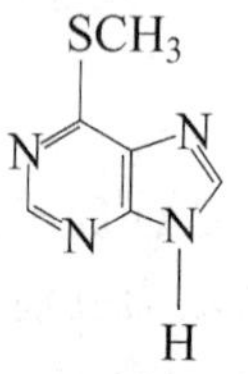

6-甲巯嘌呤 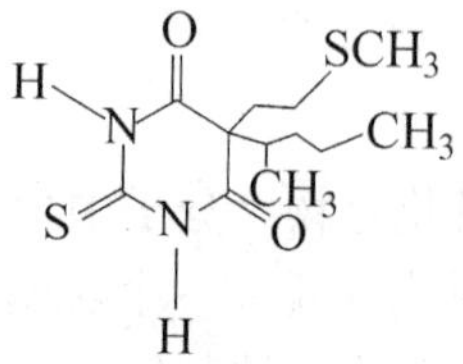　　美西妥拉

6) *S*-氧化反应

这一反应多发生在硫醚类化合物，其代谢产物为亚砜，有一部分并可继续氧化为砜类。

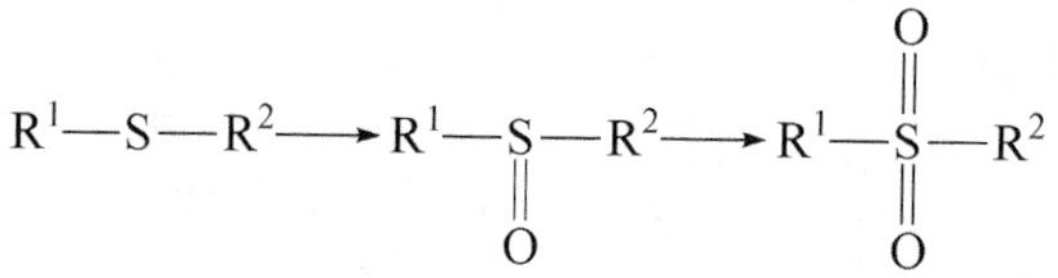

$$R^1—S—R^2 \longrightarrow R^1—S(=O)—R^2 \longrightarrow R^1—S(=O)_2—R^2$$

例如，组胺H2受体阻断剂西咪替丁(cimetidine)被氧化成相应的亚砜，而免疫抑制剂奥昔舒仑(oxisuran)则代谢成砜。

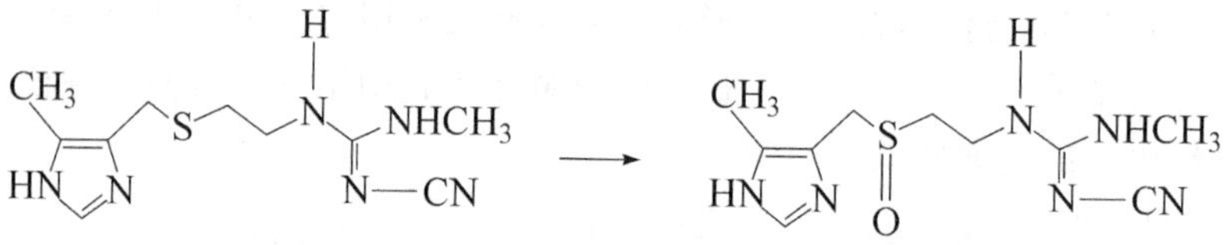

西咪替丁

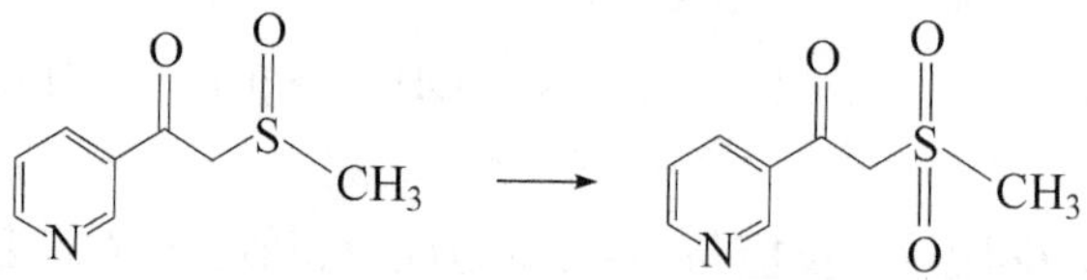

奥昔舒仑

7) 脱硫反应

含有C═S键和P═S键的药物在体内微粒体氧化酶系的作用下代谢为C═O和P═O，称为脱硫。例如，对硫磷经脱硫反应形成对氧磷。硫喷妥(thiopental)脱硫形成戊巴比妥(pentobarbital)。

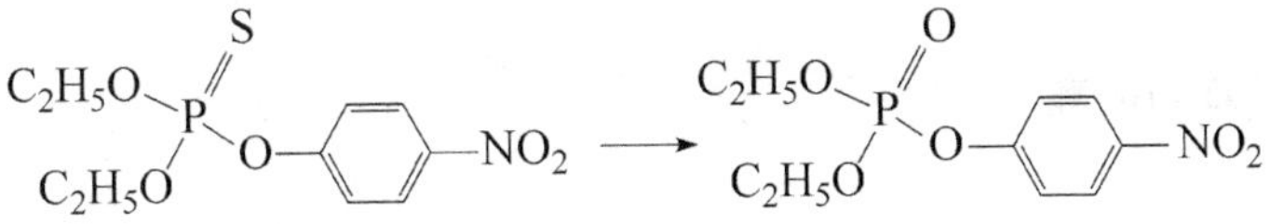

对硫磷 → 对氧磷

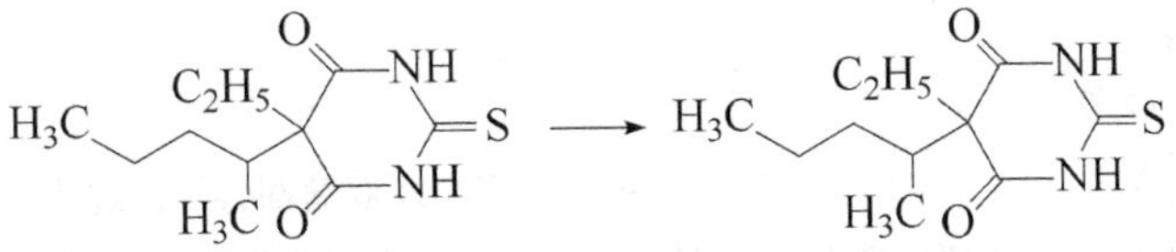

硫喷妥 → 戊巴比妥

8) 氧化脱氨基反应

氧化脱氨基反应是在微粒体细胞色素 P450 依赖性单加氧酶催化下，在邻近氮原子的碳原子上进行氧化，脱去氨基，形成丙酮类化合物，其中间代谢产物为甲醇胺类化合物。

例如，苯丙胺除了芳基羟化及 *N*-羟化以外，还可以发生脱氨基反应，即苯丙胺经氧化先形成中间代谢物苯丙基甲醇胺，再脱去氨基形成苯基丙酮。

9) 微粒体氧化酶系催化的还原反应

在厌氧条件下，细胞色素 P450 还原酶也能催化许多化合物的还原反应，反应需要 NADPH 提供电子，如硝基化合物、偶氮化合物等。

(1) 羰基还原反应。进行羰基还原反应的化合物主要有醛类和酮类，可分别生成伯醇和仲醇。酮的还原有立体选择性，如苯乙酮被还原生成 *S*-(−)-α-甲基苄醇。

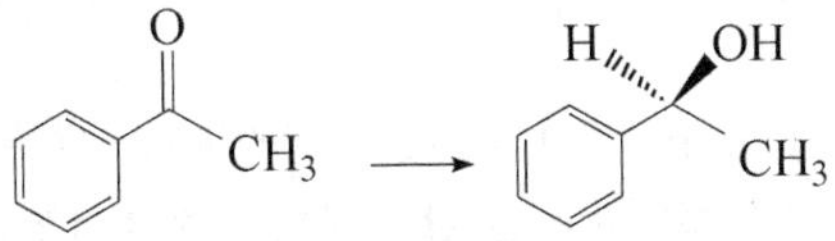

(2) 含氮基团还原反应。硝基及偶氮基在肝脏可被还原成相应的胺类。催化硝基和偶氮基化合物还原的酶类主要是微粒体 NADPH 依赖性硝基还原酶。例如，硝基苯的还原，在反应过程中首先形成亚硝基苯和苯羟胺，最终产物为苯胺。硝基苯可以引起高铁血红蛋白症，主要是还原产物苯基羟胺所致。

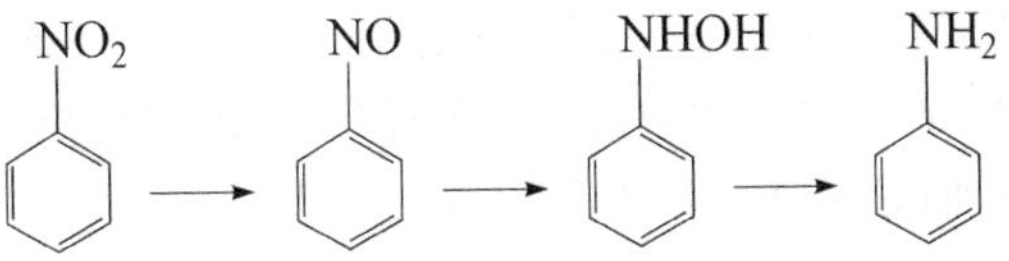

脂溶性偶氮化合物百浪多息经偶氮还原反应先形成含联亚氨基(—NHNH—)的中间产物，然后形成具有生理活性的氨苯磺胺。

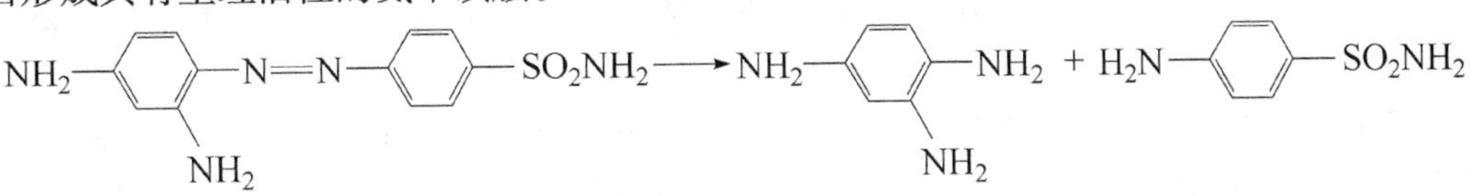

百浪多息

外源化学物经过微粒体氧化酶系的氧化、还原以及水解反应后，所形成的中间代谢产物与某些内源化学物的中间代谢产物(葡萄糖醛酸、硫酸、谷胱甘肽、甘氨酸等)相互反应形成极性较强的亲水化合物。

8.1.2　生物代谢过程中的酶

1. 糖代谢

机体内糖的代谢途径主要有葡萄糖的无氧酵解、有氧氧化、磷酸戊糖途径、糖原合成与糖原分解、糖异生以及其他己糖代谢等。

1) 糖的消化和吸收

食物中的糖主要是淀粉，另外包括一些双糖及单糖。多糖及双糖都必须经过酶的催化水解成单糖才能被吸收。糖被消化成单糖后的主要吸收部位是小肠上段，己糖尤其是葡萄糖被小肠上皮细胞摄取是一个依赖Na^+的耗能的主动摄取过程，有特定的载体参与：在小肠上皮细胞刷状缘上，存在着与细胞膜结合的 Na^+-葡萄糖联合转运体，当 Na^+经转运体顺浓度梯度进入小肠上皮细胞时，葡萄糖随 Na^+一起被移入细胞内，这时对葡萄糖而言是逆浓度梯度转运。这个过程的能量是由 Na^+的浓度梯度(化学势能)提供的，它足以将葡萄糖从低浓度转运到高浓度。当小肠上皮细胞内的葡萄糖浓度增高到一定程度，葡萄糖经小肠上皮细胞基底面单向葡萄糖转运体(unidirectional glucose transporter)顺浓度梯度被动扩散到血液中。小肠上皮细胞内增多的 Na^+通过钠钾泵(Na^+-K^+ ATP 酶)，利用 ATP 提供的能量，从基底面被泵出小肠上皮细胞外，进入血液，从而降低小肠上皮细胞内 Na^+浓度，维持刷状缘两侧 Na^+的浓度梯度，使葡萄糖能不断地被转运。

2) 血糖

血液中的葡萄糖称为血糖(blood sugar)。体内血糖浓度是反映机体内糖代谢状况的一项重要指标。正常情况下，血糖浓度是相对恒定的。正常人空腹血浆葡萄糖糖浓度为 3.9～6.1 mmol/L(葡萄糖氧化酶法)。空腹血浆葡萄糖浓度高于 7.0 mmol/L 称为高血糖，低于 3.9 mmol/L 称为低血糖。血糖浓度大于 9.99 mmol/L，超过肾小管重吸收能力，出现糖尿。

正常人体内存在着精细的调节血糖来源和去路动态平衡的机制，保持血糖浓度的相对恒定是神经系统、激素及组织器官共同调节的结果。神经系统对血糖浓度的调节主要通过下丘脑和自主神经系统调节相关激素的分泌。激素对血糖浓度的调节，主要是通过胰岛素、胰高血糖素、肾上腺素、糖皮质激素、生长激素及甲状腺激素之间相互协同、相互拮抗以维持血糖浓度的恒定。肝脏是调节血糖浓度最主要的器官。

3) 糖的无氧酵解

当机体处于相对缺氧情况(如剧烈运动)时，葡萄糖或糖原分解生成乳酸，并产生能量的过程称为糖的无氧酵解。这个代谢过程常见于运动时的骨骼肌，因与酵母的生醇发酵非常相似，故又称为糖酵解。

糖酵解的生理功能是在缺氧时迅速提供能量，正常情况下为一些细胞提供部分能量，糖酵解是糖有氧氧化的前段过程，其一些中间代谢物是脂类、氨基酸等合成的前体。

4) 糖的有氧氧化

有氧氧化(aerobic oxidation)是指葡萄糖生成丙酮酸后，在有氧条件下，进一步氧化生成乙酰辅酶 A，经三羧酸循环彻底氧化成水、二氧化碳并释放能量的过程。这是糖氧化的主要方式，是机体获得能量的主要途径。

糖有氧氧化的主要功能是提供能量，人体内绝大多数组织细胞通过糖的有氧氧化获取能量。体内 1 分子葡萄糖彻底有氧氧化生成 38(或 36)分子 ATP，产生能量的有效率为 40%左右。

5) 三羧酸循环

丙酮酸氧化脱羧生成的乙酰辅酶 A 要彻底进行氧化，这个氧化过程是三羧酸循环(tricarboxylic acid cycle，TCA cycle)。

三羧酸循环是糖、脂和蛋白质三大物质代谢的最终代谢通路。糖、脂和蛋白质在体内代谢最终都生成乙酰辅酶 A，然后进入三羧酸循环彻底氧化分解成水、CO_2并产生能量。三羧酸循环是糖、脂和蛋白质三大物质代谢的枢纽。

6) 磷酸戊糖途径

磷酸戊糖途径(pentose phosphate pathway)是葡萄糖氧化分解的另一条重要途径，它的功能不是产生 ATP，而是产生细胞所需的具有重要生理作用的特殊物质，如 NADPH 和 5-磷酸核糖。这条途径存在于肝脏、脂肪组织、甲状腺、肾上腺皮质、性腺、红细胞等组织中。代谢相关的酶存在于细胞质中。磷酸戊糖途径不是供能的主要途径，它的主要生理作用是提供生物合成所需的一些原料。

7) 糖原合成和糖原分解

糖原是体内糖的储存形式，主要以肝糖原、肌糖原形式存在。糖原由许多葡萄糖通过 α-1,4-糖苷键(直链)及 α-1,6-糖苷键(分支)相连而成的带有分支的多糖，存在于细胞质中。糖原合成及分解反应都是从糖原分支的非还原性末端开始，分别由两组不同的酶催化。

(1) 糖原合成：首先以葡萄糖为原料合成尿苷二磷酸葡萄糖(uridine diphosphate glucose，UDP-Glc)，在限速酶糖原合酶(glycogen synthase)的作用下，将 UDP-Glc 转给肝脏、肌肉中的糖原蛋白(glycogenin)上，延长糖链合成糖原。然后糖链在分支酶的作用下再分支合成多支的糖原。

(2) 糖原分解：在限速酶糖原磷酸化酶(glycogen phosphorylase)的催化下，糖原从分支的非还原端开始，逐个分解成 α-1,4-糖苷键连接的葡萄糖残基，形成 G-1-P。G-1-P 转变为 G-6-P 后，肝脏及肾脏中含有葡萄糖-6-磷酸酶，使 G-6-P 水解变成游离葡萄糖，释放到血液中，维持血糖浓度的相对恒定。由于肌肉组织中不含葡萄糖-6-磷酸酶，肌糖原分解后不能直接转变为血糖，产生的 G-6-P 在有氧的条件下被有氧氧化彻底分解，在无氧的条件下糖酵解生成乳酸，后者经血循环运到肝脏进行糖异生，再合成葡萄糖或糖原。

当糖原分子的分支被糖原磷酸化酶作用到距分支点只有 4 个葡萄糖残基时，糖原磷酸化酶不能再发挥作用。此时脱支酶发挥作用，脱支酶具有转寡糖基酶和 α-1,6-葡萄糖苷酶两种酶的活性：转寡糖基酶将分支上残留的 3 个葡萄糖残基转移到另外分支的末端糖基上，并进行 α-1,4-糖苷键连接；而残留的最后一个葡萄糖残基则通过 α-1,6-葡萄糖苷酶水解，生成游离的葡萄糖；分支去除后，糖原磷酸化酶继续催化分解葡萄糖残基形成 G-1-P。

(3) 糖原贮积病(glycogenoses)：是一类遗传性疾病，表现为异常种类和数量的糖原在组织中沉积，产生不同类型的糖原贮积病，每种类型表现为糖原代谢中的一个特定的酶缺陷或缺失而使糖原贮存。由于肝脏和骨骼肌是糖原代谢的重要部位，因此是糖原贮积病的最主要发病部位。

8) 糖异生作用

糖异生(gluconeogenesis)作用是指非糖物质(如生糖氨基酸、乳酸、丙酮酸及甘油等)转变为葡萄糖或糖原的过程。进行糖异生的最主要器官是肝脏。

糖异生最重要的生理意义是在空腹或饥饿情况下维持血糖浓度的相对恒定。糖异生促进肾脏排 H^+，缓解酸中毒。酸中毒时 H^+能激活肾小管上皮细胞中的磷酸烯醇式丙酮酸羧激酶，促进糖异生进行。由于三羧酸循环中间代谢物进行糖异生，造成 α-酮戊二酸含量降低，促使谷氨酸和谷氨酰胺脱氨生成的 α-酮戊二酸补充三羧酸循环，产生的氨则分泌进入肾小管，与原尿中 H^+结合成 NH_4^+，对过多的 H^+起到缓冲作用，可缓解酸中毒。

2. 脂类代谢

脂类包括三酰甘油(甘油三酯)及类脂。类脂中以磷脂、胆固醇及其酯和糖脂最为重要。它们共同的物理性质为不溶于水而溶于有机溶剂(如乙醚、氯仿、丙酮等)。

1) 三酰甘油的分解代谢

(1) 三酰甘油动员。脂库中的脂肪被组织中的三酰甘油(TG)脂肪酶水解为游离脂肪酸和甘油以供其他组织利用的过程称为脂肪动员。脂肪动员中的 TG 脂肪酶活力可受激素调节，故也称激素敏感性脂肪酶，它是脂肪动员的限速酶。胰高血糖素、肾上腺素、去甲肾上腺素、肾上腺皮质激素、甲状腺素可激活此酶，促进脂肪动员，故称这些激素为脂解激素；相反，胰岛素使此酶活性降低，抑制脂肪的动员，故称胰岛素为抗脂解激素。

(2) 脂肪酸的氧化。脂肪酸在线粒体中经 β 氧化生成乙酰 CoA，后者进入三羧酸循环彻底氧化成水和 CO_2。氧化过程可分为四个阶段。

阶段一　脂肪酸在胞浆中活化成脂酰 CoA，反应需有 ATP、辅酶 A、Mg^{2+}存在，由脂酰 CoA 合成酶催化。此步反应消耗 2ATP。

$$\text{RCOOH} + \text{ATP} + \text{HSCoA} \longrightarrow \text{脂酰 CoA} + \text{AMP} + \text{PPi}$$

阶段二　由肉毒碱脂酰转移酶催化。肉毒碱作为载体，将胞浆中生成的脂酰 CoA 中的脂酰基转运入线粒体。

阶段三　脂酰基的 β 氧化：指从脂酰基的 β 位碳原子脱氢氧化开始的反应过程。一次 β 氧化由脱氢、水化、再脱氢、硫解四步反应组成。

脱氢：在脂酰 CoA 脱氢酶的催化下脂酰 CoA 的 α、β 位碳原子上各脱一个氢，生成 α,β-烯脂酰 CoA 和 $FADH_2$。

水化：烯脂酰 CoA 加水生成 β-羟脂酰 CoA。

再脱氢：β-羟脂酰 CoA 在脱氢酶作用下，生成 β-酮脂酰 CoA，脱下的 2H 由 NAD^+接受生成 $NADH + H^+$。

硫解：β-酮脂酰 CoA 在硫解酶催化下，加一分子辅酶 A，生成一分子乙酰 CoA 和一分子比原来少两个碳原子的脂酰 CoA。

长链偶数碳脂酰 CoA 可重复进行 β 氧化，最终得到若干分子乙酰 CoA。

阶段四　上述产生的乙酰 CoA 最终通过三羧酸循环彻底氧化成 CO_2 和 H_2O。

2) 酮体的生成和利用

酮体是脂肪酸在肝内氧化不完全所产生的一类中间产物的统称，包括乙酰乙酸、β-羟丁酸和丙酸。因肝内缺乏利用酮体的酶，故酮体的利用在肝外组织，尤其是肌肉和大脑组织。当糖供应不足时，酮体是脑组织的主要能源。饥饿、糖尿病等情况下，脂肪动员增加，肝内生酮增加，血中酮体增加，可产生酮血症、酮尿症甚至酮症酸中毒。

3) 三酰甘油的合成和代谢

由脂肪动员来的甘油主要在肝、肾、小肠黏膜细胞中被利用。利用时先激活成 α-磷酸甘油并脱氢生成磷酸二羟丙酮。后者可进入糖的代谢途径，主要用于分解供能，也可异生成糖。生成的 α-磷酸甘油也可作为 TG 合成的原料。

脂肪酸的合成如下：

合成原料为乙酰 CoA，主要来自糖代谢，并需 ATP 供能，$NADPH+H^+$(来自糖的磷酸戊糖途径)供氢。

合成部位是在细胞的胞浆中，以肝和肠黏膜细胞合成为主。先合成软脂酸，然后通过碳链的加长或缩短合成其他脂肪酸。软脂酸的合成需 1 分子乙酰 CoA 和 7 分子丙二酸单酰 CoA。后者由乙酰 CoA 在 ATP 供能、乙酰 CoA 羧化酶(生物素为辅酶)催化下加上 CO_2 而生成，其中的乙酰 CoA 羧化酶是脂酸合成的限速酶。反应如下：

$$\text{乙酰 CoA} + 7\,\text{丙二酸单酰 CoA} + 14\text{NADPH} + 14\,\text{H}^+ \longrightarrow \text{软脂酸} + 7\text{CO}_2 + 14\text{NADP}^+ + 8\text{CoA} + 6\text{H}_2\text{O}$$

三酰甘油的生成：以肝及小肠黏膜合成为主，由 1 分子 α-磷酸甘油和 3 分子脂酰 CoA 为原料合成 1 分子 TG。

4) 胆固醇代谢

(1) 胆固醇的生理功能。

人体内胆固醇总量为 120 g 左右，其主要的生理功能是作为生物膜的结构成分，此外又是合成胆汁酸、类固醇素及维生素 D_3 的原料。

(2) 胆固醇及其酯的生成。

合成部位：各组织细胞的胞浆及滑面内质网膜上，其中以肝合成为主，其次是小肠黏膜细胞。

合成原料：乙酰 CoA(主要来自糖代谢)，此外还需 ATP 供能，$NADPH+H^+$(来自糖的磷酸戊糖途径)供氢。

合成过程：乙酰 CoA → HMGCoA ⟶ 甲羟戊酸→鲨烯→胆固醇。

合成的关键酶是 HMGCoA 还原酶。

(3) 胆固醇合成的调节。

饥饿使 HMGCoA 还原酶合成减少从而胆固醇合成减少，饱食相反。

肝中胆固醇反馈调节抑阻 HMGCoA 还原酶合成，使胆固醇合成减少，小肠黏膜细胞中没有这种反馈阻遏作用。

激素的调节：胰岛素可诱导肝 HMGCoA 还原酶合成，使胆固醇合成增加，甲状腺素既可诱导肝 HMGCoA 还原酶合成，又可促进胆固醇转化成胆汁酸，而且对后者的作用大于前者，所以总结果可使血浆胆固醇水平降低。

(4) 胆固醇在体内的转变。

胆固醇在体内转变为胆汁酸，这是体内胆固醇的主要代谢去路。

进入肠道的初级胆汁酸(游离和结合的)和次级胆汁酸均可由肠道重吸收，经门静脉入肝。在肝内初级游离胆汁酸和次级胆汁酸均可合成结合型胆汁酸，并与肝细胞新合成的初级结合胆汁的一起由胆道重新排入肠腔即为胆汁酸的肠肝循环。石胆酸由粪便排出。

胆汁酸具有亲水和疏水两重性，能在油、水两相间起降低表面张力的作用，故能促进脂类的消化吸收。胆汁酸的肠肝循环在于将有限量的胆汁酸反复利用。

此外，胆固醇还可转化为类固醇激素，以胆固醇为原料，可以在肾上腺皮质的球状带细胞合成醛固酮(调节水盐代谢)，在束状带细胞合成皮质醇(调节糖、脂、蛋白质代谢)，在网状带细胞合成脱氢表雄酮，在性腺生成性激素(包括雄激素和雌激素)，转变为维生素 D_3。

3. 蛋白质降解和氨基酸代谢

蛋白质的消化部位是胃和小肠(主要在小肠)，受多种蛋白水解酶的催化而水解成氨基酸和少量小肽，然后再吸收。蛋白质消化的终产物为氨基酸和小肽(主要为二肽、三肽)，可被小肠黏膜吸收。但小肽吸收进入小肠黏膜细胞后，即被胞质中的肽酶(二肽酶、三肽酶)水解成游离氨基酸，然后离开细胞进入血循环，因此静脉血中几乎找不到小肽。未被吸收的氨基酸和小肽及未被消化的蛋白质，在大肠下部受大肠杆菌的作用，发生一些化学变化的过程称为腐败。未被消化的蛋白质先被肠菌中的蛋白酶水解为氨基酸，然后继续受肠菌中其他酶类的催化。

氨基酸的主要功能是构成体内各种蛋白质和其他某些生物分子，与糖或脂肪不同，氨基酸的供给量若超过所需，过多部分并不能储存或排出体外，而是作为燃料或转变为糖或脂肪。此时它的 α-氨基必须先脱去(脱氨基作用)，剩下的碳骨架则转变为代谢中间产物，如乙酰辅酶 A、乙酰乙酰辅酶 A、丙酮酸或三羧酸循环中的某个中间产物。人体每天更新机体总蛋白的 1%～2%，一般来说，组织蛋白质分解生成的内源性氨基酸中约 85%可被再利用合成组织蛋白质。

线粒体基质中存在 L-谷氨酸脱氢酶，该酶催化 L-谷氨酸氧化脱氨生成 α-酮戊二酸，反应可逆。转氨基作用是在转氨酶的催化下，α-氨基酸的氨基转移到 α-酮酸的酮基上，生成相应的氨基酸，原来的氨基酸则转变为 α-酮酸。事实上，体内绝大多数氨基酸的脱氨基作用是上述两种方式联合的结果，即氨基酸的脱氨基既经转氨基作用，又通过 L-谷氨酸氧化脱氨基作用，是转氨基作用和谷氨酸氧化脱氨基作用偶联的过程，这种方式称为联合脱氨基作用。骨骼肌中谷氨酸脱氢酶活性很低，氨基酸可通过嘌呤核苷酸循环而脱去氨基，这可能是骨骼肌中的氨基酸主要的脱氨基方式。

氨有毒且能渗透进细胞膜与血脑屏障，对细胞尤其是中枢神经系统来说是有害物质，故氨在体内不能积聚，必须加以处理。通常情况下，细胞内氨浓度很低。正常人血氨浓度小于 0.1 mg/100mL。氨基酸经脱氨基后产生氨和 α-酮酸。此外，氨基酸脱羧基后所产生的胺，经胺氧化酶作用也可分解产生氨。肾小管上皮细胞中的谷氨酰胺在谷氨酰胺酶的作用下水解成谷氨酸和氨，这些氨不释放进血液，而是分泌到肾小管管腔中与尿液中 H^+结合后再以铵盐形式随尿排出。组织产生的氨不能以游离氨的形式经血液运输至肝脏，只能以谷氨酰胺和丙氨酸两种形式运输。在脑、肌肉等组织中，谷氨酰胺合成酶的活性较高，它催化氨与谷氨酸反应生成谷氨酰胺，反应需要消耗 ATP，谷氨酰胺由血液运送至肝或肾，再经谷氨酰胺酶催化，水解释放出氨。

尿素在体内的合成全过程称为鸟氨酸循环(ornithine cycle)。近代的研究证实，鸟氨酸循环的详细过程比较复杂，共分为四步：①来自外周组织或肝脏自身代谢所生成的 NH_3 及 CO_2 首先在肝细胞内合成氨基甲酰磷酸，此反应由存在于线粒体中的氨甲酰磷酸合成酶 I (carbamyl phosphate synthetase Ⅰ)催化，并需 ATP 提供能量；②氨甲酰磷酸在线粒体内经鸟氨酸氨甲酰转移酶(ornithine carbamyl transferase，OCT)的催化，将氨基甲酰转移至鸟氨酸而合成瓜氨酸(citrulline)；③瓜氨酸在线粒体内合成后，即被转运到线粒体外，在胞质中经精氨酸代琥珀酸合成酶(argininosuccinate synthetase，ASAS)的催化，与天冬氨酸反应生成精氨酸代琥珀酸，后者再受精氨酸代琥珀酸裂合酶(argininosuccinate lyase，ASAL)的作用，裂解为精氨酸及延胡索酸；④在胞质中形成的精氨酸受精氨酸酶(arginase)的催化生成尿素和鸟氨酸，鸟氨酸再进入线粒体参与瓜氨酸的合成，通过鸟氨酸循环，如此周而复始地促进尿素的生成。

4. 核酸降解与核苷酸代谢

核酸在生物体内核酸酶、核苷酸酶、核苷酶等的作用下，分解为氨、尿素、尿囊素、尿囊酸、尿酸等终产物，排泄到体外。核酸降解产生的 1-磷酸核糖可由磷酸核糖变位酶催化转变为 5-磷酸核糖进入核苷酸合成代谢或糖代谢，碱基可进入核苷酸补救合成途径或分解排出体外。在组织细胞内，核苷酸在核苷酸酶(nucleotidase)或磷酸单酯酶(phosphomonoesterase)催化下生成核苷和无机磷酸，核苷再经核苷酶(nucleosidase)催化分解为碱基和戊糖。分解核苷的酶有两类：一类是核苷磷酸化酶(nucleoside phosphorylase)，广泛存在于生物体内，催化的反应可逆；另一类是核苷水解酶(nucleoside hydrolase)，存在于植物和微生物体内，具有一定的特异性，只作用于核糖核苷，对脱氧核糖核苷无作用，催化的反应不可逆。

嘌呤碱分解的基本过程是脱氨和氧化。腺嘌呤脱氨生成次黄嘌呤，后者在黄嘌呤氧化酶(xanthine oxidase)作用下氧化成黄嘌呤，最后氧化成尿酸。动物体内嘌呤碱的分解主要在肝、肾和小肠中进行，黄嘌呤氧化酶在这些脏器中活性较强。黄嘌呤氧化酶是需氧脱氢酶，专一性不强，它可将次黄嘌呤氧化为黄嘌呤，又可将黄嘌呤氧化为尿酸，还能以蝶呤和乙醛等作为底物。

嘧啶碱的分解主要是经脱氨、还原、水解，生成 β-氨基酸进入有机酸代谢。胞苷脱氨酶广泛分布于各种生物，胞嘧啶脱氨酶可能只存在于细菌和酵母菌中。动物体内嘧啶碱的分解主要在肝中进行。

腺嘌呤 —腺嘌呤脱氨酶，$+H_2O,-NH_3$→ 次黄嘌呤

次黄嘌呤 —黄嘌呤氧化酶，O_2+H_2O → H_2O_2→ 黄嘌呤

鸟嘌呤 —鸟嘌呤脱氨酶，$+H_2O,-NH_3$→ 黄嘌呤

黄嘌呤 —黄嘌呤氧化酶，O_2+H_2O → H_2O_2→ 尿酸

尿酸 —尿酸氧化酶，$2H_2O+O_2$ → H_2O_2，CO_2→ 尿囊素

尿囊素 → 尿囊酸

尿囊酸 —尿囊酸酶，H_2O→ $2O=C(NH_2)_2$（尿素）+ COOH—CHO（乙醛酸）

尿素 —脲酶，$2H_2O$→ $4NH_3+2CO_2$

嘧啶核苷酸的从头合成与嘌呤核苷酸不同，它是先合成嘧啶环，再与磷酸核糖基焦磷酸(PRPP)结合为核苷酸。整个过程分为尿苷酸(UMP)的合成和胞苷酸(CMP)的合成两个阶段。第一步是由氨甲酰磷酸合成酶Ⅱ催化生成氨甲酰磷酸。氨甲酰磷酸也是尿素合成的中间产物，但它是在肝线粒体中由氨甲酰磷酸合成酶Ⅰ催化生成。由天冬氨酸转氨甲酰酶(aspartate transcarbamoylase，ATCase)催化，氨甲酰磷酸与天冬氨酸结合成氨甲酰天冬氨酸，后者经二氢乳清酸酶催化脱水，形成具有嘧啶环的二氢乳清酸，再经二氢乳清酸脱氢酶催化脱氢成为乳清酸(orotic acid)。乳清酸在乳清酸磷酸核糖转移酶催化下与 PRPP 化合为乳清酸核苷酸(OMP)，再由 OMP 脱羧酶催化脱羧生成 UMP。由 UMP 转化为胞苷酸只能在核苷三磷酸的水平上进行，因此 UMP 需由相应的激酶催化生成尿苷三磷酸(UTP)后，才能氨基化生成胞苷三磷酸(CTP)。反应所需的氨基在细菌中由氨提供，在动物细胞中由谷氨酰胺供给。

尿嘧啶 ← 胞嘧啶（$+H_2O$，$-NH_3$）　　胸腺嘧啶

尿嘧啶 →（$NADPH+H^+$ → $NADP^+$）二氢尿嘧啶 →（H_2O）β-脲基丙酸 →（H_2O）β-丙氨酸 $NH_2—CH_2—CH_2—COOH$ →（O_2 → CH_3COOH）CO_2+NH_3

胸腺嘧啶 →（$NADPH+H^+$ → $NADP^+$）二氢胸腺嘧啶 →（H_2O）β-脲基异丁酸 →（H_2O）CO_2+NH_3 + β-氨基异丁酸 $H_2N—CH_2—CH(CH_3)—COOH$

$$UMP+ATP \xrightleftharpoons{UMP激酶} UDP+ADP$$

$$UDP+ATP \xrightleftharpoons{核苷二磷酸激酶} UDP+ADP$$

$$UTP+谷氨酰胺+ATP+H_2O \xrightarrow{CTP合成酶} CTP+谷氨酸+ADP+Pi$$

脱氧核糖核苷酸可通过核糖核苷酸的还原合成。反应在核苷二磷酸(NDP)水平上进行，ADP、CDP、GDP、UDP 经还原，脱掉其核糖 C2 羟基上的氧，形成相应的脱氧核糖核苷二磷酸(dNDP)。脱氧胸腺嘧啶核苷酸则由脱氧尿嘧啶核苷酸(dUMP)甲基化生成。

催化核苷二磷酸还原反应的酶是核糖核苷酸还原酶(ribonucleotide reductase)。该酶是变构酶，ATP 是其变构激活剂，dATP 是其变构抑制剂。脱氧核糖核苷酸也能利用已有的碱基和脱氧核苷进行补救合成。碱基需在嘌呤或嘧啶核苷磷酸化酶催化下，先与脱氧核糖-1-磷酸合成脱氧核苷，四种脱氧核苷可分别在特异的脱氧核糖核苷激酶催化下，接受 ATP 的磷酸基形成相应的脱氧核糖核苷酸(dNMP)。四种 NMP 或 dNMP 可分别在特异的核苷一磷酸激酶(nucleoside monophosphate kinase)作用下被 ATP 磷酸化，转变为相应的 NDP 或 dNDP。已分别从动物和细菌中提取出 AMP 激酶、GMP 激酶、UMP 激酶、CMP 激酶和 dTMP 激酶。

脱氧胸腺嘧啶核苷酸(简称胸苷酸)的合成是先生成脱氧胸腺嘧啶核苷一磷酸(dTMP)，再磷酸化生成 dTTP。有两条合成途径：dUMP 的甲基化 dUDP 脱磷酸或 dCMP 脱氨基都可生成 dUMP。在胸腺嘧啶核苷酸合酶(thymidylate synthase)催化下，dUMP 接受 N^5，N^{10}-甲烯四氢叶酸提供的甲基，生成 dTMP。

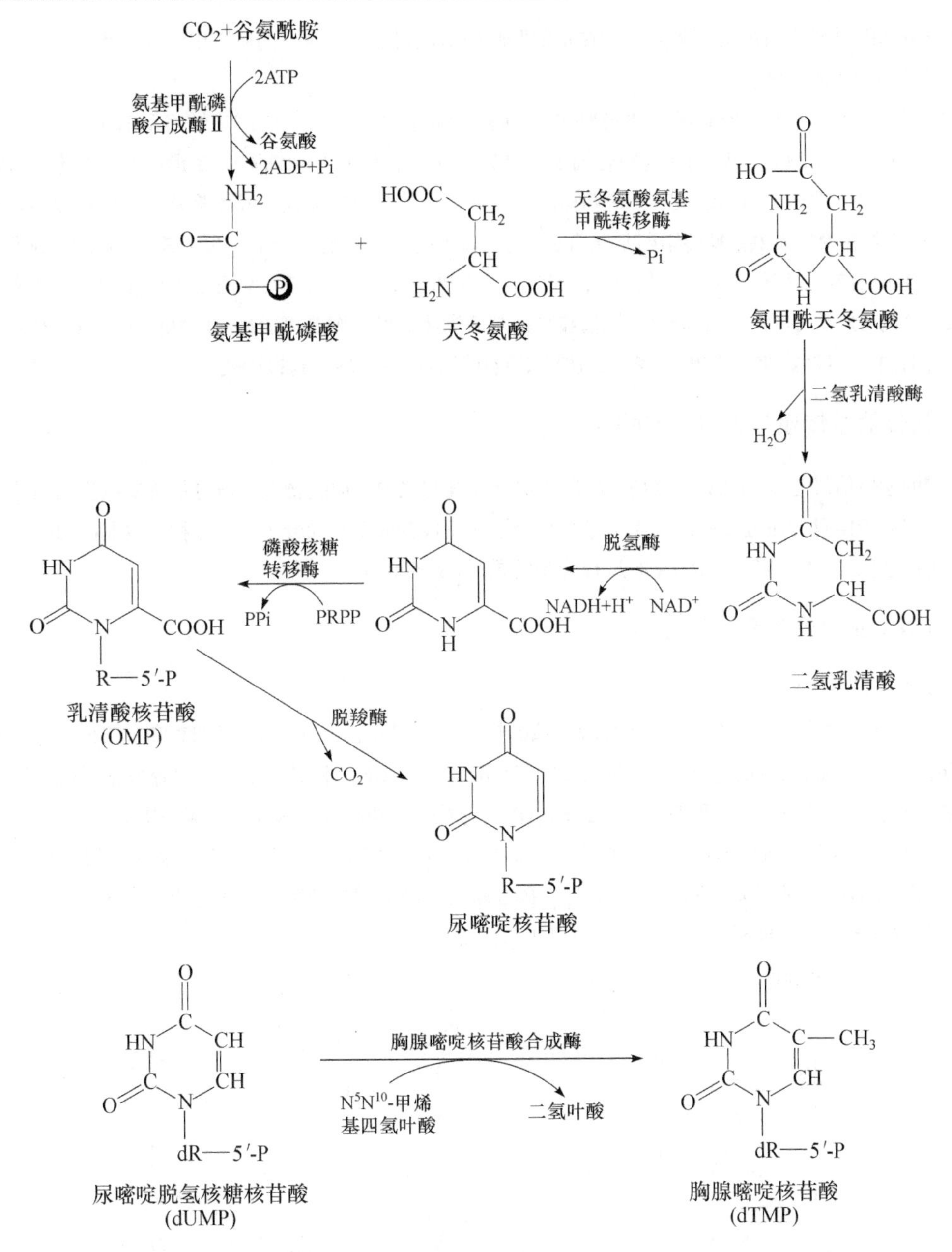

DNA 的合成需要充分的脱氧胸苷酸，抑制脱氧胸苷酸的合成即可阻止 DNA 合成和肿瘤生长。dTMP 的合成需要四氢叶酸，因此二氢叶酸还原酶和胸苷酸合酶是肿瘤化疗中重要的靶酶。临床上常用氨基蝶呤和甲氨蝶呤治疗急性白血病和绒毛膜上皮细胞癌。它们是叶酸的类似物，竞争性抑制二氢叶酸还原酶，造成四氢叶酸缺乏，既使 dUMP 甲基化生成 dTMP 受阻，又使嘌呤核苷酸从头合成所需的甲酰基无从获得，故能同时抑制脱氧胸苷酸和嘌呤核苷酸的从头合成。5-氟尿嘧啶(5-FU)是胸腺嘧啶的类似物，常用于治疗胃癌、直肠癌等消化道癌和乳腺癌。5-FU 可在体内转变为氟尿嘧啶脱氧核苷酸，后者与胸腺嘧啶核苷酸合酶牢固结合，抑制其活性使 dTMP 合成受阻；也可转变为氟尿嘧啶核苷酸并以 5-FUMP 形式掺入 RNA 分子，影响 RNA 的结构和功能，干扰蛋白质的合成。这些肿瘤化疗药物都是抗代谢物，对正常细胞核苷酸的合成也有一定影响，毒副作用较大。

催化 dTMP 补救合成的胸苷激酶(TK)在正常肝脏中活性很低，在再生的肝脏中活性升高；在恶性肿瘤中明显升高，并与恶性程度有关。

细胞融合实验中常利用胸苷激酶缺陷型(TK$^-$，胸苷激酶活力丧失)和 HGPRT 缺陷型(HGPRT$^-$，次黄嘌呤鸟嘌呤磷酸核糖转移酶活力丧失)筛选融合细胞。例如，欲使细胞株 A 和细胞株 B 形成融合细胞，可将一株诱变为 TK$^-$，另一株诱变为 HGPRT$^-$。这两株缺陷型能通过从头合成途径合成嘧啶核苷酸或嘌呤核苷酸而成活，但若在培养基中加入氨基蝶呤阻断从头合成，它们就不能生长。因此，在含有氨基蝶呤(A)、次黄嘌呤(H)、胸腺嘧啶(T)的培养基(简称 HAT 培养基)内同时接种 TK$^-$和 HGPRT$^-$细胞后，只有二者形成的融合细胞才能生长，未融合的 TK$^-$和 HGPRT$^-$细胞均被氨基蝶呤抑制而淘汰。融合细胞可通过 TK$^-$株的 HGPRT 利用次黄嘌呤，通过 HGPRT$^-$株的 TK 利用胸腺嘧啶，这样就能补救合成核苷酸而得以生长。

8.1.3　遗传信息传递与表达中的酶

生物的遗传信息是以 DNA 的碱基顺序形式储存在细胞之中，而生物遗传信息最终要以蛋白质的形式表现出来。在遗传信息传递过程中，以原来 DNA 分子为模板合成出相同分子的过程称为复制(replication)。生物的遗传信息从 DNA 传递给 mRNA 的过程称为转录(transcription)。

1. DNA 复制过程有关的酶

1) DNA 的复制

在 DNA 聚合酶催化下，DNA 由四种脱氧核糖核苷三磷酸 dATP、dGTP、dCTP 和 dTTP 聚合而成。在 Mg2+存在、DNA 聚合酶催化作用下，脱氧核糖核苷酸被加到 DNA 链的末端，同时释放出无机焦磷酸。与 DNA 聚合反应有关的酶包括多种 DNA 聚合酶、DNA 连接酶、拓扑异构酶及解螺旋酶等。

DNA 聚合酶催化脱氧核糖核苷三磷酸的游离 3′-羟基与脱氧核糖核苷三磷酸 5′-α-磷酸之间形成 3′,5′-磷酸二酯键并脱下焦磷酸。所需要的能量来自 α-与 β-磷酸基之间高能键的裂解。DNA 链由 5′向 3′方向延长。DNA 聚合酶需要互补于 DNA 模板的小段 RNA 作引物。

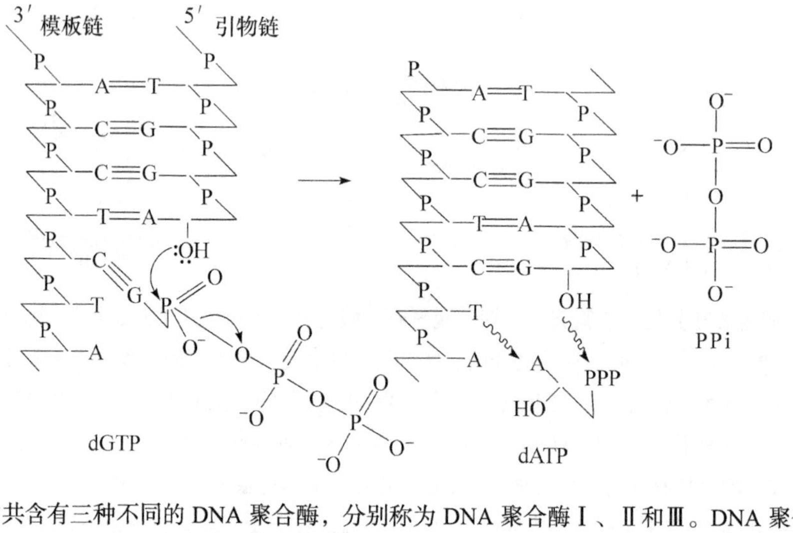

大肠杆菌中共含有三种不同的 DNA 聚合酶，分别称为 DNA 聚合酶Ⅰ、Ⅱ和Ⅲ。DNA 聚合酶Ⅰ、Ⅱ和Ⅲ均具有 5′→3′聚合酶活性和 3′→5′核酸外切酶活性。

在正常聚合条件下，3′→5′外切酶活力受到抑制；若一旦出现错配碱基时，聚合反应立即停止，由 3′→5′外切酶迅速除去错误进入的核苷酸，然后聚合反应得以继续进行下去。3′→5′核酸外切酶被认为起着校对的功能，它能够纠正聚合过程中碱基的错配。

DNA 聚合酶Ⅰ也具有 5′→3′核酸外切酶活力，它只作用于双链 DNA 的碱基配对部分。从 5′末端水解下核苷酸或寡核苷酸。

在真核生物中存在五种 DNA 聚合酶，分别以 α、β、γ、δ 和 ε 来命名。它们的基本特性与大肠杆菌 DNA 聚合酶相似，均以四种脱氧核糖核苷三磷酸为底物，需 Mg^{2+}激活，聚合时必须有模板和 3′-OH 末端的引物链存在，链的延长方向为 5′→3′。

DNA 聚合酶不能以完整的双链 DNA 作为模板，将 DNA 经脱氧核糖核酸酶处理后形成切口或缺口才能成为有效的模板。但是，真核生物的 DNA 聚合酶本身往往不具有核酸外切酶活性，可能由另外的酶在 DNA 复制中起校正作用。

DNA 聚合酶只能催化多核苷酸链的延长反应，不能使链之间连接。而 DNA 连接酶(DNA ligase)能催化双链 DNA 切口处的 5′-磷酸基和 3′-羟基生成磷酸二酯键。大肠杆菌和其他细菌的 DNA 连接酶以烟酰胺腺嘌呤二核苷酸(NAD)作为能量来源；动物细胞和噬菌体的连接酶则以腺苷三磷酸(ATP)作为能量来源。

反应分三步进行。首先由 NAD 或 ATP 与酶反应，形成腺苷酰化的酶(酶-AMP 复合物)，其中 AMP 的磷酸基与酶的赖氨酸的 ε-氨基以磷酰胺键相结合。然后酶将 AMP 转移给 DNA 切口处的 5′-磷酸，以焦磷酸键的形式活化，形成 AP-P-DNA。然后通过相邻链的 3′-OH 对活化的磷原子发生亲核攻击，生成 3′,5′-磷酸二酯键，同时释放出 AMP。

DNA 新链合成前需要先合成一段与 DNA 模板互补、7～10 个核苷酸的 RNA 引物，合成的方向也是 5′→3′走向，然后 DNA 聚合酶根据碱基配对的原则，从 RNA 引物的 3′-OH 端开始合成新的 DNA 链。催化 RNA 引物合成的酶称为 DNA 引物酶(primase)。真核细胞 DNA 引物酶由相对分子质量 58 000 和 49 000 的两个亚单位组成。DNA 引物酶和 DNA 多聚酶 α 紧密结合成一个复合体。

在 DNA 复制过程中，由于复制叉的移动速度较快，DNA 的双螺旋不断解开，在复制叉前方的 DNA 双链会出现过度的正超螺旋甚至打结现象，阻碍 DNA 的继续复制，生物体系需要依靠一系列 DNA 解旋解链酶来不断消除产生的正超螺旋，以保证复制的正常进行。

拓扑异构酶Ⅰ首先在大肠杆菌中发现，只能消除负超螺旋，对正超螺旋无作用。真核生物的拓扑异构酶Ⅰ对正、负超螺旋均能作用。除消除超螺旋外，拓扑异构酶还能引起 DNA 其他的拓扑转变。

拓扑异构酶Ⅰ与 DNA 结合时，DNA 的一条链断裂，并且 5′-磷酸基与酶的酪氨酸羟基形成酯键。随后使原来断裂的 DNA 链重新连接，即磷酸二酯键又由蛋白质转到 DNA。整个过程并不发生键的不可逆水解，没有能量的丢失。

拓扑异构酶Ⅱ又称 DNA 旋转酶(gyrase)，它可连续引入负超螺旋到同一个双链闭环 DNA 分子中，反应需要由 ATP 供给能量。在无 ATP 存在时，旋转酶可松弛负超螺旋，但不作用于正超螺旋。

DNA 解螺旋酶(helicase)能通过水解 ATP 获得能量来解开双链，每解开一对碱基需要水解 2 分子 ATP 成 ADP 和磷酸盐。要有单链 DNA 存在才能水解 ATP。如双链 DNA 中有单链末端或缺口，解螺旋酶即可结合于单链部分，然后向双链方向移动。大肠杆菌解螺旋酶 A、B 和 C 可以沿着模板链的 5′→3′方向随着复制叉的前进而移动，而 rep 蛋白(也属于一种解螺旋酶)则在另一条模板链上沿 3′→5′方向移动。这两种解螺旋酶的配合作用推动着 DNA 双链解开。

单链结合蛋白(SSB)主要作用是结合解开的两条单链 DNA，刺激 DNA 聚合酶活化并与其他复制蛋白作用形成复合物。它的功能在于稳定 DNA 解开的单链，阻止复性和保护单链部分不被核酸酶降解。

2) DNA 的损伤与修复

某些物理化学因素，如化学诱变剂、紫外线和电离辐射等都可以引起基因突变和细胞凋亡，其化学本质是这些物理化学因素直接作用与 DNA，造成其结构和功能的破坏。

生物体都具有一系列起修复作用的酶系统，可以除去 DNA 上的损伤，恢复 DNA 的正常双螺旋结构。

目前已知有多种修复系统，如光复活修复、碱基切除修复、核苷酸切除修复和重组修复等。

光复活是一种酶促反应过程，它可以完全修复因紫外线照射引起的嘧啶二聚体 DNA 的损伤。

脱氧核糖 磷酸 脱氧核糖 $\xrightarrow{UV}$ 脱氧核糖 磷酸 脱氧核糖

环丁烷环

光修复酶结合到嘧啶二聚体上，吸收蓝光光子，通过电子转移使环断裂，恢复正常的碱基配对结构。

碱基切除修复主要修复小段的 DNA 损伤，如烷化剂、氧化和电离辐射造成的碱基损伤。碱基切除修复过程主要涉及的酶有 DNA 糖苷酶、AP 内切核酸酶、DNA 聚合酶和 DNA 连接酶等。

碱基切除修复首先由 DNA 糖苷酶水解损伤的碱基或碱基残留物与脱氧核糖之间的糖苷键，产生无碱基脱氧核糖核酸(AP)；再由 AP 内切核酸酶分别水解无碱基脱氧核糖核酸两侧的磷酸二酯键；然后由 DNA 聚合酶进行复制补平切除后产生的缺口；最后由连接酶连接切口(图 8-1)。

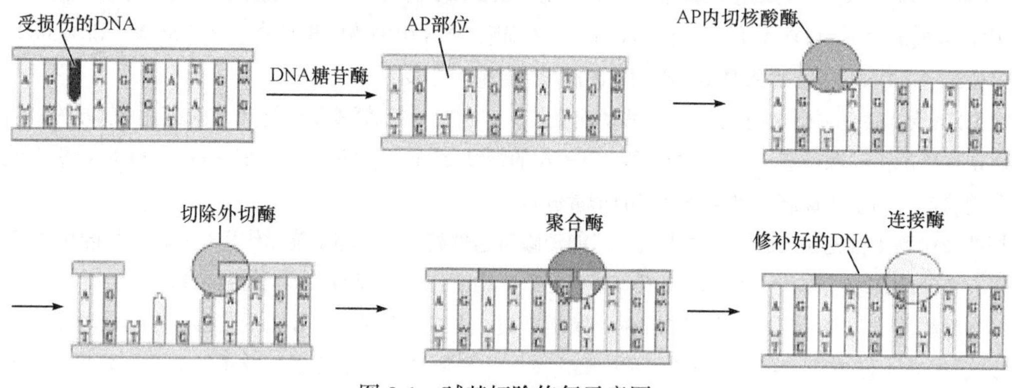

图 8-1　碱基切除修复示意图

如果 DNA 在复制过程中发生错误的配对，如 G 与 T 配对，可以通过 DNA 聚合酶的 3′→5′外切酶活性校正，使基因编码信息得到恢复，但是如果这个错误没有被校正，复制的 DNA 在这个部位含有一个错配的碱基对，引起基因突变。这个错误可以被细胞的错配修复系统校正，该系统能够对新复制的 DNA 进行扫描，搜索错配的碱基对或单个碱基插入和删除所产生的复制错误。

3) RNA 指导下的 DNA 合成

以 RNA 为模板，即按照 RNA 的核苷酸顺序合成 DNA，这与通常转录过程中遗传信息从 DNA 向 RNA 传递的方向相反，因此称为反转录。

催化反转录反应的酶(RNA 指导的 DNA 聚合酶)一般称为反转录酶。

(1) RNA 病毒与反转录酶。

反转录病毒的基因组由两条相同的正链 RNA 组成，RNA 链的长度依病毒的种类不同而定，一般为 3.5～9.0kb(碱基)，3′端有 poly A，5′端有帽子，类似于真核细胞的 mRNA 结构，中间是编码序列。

RNA 病毒颗粒携带有反转录酶，该酶具有以下功能：依赖于 RNA 的 DNA 聚合作用；RNA 酶 H 作用和依赖于 DNA 的 DNA 聚合作用。

反转录酶催化的 DNA 合成同样以四种脱氧核糖三磷酸核苷为底物，需要 Mg^{2+}、Mn^{2+}作辅助因子，并要求有模板和引物的存在。

(2) 反转录酶的作用机制。

反转录病毒感染宿主细胞后，反转录酶以基因组 RNA 为模板，宿主的 tRNA 为引物，按 5′→3′方向合成出与模板互补的 DNA 链(负链)。新生的 DNA 链与模板 3′端碱基互补配对，按 5′→3′方向继续合成 DNA 负链，直到模板的 5′端。

RNA 酶 H 以新合成的 DNA 链为模板合成 DNA 正链，并降解 tRNA。此时，发生第二次跳跃，负链 3′端引物结合序列与新合成的正链 3′端引物结合部位配对互补，以负链为模板合成全长的正链。再以全长的正链为模板，补充合成 3′端的序列。

病毒携带的整合酶(integrase)与双链 DNA 结合并除去两条 DNA 链 3′-末端各两个核苷酸，使双链末端成为 5′-端突出的黏端。

病毒 DNA 与整合酶的复合物又与宿主 DNA 结合，整合酶随机切割宿主 DNA 链，使 5′-端产生突出的 4～6 个核苷酸的黏端，病毒 DNA 与宿主 DNA 末端对接，并由宿主的酶系统将末端修补连接。病毒 DNA 就这样随机整合到宿主基因组中。

2. DNA 指导下的 RNA 合成

细胞内的各种 RNA(包括 mRNA、tRNA 和 rRNA)都是以 DNA 为模板，在 RNA 聚合酶催化下合成的，最初转录的 RNA 产物通常需要一系列断裂、拼接、修饰和改造才能成为成熟的 RNA 分子。

1) 核糖核酸的酶促合成

DNA 中储存的遗传信息的表达首先是以 DNA 为模板转录出互补的 RNA 分子，转录过程与 DNA 的复制过程有较多相似之处。在转录过程中，需要以 DNA 为模板，以 4 种核糖核苷三磷酸 ATP、GTP、CTP 和 UTP 为底物，在 RNA 聚合酶催化下进行。

转录出互补的 RNA 碱基序列与 DNA 的另一条链基本相同，只是 T 被换成 U。

在体外，RNA 聚合酶能使 DNA 的两条链同时进行转录，但在体内，DNA 分子的两条链仅有一条链可用于转录；或者某些区域以这条链转录，另一些区域以另一条链转录；对应的链只能进行复制，而无转录的功能。

在 RNA 聚合反应中，RNA 聚合酶以完整双链 DNA 为模板，DNA 碱基顺序的转录是全保留方式，转录后，DNA 仍然保持双链的结构。虽然转录时双链结构部分解开，但天然的(双链)DNA 作为模板比变性的(单链)DNA 更有效。

2) RNA 聚合酶及转录因子

(1) RNA 聚合酶。

在原核细胞中只有一种 RNA 聚合酶，大肠杆菌的 RNA 聚合酶全酶的相对分子质量约 500 000，由 5 个亚基(α2σ′ββ)组成，没有 σ 亚基的酶称为核心酶(α2′ββ)。

核心酶只能使已经开始合成的 RNA 链延长，但不具有起始合成 RNA 的能力，因此称 σ 亚基为起始因子。

目前已知的真核细胞 RNA 聚合酶有 3 种，它们在结构上具有极大的相似性，都是由两个大亚基和多个小亚基构成，3 种酶的大亚基的氨基酸序列有同源性，某些小亚基为 3 种酶共有。

RNA 聚合酶在结构上虽有相似性，但分工不同，RNA 聚合酶Ⅰ负责转录出 rRNA 前体(前体中不包括 5S rRNA)；RNA 聚合酶Ⅱ转录编码蛋白质的基因和 snRNA 基因；RNA 聚合酶Ⅲ合成 5S rRNA、tRNA、U6RNA 及 7SRNA 等。

(2) 真核转录因子。

真核基因转录过程中，RNA 聚合酶必须在一系列转录因子的辅助下才能与启动子结合，形成稳定的起始复合物。根据转录因子的功能，可以分为 3 类：①普遍因子，与 DNA 聚合酶一起在转录起始点周围形成复合物；②上游因子，是 DNA 结合蛋白，能够特异地识别转录起点上游的顺式作用单元(特异的 DNA 调控序列)并与之结合；③可诱导的因子，也是一种 DNA 结合蛋白，其作用方式与上游因子相同。

3) 原核细胞的转录过程

(1) RNA 聚合酶与 DNA 模板的结合。

RNA 聚合酶需要先与 DNA 模板的一定部位结合，并局部打开 DNA 双螺旋，然后开始转录。DNA 上与酶结合的部位称为启动子。与酶结合的启动子核苷酸中常有高 AT 含量的区域，双链比较容易打开。σ 亚基能够增强 RNA 聚合酶对启动子的识别能力。

(2) 转录的开始。

当 RNA 聚合酶进入合成的起始点后，遇到起始信号而开始转录，即按照模板顺序选择第一个和第二个核苷三磷酸，使两个核苷酸之间形成磷酸二酯键，同时释放焦磷酸。

转录开始后，σ 亚基对便从全酶中解离出来，与另一个酶结合，开始另一转录过程。

与 DNA 合成不同，RNA 的合成不需要引物。在新合成的 RNA 链的 5′-端通常为带有三个磷酸基团的鸟苷或腺苷(pppG 或 pppA)，也就是说合成的第一个底物必定是 GTP 或 ATP。

(3) 链的延长。

RNA 链的延长反应由核心酶催化，聚合酶在 DNA 模板上以一定速度滑行，同时根据被转录 DNA 链的核苷酸顺序选择相应的核苷三磷酸底物，使 RNA 链不断延长。

RNA 链的合成方向是 5′→3′。由于 DNA 链与合成的 RNA 链具有反平行的关系，所以 RNA 聚合酶是沿着 DNA 链的 3′→5′方向移动。

(4) 链的终止。

DNA 分子具有终止转录的核苷酸序列信号。在这些信号中，有些能被 RNA 聚合酶本身所识别，转录进行到此即行终止，mRNA 与 RNA 聚合酶便会从 DNA 模板上脱落下来。

另外还有一些信号可以被一种参与转录终止过程的蛋白质 ρ 因子所识别，ρ 因子能辨别 DNA 上特殊的终止位点(ρ 位点)，使 mRNA 从 DNA 模板上脱离，而 RNA 聚合酶却不脱离。

4) 转录后核糖核酸链的加工

在细胞内，转录过程中合成的 RNA 链一般需要经过一系列的变化，包括链的断裂和化学修饰等过程，才能转变为成熟的 mRNA、tRNA 和 rRNA，这个过程通常称为 RNA 的转录加工过程。

(1) 核内不均一 RNA(snRNA)的加工。

细胞质中的 mRNA 是由核内相对分子质量极大的前体，即核内不均一 RNA(snRNA)转变而来，其分子中只有 10%左右转变为 mRNA，其余部分将在加工过程中被降解掉。

由 snRNA 转变成 mRNA 需要经过一系列复杂的加工步骤，其中包括：①在 RNA 链的特异部位断裂，除去非结构信息部分；②在 mRNA 的 3′末端连接长为 150～250 个核苷酸的多聚腺苷酸(poly A)片段；③在 mRNA 的 5′末端形成“帽结构”(m7G5′ppp5′NmpNp-)。

(2) rRNA 前体的加工。

在各种细菌细胞中，编码核糖体 RNA 的基因是排列在一起的，它们包括 16S、23S 以及 5S rRNA 的特异序列，构成一串长长的转录单位。

正常情况下，当 16S、23S 以及 5S rRNA 的前体被转录出来后，即被核糖核酸酶III切割下来，会经过甲基化修饰成为成熟的 rRNA。

(3) tRNA 前体的加工。

刚转录出来的 tRNA 前体需要经过下列几方面的改造过程，才能形成成熟的 tRNA：在 RNA 链的 5′末端头部和 3′末端尾部切去一定的核苷酸片段；在酶催化下，对核苷进行修饰，如甲基化、假尿嘧啶的形成等；tRNA 的 3′末端连接上胞苷酸-胞苷酸-腺苷(CCA)。

3. 蛋白质生物合成与酶

1) 密码

mRNA 是 DNA 的转录本，携带有合成蛋白质的全部信息。蛋白质的生物合成实际上是以 mRNA 作为模板进行的。

mRNA 分子中所储存的蛋白质合成信息是由组成它的四种碱基(A、G、C 和 U)以特定顺序排列成三个一组的三联体代表的，即每三个碱基代表一个氨基酸信息。这种代表遗传信息的三联体称为密码子，或三联体密码子。因此，mRNA 分子的碱基顺序即表示了所合成蛋白质的氨基酸顺序。mRNA 的每一个密码子代表一个氨基酸。20 种基本氨基酸的三联体密码子都已经确定。由于 mRNA 分子中的碱基序列是连续的，两个密码子之间没有任何间隔，所以遗传密码是没有标点符号的，要准确地阅读密码，必须从一个正确的起点开始，此后方可连续地读下去，直到碰到终止信号。

64 个密码中 61 个为氨基酸编码密码，因此大多数氨基酸具有多组密码子。还有一个密码子是肽链合成起始密码子(也是甲硫氨酸的密码子)，三个是终止密码子，以保证蛋白质合成能够有序地进行。

2) 蛋白质的生物合成过程

蛋白质的合成过程相当复杂，整个过程涉及三种 RNA(mRNA、tRNA 和 rRNA)，几种核苷酸(ATP、GTP)以及一系列酶、蛋白质、辅助因子等。

(1) 氨基酸的活化。

tRNA 在氨基酰-tRNA 合成酶的帮助下，能够识别相应的氨基酸，并通过 tRNA 氨基酸臂的 3′-OH 与氨基酸的羧基形成活化酯-氨基酰-tRNA。

每一种氨基酸至少有一种对应的氨基酰-tRNA 合成酶。它既催化氨基酸与 ATP 的作用，也催化氨基酰基转移到 tRNA。氨基酰-tRNA 合成酶具有高度的专一性。每一种氨基酰-tRNA 合成酶只能识别一种相应的 tRNA。tRNA 分子能接受相应的氨基酸，取决于它特有的碱基顺序，而这种碱基顺序能够被氨基酰-tRNA 合成酶所识别。

肽合成完成后，有专一性的酶将 *N*-甲酰甲硫氨酸从肽链的 N 端切除。

(2) 肽链合成的起始。

在大肠杆菌中，mRNA 在起始因子 3(IF3，相对分子质量为 21000 的蛋白质)的参与下，首先与核糖体的 30S 亚基结合，形成 mRNA-30S-IF3 复合体，然后在起始因子 1(IF1，相对分子质量约为 1000 的蛋白质)和起始因子 2(IF2，相对分子质量约为 8000 的蛋白质)的参与下，与 fMet-tRNAf、GTP 结合，并释放出 IF3，形成一个 30S 起始复合物：30S 核糖体亚基-mRNA-fMet-tRNAf、GTP。这个复合物再与 50S 亚基结合，形成具有生物学功能的 70S 起始复合物。同时，GTP 水解成 GDP 和磷酸，释放出起始因子 IF1 和 IF2。这时，fMet-tRNAf 占据了核糖体上肽酰位点(P 位点)，空着的氨酰-tRNA 准备接受另一个氨酰 tRNA，为肽链的延伸做好了准备。

首先 eIF2-GTP 使 Met-tRNAi 与 40S 亚基结合形成 40S 起始复合物，5′-帽子结合蛋白(cap-binding protein, CBP)与 mRNA 的 5′-帽子结合，eIF3 与 mRNA 5′端的 AUG 相识别。eIF4 则促使 ATP 水解成 ADP，提供反应的能量。eIF5 诱导 eIF2 和 eIF3 参与 Met-tRNAi 与 AUG 识别后的释放。在 eIF4 的作用下，促使 eIF2-GTP 中的 GTP 水解为 GDP，一起离开复合体，最后核糖体的 60S 亚基结合到复合体上，eIF4 被释放，从而形成 80S 起始复合物。

(3) 肽链的延伸。

肽酰基从 P 位点转移到 A 位点，同时形成一个新的肽键，即进入 A 位点的氨酰-tRNA 上的氨基与 P 位点上的肽酰-tRNA 上的羧基之间形成一个新的肽键。

这一步需要 50S 核糖体上的蛋白质因子即肽酰转移酶参加。同时 P 位点上的 tRNA 卸下肽链成为无负载的 tRNA，而 A 位点上的 tRNA 这时所携带的不再是一个氨基酸而是一个二肽。这一步反应还需要有较高浓度的 K^+与 Mg^{2+}参加。

(4) 多肽链合成的终止和释放。

肽链合成的终止包括两个步骤：①对 mRNA 上终止信号的识别；②完工的肽酰-tRNA 酯键的水解，以便使新合成的肽链释放出来。

mRNA 上肽链合成的终止密码子为 UAA、UAG、UGA。三种蛋白质因子(RF1、RF2、RF3)参与这一步反应。

RF1 用以识别密码子 UAA、UAG。RF2 帮助识别 UAA、UGA。RF3 不能识别任何密码子，但能协助肽链释放，RF1 或 RF2 可能还可以使 P 位点上的肽酰转移酶活力转变为水解酶活力，从而使肽酰-tRNA 不再转移到氨酰-tRNA 上，而脱落进入溶液中。一旦 tRNA 从 70S 核糖体上脱落，该核糖体就立即离开 mRNA，解离成 50S 和 30S 亚基，重新投入新一轮反应中。RF3 与 30S 亚基结合后，可防止 50S 与 30S 亚基的聚合。

8.1.4　遗传信息表达过程的化学调控

细胞的生长、发育以及死亡过程涉及许多生物化学反应。遗传信息的传递与表达牵涉到各种生物大分子的合成、跨膜转运、修饰加工、折叠复性、生化反应、生物降解等过程。许多化学物质在体内与参与这些过程的生物大分子发生相互作用，从而起到诱导、抑制某些蛋白质、DNA、RNA 多糖以及肽聚糖等的生物合成的作用。

因此，通过化学物质对遗传信息表达的调控可以探索未知基因、蛋白质的生物合成过程，达到对生物通路的调控，发现新的药物靶点，从而推动生命科学、药学的理论研究。

1. 抑制核酸合成的化学物质

许多化学物质能与核酸或者核酸合成过程中的酶、蛋白质结合，从而抑制核酸的合成，其中有些化合物可以作为抗病毒或抗肿瘤方面的药物，在临床上得到广泛的应用。在分子生物学、分子进化以及基因表达调控研究中也常使用一些抑制剂，探索核酸及其合成过程涉及的酶和蛋白质的功能。

有关抑制核酸合成方面的抑制剂种类较多，包括代谢拮抗物、DNA 结合物、DNA 聚合酶抑制剂、RNA 聚合酶抑制剂、反转录酶抑制剂、拓扑异构酶抑制剂、引物酶抑制剂、端粒酶抑制剂等。

1) DNA 聚合酶抑制剂

阿糖胞苷(Ara-C)是治疗急性非淋巴白血病的有效药物，Ara-C 在细胞内受胞嘧啶核苷脱氨酶的作用脱氨基，生成无活性的阿糖尿苷(Ara-U)；或被脱氧胞苷激酶催化转变成三磷酸阿糖胞苷(Ara-CTP)，Ara-CTP 是抗癌的活性形式，它和三磷酸脱氧胞苷(dCTP)竞争性地与 DNA 聚合酶 α 结合，并插入 DNA 生长链中，改变了 DNA 螺旋的构象，从而又影响与 DNA 有关的其他酶系的活性。

阿糖腺苷(Ara-A)具有抗病毒活性，如抗疱疹病毒和牛痘病毒等。在细胞内 Ara-A 被磷酸化生成三磷酸阿糖腺苷(Ara-ATP)，对 HSV-1 和 HSV-2DNA 聚合酶的抑制作用强于对宿主细胞 DNA 聚合酶 α 和 β 的作用，因而有一定的选择性，Ara-A 在体内也可经腺苷脱氨酶作用，代谢失活生成阿糖次黄嘌呤。

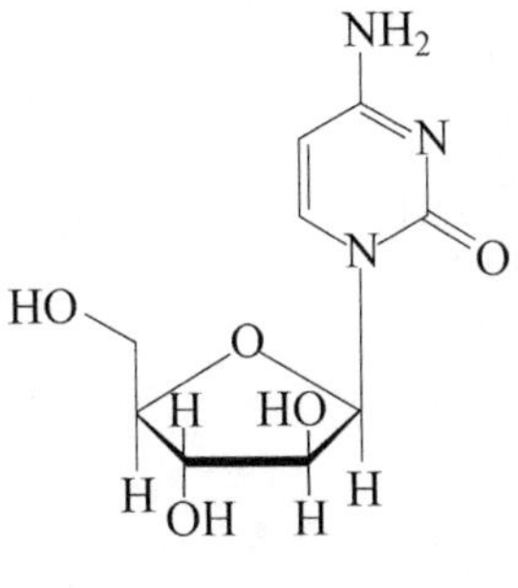

阿糖胞苷 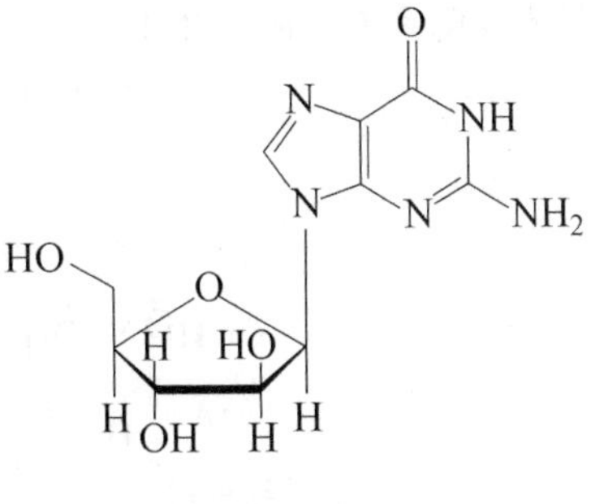　　阿糖腺苷

2) HIV 反转录酶抑制剂

HIV 反转录病毒的最大特点是在病毒体中含有反转录酶。获得美国 FDA 批准的抗 AIDS 的反转录酶抑制剂是 3′-叠氮基-2′，3′-脱氧胸苷(AZT)。除了 AZT 之外，具有抑制 HIV 反转录活性的核苷类似物还有 2′，3′-双脱氧核苷、无环核苷、异核苷等，它们抑制 HIV 反转录的作用机制主要是通过底物相似性来竞争性地抑制反转录酶的活性，同时还能终止前病毒 DNA 链的延伸而阻断 HIV 的复制。

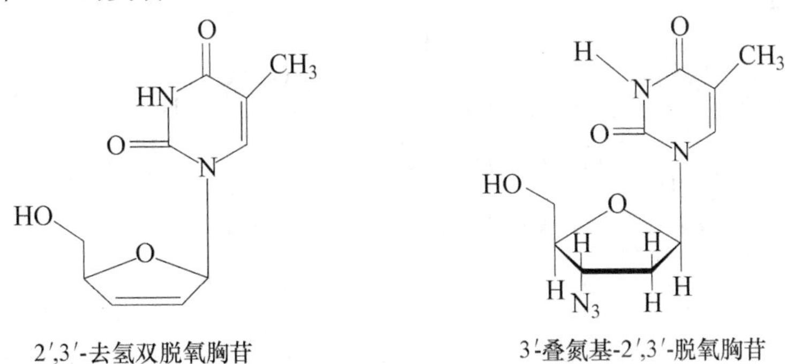

2′,3′-去氢双脱氧胸苷　　3′-叠氮基-2′,3′-脱氧胸苷

3) 拓扑异构酶抑制剂

拓扑异构酶 I 抑制剂可分为两大类：拓扑异构酶 I 毒剂和拓扑异构酶 I 阻遏剂。它们都抑制拓扑异构酶 I 活性，使 DNA 不能松弛。

拓扑异构酶 I 毒剂与拓扑异构酶 I -DNA 可裂解复合物作用，使复制不能进行。拓扑异构酶 I 阻遏剂则通过抑制酶的催化活性而杀死细胞。目前拓扑异构酶 I 抑制剂主要是喜树碱及其衍生物。

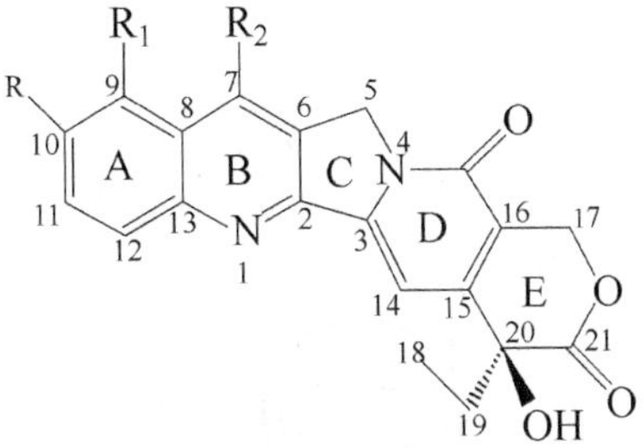

喜树碱及其衍生物

拓扑异构酶Ⅱ抑制剂分为嵌入型和非嵌入型。嵌入型拓扑异构酶Ⅱ抑制剂结构上各不相同，通常有平面芳香环系统，可以嵌入 DNA 碱基对之间，妨碍正常的 DNA 功能。拓扑异构酶Ⅱ抑制剂主要有放线菌素 D、阿霉素等。

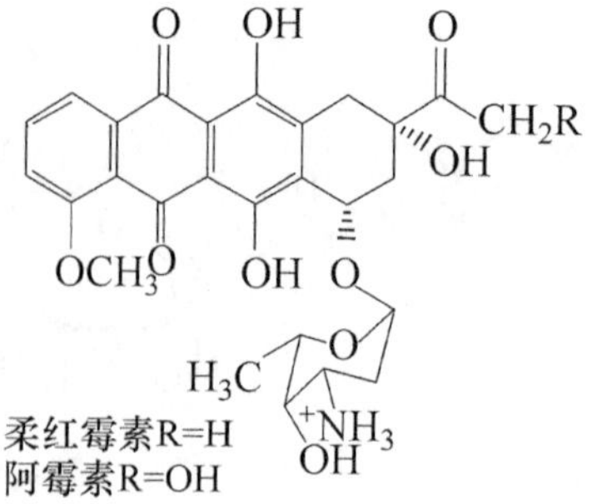

柔红霉素R=H
阿霉素R=OH

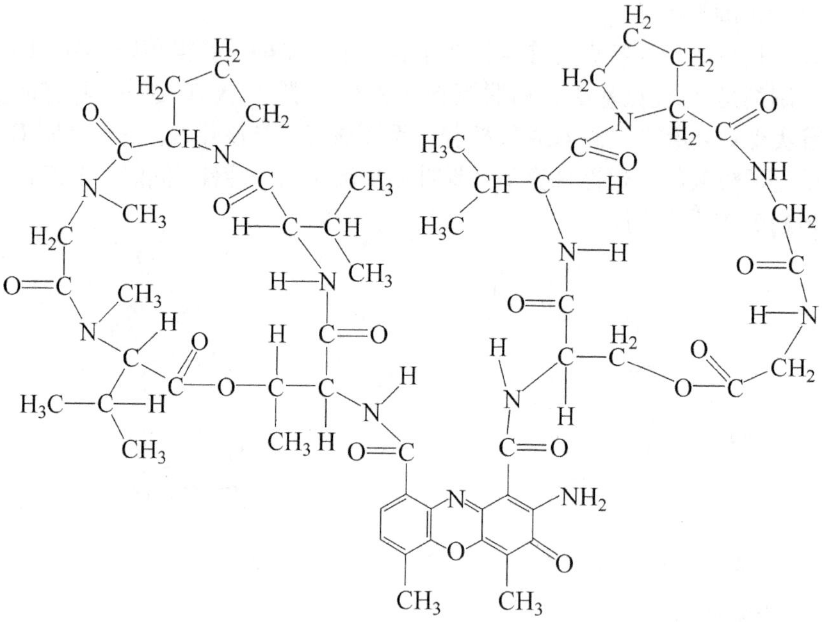

放线菌素D

4) RNA 聚合酶抑制剂

3′-脱氧腺苷(cordycepin)是一个原核细胞 RNA 链延伸过程的抑制剂，它在体内可以被磷酸化成为 3′-脱氧腺苷三磷酸，能与核心酶结合，并加入增长的 RNA 链上。然而，由于 3′-脱氧腺苷缺少 3′-OH，所以它不能进一步延伸，从而抑制 RNA 的合成。

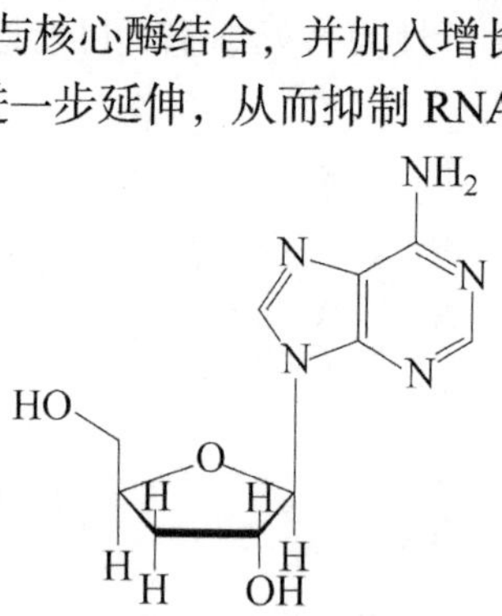

3′-脱氧腺苷

利福霉素(rifamycin B)及其衍生物利福平(rifampicin)是原核细胞 RNA 聚合酶的特异性抑制剂，而对真核细胞 DNA 聚合酶无抑制作用，因此它们能有效地抑制革兰氏阳性菌和结核杆菌 RNA 的合成。

虽然两者结构相似，但作用机制不同。利福霉素结合在 RNA 聚合酶的 β 亚基上，并阻断 NTP 进入起始位点。利福平却可以允许第一个磷酸二酯键形成，但它阻止 RNA 聚合物沿着 DNA 模板的移位。因此，一旦转录过程中第二个磷酸二酯键形成，产生一个 RNA 三磷酸核苷，利福平将失去效用。

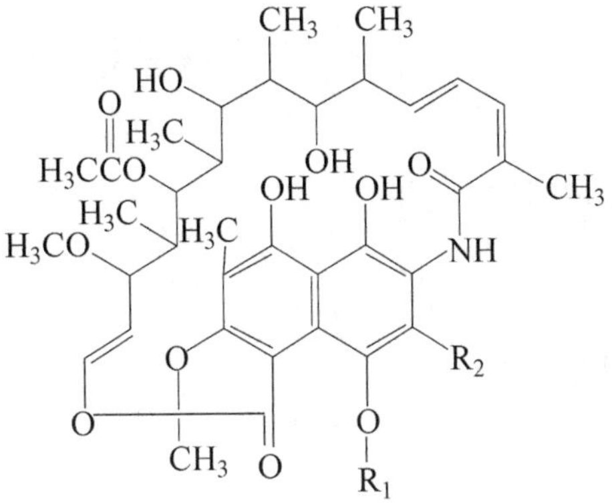

利福霉素：$R_1=CH_2COO^-$，$R_2=H$

利福平：$R_1=H$，$R_2=HC=N^+$（哌嗪环）$N-CH_3$

鹅膏蕈碱(α-amanitin)是从捕蝇蕈属中提取出的一个无色的双环结构的八肽化合物，它可以完全抑制真核细胞中的 RNA 聚合酶Ⅱ和Ⅲ的作用，阻断 RNA 的延伸，使转录不能进行。

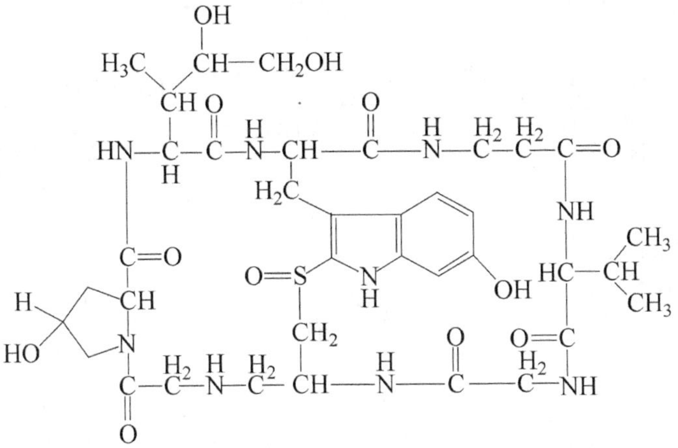

鹅膏蕈碱

2. 抑制蛋白质合成的化合物

氯霉素、四环素、链霉素等抑制原核细胞蛋白质的生物合成，但对真核细胞蛋白质合成无影响。氯霉素可与原核细胞的 70S 核糖体结合，从而影响了肽酰转移反应，对真核细胞 80S 核糖体无作用，但却可以抑制真核细胞线粒体内蛋白质的合成，因此对人产生毒性。

亚胺环己酮抑制真核细胞蛋白质的合成，对原核细胞没有作用，它与 80S 核糖体结合后，阻止肽链的形成。

嘌呤霉素和酪氨酰-tRNA 的结构与氨酰基-tRNA 分子的腺苷相连接的氨基酸末端基团相似，因此作为氨酰基-tRNA 的类似物与正在延伸的多肽链结合而抑制了蛋白质的合成。

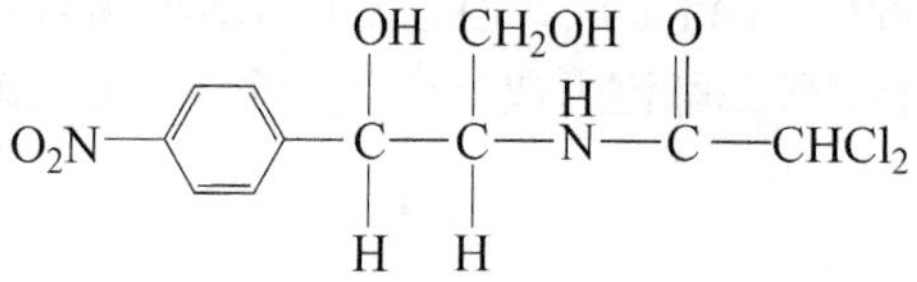

氯霉素

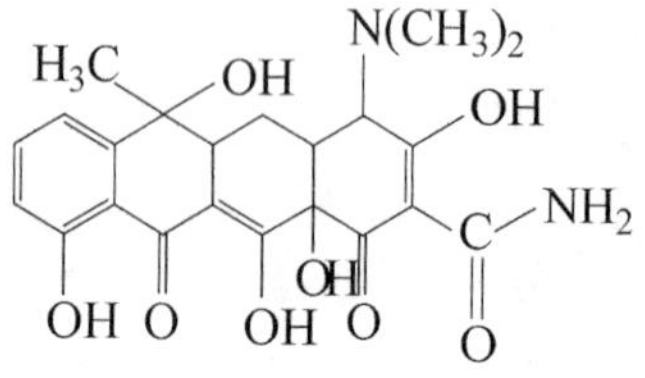

四环素

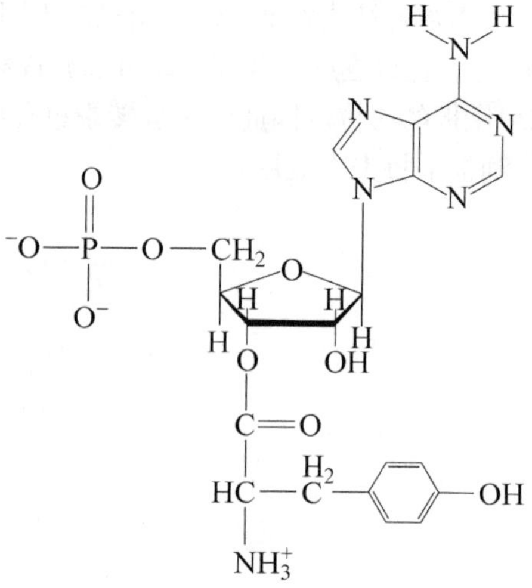

酪氨酰-tRNA

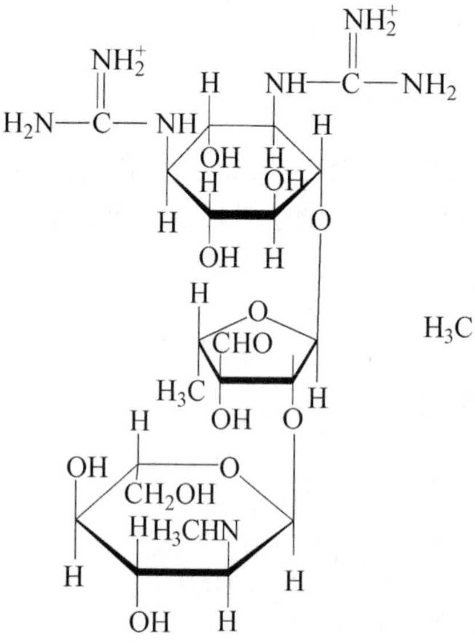

链霉素

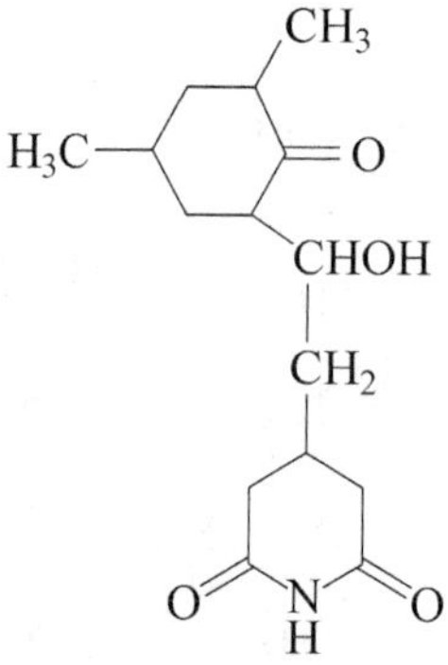

亚胺环己酮

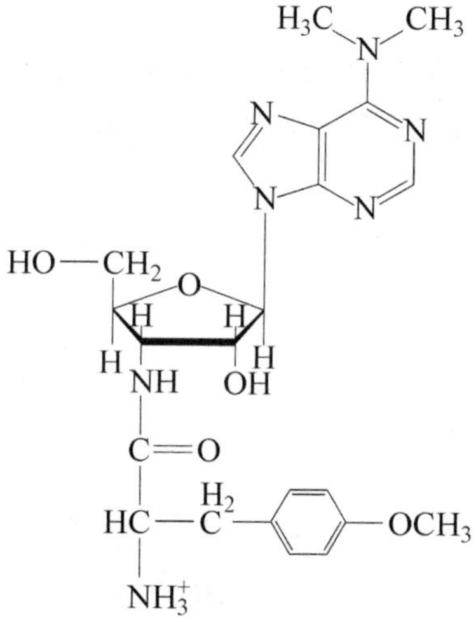

嘌呤霉素

红霉素(erythromycin)可与原核细胞核糖体的 50S 亚基结合，抑制了肽酰基转移酶的活性，阻碍了肽链的延伸。

梭链孢酸(fusidic acid)是一种类固醇类抗生素，它抑制 EF-G：GDP 从核糖体上的移位反应，从而抑制蛋白质的合成。

3. 化学物质对蛋白质合成的诱导与阻遏

酶蛋白在细胞内的含量取决于酶的合成速度和分解速度。细胞根据自身活动需要，严格控制细胞内各种酶的合理含量，从而对各种生物化学过程进行调控。

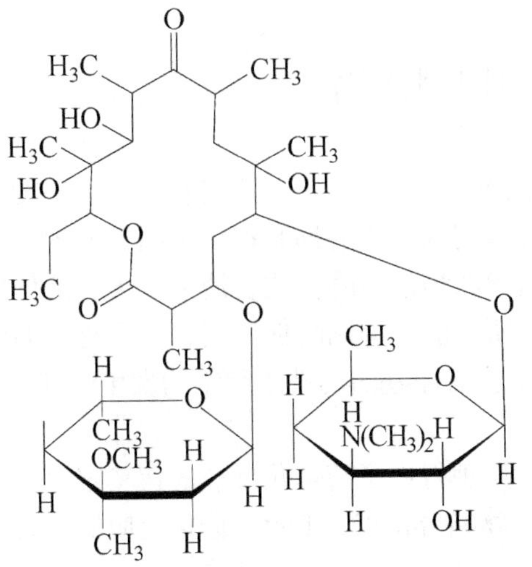

红霉素 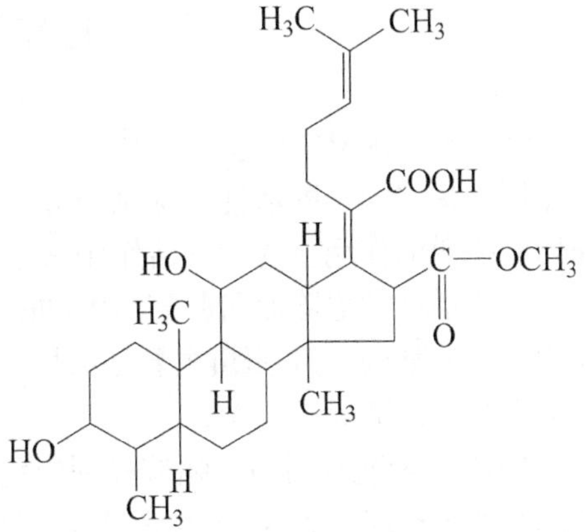　　　　梭链孢酸

酶合成的诱导是指细胞通过诱导而产生酶，如半乳糖苷酶和青霉素酶等；诱导酶合成的物质称为诱导物，如诱导半乳糖苷酶产生的乳糖和诱导青霉素酶合成的青霉素。

在细胞内所合成的酶的种类及数量是由特殊的基因信息决定的。DNA 所携带的酶蛋白遗传信息，需要通过转录和翻译而合成酶蛋白。在细胞内进行的转录或翻译过程都有特定的调节控制机制，其中转录的调控占主导地位。因此，基因表达的调控主要在转录水平上进行。

大肠杆菌培养过程中如果缺少乳糖，细胞中就不含任何可以代谢乳糖的酶。但是在培养基中加入乳糖后，大肠杆菌就能在几分钟内合成出与乳糖水解有关的酶，使其能利用这种营养物质。在此过程中，乳糖起诱导物的作用。由乳糖诱导产生的与乳糖水解相关的三种酶：β-半乳糖苷酶，β-半乳糖苷透性酶和 β-半乳糖苷转乙酰酶，称为诱导酶。这三个酶蛋白是大肠杆菌 DNA 上的三个结构基因经过转录和翻译而合成的。

异丙基-β-D-巯基半乳糖(IPTG)、5-溴-4-氯-3-吲哚基-β-D-半乳糖(X-gal)不易被半乳糖苷酶利用，却是 β-半-乳糖苷酶极好的诱导物，使该酶产量提高 1000 倍。

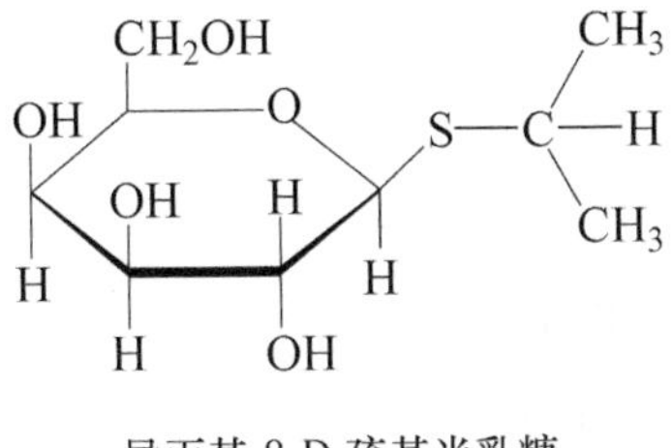

异丙基-β-D-巯基半乳糖 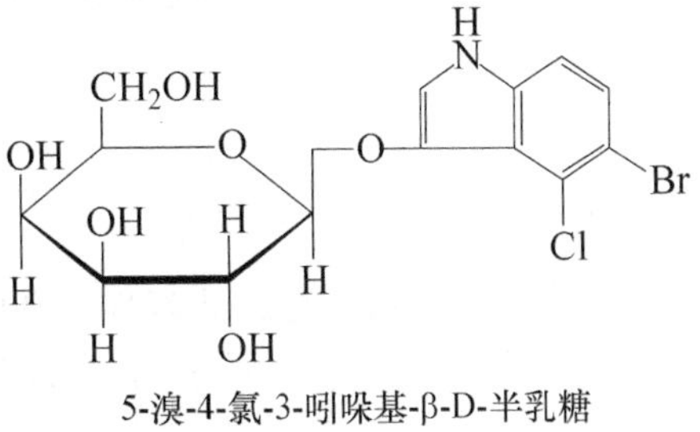　　　　5-溴-4-氯-3-吲哚基-β-D-半乳糖

为了适应环境的需要，动物机体的酶合成会随着机体的需要增强或减弱，甚至停止。如果动物长期食用脂肪含量不多的食物，其组织中含有一定量的脂酸合成酶。如果改食含脂肪多、糖类少的食物，很快就可发现这个动物组织中完全无脂酸合成酶。再改食低脂肪、高糖类饲料，其组织中的脂酸合成酶又复出现。

某些药物对酶合成的诱导功能的发现为药理学、毒理学研究和应用打开了新的思路。例如，苯巴比妥还可诱导肝葡萄糖醛酸基转移酶。临床上可以给予苯巴比妥加速游离胆红素的结合与排泄，治疗新生儿溶血性黄疸和某些体质性黄疸。

8.2　化学物质对酶的抑制作用

许多分子因素能干扰催化作用，使酶促反应速率减慢或完全停止。这类效应称为酶的抑制作用。这些能使酶活性受抑制的分子因素称为酶的抑制剂。酶的抑制作用不同于酶的失活作用和去激活作用。酶的失活作用常指酶蛋白变性引起的酶活力降低或者消失。去激活作用是因为激活剂的去除而引起酶活力的降低。抑制剂之所以能够抑制酶促反应，主要是它们能与酶分子的某些必需基团(主要是活性部位)结合，使这些必需基团的性质和结构发生改变，从而导致酶活性降低或消失。

1913 年米凯利斯与门顿首先利用化学反应动力学原理得出了酶催化反应的速率定律。假设体系的游离底物为 S，游离酶为 E，且酶只有含单底物结合位点，则酶的催化反应的动力学模型为

$$E + S \underset{k_{-1}}{\overset{k_1}{\rightleftharpoons}} ES \xrightarrow{k_2} E + P$$

通过酶抑制作用的研究，不仅可以了解酶的专一性、酶活性部位的物理和化学结构、酶的动力学性质及酶的催化性质等，还可阐述某些代谢途径，为新药和新农药的合理设计提供理论依据。根据抑制剂与酶作用的方式，可以把抑制作用分为可逆抑制与不可逆抑制两大类。

酶反应的抑制剂可认为是首先与酶分子经分子间作用力(如静电引力、疏水键、氢键或范德华力等)形成可逆的酶-抑制剂复合物。该复合物可以解离回到游离的酶及抑制剂分子，这就是可逆抑制剂。若酶与抑制剂之间发生的是共价结合，则是不可逆抑制剂。

8.2.1　可逆抑制作用

按可逆抑制剂对酶-底物结合影响不同，可分为许多类型。以 E、S 和 I 分别代表酶、底物和抑制剂，它们的反应历程可用下列通式表示：

$$\begin{array}{ccccc} E + S & \overset{K_s}{\rightleftharpoons} & ES & \xrightarrow{k_p} & E + P \\ + & & + & & \\ I & & I & & \\ K_i \updownarrow & & \updownarrow K_i' & & \\ EI + S & \overset{K_s'}{\rightleftharpoons} & EIS & & \end{array}$$

根据此反应历程，得到总速率方程，将该方程做双倒数处理得

$$\frac{1}{v}=\frac{k_m}{V_{max}}\left(1+\frac{[I]}{K_i}\right)\frac{1}{[S]}+\frac{1}{V_{max}}\left(1+\frac{[I]}{K'_i}\right)$$

在不同的抑制作用中，仅在于 EI 的解离常数 K_i 和 EIS 的解离常数 K_i' 两个数值不同，一般可分为四个类型，即竞争性抑制、非竞争性抑制、反竞争性抑制和混合性抑制。

1. 竞争性抑制作用

竞争性抑制是一类最常见的可逆抑制。发生竞争性抑制时，抑制剂 I 和底物 S 争夺酶 E 的活性部位，因为酶不能同时与底物结合又与抑制剂结合(图 8-2)。而底物又不能与 EI 结合，抑制剂也不能与 ES 结合，所以 EIS 不存在，就是说 K_i' 和 K_s' 的值都是无穷大。一般来说，竞

争性抑制剂和底物有相似的结构，因此抑制剂也能与酶的活性部位结合，但不能转化为产物。抑制剂的结合部位与底物与酶的结合部位相同。抑制剂浓度越大，则抑制作用也越大，但增加底物浓度可使抑制程度减小。乙醇，竞争性抑制可以借助增加底物浓度而解除。

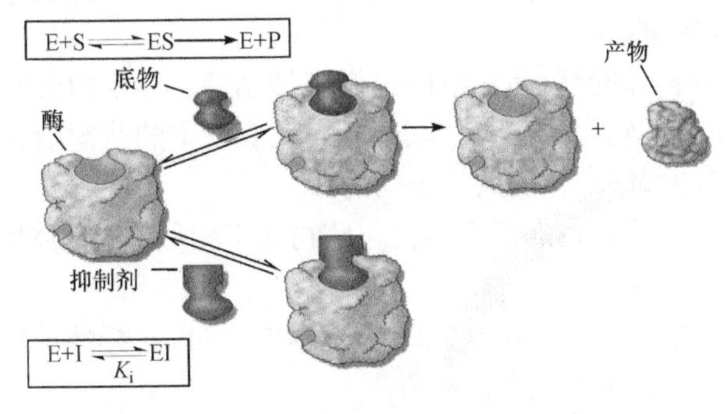

图 8-2　抑制剂和底物争夺酶的活性部位

从目前使用的大多数酶抑制剂类药物、农药的分子结构类型看，多数都属于竞争性抑制剂，它们具有以下特征：

(1) 底物类似物。由于人们对一个酶所催化的底物性质了解较多，因此常利用酶的底物类似物作为竞争性抑制剂研究一些三维结构不清楚的酶活性中心的结构。

例如，α-葡糖苷酶抑制剂(如阿卡波糖、伏格列波糖和米格列醇)的结构与酶的低聚糖类底物和葡萄糖糖苷类相似，可与活性部位发生竞争性结合，抑制肠道双糖分解，从而降低餐后的高血糖。

伏格列波糖　　　　米格列醇

又如，黄嘌呤氧化酶可催化次黄嘌呤氧化成黄嘌呤，进而被氧化成尿酸，而黄嘌呤氧化酶抑制剂别嘌呤醇治疗痛风病就是通过抑制黄嘌呤氧化酶，降低尿酸的生物合成。

次黄嘌呤　→　黄嘌呤　→　尿酸　　　别嘌呤醇

(2) 过渡态类似物。酶催化化学反应效率高的原因在于酶能与高能态的过渡态相结合，从而大大降低了化学反应的活化能。如果对催化某一特定生物化学反应的酶的三维结构还不清楚，可以根据其生化反应的过程，设计合成具有特定结构、疏水性匹配、电子和空间因素与过渡态类似的稳定化合物，作为该酶特异的抑制剂，这无疑为药物合理分子设计提供了另一强有力的手段。

例如，乙酰胆碱酯酶(AChE)的羟基与酯酶的酯解部位形成共价键，其四价氮上的强正电荷与酯酶的阴离子部位呈静电连接。酶的乙酰化很快导致酯键断裂和胆碱的消除，乙酰化酶随即与水反应而使酶再生并放出乙酸。

氨基甲酸酯杀虫剂是乙酰胆碱酯酶水解过渡态的稳定类似物，能与乙酰胆碱酯酶结合部位紧密结合而抑制乙酰胆碱酯酶。

又如，苯甲酰丙氨醛是胰凝乳蛋白酶的过渡态抑制剂；其结构类似底物苯甲酰苯丙氨酰化合物与酶形成的共价中间物中的底物酰基部分，比底物中的肽键羰基更易受到酶活性中心羟基的亲核进攻，但不能形成酰化酶共价中间物。

(3) 其他化合物。有些化合物的平面结构与底物并不相似，但立体构象十分相近，也可以成为竞争性抑制剂。

非甾体抗炎药是一类具有不同结构类型的化合物，可以选择性地抑制环氧合酶(COX-2，炎症细胞产生的酶)的活性，用作抗炎止痛药。

环氧合酶抑制剂消炎痛和底物花生四烯酸，整个分子的立体构象中羧基和双键的配置有某种相似性，因而竞争性地与环氧合酶结合。

塞来克西(celebrex)作为环氧合酶的特异性抑制剂，难以进入开口较小的 COX-1 活性中心的通道，故而不能对其产生抑制作用，但仍能进入口径稍大、后段略有柔性的 COX-2 通道，从而对 COX-2 产生抑制作用。

2. 非竞争性抑制作用

抑制剂 I 是在活性部位以外的结合部位与酶结合的，并且底物和抑制剂与酶的结合严格地互不干扰。这种抑制就是非竞争性抑制。

非竞争性抑制剂并非结合于酶活性中心的底物结合位点，而是结合于活性中心附近的某些区域或基团，不影响酶与底物的亲和力，S 和 I 都可可逆独立地结合于酶的不同部位上。由于非竞争性抑制剂的作用部位不是十分清楚，因此不能根据酶的底物及酶活性中心的结构设计非竞争性抑制剂。目前所发现的一些酶的非竞争性抑制剂大多数都是随机筛选得到的化合物。

染料木素(genistein)对葡萄糖苷酶的抑制作用就是非竞争性抑制作用。他克林(tacrine)是治疗老年痴呆症的乙酰胆碱酯酶的非竞争性抑制剂。

3. 反竞争性抑制作用

反竞争性抑制剂 I 不能与自由酶结合，只能与 ES 可逆结合生成不能分解成产物的 EIS。这一点与竞争性抑制相反，K_i值为∞，EIS 只能解离成 ES+I，而不能解离成 EI+S。

反竞争性抑制程度取决于[I]、[S]、K_i 和 k_m 等。它的抑制程度随底物浓度的增加而增加。反竞争性抑制剂使酶的 k_m 值降低，从这一点看，反竞争性抑制剂不是一个抑制剂，而像是一个激活剂。它之所以造成对酶促反应的抑制作用，完全是它使 V_{max} 降低而引起。因此，如果[S]很小，反应主要为一级反应，则抑制剂对 V_{max} 的影响几乎完全被对 k_m 的相反影响所抵消，这时几乎看不到抑制作用。

反竞争性抑制的动力学特点是，抑制剂使 k_m 和 V_{max} 值都降低，而且降低同样的倍数，因此 k_m/V_{max} 的值一直保持不变，反映在双倒数作图中呈一组平行的直线。

反竞争性抑制在单底物酶催化反应中比较少见。胎盘碱性磷酸酯酶以葡萄糖-6-磷酸或 β-

萘酚磷酸酯为底物时，L-苯丙氨酸为反竞争性抑制剂；顺铂对乙酰胆碱酶的抑制作用也是属于反竞争性抑制类型。

4. 混合性抑制作用

混合性抑制作用中 S 与 E 或 EI 都能够结合，I 也可与 E 或 ES 结合，但亲和力都不相等，表明 S 和 I 对酶的结合互有影响，K_i 和 K_i' 两者既不无穷大，又互不相等，K_s 和 K_s' 也不相等。

有关可逆抑制作用的通式就是混合性抑制作用的通式。

$$\frac{1}{v}=\frac{k_m}{V_{max}}\left(1+\frac{[I]}{K_i}\right)\frac{1}{[S]}+\frac{1}{V_{max}}\left(1+\frac{[I]}{K_i'}\right)$$

四类可逆抑制剂的动力学比较见表 8-1。

表 8-1　四类可逆抑制剂的动力学比较

抑制类型	速率方程	表观 k_m	表观 V_{max}
无抑制	$v=\frac{V_{max}[S]}{k_m+[S]}$	k_m	V_{max}
竞争性	$v=\frac{V_{max}[S]}{k_m\left(1+\frac{[I]}{K_i}\right)+[S]}$	增大	不变
非竞争性	$v=\frac{V_{max}[S]}{(k_m+[S])\left(1+\frac{[I]}{K_i}\right)}$	不变	减小
反竞争性	$v=\frac{V_{max}[S]}{k_m+[S]\left(1+\frac{[I]}{K_i'}\right)}$	减小	减小
混合性	$v=\frac{V_{max}[S]}{k_m\left(1+\frac{[I]}{K_i}\right)+[S]\left(1+\frac{[I]}{K_i'}\right)}$	减小或增大	减小

8.2.2　不可逆抑制作用

这类抑制作用的抑制剂与酶分子上的某个必需基团以牢固的共价键结合使酶失活。不能用透析、超滤等物理方法除去抑制剂而使酶复活。不可逆抑制作用的特点是随着时间的延长逐渐增加抑制，最后达到完全抑制。其抑制作用可用下式表示：

$$\begin{array}{l}E + S \rightleftharpoons ES \longrightarrow E + P\\ \ \big\updownarrow {\scriptstyle +I}\\ EI\end{array}$$

不可逆抑制作用分为非专一性不可逆抑制作用和专一性不可逆抑制作用，相应地，不可逆抑制剂也分为指向活性部位抑制剂和基于机理的不可逆抑制剂。

1. 非专一性不可逆抑制作用

这类抑制剂是作用于酶分子中的一类或几类基团，这些基团中包含了必需基团，因而引起酶的失活。类型有酰化剂 RCOX，作用于 SH、OH、NH_2、对苯酚基；烷化剂 RX，作用于 OH、SH、COO^-、SH^+—CH_3、咪唑阳离子；还原剂和氧化剂，分别作用于 S—S 和 SH；有机汞、有机磷，作用于 SH。

2. 专一性不可逆抑制作用

这类抑制剂选择性很强，它只能专一性地与酶活性中心的某些基团不可逆结合，引起酶的活性丧失，如有机磷杀虫剂。

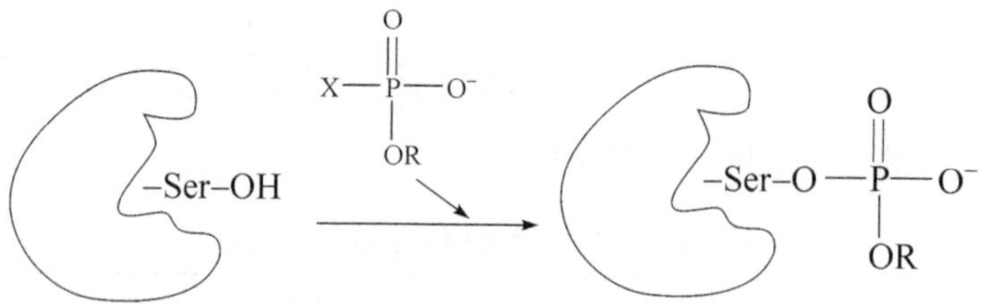

X—P(=O)(—O⁻)(—OR) + 酶—Ser—OH → 酶—Ser—O—P(=O)(—O⁻)(—OR)

3. 酶自杀性底物抑制作用

这类抑制剂呈现其活性是在酶的催化过程中实现的。其结构与底物有很大的相似性，与酶分子有较高的亲和力，它本身无化学活性或者没有化学活性基团，从而与酶的活性部位处的亲和性基团发生不可逆的结合反应，使酶失活。

自杀性底物有以下几种：

(1) K_s 型：一种抑制剂只作用于酶分子中一种氨基酸侧链基团，该氨基酸残基属于酶的必需基团，如有机汞专一作用于巯基，有机磷农药(如乐果、敌百虫)专一作用于丝氨酸羟基。

(2) K_{cat} 型：抑制剂为底物的类似物，但其结构中潜藏着一种化学活性基团，在酶的作用下，潜在的化学活性基团被激活，与酶的活性中心发生共价结合，不能再分解，酶因此失活。

自杀性底物具有以下结构特征和性能：①与正常底物的化学结构具有相似性；②可以与酶结合成复合物，有较大的亲和力；③在通常状态下，有低反应性能或化学惰性的基团或结构片段；④在酶的催化阶段，可将惰性基团转化为反应性能强的中间体；⑤与酶的活性部位发生化学反应，特别是共价键合，使酶不可逆失活。

酶自杀性底物的功能基团类型见表 8-2。

表 8-2　酶自杀性底物的功能基团类型

活化前基团	活化后基团
乙炔基	丙二烯
氰基	烯酮亚胺
乙烯基	共轭双烯、环氧乙烷
卤素等离去基团	乙烯基、S_N2 型中间体
环丙基	环丙烯酮、环丙基亚胺
醌类	亚胺基醌、醌的亚甲基化合物
碳正离子的前体	碳正离子
β-内酰胺类	乙酰基中间体

酶的自杀性底物的特异性：基于它与正常底物的结构相似性，这是酶与该抑制剂结合成复合物并经催化反应暴露出活性基团的前提。所暴露出的反应活性基团大多是亲电基团，含不饱和羰基的醛、酮、亚胺或酯等与酶分子的亲核基团发生迈克尔加成反应，生成的负碳型中间体被负电性的羰基共振稳定化，使邻位碳发生消去反应或去质子化，生成邻位不饱和键。

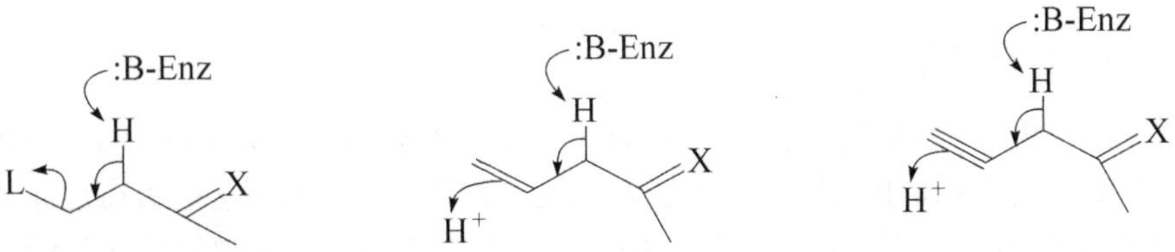

4. 指向活性部位抑制剂

指向活性部位抑制剂的作用特征是，抑制剂分子中含有化学活泼的功能基，它与酶的活性部位处的基团或原子发生共价结合，使酶失活。这类抑制剂的结构类似于酶的底物，可被酶的活性部位识别，可用于酶活性中心的结构研究，也称为亲和标记试剂。

指向活性部位的不可逆抑制剂的化学活性基团多为亲电试剂，与其发生反应的酶活性部位的基团则是亲核性基团，形成共价键。

8.3　化学物质对酶的激活作用

某些酶在一些物质的作用下才能表现出酶的催化活性或酶的催化活性增强，这种作用称为酶的激活(activation)作用。能够引起酶的激活作用的物质称为酶的激活剂(activator)，又称酶的激动剂。许多酶包括蛋白水解酶、激酶、磷酸化酶都是通过翻译后修饰的方式(如磷酸化)被激活的。研究表明一些化学物质及合成小分子也可以实现对酶的激活。

激活剂的作用特点是：

(1) 酶对激活剂具有一定的选择性，一种激活剂对某种酶起激活作用，但对另一种却起抑制作用。例如，Mg^{2+}对脱羧酶有激活作用，而对肌球蛋白的 ATP 酶活性却是抑制作用；Ca^{2+}对这两种酶的作用刚好相反。

(2) 某些离子具有拮抗作用。例如，Na^{+}抑制 K^{+}的激活作用，Ca^{2+}抑制 Mg^{2+}的激活作用。

(3) 有些金属离子激活剂可互相替代，如 Mg^{2+}可被 Mn^{2+}替代。

(4) 激活剂的作用常与它的浓度有关。例如，$NADP^{+}$合成酶，当$[Mg^{2+}]$为$(5\sim10)\times10^{-3}$ mol/L 时起激活作用，当$[Mg^{2+}]$升高至 30×10^{-3} mol/L 时，活性反而下降。

(5) 激活剂的作用机制是多种多样的，可能是作为辅酶或辅基的一个组成部分，也可能直接作为酶活性中心的构成部分；有些激活剂如 Cys 和 GSH 是作为还原剂，将巯基酶中的某些二硫键(—S—S—)还原为 SH，因而提高酶活性，某些部位的 SH 是巯基酶起催化作用所需的基团。有些激活剂(如 EDTA 和柠檬酸盐等)是通过螯合以除去具有抑制作用的金属离子。

激活剂大部分是离子或简单的有机化合物。激活剂大致可分为四种类型，即无机离子、有机分子、生物大分子、高分子物质。

8.3.1　有机分子激活剂

作用机理研究发现，小分子对蛋白质的激活作用主要包括四种途径：①小分子结合到蛋白质催化结构域的变构部位上，导致蛋白质的构象发生变化，从而激活整个蛋白；②小分子结合到蛋白质的催化结构域的变构部位上，激活蛋白质的翻译后修饰过程；③小分子结合到蛋白质的调节亚基上，激活蛋白质的催化结构域；④小分子结合到蛋白质的调节亚基上，促进蛋白质的寡聚化。

1. 具有巯基的还原剂

巯基蛋白酶(也称半胱氨酸蛋白酶)的活性中心含一双氨基酸，即 Cys-His，不同族的酶中 Cys 与 His 前后顺序不同。酶活性部位半胱氨酸是易被氧化的，因而这些酶在还原环境是最有活力的。木瓜及菠萝蛋白酶就属巯基蛋白酶，其活性中心的巯基易被氧化而失活，当其与半胱氨酸、2-巯基乙醇和还原型谷胱甘肽等含有巯基的物质结合后，可以使酶分子中被氧化的 SH 还原，从而使酶的催化活力得以提高。

这些含有巯基的化合物还可以作为金属酶，活性中心是轴向配体，从而激活酶的催化作用，如巯基苯甲酸、巯基乙酸、半胱氨酸对细胞 P450、过氧化氢酶的激活作用。

2. 多羟基化合物

多羟基化合物(如甘油、乙二醇、糖类物质等)不但可以作为酶的稳定剂实验，而且它们对许多酶具有催化作用。例如，在 Mg^{2+}或 Mn^{2+}存在的情况下，蔗糖对天冬氨酸酶具有较强的激活作用，天冬氨酸酶的催化活力与不加蔗糖时的相比可提高 5.18 倍。

另外，3-磷酸甘油是腺苷二磷酸葡萄糖焦磷酸化酶最有效的激活剂，用 0.1 mol/L 3-磷酸甘油作为激活剂可使腺苷二磷酸葡萄糖焦磷酸化酶的 V_{max} 提高近 4 倍。

3. 金属螯合剂

EDTA 和柠檬酸盐等通过螯合以除去具有抑制作用的金属离子，从而显著提高酶的活性。

4. 变性剂

某些变性剂(如脲、盐酸胍等)可以完全破坏酶蛋白的空间构象，使酶失去活性，但是当变性剂的浓度较低时，酶蛋白仅发生了部分变性。由于酶活性中心附近的多肽链的柔性，部分变性剂使活性中心的空间构象发生的改变，有利于底物的结合以及产物的离去，从而使酶的催化活性提高。表 8-3 列出了二氢叶酸还原酶(dihydrofolate reductase)的激活剂和抑制剂。

表 8-3　不同物质对二氢叶酸还原酶催化活性的影响

添加物/(mmol/L)	添加量/(mmol/L)	相对活性/%
巯基乙醇	2.5	139
NADH + 巯基乙醇	5	13
胍-HCl	0.2	172
尿素	2000	96
对氯高汞苯甲酸	0.0012	22

5. 溶剂

在某些情况下，低浓度的有机溶剂有助于底物的溶解，故可采用加有机溶剂的方法提高酶的催化活性。

胰蛋白酶催化的反应在适量甲醇的存在下，胰蛋白酶分子的共价结构没有被破坏，分子构型没有改变，但其分子构象却改变了。这种构象的改变可以导致酶催化的升高，从而提高了催化活性，如图 8-3 所示。乙醇、丙醇、丁醇等有机溶剂对青霉素 V 酰化酶也有类似的激活作用。

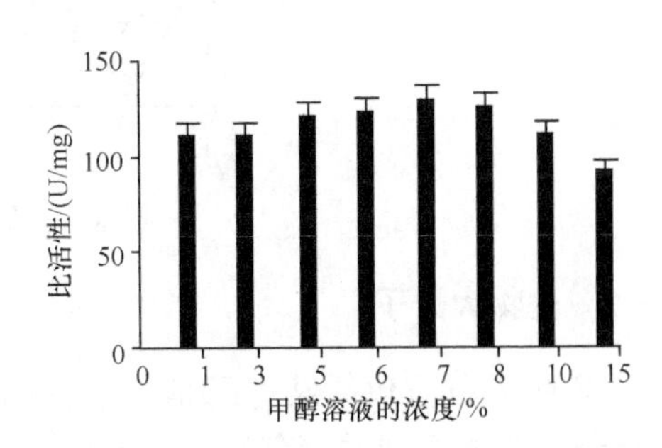

图 8-3　不同浓度的甲醇对胰蛋白酶活性的影响

生物酶催化反应具有反应条件温和、无环境污染、反应速度快、选择性好等优点，但是传统的有机溶剂的使用往往限制了酶的活性、选择性或稳定性。研究表明离子液体可以作为生物催化反应的介质，并且表现出许多传统的有机溶剂所没有的性质和现象。

有人在 6 种不同的离子液体中考察了 CAL B 或 α-糜蛋白酶(体积分数为 2%)催化的酯基转移反应，发现所考察的离子液体都增加了酶的热稳定性和催化活性。例如，酶的催化活性在[bmim]BF_4中比在传统溶剂正丁醇中提高了 5 倍，酶的半衰期提高了 4 倍。Tazume 等考察了离子液体中酶催化的醛醇反应和迈克尔反应，发现使用醛缩酶抗体 38C2/离子液体[bmim]PF_6 反应体系时，羟基丙酮与对、间、三氟甲基苯甲醛的醛醇反应可以顺利进行，而丙酮、2-丁酮、甲氧基丙酮、氟丙酮、氯丙酮以及链醛和 α，β-不饱和醛在该反应体系下不能进行醛醇反应。

与传统有机溶剂相比，离子液体可被看成一种更高级的通过氢键键合的聚合液体，具有极性和非极性两种区域的纳米结构，可溶解一般有机溶剂不能溶解的底物，并且酶可进入离子液体的网中，从而避免酶直接与极性溶剂接触，使其周围的水失去。因此，离子液体可增大底物溶解度、提高酶的稳定性、维持酶的催化活性和选择性。

6. 表面活性剂

研究表明，用表面活性剂如吐温 80 处理巨大芽孢杆菌(bacillus megaterium)酯酶，可以使酶催化对硝基苯酚乙酯的 K_m 值降低，而 K_{cat}/K_m 值提高 14 倍。表面活性剂可以降低纤维素酶解过程中纤维素水解酶的活性，同时激活纤维素酶，从而大大提高水解效率。例如，使用槐糖脂(sophorolipid)加入酶解反应中，结果发现纤维素水解速率增加了近 7 倍。

表面活性剂的存在降低了溶液表面张力，通过减少“多余的表面”，阻止纤维素酶在气-液表面与空气接触，使纤维素酶稳定。表面活性剂通过与纤维素酶竞争自由表面区域，阻止了在大气界面上纤维素酶的变性作用。因此，当实验的底物和吐温负荷不同时，文献中一致的结论是，无论任何机制，吐温对纤维素和纤维素类似底物的酶解作用有帮助。

研究者在考察酶解过程中 FPA(滤纸酶活)的变化情况时，以不添加表面活性剂的对照样品为基准作相对酶活曲线，得到结果如图 8-4 所示。

由图 8-4 可知，FPA 相对酶活曲线呈现不同程度的波动，高浓度的同种表面活性剂相比低浓度对反应最大速率的影响更为明显，其中添加 3 cmc 吐温 80 和 3 cmc 鼠李糖脂的样品使最大速率分别增加了 34.57%和 26.03%。

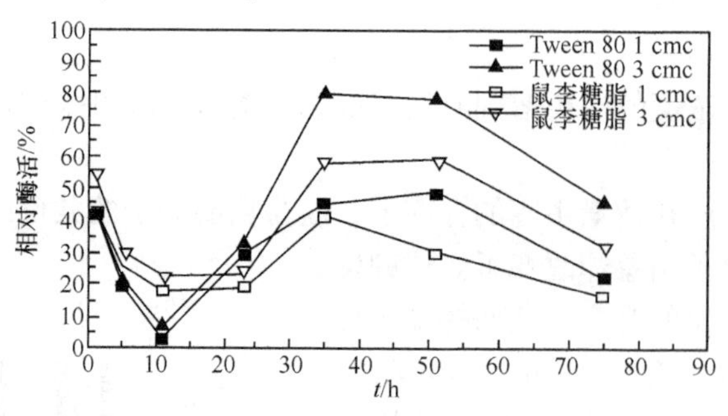

图 8-4　表面活性剂对 FPA 的影响

8.3.2　生物大分子

某些蛋白质包括某些酶是无活性的前体，如激素原(prohormone)、酶原(proenzyme 或 zymogen)形式合成并储存的，酶原经专一的蛋白酶解断开某个(些)肽键，有时并除去部分肽链才转变成有活性的酶，此过程称为酶原激活(zymogen activation)，这些蛋白酶也称为激活剂。

1. 消化系统中的酶原激活

消化道中有许多水解食物的蛋白质的消化酶。一类是水解多肽链内部肽键的内肽酶，包括胃黏膜分泌的胃蛋白酶和胰腺分泌的丝氨酸蛋白酶：胰蛋白酶、胰凝乳蛋白酶和弹性蛋白酶(elastase)；另一类是从肽链的一端逐个切除氨基酸残基的外肽酶，如胰液中的羧肽酶和肠黏膜分泌的氨肽酶。这些消化酶被分泌前在组织中都以酶原形式存在。

胰腺中的蛋白酶确实是以酶原形式，如胰蛋白酶原(trypsinogen)、胰凝乳蛋白酶原(chymotrypsinogen)，弹性蛋白酶原(proelastase)和羧肽酶原(procarboxypeptidase)存在并分泌的。酶原的稳定性并不强，如极少量的胰蛋白酶便能激活胰蛋白酶原，产生更多的胰蛋白酶，引起自我催化或自我激活。一般胰蛋白酶抑制剂能有效地抑制胰蛋白酶的活性免遭因自我激活而造成严重后果。

2. 凝血系统中的酶原激活

生物体要求血液在血管中能畅流无阻，又要求一旦血管壁破损能及时凝固堵漏。血液中存在一个至少含有 12 种凝血因子(clotting factor)的凝血系统。正常生理情况下凝血因子以无活性的前体或酶原形式存在，当受伤流血时，这些前体立即被激活，使伤口处血液凝固并把伤口封住，以阻止继续流血。

血液凝固是极其复杂的生物化学过程，涉及一系列酶原被激活形成一个庞大的级联放大系统，使血凝块迅速成为可能。如果血凝过度，则血液中会出现血栓，血栓会引起严重的疾病，如心肌梗死、脑血栓和肺血栓等。好在血液中还存在一个所谓纤溶系统(fibrinolysis system)。该系统包括纤溶酶原(plasminogen)和纤溶酶原激活剂(plasminogen activator，PA)，如组织型纤溶酶原激活剂(t-PA)等，它们也都是丝氨酸蛋白酶类。t-PA 仅能激活黏附在血凝块上的纤溶酶原，不影响血液中的游离纤溶酶原，因此不会造成过度纤溶而引起出血。近年来 t-PA 已被应用于临床，治疗急性心肌梗死。

8.3.3　高分子化合物

高分子化合物，如聚乙烯亚胺、聚精氨酸、聚赖氨酸等聚电解质，在低浓度的溶液可以与酶蛋白分子表面的相反电荷相互作用，多点的静电引力结合可能使酶活性中心附近的空间构象发生变化，从而提高酶的催化活力。例如，低浓度的聚乙烯亚胺可使乳酸脱氢酶和天冬氨酸酶活力分别提高 5.0 倍和 1.0 倍，聚乙烯吡咯酮(PVP)对烟草硝酸还原酶也具有较强的激活作用。

8.4　生 物 催 化

酶作为一种高效生物催化剂，具有比化学催化剂更优越的性能。利用生物催化剂实现有机化合物的生物合成和生物转化是一门以有机合成化学为主、与生物学密切联系的交叉学科，也是当今有机合成化学的研究热点和重要发展方向。

酶不仅能催化天然有机物质的生物转化，也可以在生物体外催化天然的或人工合成的有机化合物的各种转化反应，并且显示出优良的化学选择性、区域选择性和立体选择性。因此，酶催化反应提供了许多常规化学方法不能或不易合成的化合物的合成方法，能合成和制备包括光学纯的医药、农药及中间体在内的复杂的功能化合物，是有利于环境保护的绿色化学过程。

8.4.1　酶制剂的类型

酶制剂是一类从动物、植物、微生物中提取的具有生物催化能力的蛋白质，具有高效性、专一性，在适宜条件下具有活性。虽然自然界中发现的酶已达 3000 多种，但由于酶生产成本等方面的限制，工业上有价值的酶只有不到 100 种，能大规模生产和应用的只有 10 多种，如淀粉酶、蛋白酶、葡萄糖异构酶、果胶酶、葡萄糖氧化酶、脂酶等。

在酶催化的化学反应中，由于反应的类型、反应条件、反应体系以及完成底物转化的规模等因素，需要考虑所使用的酶制剂的类型。为了提高酶制剂的稳定性和催化效率，可以对酶制剂本身进行修饰和改性。因此，在酶催化的化学反应中，除了使用溶液状态的酶制剂以外，还可以采用以下酶制剂类型。

1. 固定化细胞

某些含有较高酶活力的细胞(如微生物、植物细胞、动物细胞)组织和细胞器等，不经过分离直接用于催化反应，或用物理或化学方法使其与适当载体相结合，作为固定化催化剂利用。固定化细胞可省掉提取工艺，使酶的损失达到最低限度。有时可以利用细胞的复合酶系统催化几个有关反应。固定化细胞的方法主要有两种类型：吸附法和包埋法。

(1) 吸附法。利用各种固体吸附剂，将细胞吸附在其表面而使细胞固定化的方法称为吸附法。用于细胞固定化的吸附剂主要有：硅藻土、多孔陶瓷、多孔玻璃、多孔塑料、金属丝网、微载体和中空纤维等。

(2) 包埋法。将细胞包埋在多孔载体内部而制成固定化细胞的方法称为包埋法。包埋法可以分为凝胶包埋法和半透膜包埋法。以各种多孔凝胶为载体，将细胞包埋在凝胶的微孔内而使细胞固定化的方法为凝胶包埋法。细胞经包埋固定化后，被限制在凝胶的微孔内进行生长、繁殖和新陈代谢。凝胶包埋法是应用最广泛的细胞固定化方法，适用于各种微生物、动物和植物细胞的固定化。

2. 固定化酶

酶的固定化是通过物理和化学方法，将酶束缚在某种载体上，使酶只能在一定的空间内进行催化活动，底物通过扩散作用与酶接触并发生反应。反应结束后，产物扩散到反应介质中与酶分离。而酶可以重复进行催化作用。这种酶在反应体系中以固相形式存在，所以称为固定化酶或固相酶。

固定化酶不仅保持了酶原有的性质，而且赋予了酶新的特性。例如，固定化酶具有一定的机械强度，可以搅拌或装柱，易于回收和重复使用，产物容易分离，容易实现生产过程的连续化。另外，酶固定化后，可以提高对温度及酸碱稳定性。酶固定化方法主要有以下几种：

(1) 吸附法。这是通过载体表面和酶分子表面间的次级键相互作用而达到固定目的的方法。该方法操作最简单，反应条件温和，载体可以重复使用。根据载体与酶分子间的作用力不同，吸附法又分为两种：物理吸附法和离子吸附法。物理吸附法是通过氢键、疏水键、范德华力等物理作用力将酶固定于不溶性载体的方法。此类载体有很多，无机载体有多孔玻璃、多孔陶瓷、活性炭、氧化铝、硅藻土、磷酸钙等；高分子有机载体有淀粉、纤维素、胶原、火棉胶等。离子吸附法是酶通过离子键结合于具有离子交换基的不溶性载体的固定化方法。所用载体通常是带有离子交换基团的天然多糖或合成高聚物，常用的阴离子交换剂有 DEAE-纤维素、DEAE-葡聚糖凝胶、Amberlite IRA-93；阳离子交换剂有 CM-纤维素、Amberlite CG-50、Amberlite IRC-50 等。

(2) 共价结合法。酶分子通过化学反应以共价键形式偶联于适当的载体上。共价法的载体可以分为两类：一类是天然高分子化合物，如纤维素、葡萄糖凝胶和琼脂糖的衍生物等；另一类是合成高分子化合物，如聚苯乙烯和甲基丙烯酸聚合物等。此法获得的固定化酶，酶与载体结合牢固。不足之处是固定化操作复杂，反应条件要求高，而且酶经过固定化后催化活力损失较大。

(3) 交联法。通过双功能团试剂，使酶分子之间发生交联，凝聚成网状结构。此法的特点是不使用载体。常用的双功能团试剂有戊二醛、异氰酸酯和双重氮联苯胺等。交联反应比较激烈，对酶活性影响较大。

(4) 包埋法。酶分子被包埋在凝胶形成的格子中，或被半透性膜包围成胶囊。常用的载体有纤维素和海藻胶等。此法的优点是包埋条件温和，酶本身也不直接参与交联反应，能够保持酶的活性。此法对纯酶、粗酶制剂和微生物细胞都能进行固定化，应用范围较广。不足之处是酶分子被包埋，底物与产物分子扩散受到一定的限制，酶分子容易渗出，使用半衰期较短。但包埋法比较适合于微生物、动物细胞、植物细胞或细胞器的固定化。

3. 修饰酶

化学修饰的目的是将酶分子表面的亲水基团变为疏水基团，使酶可以在有机介质中有效分散，溶解在有机溶剂中，从而提高酶的催化效率。典型的例子是用单甲氧基聚乙二醇共价修饰脂肪酶、过氧化物酶等的自由氨基，修饰酶能均匀溶于苯、氯仿等有机溶剂中，同时表现出较高的酶催化活性和稳定性。

采用聚乙二醇共价修饰 Candida rugosa 脂肪酶，在异辛烷中催化酯合成反应，酶催化活力比未修饰的酶提高数十倍；聚丙烯醇修饰酶、聚丙烯酸甲酯修饰酶、脂肪酸修饰酶在有机溶剂中也表现出较好的催化活性。

酶分子表面以及活性中心的基团也可以与表面活性剂或脂肪酸相互作用，形成复合物。用非离子表面活性剂处理各种蛋白酶形成的复合物在无水有机溶剂中催化二肽的合成，酶催化活力可提高 26 倍。而采用硬脂酸处理脂肪酶和蛋白酶(对酶进行非共价修饰)，修饰酶在有机溶剂中酯交换活力提高了 15 倍，产物的光学吸收率达到 100% ee。

8.4.2　酶催化反应的介质

水是酶促反应最常用的反应介质。在水溶液中采用游离酶催化化学反应不存在底物与产物的扩散问题。因为底物、产物和酶都处于溶解状态，底物容易进入酶的活性中心，产物也容易进入缓冲体系中。但是，对于大多数有机化合物来说，水并不是一种适宜的溶剂，因为许多有机化合物在水介质中难溶或不溶。而且，水的存在往往有利于水解、消旋化、聚合和分解等副反应的发生。

1984 年，克利巴诺夫等在有机介质中进行了酶催化反应的研究，他们成功地利用酶在有机介质中的催化作用，获得酯类、肽类、手性醇等多种有机化合物，明确指出酶可以在水与有机溶剂的互溶体系中进行催化反应。酶在非水相中催化有以下几种类型。

1. 有机介质中的酶催化

有机介质中的酶催化是指酶在含有一定量水的有机溶剂中进行的催化反应，适用于底物、产物二者或其中之一为疏水性物质的酶催化作用。

1) 非极性有机溶剂——酶悬浮体系(微水介质体系)

用非极性有机溶剂取代所有的大量水，使固定酶悬浮在有机相中，但仍然含有必需的结合水以保持酶的催化活性(含水量一般小于 2%)。酶的状态可以是结晶态、冻干状态、沉淀状态，或者吸附在固体载体表面上。

2) 与水互溶的有机溶剂——水单相体系

有机溶剂与水形成均匀的单相溶液体系。酶、底物和产物都能溶解在这种体系中。

3) 非极性有机溶剂——水两相/多相体系

由含有溶解酶的水相和一个非极性的有机溶剂(高脂溶性)相组成两相体系。

4) 正胶束体系

正胶束是在大量水溶液中含有少量与水不相混溶的有机溶剂，加入表面活性剂后形成的水包油的微小液滴。表面活性剂的极性端朝外，非极性端朝内，有机溶剂被包在液滴内部。反应时，酶在胶束外面的水溶液中，疏水性的底物或产物在胶束内部。反应在胶束的两相界面中进行。

5) 反胶束体系

反胶束是指在大量与水不混溶的有机溶剂中含有少量的水溶液，加入表面活性剂后形成油包水的微小液滴。

2. 气相介质中的酶催化

酶在气相介质中进行催化反应，适用于底物是气体或者能够转化为气体的物质的酶催化反应。由于气体介质的密度低，容易扩散，因此酶在气相中的催化作用与在水溶液中的催化作用有明显的不同特点。

3. 超临界介质中的酶催化

酶在超临界流体中进行催化作用。超临界流体是指温度和压力同时高于临界值的流体，即压缩到具有接近液体密度的气体。超临界流体的密度和溶剂化能力接近液体，黏度和扩散系数接近气体。以超临界流体作为反应介质进行酶促反应，可以避免因反应产物中残留溶剂而对产品造成的污染。超临界流体除具有传统有机溶剂的所有优点外，还具有液体的高密度、气体的高扩散系数、低黏度和低表面张力，使底物向酶的传质速率加快，从而使反应速率提高。

4. 离子液体介质中的酶催化

酶在离子液体中进行催化反应。离子液体(ionic liquids)是由有机阳离子与有机(无机)阴离子构成的在室温条件下呈液态的低熔点盐类，具有挥发性低、稳定性好的特点。酶在离子液体中的催化作用具有良好的稳定性、区域选择性、立体选择性和键选择性等显著特点。

8.4.3 酶催化的有机化学反应

生物酶在有机合成中的应用是20世纪80年代发展起来的生化技术。由于它有许多优点，如反应条件温和(常温、近中温)，具有高度的区域选择性、立体选择性和对映体选择性等，可避免敏感官能团发生变化，产生许多光学活性物质，还可完成一些传统化学反应很难完成的反应；另外还有产品纯、无“三废”、无环境污染等优点，因此越来越受到有机化学研究者的青睐。实验表明在有机溶剂中进行酶催化反应具有以下优点：增加非极性底物的浓度，很多不溶于水或在水中不稳定的产物能在有机溶剂中用酶来催化生成；有机溶剂能保护酶免受有毒反应物和反应条件的损坏，提高酶的耐温性等。酶催化反应的类型包括氧化还原、酯合成、酯交换、脱氧、酰胺化、甲基化、羟化、磷酸化、脱氨、异构化、环氧化、开环聚合、侧链切除、聚合及卤代等。

酶促反应在有机合成中起着重要作用。以类固醇合成技术的演进为例。1950 年肯德尔、赖克斯坦和亨奇因发现类固醇的消炎作用而获得诺贝尔生理学或医学奖。1952 年用化学方法以牛胆汁中的脱氧胆酸(deoxycholic acid)为原料合成可的松(cortisone)，反应共需 31 个步骤，产品售价每克 200 美元。1952 年利用 Rhizopus arrhizuz 产生的羟化酶(hydroxylase)将反应过程缩短为 11 个步骤，产品售价每克 6 美元。1980 年使用突变的分枝杆菌(mycobacterium)分解植物油中的固醇以作为原料，产品价格每克 0.46 美元。

1. 概述

酶和一般催化剂的共性是用量少而催化效率高；它能够改变化学反应的速率，但是不能改变化学反应平衡；酶能够稳定底物形成的过渡状态，降低反应的活化能，从而加速反应的进行。酶催化反应与化学反应的特点如表 8-4 所示。

表 8-4　酶催化反应与化学反应的特点

项目	酶催化反应	化学反应
反应条件	常温、常压	高温、高压
反应能	酶分子配体的变化能	热能或光能
溶剂	水	水、有机溶剂
反应特异性	高	有副反应
底物特异性、结构特异性	高	低
立体特异性	高	低
反应物浓度	低	高

研究表明，有机溶剂中的酶和水溶液中的酶一样具有高度的底物选择性。此外，还有以下一些特点：在常温、常压、近中性的条件(所谓软条件)下进行的复杂的生化反应；选择性强，如角鲨烯在肝脏中一步环化，可形成具有 7 个手性碳原子的甾体化合物；反应极为迅速，几乎无副反应，效率极高。因此，酶催化效率比工业催化剂高 10^7～10^{13} 倍，如 β-淀粉酶使水解反应的速率比用酸或碱催化的效率高 3×10^{11} 倍。

酶的高效选择性分为化学选择性、区域选择性、立体选择性。

化学选择性是指在一定的反应条件下，优先对底物分子中某一功能基团起化学反应，只专一性地识别催化所作用基团，其他敏感基团不受影响。例如

EtOOC(COOEt)CH–CH₂CH₂–CN —SP409, 48 h→ EtOOC(COOEt)CH–CH₂CH₂–COOH　产率:92%

(2,2-二甲基-1,3-二氧戊环-4-基)–CH₂CH₂CH₂–CN —SP409→ (2,2-二甲基-1,3-二氧戊环-4-基)–CH₂CH₂CH₂–COOH　产率:41%

(EtO)₂P(=O)–CH₂–CN —SP409→ (EtO)₂P(=O)–CH₂–COOH　产率:41%

区域选择性是指在一定的反应条件下，优先选择与分子内不同位置的某一相同功能基团起化学反应，生成某一种异构体，而另一种异构体很少生成。酶反应几乎是完全区域选择性，可以得到不同的异构体。例如，酶可以选择性水解分子中不同位置的氰基，不同酶的选择性不同。

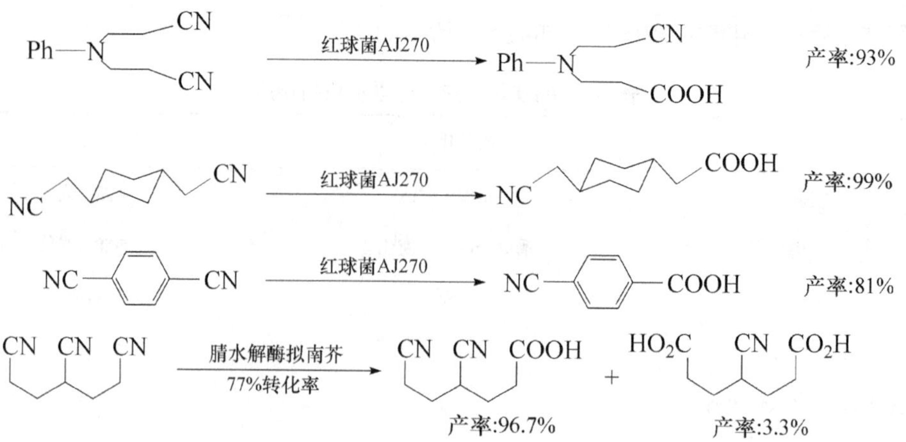

红球菌AJ270　产率:93%

红球菌AJ270　产率:99%

红球菌AJ270　产率:81%

腈水解酶拟南芥　77%转化率　产率:96.7%　产率:3.3%

立体选择性是指在化学反应中，一种立体异构体比另一种立体异构体优先发生作用的化学特性。一些酶具有立体选择性，如L-氨基酸氧化酶仅催化L-氨基酸而不作用于D-氨基酸。

1) 去对称化

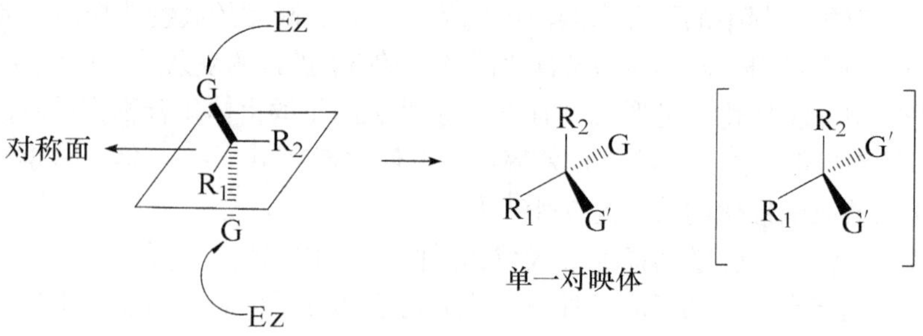

对称面　单一对映体

例如，前手性二腈的去对称化，腈生物转化酶对前手性二腈中的氰基有效识别，不同的作用，得到光活性产物。

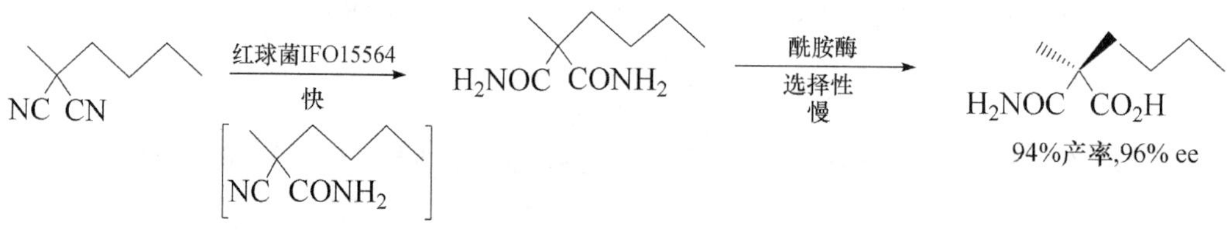

红球菌IFO15564　快　酰胺酶　选择性　慢　94%产率,96% ee

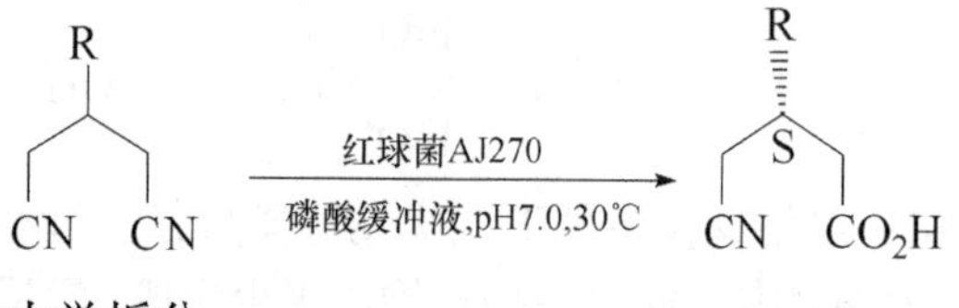

红球菌AJ270　磷酸缓冲液,pH7.0,30℃

2) 动力学拆分和动态动力学拆分

动力学拆分(KR)是将两种对映体从消旋混合物中完全或部分分离。KR的基础是两种对映体与一种手性分子(试剂、催化剂等)间有不同的反应速率。在理想状态下，二者的反应活性相差巨大，一种对映体反应极快而得到产物，而另一种对映体完全不反应。酶催化KR的最大理论产率被限制在50%，因此提高产率的策略具有极大的重要性。作为拆分的对立面，即手性化合物的消旋化，有时在对映选择性合成中高度受欢迎并可用在对映选择性合成中。通过将消旋化与酶催化拆分组合，得到了能够只产生一种对映体的高效不对称转化法。这种具有

100%理论产率的动态动力学拆分(DKR)是制备对映纯分子的强有力的途径，消旋化可通过化学催化剂或生物催化剂实现，或者能自发地发生。

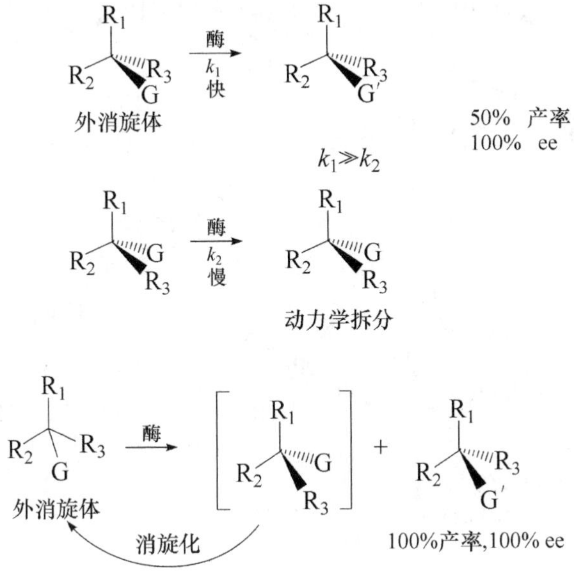

外消旋体

酶 k_1 快

50% 产率
100% ee

$k_1 \gg k_2$

酶 k_2 慢

动力学拆分

酶

外消旋体

消旋化

100%产率,100% ee

动态动力学拆分

2. 水解反应

1) 酯的水解

酯酶、蛋白酶和一些脂肪酶可用于含有一个手性或前手性酰基部分的立体选择性水解，底物是消旋酯和前手性或内消旋二酯。猪肝酯酶(PLE)是此类反应最有用的酶，尤其是用于前手性或内消旋底物。通过在 pH 7 的磷酸缓冲液-乙腈(5∶1)溶液中用 PLE 对三酯的酶促拆分，可对映体富集地制备 *S*-喜树碱被保护的 E 环部分。喜树碱是拓扑异构酶的抑制剂，它的一些衍生物是抗癌药物。

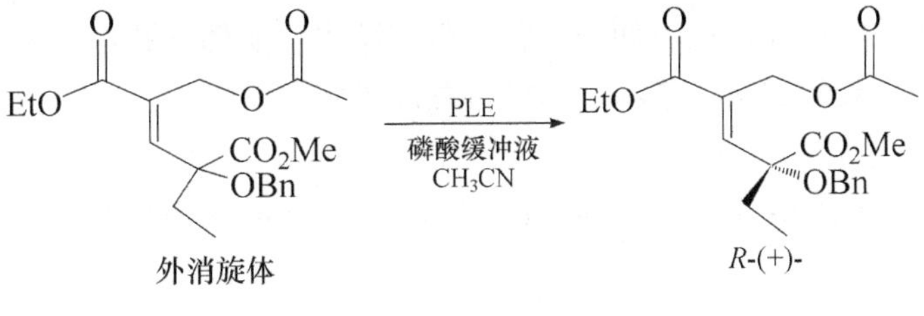

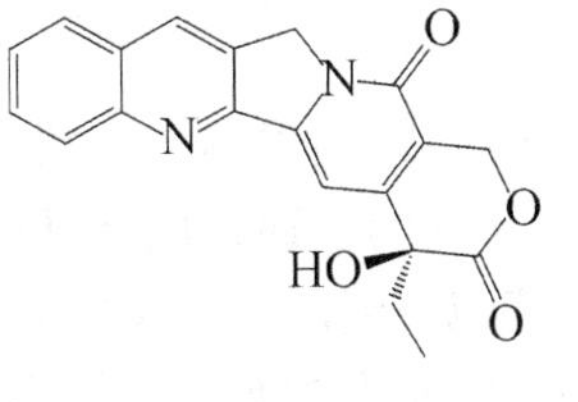

PLE
磷酸缓冲液
CH_3CN

外消旋体

R-(+)-

喜树碱

当分子中有多个酯基时，在一定的反应条件下，酯水解酶优先选择与分子内不同位置的某一相同酯基起化学反应，生成某一种异构体，而其他异构体很少生成。

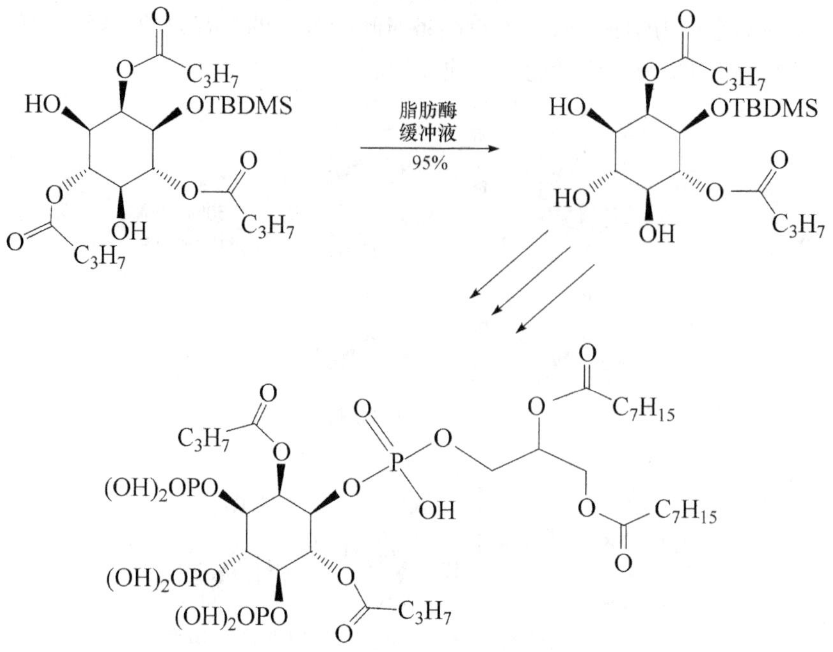

脂肪酶
缓冲液
95%

磷酸肌醇衍生物

酶催化立体选择性水解能用于制备对映体富集的内酯。例如，假单胞菌脂肪酶(PSL)对于δ-十一烷酸内酯的拆分是合适的催化剂。羟基羧酸的再内酯化是制备内酯的两个对映体的有效方法。

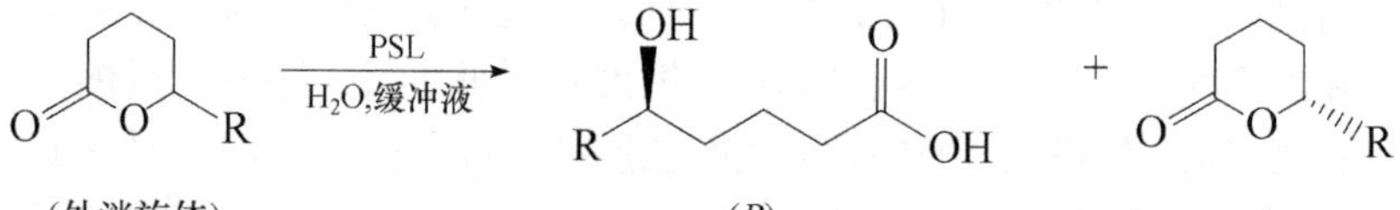

PSL
H_2O,缓冲液

(外消旋体)　　(*R*)　　(*S*)

2) 腈的水解

腈的生物催化水解可通过以下两个途径进行：腈水合酶催化腈水合为相应的酰胺，它可以通过酰胺酶转化为羧酸和氨。腈水解酶将腈直接转化为羧酸。

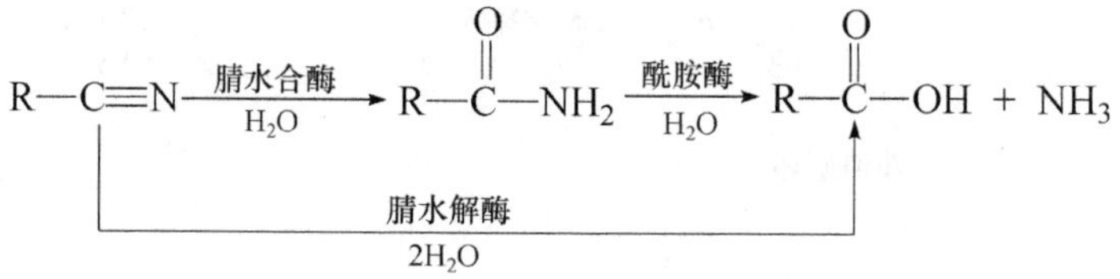

$$R-C\equiv N \xrightarrow[H_2O]{\text{腈水合酶}} R-\overset{O}{\overset{\|}{C}}-NH_2 \xrightarrow[H_2O]{\text{酰胺酶}} R-\overset{O}{\overset{\|}{C}}-OH + NH_3$$

腈水解酶
$2H_2O$

在腈水解酶/酰胺酶体系中，对映识别主要发生在酰胺酶水解酰胺中间体的过程中。腈水解酶和一些腈水合酶也是对映选择性的。通过腈水解酶可以拆分各种 α-烷基芳基乙腈。2-芳基丙腈可被水解为非甾体消炎药(如布诺芬)有关的相应芳基丙酸。通过红球菌微生物细胞生物催化转化 2-芳基-4-戊烯腈可得到对映纯的 2-芳基-4-戊烯酸及其酰胺衍生物。此反应的潜在应用已通过制备具有特效的 γ-氨基丁酸受体激动剂和高效止痉剂 *R*-(−)-氯苯氨丁酸得到证明。

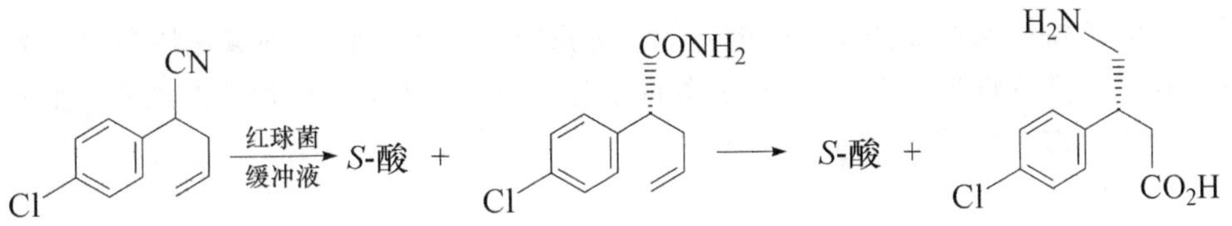

红球菌 缓冲液 S-酸 + S-酸 +

3) 酰胺的水解

对酰胺键的酶催化水解的主要应用是对映选择性合成氨基酸。酰基转移酶催化各种氨基酸衍生物 *N*-酰基的水解。它们接受几种酰基(乙酰基、氯乙酰基、甲酰基和氨基甲酰基)，但它们要求游离的 α-羧基。通常，酰基转移酶对 L-氨基酸具有选择性，但是 D-选择性的酰基转移酶也已经报道。通过酰基转移酶催化水解反应的氨基酸动力学拆分是一个成熟的方法。在消旋酶存在下底物的原位消旋化将此过程变为动态动力学拆分。或者可将未反应的 *N*-酰基氨基酸对映体分离出来，经过形成无噁唑酮而被消旋化，如下所示：

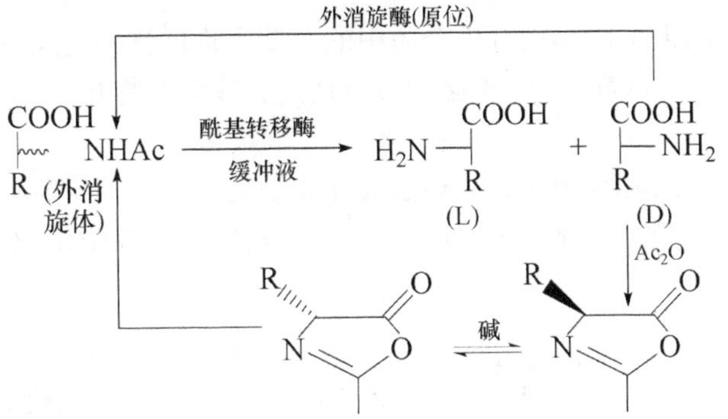

外消旋酶(原位) 酰基转移酶 缓冲液 (外消旋体) (L) (D) Ac_2O 碱

青霉素的合成中，其中间化合物 B 可在青霉素酰化酶的作用下，选择性地将化合物 A 进行水解获得，而内酰胺不受影响。

*E.coli*青霉素酰化酶 葡聚糖凝胶G-20

A　B

4) 环氧化合物的水解

环氧化物水解酶催化环氧化物转化为相应的邻二醇。通常，对立体异构源中心的进攻导致构型反转。由于开环可能在两个不同的碳原子上进行，酶促进攻的区域选择性也是一个重要因素。单取代环氧化去水解的立体化学途径如下所示，开环可通过进攻较少取代的碳(进攻 a)进行，导致构型保持；或进攻立体异构源中心(进攻 b)，使构型反转。

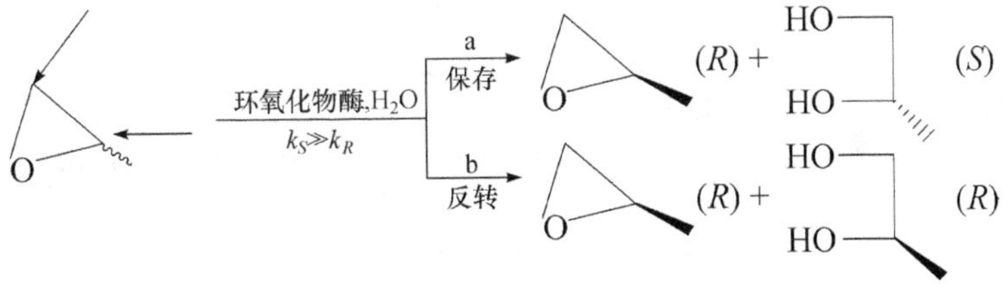

环氧化物酶,H_2O $k_S \gg k_R$ a 保存 (*R*) + (*S*) b 反转 (*R*) + (*R*)

吡啶环氧乙烷可通过黑曲霉 EH 催化的立体选择性水解得到 *S*-环氧化物和 *R*-二醇。反应以高立体和对映选择性发生在 *R*-环氧化物的位阻小的碳原子上。值得注意的是，此立体选择性反应不能用过渡金属催化剂进行。

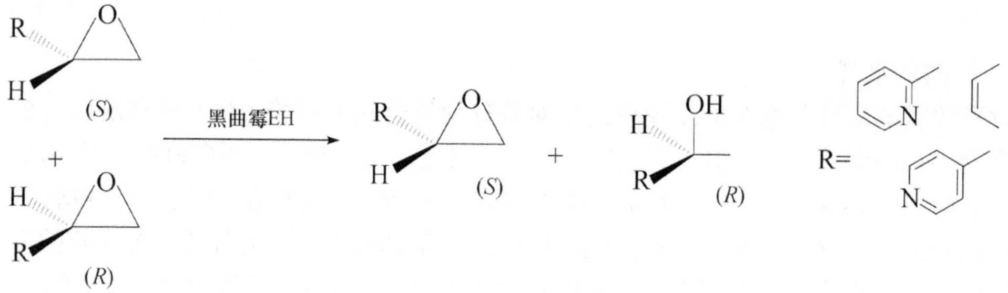
R
O
H
(S)
+
H
O
R
(R)
黑曲霉EH
R
O
H
(S)
+
OH
H
R
(R)
R=
N
N

3. 酯合成反应

手性羧酸与简单的无手性醇在有机介质中的直接生物催化酯化反应是一个可逆过程，为了使平衡偏向产物方向，试剂之一(醇)必须过量使用，或者产物之一(水)必须在反应过程中不断除去。

通过洋葱伯克霍尔德菌(Burkholderia cepacia)脂肪酶催化的消旋羧酸与 1-丁醇在含有无水硫酸钠(用于除去反应过程中生成的水)的己烷中进行对映选择性酯化，获得 *R*-3-苯氧基丁酸和相应的 *S*-丁基酯。

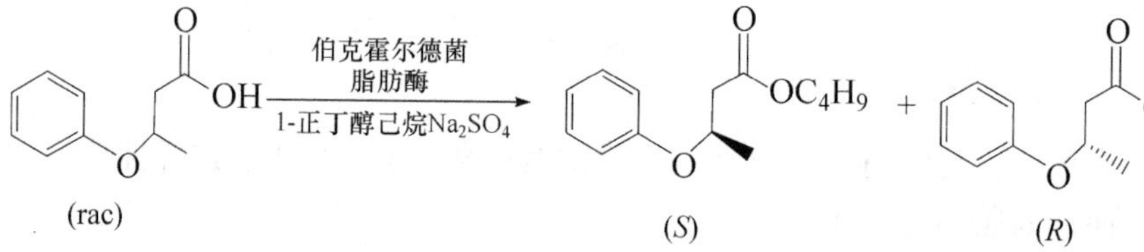
O
OH
O
(rac)
伯克霍尔德菌
脂肪酶
1-正丁醇己烷Na2SO4
O
OC4H9
O
(S)
+
O
OH
O
(R)

当分子中有多个相同的可酯化的基团时，在一定的反应条件下，酶优先选择与分子内不同位置的某一相同羟基起化学反应，生成某一种异构体，而其他异构体很少生成。

1) 区域选择性酯化

最先用真菌脂肪酶在有机介质中由羟基酸合成内酯，十五酸内酯可由 15-羟基十五烷酸合成，而 γ-丁内酯可由 4-羟基丁酸制备。由于发生分子间转酯反应，结果也形成大量的大环内酯。研究表明，羟基酸的长度可控制分子间或分子内的内脂合成。10-羟基癸酸可形成分子间大环内酯，而 16-羟基十六碳酸只形成分子间内单酯。潘冰峰等用猪胰脂肪酶、青霉脂肪酶和柱状假丝酵母脂肪酶催化 ω-羟基十三酸甲酯合成内酯，环化转化率达 83.5%，产物以单分子、双分子、三分子内酯最多，同样条件下，用 ω-羟基癸酸甲酯合成内酯，环化转化率为 9%，但可以合成多达 6 个分子的内酯，不形成单分子内酯，后者的催化反应为合成多聚内酯提供了途径。这与酶的专一性和溶剂介质有关，可通过选择适当的酶得到所需要的内酯。

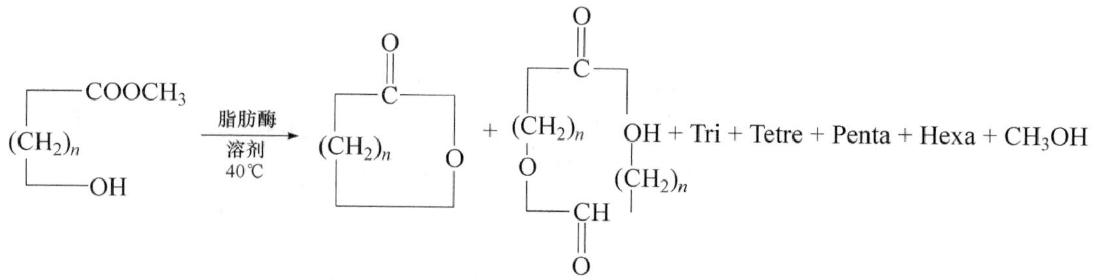
COOCH3
(CH2)n
OH
脂肪酶
溶剂
40℃
O
C
(CH2)n
O
+
O
C
(CH2)n
OH + Tri + Tetre + Penta + Hexa + CH3OH
O
(CH2)n
CH
O

2) 酯交换反应

酯交换反应(又称转酯化反应)是一类有重要应用价值的酯化反应，主要用于油脂工业中来改良天然油脂的组成和物理性质。为了获得具有一定物理和化学性质的油脂，需要改变一些天然油脂的部分组成，即去掉某些脂肪酸残基，而引入某些所需的脂肪酸，实现酰基间的交换。Matsuo 等利用雪白根霉(Rhizopus niveus)1,3-位置专一脂肪酶催化 1,3-二棕榈酸-2-油酸甘油三酯(棕榈油中一种主要的甘油三酯)与硬脂酸或三硬脂酸甘油酯间的酯交换反应，结果形成 1-棕榈酸-2-油酸-3-硬脂酸甘油三酯和 1,3-二硬脂酸-2-油酸甘油三酯的混合物，两者均为可可脂的主要成分。这样就可以从廉价的原料制备高附加值的油脂。

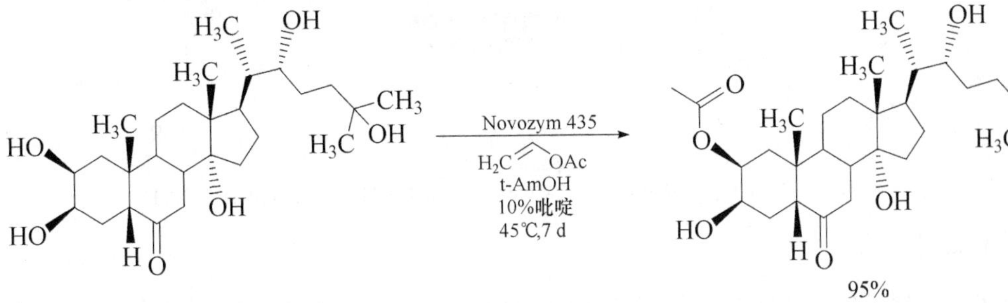

Novozym 435
H_2C=CHOAc
t-AmOH
10%吡啶
45℃,7 d

95%

脂肪酸催化的酯交换反应还被用来合成“重构脂(structured lipid)”，这些甘油三酯在甘油的 C1 位和 C3 位上含有 8~12 个碳的两个直链脂肪酸。油脂的改良还用于人造奶油工业中的饱和酰基部分换为不饱和脂肪酸，如在 C2 位上引入具有特殊功能的脂肪酸——二十二碳六烯酸(DHA)，使油脂的熔点降低，更富延展性。作者利用猪胰脂肪酶催化天然油脂棕榈油(甘油三酯)与甘油反应合成了单甘酯。

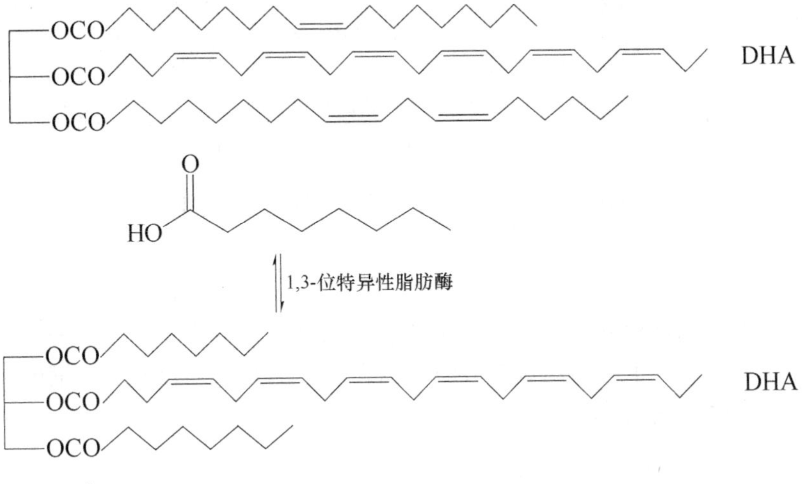

DHA

1,3-位特异性脂肪酶

DHA

4. 酰胺键的形成

羧酸的氨解很少见，这是由于羧酸容易形成无反应活性的盐。由于这个原因，使用了一些不同的策略来避免这个问题。这个反应通常用于制备工业上感兴趣的酰胺。例如，聚合物工业上最重要的一种酰胺(如油酸酰胺)已通过在不同有机溶剂中油酸与氨和 CAL-B 的酶促酰胺化反应来产生。为了进行羧酸的酶促酰胺化反应，通常考虑两种策略：使用离子液体或者在高温或减压下将水从反应介质中除去。例如，第一批在生物催化中使用离子液体的例子之一是以辛酸为原料在 CAL-B 存在下与氨反应制备辛酰胺。

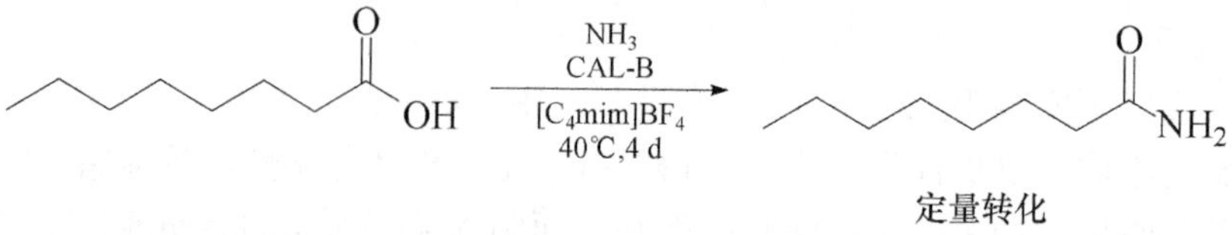

NH_3
CAL-B
$[C_4mim]BF_4$
40℃,4 d

定量转化

虽然固相底物与脂肪酶反应的例子不多，但也报道了一些反应。从氨基酸直接酶促合成肽是化学合成法的有趣补充。在固相上制备某些二肽已成为一个很有用的方法；在这种情况下嗜热菌蛋白酶比水解酶更有效。将胺承载在 PEGA[聚-(乙二醇)-丙烯酰胺]上，由于树脂上存在正电荷，避免了胺的离子化，从而可能得到好的产率。

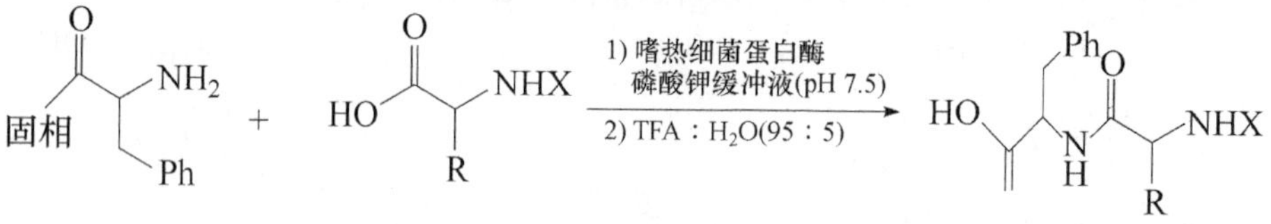

1) 嗜热细菌蛋白酶 磷酸钾缓冲液(pH 7.5)
2) TFA：H_2O(95：5)

X=Fmoc,Cbz
R=H,$CH_2CH(CH_3)_2$,$CH_2PhCH_2CH_2CONH_2$,CH_2OH,CH_2COO ,$CH_2CH_2CH_2CH_3$

5. 氧化还原反应

氧化还原酶催化氧化还原反应，包括脱氢酶(dehydrogenase)和氧化酶(oxidase)。氧化还原酶催化反应时，需要氧化还原辅因子充当过程中氢和电子的传递体。一般烟酰胺腺嘌呤二核苷酸 [NAD(H)]作为辅因子。NAD^+在氧化途径中是电子受体，而 NADH 在还原途径中是电子供体。辅因子可以再生循环，如下所示:

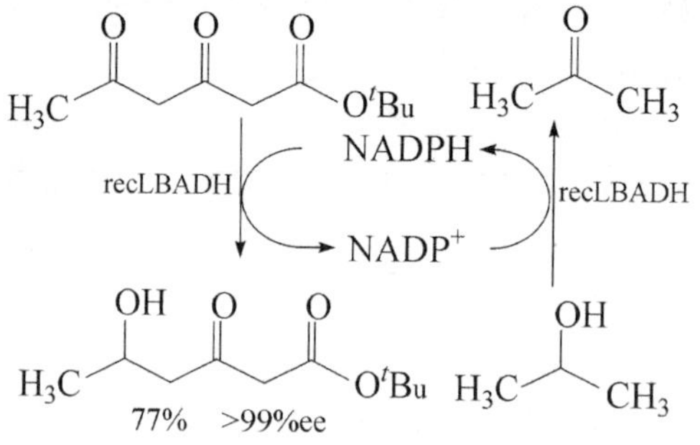

recLBADH　NADPH　$NADP^+$　recLBADH

77%　>99%ee

6. 脱羧反应

脱羧酶催化下列化合物的脱羧反应是生物有机化学研究的主要内容之一。该反应是协同的，无中间体生成，有一个电荷离域过渡态。值得注意的是，当反应从溶液转到偶极非质子性溶剂中时，反应速率戏剧性增加。

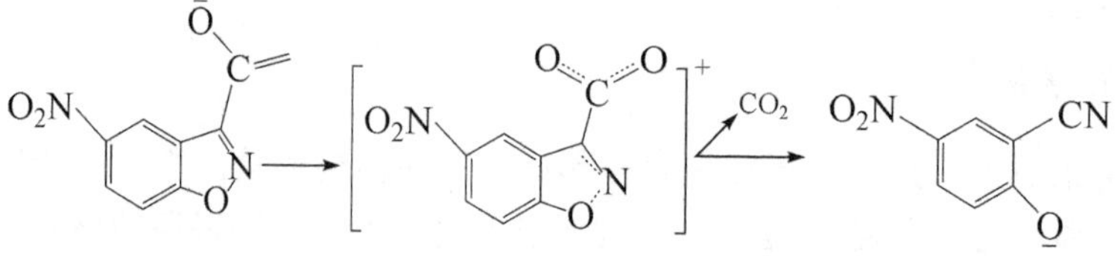

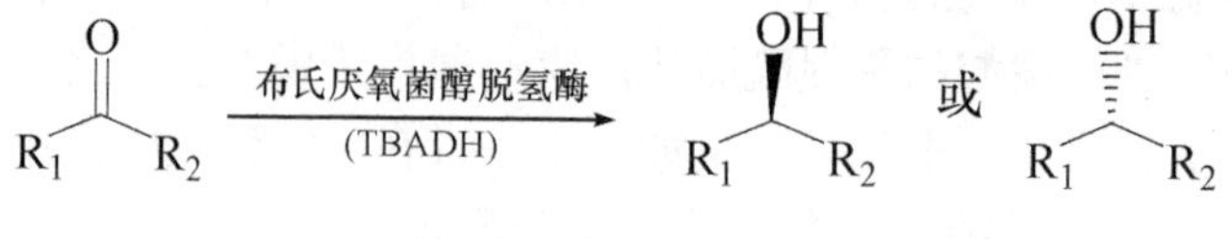

CO_2

布氏厌氧菌醇脱氢酶
(TBADH)
或

ee:44%~99%

1991 年，路易斯报道了一种催化脱羧反应速率超过 1900 倍的单克隆抗体 21D8 的产生和特征。实验表明该抗体与典型的酶类似，显示饱和动力学和多步转换。由于此反应对酸碱催化和立体化学结构不敏感，大的速率增加主要来源于介质效应。使用荧光半抗原作信息基团的荧光实验表明蛋白质结合部位是完全疏水的，几乎完全不允许水分子占据。

7. 第尔斯-阿尔德反应

大约有 1500 种酶可以选择性催化各种化学反应，令人奇怪的是至今没有一种酶对环加成(如第尔斯-阿尔德反应)有催化作用。第尔斯-阿尔德反应有一个高度有序的过渡态结构，该结构更类似于产物。Hilver 成功地进行了催化双分子第尔斯-阿尔德反应的尝试。针对半抗原 2 产生的大量抗体显著地加速第尔斯-阿尔德反应，如下所示：

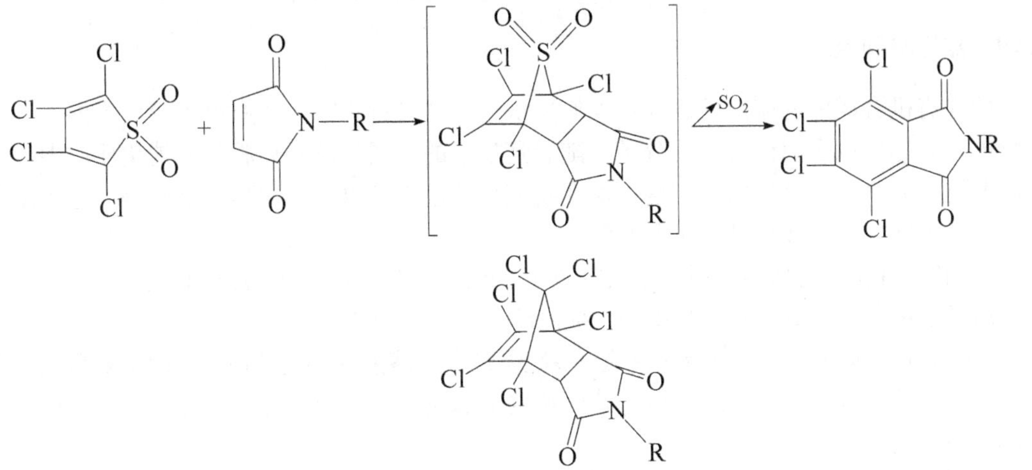

Cl Cl Cl Cl S O O + O O N—R → [O O S Cl Cl Cl Cl O O N R] $\xrightarrow{SO_2}$ Cl Cl Cl Cl O O NR

Cl Cl Cl Cl Cl Cl O O N R

8. 消去反应

设计催化抗体的一个重要目标是发现与半抗原结构和抗体结合部位相应的催化基团或环境有关的一般规律。一个例子是利用半抗原和抗体的静电作用产生一个催化 β-消去反应的碱性氨基酸边链，这个包括 C—H 质子迁移的反应是一类重要反应中的关键步骤。

半抗原 A 含有一个带正电荷的铵离子，其相应于底物 B 的 α-CH_2，事实上半抗原和底物共有一个相同的识别基团，即对硝基苯基。A 与 KLH 连接后免疫产生 6 种抗体，其中 4 种催化 B 的 β-消去反应。

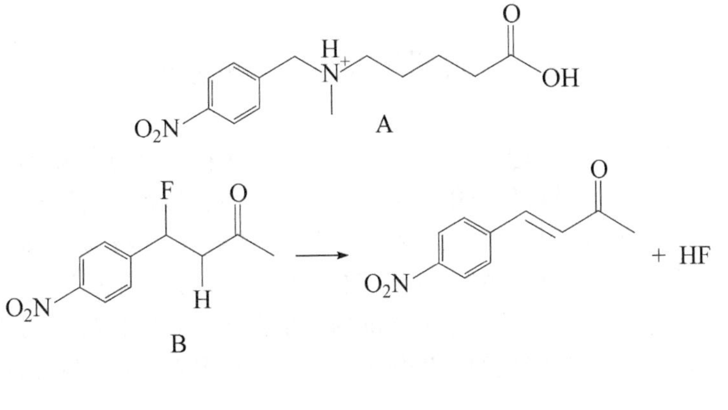

O_2N H^+ N O OH A

O_2N F O H B → O_2N O + HF

9. 高聚物合成

立体选择性聚酯合成的前景吸引了众多研究者的注意。Ajima 等用聚乙二醇(PEG)共价修饰脂肪酶后在多种有机溶剂中催化合成了聚 β-羟酯，产物具有较高的相对分子质量。在甲苯中用 Chromobacteriumsp 和 Aspergillusniger 脂肪酶可以催化外消旋二酯与非手性二醇间或非手性二酯与外消旋二醇间的立体选择性多聚合成反应。对于每一种外消旋化合物只有其中的一种异构体参加反应，最后得到寡聚产物。在二乙醚中用猪胰脂肪酶催化等物质的量浓度的二(2,2,2-三氯乙基)(±)-3,4-环氧己二酸酯与 1,4-丁二酸发生缩合反应可合成高相对分子质量聚合物(M_n = 5300)，产物具有光学活性，说明已二酸酯衍生物中只有一种异构体参加反应。另外，用 Candidacy lindracea 脂肪酶和猪胰脂肪酶在多种溶剂中合成了寡聚碳酸酯。

8.4.4 结论与展望

酶在有机合成中的应用已逐渐被人们所认识，并且近年来已经取得了较大进展，利用酶催化的不对称可以合成许多手性分子。随着酶技术的发展，已经克服了酶催化反应中存在的一些问题，如对有机介质的敏感性、对底物变化的适应性以及醇的不稳定性等。近年来有关酶技术的进展主要体现在以下几个方面：

(1) 固定化酶。将酶固定在固定支持物上，或通过酶分子之间的酯交联而得以固定。通过固定后可以更方便、更有效地利用酶，提高酶催化作用的效率。

(2) 酶在低水有机介质中催化反应。多数酶是在水溶液中催化反应的。近年来酶低水介质中催化有机反应取得了明显的进展，从而拓宽了酶应用的领域，打破了酶反应只能在水溶液中进行的传统观念。

(3) 抗体酶。抗体酶是近年来才出现的新概念，是专一作用于抗原分子的有催化活性的、有特殊生物学功能的蛋白质。抗体酶兼备免疫反应的专一性和酶催化反应的活性，因此有可能通过人工制备来获取高选择性的催化剂以应用于化学、生物和医药学。

(4) 模拟酶(合成酶)。通过人工合成制备模拟酶的识别和催化性能的分子已经越来越引起化学家的注意。合成酶也能像天然酶一样加速某些化学反应，并显示出较强的立体选择性。虽然酶合成的研究刚起步，但已显示出了巨大的诱惑力；

(5) 核酶(ribozyme)。核酶的功能主要是切断 RNA，有阻断基因表达和产生抗病毒作用的应用前景，其底物都是 RNA 分子。

8.5 酶研究前沿领域简介

酶工程是生物技术的一个重要组成部分。酶工程是指在一定的生物反应器利用酶的催化作用进行物质转化的技术，其应用范围已遍及工业、医药、农业、化学分析、环境保护、能源开发和生命科学理论研究等各个方面。运用基因工程技术可以改善原有酶的各种性能，如：①提高酶的产率；②增加酶的稳定性；③使其在后提取工艺和应用过程更容易操作等。运用基因工程技术也可以将原来有害的、未经批准的微生物产生的酶的基因，或生长缓慢的、动植物产生的酶的基因，克隆到安全的、生长迅速的、产量很高的微生物体内，改由微生物来生产。

运用基因工程技术还可以通过增加编码该酶的基因的复制数来提高微生物产生的酶的数量。这一原理已成功地用于提高大肠杆菌(*E.coli*)青霉素 G 酰胺酶的产量。目前，世界上最大的工业酶制剂生产厂商丹麦诺和诺德公司生产酶制剂的菌种约有 80%是基因工程菌。

8.5.1　人工合成酶和模拟酶

酶的高度催化活性以及酶在工业上应用带来的巨大经济效益，促使人们研究人工合成的酶型催化剂。通常人们将人工合成的具有类似酶活性的高聚物称为人工合成酶(synzymes)。人工合成酶在结构上必须具有两个特殊部位，即一个是底物结合位点，另一个是催化位点。通常，构建底物结合位点比较容易，而构建催化位点比较困难，两个位点可以分开设计。人们发现，如果人工合成酶有一个反应过渡态的结合位点，则该位点通常会同时具有结合位点和催化位点的功能。人工合成酶通常也遵循米氏方程(Michaelis-Menten equation)。例如，高分子聚合物聚-4-乙烯基吡啶-烷化物具有糜蛋白酶的功能，含辅基或不含辅基的高分子聚合物具有氧化还原酶、参与光合作用的酶和各种水解酶等功能。

在模拟酶方面，固氮酶的模拟最令人瞩目。人们从天然固氮酶由铁蛋白和铁钼蛋白两种成分组成得到启发，提出了多种固氮酶模型，如过渡金属(铁、钴、镍等)的氮配合物、过渡金属(钒、钛等)的氮化物、石墨配合物、过渡金属的氨基酸配合物等。此外，利用铜、铁、钴等金属的配合物，可以模拟过氧化氢酶等。近来，国际上又发展了一种分子印迹技术，或称为生物压印(bioimprinting)技术。该技术可以借助模板在高分子物质上形成特异的识别位点和催化位点。目前，此项技术已经获得广泛的应用。例如，模拟酶可用于催化反应，分子印迹的聚合物可用作特制的分离材料，抗体和受体结合位点的模拟物可用于识别和检测系统，分子印迹的聚合物可用作生物传感器的识别单元等。

8.5.2　核酶和抗体酶

近年来，人们发现除了蛋白质具有酶的催化功能以外，RNA 和 DNA 也具有催化功能。1982 年切赫发现四膜虫的 26S rRNA 的前体，在没有蛋白质存在的情况下能够进行内含子的自我剪接，形成成熟的 rRNA，证明 RNA 分子具有催化功能，并将其称为核酶。1995 年 Cuenoud 又发现某些 DNA 分子也具有催化功能。这就改变了只有蛋白质才能有催化功能的传统观念，也为先有核酸后有蛋白质提供了进化的证据。进一步的研究发现核酶是一种多功能的生物催化剂，不仅可以作用于 RNA 和 DNA，而且还可以作用于多糖、氨基酸酯等底物。核酶还可以同时具有信使编码功能和催化功能，实现遗传信息的复制、转录和翻译，是生命进化过程中最简单、最经济、最原始的催化核酸自身复制和加工的方式。核酶具有核苷酸序列的高度特异性。这种特异性使核酶具有很高的应用价值。只要知道某种核酸的核苷酸序列，就可以设计并合成出催化其自我切割和断裂的核酶。动植物病毒的基因组由核酸组成。根据这些基因组的全部序列，就可设计并合成出用于防治有这些病毒引起的人、畜和植物病毒病的核酶，如能够防治流感、肝炎、艾滋病和烟草花叶病等。核酶也可以用来治疗某些遗传病和癌症。核酶还可以用作研究核酸图谱和基因表达的工具。

一般来说，人工合成的模拟酶与天然酶的催化效率相差较大，而且反应类型大多为水解反应。从酶与底物过渡态中间物紧密结合是酶催化过程中的关键一步。人们从中得到启发，联想到抗原引起生物体内抗体的合成，以及抗原和抗体的紧密结合，进而考虑利用抗原-抗体相互作用的原理来模拟酶的催化作用。人们设想以一些底物过渡态中间物的类似物作为半抗原，诱导合成与其构象互补的相应的抗体，试图得到能够催化上述物质进行活性反应的酶。1986 年，这种努力在实验室里获得了成功，为人工合成酶和模拟酶开创了一条崭新的途径。人们将这种具有催化活性的抗体称为抗体酶(abzyme)，又称催化抗体(catalytic antibody)。抗体酶在本质上是免疫球蛋白，人们在其易变区赋予了酶的催化活性。

抗体是目前已知的最大的多样性体系。抗体有极高的亲和力，解离常数为 10^{-14}～10^{-4} mol/L，其与抗原结合的结合部位与酶的结合部位相似，但无催化活性，抗体酶则具有较高的催化活性。制备抗体酶的方法主要有诱导法、拷贝法、插入法、化学修饰法和基因工程法。抗体酶的催化效率远比模拟酶高。同时，从原理上讲，只要能找到合适的过渡态类似物，几乎可以为任何化学反应提供全新的蛋白质催化剂——抗体酶。目前，抗体酶催化的反应，除水解反应外，还能催化酰基转移、光诱导反应、氧化还原分应、金属螯合反应、交换反应、闭环反应、异构化反应等。此外，与模拟酶相比，抗体酶表现出一定程度的底物专一性和立体专一性。抗体酶已经用于酶作用机理的研究、手性药物的合成和拆分、抗癌药物的制备。目前人们正致力于进一步提高抗体酶的催化效率，期望在深入了解酶的作用机理以及抗体和酶的结构和功能的基础上，能够真正按照人们的意愿，构建出具有特定催化活性和专一性、催化效率高、能满足各种用途需要的抗体酶，应用前景非常诱人。

8.5.3　固定化酶在医药领域中的应用

20 世纪 60 年代，固定化酶技术作为一项新兴的技术开始发展起来。简单来说，这一技术就是将酶固定在某一特定的载体上，使其在不丧失生物活性的同时又能被重复利用。生物催化剂固定化的主要优点有：容易进行反应及控制，产物容易回收纯化以及反应器的选择范围较广，同时酶的稳定性和使用效率提高，比较能耐受温度及 pH 的变化，适合产业化、连续化、自动化生产。但也有不可避免的缺点，如失活、单位体积活力降低、反应底物和产物的扩散受到限制以及生产费用增加。尽管这样，固定化酶还是被广泛应用于医药、食品、化工、材料科学、环境保护、能源、蛋白质组学等各个领域。

固定化酶在生产抗生素方面应用广泛。β-内酰胺类抗生素，如半合成青霉素、半合成头孢菌素，是目前广泛使用的抗生素。以前采用化学法进行半合成，步骤多，工艺复杂，产率低，且污染环境。采用固定化酶进行抗生素的半合成改性，则工艺大大简化，产品质量优于化学法，成本也降低。特别是由于生物技术的发展，生物酶可采用基因工程菌进行高效、大批量的生产，这使酶的成本大幅度降低。

由于固定化酶的优点，酶法半合成抗生素进入工业生产阶段，其最新发展是 7ACA(7-氨基头孢烷酸)和 7ADCA(7-氨基脱乙酰氧基头孢烷酸)的酶法生产。7ACA 是一类半合成头孢菌素的前体，以前采用一步化学法加一步酶法生产，工艺复杂，产率低，且对环境不友好。现在的新工艺已采用两步酶法(也称全酶法)生产，两步酶法中均采用固定化酶，由于国内生物酶的生产远不及国外，固定化酶均需进口，因此我国与国际上的先进技术还存在明显差距。7ADCA 也是一类半合成头孢菌素的前体，可由青霉素扩环而得。用化学法扩环生产，步骤多，工艺复杂，流程长，成本高。如果采用固定化酶进行扩环，使工艺简化，成本降低。固定化所用的生物酶由基因工程菌产生，正是采用了基因工程技术，才使得酶的生产成本大幅度降低，7ADCA 在国内受到更多的重视，因为其原料为青霉素，价廉易得。但目前多处于实验室或中试阶段,尚未进入工业生产,且所需的固定化酶还要进口。采用固定化酶技术生产 6APA(6-氨基青霉烷酸)是固定化酶工业应用的一个非常成功的例子，酶工艺已完全取代了以前的化学法。目前全世界每年约生产 8000 t 6APA，耗费 10~30 t 固定化酶。

新药研究将日益朝着单一对映体药物的方向发展。现在世界各大制药公司对单一对映体药物的日益重视不仅反映在开发全新药物上，对老药也进行外消旋转换。目前有 500 多种合成药是以外消旋物出现，其中许多应该进行外消旋转换，以单一对映体药物更好，所以外消旋转换大有可为。由于生物酶的高度选择性，用生物酶作催化剂进行光学拆分，得到光学纯的单一对映体药物，这一方法一般比化学法优越，因而得到更多发展和广泛应用。2-芳基酸(2-APA)类非甾体抗炎药(NSAID)广泛应用于临床，其中 *S*-构型的生理活性或药理作用远大于 *R*-构型。用胞外脂肪酶立体选择性的水解 2-APA，可以获得光学纯的 *S*-构型的 APA。采用固定化酶 Novozym 435 进行布洛芬消旋体的外消旋转换，得到光活性的 *S*-布洛芬，其对映体余量比可达 97.5%。

8.5.4　酶在环境治理方面的应用

当前，环境污染已经成为制约人类社会发展的重要因素。我国每年排出大量废水(416 亿 t)、废气和烟尘(2000 万 t)以及固体废弃物(1000 亿 t)，污染规模到了相当严重的地步。美国也有大量土地、淡水和海水区域被污染。据估计，仅治理被污染的土地一项，就需耗资 4500 亿美元。原先人们常用的化学方法和物理方法已经很难达到完全清除污染物的目的。微生物在环境治理方面发挥了巨大的作用，最常用、最成熟的活性污泥废水处理技术就是依靠了微生物的作用。同样，各种微生物酶能够分解糖类、脂肪、蛋白质、纤维素、木质素、环烃、芳香烃、有机磷农药、氰化物、某些人工合成的聚合物等，正成为环境保护领域研究的一个热点课题。人们研究的用于环境治理的酶包括以下几类：①处理食品工业废水，如淀粉酶、糖化酶、蛋白酶、脂肪酶、乳糖酶、果胶酶、几丁质酶等；②处理造纸工业废水，如木聚糖酶、纤维素酶、漆酶等；③处理芳香族化合物，如各种过氧化物酶、酪氨酸酶、萘双氧合酶(naphthalenedioxygenase)等；④处理氰化物，如氰化酶、腈水解酶、氰化物水合酶等；⑤处理有机磷农药，如对硫磷水解酶、甲胺磷降解酶等；⑥处理重金属，如汞还原酶、磷酸酶等；⑦其他，如能够完全降解烷基硫酸酯和烷基乙基硫酸酯，以及部分降解芳基磺酸酯的烷基硫酸酯酶(alkyl sulfatase)等。可以预期，随着研究工作的深入，酶必将在食品、造纸、石油化工、纺织、印染、冶金、制药、农药、煤炭、采矿、电镀、橡胶等各种工业废水以及生活污水的治理中发挥越来越大的作用。

第 9 章　糖的化学生物学

糖是地球上量最大的一类有机化合物，在生命体中起着非常重要的作用。糖的生物学和生物科学的多个领域相关，如分子生物学、细胞生物学、病理学、免疫学、神经生物学等，而糖化学的深入研究又进一步促进了相关学科的发展。糖作为生物体内传导识别和调控信息的关键分子，其化学生物学意义重大。可以预料，在不远的将来，糖化学的研究将大放光彩。本章着重阐述糖化学基础知识，在介绍与糖相关的应用技术过程中提出糖的化学生物学问题。

9.1　糖与糖的化学生物学

9.1.1　糖化学与糖生物学

长期以来，糖被认为仅是一种能量储存物质，而且糖类分子的合成与结构研究非常困难，导致糖的研究一直较为沉寂。直到 19 世纪后叶，德国化学家费歇尔才首次阐明了多种单糖结构构型及其相互之间的关系，为糖化学研究奠定了基础。英国化学家哈沃斯首先发现并确定糖的环状结构，提出了单糖的“构象”概念，强化了糖的研究基础。直到 1950 年，阿根廷人 Leloir 发现了糖核苷二磷酸的生物学作用，并证明生物体内糖缀合物的合成需要活化的糖苷酸作为供体，才奠定了糖的生物化学基础。

20 世纪 70 年代以后，随着现代分离分析技术的快速发展，人们对糖化学有了更为深入的理解。在生命过程中，糖不仅能够储能、充当细胞骨架，而且在细胞识别、信号转导等多方面也起到了重要的作用。糖化学和生物化学的交叉产生了生命科学领域中一个重大前沿学科，即糖生物学(glycobiology)。糖生物学可定义为一门以寡糖或糖缀化合物为研究对象，以糖化学、免疫学及分子生物学为手段，研究寡糖链作为“生物信息分子”在多细胞、高层次生命中的功能的学科。

在糖生物学几十年的发展过程中，研究者对聚糖的结构、化学性质、生物合成及功能进行了广泛而深入的研究，糖基化修饰的生物学意义及与疾病的关系也得到了一定程度的揭示。然而，相对于蛋白质和核酸等生物大分子的研究，对聚糖在分子层次的功能解析仍是滞后的。造成这种局面最重要的原因之一就是聚糖的生物合成不受基因模板直接控制，而是通过基因编码的糖基转移酶控制的。突破传统生物学方法局限性的糖生物学研究新方法新技术亟待发展。糖的化学生物学这一交叉领域应运而生，并迅速发展。

9.1.2　糖生物学的意义

糖生物学研究的主要内容是糖作为信息分子和调节分子在生物体的各项生命活动以及病理机制中的作用。在后基因组时代，人们认识到糖类分子是继核酸和蛋白质之后的构成生物信息的又一大类重要生物分子。20 世纪拯救了亿万人生命的两大发现均与糖有关，分别是：血型的发现和配型输血技术，以及青霉素的发现。人类血型这一科学领域涉及天然糖抗体、血型糖抗原的表达及糖基转移酶基因多态性等研究。青霉素的作用机制是通过阻断细菌多糖的合成，破坏细菌细胞壁的结构而杀菌。

很多疾病与细胞表面糖结构的改变密切相关，糖生物学的研究有利于疾病的诊断和治疗。例如，流感病毒通过与宿主细胞表面的带有唾液酸的糖链结合感染生物体。另外，可以利用单克隆抗体技术确定糖蛋白和糖脂中糖链的组成来对抗癌症。科学界已经证实糖链作为信息分子在受精、增殖、分化、神经系统和免疫系统稳态的维持等方面均起着重要的作用。

1990 年，科学研究者发现炎症过程有糖类和糖蛋白参与。这一发现将糖生物学推向生命科学的前沿，糖类研究成为生命科学研究中的热点领域。1993 年 5 月，首届“国际糖生物工程会议”在美国旧金山召开，会上提出了“生物化学中最后一个广袤前沿，即糖生物学的时代正在加速来临”的观点，同年，美国国立卫生研究院(NIH)又召开了以“人类疾病的新前景”为主题的糖生物学会议。

糖生物学领域的科研工作者经过多年努力得到了一系列的成果，主要有：糖基转移酶转基因细胞的发现、钙黏素 N-CDI 单晶三维结构的阐明、糖基化对糖蛋白作用的阐明、血型抗原 Lewis X 三糖结晶分子结构的确定、岩藻糖基化肽的合成、寡糖配体和糖结构数据库的出现、肝素抗凝血五糖模拟物的合成等。

从化学生物学的角度看，所谓糖生物学，实际上是糖的化学生物学研究内容中侧重解决生物学问题的部分。糖生物学研究对糖的生物学功能的揭示，离不开糖分子与其他生物分子的作用，也不能回避其他分子对糖分子行为、合成及代谢的影响。

9.1.3 寡糖

寡糖一般指由 2～10 个糖苷键聚合而成的糖类化合物，其重要功能是参与信号转导等生物过程。寡糖的结构十分复杂，这主要体现在糖基的连接方式多种多样，而且由于 α-和 β-两种构型糖苷键的并存，更加丰富了寡糖的结构类型。此外，应该认识到寡糖的构象是动态的，在局部区域中/间存在电子的相互作用、协同相互作用和近程及远程相互作用，多种构象的能量差别不大，有些寡糖以最稳定的构象存在，而有些则在两种可能的构象之间翻转。寡糖构象的不均一性，导致寡糖的构象分析十分困难。目前，主要的测试手段有 X 射线晶体学(XRD)和核磁共振(NMR)方法，仅得到很少的寡糖或寡糖缀合物构象数据。尽管同一种寡糖在不同条件下出现不同的构象，但总体形状没有太大变化。

寡糖测序非常困难，目前还没有发展出一套成熟的测定单一寡糖序列的方法。现有的方法一般采用酶法分析、凝集素分析等，并需要质谱和核磁结果来共同确定寡糖的结构。

9.1.4 糖缀合物与糖基化

单糖、寡糖或多糖与蛋白质和脂质连接形成糖缀合物。通常把糖蛋白与糖脂中的糖部分称为聚糖。目前研究较多的聚糖主要有三大类，即通过氮原子与蛋白质连接的聚糖、通过氧原子与蛋白质连接的聚糖以及与脂质连接的聚糖。糖缀合物是在细胞内质网和高尔基体内合成的。糖基化的各个步骤是组成细胞完整分化结构的必要部分。

1. *N*-连接糖基化

目前，了解最为清楚的蛋白质糖基化过程是 *N*-连接糖基化途径。加深对这一过程的理解有利于人们对糖基化功能及其进化史的认识。

N-连接糖基化一般经过三个主要的步骤：①脂连接前体寡糖的形成；②寡糖整体转移到多肽；③寡糖的加工和再加工过程。脂连接前体合成、寡糖转移和初始加工过程在粗面内质网中进行，而再加工新生糖蛋白的过程是在高尔基体中完成的。需要认识到，每个过程都需要酶的催化才能完成，如第二步需要寡糖基转移酶的介入，而寡糖的加工和再加工过程需要多种酶的参与。

不同的 *N*-连接聚糖有共同的核心结构。在动物细胞中，能够被糖基化的潜在位点总是 Asn-X-Ser/Thr(其中 X 可以是脯氨酸以外的氨基酸)，与天冬酰胺残基(Asn)连接的总是 *N*-乙酰葡萄糖胺，同时一般以 β-构型形成糖苷键。不同的 *N*-连接聚糖的精细末端结构有所差别。例如，ABO 血型取决于红细胞聚糖的各种末端糖。A 型个体末端半乳糖残基被 *N*-乙酰半乳糖胺修饰，而 B 型个体只附加一个牛乳糖。O 型个体对 A 和 B 个体都产生抗体，末端比 A、B 缺少两个糖基。

需要认识到的是，单个糖蛋白的 *N*-连接聚糖是不均一的。有共同的多肽链但携带不同聚糖的糖蛋白分子称为糖型(glycoform)。虽然糖蛋白的糖型具有多样性，但只有少数几种糖型起主要作用。

2. *O*-连接糖基化

多肽链中含有的丝氨酸(Ser)和苏氨酸(Thr)[周围脯氨酸(Pro)序列比较集中]都是 *O*-连接聚糖的潜在结合位点。这些 *O*-连接聚糖是有特殊功能的，如暴露在环境中保存水分的黏蛋白就是一大类 *O*-连接糖基化的蛋白。将唾液酸化的聚糖簇连接到丝氨酸和苏氨酸上，能形成强的负电荷区，增强其与水的结合能力。此外，黏蛋白还起到润滑的作用，诱捕潜在的病原体，并能将其从细胞表面上清除，防止微生物的入侵。

O-糖基化的生物合成发生在高尔基体内，但是与 *N*-糖基化有所不同。首先，所有的糖是从与 Ser/Thr 相结合的第一个 *N*-乙酰半乳糖胺(GalNAc)残基开始，按顺序逐个加上去，同时不存在预先形成的核心或整体转移。*O*-糖基化不存在类似 *N*-糖基化位点的简单靶序列。导致这种结果的原因是催化 GalNAc 与 Ser/Thr 残基结合的寡糖转移酶有很多，然而 *N*-连接核心的糖基化只有单一的一种寡糖转移酶。

O-连接聚糖有多种结构和功能，存在多种不同的蛋白质聚糖链连接，其中包括 GalNAc、岩藻糖、GlcNAc、甘露糖、木糖或半乳糖与丝氨酸、苏氨酸或羟基赖氨酸残基连接。*O*-连接聚糖进化出了许多独特的功能，关于这方面还有很多不清楚的地方，仍有待深入的探究。

3. 糖脂

糖脂是糖缀合物中一类重要的化合物，包括糖基甘油酯和糖鞘脂两种化合物。一般文献中所说的“糖脂”主要指糖鞘脂类化合物。糖鞘脂是真核细胞膜的组成部分，具有重要的生理功能，不仅维持着细胞的正常结构，同时参与细胞的多种社会行为，如细胞黏附、生长、增殖、分化、衰老、凋亡及信号转导等。

糖鞘脂为一类两性分子，由糖链、脂肪酸和神经鞘氨醇的长链碱基三部分组成。其结构非常复杂，目前已发现 200 多种不同的结构。它们之间的差别主要体现在糖苷链部分。根据糖链的变化，糖鞘脂可分为四类，分别为脑苷脂、硫苷脂、中性糖鞘脂和神经节苷脂。

细胞表面糖脂在神经系统发育中起着重要的作用。神经系统绝缘轴突的髓鞘脂含量超过 25%，其主要成分为以半乳糖为基础的半乳糖脑酰胺和硫苷脂，并含有大量的各种葡萄糖鞘脂类分子。通过敲除小鼠个体细胞的介导葡萄糖脑酰胺合成酶，科学研究者发现介导葡萄糖脑酰胺合成酶不影响小鼠的基本生理功能，但是影响其发育，同时小鼠表现为神经缺陷，髓鞘功能不全。除了糖脂之外，还有其他糖类分子在神经系统的发育中也发挥了重要的作用，如唾液酸、海藻糖以及葡萄糖胺聚糖。随着这方面研究的深入，基于糖生物学的一门新的前沿学科——神经糖生物学产生了。

糖鞘脂结构复杂，天然产物分离获得的数量有限，纯化困难。因此，化学合成糖鞘脂受到了越来越多的关注，为研究糖鞘脂结构与生理作用提供了强有力的工具。化学全合成糖鞘脂的关键在于神经鞘氨醇(或神经酰胺)和寡糖片段的偶联。目前主要有两种方式实现偶联：第一种是直接将制备好的神经酰胺与糖基相连；第二种由两步组成，首先将神经酰胺氨醇与糖相连，然后用适宜的脂肪酸进行 *N*-酰基化。实践证明第二种方式的效率较高。同时，寡糖合成中存在的问题在糖鞘脂的合成中也反映出来，所以酶催化的糖鞘脂的合成尤为重要。科研工作者应该在此方面探索新方法和新技术。只有这样才能促进糖鞘脂生物活性与药物应用的深入研究。

9.2 糖的合成

越来越多的实验证明糖类生物大分子在生命体中发挥的重要作用与其复杂的结构密切相关，即使是化学结构差别细微的寡糖分子在生命体中表现出的性质也有非常大的区别。均一的糖样品获得是许多糖基化问题研究的重要基础，然而糖在生物体系中具有不均一性，从生物体系分离提纯往往难度很大。因此，糖的化学合成无疑是该问题的一个解决方案，合成特定结构的寡糖分子对于理解生命过程具有重要的价值。

寡糖合成涉及的内容非常丰富，是一个庞杂的化学工程。对于一个复杂寡糖的设计与合成，我们需要一种战略性的合成设计思想。与复杂有机分子合成类似，寡糖的合成需要考虑保护基的合理选择以及最优化的合成策略。

9.2.1 糖的保护基

糖类分子含有大量的功能基团，如羟基、氨基及羰基。在合成流程中，当进行选择性反应时，一些功能基团必须被保护。因此，选择合适的保护基是目标化合物成功合成的关键。理想的保护基应该满足下列条件：①保护基便宜、易得、稳定及无毒，引入条件合适；②保护基在整个反应过程是稳定的；③保护基的脱除高效且条件温和；④分子脱保护基后，保护基部分与产物容易分离。保护基可分为保留保护基和临时保护基。在整个合成流过程中，保留保护基一直存在，在合成流程最后才脱除；而临时保护基脱除是不影响其他保护基的。

在糖分子中引入保护基后，有些保护基会影响其他功能基团的活性。这些影响因素包括电子效应、位阻效应等。例如，吸电子酯类保护基会降低邻近羟基的亲核性，大位阻的保护基对其他功能基团会有空间位阻。

选择保护基时要考虑保护基的正交性，即当同时存在多种保护基，脱除一种保护基不对其他保护基产生影响。这对于合成复杂的寡糖非常重要。糖类分子富含多个羟基，因此羟基是经常需要保护的，羟基的保护基一般有：酯类保护基、醚类保护基、缩醛及缩酮类保护基。它们的脱除条件各不相同，酯类保护基通常是在碱性条件下脱除的，而缩醛及缩酮类保护基则是在酸性条件下脱除的。此外，氨基糖常作为糖蛋白、糖脂等糖基化生物大分子结构的一部分。因此，糖类分子中氨基的保护对于寡糖类生物大分子的合成也是非常有意义的。最常见的氨基保护基为乙酰基和邻苯二甲酰基。在碱催化条件下，酸酐能高效地以酰基的形式保护氨基，解除保护是在强碱性的条件下实现的。叠氮化物、二硫代丁二酰基、烯丙氧羰酰基及三氯乙氧羰酰基也能用于氨基的保护。

9.2.2　糖的液相合成

聚糖的液相线性合成要求运用多次复杂的保护和去保护，以实现糖苷键连接的选择性。传统的糖化学合成方法多适用于相对分子质量小的聚糖合成，并且往往无法大量合成。为了突破这些局面，科学家发展了“一锅法”等新的合成策略，大大提高了糖链液相合成效率。

1. 线性合成

线性合成策略的基本思想：采用逐步接长法，按位置和构型的要求将单糖用糖苷键连接起来，合成指定结构的寡糖。该策略一般用于相对分子质量较小的寡糖的线性合成，对相对分子质量较大的寡糖的线性合成有总体步骤多、工程量大、风险高的缺点。

2. 收敛式合成

收敛式合成策略的基本思想：采用预先合成的小的寡糖片段以收敛的方式组装完成目标寡糖的合成。与线性合成相比，收敛式合成有多个优点：首先，小的寡糖片段可能是天然存在的二糖衍生物，可以直接用于合成；其次，昂贵的单糖片段可以在收敛合成流程的后期引入，使成本降低；最后，操作步骤减少，降低了合成的风险。基于以上优势，相对分子质量较大的寡糖的合成一般采用收敛式合成策略。

3. 双向式合成

双向式合成策略的基本思想：以目标寡糖中一个中心单糖为出发点，利用此单糖既可以作为受体也可以作为供体的特征，向两侧延长糖链，最终完成目标寡糖的化学合成。此策略兼备了线性合成和收敛式合成的优点。

4. “一锅法”合成

聚糖的液相线性合成要求运用多次复杂的保护和去保护，以实现糖苷键连接的选择性。一般来说，传统寡糖的合成往往步骤长、效率低、成本高，多适用于相对分子质量小的聚糖的合成，无法大量合成。“一锅法”合成(one-pot synthesis)新策略在合成中通常不分离，在一个反应器中完成所有反应(图 9-1)。因此，这种策略避免了保护基操作和中间体的分离与纯化，

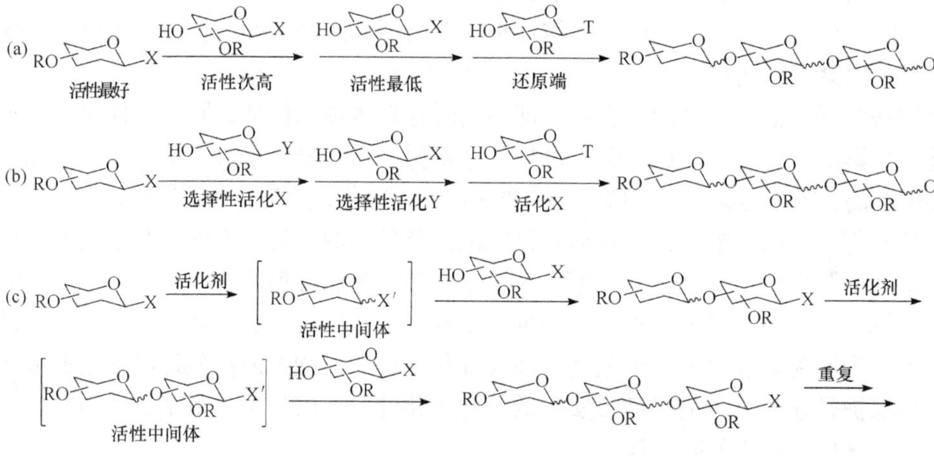

图 9-1　“一锅法”合成

(a) 基于给体活性的一釜合成；(b) 正交选择性的一釜合成；(c) 基于预活化的一釜合成

合成效率得到了很大的提高。用“一锅法”合成寡糖，前人的研究结果主要分为三大类型：第一类，利用糖基供体活性的差别实现糖基化的连续性；第二类，利用糖基受体活性的差别实现糖基化的连续性；第三类，综合通过糖基供体和受体的不同活性实现糖基的连续性，著名生物有机化学家翁启惠教授在该领域做出了非常重要的贡献。

9.2.3 糖的固相合成

提高糖化学合成效率的另一个重要策略就是糖的固相合成。自从 1963 年梅里菲尔德发展了固相法合成多肽以来，固相合成在核酸、糖化等多领域得到了广泛应用。与液相合成相比，寡糖的固相合成(图 9-2)要简单得多。首先，连接到树脂的羟基可以为端基羟基也可为非端基羟基，这导致外加的试剂大为不同。一般选择将端基的羟基连接到树脂上，使用大量的可溶性的糖基供体以确保糖基化延长的产率。其次，固相合成寡糖中糖苷键的形成受到保护基的电子效应、脱保护条件的影响，同时还要考虑形成糖苷键的区域选择性和立体选择性，相关的溶剂效应、糖基供体及相关的促进剂的影响。最后，目前还没有一种通用的正交保护单糖的糖基供体。因此，寡糖的固相合成还需要科研工作者的改进与完善。作为近期的重要进展，Seeberger 在这个方向做出了杰出的贡献。

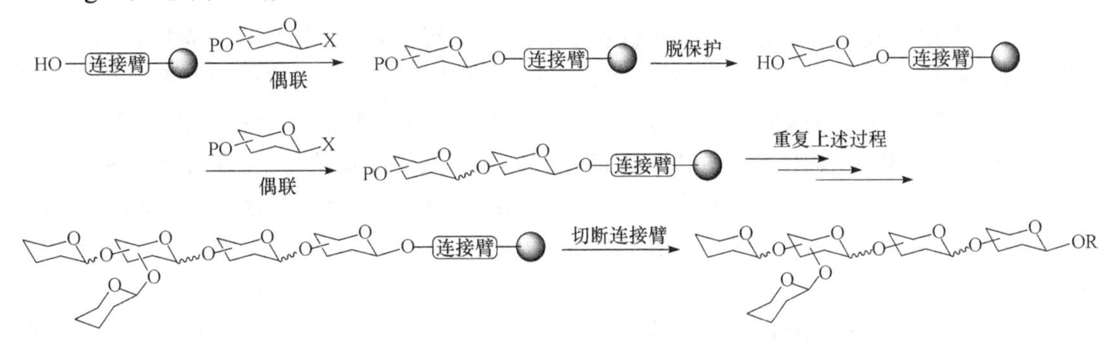

图 9-2　寡糖的固相合成

1. 固相载体的选择

载体、试剂以及反应条件的选择对于寡糖的固相合成有着重要的影响。一般来说，载体分为不溶性载体和可溶性载体两大类。常用的不溶性载体有 Merrifield 树脂、Wang 树脂以及嫁接高聚物的 TentaGel 树脂、POEPOP、SPOCC 等。与不溶性载体相比，可溶性载体具有所有化学转化都在均相中进行的优点，而且反应中不必加入过量的反应试剂，在分析监测方面也有很大的优势。但是，可溶性树脂存在沉淀过程中产物的损失较大的缺陷。以聚乙二醇为基础的可溶性载体(MPEG)在寡糖的固相合成中得到广泛的应用。

2. 连接臂的选择

连接臂的选择决定着寡糖合成中保护基和偶联条件的选择，因此至关重要。常用的连接臂有以下几类：①采用四丁基氟化铵为切割剂的硅醚类连接臂；②对酸或碱敏感的连接臂，如氨基功能化的 Rink 树脂、亚苄基型、三苯甲基型以及琥珀酰基型连接臂；③采用亲硫试剂[NBS/DTBP(二叔丁基吡啶)/MeOH]作为切割剂的硫苷连接臂；④采用氧化或氢化可断裂的连接臂；⑤采用光断裂的连接臂，如邻硝基苄醚连接臂。

3. 糖固相合成中常用的糖基化试剂

目前主要的糖基化试剂有：①使用催化量三甲基硅三氟甲磺酸酯(TMSOTf)就可以活化的糖基三氯乙酰亚胺酯；②路易斯酸活化(三氟甲磺酸酐)的糖基亚砜；③亲硫试剂活化的糖基硫苷；④一些糖基化试剂，如1,2-缩水内醚糖、氟代糖、正戊烯基糖苷和糖基磷酸酯等。

在过去的几十年里，寡糖的固相合成方法得到了很大的发展。然而，目前还没有找到复杂寡糖合成的通用方法，仍有许多基本问题亟须解决，如糖基化过程的立体选择性的控制。因此，在这方面还需科研工作者大胆的探索与发现。

9.2.4　酶促寡糖的合成

作为化学合成寡糖方法的重要补充，酶促有机合成寡糖具有高的立体选择性和区域选择性的优点，越来越受到大多数合成化学家的重视。从酶的来源和实际应用状况看，目前用于寡糖和糖缀合物合成的主要有糖基转移酶、糖苷酶以及糖基合成酶。

1. 糖基转移酶

自然界生物合成寡糖主要采用了两组酶体系，即尿苷酰转移酶(Leloir 转移酶)和非尿苷酰转移酶(非 Leloir 转移酶)。两者的差别在于它们利用的糖供体不同：Leloir 转移酶利用经核苷酸活化的单磷酸化或二磷酸化的单糖为活性供体，非 Leloir 转移酶利用磷酸化的单糖为活性供体。后者的研究和应用较少，目前人工酶催化合成寡糖主要是通过 Leloir 糖基转移酶途径。糖基转移酶催化寡糖的合成过程是将一个单糖基(活化的核苷磷酸糖作为糖基的供体)转移到另一个糖基受体完成的。这个过程一般是高区域选择性和立体专一性的，被转移的单糖端基构型是保留或反转的。

糖基转移酶的分类方法和标准多种多样，根据底物和产物立体化学异构性可分为反向型(inverting)和保留型(retaining)。需要注意的是，反应产生的核苷酸(NDP)是对应糖基转移酶的强抑制剂(负反馈作用)，为了提高转移效率，研究者有必要将生成的 NDP 除去或循环利用。人工利用糖基转移酶合成寡糖的前提是获得对应的糖基核苷酸。这些天然糖基供体来源少，十分昂贵，限制了此方法的广泛应用。最近，研究者通过化学合成或酶催化制备，改变了这一局面。近些年研究者成功实现供体的原位、连续、再循环转化的“一锅法”合成寡糖，这也成为一个具有挑战性的研究方向。

目前，还有几种糖苷键很难通过化学法构建，如 α-唾液酸苷键、β-甘露糖苷键的合成，而使用糖基转移酶催化的寡糖合成法能得到高的产率与立体选择性。虽然糖基转移酶催化的寡糖的合成已经取得了重要的进展，但是实现多种糖苷键的合成仍是一个急需解决的问题。

2. 糖苷酶

催化糖苷键水解的酶称为糖苷酶，即糖基水解酶。糖苷酶应用于糖苷键的合成可采用两种模式：一种是逆水解反应，这一过程是单糖和醇的缩合反应，离去基团是水，产物为热力学控制的；另一种模式为转糖基反应，特定活化的苷元或单糖基为离去基团，产物为动力学控制的，但是水的存在会导致产物的部分水解。

研究表明糖苷酶合成寡糖存在较大的缺点。首先，糖基化产物的含量很难得到大的提高，这就是平衡反应的特点；其次，转糖基反应的区域选择性不高。正是这些因素，糖苷酶催化寡糖的合成存在产物复杂、分离非常困难的问题。

3. 糖基合成酶

糖基合成酶(glycosynthase)是一类能够催化糖苷键形成的蛋白质，是糖苷酶的衍化物。通常情况下糖苷酶的主要功能是催化糖苷键的水解。但是，通过突变，改造活性位点部分亲核性的氨基酸(通常将天冬氨酸或谷氨酸改造为丙氨酸或甘氨酸)，能够得到失去催化糖苷键水解但能催化糖苷键形成的糖基转移酶。首例报道的糖基合成酶是通过基因突变被改造过的土壤杆菌中的β-葡萄糖苷酶和半乳糖苷酶。

虽然糖基合成酶已经用于合成寡糖，但仍存在很多缺点。首先，糖基合成酶只能催化形成已知的糖苷酶能催化的糖苷键。糖基合成酶必须由糖苷酶突变而来，而这并不总是成功的；其次，利用糖基合成酶催化得到的产物仍是酶底物，会转化为长度不同的寡糖化物；最后，糖基合成酶对糖供体并不总是专一性的。

9.3　糖-蛋白质相互作用

20 世纪上半叶，大部分科学家认为糖类是一种惰性化合物，它们只是充当结构保护材料(如植物体上的纤维素、昆虫的外壳)和作为能量来源(如动物体内的糖原)，而缺乏生物特异性。近 30 年来，随着分子生物学的发展，越来越多的证据表明，糖类物质是很多生理和病理过程分子识别的决定因素，糖的生物学功能可通过与蛋白质的识别作用来实现。研究糖和蛋白质的相互作用对了解糖的生物功能具有非常重要的意义。

分子间的特异性识别是生命过程的核心。糖-蛋白质相互作用被认为是很多细胞识别过程的基础。细胞表面的糖基和蛋白质是细胞识别外来分子的主要途径，这种相互作用在很多生理和病理过程中扮演重要角色，如细胞黏附、病原体感染、植物与病原菌相互作用、豆科植物与根瘤菌共生过程、细胞凋亡、受精过程、癌细胞异常增生及转移和免疫反应等。

9.3.1　凝集素

糖类物质与蛋白质之间的相互作用涉及种类繁多、可特异性识别糖链的蛋白质，主要包括单克隆抗糖抗体、酶、糖转运蛋白和凝集素等，其中凡能够与糖类特异性结合但不具备针对糖类的酶活性且不属于抗体的分子均可称为凝集素(lectin)。作为糖类物质的探针分子，糖-凝集素作用的研究越来越受到人们关注。

凝集素是一类糖蛋白或结合糖的蛋白，是从各种植物、无脊椎动物和高等动物中提取的，能够凝集红细胞。依据凝集素的分子结构，凝集素可分为 C 型凝集素、S 型凝集素、P 型凝集素、I 型凝集素和正五聚蛋白(pentraxin)。C 型凝集素在识别时需要钙的参与；S 型凝集素结构的稳定需要“游离的”硫醇类分子的介入；P 型凝集素能够特异性识别 6-磷酸甘露糖；I 型凝集素归属于免疫球蛋白超家族中的一个糖结合蛋白家族；正五聚蛋白凝集素是由五个亚基组成的。

凝集素的一个突出的功能在于它们能够专一性地识别细胞表面的单糖或寡糖。例如，Body 和 Renkonen 发现利马豆(Phaseolus lunatus)和野豌豆(Vicia cracca)的粗提取物可凝集 A 型血，却不能凝集 B 型和 O 型血，但是芦笋豆(Lotus tetragonolobus)却能凝集 O 型血。微生物正是通过凝集素专一性识别寄主细胞膜表面的糖链来实现感染寄主或共生的。流感病毒的凝集素 IVH 专一性识别寄主细胞的唾液酸化的糖类，吸附细胞膜，实现与寄主细胞的融合，释放致病基因。正是基于凝集素能够专一性识别糖链这一性质，药物研究者可以开发结构相似的糖类药物，抑制有害的识别，达到治疗疾病的效果。20 世纪 70 年代末，Sharon 等发现甲基化的 α-D-甘露糖能有效地预防由甘露糖特异性 *E. coli* 引起的小鼠尿毒感染。

20 世纪 90 年代前期，研究者发现动物凝集素基本都是多价的。这主要是因为动物凝集素通常含有多个亚基结构或者在它们的侧链中含有多个糖基结合部位，多价结合提高了凝集素与受体的亲和力。正因如此，凝集素又称为“非抗体多价糖结合蛋白”。当然，凝集素与配体的多价结合并不是绝对的。选凝素就是一个例外，其胞外多肽结构域只有单一的糖识别域(carbohydrate cognition domain)位点。

根据凝集素与糖相互作用的特征，凝集素可以用于恶性肿瘤的诊断和治疗，具有广泛的医学应用前景。肿瘤细胞是正常细胞推动控制异常分化形成的，常伴随着细胞膜上的糖基的改变，通过凝集素测试肿瘤细胞表面糖基的变化，可以对肿瘤做出初步诊断。

9.3.2　细胞表面的糖-蛋白质相互作用

细胞表面的糖基在很多基本的细胞过程中有着重要的作用和功能，主要是分子识别、免疫反应、神经冲动的传导、激素受体和 cAMP 的代谢调节作用、血型抗原和酶的催化作用。不同的细胞类型通常表现为其表面糖基表达的不同，细胞表面糖基的表达也会随其生长和分化过程不同而发生变化。肿瘤细胞能够躲避免疫系统的监控就与其表面糖基表达的改变有关，借此发展了基于糖的抗癌疫苗。对细胞表面的糖-蛋白质间相互作用的理解将极大地帮助人们阐明细胞间的信号转导途径，有助于发现新的疾病诊断途径和开发新的治疗试剂。

人类长期受流感病毒的威胁，每年都有数万人死于流行感冒。14 世纪的“黑死病”和 1918～1919 年的“西班牙流感”均造成全球数千万人丧生。多年来，科学家致力于流感病毒的研究，发现流感病毒感染细胞的过程是通过病毒囊膜表面的血凝素糖蛋白与细胞表面糖蛋白或糖脂上的唾液酸结合后，进入细胞质，继而感染细胞。

流感病毒主要由遗传物质、脂质层、血凝素蛋白(HA)和神经氨酸酶(NA)组成。血凝素蛋白负责病毒粒子与细胞外表面接触并与糖链结合，而神经氨酸酶负责释放被侵袭细胞中新生的病毒粒子。流感病毒包括三类：抗原变异性最强的能够感染人和其他动物的甲型流感，变异性较弱、仅感染人类的乙型流感和抗原性比较稳定、仅引起婴幼儿感染和成人散发病例的丙型流感。根据 H 和 N 抗原的不同，甲型流感病毒又可分为许多亚型，H 可分为 15 个亚型(H_1～H_{15})，N 有 9 个亚型(N_1～N_9)，其中仅 H_1N_1、H_2N_2、H_3N_3 主要感染人类，其他许多亚型的自然宿主是多种禽类和其他动物。2009 年爆发的造成全球数千人死亡的“猪流感”是一种甲型流感病毒 H_1N_1 亚型病毒。这种新型流感病毒具有病毒杂交特性，含有禽流感、猪流感和人流感三种流感病毒的脱氧核糖核酸基因片段。这次猪流感病毒是禽流感和人流感经过“洗牌效应”产生的新病毒，人类因对其缺乏免疫力而易受攻击。

影响病毒与细胞结合的因素主要有唾液酸糖链、HA 受体结合位点和其他病毒结合因子。糖链的长短、唾液酸的键合类型影响着病毒与细胞的亲和力。禽 H_4N_6 病毒能结合人的多种糖脂，但是人的 H_1N_1 病毒却只能结合含 10 个以上糖结构单元的糖脂。不同类型病毒的 HA 氨基酸序列不同，导致病毒对不同的细胞受体的识别能力有所不同。例如，H_3亚型流感病毒的HA_1蛋白的第 226 位氨基酸突变后(由 Leu 突变为 Gln)，病毒倾向结合的受体由 $SA_{\alpha}2$，6Gal 转变为 SA，2，3Gal。

据美国疾病控制和预防中心报告，全球每年死于流感的患者多达几万人。因此，研发抗流感病毒类的药物对于人类的健康意义重大。流感病毒是通过与人类呼吸系统细胞表面受体结合感染人体的。神经氨酸酶存在于流感病毒上，有助于病毒打破细胞壁，从而感染其他细胞并进行自我复制。达菲是瑞士罗氏公司经销的一种抗流感病毒的高效处方药，其有效成分是一种强效的神经氨酸苷酶抑制剂，结构与细胞外主要唾液酸分子结构相似，能够高效地与病毒表面的神经氨酸苷酶结合，干扰病毒从被感染的细胞中释放，从而减少流感病毒的传播。达菲的制造过程非常复杂，涉及 10 多个步骤。罗氏公司利用发酵的方法获得合成达菲的原料，降低了合成药物的成本。达菲对于治疗数种流感病毒都是十分有效的。但是，流感或禽流感都没有完全治愈的方法，使用抗生素也只能杀死细菌。有些病例证实过多地使用达菲等抗病毒类药物会导致病毒产生抗药性。因此，研究和开发新型的治疗流感病毒的药物和方法仍然是当今药物研发的重大课题。

9.4　糖的生物医药应用

9.4.1　糖的标记

N-连接或 *O*-连接的糖缀合物中的糖类化合物在生命过程中起了重要的作用。糖类化合物直接影响蛋白质的折叠、提高对蛋白酶的抵抗力、提供分子识别位点以及在许多其他生理事件中也起了重要的作用，如细胞-细胞之间的信号转导、细胞分化和病毒感染等。

与蛋白质和核酸不同，糖缀合物的合成不是由基因直接控制的，而是蛋白质在内质网和高尔基体中通过翻译后修饰完成的。它涉及多个复杂的过程，很多还不为我们所了解。了解细胞表面糖基化和人类疾病之间的关系是糖生物中的一大热点问题。糖类分子自身没有发色基团，为了有效地检测糖链，往往需要对其进行标记或衍生化。因此，细胞表面的糖标记手段对于阐述糖类化物和疾病的关系有重要的生物学意义。

细胞表面糖标记的基本策略是采用生物正交性的连接反应[叠氮、炔基等生物体内不存在且能在体内稳定存在的点击(click)反应]将可以监测的荧光分子结合到含有反应活性官能团的糖类分子上。目前存在多种满足此条件的生物正交性的连接反应，其中 Bertozzi-Staudinger 连接和 Huisgen 发展的叠氮与炔基的点击反应被证明是标记细胞表面糖基化物的非常有效的方法。同时，最为适用的反应官能基团是叠氮官能团，因为天然的生物体内不含有叠氮基团，同时叠氮十分稳定，在大多数生物转化或化学反应中都能稳定存在。

细胞表面糖标记过程大体分为两个步骤。首先，实现细胞表面糖基的官能化。这个过程一般是将已被官能团(如叠氮化)修饰过的单糖分子通过生物的同化作用，在体内自身酶的催化下引入糖缀合物中；其次，通过生物正交性反应将荧光探针分子以共价方式结合到糖缀合物中。传统的点击化学反应需要铜催化，但是由于铜具有细胞毒性，所以不能直接用于体内的糖基标记。Bertozzi 发展出无铜的由环张力诱导的点击化学，能够在体内方便地实现糖基化合物的标记。

研究者应用上述三类方法(图 9-3)实现了 *N*-连接 *N*-乙酰葡萄糖胺、*O*-连接的乙酰半乳糖胺、糖链末端的岩藻糖和唾液酸等的标记。这些糖标记已经成功应用于动物细胞、病原微生物、酵母、秀丽氏线虫、果蝇、斑马鱼、小鼠的组织等病原或模式生物糖。进一步拓展上述方法，将其应用于人类疾病模型和临床检测将是非常有意义的工作。

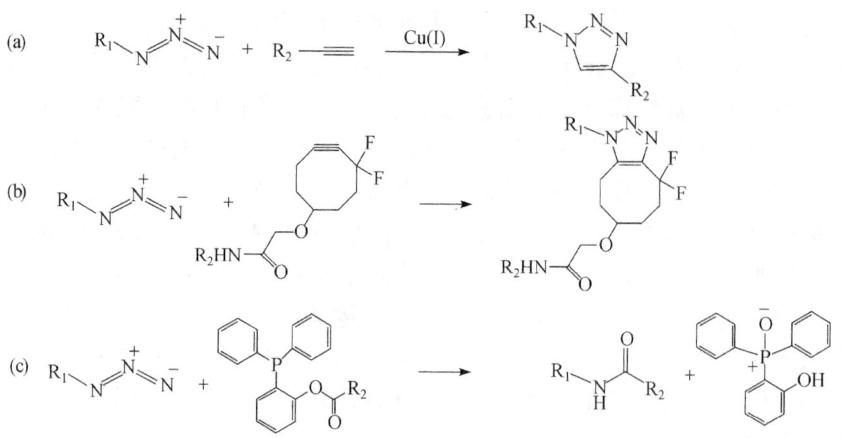

图 9-3　主要用于糖标记的三类正交反应

(a) 铜离子催化的叠氮-炔基环加成反应；(b) 环张力诱导的叠氮-炔基环加成反应；(c) 施陶丁格连接反应

除了传统的共价标记糖缀合物方法外，利用荧光分子抗体以及绿色荧光蛋白也能标记对应的糖缀合物。抗体标记的方法具有稳定性高、识别位点小、低成本等优点。但是，绿色荧光蛋白由于其庞大的体积，可能会影响被修饰生物大分子的结构和功能。

许多疾病与糖基的异常表达相关。例如，帕金森病、风湿性关节炎和其他与自由基相关的疾病与铁转移蛋白糖基化水平过高相关。肿瘤细胞具有较高的抗药性的重要原因是细胞膜上 P 糖蛋白的过度表达，这类蛋白质能将细胞内的抗肿瘤药物泵出细胞外。通过细胞表面糖基的标记，可以实现肿瘤生长和与其相关的糖代谢的可视化观察。

9.4.2　糖类疫苗

糖基化是蛋白质的翻译后修饰中比较常见的行为。在病理过程中，承载重要生物功能的糖链通常会异常表达(高表达)以及异种生物糖链的特异性表达。因此，糖类化合物常作为抗原决定簇引起体内特异性免疫反应，产生针对病原的抗体。基于此，最近糖类疫苗取得了较大的发展。

开发糖类疫苗的前提是获得特定结构的糖修饰蛋白。最近，寡糖的合成化学取得了骄人的进步，科研工作者可以将多个 B-细胞糖抗原决定簇缀合在同一个疫苗分子中，有希望产生针对多种肿瘤细胞的特异性抗体，实现对肿瘤的预防和治疗。科研工作者正从事多种疫苗的研发工作，如细菌荚膜多糖疫苗、肿瘤疫苗、HIV 疫苗和寄生虫疫苗等。

通常病原体能逃避宿主的免疫监控是因为其外壳被一层具有弱免疫原性的多糖包裹。此类细菌荚膜多糖具有高度保守的结构和可靠的免疫应答。因此，这种疫苗在感染性疾病控制方面取得了很大的成功。例如，抵御 b 型流感嗜血杆菌感染的 ProHIBiT 多糖疫苗、婴儿肺炎和脑膜炎预防的 Quimi-Hib 或 Theratope 疫苗都已经取得了巨大的成功。

与正常细胞相比，许多肿瘤细胞的糖基化反应异常，这是研制肿瘤疫苗的分子基础。一般来说，肿瘤相关糖抗原引起的免疫应答较弱不足以杀死癌细胞，但能够使瘤体明显减少。

长期以来，HIV 疫苗的研制没有取得突破性进展，导致这一现象的原因是引起体内对该抗原的免疫应答强度不够、范围不广。最近，Calarese 发现 HIV 表面糖蛋白 gp120 的单一糖抗原产生的抗体在治疗 HIV 方面有突出的作用。人们从此看到了通过糖类疫苗的研制发展抗 HIV 疫苗的希望。此外，糖类疫苗在研发治疗寄生虫侵害方面也取得了突出的进步。

影响糖类疫苗效率的因素有很多。首先，作为引起体内免疫应答的抗原决定簇的糖基化形式、构象及与之相关的多肽序列和天然蛋白抗体的相似性大大影响了产生抗体的有效性；其次，糖的免疫原性低，只能作为半抗原，需要各种策略来制备有免疫原性的糖类疫苗，结合的蛋白质以及辅助剂对疫苗的效率都有很大的影响。因此，研发有效的糖类疫苗是比较庞大的工程，需要合成有机化学和生物免疫学的紧密结合。

9.4.3　糖芯片

糖芯片(又称碳水化合物微阵列)是一种生物芯片，根据糖结合蛋白和糖之间的特异性识别作用，将糖或其复合物固定在芯片之上，采用此负载糖的芯片与蛋白质杂交，检测信号，分析糖与蛋白质的相互作用。糖芯片所需样品少，可以同时检测多个样品。此外，还具有高通量、标准化和自动化的特点。在糖组学中，糖芯片发挥了重要的作用，推动了糖与其他生物大分子之间相互作用的研究。早在 20 世纪 80 年代，英国糖化学家 Feizi 就已经研发出第一块糖芯片，但是在很长时间内并没有引起关注。糖芯片技术研究的兴起是以 2002 年美国哥伦比亚大学基因中心 Wang 发表的以糖类为探针的糖芯片技术的研究报道为标志的。糖芯片技术主要用于研究糖与蛋白质间的相互作用，同时也用于研究细胞、细菌以及病毒与糖的相互作用。

糖芯片的制备主要包括糖库的建立、样品的固化、生物分子相互反应及结果监测分析。用于糖芯片制备的理想载体材料要求有良好的生物兼容性和足够的稳定性以及较大的用于结合的活性表面积，但是很难开发出满足所有条件的材料，目前常用的固相载体有玻璃片、硅胶片、纤维膜和微孔板。根据糖体与载体的相互作用力的不同，样品的固定可分为非共价和共价两种固定方法。例如，Wong 小组利用烷烃与微孔表面的非共价的疏水作用，将带有炔基的长链脂肪烃固定于微孔板上，然后采用环加成反应将修饰的糖化合物原位结合到脂肪链上。这种方法简化了糖芯片的制备过程。此外，Park 和 Shin 采用迈克尔加成反应将糖的马来酰亚胺化合物共价固定到含巯基活性基团的玻璃表面，通过调节糖与载体表面的链长制备出高密度的糖芯片。理想的糖芯片检测方法要求具有高灵敏度、能够定量、高通量分析且无需标记被测物。常用的检测方法有表面基质共振技术、荧光分析、质谱及同位素标记分析。

糖芯片还不够完善，处于开发的早期阶段，但是在很多方面已经显示出了广泛的应用前景。糖芯片在糖组学、蛋白组学、药物开发和临床诊断方面发挥重要的作用。因此，发展高效的糖芯片势在必行。

9.4.4　糖类物质作为药物使用

糖类或糖复合物主要分布在细胞表面，参与细胞和细胞、细胞和活性分子的相互作用；而这也是一系列疾病发生的第一步。通常以糖类为基础的药物都是通过阻断这一过程而发挥作用的。糖类药物的作用靶点在细胞表面，而不进入细胞内部。因而，它是副作用相对最小的药物，而且能作为保健类药物。

依据糖类分子的作用机制，糖类药物可以分为三类：第一类为抗黏着类药物。虫媒病毒等多种病毒在吸附和侵入细胞过程中，与细胞表面硫酸肝素蛋白聚糖有强的亲和力。正是因为这种原因，硫酸肝素在抗病毒方面起了重要的作用。同时，某些硫酸化的多糖能阻断 HIV 对辅助性淋巴细胞(CD4 细胞)的黏附或阻止幽门螺杆菌依附到胃肠道上，起到抗病毒或抗菌的作用。第二类为调理作用的药物。这类药物一般参与免疫体系的调控，主要包括大量的多糖以及糖类抗体和凝集素。例如，伴刀豆球蛋白 A、植物凝集素(PHA)在淋巴细胞的有丝分裂方面有促进作用。第三类为糖酶抑制剂。这类药物通过干扰病毒蛋白的糖基化过程而抑制病毒的生长。德国拜耳集团开发的阿卡波糖是一种肠道 α-葡萄糖苷酶抑制剂，阻断食物中单糖的水解，减轻了胰岛 α-葡萄糖苷酶的负担。

9.4.5 总结和展望

近年来，糖化学生物学研究领域蓬勃发展，一些传统生物学方法难以解决的糖问题开始得到新的阐释。糖的合成研究为糖生物学功能提供了重要的原料。糖芯片技术促进了新的糖结合蛋白的发现以及糖与蛋白质相互作用机制的研究。总体来说，糖的化学生物学在分子水平阐明多细胞生物的高层次生命现象，是化学生物学的核心领域之一，还处于方兴未艾的阶段。糖的化学生物学的研究涉及有机化学、分子生物学、细胞生物学、病理学、免疫学、神经生物学等多个领域，它在解读生命过程、预防与治疗人类疾病等多方面将发挥出不可替代的作用。

9.5 壳聚糖及其衍生物

甲壳素(chitin)又名甲壳质、几丁质、壳多糖、聚乙酰氨基葡萄糖等，是 1,4-连接的 2-乙酰基-2-脱氧-β-D-葡萄糖，广泛存在于昆虫、甲壳纲动物外壳及真菌细胞壁中，是自然界中仅次于纤维素的多糖。甲壳素具有特殊的机能，与生物体有良好亲和相溶性，无毒，高黏度等，从而被广泛应用于蔬果保鲜、可降解的膜、食品添加剂、医用高分子和药品缓释材料及超滤、渗析、渗透气化等所需分离材料。近几年来，甲壳素又在化妆品、抗冻剂、免疫增强剂及降低人体胆固醇和甘油酯方面展示出一定的应用前景。然而在甲壳素分子中，因其内外氢键的相互作用，形成了有序的大分子结构，溶解性能相对较差，这限制了它在很多方面的应用。

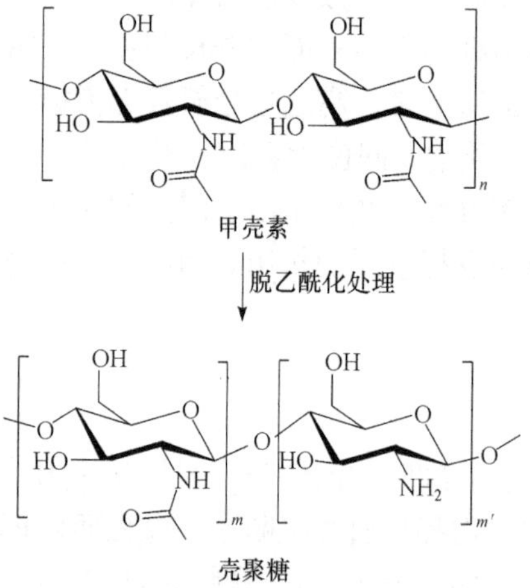

壳聚糖(chitosan)是甲壳素经脱乙酰化处理的产物(图 9-4)。由于其分子结构中大量游离氨的存在，溶解性能大大改观，具备的活性基团也可加以化学修饰，制成有特殊功能的新材料，因此在医药、食品、化妆品、农业及环保等方面具有更广泛的应用。

图 9-4　甲壳素和壳聚糖的结构

9.5.1 壳聚糖的改性

壳聚糖具有复杂的双螺旋结构，它的功能基团是氨基葡萄糖单元上的 C3 位仲羟基、C6 位伯羟基和 C2 位氨基以及一些 N 位乙酰氨基和糖苷键。C6 位 OH 为一级羟基，从空间构象上来说可以较为自由地旋转，位阻也较小，C3 为 OH 为二级羟基，该空间构象上羟基不能自由旋转，空间位阻也较大。一般情况下 C6 位 OH 的反应活性大于 C3 位 OH，C2 位 NH_2 的反应活性大于 C6 位 OH。这只是壳聚糖本身三种官能团活性比较，实际反应中哪个官能团反应活性大，与参加反应的物质、反应溶剂、催化剂和反应温度等因素有关。

壳聚糖溶于酸性溶液中，具有一定的保湿、抑菌作用，但在 pH>6.5 的中性及碱性水溶液中壳聚糖不溶于水。因此，为了增加其溶解性同时获得更好的特性，对壳聚糖进行改性是非常必要的。壳聚糖分子内的 OH 及 NH_2 基团具有高反应活性，易发生化学反应，对其结构进行修饰、改变或破坏原有分子的结构，或引入、改变其分子基团，改善其溶解性，从而拓展它们的应用范围。主要有酰化反应、醚化反应、羧基化反应、*N*-烷基化反应、席夫反应、季铵化、酯化反应、交联反应、配位反应、接枝共聚反应等改性。

1. 酰化反应

由壳聚糖的结构式可知，壳聚糖上可以发生酯化反应的羟基有两种，一级羟基 C6 位 OH 和二级羟基 C3 位 OH。但是壳聚糖分子链上除了羟基外还有氨基，氨基的反应活性大于羟基，既可以在羟基上发生酰化反应生成酯，也可以在氨基上发生 *N*-酰化反应生成酰胺。壳聚糖能与多种有机酸的衍生物如酸酐、酰卤等发生 *O*-酰化反应，导入不同相对分子质量的脂肪族或芳香族和无机酸酰基，形成有机酸酯。也能与含氧无机酸如硫酸、酸和硝酸等发生酯化反应生成相应的硫酸酯、磷酸酯和硝酸酯。酰化反应究竟优先在哪个官能团上发生，与反应溶剂、酰化试剂的结构、催化剂、反应温度等因素有关。还要指出的一点是，酰化反应往往得不到单一的酰化产物，既发生 *N*-酰化的同时又发生 *O*-酰化，既发生 C6 位 OH 酰化的同时又发生 C3 位 OH 酰化，如果 C6 位 OH、C3 位 OH 和 C2 位 NH_2 都被酰化了，则生成全酰化壳聚糖，实际上是全酰化甲壳素。采用壳聚糖与醛反应生成席夫碱保护氨基的方法，可达到控制酰化反应只在羟基上进行的目的。

2. *N*-烷基化

壳聚糖上的 C2 位 NH_2 是一级氨基，有一对孤对电子，具有很强的亲核性。壳聚糖的 *N*-烷基化反应主要有两种。一种是与环氧衍生物或卤代烷的加成反应，与环氧衍生物加成得到的是 *N*-烷基化衍生物，这个反应的特点是同时引进了两个亲水性的羟基。另一种是与脂肪醛、芳香醛(或酮)反应生成席夫碱，这个反应在壳聚糖的研究和应用中是很有用的，一方面可以保护氨基，然后在羟基上进行各种反应，反应结束后，可以容易脱掉保护基；另一方面，一些特殊的醛形成席夫碱，经硼氢化钠的还原，可以合成一系列其他的 *N*-壳聚糖衍生物。

在甲醇和冰醋酸中，壳聚糖还可以与单糖或二糖(如葡萄糖、半乳糖、葡萄糖、果糖、乳糖、麦芽糖和纤维二糖)发生 *N*-烷基化反应，生成的 *N*-烷基化-壳聚糖衍生物的黏度和假塑性随着取代度的增加而增加，随着 pH 的增加而降低。研究发现，这些二糖或单糖壳聚糖衍生物在一定的取代度下具有金属螯合、抗氧化活动或抗菌性等性质。

3. 醚化

O-烷基化是壳聚糖上的羟基与烃基化试剂反应生成醚，也称为醚化反应，如甲基醚、乙

基醚、苄基醚、强乙基醚、羟丙基醚等。用壳聚糖与卤代烷反应，首先发现 *N*-烷基化反应，然后是 *O*-烷基化。有研究者通过反丁烯二酸和壳聚糖在 H_2SO_4 作用下合成了取代为 0.07～0.48 的 *O*-反丁烯二酸壳聚糖(OFCS)衍生物，这些 *O*-烷基化壳聚糖对 *E.coli* 和 *S.aureus* 有抗菌性，其特性可以代替一些有毒杀菌剂应用于食物防腐方面。

4. 季铵化

壳聚糖季铵化分为两种。一种是将季铵盐基团直接连接在 C2 处与其上的氨基反应，如最简单的壳聚糖与碘甲烷反应生成的碘化 *N*-三甲基壳聚糖季铵盐。多数研究通过壳聚糖在中性介质中与芳香醛(或酮)、脂肪醛反应生成席夫碱中间体，经硼氢化钠还原得到 *N*-衍生物，然后季铵化得到不同烷基的壳聚糖季铵盐衍生物。该方法得到的季铵盐壳聚糖是在葡萄糖残基的吡喃环的 C2 上引入一个季铵基。葡萄糖残基除 C6 外，具有不对称碳原子的季铵盐可能有些特殊的生物活性，如可能具有选择性的杀菌作用，在不对称有机合成中具有不对称碳原子的相转移催化剂可能对不对称合成的相转移催化反应有特殊作用。另一种是通过其他反应将低分子季铵盐接到氨基上形成壳聚糖季铵盐，如把缩水甘油三甲基氯化铵或 3-氯-2-羟丙基三甲基氯化铵与氨基反应得到壳聚糖羟丙基三甲基氯化铵，这种衍生物表现出卓越的抗菌性。

5. 螯合反应

壳聚糖的糖残基在 C2 上有一个乙酰氨基或氨基，在 C3 上有一个羟基。从构象上看，它们都是平伏键，这种特殊的结构使得它们对具有一定离子半径的一些金属离子，如 Cu^{2+}、Zn^{2+}、Cr^{3+}、Ni^{2+}、Fe^{2+}，在一定 pH 条件下具有螯合作用。与过渡金属形成配合物，可再与交联剂进行交联反应，制备具有模板剂的记忆力和选择吸附能力的壳聚糖。目前研究证明，壳聚糖是一类新的天然高分子螯合剂，而且无毒、无副作用，具有广泛的应用价值。

9.5.2 壳聚糖及其衍生物的功能

1. 生物适应性

生物相容性、安全性和生物降解性是生物适应性的表现。壳聚糖作为纯天然物质主要来源于甲壳动物或其他生物，它是生物可再生资源，其化学组成与纤维素淀粉结构相似，具有无毒无臭性，人体接触与食用都被证明是安全的。壳聚糖在人体内降解后可生成无害的葡萄糖胺，对人体没有伤害。相对于甲壳素不溶于水、不溶于酸碱的性质，壳聚糖可溶于稀酸，衍生物可溶于水，这为其在医药、食品加工、水处理、饲料加工等领域的应用提供了依据。可将壳聚糖的稀乙酸溶液喷洒于铜氨溶液中进行壳聚糖手术缝合线的生产，由于壳聚糖对生物活性物质的适应性和稳定性较高，适合作为酶和细胞的固化材料，壳聚糖可被生物降解利用的性能也被研究应用于生物的特种培养基及生物降解性塑料。壳聚糖及其衍生物在人体内可生物降解，并具有良好的生物相容性，因此作为药物载体使用有着极大的优越性。FDA 已认可壳聚糖是一种安全的生物高聚物，应用在膳食补充剂、生物医学、医药、农业和营养领域，也有报道证实，纯壳聚糖的降解产物是无毒、无致免疫性、无致癌的。

2. 抗菌性

研究表明壳聚糖及其衍生物具有良好的抗菌性，并强调壳聚糖是一种环境友好型抗菌剂，对酵母菌、霉菌、革兰氏阳性菌和革兰氏阴性菌都有抗菌性。壳聚糖及衍生物的不同相对分子质量、不同取代基和相同取代基不同取代度所具有的抗菌活性有很大的差异，对不同菌种的抗菌活性也有很大的差异，如对于革兰氏阴性菌和革兰氏阳性菌的抗菌强度有所不同。有关壳聚糖及其衍生物的抗菌性机理，目前尚未有明确的结论。而且壳聚糖及其衍生物的抑菌作用随着其自身和环境条件的改变而呈现出不同的结果。

目前，不同理化性质的壳聚糖对细菌和真菌的抑制作用和抑菌机理缺乏系统的研究，所以弄清楚壳聚糖的抑菌机理对指导其应用以及定向合成有着十分重要的意义。其确切的抑菌机理还未明确地阐明和验证，一般认为壳聚糖的抑菌机理主要有以下几种：

(1) 壳聚糖分子链上的活性基团氨基可以与细菌细胞壁结合，尤其对革兰氏阳性菌更有效，它的细胞壁较厚(15～80 nm)，主要由肽聚糖组成，结构致密并且含有丰富的磷壁酸，能够形成一个负电荷的环境，使细菌细胞壁的完整性受损，从而达到抑菌作用。

(2) 低相对分子质量的壳聚糖能够通过渗透进入微生物的细胞核内[尤其是革兰氏阴性菌，壁薄(9～11 nm)，交联松散]，与细菌细胞内的 DNA 结合，阻碍 mRNA 和蛋白质的合成，使细菌细胞的生理代谢紊乱，从而抑制细菌的生长和繁殖，最后导致微生物死亡。

(3) 在酸性溶液中，大相对分子质量的壳聚糖变成一种阳离子型生物絮凝剂，它易成膜，絮凝过程中细菌细胞沉淀下来，在细胞表面形成非常致密的高分子膜，阻碍细菌吸取营养物质，细菌生理代谢废物无法排泄，致使新陈代谢紊乱，实现杀菌和抑菌的效果。

(4) 壳聚糖可以提高微生物自身几丁质酶的活性，当壳聚糖浓度较高时，可以促使微生物内部的几丁质酶过分表达，细胞壁的几丁质被降解，破坏了真菌的细胞壁，达到抑菌效果。

(5) 壳聚糖具有很好的螯合性能，表面的自由氨基能够有选择性地螯合对微生物生长起关键作用的金属离子，尤其是酶的辅助因子，促使金属离子外渗，微生物的生长和繁殖受到抑制。这也是壳聚糖保鲜防腐的主要原因。

3. 成膜和通透性

壳聚糖及其衍生物溶于适当的溶剂后经过浇铸或喷吹成膜，这种膜以其良好的潜能被用于开发低分子通透件，如将其制成平板膜和中空纤维膜。不同孔径的分离膜可通过改变原料结构及调整组成配比而得到，这种膜可应用于气体分离、反渗透、渗透气化等方面。高机械强度和对血液具有良好的稳定性是壳聚糖衍生物制成的人工透析膜所具有的两大优点。多孔状、具有良好的透气性和吸水性的壳聚糖衍生物是极好的医用膜材料，可用做人体组织表面。壳聚糖反渗透膜比纤维素膜有更高的 pH 适应性和抗压性，壳聚糖分离膜正被期待用于有机溶剂的分离。

4. 吸湿保湿性

壳聚糖及其衍生物具有极强的吸湿和保湿性，这得力于其分子中的极性基因。对壳聚糖进行化学改性，在其侧链引入亲水性强的季铵盐、羧基等强亲水性基团，提高水溶性，改善吸湿、保湿性能。有文献报道以透明质酸(HA)为对照样品，研究了壳聚糖季铵类衍生物羟丙基三甲基氯化铵壳聚糖(HACC)、羧甲基壳聚糖(CMCS)和羧甲基甲壳素(CM-chitin)等水溶性的壳聚糖衍生物的吸湿、保湿性能，结果表明 HACC 的吸湿性、保湿性能均优于 HA，CMCS 及 CM-chitin 的吸湿性能低于 HA，但保湿性能均优于 HA。也有文献已报道，壳聚糖分子中引入羟丙基甲基氯化铵基团，制得的高取代度的季铵盐壳聚糖能增强壳聚糖的水合能力，提高其吸湿、保湿效能，在吸湿保湿性方面与 HA 相同。这证明壳聚糖衍生物有望作为 HA 的替代品应用于医药及美容保健等领域。

9.5.3 壳聚糖的降解

甲壳素经脱乙酰化处理得到的壳聚糖的相对分子质量通常在几十万左右，因其不溶于水，限制了它在食品、化妆品等许多方面的应用。若采用适当的方法将其降解为均相对分子质量约为 1000 的低聚产品，则可使其水溶性质大为改观，特别是均相对分子质量低于 1500 的低聚壳聚糖产品可基本全溶于水。国内外很多学者研究表明，低聚壳聚糖(chitooligosaccharides，COS)的生理活性和功能更为突出，它是非常重要的壳聚糖衍生物。壳聚糖经降解后不仅保留了大相对分子质量壳聚糖的一些性质，如可以吸附胆固醇、强化肝脏功能、治疗烧烫伤、降低血压等，而且还进一步表现出高相对分子质量壳聚糖不具有的很多特殊的生理活性和功能，如可以促进植物生长、增强免疫力、抵抗微生物或真菌的感染、调节肠道微生物群等，具备广阔的发展前景。

于是，在降解壳聚糖的过程中，合适的实验条件和方法的选择就尤为重要，目前提出的方法主要有酶降解法、化学降解法、物理降解法以及适合工业生产实际应用的复合降解法。这些降解方法各有优劣势，选择工艺简单、经济、产品均一且纯度高、对环境无污染是以后壳聚糖降解选取的方向。

根据目前的研究情况，用于壳聚糖降解的方法大致可分为酶降解法、无机酸降解法及氧化降解法三种。用无机酸特别是盐酸对壳聚糖进行降解以制备低至单糖的低相对分子质量壳聚糖是应用最早的壳聚糖降解方法。

1. 酶降解法

酶降解法是用专一性的壳聚糖酶或非专一性的其他酶种对壳聚糖进行生物降解。据研究报道，已有 30 多种酶可用于壳聚糖的降解，酶法降解壳聚糖条件温和，且不对环境造成污染，是壳聚糖降解的最理想方法。就目前技术而言，酶降解法尽管也有少量商业应用，但若要以此进行大规模的工业化生产还有不少困难，应继续在寻求更廉价的酶种及如何实现工业化生产方面进行更深入的研究。

专一性的酶如壳聚糖酶(chitosanase)主要来源于真菌，它在降解壳聚糖中发挥重要的作用，是降解壳聚糖产生壳寡糖的专一性酶。纤维素酶、内源性溶菌酶、外源性溶菌酶、聚糖酶、脂肪酶等非专一性酶对壳聚糖水解的作用是非特异性的。其中对壳聚糖水解最有效的是脂肪酶，但是降解后仍存在高相对分子质量的壳聚糖，产物是高度分散性的。

2. 化学降解法

目前，化学降解法主要包括酸降解法和氧化降解法。常用盐酸、乙酸、浓硫酸、亚硝酸盐、磷酸等作为酸降解法中的溶剂。而在氧化降解法中普遍使用过氧化氢、过硼酸钠、高碘酸盐为氧化剂。

在酸性体系中，壳聚糖比较活泼，糖苷键容易断裂，产生很多相对分子质量不等的片段，它们水解后变成单糖。其反应实质是来自于酸水解产生的 H^+ 与壳聚糖分子中的活性基团 NH_2 发生作用，使壳聚糖分子间与分子内连接的氢键断裂，长链部分主要由 β-1,4-糖苷键切断。壳聚糖物理结构得到伸展，形成许多不同相对分子质量的片段，其中水解彻底的会转化为单糖。

该降解反应的优点在于原料价格低廉，无副反应产生。缺点是：反应条件不宜控制、得到的产品相对分子质量分布太宽、均一性较差，并且对环境造成一定污染。早在 1958 年，Bake 将壳聚糖溶于 33 mol/L 盐酸溶液，在 100℃下降解 32 h，成功获得聚合度 1～7 的氨基葡萄糖。

国内外大多数采用氧化降解法来解聚壳聚糖，这已经成为学者研究的热点，尤其在日本，每年都有这一领域研究成果的报道。过氧化氢是工业生产中常用的氧化剂，因为它具备非常强的氧化性能，降解过程安全，无毒副产物，并且在酸性、碱性以及中性条件下都可以发生。采用此氧化法降解壳聚糖成本低、反应速率快、所得产品的相对分子质量低且分布范围较窄，是工业上生产低聚壳聚糖的首选。另外还有 UV/H_2O_2、NaClO/H_2O_2 等其他氧化法。

3. 物理降解法

物理降解法是一种较理想的降解高聚物的方法，它具有易操纵、反应速率快、无副产物并且对环境无污染等优点，较多的有超声波法、辐射法、微波法以及光降解法。

壳聚糖的超声波降解反应受超声波影响很大，选取合适的频率和功率对壳聚糖进行照射，可以高效地断开壳聚糖的大分子链。其作用机制为：通过机械力破坏分子间的糖苷键，使分子链断裂，完成降解反应。超声波降解法相比于化学法有很多优点，如产物后续处理更简单化、对环境无污染。但此法缺点是产率较低，生产成本高，所以有待考虑更合适的降解方案。

壳聚糖在 γ 射线的照射下可以发生降解反应，分析照射后壳聚糖的红外光谱图，得知其分子链上的 β-1,4-糖苷键断裂，发生重排，导致相对分子质量降低。但是此反应过程中没有产生支链或网状结构，而且没有生成羰基。辐射法的优点为：固相反应且不需要添加物、反应易控制、生产成本低、对环境无污染并且保留了降解前产物的生物相容性，具有广阔的发展前景。

目前研究认为微波降解的主要机制是在微波作用下粒子容易移动或旋转，发生偏振现象，导致分子间发生摩擦，产生热量，生成自由基，最终得到低相对分子质量的壳聚糖。用微波降解法降解壳聚糖可以使壳聚糖降解和甲壳素脱乙酰化同时进行，不仅缩短了反应时间，而且脱乙酰化进程中碱的用量还大大减少，节约了成本。

光降解法是壳聚糖在紫外线、红外线、可见光的辐射下发生的降解反应。对辐射后的壳聚糖进行红外光谱分析，可知在降解过程中，壳聚糖分子链的乙酰氨基葡萄糖单元发生脱乙酰化反应，增加了氨基的含量，导致 β-1,4-糖苷键断裂。与 γ 射线不同的是，光降解中生成了羰基，研究发现在辐射波长低于 360 nm 下降解比较明显。

9.5.4　壳聚糖及其衍生物的应用

1977 年，日本研究学者在美国举办第一届关于甲壳素与壳聚糖的专题会议，由此人们开始关注壳聚糖的发展与利用。据粗略估算，每一年甲壳素的产量 100 亿 t，它来源广泛，取之不尽、用之不竭并且价格低廉。近几十年来，人们充分利用壳聚糖优良的生物活性、物理化学性质、生物相容性、与金属离子螯合性以及杀菌性，使它在医药、纺织、环保、食品、废水处理等领域取得广泛的应用，带给人类巨大的经济效益、生态效益和社会效益。通过改性和化学修饰(如酯化、酰化、磺化、醚化等)，得到壳聚糖的一系列衍生物，这些改性后的高聚物具有无毒害、可食用、安全和可降解等优点，拓宽了在农业、工业、化妆品等领域的应用。

壳聚糖由于具备杀菌、易成膜、可降解性、良好的生物相容性等特殊性质，目前在医药方面已用于制备伤口愈合促进剂、人工皮肤，还可用作伤口包扎材料、药物缓释基质、人造器官、促进皮肤组织愈合、抗菌剂、壳聚糖纳米粒复合物等。研究表明，甲壳素、壳聚糖及其某些改性的衍生物均表现出较强的抗菌性和抗肿瘤活性，如壳聚糖能有选择地凝聚白血病 L 1210 细胞产生致密凝块，阻止其生长，而对正常红细胞和骨髓细胞没有影响。同时它也可作为抗凝血剂，肝素是应用最广的血液抗凝剂，但价格昂贵，然而甲壳素及壳聚糖经硫酸脂化后，其结构与肝素相似，称为类肝素药物。研究表明对壳聚糖进行改性后，不同壳聚糖衍生物的抗凝血活性顺序是：羧甲基壳聚糖>壳聚糖>羟乙基壳聚糖>乙基壳聚糖。壳聚糖具有好的保湿性和抗菌性，在人工泪、隐形眼镜护理液、其他药用滴眼液中都有广泛的用途。已有壳聚糖人工泪面世，如上海其胜生物制剂实业公司最先研发和生产，商品名为“眼舒康”，其主要成分为 0.1%的水溶性壳聚糖(CCS)。上海汇康生物科技有限公司采用羧甲基壳聚糖作为治疗结膜炎、角膜炎等各种眼病以及有效缓解眼部不适滴眼液配方的成分。美国诺华(Novartis)公司专利报道 *O*-羧甲基壳聚糖用于眼用制剂中。

壳聚糖在保健领域中的应用也非常广泛，可保护修复消化系统、减肥去脂、增强免疫功能，也可用于高血压的预防和治疗，还可延缓衰老。高相对分子质量的壳聚糖及其衍生物与胃酸作用形成凝胶，在胃壁上形成一层保护膜，这层保护膜能有效地阻止胃酸对损伤面的刺激，促进损伤面的修复，使胃部的溃疡得以保护和治疗。研究表明，消化系统只吸收部分低分子壳聚糖及其衍生物，未吸收的部分随大便排出。20 世纪 80 年代美国已有关于壳聚糖减肥的专利问世，壳聚糖对人体内的脂肪类物质和胆固醇的作用均十分有效。壳聚糖作为理想的减肥食品的添加剂，其去脂的机理可能是它能与甘油三酯、脂肪酸、胆汁酸、胆固醇等化合物生成配合物，该类配合物不易被胃酸水解，不易被消化系统消化，阻止了哺乳类动物对这类物质的消化吸收，促使它排出体外。

导致高血压的主要因素，过去一直认为原发性高血压是由钠离子引发的，而现在医学界已经确认是血液中的氯离子。从宏观人体系统来看，影响人体血压主要有两个因素，即心脏对血液的搏出量和末梢血管对血液的阻力，而在血液内部，高浓度氯离子会使血管钛转化酶活化，促使血管收缩素源 ACE1 转化为 ACE2，增加了末梢血管的收缩力，导致血压升高。而带正电的壳聚糖及其部分衍生物能对体内的氯离子有效地“吸附”，并生成离子型化合物，从而部分阻止了上述过程的发生，对高血压进行有效的治疗和预防。

壳聚糖可以对抗或阻缓自由基对细胞的攻击，并有加强消除自由基的功能，以防治因内源性和外源性原因所产生的自由基，降低机体免遭病理性损害及延缓衰老等。另外，壳聚糖具有增强免疫机能，用壳聚糖制成的口服散剂、颗粒剂或片剂可作为免疫增强剂用于微生物感染及癌症的辅助治疗。

壳聚糖在食品方面可用作果汁澄清剂、加工豆腐、乳化剂、增稠剂、果蔬和肉类保鲜剂、减肥食品、人造肉类、口腔保健食品等；在农业中可用作果蔬保鲜膜、植物生长调节剂、肥料、种子处理剂和土壤改良剂等；在工业上可用作增强剂、表面改性剂、处理废水、抗菌包装材料、超滤膜、施胶剂等。除了以上几个方面的应用之外，壳聚糖在生物电化学、材料等方面也有广泛的应用。壳聚糖作为一种生物材料，具有很好的絮凝和抑菌性能，并且降解产物对人类无毒无害。随着研究的不断深入，壳聚糖将在日化、保健等高价值领域进入实用阶段或商品化阶段。

第 10 章　细胞化学生物学

在细胞层次研究物质间相互作用是化学生物学研究中基础最好的领域之一，已经取得了大量的研究成果。化学物质与细胞之间的相互作用导致的生物、化学效应比较明显，易观察，且具有重大的学术价值和巨大的实际效益，被认为是该领域早期研究成果丰富的原因之一。不过，从化学生物学的角度看，无论是细胞信息学，还是研究小分子药物对细胞分裂和增殖的调控机制，要揭示其中所涉及化学过程的具体细节，远比观察或关联其生物效应复杂得多，因为细胞作为结构性很强的分子聚集体，一般情况下，发生的不会是直接、简单的基元过程。因此，本章在介绍几个细胞层次化学生物学问题的同时，提醒大家注意，这些看似在分子细胞生物学中已经深入研究过的内容，正是需要进一步从分子以上层次化学角度再度审视的问题。

10.1　细胞信号转导

高等生物所处的环境无时无刻不在变化，机体功能上的协调统一要求有一个完善的细胞间相互识别、相互反应和相互作用的机制，这一机制可以称为细胞通信(cell communication)。在这一系统中，细胞或者识别与之相接触的细胞，或者识别周围环境中存在的各种信号(来自于周围或远距离的细胞)，并将其转变为细胞内各种分子功能上的变化，从而改变细胞内的某些代谢过程，影响细胞的生长速度，甚至诱导细胞的死亡。这种针对外源性信号所发生的各种分子活性的变化，并将这种变化依次传递至效应分子，以改变细胞功能的过程称为信号转导(signal transduction)，其最终目的是使机体在整体上对外界环境的变化发生最为适宜的反应。阐明细胞信号转导的机理就意味着认清细胞在整个生命过程中的增殖、分化、代谢及死亡等诸方面的表现和调控方式，进而理解机体生长、发育和代谢的调控机理。

生物细胞所接受的信号多种多样，从这些信号的自然性质来说，可以分为物理信号、化学信号和生物学信号等几大类，它们包括光、热、紫外线、X 射线、离子、过氧化氢、不稳定的氧化还原化学物质、生长因子、分化因子、神经递质和激素等。在这些信号中，最经常、最普遍、最广泛的信号应该说是化学信号。生物体内有各种各样的，能够调节机体功能的生理活性物质，它们大多是在细胞内合成，并分泌出细胞的物质。这些物质就可以作为化学信号在细胞间传递信息。

10.1.1　细胞通信方式

单细胞生物仅与环境交换信息，高等生物则根据自然需求进化出一套精细的调控通信系统，以保持所有细胞行为的协调统一。细胞间主要以如下三种方式进行联络。

1. 细胞间隙连接

细胞间隙连接(gap junction)是一种细胞间的直接通信方式。两个相邻的细胞间存在着一种特殊的由蛋白质构成的结构——连接子(connexon)。连接子两端分别嵌入两个相邻的细胞，形成一个亲水性孔道。这种孔道允许两个细胞间自由交换分子质量为500 Da以下的水溶性分子。这种直接交换的意义在于，相邻的细胞可以共享小分子物质，因此可以快速和可逆地促进相邻细胞对外界信号的协同反应。

2. 膜表面分子接触通信

每个细胞都有众多的分子分布于膜的外表面。这些分子或为蛋白质，或为糖蛋白。这些表面分子作为细胞的触角，可以与相邻细胞的膜表面分子特异性地相互识别和相互作用，以达到功能上的相互协调。这种细胞通信方式称为膜表面分子接触通信。膜表面分子接触通信也属于细胞间的直接通信，最为典型的例子是T淋巴细胞与B淋巴的相互作用。

3. 化学通信

细胞可以分泌一些化学物质——蛋白质或小分子有机化合物至细胞外，这些化学物质作为化学信号作用于其他的细胞(靶细胞)，调节其功能，这种通信方式称为化学通信，即细胞间的相互联系不再需要它们之间的直接接触，而是以化学信号为介质来介导的。根据化学信号分子可以作用的距离范围，将其分为三类。

(1) 内分泌(endocrine)系统：以激素为主，它们是由内分泌器官分泌的化学信号，并随血流作用于全身靶器官。

(2) 旁分泌(paracrine)系统：以细胞因子为主，它们主要作用于局部的细胞，作用距离以毫米计算。

(3) 自分泌(autocrine)系统：以神经介质为主，其作用局限于突触内，作用距离在100 nm以内。

化学信号还可以根据其溶解性分为脂溶性化学信号和水溶性化学信号两大类。所有的化学信号都必须通过与受体结合方可发挥作用。水溶性化学信号不能进入细胞，其受体位于细胞外表面；脂溶性化学信号可以通过膜脂双层结构进入胞内，其受体位于胞浆或胞核内。

10.1.2　细胞间化学信号

生物体内有许多化学物质，它们的主要作用既非营养，又非能源物质，也不是结构成分。其主要功能是在细胞间和细胞内传递信息。细胞内通信的信号分子一般公认的有环腺苷酸(cAMP)、环鸟苷酸(cGMP)、钙离子(Ca^{2+})、三磷酸肌醇(IP_3)及甘油二酯(DG)等，也称为胞内信使。

细胞间通信的信号分子，最主要的有激素、神经递质、细胞生长因子(如神经生长因子、趋化因子)及气体信号分子等，即四大类化学信号。免疫系统中的淋巴细胞在受到外界异物——抗原刺激后，分泌抗体及淋巴因子，然后经体液传送到靶细胞引起免疫反应，因此抗体与淋巴因子也可以说是一类传递胞间信息的化学信号物质。

1. 激素

内分泌系统将来自环境的信号传达到生物体内的各种器官和细胞，在整体上起着综合调节生物体功能的作用，它产生的化学信号是激素。

激素是生物体内特定细胞产生的对某些靶细胞具有特殊刺激作用的微量物质。激素的作用是对代谢过程或生理过程起调控作用，使细胞及组织器官形成一个协调运作的一个整体。激素与靶细胞特异受体的结合和转换，激素的失活和排除以及各种激素之间的相互协调作用、拮抗作用等构成了复杂而精致的激素信号系统。从而对细胞组织生长、分化、发育、繁殖以及生物体各种生理过程的“恒稳态”和生理周期现象，甚至情绪行为都起着准确而有效的调控作用。

在正常情况下，机体内的激素处于高度的平衡状态。当人体内某一激素分泌过多或缺乏，机体的激素平衡就会受到破坏，其结果是扰乱了正常的生理活动或代谢，因而出现病症。所以在医疗上，激素也是一类重要药物。根据激素的化学结构和调控功能，一般可以分为三类：含氮激素、类固醇激素和脂肪酸衍生物激素。

1) 含氮激素

含氮激素包括蛋白质激素、多肽激素、氨基酸衍生物激素等。脑垂体前叶、中叶及后叶，F 丘脑，甲状旁腺，胰岛以及胃肠黏膜等分泌的主要是蛋白质或多肽激素；甲状腺分泌的甲状腺素以及肾上腺髓质分泌的肾上腺素则属于氨基酸衍生物激素。

(1) 甲状腺激素。甲状腺所分泌的激素主要是甲状腺素和少量的三碘甲腺原氨酸。三碘甲腺原氨酸的活性为甲状腺素的 5～10 倍。二者的结构如下：

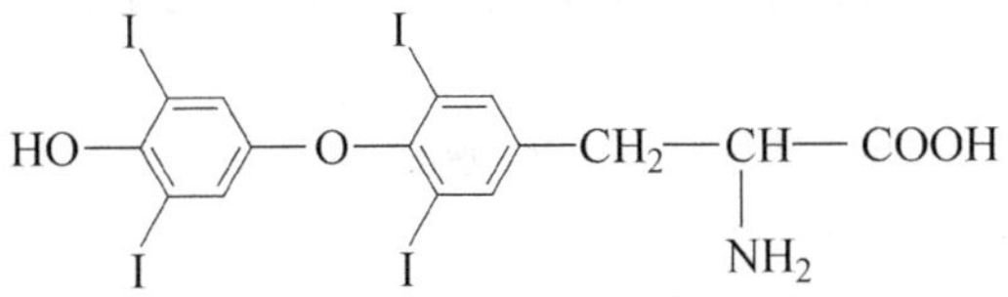

甲状腺素

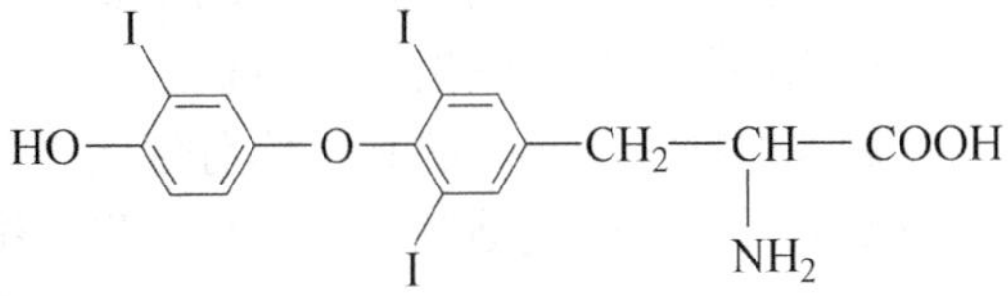

三碘甲腺原氨酸

天然的甲状腺素是酪氨酸的衍生物，均为 L 构型。甲状腺是体内吸收碘能力最强的组织，能将体内 70%～80%的碘富集在其中。在甲状腺素的合成中，碘化过程并不是发生在游离的 L-酪氨酸，而是甲状腺球蛋白分子中的酪氨酸残基发生碘化反应。

(2) 肾上腺素。肾上腺素是一种重要的激素。有关肾上腺素的结构与功能以及它的作用机制都已经研究得比较清楚。

肾上腺分为髓质和皮质两部分。髓质分泌肾上腺素和少量去甲肾上腺素。肾上腺素也是酪氨酸的衍生物，由酪氨酸转变而成，为 *R*-构型(图 10-1)。

肾上腺素主要是调节糖代谢，它能够促进肝糖原和肌糖原的分解，增加血糖和血中的乳酸含量。

(3) 脑垂体激素。脑垂体在神经系统的控制下，起调节体内各种内分泌腺作用。垂体可分为前叶、中叶和后叶三个部分。脑垂体分泌的激素共有 10 多种。垂体前叶和中叶能够合成激素，后叶只能存储和分泌激素。后叶所分泌的激素由下丘脑合成。

脑垂体激素有调节和控制其他类型激素的功能。这类激素对于生长发育和促进其他腺体分泌激素具有重要影响作用。

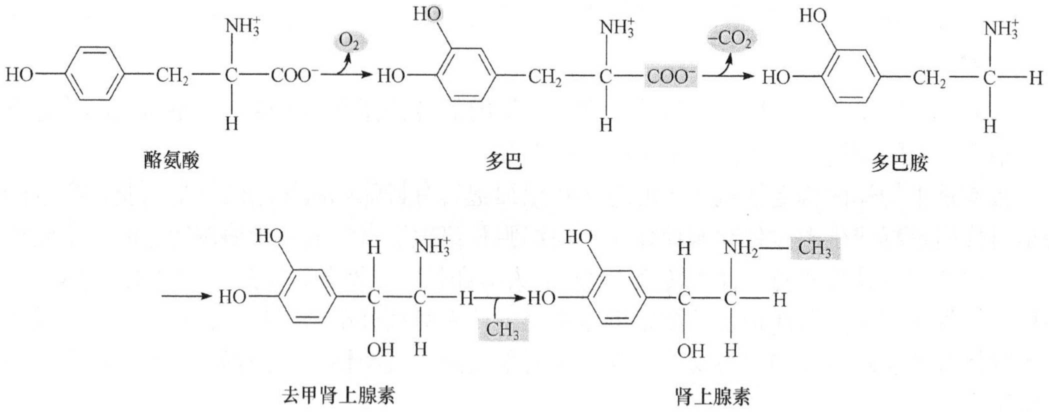

酪氨酸　多巴　多巴胺

去甲肾上腺素　肾上腺素

图 10-1　肾上腺素的生物合成途径

(4) 下丘脑激素。下丘脑所分泌的激素主要包括一些释放激素(或释放因子)和释放抑制激素(或释放抑制因子)。下丘脑激素经垂体门静脉到达脑垂体，并作用于垂体细胞，对垂体前叶和中叶激素起调控作用。

(5) 胰岛激素。胰岛是胰脏的内分泌组织。人的胰岛主要由 α、β 和 δ 三种细胞组成。α-细胞分泌胰高血糖素，β-细胞分泌胰岛素。

胰岛素是由胰腺中胰岛的 β-细胞分泌的一种含有 51 个氨基酸残基、由两条多肽链组成的蛋白质激素。胰岛素的生理功能主要是促进细胞摄取葡萄糖；促进肝糖原和肌糖原的合成；抑制肝糖原的分解。胰岛素的生理功能与肾上腺素的作用相反。

临床上胰岛素是治疗糖尿病的主要药物，药用胰岛素通常由猪的胰腺中提取，现在已经可以应用基因工程方法生产胰岛素。

胰高血糖素为胰岛的 α-细胞分泌的多肽激素，由 29 个氨基酸组成。胰高血糖素主要是促进肝糖原分解，使血糖升高，与肾上腺素作用相似。

(6) 甲状旁腺激素。甲状旁腺主要分泌甲状旁腺素(PTH)和降钙素(CT)，它们都是多肽激素。二者的生理作用相反，PTH 可以升高血钙，而 CT 则可以降低血钙，因此都是调节钙磷代谢的激素。

甲状旁腺素(PTH)是一个含有 84 个氨基酸残基的直链多肽。具有促进骨骼脱钙、增高血钙等作用。甲状旁腺素分泌不足，将引起血钙含量下降。当血钙含量低于 7%(正常人血钙含量为 9%～11%)时，神经兴奋性增高，引起痉挛，注射甲状旁腺素可以恢复正常。如果甲状旁腺机能亢进，则会引起脱钙性骨炎及骨质疏松症。

降钙素是一个由 32 个氨基酸残基组成的多肽激素。不同种属动物中降钙素的氨基酸序列存在一定的差别。降钙素的主要生理功能是降低血钙，在体内由降钙素和甲状旁腺素共同作用以维持血钙平衡。

(7) 其他多肽及蛋白质激素。血管紧张肽是存在于血液中的一类多肽激素。血管紧张肽有两种存在形式，即血管紧张肽Ⅰ和Ⅱ。具有活性的是血管紧张肽Ⅱ，是一个 8 肽化合物。其结构为 Asp-Arg-Val-Tyr-Val-Hig-Pro-Phe。

血管紧张肽Ⅱ可使皮肤和肌肉的血管收缩，引起心、肾等内脏血管扩张，具有显著的增高血压作用。血管紧张肽Ⅱ在临床上通常用于中毒性休克和失血性休克等病人的抢救。血管紧张肽Ⅱ产生过多，是引起高血压的主要原因。

血管舒缓激肽是一个九肽激素，在血液中形成，其结构为 Arg-Pro-Pro-Gly-Phe-Ser-Pro-Phe-Arg。血管舒缓激肽有强烈的扩张血管作用，可以放松血管平滑肌并增加微血管的通透性，因此具有舒张血管、降低血压等作用。

胃、肠激素主要由胃肠道中分泌，其中促胃酸激素是一种 17 肽，由胃幽门黏膜分泌，能够刺激胃酸的分泌。促胰液激素是一种 27 肽，由小肠及十二指肠黏膜分泌。小肠受胃酸刺激即分泌肠激素，经血液运输到胰脏，刺激胰腺分泌碱性胰液和肝脏分泌胆汁。肠抑胃素是一种 43 肽，由十二指肠黏膜分泌，具有抑制胃液分泌和胃活动的作用。

2) 类固醇激素

类固醇激素是一类脂溶性激素，它们在结构上都是环戊烷多氢菲衍生物。脊椎动物的类固醇激素可分为肾上腺皮质激素和性激素两类。

(1) 肾上腺皮质激素。肾上腺皮质激素由肾上腺皮质分泌产生。从肾上腺皮质提取液中分离的类固醇化合物已有 30 余种，已知生理作用的主要有皮质酮、脱氢皮质酮、脱氧皮质酮、醛甾酮、皮质醇、脱氧皮质醇和皮质素等。

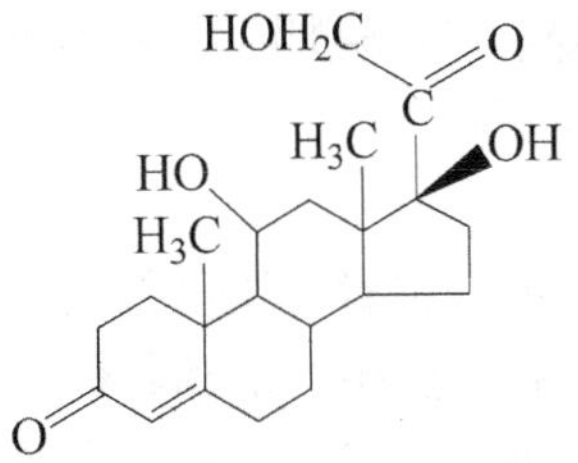

皮质醇(氢化可的松) 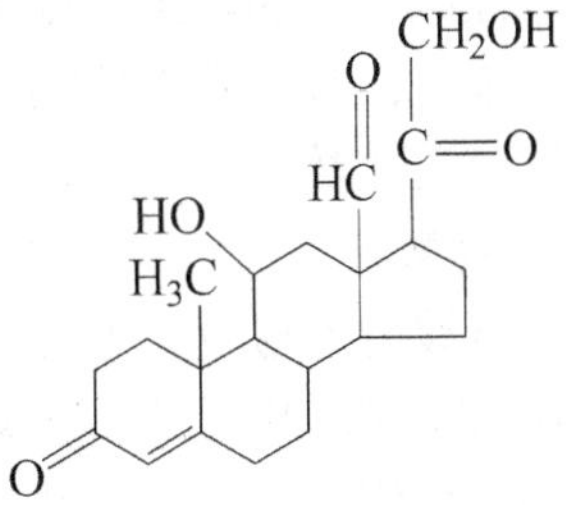　　醛甾酮

肾上腺皮质激素的生理功能主要表现在两个方面。

(i) 调节糖代谢。抑制糖的氧化，使血糖升高；促进蛋白质转化为糖。具有这种功能的包括皮质酮、11-脱氢皮质酮、17-羟皮质酮(氢化可的松)和 17-羟-11-脱氢皮质酮(可的松)。这类激素还具有良好的抗炎、抗过敏作用，是常用的激素药物。

(ii) 调节水盐代谢。促使体内保留钠离子及排出过多的钾离子，调节水盐代谢。这类激素包括 11-脱氧皮质酮、17-羟-11-脱氧皮质酮和醛皮质酮。其中醛皮质酮对水盐代谢的调节作用比脱氧皮质酮大 30～120 倍。

肾上腺皮质激素分泌失常，将引起糖代谢及无机盐代谢紊乱而出现病症。

(2) 性激素。性激素属于类固醇类激素，可分为雄性激素和雌性激素两类。它们与动物的性别及第二性征的发育有关。性激素的分泌受垂体的促性腺激素调节。

雄性激素中重要的有睾酮、雄酮、雄二酮和脱氢异雄酮。睾酮由睾丸的间质细胞分泌，是体内最重要的雄性激素。雄酮、雄二酮和脱氢异雄酮是睾酮的代谢产物(睾酮-)雄酮->雄二酮->脱氢异雄酮)。肾上腺皮质也能分泌一种雄性激素，即肾上腺雄酮。

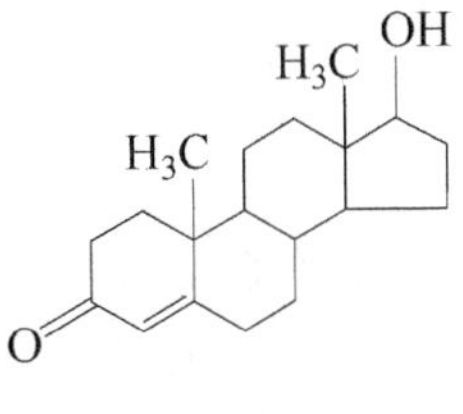

睾酮 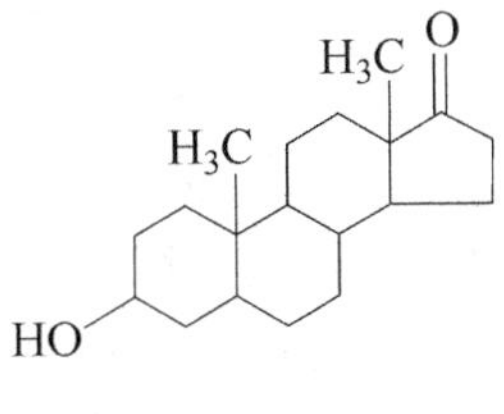　　雄酮 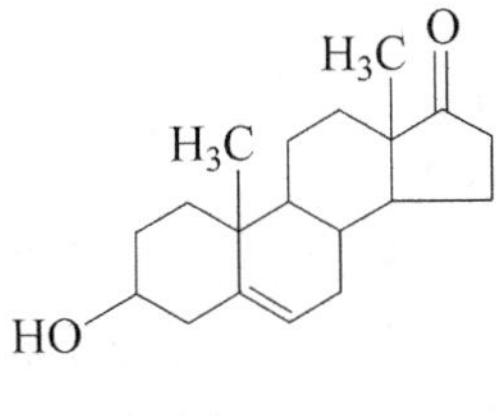　　脱氢异雄酮 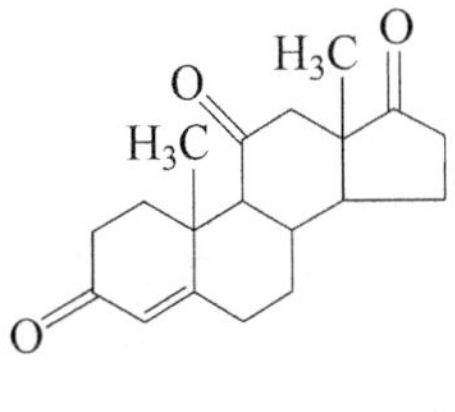　　肾上腺雄酮

雄性激素主要是促进雄性的性器官和第二性征的发育和维持，以及促进蛋白质合成，使身体肌肉发达。雄性激素中睾酮的活性最高，分别是雄酮的 6 倍和脱氢异雄酮的 18 倍。

雌性激素可分为两类。其中卵胞素由卵巢分泌，包括雌酮、雌二醇和雌三醇。具有促进雌性性器官发育、排卵以及促进第二性征发育等功能。以雌二醇的活性最高，约为雌酮的 6 倍，雌三醇的 200 倍。这三种激素在体内可以相互转化。黄体激素由卵巢的黄体分泌产生，主要是黄体酮(又称为孕酮)，具有促进子宫及乳腺发育，防止流产等作用。

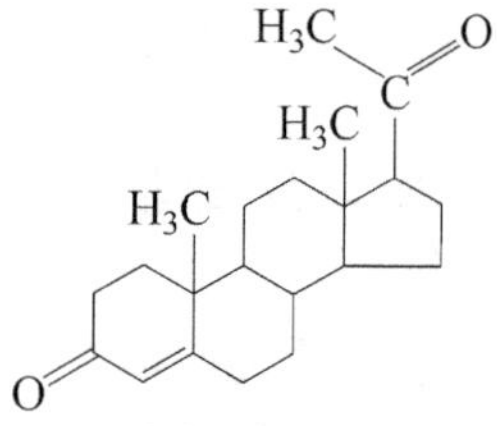

孕酮 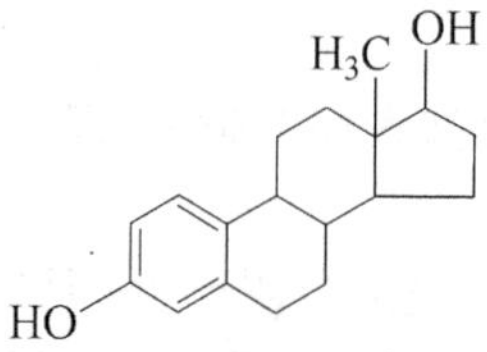　　雌二醇 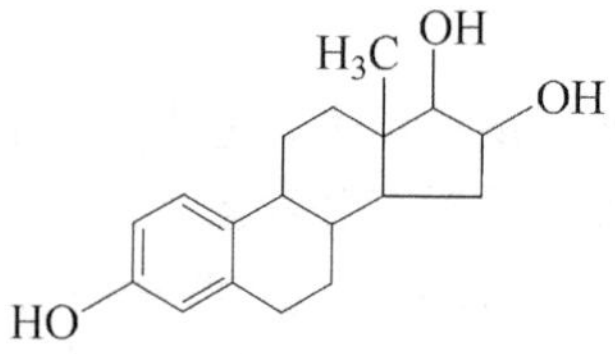　　雌三醇 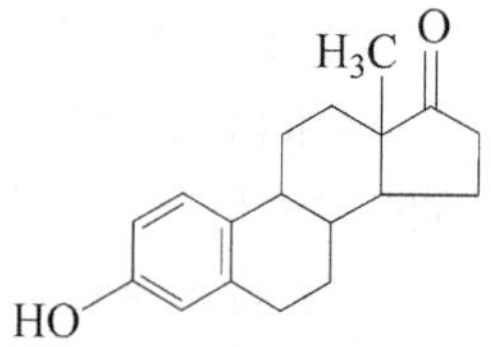　　雌酮

雄性激素和雌性激素的功能虽然很不相同，但它们在结构上却很相似。两类性激素都可以从胆固醇衍生而来，而且二者在体内可以相互转变。已经证明，无论雄性和雌性动物体内都存在一定比例的两类性激素，它们之间存在着一种平衡。

3) 脂肪酸衍生物激素

目前已知的脂肪酸衍生物激素主要是前列腺素。前列腺素(简称 PG)是一类具有生理活性物质的总称，现在已发现有几十种。这类激素广泛存在于生殖系统和其他组织中。

前列腺素的基本结构为含有一个环戊烷及两个脂肪侧链的二十碳脂肪酸。根据环戊烷上双键位置和取代基的不同可以分为几种类型，其中主要有 E、F、A、B 四类。

(1) E 型。C9 为酮基，C11 含有羟基。

(2) F 型。C9 和 C11 均含有羟基。

(3) A 型。C9 为酮基，C10 和 C11 之间有双键。

(4) B 型。C9 为酮基，C8 和 C12 之间有双键。

所有的前列腺素在侧链的 C13 和 C14 之间有双键，C15 含有一个羟基。右下角标记的数字表示双键的数目，如 PGE_2、PGF_2a、PGA_2、PGB_2 等，其几种主要类型的结构如下：

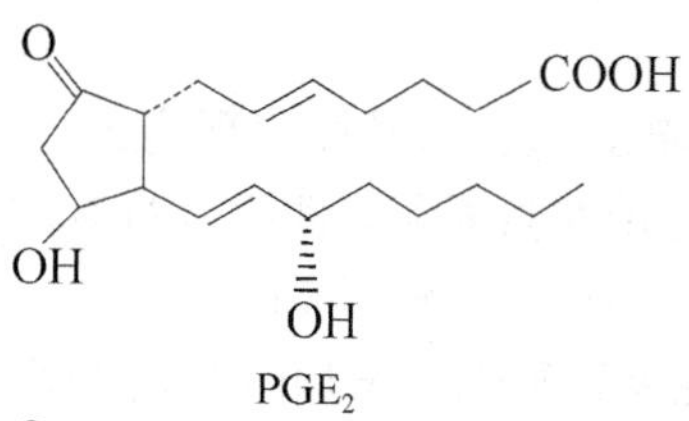

PGE_2 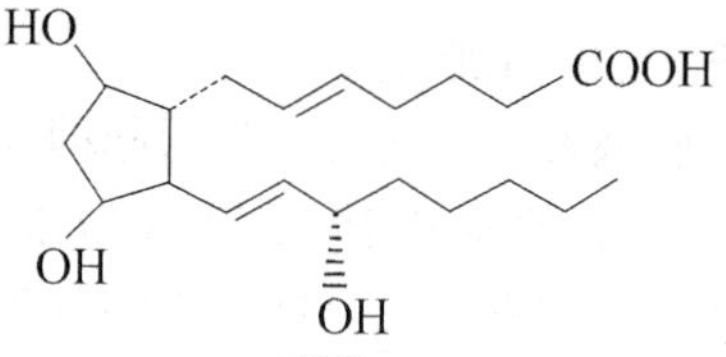　　PGF_2a

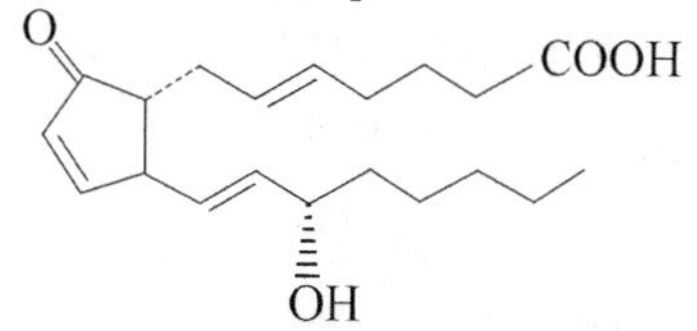

PGA_2 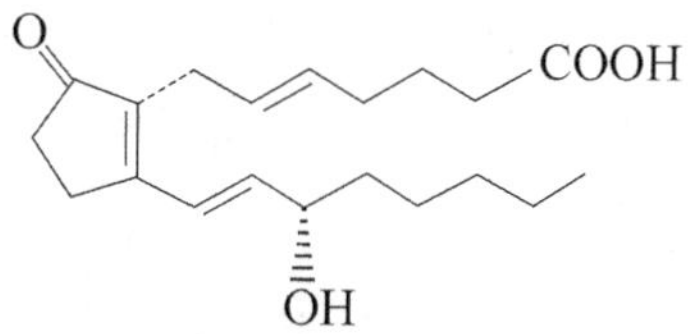　　PGB_2

前列腺素是人体内分布最广的生物活性物质之一。不同的组织对同一种前列腺素有不同的反应，不同结构的前列腺素，其功能也不相同。已经证明，前列腺素对生殖、心血管、呼吸、消化和神经系统等都有显著影响作用。例如，能使子宫及输卵管收缩，使血管扩张或收

缩，可抑制胃酸分泌等。人体前列腺素的产生和分泌异常是导致许多疾病的重要原因。

前列腺素生物合成的前体是花生酸。在环氧合酶催化下，C9 和 C12 之间氧化环合，C15 上引进一个羟基。例如，PGE_2 的生物合成过程如图 10-2 所示。

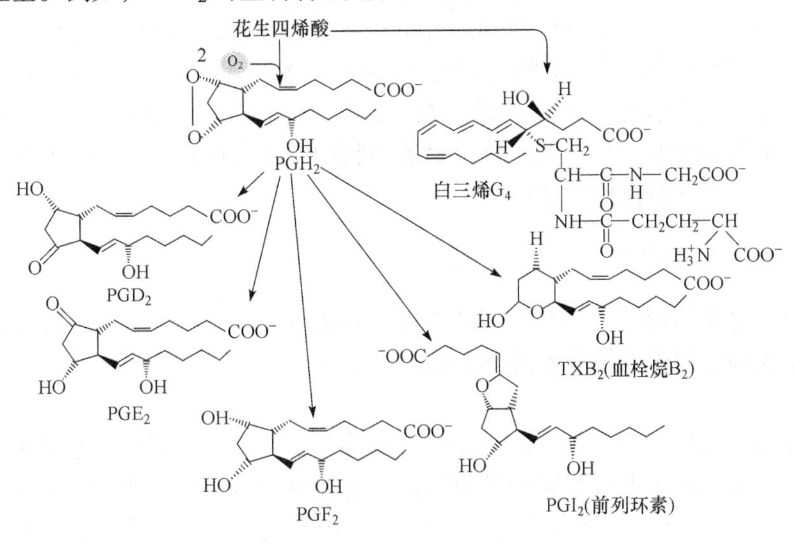

图 10-2　前列腺素 PGE_2 的生物合成

4) 激素的特点

内分泌系统的细胞产生的激素释放到血液中，经过血流的运送到达靶细胞而发挥特别的作用。这样的传递方式称为内分泌作用，这种方式有以下特点：

(1) 低浓度激素在血流中的浓度被稀释到只有 10^{-10}～10^{-8} mol/L，它们依然能够起作用，而且低浓度对它们安全地发挥作用也是必需的。

(2) 全身性即激素随血流而扩散到全身，但是只被有它的受体的细胞接纳和发挥作用。

(3) 长时效激素产生后经过漫长的运送过程才起作用；而且血流中微量的激素就足以维持长久的作用。

2. 神经递质

神经递质是指在神经元之间或神经元与效应器之间传递信息的化学物质。中枢神经系统(CNS)的突触传递也需要递质，以兴奋或抑制另一个神经元。在神经系统中，神经细胞与其靶细胞之间形成一个称为突触的有限结构。突触是神经细胞胞体的延伸部分，神经细胞产生的神经递质在突触的终端释放出来。突触后膜上有特殊的受体，突触前面的细胞也有受体，以调节神经递质的释放(图 10-3)。这种方式有作用时间短、作用距离短和神经递质浓度很高等特点。

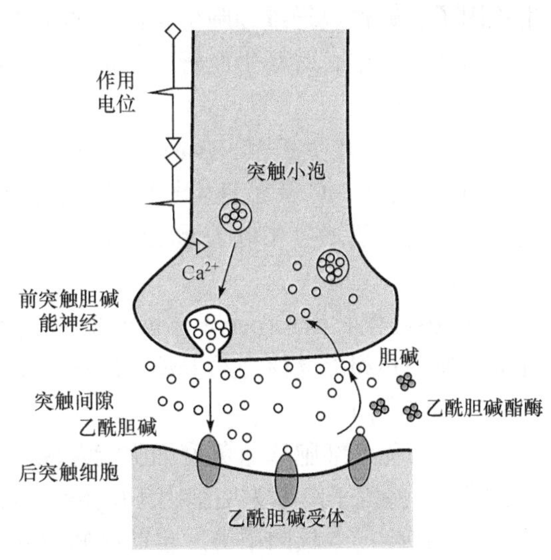

图 10-3　乙酰胆碱的释放及与受体的作用

神经递质是神经系统胞间通信的化学信

号分子。递质的种类有胆碱类的乙酰胆碱，氨基酸类的谷氨酸、门冬氨酸、甘氨酸和 γ-氨基丁酸，单胺类的去甲肾上腺素、多巴胺、5-羟色胺。近年来发现众多的神经肽(内啡肽)也具有神经递质的许多特征。

神经递质胞间通信与激素胞间通信具有相同点，也有明显的区别。各种内分泌激素分泌到血液中，经过长距离传递到靶细胞，每种激素靠专一地与受体结合，来调节靶细胞的活动。而神经递质信号发放的速度、精确性和专一性，很大程度上决定了细胞间结构上的紧密联系，即神经递质从突触前细胞释放，到影响突触后细胞的兴奋和抑制，突触间隙只有 20～50 nm 的距离，神经递质只在距离内传递信息。

3. 生长因子和细胞因子

细胞生长、分化的调控是一个多信号整合的复杂系统。参与这一系统的包括生长因子、细胞因子、生长抑制因子和细胞外间质来源的信号等。

1) 生长因子

生长因子都是相对分子质量不大的可溶性多肽，因而又称多肽生长因子(polypeptide growth factor)。生长因子来自不同种类的细胞，通过旁分泌、自分泌和内分泌等途径，对靶细胞的增殖、运动、收缩、分化和组织的改造起调控作用。生长因子通过与靶细胞的生长因子受体(growth factor receptor)的特异性结合而发挥作用。生长因子受体可位于细胞膜、细胞质或细胞核。有些生长因子作用于多种类型的细胞，有些则只对特异的靶细胞起作用。

(1) 表皮生长因子广泛存在于组织的分泌物和体液中，如汗液、唾液、胃肠道的液体中，刺激上皮细胞、肝细胞、成纤维细胞的生长。

(2) 血小板源生长因子(platelet-derived growth factor)是一组密切相关的多肽，由 α 和 β 两个链构成的二聚体，AA、AB、BB 三种形式均具有生物活性。血小板源生长因子储存于血小板的 α 颗粒内，血小板激活时被释放，具有刺激平滑肌细胞，成纤维细胞和单核细胞的增生，分裂和运动。

(3) 成纤维细胞生长因子(fibroblast growth factor)是一组生长因子，其中酸性成纤维细胞生长因子和碱性成纤维细胞生长因子的结构和功能均已清楚。成纤维细胞生长因子在创伤愈合、慢性炎症中，对新生血管的形成、成纤维细胞、上皮细胞、血管内皮细胞的分裂、移动具有刺激作用。

(4) 血管内皮生长因子(vascular endothelial growth factor)是一组生长因子，包括血管内皮生长因子 A、B、C 及胎盘生长因子等，能促进新血管的形成和发育。在创伤愈合、慢性炎症、肿瘤的血管增生中起着重要作用。血管内皮生长因子 C 对淋巴内皮、淋巴管的增生具有特异性。

(5) 神经生长因子(nerve growth factor，NGF)是一种由 118 个氨基酸组成的蛋白质，是维持交感神经元和感觉神经元生长、发育和功能所必需的营养因子。

2) 细胞因子

机体的免疫细胞和非免疫细胞能合成和分泌小分子的多肽类因子，它们调节多种细胞生理功能，这些因子统称为细胞因子(cytokines)。细胞因子包括淋巴细胞产生的淋巴因子和单核巨噬细胞产生的单核因子等。目前已知白介素(interleukin，IL)、干扰素(interferon，IFN)、集落刺激因子(colony stimulating factor，CSF)、肿瘤坏死因子(tumor necrosis factor，TNF)、转化生长因子(transforming growth factor，TGF-p)等均是免疫细胞产生的细胞因子，它们在免疫系统中起着非常重要的调控作用，在异常情况下也会导致病理反应。

(1) 集落刺激因子。在进行造血细胞的体外研究中，发现一些细胞因子可刺激不同的造血干细胞在半固体培养基中形成细胞集落，这类因子被命名为集落刺激因子(CSF)。根据它们的作用范围，分别命名为粒细胞 CSF(CrCSF)、巨噬细胞 CSF(M-CSF)、粒细胞和巨噬细胞 CSF(GM-CSF)和多集落刺激因子(multi-CSF，又称 IL-3)。广义上，凡是刺激造血的细胞因子都可统称为 CSF，如刺激红细胞的红细胞生成素(erythropoietin，Epo)、刺激造血干细胞的干细胞因子(stem cell factor，SCF)、可刺激胚胎干细胞的白血病抑制因子(leukemia inhibitory factor，LIF)等均有集落刺激活性。此外，CSF 也作用于多种成熟的细胞，促进其功能具有多相性的作用。

(2) 趋化因子。趋化因子(ehemokines)是一类主要由免疫细胞产生的、具有趋化白细胞作用的细胞因子。所谓趋化作用，就是指细胞向着某一化学物质刺激的方向移动。趋化因子家族是一类一级结构相似的具有多种生物活性的小分子蛋白，分子质量为 8～10 kDa，是种类繁多的系统。目前已明确人类趋化因子有 50 余种。趋化因子除趋化和激活中性粒细胞、单核细胞或某些 T 细胞亚群外，有些成员还可趋化嗜酸性粒细胞，或趋化嗜碱性粒细胞并刺激其释放组胺。某些趋化因子还具有刺激造血细胞、成纤维细胞、角化细胞或黑色素瘤细胞的生长的作用。

(3) 白介素。白介素(IL)是介导白细胞间相互作用的一类细胞因子，迄今发现十几种，可以预期，还会有更多的 IL 被发现。研究发现，许多 IL 不仅介导白细胞相互作用，还参与其他细胞的相互作用，如造血干细胞、血管内皮细胞、成纤维细胞、神经细胞、成骨和破骨细胞等的相互作用。

(4) 干扰素。干扰素(1FN)是最先发现的细胞因子，可抵抗病毒的感染，干扰病毒的复制，因而命名为干扰素。根据其来源和结构，可将 IFN 分为 IFN-α、IFN-β、IFN-γ，它们分别由白细胞、成纤维细胞和活化 T 细胞产生。IFN 除有抗病毒作用外，还有抗肿瘤、免疫调节、控制细胞增殖及引起发热等作用。

(5) 肿瘤坏死因子。肿瘤坏死因子(TNF)是一类能直接造成肿瘤细胞死亡的细胞因子，根据其来源和结构分为两种，TNF-α 由单核巨噬细胞产生可引起恶病质，呈进行性消瘦，因而 TNF-α 又称恶病质素(cacheetin)。TNF-β 由活化的 T 细胞产生，又名淋巴毒素(lymphotoxin)。TNF 除有杀肿瘤细胞作用外，还可引起发热和炎症反应。

4. 气体信号分子

内源性 NO 的发现开创了一个简单的气体分子作为生物信息分子的先例。此后，CO 和 H_2S 被认为也是气体信号分子，它们组成了体内不可缺少的气体信号分子调节体系，作为信号分子在细胞信号转导中具有特殊意义。

气体分子具有高度膜穿透性，极容易以自分泌或旁分泌等方式传递信号，是机体稳态调节中最活跃的一类物质。气体分子能够以多种途径与蛋白相互作用发挥生物学效应，包括气体分子与蛋白金属辅基共价结合，或与蛋白某些区域非共价结合以调节蛋白功能。

1) NO

NO 是 NO 合酶(NOS)以 Q 和 L 精氨酸为底物合成的，半衰期短，活性高，分布于全身各器官组织，具有多种生物学效应。

NO 作为气体分子迅速通过细胞膜，在胞间传递并进入平滑肌细胞，通过 cGMP 引起平滑肌细胞松弛而使血管舒张。大家熟悉的硝酸甘油，是一种常用的缓解心绞痛的药物，虽然它的应用已有上百年历史，但其作用机制直到最近才弄清楚。它在体内转化成 NO，从而令心肌舒张，血液在血管中恢复畅通。NO 的作用目前已知不仅限于血管功能的调节，它在许多类型的细胞，如脑细胞、神经细胞中都存在，其信号分子的作用是相当广泛的。

2) CO

CO 是血红素加氧酶(HO)氧化降解正铁血红素产生的。早在 1993 年 CO 就被认为是大脑内的一种神经信号分子，与海马的长时程增强有关。CO 与 NO 有许多相似的功能，如二者都是小分子气体，都能在胞浆中与可溶性鸟苷酸环化酶结合并使之激活，继而使细胞质环磷酸鸟苷水平上升，在调节细胞功能和信息传递方面发挥着很重要的作用(图 10-4)。其发挥作用的方式也类似于 NO。目前大量的研究证实 CO 是体内重要的细胞间信使，在心、脑和血管系统中起着重要的生物学效应，参与调节体内许多生理和病理过程。

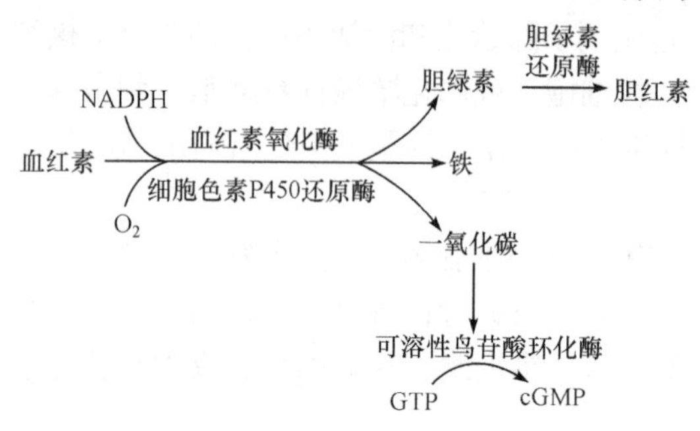

图 10-4　一氧化碳的形成及其信使作用

3) H_2S

内源性的 H_2S 是在半胱氨酸被吡多醛-5′-磷酸依赖性酶包括胱硫醚-β-合成酶、胱硫醚-γ-裂解酶和半胱氨酸转移酶催化作用下产生的。神经细胞中的 H_2S 参与学习和记忆功能，调节神经元的兴奋性和下丘脑、垂体、肾上腺皮质功能，被认为是一种非典型的神经递质。心血管系统产生的内源性 H_2S，具有舒张血管平滑肌、降低血压、抑制心肌收缩力等多种心血管生物学效应。H_2S 生物学效应的作用机制可能不是单一的，可通过 cAMP、Ca^{2+}等多条信号转导途径发挥作用。

在生物体中存在的三种气体信号分子在代谢、生物学效应上彼此作用，形成具有网络调节关系的气体信号分子“家系”。这个家系是生物调节复杂体系中最活跃的组分之一。至于机体代谢产生的其他“废气”如 NH_3、SO_2、NO_2 等，是否也具有内源性气体信号分子的作用，是否也是气体信号分子“家系”的成员，尚待进一步研究。

10.1.3　受体

细胞通过细胞膜和它周围环境发生关系。细胞外的物质，如激素、药物、神经递质等都要与细胞表面接触，然后才能引起细胞内部的变化。细胞的识别能力和免疫作用也要通过细胞膜才能实现。上述作用于细胞的外界物质统称为化学信号或配体。

受体的概念是相对配体而言的，它是指对配体具有特异识别和结合功能的生物活性分子。它们主要是质膜上镶嵌的蛋白质，但也有非蛋白质的受体，如质膜中的糖脂。大部分受体位于细胞膜上，故称膜受体，少部分在胞质内，称为胞质受体。

配体和其特异性受体结合能产生可见效应的配体称为激动剂；不产生可见效应、但可阻滞激动剂产生效应的配体称为拮抗剂。激动剂对其特异受体既有亲和力，也有内在活性；拮抗剂对其特异受体仅有亲和力，而无内在活性。

受体及其药物的研究近年来进展迅速，不少受体已被克隆出基因，发展了许多选择性较好的受体激动剂和拮抗剂，已被应用于临床治疗中。

1. 受体的特性

根据受体的定义，受体至少具有两个方面的功能：第一是识别特定的信号物质——配体，并与之结合；第二是将识别和接收的信号准确无误的传递到细胞内部，启动一系列细胞内生化反应，最后导致特定的生物效应产生。酶、载体、某些离子通道及核酸虽然也可与药物直接作用，但这些物质本身具有效应力，故严格地说不应被认为是受体。因此，受体有别于其他一些生物大分子，一般都具有下列的基本特性。

1) 特异性

特异性是指一种特定受体只与其特定的配体结合，产生特定的生理效应，而不被其他生理信号干扰。这是受体的最基本的特性，否则受体就无法识别外界的特殊信号，也无法准确的传递信息。

配体与受体结合的特异性常常采用亲和力的高低来表示。一般来说，特异性越高，亲和力也就越高。换言之，具有结构特异性的配体只需很小的浓度即可与受体结合而导致生物效应。受体与配体的结合也具有立体特异性。

2) 饱和性

每一细胞或每一定量组织内受体数目是一定的。因此，配体与受体结合的剂量反应曲线应具有可饱和性(saturability)。一般来说，特异性结合表现为高亲和性与低容量，即随着配体浓度的增加，配体与受体的结合量迅速上升，当配体浓度达到某一浓度时，最大结合值不再随配体浓度的增加而加大，呈饱和状态。非特异性结合则表现为低亲和性与高容量，其剂量反应曲线呈非饱和性。

3) 可逆性

配体与受体的结合是可逆的，配体与受体的结合物不仅可以解离，而且从配体-受体结合物中解离出的配体仍为原来的形式。这一特性与酶和底物相互作用的结果不同，因为酶与底物作用后释放出的是产物，但同酶与特异性竞争抑制剂的结合类似。

4) 高亲和力

受体对它的特异性配体的亲和力应该相当于内源性配体的生理浓度，用放射配体受体结合测定法测出的配体的表观解离常数 K_D 值一般在 nmol/L 水平。

2. 受体学说

1908 年，Ehrlich 从化疗药物对原虫作用的角度提出了“受体”这一名词，并于 1913 年提出了“锁与钥匙”假说作为配体-受体相互作用的模型。以后经过大量实验资料的补充，理论上有了较大发展，在历史的不同阶段先后提出了下述几种受体学说。

1) 受体占领学说

1933 年 Clark 从定量角度首次提出了“受体占领学说”，就是药物必须占领受体才能发挥作用，药物效应与药物和受体的结合量成正比关系。

$$R + D \underset{k_2}{\overset{k_1}{\rightleftharpoons}} RD \longrightarrow E$$

式中，R 表示受体；D 表示药物(或配体)；RD 表示受体-药物复合物；E 表示药理效应；k_1 和

k_2分别为结合和解离速率常数。根据上式可见：①D 能否产生 E 取决于是否有 R 的存在，如果某组织中不存在药物的受体，则不会产生该药的药理效应；②药物与受体的结合和解离是可逆的，并很快达到平衡，从而保证了药物反应的正常进行；③E 的大小取决于 D 的计量或浓度以及 R 的多少和性质，而 RD 则是决定 E 和 D 之间定量关系的关键。换言之，受体与药物复合物的多少直接决定药物效应的大小。

利用稳态平衡方法，可以推导出药物药理效应与药物浓度关系的方程：

$$E = \frac{E_{max}[D]}{K_D + [D]}$$

式中，E_{max}表示最大药理效应；K_D表示平衡时的解离常数。不难发现，该方程与酶催化反应的米凯利斯-门顿方程相同。因此，当药量$[D]=K_D$时，则$E=0.5E_{max}$，此时药理效应为最大药理效应的一半，所以K_D又可称为“半效浓度(E_{C50})”。

1954 年 Ariens 研究了许多种类的同系物和类似物，发现同一类化合物或药物产生的最大效应可以不同，这是 Clark 的受体占领学说不能解释的现象。于是，他提出药物“内在活性”的概念，对 Clark 的受体占领学说进行修改，即药物必须占领受体才能发挥作用，药物效应取决于药物-受体之间的亲和力和药物的内在活性。所谓内在活性是指某化合物(药物)的最大效应与同系化合物中最大效应之比，以 α 表示内在活性，则 $\alpha=E_m/E_{max}$。

2) 竞争性交互作用

当两种药物(A、B)作用于相同受体体系时，两药合用表现为竞争性交互作用，这种作用方式可以用受体占领学说的基本原理加以解释。竞争性交互作用可以有以下几种类型。

(1) 竞争性协同作用。A、B 两种药物呈竞争性协同作用。表明两种药物联合作用时的药物效应不至于超过 A(或 B)药物的最大效应，但在某一药物未达到最大效应时，加人另一药物可使效应增加，此为协同效应。

(2) 竞争性二重作用。如果 A 药在某一浓度[A]产生的药效小于 B 药的最大药物效应，此时加入 B 药可使药物效应增加；如果[A]产生的效应 $E_A=E_B$，此时加入 B 药，则药物效应不变；但如果 $E_A>E_B$，这时加入 B 药，则使 A 药已产生的效应减弱。这就是 A、B 两种药物合用表现出的竞争性二重作用。

3) 竞争性与非竞争性拮抗作用

药物与受体的拮抗作用类似于酶的抑制作用，也存在着竞争性拮抗作用和非竞争性拮抗作用。如激动剂和拮抗剂都结合于相同的受体部位，且两者的结合存在着彼此相互排斥现象，称为竞争性拮抗。如激动剂和拮抗剂都能同时结合于受体部位，但拮抗药的结合则降低或阻止激动药的作用，此称之为非竞争性拮抗。在可逆性竞争性拮抗现象中，激动剂和拮抗剂与受体形成短时期结合之后，激动剂，拮抗剂与受体之间即达稳定状态，这种拮抗现象能通过增加激动剂的浓度而加以克服。其理论以及动力学方程都与酶抑制作用的相似，这里不再一一介绍。

4) 受体作用的其他学说

受体占领学说在解释药物作用机理方面仍然存在许多问题，如不能从分子水平用化学结构来阐明药物的作用机制等，因此许多人又提出了其他一些关于受体的学说。

(1) 速率学说。1961 年，Paton 根据一些实验结果提出了药物作用的“速率学说”，他认为药物的作用主要取决于药物与受体结合的速率以及结合后药物的解离速率，而与药物占领的受体量无关。药物效应的产生是由于一个药物分子和受体碰撞产生一定量的刺激，并传递到效应器的结果。速率学说有一定的实验依据，并能解释一些现象，但不能解释药物与受体多种类型的相互作用。

(2) 两态学说。上述受体学说能较好地解释药物效应和竞争性拮抗中的一些现象，但它们都把受体看成静态的僵硬或刚性分子。膜碎片和整体细胞的生化研究发现，受体可以处于不同的亲和力状态，Karlin 和 Changeux 受到酶促反应中底物可以诱导酶分子活性部位变构，促使底物-酶结合产生反应的启示，分别独立提出了药物-受体相互作用的“两态学说”，又称为变构学说。该学说认为受体存在两种状态，紧密状态代表无活性的受体，松弛状态代表活性的受体，它们对配体的亲和力不同，配体的选择性取决于配体对两种状态受体的亲和力。配体与受体的结合诱导受体构象变化，被结合的受体还会影响其余受体变构。

(3) 诱导契合学说。Koshland 对酶与底物、半抗原与抗体、药物与受体间的相互作用提出了诱导契合学说。该学说认为药物与受体蛋白结合时，可诱导受体蛋白的空间构象发生可逆改变，这种改变作用可以产生生物效应。用此学说可以解释药物与受体之间的协同效应，从分子水平较好地解释了配体与受体结合的实际过程。

3. 受体的结构类型

根据受体蛋白结构、信息传导过程、效应性质、受体位置等特点，受体大致可分为下列 4 类：离子通道型受体、G 蛋白偶联受体、具有酪氨酸激酶活性的受体和细胞内受体。

前三种类型属于膜受体，它们都可以被划分为三个区域：①在膜外侧面的肽链 N 末端，通常这部分常常被多糖修饰。这一区域多是由亲水性氨基酸组成，而且有时形成 S—S 键，以联系同一受体的不同部分或其他受体；②跨膜部分，这部分多由疏水性氨基酸组成，形成螺旋结构。每个结构有 20～25 个残基，有的受体肽链存在多个跨膜螺旋；③细胞内部分，受体肽链的 C 末端在细胞内，此外，受体与效应器偶联的部位或本身的效应部位(如酪氨酸激酶)就在细胞膜内。

受体的分子链很长，极易缠卷，可以同时存在几个构象，它们与化合物的作用就会表现出不同的特征，因而受体可分成几个亚型。不同亚型的受体构象不完全相同，与其相适应的药物就会有所不同。受体及其亚型的分类和命名目前没有一个正式体系，一般兼用药理学和分子生物学的命名方法。

1) 离子通道型受体

离子通道型受体又称直接配体门控通道型受体，它们存在于快速反应细胞的膜上，由单一肽链反复 4 次穿透细胞膜形成 1 个亚单位，并由 4～5 个亚单位组成穿透细胞膜的离子通道，受体激动时离子通道开放使细胞膜去极化或超极化，引起兴奋或抑制效应。最早发现的 N 型乙酰胆碱受体、γ-氨基丁酸(GABA)受体及甘氨酸、谷氨酸、天冬氨酸受体都属于这一类型。

2) G 蛋白偶联受体

这一类受体最多，数十种神经递质及激素的受体需要 G 蛋白(一种与鸟苷三磷酸结合的模型蛋白质)介导其细胞作用，如肾上腺素、多巴胺、5-羟色胺、M-乙酰胆碱、阿片类、嘌呤类、前列腺素及一些多肽激素等的受体。这些受体结构非常相似，都为单一肽链形成 7 个 α-螺旋来回穿透细胞膜，N 端在细胞外，C 端在细胞内，这两段肽链氨基酸组成在各种受体差异很大，与其识别配体及转导信息各不相同有关。胞内部分有 G 蛋白结合区。

G 蛋白偶联受体能够在细胞内产生第二信使来调节其他酶活性，已经知道的第二信使有 cAMP、Ca^{2+}、IP_3(三磷酸肌醇)、DAG(甘油二酯)等。一个受体可激活多个 G 蛋白，一个 G 蛋白可以转导多个信息给效应机制，调节许多细胞功能。

3) 具有酪氨酸激酶活性的受体

这一类细胞膜上的受体由三个部分组成，细胞外有一段与配体结合区，中段穿透细胞膜，胞内区段有酪氨酸激酶活性。与配体相互作用后也会发生二聚作用，能促其本身酪氨酸残基的自我磷酸化而增强此酶活性，再对细胞内其他底物作用，促进其酪氨酸磷酸化，激活胞内蛋白激酶，增加 DNA 及 RNA 合成，加速蛋白合成，从而产生细胞生长分化等效应。它们主要是细胞因子的受体，如胰岛素、胰岛素样生长因子、上皮生长因子、血小板生长因子及某些淋巴因子的受体属于这一类型。

4) 细胞内受体

甾体激素受体存在于细胞质内，与相应甾体结合后分出一个磷酸化蛋白，暴露与 DNA 结合区段，进入细胞核能识别特异 DNA 碱基区段并与之结合，促进其转录及某种活性蛋白生成。甲状腺素受体存在于细胞核内，功能大致相同。这两种受体触发的细胞效应很慢，需若干小时。

人类的各种甾体激素受体都是存在于细胞内的蛋白质，属于一个有共同结构和功能特点的大家族。它们都有一个由大约 70 个氨基酸残基(其中富含 Cys 和 Lys-Arg)组成的 DNA 结合部位。这个区段距 C 末端大约 300 个氨基酸残基。胆固醇激素与受体结合后，其 DNA 结合部位也有 40%～90%的相似。并且这个部位都形成所谓“锌指”结构，与很多转录调节因子相似，受体的这个区域与 DNA 结合、发挥调节作用有关。

而靠近 C 末端的约 250 个残基与激素的结合特性关系密切。能形成特定的构象与特定的甾体激素结合。各种甾体激素受体靠近 N 末端的部分肽链长度及结构变异非常明显。这部分的功能尚不完全明确。但 DNA 结合位点暴露，它肯定会与染色体中其他调节蛋白相互作用，从而调控基因表达。

4. 受体激动剂和拮抗剂

生物体是在多种因素控制之下的，有许多自身控制平衡系统。对任何一种功能，一般都有一系列的信使或递质以及一系列类型的相应受体，也有各种放大系统、调节系统、反馈抑制机制及各种离子出入等。如果某一通路被阻断了，那么另一通路很可能就要起替代作用。对某一生理过程实施正反调控的两类激素，保持着某种平衡，一旦被打破，将导致内分泌疾病。因此，在许多情况下，激素、神经递质以及细胞因子等化学信号常常作为药物使用。如胰岛素、肾上腺素、加压素、甲状腺旁腺素、降钙素、生长素、黄体生成素、催乳素、胸腺素、促肾上腺皮质激素、促甲状腺素、促黑色细胞素、前列腺素 E、干扰素、表皮生长因子、神经生长因子、肿瘤坏死因子、白细胞介素等。这些激素和神经递质等都是起着激动剂的作用。

目前由于对受体的不断深入研究，许多受体亚型被发现，促进了受体激动剂和拮抗剂的发展，寻找特异性地仅作用某一受体亚型的药物，可提高其选择性，减少药物的副作用。下面举例介绍一些受体激动剂和拮抗剂。

1) 乙酰胆碱受体激动剂和拮抗剂

按照乙酰胆碱受体(Ach 受体)结构和对药物反应的不同，可分为两大类：被毒蕈碱激动的 Ach 受体称为毒蕈碱型 Ach 受体(M 受体)；被烟碱激动的 Ach 受体称为烟碱型 Ach 受体(N 受体)。

(1) 激动剂。外周 M 受体激动常为副交感神经兴奋的表现，根据其所在效应器的不同，分别表现心跳减慢、外周血管扩张、血压下降、出汗、流涎、缩瞳、肠蠕动增加、支气管及子宫平滑肌收缩等作用。具有实用价值的激动剂仅有治疗青光眼的缩瞳药氨甲酰胆碱(carbamylcholine)和毛果芸香碱(pilocarpine)。

乙酰胆碱　　氨甲酰胆碱　　毛果芸香碱

氨甲酰胆碱的化学结构和作用都与 Ach 相似，能直接激动 M 受体和 N 受体，也可能促进胆碱能神经末梢释放 Ach 而发挥间接作用，目前主要局部滴眼用于治疗青光眼，引起缩瞳以降低眼内压。

烟碱(nicotine)是 N 胆碱受体激动药的代表，它是烟叶(tobacco)的重要成分，其作用很复杂，既作用于 N_1 受体，也作用于 N_2 受体，此外，尚可作用于中枢神经系统，而且具有小剂量激动，大剂量阻断 N 受体的双相作用。因此无临床治疗应用价值，但为烟草制品所含毒物之一，在吸烟的毒理中具有重要意义。

地棘蛙素(epibatidine)是一种具有氮杂二环庚烷体系结构的新天然物，镇痛活性是吗啡的 200～500 倍，它通过烟碱(nicotine)受体，而不是通过阿片受体起激动作用。地棘蛙素的类似物 epiboxidine，该化合物的镇痛活性虽比地棘蛙素低 91%，但毒性却降低了 95%。而化合物 ABT-594 在缓解慢性或急性疾病的治疗中比吗啡要强 50 倍，而且无成瘾性。

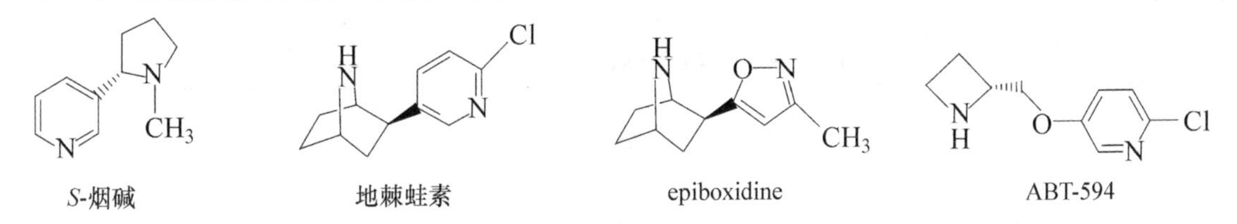

S-烟碱　　地棘蛙素　　epiboxidine　　ABT-594

(2) 拮抗剂。胆碱受体拮抗剂能与胆碱受体结合而不产生或极少产生拟胆碱作用，却能妨碍乙酰胆碱或胆碱受体激动药与胆碱受体的结合，从而拮抗拟胆碱作用。按其对 M 受体和 N 受体选择性的不同，可分为 M_1 胆碱受体阻断药、M_2 胆碱受体阻断药、M_3 胆碱受体阻断药和 N 胆碱受体阻断药、N_2 胆碱受体阻断药。按用途的不同，可分为平滑肌解痉药、神经节阻断药、骨骼肌松弛药和中枢性抗胆碱药，临床用途相当广泛。

从植物中提取的 M 胆碱受体阻断药有阿托品，东莨菪碱和山莨菪碱等，东莨菪碱(scopol-amine)对中枢神经的抑制作用较强，小剂量主要表现为镇静，较大剂量时，则致催眠作用。阿托品(atropine)对 M 受体有相当高的选择性，但对各种 M 受体亚型的选择性较低，对受体 M_1、M_2 受体、M_3 受体都有阻断作用。主要用于解痉挛，起扩瞳和调节麻痹作用以及治疗胃肠痉挛和妊娠呕吐等。阿托品的代用品有甲基阿托品(methyl-atropine)、后马托品(homatropine)、托吡卡胺(tropicamide)等。哌仑西平(pirenzepine)为代表的 M_1 受体阻断药，选择性地抑制胃酸分泌，用于消化性溃疡病。

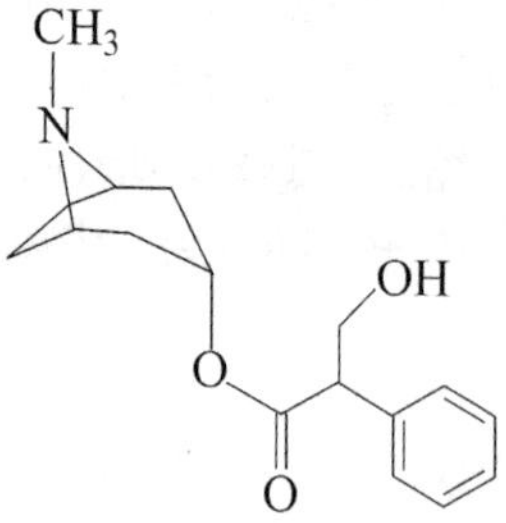

阿托品 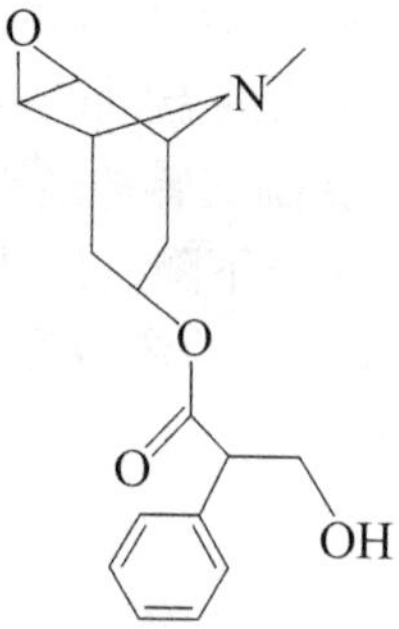　　东莨菪碱 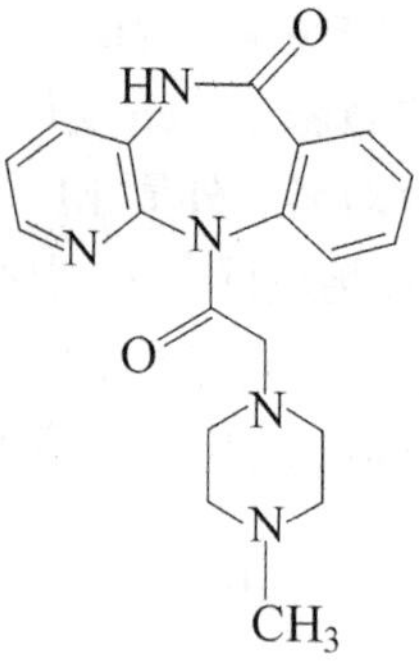　　哌仑西平

N_2胆碱受体阻断药(N_2-cholinoceptor blocking drugs)也称骨骼肌松弛药(skeletalmuscularrelaxants)，简称肌松药，阻断神经肌肉接头的凡胆碱受体妨碍神经冲动的传递，使骨骼肌松弛，便于在较浅的麻醉下进行外科手术。如琥珀胆碱(succinylcholine)和筒箭毒碱(tubocurarine)。

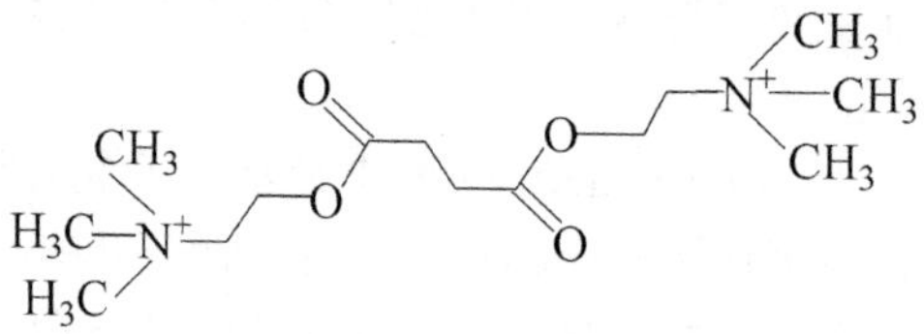

琥珀胆碱 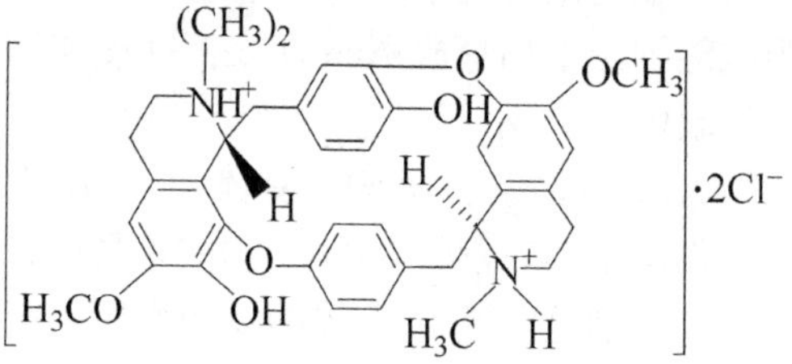　　筒箭毒碱

2) 肾上腺素受体激动剂和拮抗剂

肾上腺素受体(adrenoceptor)分为 α 受体和 β 受体两种，以后根据不同的生理药理作用，将受体又分为 α_1 受体、α_2 受体、β_1 受体、β_2 受体和 β_3 受体五种亚型。这种分型对指导临床用药有意义(表 10-1)。

表 10-1　肾上腺素α受体、β受体激动剂和拮抗剂

受体类型	α受体		β受体		
	α_1	α_2	β_1	β_2	β_3
激动剂			肾上腺素		
	去甲肾上腺素、间羟胺、萘胺唑啉		异丙肾上腺素		
	苯肾上腺素、甲氧胺、西拉唑啉	可乐定、氯亚胍	扎莫特罗	舒喘灵、氯喘、叔丁喘宁、氨哮素、喘敌素	BRL 37344、吲哚洛尔
拮抗剂	酚苄胺、酚妥拉明、哌扑罗生		普萘洛尔、索他洛尔、美沙洛尔、氨磺洛尔、卡维地洛		
	拉贝洛尔、氨磺洛尔、美沙洛尔、卡维地洛、哌唑嗪	育亨宾	阿替洛尔、美托洛尔、醋丁洛尔、比索洛尔、巴芬托尔	α-甲基普萘洛尔、丁胺心安	

(1) α 受体。α 受体激动剂和拮抗剂是临床常用药。肾上腺素、间羟胺和去氧肾上腺素主要兴奋外周组织的 α_1 受体，临床上用作升压药；可乐定激动中枢神经系统的 α_2 受体，临床上

用降压药；酚苄明、酚妥拉明和妥拉唑啉等阻断 α 受体，临床上用于治疗外周血管痉挛性疾病，有些也用于治疗休克；哌唑嗪对 α_1 受体有选择性阻断作用，临床用于治疗高血压。

麻黄素具有与 *R*-构型肾上腺素相似的 *R*-结构，生理活性较高，而伪麻黄素的生理作用则有明显的差异。现在广泛应用的拟肾上腺素类药物，都具有与 *R*-(−)-肾上腺素相似的手性识别和结合性质。

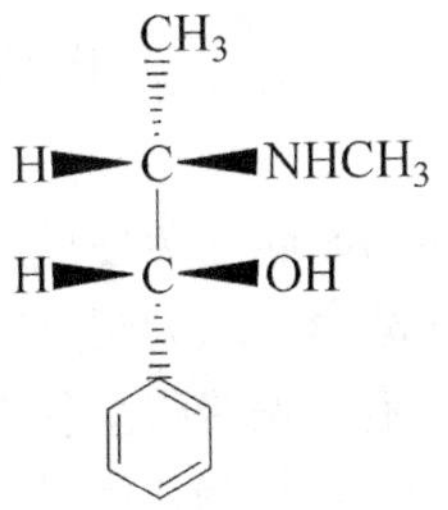

CH_3 H C $NHCH_3$ H C OH

1*R*,2*S*-(−)-麻黄素(麻黄素)

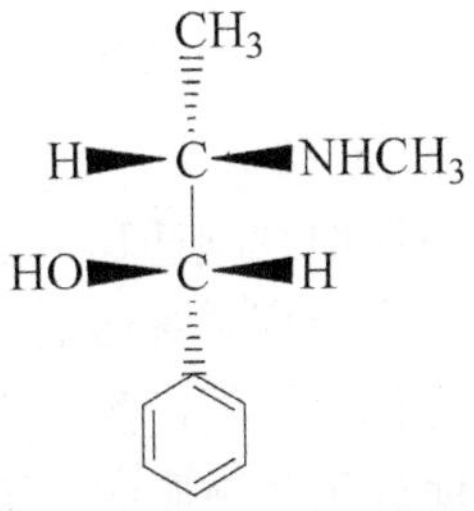

CH_3 H C $NHCH_3$ HO C H

1*S*,2*S*-(+)-麻黄素(伪麻黄素)

(2) β 受体。β_1 受体兴奋激活腺苷环化酶(Ac)，引起细胞内 cAMP 升高，表现为心脏自律性增加，传导加速，收缩力加强，冠状动脉扩张，脂肪分解和肾素释放增加。

β_2 受体兴奋主要表现为平滑肌松弛，骨骼肌的糖原分解增加和胰岛素释放。

β 受体激动剂能松弛呼吸道平滑肌，抑制过敏介质释放，降低血管通透性，因而临床上用于治疗支气管哮喘。非选择性 β 受体激动剂异丙肾上腺素激动 β_2 受体的作用较强，因而平喘效果好，但由于其还有较强的激动 β_1 受体的作用，故副作用较多，临床上主要用于治疗哮喘发作。选择性 β_2 受体激动剂可分为短效、中效、长效三大类：短效类包括沙丁胺醇(salbutamol)、奥西那林(orciprenaline)、克伦特罗(clenbuterol)、氯丙那林(clorprenaline)、比妥特罗(bitolterol)、瑞米特罗(rimiterol)；中效类包括特布他林(terbutaline)、非诺特罗(fenoterol)、妥洛特罗(tulobuterol)、布泽特罗(broxaterol)、比奴特罗(pynoterol)、匹布特罗(pirbuterol)、环克特罗(cycloclenbuterol)、马布特罗(mabuterol)；长效类包括沙美特罗(salmeterol)、佛莫特罗(formoterol)、班布特罗(bambuterol)、普卡特罗(procaterol)等，对 β_1 受体的兴奋作用很弱，副作用较少，是临床上首选的平喘药。

以普萘洛尔为代表的 β 受体拮抗剂用于临床治疗已有 20 多年历史，其后相继发展了醋丁洛尔、阿替洛尔、美托洛尔等药物。临床广泛用于治疗高血压、心绞痛、心律失常、肥厚型心肌病、青光眼等。

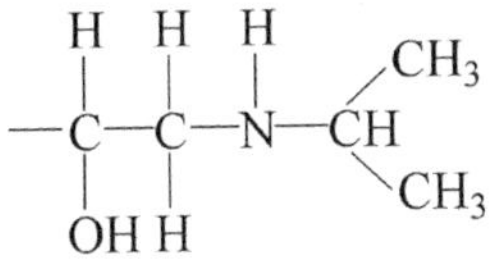

H H H CH_3 —C—C—N—CH CH_3 OH H

R

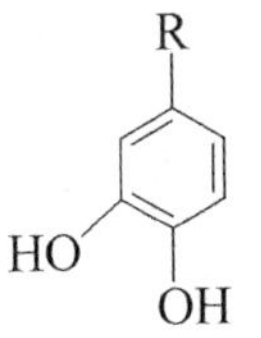

R HO OH

异丙肾上腺素

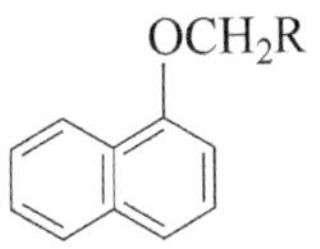

OCH_2R

普萘洛尔

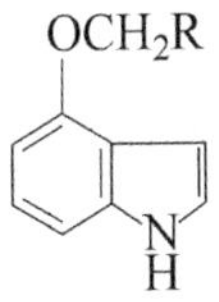

OCH_2R N H

吲哚洛尔

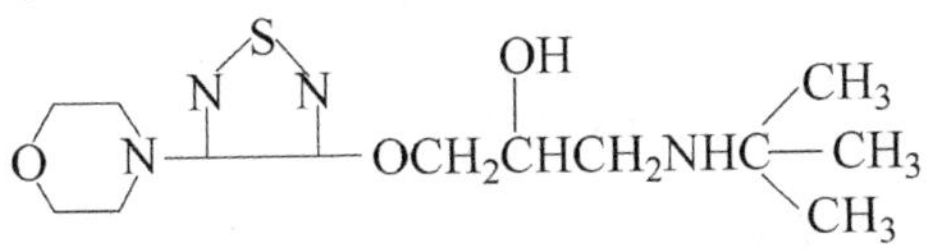

S N N O N OCH_2CHCH_2NHC OH CH_3 CH_3 CH_3

噻吗洛尔

OH OCH_2 —$CHCH_2NHC$—CH_3 CH_3 CH_3 HO HO

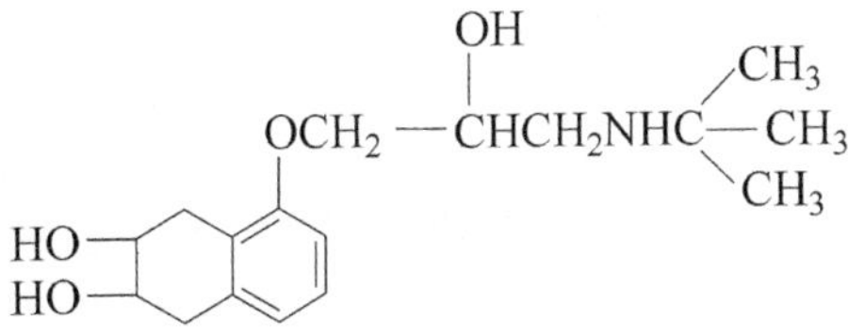

纳多洛尔

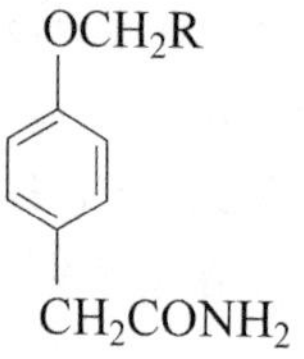

阿替洛尔 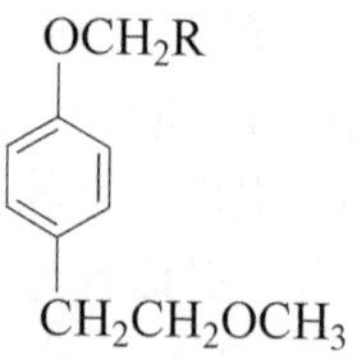　美托洛尔 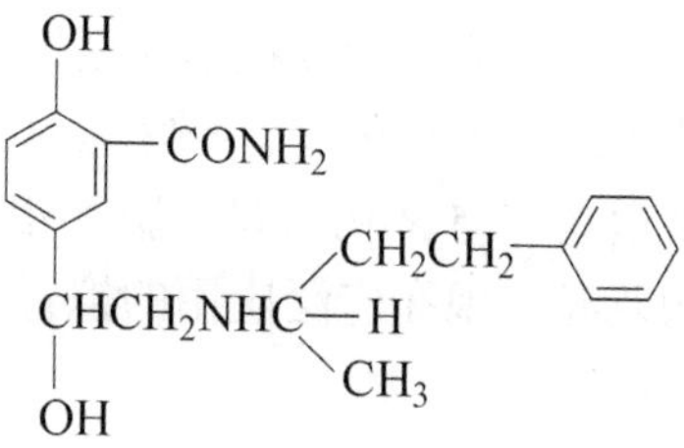　拉贝洛尔

3) 趋化因子受体拮抗剂

趋化因子因具有引导白细胞迁移、诱导其活性的功能而在免疫反应中起着重要作用。然而，在一定的条件下，当免疫系统激活不当或以正常健康组织为靶点时，则容易导致自身免疫性疾病。如，大量趋化因子的产生使得一些肿瘤细胞优先转移至受伤和炎症组织部位，而一些趋化因子又可以促进某些肿瘤向特定部位扩散。HIV 与趋化因子具有共同的受体，特别是趋化因子 CXCR4 和 CCR5 在 HIV 进入免疫细胞过程中起着非常重要的作用。

趋化因子通过与受体结合在某种程度上促进了各种炎症疾病以及各种自身免疫性疾病的发生和发展。因而通过抑制趋化因子与其受体结合可以在一定程度上抑制相关疾病的发生。为此，人们经过筛选得到了许多趋化因子 CCR1、CCR2、CCR5 受体拮抗剂，其部分结构如下：

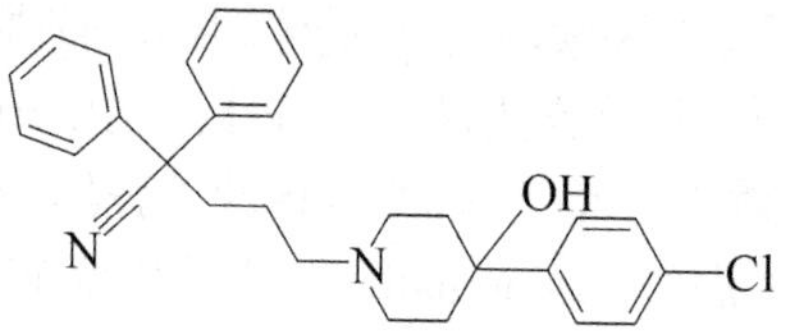

2,2-二苯基-5-(4-氯苯-4-羟基吡啶)戊腈 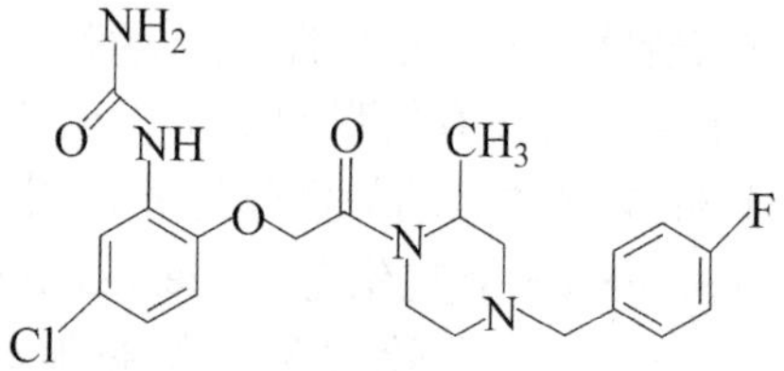　BX471

趋化因子受体CCR1拮抗剂

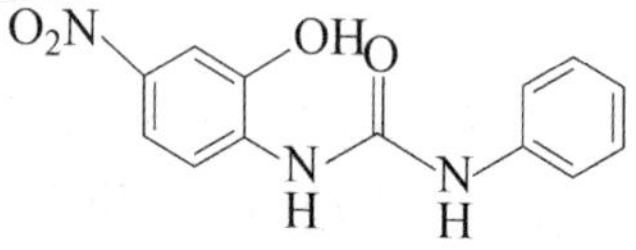

SK&F83589 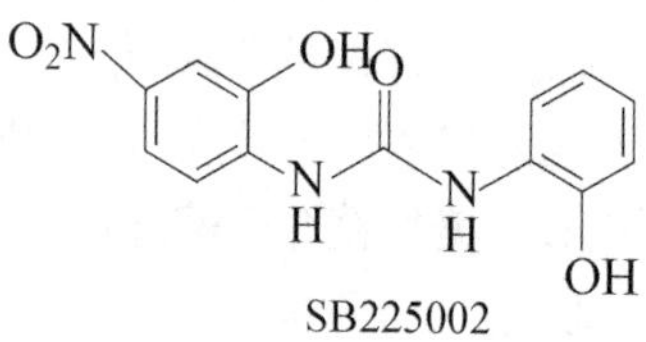　SB225002

趋化因子受体CCR2拮抗剂

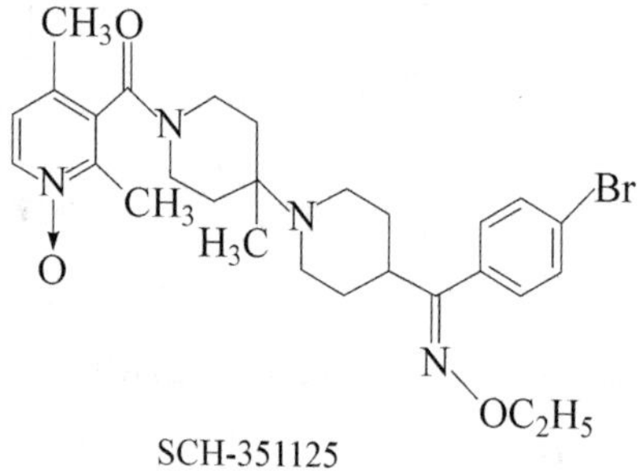

SCH-351125 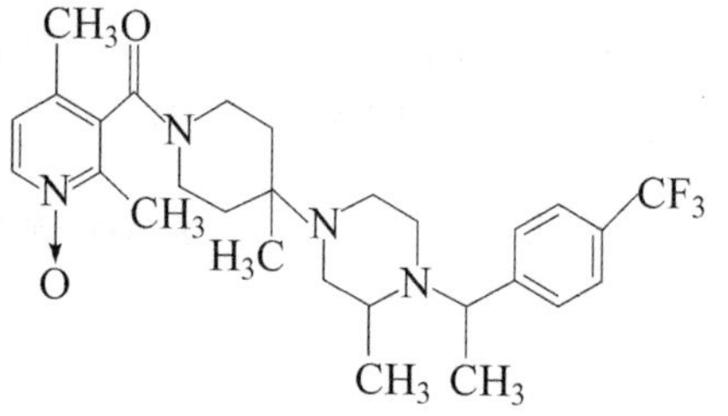　SCH-350634

趋化因子受体CCR5拮抗剂

10.1.4 细胞信号转导途径

信号传递的途径可分为细胞内受体和细胞表面即膜受体介导的信号传递途径两大类。经细胞内受体介导的激素多为亲脂性的如甾体类激素，这类激素在血浆中半衰期较长，进入细胞后和相应受体形成激素-受体复合物(图 10-5)。

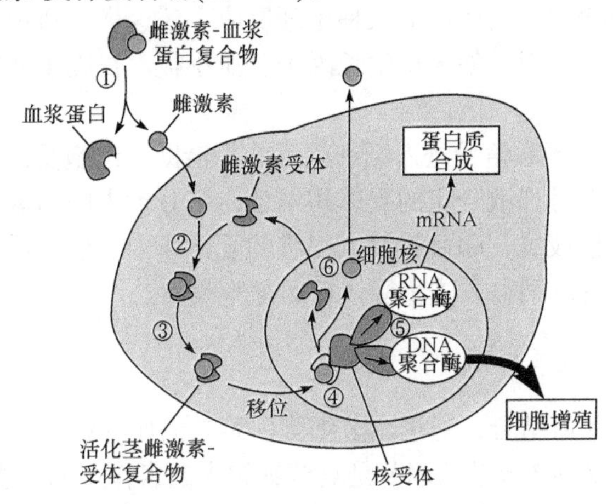

图 10-5 甾体类激素的信号转导过程

亲水性信号分子(所有的肽类激素、神经递质和各种细胞因子等)均不能进入细胞。它们的受体位于细胞表面。这些受体与信号分子结合后，可以诱导细胞内发生一系列生物化学变化，从而使细胞的功能如生长、分化及细胞内化学物质的分布等发生改变，以适应微环境的变化和机体整体需要。这一过程可以称为跨膜信号转导。

1. 细胞内信号产生方式

所有的水溶性信号分子(如多肽激素、神经递质和生长因子)以及个别脂溶性激素(如前列腺素)都与靶细胞表面专一受体相结合。细胞表面受体结合胞外信号分子，将其转换为胞内信号后才能影响靶细胞的行为。因此细胞表面受体与甾类及甲状腺素的胞内受体不同，后者可以直接进入核内调节基因表达，前者只有跨膜产生胞内信号后才能影响细胞质或核的生理活性。质膜表面受体将胞外信号跨膜转换为胞内信号，有如下三种不同的方式。

(1) 产生胞内信使。产生胞内信使是主要的、最基本的一种方式。胞外配体与脂膜表面受体结合以后产生多种胞内信使，如 cAMP、cGMP、IP_3(1，4，5-三磷酸肌醇)与 DAG(1，2-二脂酰基甘油)、Ca^{2+}等(图 10-6)，它们统称为胞内信使。胞内信使浓度在细胞内短暂升高，

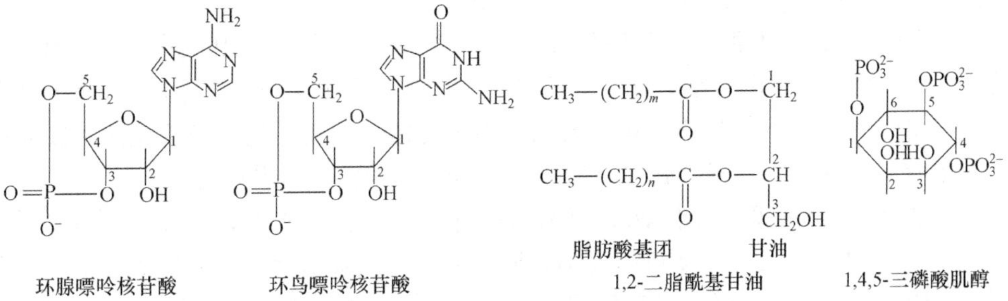

环腺嘌呤核苷酸　　环鸟嘌呤核苷酸　　1,2-二脂酰基甘油（脂肪酸基团、甘油）　　1,4,5-三磷酸肌醇

图 10-6 几种主要胞内信使的结构

激活了一种或数种靶酶或靶蛋白，从而调节细胞活性，而受体本身并不跨膜进入细胞内。

(2) 酶促信号直接跨膜转换。有些细胞表面受体在胞外-胞内信号转换时并不产生特殊胞内信号物质，而是通过一种简单而直接的作用，即受体本身具有酶的催化活性，可以称这类受体为催化受体蛋白。一个明显的例子是具有受体功能的酪氨酸蛋白激酶，它位于胞外的部分具有受体功能，接受外界信号后激活了细胞内具有蛋白激酶活性的结构，从而使胞内某些蛋白质的酪氨酸残基磷酸化，进而调节某种生理反应。就这样，通过一种蛋白质完成了胞外—胞内信号转换。一些生长因子如表皮生长因子、血小板生长因子和胰岛素都可通过这种方式起作用。

(3) 内在化作用。许多多肽信号进入靶细胞可能是借助于细胞受体介导的内吞作用。例如，胰岛素与成纤维细胞表面呈弥散分布的受体相结合，几分钟内胰岛素受体复合体就成簇地聚集在细胞凹陷处，形成包被坑，随后被摄入细胞的受体囊中。但受体囊并不与溶酶体融合而是到高尔基体区域，然后以某种方式将受体返回细胞表面。

2. cAMP 信号通路

细胞外信号与相应受体结合，通过调节细胞内第二信使 cAMP 的水平而引起细胞反应的信号通路。激素对胞内 cAMP 水平的调节是真核细胞中激素作用的主要机制之一。调节 cAMP 的水平是通过腺苷酸环化酶进行的。这种对激素敏感的 cAMP 信号通路是由质膜上的五种成分组成的(图 10-7)：①刺激型激素受体(Rs)；②抑制型激素受体(Ri)；③与 GTP 结合的刺激型调节蛋白(Gs 或 Ns)；④与 GTP 结合的抑制型调节蛋白(Gi 或 Ni)；⑤催化成分(C)即腺苷酸环化酶。

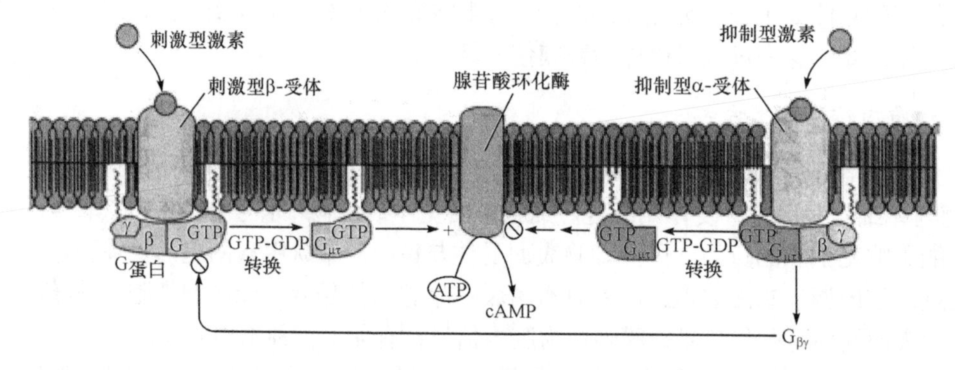

图 10-7　cAMP 信号通路系统的组成图解

(1) Rs 和 Ri。Rs 和 Ri 位于质膜的外表面，能识别细胞外信号分子并与之结合。受体有两个域区，一个与激素作用，另一个与 G 蛋白作用。

刺激型受体通过 Gs 刺激腺苷酸环化酶的活性，提高胞内的 cAMP 的水平。已知有几十种 Rs，其大小、形状以及与激素结合部位的特异性不同。但都能与 Gs 相互作用。属于这类受体的肾上腺素(β)受体、后叶加压素受体、胰高血糖素受体、促黄体生长激素受体、促卵泡激素受体、促甲状腺素受体、促肾上腺皮质激素受体以及肠促胰液素受体等。

抑制型受体通过 Gi 抑制腺苷酸环化酶活性，降低胞内 cAMP 水平。已知有几十种 Ri 受体。与 Rs 受体一样，各种 Ri 受体的大小、形状以及与激素结合部位的特异性不同，但都能和 Gi 相互作用。属于这类受体的有肾上腺素(α 型)受体、阿片肽受体、乙酰胆碱(M)受体和生长激素释放的抑制因子受体等。

(2) Gs 和 Gi。激素与受体结合引起腺苷酸环化酶活性的增强或降低，不是受体与腺苷酸环化酶直接作用的结果，而是通过二种调节蛋白 Gs 和 Gi 完成的。G 蛋白使受体和腺苷酸环化酶偶联起来，使细胞外信号转换为细胞内的信号即 cAMP 第二信使。所以 G 蛋白也称为偶联蛋白或信号转换蛋白。因为调节蛋白通过与核苷酸结合而发挥作用所以称之 G 或 N 蛋白。Gs 偶联 Rs 和催化单位，Gi 偶联 Ri 和催化单位。

Gs 和 Gi 的结构和功能很相似，分子质量均为 80～100 kDa，都由 α，β 和 γ 亚基组成。二者的 β 亚基非常相似，分子质量为 36 kDa。二者的 γ 亚基也很相似，分子质量为 5～8 kDa。二者的 α 亚基都有两个结合位点：一是结合 GTP 或其类似物的位点，具有 GTP 酶活性，能够水解 GTP；二是含有负价键的修饰位点，可被细胞毒素 ADP 核糖基化。二者的不同之处是 Gs 的 αs 亚基能被霍乱毒素 ADP 核糖基化，而 Gi 的 αi 亚基能被百日咳毒素 ADP 核糖基化。Gs 和 Gi 都能调节其与相应受体的亲和性以及作用于 cAMP 合成酶(腺苷酸环化酶)。Gs 的调节作用可用图解表示(图 10-8)。

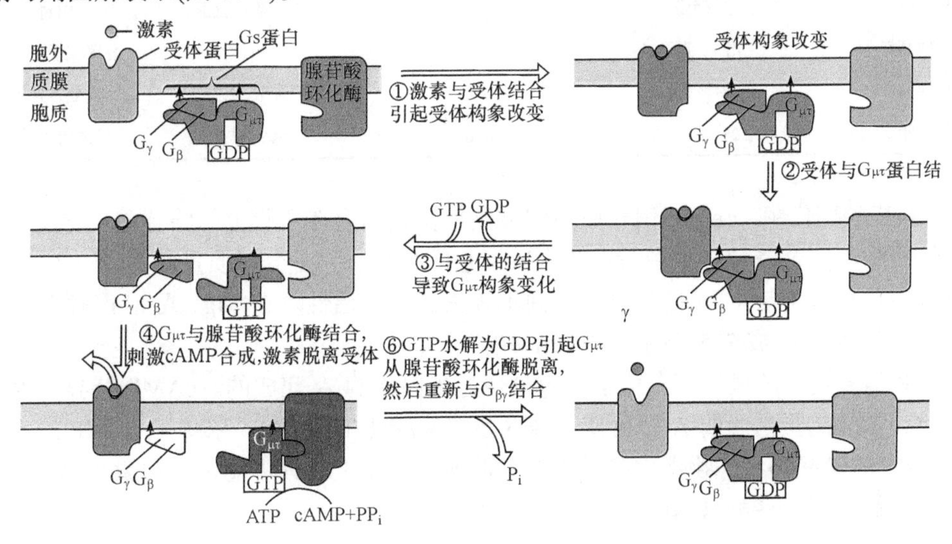

图 10-8　Gs 的调节作用图解

(i) 在静上状态即细胞没有受到激素的刺激，激素不和受体结合，Gs 蛋白的 α、β 和 γ 亚基呈结介状态，Gs 与 GDP 结合，腺苷酸环化酶没有活性。

(ii) 激素和 Rs 受体结合导致受体构象改变，Gs 在 Mg^{2+}存在时(特指 β 肾上腺受体)与构象改变的受体高亲和地结合。

(iii) GTP 与 Gs 的 α 亚基结合使 Gs 形成活化构象，与受体保持高亲和的结合状态。然后引起 βγ 亚基与 α 亚基解离。

(iv) Gs·αs·GTP 与腺苷酸环化酶作用，使之活化，使 ATP 转化成 cAMP。

(v) 因为 Gs·αs·GTP 具有 GTP 酶活性，水解 GTP 成 GDP，导致受体、Gs 和腺苷酸环化酶牛棚分离，终止了腺苷酸环化酶的活化作用 α 亚基和 pγ 亚基重新结合，使细胞恢复到静止态。

可见，GTP-GDP 周期对于激素依赖性活化和钝化腺苷酸环化酶是非常重要的。Gs 的功能像是两个膜蛋白(激素受体和腺苷酸环化酶)之间的运输工具。Gs 也像是一个信号传感器，因为它将与激素结合引起的受体构象变化转换为腺苷酸环化酶活性的变化。

GTP 激活 Gi 表现出对腺苷酸环化酶的抑制作用。Gi 也具有 Gs 相似的 GTP-GDP 周期调节。至于 Gi 的活化是如何降低了腺苷酸环化酶的活性，一种可能的解释是 Gi 的活化增加了局部的 βγ 的水平，阻止了 Gs 的 βγ 和 α 亚基的解离，使 Gs 的活化反应逆转，从而间接抑制了腺苷酸环化酶的活性。另一种解释是认为 Gi 的活化是 Gi 的 α 亚基直接地作用于腺苷酸环化酶使之抑制。

G 蛋白介导的受体-效应体系举例见表 10-2。

表 10-2　G 蛋白介导的受体-效应体系举例

化学信号	靶细胞	G 蛋白	效应器	生理效应
肾上腺素、胰高血糖素	肝细胞	Gs	腺苷酸环化酶	糖原分解
肾上腺素、胰高血糖素	脂肪细胞	Gs	腺苷酸环化酶	脂肪分解
促黄体激素	卵巢滤泡	Gs	腺苷酸环化酶	增加雌激素和孕酮合成
抗利尿激素	肾细胞	Gs	腺苷酸环化酶	由肾保存水
乙酰胆碱	心肌细胞	Gi	钾通道	心率减慢、收缩力下降
阿片样物质	脑神经元	Gs	腺苷酸环化酶	改变神经元电活动
血管紧张素	血管平滑肌	Gq	磷脂酶 C	肌肉收缩、血压升高

(3) 腺苷酸环化酶。cAMP 信号通路的催化单位是结合在质膜上的腺苷酸环化酶，其分子结构和性质尚不完全清楚，直到最近才完成了它的纯化，它是分子质量约为 150 kDa 的糖蛋白。腺苷酸环化酶可与 Gs 和 Gi 分离，而不丧失它的酶活性。在 Mg^{2+}或 Mn^{2+}存在下，腺苷酸环化酶催化 ATP 生成 3′,5′-环腺苷酸(cAMP)。

cAMP 信号通路的最后一个化学反应是通过蛋白激酶 A 完成的。cAMP 特异性地活化蛋白激酶 A，活化的蛋白激酶 A 即可使特殊的蛋白磷酸化(图 10-9)。依赖于 cAMP 的蛋白激酶将 ATP 末端的磷酸移到底物蛋白的丝氨酸和苏氨酸残基上。许多酶被蛋白激酶 A 磷酸化后，酶的活性增高；另一些酶被磷酸化后，酶活性降低。

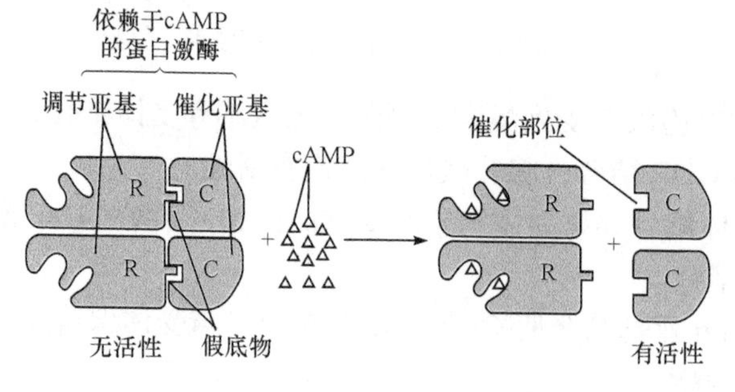

图 10-9　cAMP 活化蛋白激酶 A 过程

(4) 蛋白激酶 A。每个蛋白激酶 A 由两部分组成：两个催化亚基和两个调节亚基。不存在 cAMP 时，催化亚基和调节亚基形成一个钝化复合物。cAMP 与调节亚基结合，改变了调节亚基的构象，使调节亚基和催化亚基解离，催化亚基释放。被释放的蛋白激酶 A 的催化亚基可使底物蛋白磷酸化。大多数组织依赖于 cAMP 的蛋白激酶 A 的催化亚基相同，但不同类型细胞中调节亚基不同。不同类型细胞中依赖于 cAMP 的蛋白激酶 A 的底物大不相同。在不同组织中，cAMP 通过活化或抑制不同的酶体系，使细胞对外界信号产生不同的应答。

3. 肌醇脂信号通路

质膜上的肌醇脂代谢可产生两个第二信使：三磷酸肌醇(IP_3)和甘油二酯(DAG)，使细胞外信号转换为细胞内信号。

(1) IP_3 和 DAG 的形成。在肌醇脂信号通路中，底物 4,5-二磷酸磷脂酰肌醇(PIP_2)是通过两种不同蛋白激酶依次磷酸化磷脂酰肌醇(PI)而形成的(图 10-10)。

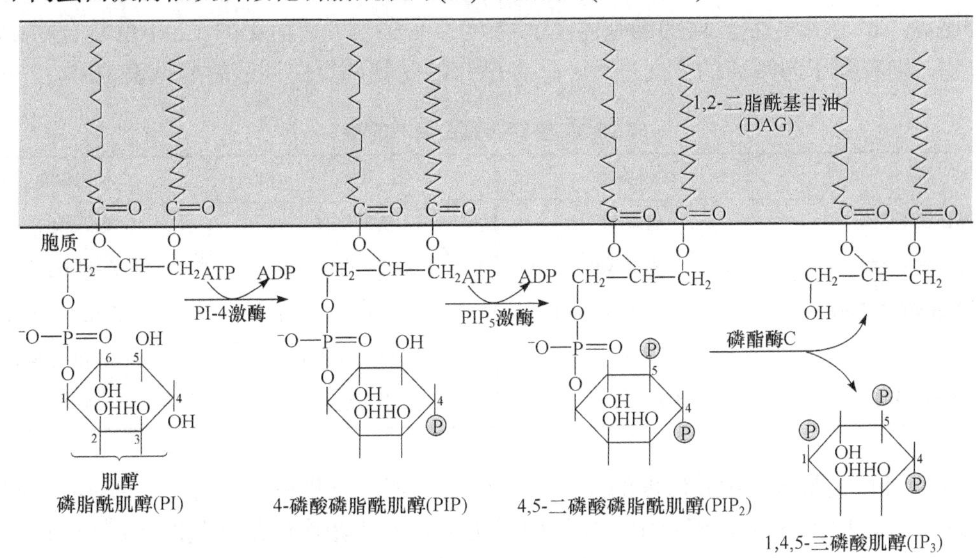

图 10-10 肌醇脂信号分子的形成途径

首先 PI 激酶磷酸化 PI 成为 4-磷酸磷脂酰肌醇(PI-4-P 或 PIP)，然后通过第二个激酶磷酸化 PIP 成为 PIP_2。除了这两个激酶之外，还存在相应的磷酸单脂酶，能除掉 PIP_2 上 4 位或 5 位的磷酸，使 PIP_2 转回到 PI。

肌醇脂信号通路的关键反应是 PIP_2 水解成 IP_3 和 DAG。这是通过一种与质膜结合的 4,5-二磷酸磷脂酰肌醇磷酸二酯酶(PIP_2PDE 或称磷脂酶 C，PLC)来完成的。这种酶的唯一功能是断裂肌醇环上 1 位和甘油主链第 3 位碳之间的酯键，并加一个羟基到破坏了的二酯键上，释放出 IP_3，同时生成了 DAG。

(2) IP_3 和 DAG 的信使作用。IP_3 动员内质网中的 Ca^{2+}释放到细胞溶质，升高细胞溶质中 Ca^{2+}浓度。DAG 通过蛋白激酶 C(PKC)活化 Na^+/H^+交换，减少细胞内 H^+浓度，增高细胞内 pH。PKC 磷酸化特殊蛋白，提高胞内 pH 以及 IP_3 使脑内 Ca^{2+}浓度提高，能够启动基因转录和蛋白合成，这样最终导致 DNA 合成。

刺激肌醇脂代谢的外界信号分子有：神经传递介质如毒蕈碱型乙酰胆碱、α-肾上腺素、5-羟色胺和 H_1-组胺等；某些多肽激素如 V_1-后叶加压素、血管紧张素Ⅱ、P 物质和促甲状腺素释放因子等；生长因子如血小板生长因子 PDGF 和 T 细胞有丝分裂原(植物凝集素和刀豆球蛋白 A 等)；致癌病毒如 SV40、劳氏肉瘤病毒等。这些外界信号分子与其相应的细胞表面受体结合，活化肌醇脂信号通路。

(3) Ca^{2+}的信使作用。肌醇脂信号通路中产生的 IP_3 是一种水溶性分子，在细胞溶质中动员细胞内源钙主要是内质网中的钙转移至细胞溶质中去，提高了细胞溶质中自由 Ca^{2+}的浓度。Ca^{2+}活化各种钙结合蛋白引起细胞反应。

目前对于钙结合蛋白中的一种称之为钙调蛋白(CaM)的蛋白了解得较清楚。钙调蛋白是细胞溶质中含有 148 个氨基酸的蛋白，广泛分布于真核细胞中，分子质量为 16.7 kDa，由单肽链组成，其中有 4 个结构域，每个结构域可结合一个钙离子。

钙调蛋白的结构钙调蛋白本身无活性，当它与 Ca^{2+}结合后，引起钙调蛋白构象改变，使之与受体酶结合形成了活化钙调蛋白-酶复合物。这个过程在生理条件下是可逆的。反应方向是受细胞内 Ca^{2+}浓度控制。增加细胞内 Ca^{2+}浓度，有利于形成活化的 CaM-酶复合物；降低 Ca^{2+}浓度，则有利于向解离的方向进行。迄今已知的受钙调蛋白调节的酶见表 10-3。

表 10-3　受钙调蛋白调节的酶

酶	细胞功能	酶	细胞功能
腺苷酸环化酶	合成 cAMP	磷酸化酶	糖原降解
鸟苷酸环化酶	合成 cGMP	肌球蛋白轻链激酶	收缩和运动
钙依赖性磷酸二酯酶	水解 cAMP 和 cGMP	钙依赖性蛋白激酶	磷酸化各种蛋白
Ca^{2+}-ATP 酶	钙泵	钙依赖性蛋白磷酸酶	各种蛋白的去磷酸化
NAD 激酶	合成 NADP	转谷氨酰胺酶	蛋白质交联

长时间维持细胞溶质中高浓度的 Ca^{2+}会使细胞中毒，质膜和内质网上的钙泵将细胞溶质中的 Ca^{2+}泵到细胞外和内质网腔中，使细胞溶质中的 Ca^{2+}浓度恢复到基态(10^{-7}mol/L)水平，这样使活化 CaM-酶复合物向解离方向进行，酶失去活性，终止了细胞反应。

(4) 蛋白激酶。CPKC 是一种细胞溶质酶，分子质量为 80 kDa 的单多肽链。有两个功能区，一个是亲水的催化活性中心，另一个是疏水的膜结合区。PKC 广泛地存在于哺乳动物和其他有机体中，在未受到刺激的细胞，PKC 主要分布在溶质中，呈非活性构象。当细胞受到刺激，PIP 水解，质膜上 DAG 瞬间积累，PKC 紧密结合到质膜内表面，使 PKC 跃迁为活性构象，磷酸化细胞溶质中底物上的丝氨酸、苏氨酸残基。PKC 是钙和磷脂依赖性酶。

PKC 在控制许多生物反应中发挥作用，如内分泌、外分泌、神经递质的释放、血小板颗粒的释放、嗜中性白细胞的活化、Na^+/H^+交换、细胞间相互作用、刺激细胞的增殖等。

4. 酪氨酸蛋白激酶途径

酪氨酸蛋白激酶(TPK)途径的受体有两种：一种主要是生长因子受体，膜外区是配体结合部位，跨膜区是单个 α 螺旋，胞内区具有酪氨酸蛋白激酶(TPK)的活性，这类受体属于催化型受体；另一种受体的胞内区很短并没有 TPK 活性，但可以激活胞浆内的蛋白酪氨酸激酶(janus kinase，JAK)。两类受体分别介导不同的细胞信息传递途径。

(1) 受体型 TPK-Ras-MAPK 途径。胰岛素、成纤维细胞生长因子(FGF)、表皮生长因子(EGF)或血小板源生长因子(PDGF)类配体与 TPK 受体结合后，受体二聚体化和自身磷酸化。然后中介分子如 Grb2 和 Sos，通过其 SH2 结构域与受体胞内区上已磷酸化的酪氨酸结合，进一步激活 Ras，Ras 是小分子 GTP 结合蛋白，与 GTP 结合是活性形式，与 GDP 结合是非活性形式。

激活的 Ras 再激活 Raf(MAPKK 激酶，MAPKKK)，Raf 是丝氨酸/苏氨酸蛋白激酶，通过磷酸化级联反应依次激活 MAPKK 和 MAPK(mitogen-activated protein kinase，丝裂原活化蛋白激酶)。最后 MAPK 进入细胞核，通过磷酸化调节转录因子的活性，影响某些基因的转录。

(2) JAK-STAT 途径。JAK-STAT 途径是信息传递中酪氨酸蛋白激酶途径的一种，很多的细胞因子和生长因子其受体分子缺乏酪氨酸蛋白激酶活性，但它们能借助细胞内的一类具有激酶结构的连接蛋白 JAK 完成信息转导，这种配体与非催化型受体结合后，能活化各自的 JAK，JAK 再通过激活信号转导子和转录激动子而最终影响到基因的转录调节的途径就称为 JAK-STAT 信号转导通路。

首先，细胞因子受体与配体结合后通过一类胞浆内的蛋白酪氨酸激酶(JAK)使酪氨酸磷酸化。JAK 功能与结合有配体的受体的膜近侧端区段有关，它可导致 JAK 的磷酸化和激活，而激活的 JAK 可进而使受体磷酸化，并使胞浆内一组转录因子磷酸化，后者称为信号转导和转录激活因子(signal transducers and activators of transcription，STAT)。几种磷酸化的 STAT 与另一种 DNA 结合蛋白形成复合体，转移到核内，与细胞因子诱导基因的上游增强子区段相结合，引起多种细胞因子诱导基因的表达，从而发挥细胞因子的功能。

5. cGMP 蛋白激酶途径

鸟苷酸环化酶(GC)作用于 GTP 产生第二信息分子 cGMP。人体细胞中存在两种类型的鸟苷酸环化酶：受体型 GC 和可溶性 GC，它们的激活方式不同。受体型 GC 是膜蛋白，激素如心钠素与其膜受体结合后激活该酶，该酶再催化 GTP 生成 cGMP，cGMP 水平升高，进一步激活蛋白激酶 G。

可溶性鸟苷酸环化酶是与亚铁血红素结合的胞浆蛋白，可被 NO 激活。一氧化氮合酶催化精氨酸生成 NO，NO 与亚铁血红素结合具有鸟苷酸环化酶受体的信号转导途径并激活可溶性 GC，可使 cGMP 水平升高并激活蛋白激酶 G，PKG 可使平滑肌松弛从而导致血管舒张。

蛋白激酶 G(protein kinase G，PKG)属于 cGMP 依赖性蛋白激酶，与 PKA 一样，PKG 是目前较为公认的命名。G 激酶也是一种 Ser/Thr 蛋白激酶，有其对应的底物蛋白质，调节不同的生物学活性。蛋白激酶 G 以 cGMP 作为变构效应剂，在脑和平滑肌中含量较丰富。

6. 细胞信号转导过程的化学调控

虽然信号转导的转录响应过程繁琐，调节复杂，但是，贯穿所有这些过程与调节机制的一个共同的核心问题就是蛋白质的可逆磷酸化作用。细胞内信号转导涉及大量信号分子和信号蛋白，任一环节异常均可通过级联反应引起疾病，甚至在日常生活中常见的疾病和问题也与信号转导有关。因此，通过调节细胞内信使分子或信号转导蛋白，如磷酸二酯酶、蛋白激酶、酪氨酸蛋白激、钙调蛋白等，研究和设计以信号转导通路为靶的药物和疾病治疗方法，已经成为临床医学和药物产业的新领域。

1) 蛋白激酶抑制剂

前面已经论述了在信号转导过程中涉及的几种蛋白激酶 A、C、G。其中作为药物设计靶点研究较多的是蛋白激酶 C，其特异性抑制剂主要应用于抗肿瘤、抗 HIV1 作用以及诱发细胞凋亡方面。其抑制剂主要有天然的或合成的化合物、反义核酸、抗蛋白激酶 C 的单克隆抗体等，这些蛋白激酶 C 的抑制剂均有不同程度的抗肿瘤及促进细胞凋亡的作用。在这里论述几种化学物质作为蛋白激酶 C 抑制剂的例子。

PKC 抑制剂根据作用部位可分为：①作用于 PKC 催化区的抑制剂如星形孢菌素(staurosporine)；②作用于 PKC 调节区的抑制剂如 calphostin C；③作用于 PKC 催化区和调节区的抑制剂如地喹氯胺类。staurosporine 是目前发现的最强的 PKC 抑制剂，已进入临床评价阶段。

(1) 星形孢菌素及其衍生物。星形孢菌素是一种链霉菌属分离出来的生物碱，是最强的 PKC 抑制剂之一(IC_{50}=3 nmol/L)，可抑制移植于裸鼠的人膀胱癌细胞生长，但它也同样能抑制蛋白激酶 A 和蛋白激酶 G。UCN-01 和 CGP41251 都是星形孢菌素的衍生物，UCN-01 为 7-羟基星形孢菌素，其抑制 PKC 的特异性较星形孢菌素高 10 倍。UCN-01 在鼠和人肿瘤模型中有较强的抗癌作用。

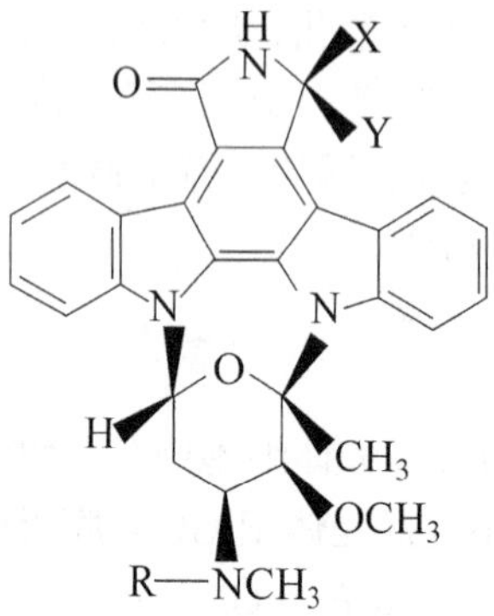

	X	Y	R
staurosporine	H	H	H
CGP41251	H	H	$C_6H_5CH_2$
UCN-01	H	OH	H

(2) calphostin C。calphostin 是从 cladosporiumcladosporioides 分离出来的具有多醌结构的化合物，其中 calphostin C 是蛋白激酶 C 的特异性抑制剂(IC_{50}=0.05 μmol/L，抑制强度是蛋白激酶八的 1000 倍。作用部位是 PKC 调节区的佛波酯结合位点，抑制作用不受磷脂酰丝氨酸和 Ca^{2+}浓度的影响。calphostin C 对 HeLaS3 和 MCF-7 细胞有强烈毒性作用，对鼠淋巴细胞性白血病 P388 细胞有较强抗肿瘤活性。

(3) 地喹氯胺类。地喹氯胺(dequalinium)是一类脂溶性化合物，可抑制不同类型的 PKC 活力(IC_{50}=10 μmol/L，在 PKC 调节区和催化区都有特殊的结合位点。地喹氯胺具有抗癌作用，对肿瘤细胞的毒性远高于对正常上皮细胞的毒性。

PKC 有 9 个不同亚型，每个亚型有不同的组织分布和功能，但迄今为止仍没有发现有亚型特异性的 PKC 抑制剂。寻找亚型特异性的 PKC 抑制剂，将有助于研究 PKC 在细胞内的生理功能及其机制，进一步设计出更好的抗癌、抗炎和抗 AIDS 等疾病的药物。

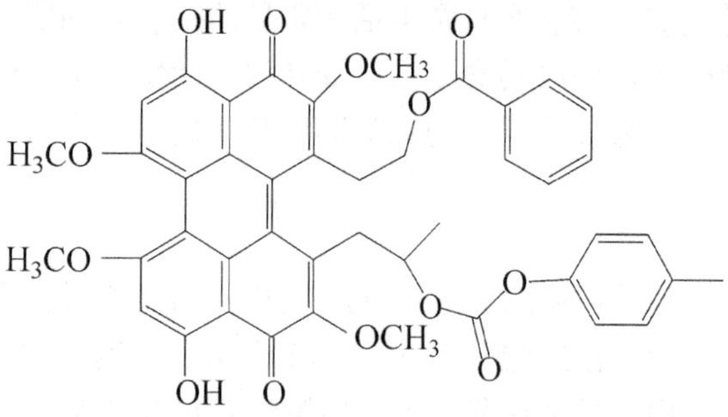

calphostin C

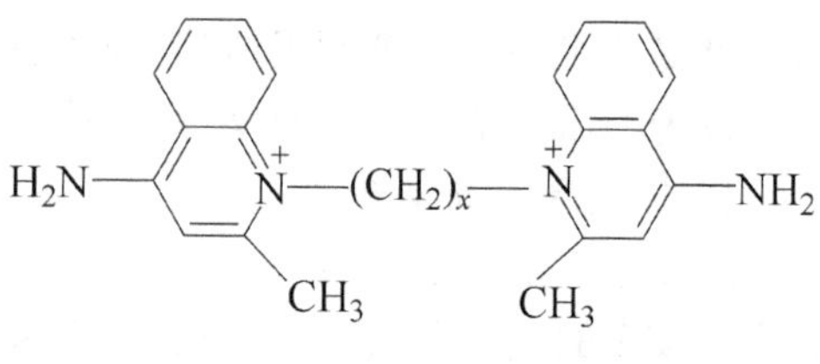

地喹氯胺类(x=6,8,10)

2) 磷酸二酯酶抑制剂

环磷酸腺苷(cAMP)和环磷酸鸟苷(cGMP)是重要的细胞内第二信使，其在细胞内水平的高低对调节细胞的各种功能具有重要意义。参与调节细胞内 cAMP 和 cGMP 水平的酶类包括腺苷酸环化酶(AC)、鸟苷酸环化酶(GC)和磷酸二酯酶(PDE)，这几种酶的平衡协调使细胞内的 cAMP 和 cGMP 水平维持在正常范围内。在某些疾病状态下(如高血压、心绞痛等)，可发现细胞内 cAMP 和 cGMP 水平下降。为提高细胞内 cAMP 和 cGMP 的水平，可通过激动 AC、GC 和抑制 PDE 两种途径来实现，而第二种途径效果更佳。近年来，人们对研究和开发 PDE 抑制剂表现出极大热情，并且已在选择性 PDE 同工酶抑制剂的临床应用方面取得突破性进展。PDE 分类见表 10-4。

表 10-4　磷酸二酯酶同工酶的分类

名称	底物专一性	生理作用	名称	底物专一性	生理作用
PDE1	cAMP、cGMP	升高血压	PDE6	cGMP	视觉障碍
PDE2	cAMP>cGMP	未知	PDE7	cAMP	抑制 T 细胞
PDE3	cAMP>cGMP	心率失常	PDE8	cAMP	未知
PDE4	cAMP	呕吐、抗炎	PDE9	cGMP	未知
PDE5	cGMP	血管舒张	PDE10	cAMP>cGMP	未知

磷酸二酯酶 4 亚型(PDE4)又可分为 4 种亚型，主要分布于各类炎性细胞，如巨噬细胞、中性粒细胞、单核细胞、嗜酸性粒细胞和肥大细胞等，能专一性水解 cAMP，但对环鸟苷酸(cGMP)不敏感。

选择性 PDFA 抑制剂具有抑制各种炎症细胞内超氧化物的生成；抑制巨噬细胞的吞噬和淋巴细胞的细胞毒作用；降低内皮细胞的通透性和胞内黏附分子的表达；抑制胞内组织胺生成的功能。因而 PDFA 抑制剂具有抗炎、免疫调节和舒张平滑肌的作用。这里举例说明几种 PDFA 抑制剂。

(1) 咯利普兰。咯利普兰(rolipram)是第一代 PDE4 抑制剂(IC_{50}=5 μmol/L)，但易引起强烈的头晕、呕吐和头痛等不良反应。为了克服这些缺陷，设计了咯利普兰的类似物 SB207499 和 CDP840 等，其中 SB207499 表现出良好的 PDE4 抑制活性(IC_{50}=92 nmol/L)。目前已更名为西洛司特片用于慢性梗阻性肺病的治疗。

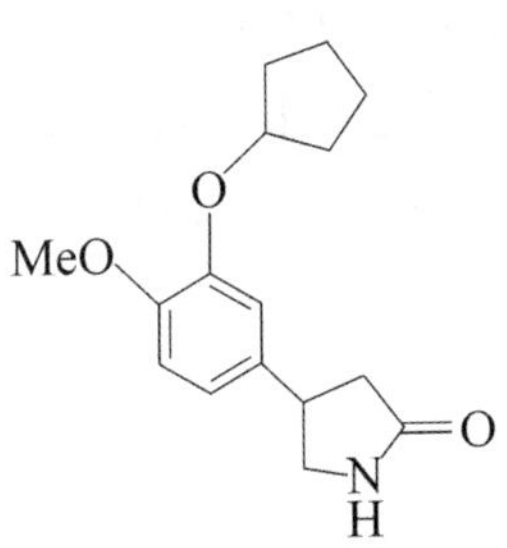

咯利普兰 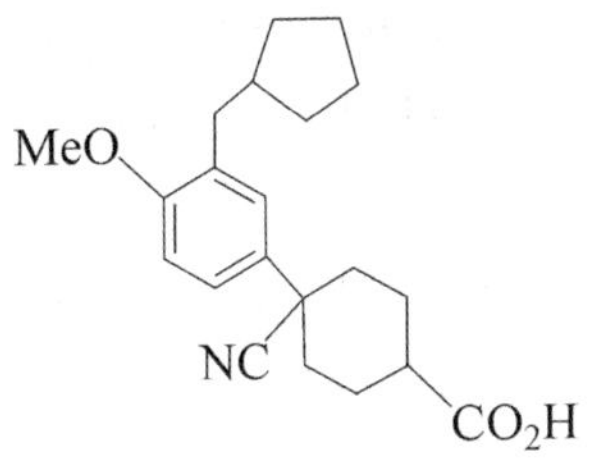　　SB207499 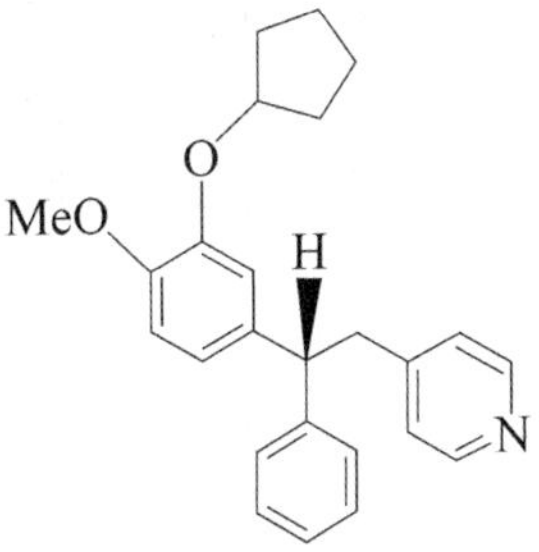　　CDP840

(2) 罗氟司特。罗氟司特(roflumilast)是一种新的，每天一次口服的选择性的磷酸二酯酶 4 抑制剂(IC_{50}=0.8 nmol/L)。它可以降低中性粒细胞、淋巴细胞、炎性蛋白、TNF 等，具有强烈的抑制气管炎症作用，被认为是治疗哮喘安全、有效的药物。

(3) 异丁司特。异丁司特(ibudilast)对PDFA的抑制作用具有中度选择性，IC_{50}=0.8 μmol/L，已经在日本上市，口服治疗哮喘。

目前 PDE4 抑制剂的发展仍面临许多问题，如生物利用度低：体内半衰期短，导致临床疗效不理想。因此，PDE4 抑制剂的研究和开发主要集中在寻找口服有效、具有抗炎活性和低致吐副作用的新型化合物。

10.1.5 细胞信号传递的基本特征与蛋白激酶的网络整合信息

细胞信号传递是多通路、多环节、多层次和高度复杂的可控过程。在许多情况下，细胞的适当反应依赖于接收信号的靶细胞对多种信号整合的能力以及控制起作用。

1. 细胞对信号反应表现发散性或收敛性特征

对特定细胞外信号产生多样性细胞反应的机制通常有 3 种情况：

(1) 信号的强度或持续的时间不同而控制反应的性质。

(2) 在不同细胞中，因为有不同的转录因子组分，所以即使同样受体而其下游通路也是不同的。

(3) 整合信号会聚其他信号通路的输入从而修正细胞对信号的不同反应。

2. 蛋白激酶的网络整合信息

细胞各种不同的信号通路，主要提供了信号途径本身的线性特征，然而细胞需要对多种信号进行整合和精确控制，最后做出适宜的应答。细胞信号转导最重要的特征之一是构成复杂的信号网络系统，它具有高度的非线性特点。人们将信号网络系统中各种信号通路之间的相互关系形象地称为“交叉对话”。或许可以把细胞信号转导比喻为计算机的工作，细胞接受外界的信号如同键盘输入不同的字母或符号，细胞内各种信号通路及组分如同计算机线路中的各种集成块，信号在这些集成块中流动，经分析、整合，最后将结果显示在荧光屏上。而在细胞中，这些信号网络系统分析、整合后的信号最终表现为特定的生理功能。但是最复杂的计算机恐怕也无法和最简单的细胞相比，计算机作为无生命的机械装置，简单的操作失误或线路故障，都可导致系统的瘫痪；而细胞则有一定的自我修复和补偿能力。

事实上，细胞信号网络的复杂性远比我们所了解的情况大得多。首先，还有许多信号途径被忽略；其次，对主要途径的相互作用，我们只涉及了蛋白激酶，其他的“交叉对话”却没有描述。相信，对信号传递过程中交叉对话的而研究和信号传递过程非线性内涵的认识，将对深入了解多基因表达调控机制、发育机制、病理过程及疾病控制产生十分重要的影响。

10.2 细 胞 凋 亡

细胞凋亡是指为维持内环境稳定，由基因控制的细胞自主的有序的死亡。细胞凋亡与细胞坏死不同，细胞凋亡不是一件被动的过程，而是主动过程，它涉及一系列基因的激活、表达以及调控等的作用，它并不是病理条件下，自体损伤的一种现象，而是为更好地适应生存环境而主动争取的一种死亡过程。

10.2.1　细胞周期与调控

1. 细胞周期的基本概念

1) 细胞周期

细胞周期指由细胞分裂结束到下一次细胞分裂结束所经历的过程，所需的时间称为细胞周期时间。可分为四个阶段(图 10-11)：①G_1期(gap1)，指从有丝分裂完成到期 DNA 复制之前的间隙时间；②S 期(synthesis phase)，指 DNA 复制的时期，只有在这一时期 H^3-TDR 才能掺入新合成的 DNA 中；③G_2期(gap2)，指 DNA 复制完成到有丝分裂开始之前的一段时间；④M 期又称 D 期(mitosis 或 division)，细胞分裂开始到结束。

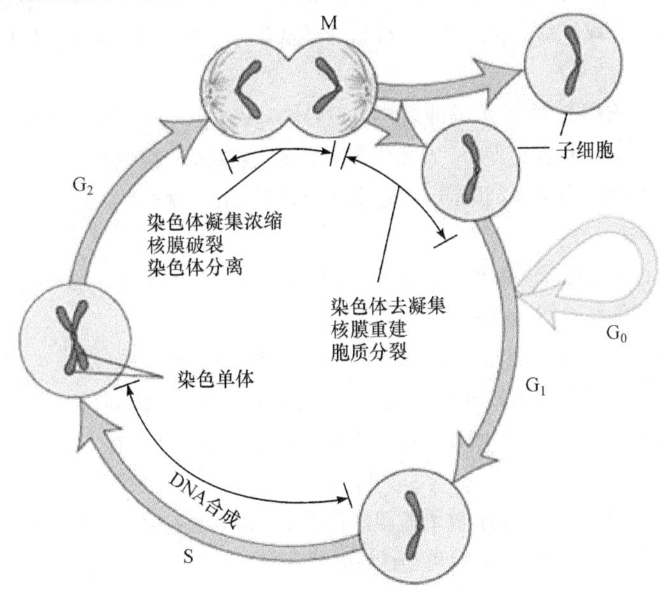

图 10-11　细胞周期可划分为四个阶段

从增殖的角度来看，可将高等动物的细胞分为三类：①连续分裂细胞，在细胞周期中连续运转，因而又称为周期细胞，如表皮生发层细胞、部分骨髓细胞；②休眠细胞暂不分裂，但在适当的刺激下可重新进入细胞周期，称为 G_0 期细胞，如淋巴细胞、肝、肾细胞等；③不分裂细胞，指不可逆地脱离细胞周期、不再分裂的细胞，又称终端细胞，如神经、肌肉、多形核细胞等。

细胞周期的时间长短与物种的细胞类型有关，如小鼠十二指肠上皮细胞的周期为 10 h，人类胃上皮细胞 24 h，骨髓细胞 18 h，培养的人类成纤维细胞 18 h，CHO 细胞 14 h，HeLa 细胞 21 h。不同类型细胞的 G_1 长短不同，是造成细胞周期差异的主要原因。

2) 细胞周期时间的测定

标记有丝分裂百分率法(percentage labeled mitoses，PLM)是一种常用的测定细胞周期时间的方法。其原理是对测定细胞进行脉冲标记、定时取材、利用放射自显影技术显示标记细胞，通过统计标记有丝分裂细胞百分数的办法来测定细胞周期。

3) 细胞同步化

细胞同步化(synchronization)是指在自然过程中发生或经人为处理造成的细胞周期同步化，前者称为自然同步化，后者称为人工同步化。

(1) 自然同步化：如黏菌只进行核分裂，而不发生胞质分裂，形成多核体。数量众多的核处于同一细胞质中，进行同步化分裂，使细胞核达 10^8，体积达 5～6 cm。疟原虫也具有类似的情况。某些水生动物的受精卵，如海胆卵可以同时授精，最初的 3 次细胞分裂是同步的。又如，大量海参卵受精后，前 9 次细胞分裂都是同步化进行的。

(2) 人工同步化。

(i) 选择同步化。

a. 有丝分裂选择法：使单层培养的细胞处于对数增殖期，此时分裂活跃，MI 高。有丝分裂细胞变圆隆起，与培养皿的附着性低，此时轻轻振荡，M 期细胞脱离器壁，悬浮于培养液中，收集培养液，再加入新鲜培养液，依法继续收集，则可获得一定数量的中期细胞。其优点是，操作简单，同步化程度高，细胞不受药物伤害，缺点是获得的细胞数量较少(分裂细胞占 1%～2%)。

b. 细胞沉降分离法：不同时期的细胞体积不同，而细胞在给定离心场中沉降的速度与其半径的平方成正比，因此可用离心的方法分离。其优点是可用于任何悬浮培养的细胞，缺点是同步化程度较低。

(ii) 诱导同步化。

a. DNA 合成阻断法：选用 DNA 合成的抑制剂，可逆地抑制 DNA 合成，而不影响其他时期细胞的运转，最终可将细胞群阻断在 S 期或 G/S 交界处。5-氟脱氧尿嘧啶、羟基脲、阿糖胞苷、氨甲蝶呤、高浓度 ADR、GDR 和 TDR，均可抑制 DNA 合成使细胞同步化。其中高浓度 TDR 对 S 期细胞的毒性较小，因此常用 TDR 双阻断法诱导细胞同步化。

在细胞处于对数生长期的培养基中加入过量 TDR(Hela，2 mol/L；CHO，7.5 mol/L)。S 期细胞被抑制，其他细胞继续运转，最后停在 G_1/S 交界处。

移去 TDR。洗涤细胞并加入新鲜培养液、细胞又开始分裂。当释放时间大于 T_S 时，所有细胞均脱离 S 期，再次加入过量 TDR，细胞继续运转至 G_1/S 交界处，被过量 TDR 抑制而停止。

优点是同步化程度高，适用于任何培养体系。可将几乎所有的细胞同步化。缺点是产生非均衡生长，个别细胞体积增大。

b. 中期阻断法：利用破坏微管的药物将细胞阻断在中期，常用的药物有秋水仙素和秋水仙酰胺，后者毒性较小。优点是无非均衡生长现象，缺点是可逆性较差。

2. 细胞周期调控

Rao 和 Johnson 将 Hela 细胞同步于不同阶段，然后与 M 期细胞混合，在灭活仙台病毒介导下，诱导细胞融合，发现与 M 期细胞融合的间期细胞产生了形态各异的早熟凝集染色体(prematurely condensed chromosome，PCC)，这种现象称为早熟染色体凝集(premature chromosome condensation)。

G_1 期 PCC 为单线状，因 DNA 未复制；S 期 PCC 为粉末状，因 DNA 由多个部位开始复制；G_2 期 PCC 为双线染色体，说明 DNA 复制已完成(图 10-12)。

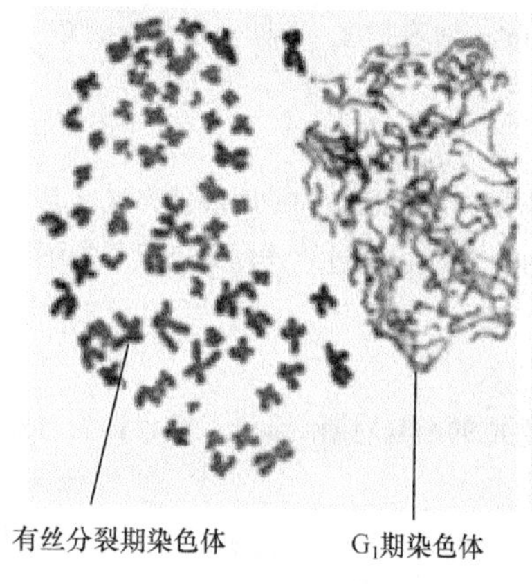

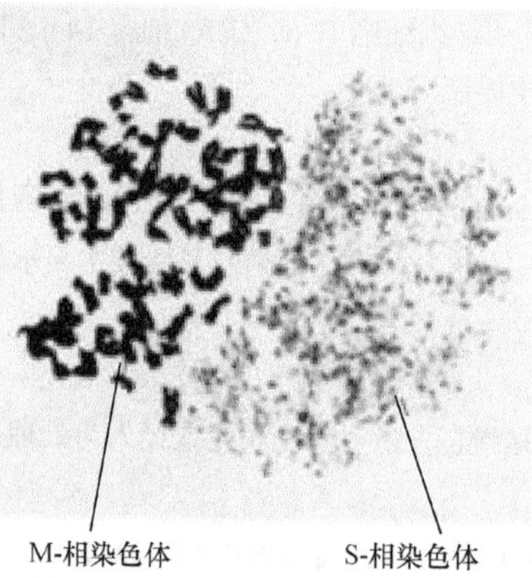

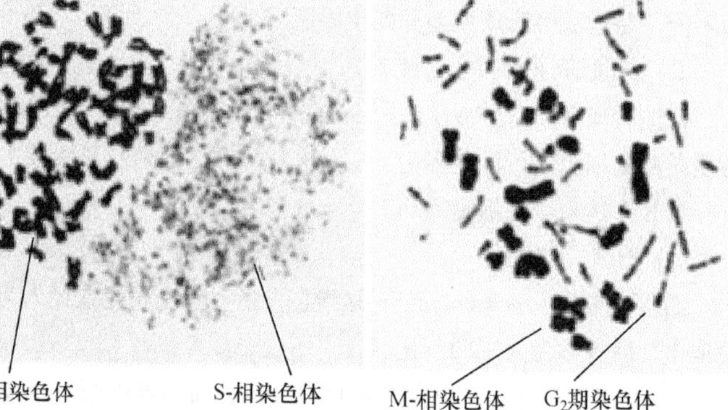

图 10-12　不同形态的 PCC

不仅同类 M 期细胞可以诱导 PCC，不同类的 M 期细胞也可以诱导 PCC 产生，如人和蟾蜍的细胞融合时同样有这种效果，这就意味着 M 期细胞具有某种促进间期细胞进行分裂的因子，即成熟促进因子(maturation promoting factor，MPF)。

1983 年 Hunt 首次发现海胆卵受精后，在其卵裂过程中两种蛋白质的含量随细胞周期剧烈振荡，在每一轮间期开始合成，G_2/M 时达到高峰，M 结束后突然消失，下轮间期又重新合成，故命名为周期蛋白(cyclin)。后来在青蛙、爪蟾、海胆、果蝇和酵母中均发现类似的情况，各类动物来源的细胞周期蛋白 mRNA 均能诱导蛙卵的成熟。用海洋无脊椎动物和两栖类的卵为实验材料进行这类实验，好处在于卵的量比较大，而且在胚胎发育的早期，细胞分裂是同步化的。

1988 年 Lohka 纯化了爪蟾的 MPF，经鉴定由 32 kDa 和 45 kDa 两种蛋白组成，二者结合可使多种蛋白质磷酸化。后来 Nurse(1990)进一步的实验证明 P^{32} 实际上是 CDC2 的同源物，而 P^{45} 是 cyclinB 的同源物，从而将细胞周期三个领域的研究联系在一起。2001 年 10 月 8 日美国人 Hartwell、英国人 Nurse、Hunt 因对细胞周期调控机理的研究而荣获诺贝尔生理学或医学奖。

1) CDK

CDC2 与细胞周期蛋白结合才具有激酶的活性，称为细胞周期蛋白依赖性激酶(cyclin-dependent kinase，CDK)，因此 CDC2 又称为 CDK1，激活的 CDK1 可将靶蛋白磷酸化而产生相应的生理效应，如将核纤层蛋白磷酸化导致核纤层解体、核膜消失，将 H_1 磷酸化导致染色体的凝缩等。这些效应的最终结果是细胞周期的不断运行。因此，CDK 激酶和其调节因子又称为细胞周期引擎。目前发现的 CDK 在动物中有 7 种。各种 CDK 分子均含有一段相似的激酶结构域，这一区域有一段保守序列，即 PSTAIRE，与周期蛋白的结合有关。

2) CKI

细胞中还具有细胞周期蛋白依赖性激酶抑制因子(CDK inhibitor，CKI)对细胞周期起负调控作用，目前发现的 CKI 分为两大家族：

(1) ink4(inhibitor of CDK 4)，如 $P16^{ink4a}$、$P15^{ink4b}$、$P18^{ink4c}$、$P19^{ink4d}$，特异性抑制 CDK4·cyclin D1、CDK6·cyclin D1 复合物。

(2) kip(kinase inhibition protein)：包括 $P21^{cip1}$(cyclin inhibition protein 1)、$P27^{kip1}$(kinase inhibition protein 1)、$P57^{kip2}$ 等，能抑制大多数 CDK 的激酶活性，$P21^{cip1}$ 还能与 DNA 聚合酶 δ 的辅助因子 PCNA(proliferating cell nuclear antigen)结合，直接抑制 DNA 的合成。

3) cyclin

周期蛋白不仅仅起激活 CDK 的作用，还决定了 CDK 何时、何处、将何种底物磷酸化，从而推动细胞周期的前进。目前从芽殖酵母、裂殖酵母和各类动物中分离出的周期蛋白有 30 余种，在脊椎动物中为 A_{1-2}、B_{1-3}、C、D_{1-3}、E_{1-2}、F、G、H 等。分为 G_1 型、G_1/S 型 S 型和 M 型 4 类。各类周期蛋白均含有一段约 100 个氨基酸的保守序列，称为周期蛋白框，介导周期蛋白与 CDK 结合。

细胞在生长因子的刺激下，G_1 期 cyclin D 表达，并与 CDK4、CDK6 结合，使下游的蛋白质如 Rb 磷酸化，磷酸化的 Rb 释放出转录因子 E2F，促进许多基因的转录，如编码 cyclinE、A 和 CDK1 的基因。

在 G_1-S 期，cyclinE 与 CDK2 结合，促进细胞通过 G_1/S 限制点而进入 S 期。向细胞内注射 cyclinE 的抗体能使细胞停滞于 G_1 期，说明细胞进入 S 期需要 cyclinE 的参与。同样将 cyclinA 的抗体注射到细胞内，发现能抑制细胞的 DNA 合成，推测 cyclinA 是 DNA 复制所必需的。

在 G_2-M 期，cyclinA、cyclinB 与 CDK1 结合，CDK1 使底物蛋白磷酸化、如将组蛋白 H_1 磷酸化导致染色体凝缩，核纤层蛋白磷酸化使核膜解体等下游细胞周期事件。

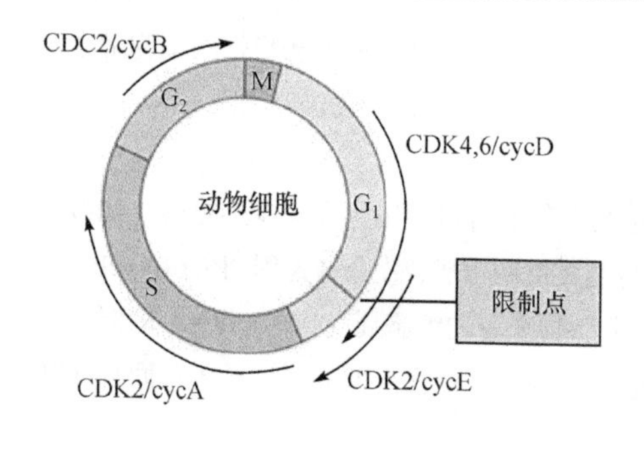

图 10-13　cyclin 的周期性变化

在中期当 MPF 活性达到最高时，通过一种未知的途径，激活后期促进因子 APC，将泛素连接在 cyclinB 上，导致 cyclinB 被蛋白酶体(proteasome)降解，完成一个细胞周期(图 10-13)。

分裂期周期蛋白 N 端有一段序列与其降解有关，称为降解盒(destruction box)。当 MPF 活性达到最高时，通过泛素连接酶催化泛素与 cyclin 结合，cyclin 随之被 26S 蛋白酶体水解。G_1 周期蛋白也通过类似的途径降解，但其 N 端没有降解盒，C 端有一段 PEST 序列与其降解有关。

泛素由 76 个氨基酸组成，高度保守，普遍存在于真核细胞，故称泛素。共价结合泛素的蛋白质能被蛋白酶体识别和降解，这是细胞内短寿命蛋白和一些异常蛋白降解的普遍途径，泛素相当于蛋白质被摧毁的标签。26S 蛋白酶体是一个大型的蛋白酶，可将泛素化的蛋白质分解成短肽。

在蛋白质的泛素化过程中，E1(ubiquitin-activating enzyme，泛素激活酶)水解 ATP 获取能量，通过其活性位置的半胱氨酸残基与泛素的羧基末端形成高能硫酯键而激活泛素，然后 E1 将泛素交给 E2(ubiquitin-conjugating enzyme，泛素结合酶)，最后在 E3(ubiquitin-ligase，泛素连接酶)的作用下将泛素转移到靶蛋白上。参与细胞周期调控的泛素连接酶至少有两类，其中 SCF(skp1-cullin-F-box protein，三个蛋白构成的复合体)负责将泛素连接到 G_1/S 期周期蛋白和某些 CKI 上，APC(anaphase promoting complex)负责将泛素连接到 M 期周期蛋白上。

4) DNA 复制当且仅当一次

DNA 的复制是由起始复制点(origins of replication)开始的，起始复制点也就是自主复制序列，散布在染色体上。在整过细胞周期中，起始复制点上结合有起始识别复合体(Origin recognition complex, ORC)，其作用就像一个停泊点，供其他调节因子停靠。

CDC6 是其中的一个调节因子，在 G_1 期 CDC6 含量瞬间提高，CDC6 结合在 ORC 上，在 ATP 供能下，促进 6 个亚单位构成的 MCM 复合体和其他一些蛋白结合到 ORC 上，形成前复制复合体(pre-replicative complex，pre-RC)，MCM 实际上就是 DNA 解旋酶(helicase)。

S-CDK 触发 pre-RC 的启动，同时阻止了 DNA 再次进行复制，因为 S-CDK 将 CDC6 磷酸化，使其脱离 ORC，磷酸化的 CDC6 随后被 SCF 参与的泛素化途径降解；S-CDK 还可以将某些 MCM 磷酸化，使其被输出细胞核。其他一些 CDK 也参与阻止 pre-RC 的再次形成，从而保证了 DNA 的复制当且仅当一次。

5) M 期 CDK 的激活

M 期 CDK 的激活起始于分裂期 cyclin 的积累，在胚胎细胞周期中 cyclin 一直在合成，其浓度取决于降解的速度；但在大多数细胞的有丝分裂周期中，cyclin 的积累是因为在 G_2-M 期 M-cyclin 基因转录的增强。

随着 M-cyclin 的积累，结合周期蛋白的 M-CDK(CDK1)增加，但是没有活性，这是因为 Wee1 激酶将 CDK1 的 Thr^{14} 和 Tyr^{15} 磷酸化，这种机制保证了 CDK-cyclin 能够不断积累，然后在需要的时候突然释放。

在 M 期，一方面 Wee1 的活性下降，另一方面 CDC25 使 CDK 去磷酸化，去除了 CDK 活化的障碍。CDC25 可被两种激酶激活，一是 polo 激酶，另一个是 M-CDK 本身。激活的 M-CDK 还可以抑制它的抑制因子 Wee1 的活性，形成一个反馈环。因此不难想象，只要有少量的 CDK 被 CDC25 或 polo 激活，立即就会有大量的 CDK 被活化。

CDK 的激活还需要 Thr^{161} 的磷酸化，它是在 CDK 激酶(CDK activating kinase，CAK)的作用下完成的。

6) 细胞周期检验点

细胞要分裂，必须正确复制 DNA 和达到一定的体积，在获得足够物质支持分裂以前，细胞不可能进行分裂。细胞周期的运行，是在一系列称为检验点(check point)的严格检控下进行的，当 DNA 发生损伤，复制不完全或纺锤体形成不正常，周期将被阻断。

细胞周期检验点由感受异常事件的感受器、信号传导通路和效应器构成，主要检验点包括：

G_1/S 检验点：在酵母中称 start 点，在哺乳动物中称 R 点(restriction point)，控制细胞由静止状态的 G_1 进入 DNA 合成期，相关的事件包括：DNA 是否损伤？细胞外环境是否适宜？细胞体积是否足够大？

S 期检验点：DNA 复制是否完成？

G_2/M 检验点：是决定细胞一分为二的控制点，相关的事件包括：DNA 是否损伤？细胞体积是否足够大？

中-后期检验点(纺锤体组装检验点)：任何一个着丝点没有正确连接到纺锤体上，都会抑制 APC 的活性，引起细胞周期中断。

ATM(ataxia telangiectasia-mutated gene)是与 DNA 损伤检验有关的一个重要基因。最早发现于毛细血管扩张性共济失调症患者，人类中大约有 1%的人是 ATM 缺失的杂合子，表现出对电离辐射敏感和易患癌症。正常细胞经放射处理后，DNA 损伤会激活修复机制，如 DNA 不能修复则诱导细胞凋亡，总之不会形成变异的细胞。

ATM 编码一个蛋白激酶，结合在损伤的 DNA 上，能将某些蛋白磷酸化，中断细胞周期。其信号通路有两条。

一条是激活 Chk1(checkpoint kinase),Chk1 引起 CDC25 的 Ser^{216} 磷酸化，通过抑制 CDC25 的活性，抑制 M-CDK 的活性，使细胞周期中断。

另一条是激活 Chk2，使 P53 被磷酸化而激活，然后 P53 作为转录因子，导致 P21 的表达，P21 抑制 G_1-S 期 CDK 的活性，从而使细胞周期阻断。

7) 生长因子对细胞增殖的影响

单细胞生物的增值取决于营养是否足够，多细胞生物细胞的增殖取决于机体是否需要。这种需要是通过细胞通信来实现的。

生长因子是一大类与细胞增殖有关的信号物质，目前发现的生长因子多达几十种，多数有促进细胞增殖的功能，故又称有丝分裂原(mitogen)，如表皮生长因子(EGF)、神经生长因子(NGF)，少数具有抑制作用如抑素(chalone)，肿瘤坏死因子(TNF)，个别如转化生长因子 β(TGF-β)具有双重调节作用，能促进一类细胞的增殖，而抑制另一类细胞。

生长因子不由特定腺体产生，主要通过旁分泌作用于邻近细胞。各种生长因子相对分子质量大小不同，如肝细胞生长因子(HGF)由 674 个氨基酸组成，分子质量达 80 kDa，内皮素仅由 21 个氨基酸组成。大多数生长因子仅由一条肽链组成，如 EGF、TGF-α、FGF，而 PDGF、NGF、TGF-β，肝细胞生长因子 HGF 由两条肽组成。

生长因子的信号通路主要有：ras 途径，cAMP 途径和磷脂酰肌醇途径。如通过 ras 途径，激活 MAPK，MAPK 进入细胞核内，促进细胞增殖相关基因的表达。如通过一种未知的途径激活 c-myc，myc 作为转录因子促进 cyclin D、SCF、E2F 等 G_1-S 有关的许多基因表达，细胞进入 G_1 期。

10.2.2　细胞凋亡的生物学特征

有许多生命现象都与细胞凋亡密切相关。细胞凋亡对动物个体的正常发育，自身稳态的维持，免疫耐受的形成，肿瘤监控的等多种生理及病理过程过程具有重要意义。在发育过程中，幼体器官的缩小和退化(与蝌蚪尾巴的消失等)，是通过细胞凋亡来实现的。在动物胚胎发育中，胚胎期指/趾之间的细胞发生凋亡，最后才发育为手和足。淋巴细胞的克隆选择过程中，凡是不能区分“自我”与“异我”抗原的淋巴细胞均发生凋亡，由此产生可机体的免疫耐受，否则会发生自身免疫疾病。细胞凋亡是一种生理性保护机制，能够清除体内多余、受损、危险或受感染的细胞而不对周围细胞或组织产生损害。有一个例子是，当人体受到病毒感染时，由于病毒通常存在于细胞中而很难被清除，这时为了保护机体不受损害，机体通过一系列过程，促进被病毒感染细胞的凋亡。还有，机体通过细胞凋亡来清除一些不健康的细胞。

当然，细胞凋亡并不是一定对生物体有好处的。如果细胞凋亡的失调，包括不恰当的激活或抑制会引发多种疾病。例如，艾滋病患者表现为过多的淋巴、非淋巴细胞凋亡，免疫力低下。多种急性或慢性疾病如败血症、心肌梗死、急性肝损伤、帕金森综合征等都与细胞的凋亡过度有关。

Kerr 于 1965 年最早发现细胞凋亡现象。他观察到在局部缺血的情况下，大鼠肝细胞连续不断地转化为小的圆形的细胞质团。这些细胞质团有质膜包裹的细胞碎片(包括细胞器和染色体)组成。起初他称这种现象为“皱缩型坏死”，后来发现这一现象与坏死有本质区别。1972 年 Kerr 将这一现象命名为细胞凋亡并确定了细胞凋亡的概念。细胞凋亡一词，即 apoptosis(apo-ptosis)，源自于古希腊语，意思是花瓣或树叶的脱落、凋零。其生物学意义在于强调这种细胞死亡方式是自然的生理学过程，是受基因调控的主动的细胞生理性细胞自杀行为。此后，细胞凋亡很快受到各国生物学家的重视，迅速成为 20 世纪 90 年代生命学科的一大研究热点。

细胞凋亡是一种主动的、由基因决定的细胞程序性死亡的过程，与细胞坏死不同，它们在形态学、生化代谢、分子机制以及细胞的结局和意义方面都有着明显的区别。

从细胞死亡的原因上看，细胞坏死是细胞受到外界急性强力伤害所致，如局部缺血、高热、物理、化学和生物因素等作用，使细胞出现一种被动性死亡，因此细胞坏死多没有潜伏期。而细胞凋亡是由死亡信号诱发的受调节的细胞死亡过程，是一种主动性的细胞死亡，因此往往有数个小时的潜伏期。

从细胞死亡过程看，坏死细胞的膜通透性增高，细胞水肿，内质网扩张，线粒体肿胀，溶酶体破裂，内部的酶释放导致细胞溶解，内容物外溢，早期细胞核无明显形态学变化。而细胞凋亡过程中，质膜始终保持良好的整合性，细胞萎缩，核染色质高度凝集和周边化，内质网扩张并与细胞膜融合发生内陷，形成许多有膜包围的含有核和细胞质结构碎片的凋亡小体(apoptotic body)。

从细胞死亡的结局来看，由于坏死细胞膜的破裂，释放大量的内容物，故常引起严重的炎症反应。坏死细胞通常是成群的细胞丢失，在愈合过程中常伴有组织器官的纤维化，形成瘢痕。而细胞凋亡的过程中，凋亡细胞膜及其凋亡小体的膜整合性良好，没有内溶物的外溢，所以不发生炎症反应。凋亡小体可迅速被邻近的细胞或巨噬细胞识别吞噬，细胞被清除的过程不伴有炎症反应。细胞凋亡是单个细胞的丢失，在组织中不形成瘢痕。

近年来体外凋亡实验发现，细胞凋亡与坏死没有绝对的界限，凋亡过程可以转化为坏死。适当的诱导剂可以诱导细胞凋亡，加大诱导剂量，在细胞凋亡过程会出现坏死改变。在体内，如果细胞吞噬功能障碍，凋亡小体不被识别而不能及时清除，凋亡小体的膜结构被破坏后，内含的溶酶体水解酶释出，也可以引起组织坏死。

动物细胞凋亡的过程，在形态学(图 10-14)上可分为 3 个阶段：

(1) 凋亡的开始。这个阶段的形态学变化表现为：细胞表面的特化结构如微绒毛的消失，细胞间接触消失，但细胞质膜依然完整，未失去选择通透性；细胞质中，线粒体大体完整，但核糖体逐渐与内质网脱离，内质网囊腔膨胀，并逐渐与质膜融合；细胞核内染色质固缩，形成新月形帽状结构，沿着核膜分布。这一阶段历时数分钟，然后进入第二阶段。

(2) 凋亡小体的形成。首先，核染色质断裂为大小不等的片段，与某些细胞器如线粒体等聚集在一起，被反折的细胞质膜所包围，形成凋亡小体。从外观上看，细胞表面发泡，产生了许多泡状或芽状突起,随后逐渐分隔，形成单个的凋亡小体。

(3) 凋亡小体逐渐被邻近的细胞或体内吞噬细胞所吞噬，凋亡细胞的残余物质被消化后重新利用。从细胞凋亡起始到凋亡小体的出现不过数分钟，而整个细胞凋亡的过程可能延续 4～9 h。动物细胞凋亡的最重要的特征是整个过程中细胞质膜始终保持完整，细胞内含物不发生细胞外泄漏，因此也不引发机体的炎症反应。由于凋亡是受到严格调控的细胞主动性自杀过程，因此需要 ATP 提供能量，是一个耗能过程。

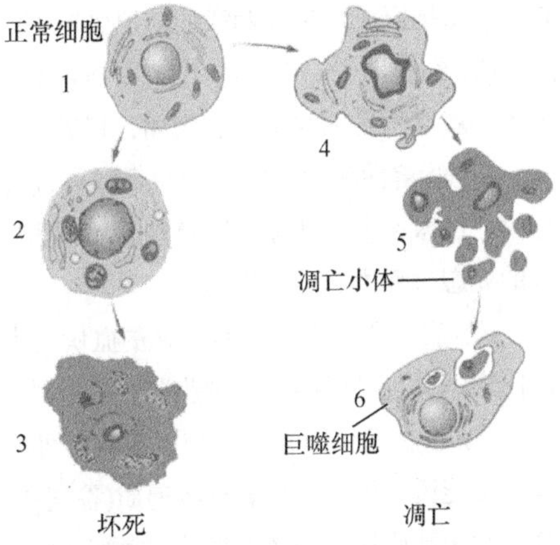

细胞凋亡在生化方面也发生着一些重要的改变：

(1) 在凋亡发生的早期，细胞膜上往往出现一些标志性的生物化学变化，有利于临近细胞或巨噬细胞的识别与吞噬，首先是细胞膜上的磷脂酰丝氨酸有细胞内侧外翻到细胞膜外表面，这一特征可以作为早期凋亡细胞的标志。暴露于细胞膜的磷脂酰丝氨酸可以用荧光素标记的 Annexin-X 来检测。

图 10-14　细胞凋亡与坏死的形态示意图

1. 正常细胞；2. 体积肿胀；3. 细胞膜破裂最后崩溃；4. 体积浓缩；5. 裂成碎片，形成凋亡小体；6. 巨噬细胞吞噬凋亡小体

(2) 胱天蛋白酶(caspase)构成级联反应，caspase 是一组存在于胞质溶胶中的结构上相关的半胱氨酸蛋白酶，能特异性地断开天冬氨酸残基后的肽键，是参与细胞凋亡的重要酶类。凋亡过程中由这些蛋白酶构成一系列级联反应，使靶蛋白活化或失活而介导各种凋亡事件。

(3) 在细胞凋亡后期，由于染色质核小体之间的连接处断裂，裂解成长度为 180～200 bp 及其倍数的 DNA 片段。从细胞凋亡中提取的 DNA 在琼脂糖凝胶电泳中呈现特异的 DNA 梯状图谱。而细胞坏死时 DNA 被随机降解为任意长度的片段，琼脂糖凝胶电泳呈现弥散性 DNA 图谱。但是近年来发现，有些发生凋亡的细胞其染色质 DNA 并不降解，表明 DNA 降解不是细胞凋亡的必需标志。

10.2.3　细胞凋亡的过程及机理

程序性细胞死亡是基因调控作用的结果。有很多基因参与调控程序化细胞死亡过程，调控环节包括信号转导、基因表达、蛋白质生物合成和代谢过程等。这些基因也称为程序化细胞死亡相关基因。细胞凋亡的过程大致可分为以下几个阶段：①接受凋亡信号；②凋亡信号的转导；③凋亡的执行(半胱天冬蛋白酶)；④凋亡细胞的清除。

1. 凋亡的启动

细胞凋亡的启动是细胞在感受到相应的各种外界因素信号刺激后胞内一系列控制开关的开启或关闭，不同的外界因素启动凋亡的方式不同，所以引起的信号转导也不相同，目前已知引起细胞凋亡的信号有细胞凋亡因子、某些细胞因子、激素和病原微生物等。

(1) 细胞凋亡因子 FasL 和肿瘤坏死因子(tumor necrosis factor, TNF)。细胞凋亡因子 Fas 配体(Fas ligand, FasL)是 37 kDa 的同源三聚体Ⅱ型跨膜糖蛋白，由一个胞内 N 端、一个跨膜片段和一个胞外 C 端组成，属于肿瘤坏死因子家族成员(tumor necrosis factor，TNF)。Fas 配体通过与它的细胞表面的 Fas 受体结合可引起细胞凋亡，从而杀死病变细胞。FasL 主要表达活性 T 淋巴细胞、NK 细胞及 LAK 细胞等免疫细胞的细胞膜上，此外在免疫豁免组织(脑、睾丸、眼)的细胞膜上也有 FasL 的天然表达。FasL 也可以一可溶性形式存在。可溶性形式的 FasL 也具有生物活性，并且可与它的膜结合形成竞争性调节细胞的凋亡。

肿瘤坏死因子家族还包括 TNF、CD40 配体和 TRAL。人 TNF 有两种分子形式，一种成为 TNF-α，另一种称为 TNF-β。TNF-α 由细菌脂多糖活化的单核巨噬细胞产生，可引起肿瘤组织出血坏死，也称恶病质素；

TNF-β 由抗原或丝裂原刺激的淋巴细胞产生，具有肿瘤杀死及免疫调剂功能，又称淋巴毒素。

(2) 细胞因子。有一些生存因子(viability factors)为细胞的存活所必需，如果从培养基质中除去这些生存因子，就会诱发细胞凋亡。例如，培养基中去除白介素 3 后，鼠造血细胞株 BAF3 发生凋亡。

(3) 脂溶性激素。类固醇激素能直接进入细胞，与核内受体结合，调节有关基因转录，对细胞凋亡调控作用。性激素参与性腺细胞及性附属器官的生理性生长和凋亡。甲状腺激素可促使细胞的凋亡，在蝌蚪到青蛙的变态过程中起重要作用。

(4) 病原微生物。例如，鸡贫血病病毒能引起胸腺组织的破坏，造成免疫抑制和贫血。又如，鸡传染性法氏囊病毒也可引起胸腺细胞凋亡，此外，人的微小病毒、流感病毒、HIV 均能够诱导细胞凋亡。

(5) 多种理化因素。物理因素有紫外线辐射、电离辐射、热休克等；生化因素有代谢产生的活性氧中间体，都能诱导细胞凋亡。神经递质(谷氨酸、多巴胺等)也可诱发细胞凋亡。神经酰胺(ceramide)是新的第二信使，它激活胞质内的丝氨酸/苏氨酸蛋白磷酸酶(CAPP)，CAPP 参与了对凋亡的调节。

(6) 金属离子。许多金属离子可以诱导细胞凋亡，如钙、汞、铅、镁、铜、镍，甚至钠、钾离子都能在一定条件下诱导细胞发生凋亡。

2. 凋亡信号的转导

细胞凋亡是一个极其复杂的生命过程，目前在哺乳动物细胞中了解得比较清楚的凋亡信号通路有两条：一条是细胞表面死亡受体介导的细胞凋亡信号通路；另一条是以线粒体为核心的细胞凋亡信号通路。

1) 死亡受体介导的细胞凋亡信号通路

细胞外的许多信号分子都可以与细胞表面相应的死亡受体结合，激活凋亡信号通路，导致细胞凋亡。哺乳动物细胞表面死亡受体是一类属于 TNF/NGF 受体超家族，TNFR-1 和 Fas/Apo-1/CD95 是死亡受体家族的代表成员，它们的胞质区都含有死亡结构域(death domain，DD)。当死亡受体 Fas 或 TNFR 与配体结合后，诱导胞质区的 DD 结合 Fas 结合蛋白(FADD)，FADD 再以其氨基酸的死亡效应结构域(DED)结合 caspase-8 前体，形成 Fas-FADD-procaspase-8 组成的死亡诱导信号复合物(DISC)，caspase-8 被激活，活化的 caspase-8 在进一步激活下游的死亡执行者 caspase-3, -6, -7，从而导致细胞凋亡。

2) 线粒体介导的细胞凋亡信号通路

当细胞受到内部(如 DNA 损伤、Ca^{2+}浓度过高)或外部的凋亡信号(如紫外线、γ射线、药物、一氧化氮、活性氧等)刺激时，线粒体外膜通透性改变，使线粒体内的凋亡因子，如细胞色素 c(Cyt c)、凋亡诱导因子(AIF)等释放到细胞质中，与细胞质中的凋亡蛋白酶活化因子 Apaf-1 结合，活化 caspase-9，进而激活 caspase-3，导致细胞凋亡。

研究证明，线粒体在细胞凋亡中出于凋亡控制的中心地位，很多 Bcl-2 家族的蛋白如 Bcl-2、Bax、Bcl-xL 等都定位于线粒体膜上，Bcl-2 通过阻止 Cyt c 从线粒体释放出来来抑制细胞凋亡；而 Bax 通过与线粒体上的膜通道结合促使 Cyt c 的释放从而促进凋亡。

活化的 caspase 一方面作用于 procaspase-3，另一方面催化 Bid(Bcl-2 家族的促凋亡分子)裂解成 2 个片段，其中含 BH3 结构域的 C-端片段被运送到线粒体，引起线粒体内 Cyt c 的高效释放。Bid 诱导 Cyt c 释放的效率远高于 Bax。

线粒体释放的凋亡诱导因子 AIF 除了可以诱导 Cyt c 和 caspase-9 高效释放外，还被转运如细胞核诱导核中的染色质凝集和 DNA 大规模降解。

3) 其他凋亡通路

近年来研究发现内质网和溶酶体在细胞凋亡中可能有重要作用。内质网与细胞凋亡的联系表现在两个方面：一是内质网对 Ca^{2+}的调控；二是 caspase 在内质网上的激活。研究表明，很多细胞在凋亡早期出现胞质

内的 Ca^{2+}浓度迅速持续升高，这种浓度的升高是细胞外 Ca^{2+}的内流及胞内钙库(内质网)中 Ca^{2+}的释放所致。胞质内高浓度的 Ca^{2+}一方面可以激活胞质中的钙依赖蛋白(如 calpain)，另一方面可影响线粒体外膜的通透性促进细胞凋亡。位于内质网膜上的凋亡抑制蛋白 Bcl-2 具有维持胞质内 Ca^{2+}浓度稳定，抑制凋亡的作用。胞质内 Ca^{2+}浓度的升高等因素可以激活位于内质网膜上的 caspase-12，活化的 caspase-12 被转运到胞质中参与 caspase-9 介导的凋亡过程。

近年来研究发现，当细胞或溶酶体受到凋亡因子胁迫时，某些半胱氨酸类蛋白酶(cathepsin)会从溶酶体转运到细胞质内，激活下游的 caspase-3，引发细胞凋亡，这种激活能够被 cathepsin 的特异性抑制剂所阻断。

3. 细胞色素 c 释放和 caspase 激活

1) 细胞色素 c 释放

当促凋亡信号使 caspase 激活(某些 caspase 的底物就是位于线粒体膜上的蛋白)后，胞浆 Ca^{2+}水平升高，产生神经酰胺等刺激线粒体，造成渗透性不平衡使线粒体肿胀，外膜破裂，电化学梯度破坏和 ATP 减少使细胞坏死，线粒体外膜透性增加，线粒体通透性转换(PT)孔(permeability transition pore, PTP)开放，引起线粒体通透性转换和线粒体膜电位崩解。

PT 孔是由线粒体一些内膜外膜蛋白组成的，定位与内外膜接触点，并可以无选择性地允许不大于 1.2 kDa 的分子通过。

细胞色素 c 被释放后，激活细胞凋亡因子 1(Apoptotic protease activating factor 1, Apaf 1)，活化的 Apaf 1 又激活 caspase-9，最终导致 caspase-3 激活，完成细胞凋亡途径。

细胞色素 c 是胞核基因编码的蛋白质，当它转入线粒体后，形成有亚铁血红素的细胞色素 c 称为全细胞色素 c，只有全细胞色素 c 才可以诱导 caspase 激活。

2) caspase 的活化

细胞凋亡的过程实际上是 caspase 不可逆有限水解底物的级联放大反应过程，到目前为止，至少有 14 种 caspase 被发现。参与诱导凋亡的 caspase 分为两大类：启动酶(initiator)和效应酶(effector)，它们分别在死亡信号转导的上游和下游发挥作用。

caspase 的活化是有顺序的多步水解的过程，caspase 分子各异，但是它们活化的过程相似。首先在 caspase 前体的 N 端前肽和大亚基之间的特定位点被水解去除 N 端前肽，然后在大小亚基组成异源二聚体，再由两个二聚体组成有活性的四聚体组。

例如，caspase-8 的激活。当死亡受体 Fas 或 TNFR 被配体(CD95L 或 TNF)结合后，可以通过一种称为 FADD(Fas-associated death domain)的接头蛋白(adaptor)使 caspase-8 聚集，这种聚集是通过 DED 结构域(死亡效应结构域，death effector domain)的疏水作用来实现的，在 procaspase-8 和 FADD 中均含有这种结构域。procaspase-8 本身具有成熟的 caspase-8 酶的 1%～2%的活性，聚集后的 procaspase-8 通过自身或相互之间的切割产生成熟的 caspase-8。激活的 caspase-8 又可激活下游的效应 caspase-8，并最终使细胞凋亡。

而 caspase-9 的激活是细胞色素 c 和 Apaf 1 作用下完成的。Apaf-1 的羧基端 12 个 WD-40 重复区可与 6 分子细胞色素 c 结合，通过 Apaf-1 的这种桥梁作用，最终形成 Cyt-Apaf-1-caspase-9 "凋亡体" (apoptosome)。这种复合体使 caspase-9 被激活，它再作为蛋白酶去激活凋亡的效应分子 caspase-3，引起核凋亡。

启动 cspase 活化后，即开启细胞内的死亡程序，通过异源活化方式水解下游 caspase，将凋亡信号放大，同时将死亡信号向下传递。异源活化(hetero-activation)即由一种 caspase 活化另一种 caspase 是凋亡蛋白酶的酶原被活化的经典模式。故异源活化的 caspase 又称为执行 caspase(executioner caspase)，包括 caspase-3，caspase-6，caspase-7。执行 caspase 不像启动 caspase，不能被募集到或结合其实活化复合体，它们必须依赖启动 caspase 才能活化。

4. 凋亡的执行

凋亡细胞的特征性表现，包括 DNA 裂解为 200 bp 左右的片段，染色体浓缩，细胞膜活化，细胞皱缩，形成由细胞膜包裹的凋亡小体，最后这些凋亡小体被其他细胞所吞噬，这一过程经历 30～60 min，caspase 引起上述细胞凋亡相关变化的全过程尚不完全清楚，但至少包括以下三种机制。

(1) 凋亡抑制物。正常活细胞因为核酸酶和抑制物结合在一起，处于无活性状态，而不出现 DNA 裂断，如果抑制物被破坏，核酸酶即可激活，引起 DNA 片段化(fragmentation)。caspase 可以裂解这种抑制物而激活核酸酶，因而把这种酶称为 caspase 激活的脱氧核糖核酸酶(caspase-activated deoxyribonulease，CAD)，而把它的抑制物称为 ICAD。

(2) 破坏细胞结构。caspase 可直接破坏细胞结构，如裂解核纤层。核纤层(lamina)是由核纤层蛋白通过聚合作用而连成头尾相接的多聚体，由此形成核膜的骨架结构，使染色质(chromatin)得以形成并进行正常的排列。在细胞发生凋亡时，核纤层蛋白作为底物被 caspase 在一个近中层的固定部位所裂解，从而使核纤层蛋白崩解，导致细胞染色体的固缩。

(3) 调节蛋白丧失功能。caspase 可作用于几种与细胞骨架调节有关的酶或蛋白，改变细胞结构。其中包括凝胶原蛋白(gelsin)、聚合黏附激酶(focal adhesion kinase, FAK)、P21 活化激酶 α(PAKα)等。这些蛋白的裂解导致其活性下降。例如，caspase 可裂解凝胶原蛋白而产生片段，使之不能通过肌动蛋白(actin)纤维来调节细胞骨架。

所有这些都表明 caspase 以一种有条不紊的方式进行(破坏)。它们切断细胞与周围的联系，拆散细胞骨架，阻断细胞 DNA 复制和修复，干扰 mRNA 剪切，损伤 DNA 与和结构，诱导细胞表达可被其他细胞所吞噬的信号，并进一步使之降解为凋亡小体，最后巨噬细胞吞噬完成细胞凋亡的过程。

5. 细胞凋亡的生物调节

细胞凋亡是一个极其复杂的生物反应过程，受到严格调控。在正常细胞中，caspase 出于非活化的酶原状态，凋亡程序一旦开始，caspase 被活化，随后发生凋亡蛋白酶的层叠级联反应，发生不可逆的凋亡。那么，细胞是如何准确地调节细胞凋亡呢？现在简单介绍几类参与细胞凋亡调控的蛋白。

1) 凋亡抑制分子

迄今为止，已发现多种凋亡抑制分子，包括 P35，CrmA，IAPs，FLIP 以及 Bcl-2 家族的凋亡抑制分子。

P35 和 CrmA　P35 和 CrmA 是广谱凋亡抑制剂，P35 以竞争性结合方式与靶分子形成稳定的具有空间位阻效应的复合体并且抑制 caspase 活性。CrmA(cytokine response-modfer A)是血清蛋白酶抑制剂，能够直接抑制多种蛋白酶的活性。

FLIP(FLICE-inhibitory proterins)　FLIP 能抑制 Fas/TNFR1 介导的细胞凋亡，它有多种变异体，但其 N 端功能前区(prodomain)完全相同，C 端长短不一。FLIP 通过 DED 功能区，与 FADD 和 caspase-8 和 caspase-10 结合，拮抗它们之间的相互作用，从而抑制 caspase-8、caspase-10 募集到死亡受体复合体和它们的起始化。

2) 凋亡抑制蛋白

凋亡抑制蛋白(inhibitors of apoptosis protein, IAP)为一组具有抑制凋亡作用的蛋白质，首先是从杆状病毒基因组克隆到，发现能够抑制有病毒感染引起的宿主细胞死亡应答。其特征是有大约 20 个氨基酸组成的功能区，这对 IAP 抑制凋亡是必需的，它们主要抑制 caspase-3、caspase-7，而不结合它的酶原进而抑制细胞凋亡。

3) Bcl-2 家族

这一家族有众多成员，如 Mcl-1、NR-B、Bcl-w、BAX、Bak、Bad、Bim 等，它们分别既有抗凋亡作用，也有促凋亡的作用。多数成员有两个结构同源区域，在介导成员之间的二聚体化过程中起重要作用。Bcl-2 家族的成员通常以二聚体的形式发挥作用。

Bcl-2 即细胞凋亡抑制基因，名称来源于 B 细胞淋巴瘤/白血病 2(B-cell lymphoma/Leukemia-2, Bcl-2)，其生理功能是阻遏细胞凋亡，延长细胞寿命，在一些白血病中 Bcl-2 呈过度表达。Bcl-2 在不同的细胞类型可以定位于线粒体、内质网以及核膜上，并通过阻止线粒体细胞色素 c 的释放而发挥抗凋亡作用。此外，Bcl-2 具有保护细胞的功能，Bcl-2 的过度表达可引起细胞核谷胱甘肽(GSH)的积聚，导致核内氧化平衡的改变，从而降低了 caspase 的活性。Bax 是 Bcl-2 家族中参与细胞凋亡的一个成员，当诱导凋亡时，它从胞液迁移到线粒体和核膜。

Bax 的主要作用是加速细胞凋亡，并与 Bcl-2 一起调节细胞凋亡。Bad 也属于 Bcl-2 基因家族，是 Bcl-2/Bcl-xL 相关死亡促进因子，作为 Bcl-2/Bcl-xL 异二聚体伴分子而促进细胞凋亡。

总之，细胞凋亡的调节是非常复杂的，参与的分子也非常多，还有很多不为我们所知的机理，在这里不再一一论述了。

10.2.4 细胞凋亡的化学调控

细胞凋亡是细胞的一种基本生物学现象，凋亡过程的紊乱与许多疾病的发生有直接或间接的关系，如肿瘤、自身免疫性疾病等。因此，细胞凋亡的诱导或者抑制可能是人类治疗某些疾病，如癌症、神经退行性疾病等最有前途的策略。

1. 细胞凋亡诱导剂

细胞凋亡在肿瘤治疗中的应用分两大方面：一方面通过诱导肿瘤细胞凋亡，是肿瘤消退，直接治疗肿瘤；另一方面通过诱导肿瘤血管内皮细胞凋亡，切断肿瘤细胞的供养系统，使肿瘤萎缩消退，间接地治疗肿瘤。因此，对于细胞凋亡诱导剂的研究也是通过研究药物诱导癌细胞凋亡的作用机制，探讨结构和药效的关系，可以进一步设计合成结构新颖、药效显著的抗癌药物。这里简单介绍几种细胞凋亡诱导剂。

(1) 类黄酮及其衍生物。类黄酮包括黄酮、异黄酮和黄酮烷，其中一些物质已被发现具有抗肿瘤和抗炎症等活性，如毛地黄黄酮、汉黄芩素和非瑟酮等。其中汉黄芩素和非瑟酮是最有效的细胞凋亡诱导剂，它们通过激活 caspase 诱导白血病细胞 HL-60 凋亡。

(2) 香豆素类化合物。香豆素类化合物广泛存在于植物中，具有抗肿瘤、增强免疫、诱导细胞凋亡等生理活性。其中 6-苯乙烯基香豆素类化合物及 7-苯乙烯基香豆素类化合物对 L 1210、HL-60，HCT 8，KB 和 Bel 7402 细胞具有促进凋亡作用。

(3) 非甾体类抗炎药。非甾体类抗炎药(NSAID)是临床常用的抗炎镇痛剂，近年来研究发现它有抗肿瘤作用。NSAID 的抗肿瘤机制主要是通过不同途径抑制肿瘤细胞增殖、细胞凋亡、诱导凋亡。甾体消炎药 JET522 可使人类子宫内膜癌细胞 RL95-2 脱离细胞周期而进入凋亡程序。G_0/G 期脱离细胞周期而进入凋亡程序。

2. caspase 抑制剂

天冬氨酸特异的半胱氨酸蛋白酶(cysteinyl aspartate specific protease, caspase)是执行细胞凋亡的主要酶类，是药物开发的极好靶点，抑制或诱导 caspase 酶活性均是调节细胞凋亡的途径，目前开发的大多数 caspase 酶抑制剂都是广谱抑制剂，因此既可以影响炎症过程也可以影响凋亡。

(1) 短肽衍生物抑制剂。caspase 属于半胱氨酸蛋白酶，因此一些半胱氨酸蛋白酶抑制剂(如碘乙酰胺)能够与 caspase 中的半胱氨酸作用，从而抑制 caspase 活性，但是这种抑制作用是非特异性的。根据 caspase 底物的识别部位，人们合成了一些特异性的 caspase 短肽衍生物抑制剂。这些短肽衍生物抑制剂作为 caspase 的竞争性抑制剂抑制 caspase 活性，如图 10-15 中的短肽衍生物对 caspase-3、caspase-6、caspase-7、caspase-8 具有较强的抑制作用，其中对 caspase-抑制活性最高。

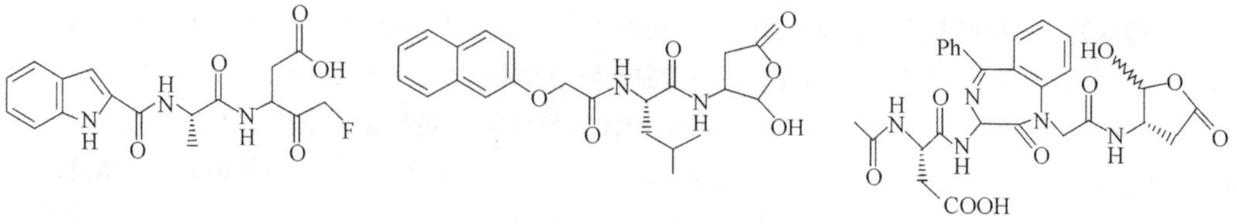

图 10-15 几种常见的短肽衍生物抑制剂

(2) 水杨酸类化合物。将水杨酸磺酰胺和天冬氨醛通过烷基或芳香基连接，合成了一系列新型的 caspase 抑制剂，结果表明这类抑制剂对 caspase-3 有较强的亲和力，有可能成为一类新型的治疗凋亡相关疾病的理想药物。

(3) 引起谷胱甘肽(GSH)耗竭的肿瘤细胞凋亡诱导剂。GSH 耗竭剂主要可分为 GSH 合成抑制剂和 GSH 结合剂两种，通过耗 GSH 来诱导肿瘤细胞凋亡。GSH 合成抑制剂在目前来说主要有烷基亚磺酰亚胺类化合物。在细胞内γ-谷氨酰半胱氨酸合成酶(γ-glutamylcysteine synthetase，γ-GCS)是 GSH 合成的限速酶。该类化合物在 ATP-Mg^{2+}的催化下磷酸化，磷酸化的产物与γ-GCS 紧密结合，抑制了γ-GCS 的合成，使细胞内的 GSH 降低，从而诱导细胞凋亡。GSH 结合剂在化学结构上类型不同，但有一个共同的性质，即在化学性质上很活泼，均为亲电试剂，可与 GSH 的巯基发生烷基化化学反应。姜黄素、咖啡酸苯乙基酯和 2-氨甲基-5-取代亚甲基环戊酮类化合物等化合物结构中含有与吸电子相连的烃基结构。这类化合物可作为迈克尔加成反应的受体，与 GSH 的巯基发生迈克尔加成反应，降低 GSH 的浓度，从而诱导细胞凋亡。

10.3 化学遗传学

化学遗传学(chemical generics)又称化学基因学，是 20 世纪 90 年代中期建立的一门通过化学工具探索和研究生命过程的新兴学科。它运用遗传学的原理，以化学小分子为工具解决生物学的问题或通过干扰/调节正常生理过程来了解蛋白质的功能，可用于寻找酶抑制剂和作用底物，研究细胞内信号转导，基因转录以及解释疾病产生的机理等，为新药的研发提供充足的理论依据。

10.3.1 概述

化学遗传学的发展融合了组合化学、细胞生物学、遗传学等多学科知识，不仅从一个全新的角度展示了有机小分子与生命大分子的关系，阐释了很多重要生理和病理现象的细胞和分子机制，并且在药物研发方面也有独特的亮点。首先，使用结构多样的化学小分子库进行筛选可以很大程度提高寻找新的药物靶点的概率；其次，采用化学遗传学能够缩短药物研发的时间，减少财力投入，如唑烷酮类抗生素利奈唑胺(linezolid，图 10-16)，用于治疗由特定微生物敏感株引起的感染，如耐万古霉素肠球菌(VRE)引起的感染(世界上唯一可治疗 VRE 的药物)。从药物发明到新药上市只用了 9 年时间，而传统药物研发需要 12～15 年。利用化学遗传学方法已经筛选出很多对生命过程(细胞有丝分裂、增

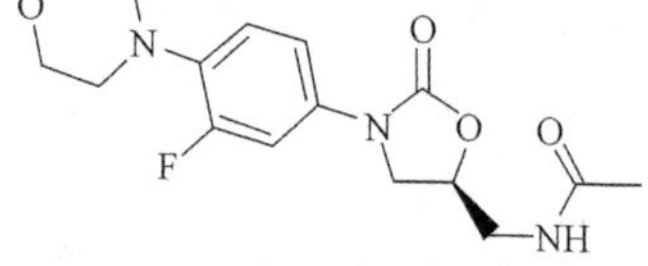

图 10-16 唑烷酮类抗生素利奈唑胺

殖和分化、免疫排斥等)有重要作用的小分子化合物，并开发出了相应临床药物，其重要意义和应用前景显而易见。

化学遗传学以经典遗传学为模型。经典的遗传学主要使用基因突变方法，在分子水平对基因进行干扰突变来研究细胞和宏观个体的形态变化。经典遗传学方法可以分为“正向遗传学”(forward genetics)和“反向遗传学”(reverse genetics)。正向遗传学采用表型筛选的方法，通过生物体自发突变或者人工诱导突变，寻找相关的表型或性状变化，然后根据这些表型或性状变化找到相应的突变基因，由此推断基因功能。而反向遗传学研究方法刚好相反，采用由基因变化研究表型变化的方法，先对特定的基因或蛋白质进行改变，然后寻找引起的表型变化。

目前经典遗传学取得了显著的科研成绩，如完成人类基因组计划并获得大量基因的功能。然而，其不可逆、难控制、突变效应周期长等缺点也限制了人们对生命体尤其是哺乳动物的进一步研究。在此条件下，化学遗传学应运而生。相对于经典遗传学来说，化学遗传学更集中于分析蛋白质而不是基因，对经典遗传学起到了补充和发展的作用。

化学遗传学利用化学小分子来调节和研究蛋白质的功能，具有如下优点：①即时性：向生物体内加入/除去小分子之后短时间内即可发生作用，实时监测效果明显；②可逆性：由于生物体代谢作用，小分子可以被降解，对蛋白质的作用被清除；③可调性：改变分子结构和加入浓度可以改变作用效果；④可操作性：化学遗传学方法对小分子加入细胞或有机体中的时间没有限制，可以在生长分化过程中的任意阶段进行，这一优点弥补了经典遗传学的不足。另外，化学遗传学方法还具有通用性的优点，其研究方法不受物种和类别的限制。尽管在一定程度上化学和生物之间的差别限制了化学遗传学方法的高速发展，但是通过多年来科学家对这两个领域的结合所做的努力，化学遗传学已经取得了一些成果。到目前为止，很多重要的发现已经使用了化学遗传学的知识，比较著名的有 Calcineurin 在 T 细胞中的信号转导等。

与传统的遗传学相对应，化学遗传学同样采用正向和反向两种思路(表 10-5)：正向化学遗传学(forward chemical genetics)方法使用各种化学小分子处理细胞，诱导表型变化，经过筛选，找到小分子作用的大分子靶标；反向化学遗传学(reverse chemical genetics)方法从基因或蛋白质与小分子化合物的相可作用出发，研究基因或蛋白质对表型的影响，从而确定这些生物大分子的功能。

表 10-5　化学遗传学与经典遗传学对比

经典遗传学		化学遗传学	
正向遗传学 从表型到基因/蛋白质	反向遗传学 从基因/蛋白质到表型	正向遗传学 从表型到基因/蛋白质	反向遗传学 从基因/蛋白质到表型
生物个体或细胞的基因组的自发突变或人工诱变(如紫外光照射细胞) 寻找选择与感兴趣表型相关的突变 然后从这些特定性状变化的个体或细胞中找到对应的突变基因，捕捉和排序识别突变基因，并揭示其功能	通过 DNA 重组、基因敲除等技术有目的地改造某个特定的基因或蛋白质基因 确定这些变化对表型性状的直接影响 寻找观察有关的表型变化	各种小分子化合物处理生物学系统(细胞、萃取液、整个有机体等)诱导其出现表型变异 经过筛选，选择产生感兴趣表型的小分子 寻找小分子作用的靶标，识别小分子与相互作用的蛋白质和遗传学途径	筛选小分子库以得到具有一定功能的结合物或调节物 从基因或蛋白质与小分子化合物的相互作用来研究基因或蛋白质对表型的影响 观察表型变化，从而确定这些生物大分子的功能

续表

经典遗传学		化学遗传学	
正向遗传学 从表型到基因/蛋白质	反向遗传学 从基因/蛋白质到表型	正向遗传学 从表型到基因/蛋白质	反向遗传学 从基因/蛋白质到表型
首先，遗传突变通常是不可逆的，尤其是多细胞生物的基因突变 其次，绝大部分突变是不可控的 此外，遗传突变的生物学效应比较缓慢 遗传突变通常是质的改变——蛋白质活性的增加或丧失，难以研究其动态变化或动力学过程 哺乳动物具有繁殖缓慢、个体大、巨大的双倍体基因组等特性，使得应用遗传学手段变得非常困难		化学遗传学的手段是可控的和可逆的——可以随时加入或除去化合物，从而启动或中断特定的反应。大多数小分子化合物对蛋白质的作用非常快，从而可以进行实时检测 此外，通过控制化合物的浓度，可以对其作用的靶分子的动力学过程进行分析 一个同样的化合物，可以被广泛地用于影响各种不同生物体的某一种过程或功能 化学遗传学的方法也基本上不受物种的限制，既可以用于低等生物，也可以用于高等生物	

10.3.2　正向化学遗传学

要了解正向化学遗传学，首先要了解正向遗传学。正向遗传学通过基因突变后的表型变化(生长抑制、细胞周期停滞、自吞噬、凋亡及衰老等)，发现突变发生时产生表型变化的基因产物。最初它被用来研究基因如何通过建立表型变化和基因变化之间的关系来控制遗传，后续研究中发现正向遗传学也可以用于识别特定生命过程中的新基因产物。因此，可以从感兴趣的表型出发，寻找相关的基因序列，利用正向遗传学的方法将基因产物定位到功能变化，并阐明基因产物和表型产生的机理。

正向化学遗传学就是使用小分子来发现和研究新基因产物的功能以及小分子的生物活性。即采用小分子化合物处理细胞，诱导细胞出现表型变异(生长抑制、细胞周期停滞、自吞噬、凋亡及衰老等)，经过筛选和作用机制研究，寻找到它们的作用靶点。小分子的组成与氨基酸、核酸、糖、脂以及其他形成生命体大分子的化学物质的组成原子相同，一般包含碳、氧、氧、氮、磷和硫等。但是与 DNA、RNA 以及蛋白质等大分子不同的是，小分子通常相对分子质量较低，没有可重复单元，不形成多聚物。从历史上看，小分子在很多基础科学研究中起了重要作用，在实际应用方面，也为疾病治疗提供了有效的药学试剂。例如，Fleming 发现的青霉素就是一个小分子；而 Beadle 和 Tatum 用以挽救链孢霉(neurosporacrasa)中缺营养的突变体的维生素 B_1(vitamin B_1)也是一个有着重要生理功能的小分子。

可以举例来更好地了解正向化学遗传学，如在细胞实验中使用各种小分子化合物处理细胞，诱导细胞出现表型变异，然后经过筛选，寻找小分子作用的靶标。总体来说，绝大多数小分子会导致与其结合靶标(动力学酶、磷酸酶、脱羧酶、多聚酶等)功能的丧失；当然，也有少量的小分子能使靶标获得某些功能。通过正向化学遗传学可以实现对信号从细胞膜传导到细胞核中的路径的表征。例如，免疫抑制剂药物常见靶标 CsA 和 FK506 的发现就充分证明了这些作用。

正向化学遗传学方法的主要过程是：首先确定目标生物学现象，然后在大量分子中选择引起这类现象的化合物，被选中的分子可以抑制或激活蛋白质的某些重要修饰，最后检测和研究该蛋白质(图 10-17)。选择能够引起某种现象的化合物的过程，就是筛选具有在细胞或细胞萃取液中诱导某种特殊表型的小分子，它们通常直接抑制或激活某一特定蛋白质或一系列蛋白质。原则上，跟踪小分子到其靶蛋白，就在靶标和相应表型间建立了联系。

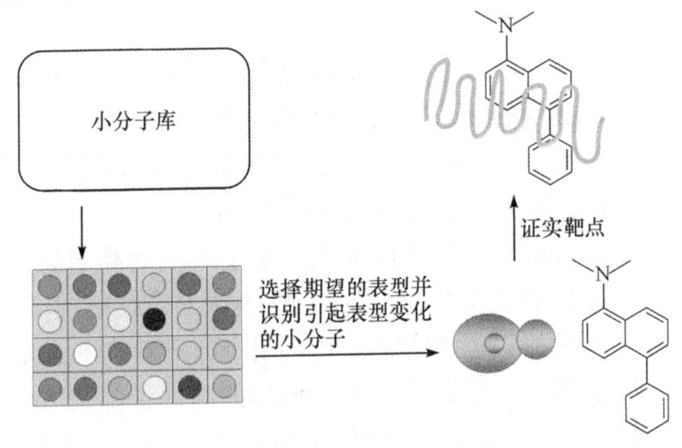

图 10-17　正向化学遗传学方法的主要过程

正向化学遗传学的三个主要方面：①小分子化合物集或库；②选择表型发生变化的小分子；③研究活性化合物调出的蛋白质和基因。

1. 小分子

化学遗传学与经典遗传学的区别在于，化学遗传学使用小分子与目标基因产物特异性结合，而不是通过突变来扰乱基因产物的功能。小分子有很多独特的性质：具有几乎是瞬时控制的能力；作为调试器，识别蛋白质的相关功能，可控和可逆的扰乱蛋白质-蛋白质相互作用的能力；引起特定蛋白质功能失去或获得能力；调节多功能蛋白质某些特定功能的能力以及不会导致遗传基因的改变的能力等。这些性质使得它们能够较理想地运用于生物学系统，并与经典的基于 RNA 干扰(RNAi)的遗传学分析方法互补。

开展化学遗传学研究的关键之一是要有大量的不同结构的化合物供筛选。开展化学遗传学研究的关键之一是要有大量的不同结构的化合物供筛选。经典的遗传学研究已走向规模化、系统化。其标志之一就是出现了存储成千上万基因信息的数据库——“基因银行”(GenBank)。化学遗传学也逐渐形成了类似的研究系统。2001 年，美国国立卫生研究院下属的国家癌症研究所(NCI)启动了一个计划，希望全世界的科学家将所有小分子化合物的结构及其生物学效应或与蛋白质作用的信息存入一个公共的数据库，称为“化学银行”(ChemBank)。有观点认为，通过实施“化学银行”计划，人们就可以系统地寻找和分析能够作用于蛋白质或细胞的具有生物活性的化合物。第一个小分子——纺锤体驱动蛋白抑制剂 monastrol 就是从含有 16 320 种小分子的化合物库中筛选得到的。

目前，新兴的组合化学是化学遗传学获得海量小分子化合物的核心技术。现代化学合成技术的改进和发展也为化学遗传学奠定了良好的基础。除了上面提到的人工合成的小分子有机物，还有一些其他外源性化合物。例如，编码某个蛋白质的 DNA 序列，核酸多聚物以及其他可能改变一个生物学系统状态的物质也是关注的内容。尤其是 RNAi 和相关现象的使用为功能染色体组提供了强有力的反向遗传学方法。然而，由于 RNAi 探针具备的选择性是通过基因序列得到的，它们的效果则仅限于丢失或减少基因产物的功能，加上 RNAi 不能选择性地识别靶向蛋白质的特定功能，以达到直接扰乱蛋白质-蛋白质相互作用，所以这些缺陷限制了这一策略在调节基因产物功能上的应用。

2. 表型筛选

在具备含有足够量化合物的库之后，要想从上万种甚至上百万种小分子化合物中筛选出有效的分子，显然还需要高通量的筛选方法，这还涉及自动化、微量化和图像处理等各种高技术的运用。以微量化为例，20 世纪 70 年代分析一个化合物样品需要的体积是 0.3 mL 左右，90 年代减少到 10 μL，而最近几年已发展到只需要 0.1 μL。

目前，人们针对正、反向化学遗传学需求发展出了不同的高通量筛选方法。正向化学遗传学采用的是基于细胞的高通量筛选方法：将多细胞生物的某种细胞或单细胞生物体(如细菌等)作为筛选模型，应用大规模平行检测技术，同时分析成千上万种化合物对细胞形态或活性的影响。而反向化学遗传学则是采用以蛋白质为靶标的高通量筛选方法，将特定的蛋白质植入 96 孔或更多孔的培养皿，然后通过测定酶反应的效率或小分子与酶的结合能力，寻找与蛋白质发生作用的化合物。一般 10 000～1 000 000 个化合物中，可以筛选到 10～100 个潜在的配体。

除了测试小分子与目标蛋白的键合作用，测试蛋白质在未处理过的信号网中活性的改变是发现和发展小分子探针的另一个重要方法。为了获得小分子处理前后生物系统的性质，采用类似物对上千种突变进行遗传学筛选以使基因组达到饱和(一个基因具有一个或多个突变)，需要发展一种合适的表型筛选方法。为了最大限度减少开销、空间需求、试剂消耗、时间等，必须发展一系列小型化试验，如在 96 孔、384 孔、1536 孔的培养皿中培养细胞。另外，近年还出现在小型组织培养皿上 1 mm 直径内包含超过 6500 孔，以及在一个微小滑片的格子里使用微实验形式培养细胞微小团簇等。尽管小型化实验能最大限度地提高效率降低能耗，但是它仍受培养基消耗情况、毒素积累情况、小空间中媒介的蒸发情况的限制。另外，为了提高找到生物机理的探针的效率，必须有较高的“信噪比”，以便于分析方法足以分析哪个分子是有效的。理想的状况是，根据光谱吸收值、荧光、磷光强度的变化来观察记录，而不是利用传统的可视化观察或者二进制 1、0 来量化反应活性。

在培养的细胞中使用荧光成像读板器(fluorescence imaging plate reader，FLIPR)，对二级信号(钙离子或者 cAMP)浓度的变化进行高通量(10 000～200 000)的表型筛选已经被研究多年。这些方法促进了药物靶向导向的特定细胞表面受体[如 G-蛋白偶联受体(G-protein coupled receptor，GPCR)]大家族的发展。这些实验产生了许多生物活性分子，它们可以作为受体，某些甚至具有药用价值。

另一个被广泛使用的实验策略是使用“报告基因”(reporter gene)，它被用来帮助检测目标基因，因为报告基因的产物是非常容易被检测的。这些报告基因包含一个或多个特定基因调节元素，将这些特定元素与感兴趣的信号通路中某个重要因子的基因(如 cAMP 响应元素键合 CREB 蛋白)融合，在调控序列下表达，利用报告基因产物(如 lucifease 或 β-galactosidase)来标定目标基因的表达调控。

一些常见的生物学现象不能用报告基因或 FLIPR 实验直接测量，如对蛋白质的翻译后共价修饰，包括蛋白质糖基化、甲基化、脂化、异戊二烯化、泛素化、磷酸化以及乙酰化等。这些翻译后修饰对蛋白质参与细胞内/间的信号转导，亚细胞定位和与其他蛋白质的相互作用，能够快速且可逆地改变其性质起决定性作用，因此提供了一种同时观察和调节生物系统的方式。基于这些特性，科学家发展出了一系列可以筛选小分子库以调节这些修饰的实验，从而达到使用正向化学遗传学来表征细胞间调节翻译后修饰的路径。例如，一种使用近似抗体的细胞印记(cytoblot)的非辐射活性形式，能检测蛋白翻译后修饰事件。不同于报告基因实验，这种技术不需要设计细胞系统，而是利用了细胞能够产生蛋白质的能力，在不需要过度表达蛋白质的情况下，利用同源蛋白质来分析。这一形式促进了对转化形成、从不同组织类型或不同遗传背景中的细胞线的检测。

除了细胞印记技术，另外两个在正向化学遗传学中结合使用并发挥重要作用的技术是光学成像和自动显微镜技术。通过具有不同激发和发射性质的多荧光基团(如适当的荧光染料、抗体、遗传编码的探针，如 GFP)的使用，采用多元化的测量方法，可以分辨多孔培养皿中的复杂细胞以及培养细胞中的亚细胞器，为测量提供了更加接近生理条件的环境。

3. 目标识别

尽管发现能够诱导所需表型的化合物是化学遗传学中最重要的步骤，但是对与化合物反应的目标蛋白质的检测以及阐述其活性和在生理过程中扮演的角色才是艰苦工作的开始。与经典遗传学类似，正向化学遗传学很大程度上是依赖于当扰乱产生了一个期望的表型时生物系统展现可能的靶标的能力。然而，仅依赖于表型选择活性分子需要对得到该表型的分子与靶标的相互作用进行调研，通常使用低通量方法。现在的药物发现是基于间接方式的靶标确认特殊分子靶标，然后优化小分子与多肽主链或侧链网的相互作用，正向化学遗传学的逻辑与现代药物发现的逻辑相反，既然药物发现的最终期望是在未处理的活系统中使用小分子，那么以小分子在未处理的生物网络中的效应作为最初的发现过程，在大量的小分子中，只存在极少量的表型效应信息，这些信息将帮助设计新探针和发现小分子药物。

正向化学遗传学最大的挑战是，发现周期的总决速度是小分子扰乱靶标的识别。为了成功得到可能的导致期望表型效应的基因产物，化学遗传学需要获得各种各样小分子的途径，并表现出具体结构特征协助靶标识别。现在靶标识别的几种方法主要是：①对小分子进行修饰，这是识别细胞内靶标 CsA 和 FK506 的方法，使用亲和基质共价修饰的生物活性小分子的细胞萃取物来分离，经典例子是 TropoinB 的识别；②制备放射性识别的小分子衍生物，通过放射性活性探针决定标记的分子靶标，理想状况下，共价标记的小分子-蛋白质配合物通过 SDS-PAGE 分离或通过给定多肽或蛋白质的可变质量质谱检测；③使用“三杂交”转录活化系统，该系统利用活性配体衍生物识别融合到转录活性区域的 cDNA 库。另外，还有使用 mRNA 表达分析来识别靶标和基因对特定扰乱的相应表达方式等各种方法。

通过小分子在基因产物水平扰乱生物学体统，而不是基因本身，化学遗传学对传统遗传学做了补充，也对大范围的生物学机理和系统进行了研究分析。最近随着技术的发展和概念的明确，化学遗传学逐渐由基因组学和蛋白质组学的发现转向改变基础和生物医学研究的技术和工具。其早期的发展来自于分子生物学、化学合成和物质科学，而进一步的发展将整合分子结构和分子功能的研究直到成为具有解释性和预测性的整体模型。通过不断精炼和发展新技术，尤其是靶标识别和理解基因型对生物活性小分子的影响，最终将可能通过使用有机分子的功能来解释基因组学，而使用发现小分子探针来对生物机理进行深入研究的正向化学遗传学方法将会进一步得到发展壮大。

10.3.3　反向化学遗传学

反向化学遗传学是从靶向基因或蛋白质与小分子化合物的相互作用来研究基因或蛋白质对表型的影响，从而发现这些生物大分子的功能。反向化学遗传学的概念早在天然产物探针被发现并作为生物学研究工具时就有所运用。1878 年，Langley 在研究猫的唾液腺时，就观察到毛果芸香碱(pilocarpine)与阿托品(atropine)具有相反的效果。但是，直到 20 世纪 80 年代初期，人们发现组织/细胞对药物前体的响应多种多样，这表明可能存在很多亚类型的蛋白受体。小分子在新蛋白质的发现中起了重要作用，这时才开始真正地运用反向化学遗传学。另外，对药物副反应的临床观察——是否有其他蛋白质靶标也受到了影响也是对反向化学遗传学的运用。通过改进化合物的结构，这些负面效应有可能被优化成治疗其他疾病的新药。其经典例子是从磺基类抗生素(sulfoantibiotics)到止尿剂(antidiuretics)的发展。过去，人们发现蛋白质的指导思想是如果要确定一个蛋白存在，必须在生物实验中能观察到。这意味着在很多蛋白质被确认之前就已经知道了很多功能。然而，随着分子生物学中很多新技术的出现，“剧情”占了主导，即发现了新基因和蛋白质，但没有实验证明它们的功能，小分子的使用加速了很多新测序的蛋白质未知功能的确定。反向化学遗传学的发展不仅为科学家的研究提供了有趣的课题，更重要的是，它改善了人们的生活水平，也为经济的发展提供了新的增长点。

反向化学遗传学方法的重要组成部分之一就是获得可以通过与靶向蛋白质结合并调节该蛋白质功能的小分子(图 10-18)。通常获得这些小分子的主要方法有高通量筛选化合物库和基于靶向蛋白质的计算机辅助药物设计。

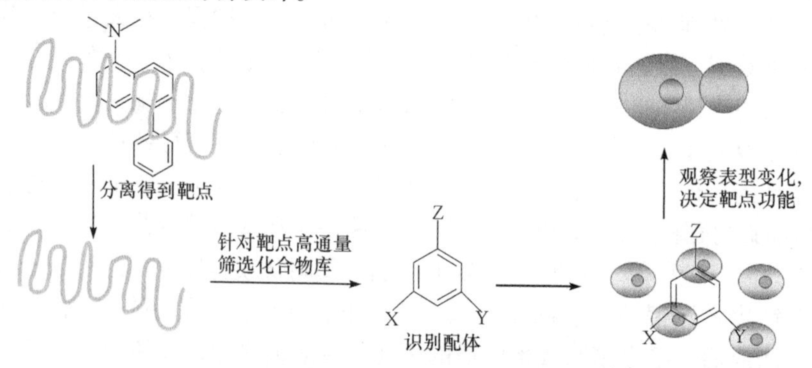

图 10-18　反向化学遗传学方法的主要过程

高通量筛选(high throughput screening，HTS)技术是综合运用多重技术方法而形成的技术体系，它在分子和细胞水平实验方法的基础上，以微孔板作为实验载体，自动化操作实验过程，灵敏快速地同时对千万样品进行检测和实验数据采集，通过计算机分析系统对数据进行分析，并以强大的数据库系统支持整个体系运转。它的正常运转建立在高容量的化合物库、自动化的操作系统、高灵敏度的检测系统、高效率的数据处理系统以及高特异性的药物筛选模型的基础上。与传统的药物筛选方法相比，高通量筛选技术具有反应体积小、自动化、灵敏快速检测、高度特异性等特点。

计算机辅助药物设计(computer aided drug design)是发展于 20 世纪 80 年代中期，基于计算机信息技术的药物设计方法。它运用计算机软件模拟药物与生物大分子之间的相互作用，设计和优化先导化合物。随着人类基因组计划的完成，蛋白质组学的快速发展，大量药物作用靶标被发现，计算机辅助的药物设计取得了较理想的成果。

不管是人工合成的化合物还是天然产物，数据库搜寻得到的化合物一般是已有化合物，来源广、数量多，大大促进了先导化合物的发现。然而，全新药物设计也具有其独特的优势，它可以针对受体结合位点信息和药效基团自行设计，再辅以一定的预测和计算，通常设计出来的分子结构新颖，与生物大分子靶标匹配性好，因而成功率较高，受到科学家以及各大制药公司的高度重视。现有的全新药物设计软件主要有 LUDI、Leapfrog、GROW、SPROU 等，其中 LUDI 最为常用。

10.3.4　化学遗传学举例

1. myoseverin 的发现

正向化学遗传学通过使用各种化学小分子，诱导表型变化，经过筛选可以找到小分子作用的大分子靶标，这种全新的研究方式已经取得了非凡的研究成果，其经典例子是 myoseverin 的发现。myoseverin 小分子结构如下：

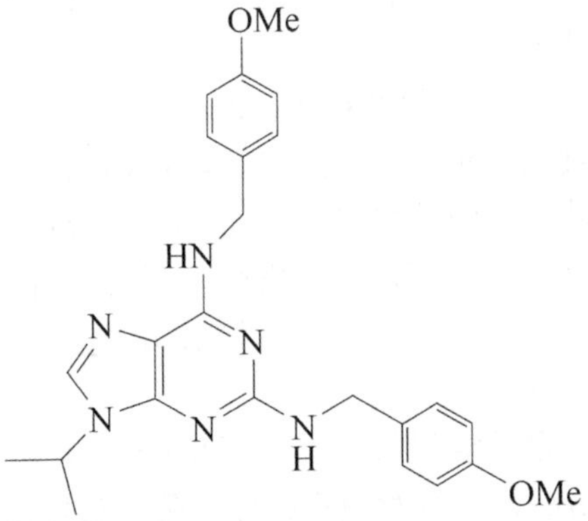

肌细胞是用于调研小分子对细胞分裂影响的良好素材，Schultz 等选择了骨骼肌细胞作为研究对象，通过对 2，6，9-三取代嘌呤化学库进行形态分化筛选。骨骼肌细胞分化具有将单核成肌细胞融合到多核的肌管中的特点。肌管形成过程中成肌细胞停止分化，同时，细胞表达 MyoD、Myf5、MEF2 以及 myogenin 等肌肉特异性转录因子，并抑制 cvdinA 等调节细胞周期蛋白质的表达，骨骼肌肌球蛋白重链 SMMHC 和乙酰胆碱受体 AChR 等特征性标记也因此得到表达。最后微管肌小节球蛋白组织变得有收缩性，并形成神经肌肉节。

两栖类动物通过将肌管拆解成像个体细胞一样生长、分化的单核片段使四肢得到重生，这表明在某些脊椎动物中通过肌管拆解实现肌肉重生是可能的。于是，为了达到这一目标，Schultz 小组使用鼠细胞体外分化，用 2，6，9-三取代嘌呤寻找拆分微管的小分子。分子库中一个可以促进多核微管肌管分裂为个体细胞的化合物，命名为 myoseverin，它是分别截取肌管(myotube)、隔断结构(severing)和嘌呤(purine)三个单词相关部分组合而成。

下面是具体实验步骤：

(1) 获得化合物。

为了获得足够量的化合物诱导期望的现象，作者通过组合化学合成力法，使用液相以及固相合成方法得到了约 100 个化合物组成的嘌呤化合物库。

(2) 定义目标表型。

通常，已经分化的肌细胞很难继续增生，在受到损伤时不能继续生长并且很难修复。因此，研究者期望可以改变这一现象，通过化合物诱导改变肌细胞分化情况，使得肌细胞在一定条件下可以继续生长，而分化了的肌肉组织可以进一步连接成管状结构。实验时，在 96 孔盘中将各种各样的化合物加入培养的肌肉细胞组织中，通过共培养，相差显微技术观察，找到能够分离成熟的连接组织的化合物。

实验证明，myoseverin 不仅能切开肌管，分离每一个细胞，而且能够诱导合成必要的营养以辅助增生。更令人惊讶的现象是，增生细胞开始分化后，它们就能够自己制造肌管。换句话说，如果将该化合物注射到受伤组织中，某些肌肉细胞转变成生长和增生形式，从而建立新的肌肉组织。

(3) 目标小分子的靶点。

虽然找到能够诱导现象产生的化合物是最重要的环节，但是弄清楚与化合物反应、发挥其活性和作用的目标蛋白却不是件简单的事。如果目标现象定义明确，那么通过化合物库筛选，可以在短时间内得出活性化合物是否存在的结论，但具体的化合物作用的目标蛋白以及作用机理却需要花费巨大的精力。

在 myoseverin 的例子中，由于细胞形状快速地改变，作者猜想化合物攻击的是一个细胞结构蛋白。好几个骨骼蛋白被染了色，但是结果却都很相似，没有明显变化。但是当制造微管的微管蛋白被染色，结果截然不同，在使用 myoseverin 处理之前，细胞与微管紧密相连，然而 myoseverin 处理后的照片清楚地显示微管发生了断裂。因此，可以确定 myoseverin 直接或间接进攻了微管或微管蛋白，myoseverin 是直接对微管蛋白作用还是作用于分裂过程中同样重要的微管协助蛋白 Map 还不确定。为了确认这一点，作者进一步从细胞骨架中取得纯化的微管蛋白，并使微管处于一定的溶剂条件下，注入 myoseverin 后，从观察到的分散的微管结构可以得出结论：myoseverin 是直接对微管或微管蛋白起作用。

综上所述，该筛选系统发现使已分化的肌细胞再生是可能的，并且很好地证实了是微管蛋白的分散引起了这种现象的发生。与经典遗传学相比，化学遗传学方法不仅可以得到控制蛋白质活性的小分子，还掌握了出现的目标蛋白，它可以作为反相化学遗传学的靶标蛋白，用于开发不同功能的药物。

2. 抑制剂 purvalanol 的发展和应用

反向化学遗传学是通过小分子探针与靶蛋白的相互作用，发现调控靶蛋白的新途径及其功能。

细胞周期蛋白依赖性激酶(cyclin dependant kinase，CDK)由激酶和细胞周期蛋白两部分组成，在细胞周期过程中的激发、控序以及完成起着非常重要的作用。此外，CDK 与细胞分化、凋亡之间存在千丝万缕的联系，与致癌基因和肿瘤抑制剂直接相关——癌症中 CDK 及其调节剂反常的频率，加之天然抑制剂的低药用潜能都促使发展新的化学抑制剂的出现。

Meijer 采用在辅酶作用下与 ATP 竞争结合位点的方法筛选了嘌呤分子库，得到了能够抑制 CDK1 或 CDK2 功能的化合物 purvalanol，结构如下所示。其中，已有文献表明，CDK2 参与了 G_1 到 S 检验点的调控，而 CDK1 参与了 G_2 到 M 检验点的调控。

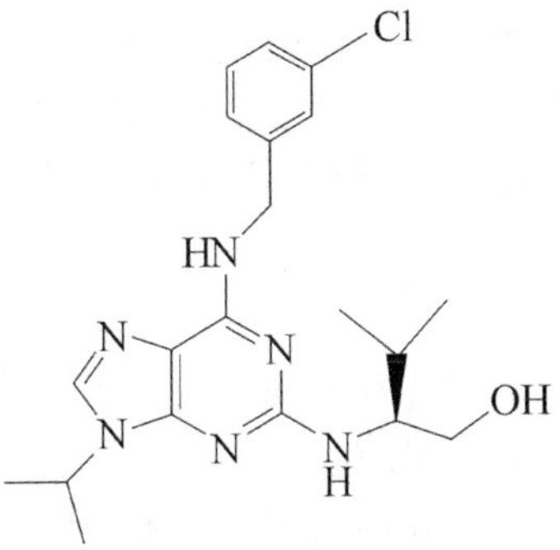

purvalanol A

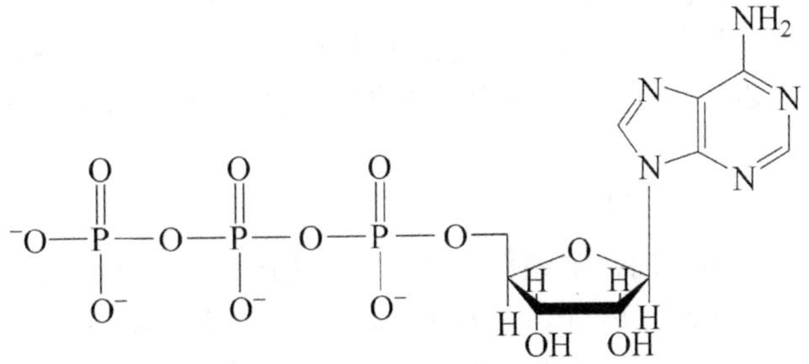

ATP

研究首先观察了 purvalanol 对蛙卵提取物的作用。蛙卵细胞含有大量的蛋白质，其有丝分裂易于观察，并且可以通过控制 Ca^{2+}的量终止细胞分裂，是该实验的绝佳之选。在正常阶段，微管连在赤道板的染色体上，并将染色体分至两边，在这个阶段加入 purvalanol，DNA 折叠会不完全，微管也无法连接到相应位点，这说明 G_2 到 M 的步骤受到了破坏。因此，可以得出结论 purvalanol 对 CDK1 的抑制强于 CDK2。另外，如果同时加入肌基质蛋白，则 DNA 一点也不折叠，而且微管结构完全消失。这可能是紧接 G_2 阶段后的 M 阶段的微管受到了攻击。

为了进一步验证哪种蛋白质与 purvalanol 发生了相互作用，实验采用琼脂树脂亲和柱钓出未知的蛋白质。采用无活性 purvalanol 类似物对比亲和柱的方法，证明了发生相互作用的蛋白质是 CDK1。同时，作者还检测了肌基质蛋白和 purvalanol 在其他活细胞上的作用，处理了白血病细胞 U937。在正常的细胞分裂中期，微管与着丝点相连接并将它们牵引到细胞的两端。肌基质蛋白对没有分裂的细胞不发生作用，但会通过破坏微管而影响细胞的分裂。purvalanol 处理的细胞还表现出 DNA 浓缩以及已经分裂但没有到达指定位置的着丝点，这是在 G_2-M 期分裂中止的结果。

可以看出，相对正向化学遗传学，反向化学遗传学不仅能够从相反的角度诠释生命过程中生物大分子的功能，同样也能够为新药研发提供有价值的线索。

10.3.5　天然产物探针在化学遗传学中的功能

天然产物的主体是次级代谢产物，之所以具有各种生理功能，是由于其自身固有的“天然功能”，如寄宿、信息化、化学防御物质等对动植物产生的作用，并且其作用靶点在不同生物中相对保守，这是活性药物能能够发展成药物的生物学基础。长期的实践证明，以活性天然产物为探针，可以帮助我们解释生命活动过程的新规律。秋水仙碱抑制微管蛋白，成为研究有丝分裂的重要工具，揭开了细胞形态学研究的新篇章。松孢菌素抑制纤维状肌动蛋白的聚合，从而掀开了细胞骨架的神秘面纱；对雷帕霉素(rapamycin)的研究，揭示了免疫抑制过程中的一系列信号转导规律。

以天然小分子为探针诠释复杂生物系统内在规律的研究引起了科研工作者的许多关注，主要领域有正向化学遗传学和反向化学遗传学。天然产物及其衍生物由于蕴藏巨大的生物活性多样性和化学结构多样性，作为理想工具分子，其特有价值得以不断显现。通过对尽可能丰富的生物体所产生的天然产物的继续发掘，必然会发现大量结构新颖的活性天然产物。化学小分子探针已经成为了“后基因组时代”一种必不可少的研究手段，人们利用它可以将复杂的生物系统进行拆分，使生化途径得以暂时地调控，并最终发现新的治疗靶点。为此，人们有理由相信：天然产物凭借天生与生物靶点的高亲和力和选择性，将持续发挥作为生物探针的重要作用；天然产物研究依然是药物创制过程中的重要环节和化学生物学领域的重要课题。

1. trapoxins

作为正向化学遗传学的天然产物探针，trapoxins 比较有代表性。trapoxins 为环四肽类化合物，最初分离自真菌 *Helicomaambiens* RF-1023，包括 A 和 B 两种化合物。先期发现它们对 V-SIS 癌基因转化的 NIH3T3T 成纤维细胞有去转化(detransformation)活性和引起细胞周期停滞，随后 Beppu 等确定了 trapoxinA 的作用靶点为组蛋白去乙酰化酶(HDAC)，不可逆地与组蛋白去乙酰化酶结合，导致细胞内组蛋白的高度乙酰化，从而影响细胞的生长和形态。此外，还发现 trapoxin 的环氧三元环为活性功能团，并根据该部分结构与组蛋白去乙酰化酶内源底物 *N*-乙酰赖氨酸结构的相似性，推测 trapoxin 的环氧三元环可以与组蛋白去乙酰化酶共价结合。

基于上述研究基础，Schreiber 等通过化学方法合成了连接 trapoxin 的亲和树脂(K-trap)，并将其用于 trapoxin 靶蛋白的富集和鉴定。通过使用该方法，成功获得了一种具有组蛋白去乙酰化酶活性的核蛋白。经过蛋白质末端测序和 cDNA 文库筛选，发现所得到的核蛋白与酵母转录抑制因子 Rpd3 具有 60%的相似性，然而在此之前，人们并不知道真核生物组蛋白去乙酰化酶有转录调控功能。这项研究成果使我们认识到组蛋白去乙酰化酶、转录调控以及细胞周期之间的相互联系，并最终建立了基于组蛋白去乙酰化酶抑制剂筛选抗肿瘤药物的研究模式，对表观遗传学的发展起到极大的推动作用。

2. pateamine A(正向化学遗传学的天然产物探针)

目前，我们对 mRNA 翻译为蛋白质的复杂调控机制知之甚少，而这一过程的起始已经被证实是癌症治疗的有效靶点。因此，寻找并发展合适的研究工具，阐明机体如何调控 mRNA 的翻译过程显得尤为重要。

pateamine A 是从海绵 mycalesp 中分离得到的含有噻唑环的大环内酯类化合物，并含有少见的双内酯结构，能够选择性地作用于快速生长的细胞，如白血病细胞 P388。2005 年，有两个研究小组分别独立报道了 pateamine A 的作用机制，pateamine A 通过与蛋白质翻译起始复合体 elF4F 中的真核细胞翻译起始因子 4A(elF4A)相互作用，抑制蛋白质翻译，从而表现出细胞毒活。更重要的是，pateamine A 与其他蛋白质翻译抑制剂不同，具有极高的选择性，仅作用于真核细胞翻译起始因子 4A，对蛋白质翻译的其他步骤无明显影响，这使它成为了理想的探针工具。

pateamine A 具有增强真核细胞翻译起始因子 4A 的 ATP 酶和解旋酶活性的功能。近期的研究揭示了 elF4A 的酶活性与蛋白质翻译起始复合体之间的联系。简言之，pateamine A 通过与真核细胞翻译起始因子 4A 结合改变后者的构型，从而增强了真核细胞翻译起始因子 4A 的酶活性，使其与底物 mRNA 的结合时间延长。当真核细胞翻译起始因子 4A 与 mRNA 结合时，它便无法通过蛋白质之间的相互作用参与蛋白质翻译起始复合体的形成。因此，pateamine A 抑制蛋白质翻译的机制是通过扣留真核细胞翻译起始因子 4A，从而阻止蛋白质翻译起始复合体的形成。pateamine A 特殊作用机制的发现不仅使我们更加关注真核细胞翻译起始因子 4A

在蛋白质起始翻译和癌症中的作用，同时也为 pateamine A 及其类似物作为治疗药物的研发奠定了基础。

3. 藤黄酸(正向化学遗传学的天然产物探针)

藤黄酸(gambogic acid)是从中药藤黄(garciniahanburyi)的干乳胶中分离得到的氧杂蒽酮类化合物。它可以通过多条途径作用于细胞内的不同靶点，从而发挥抗肿瘤活性，具体表现为引起细胞周期停滞、诱导细胞凋亡、抑制端粒酶和拓扑异构酶Ⅱ活性、阻止癌细胞转移和血管生成等。藤黄酸已在中国获准进入Ⅱ期临床研究。

前期对藤黄酸抗肿瘤机制的研究发现 p53/MDM2 为其在细胞内的作用靶点，通过下调 MDM2 的 mRNA 和蛋白质的表达水平，在不影响 p53mRNA 合成的条件下，增加癌细胞内野生型 p53 的表达，从而利用 p53 抑制肿瘤生长。

但是，半数以上的癌细胞内 p53 均发生突变，于是郭青龙等研究了藤黄酸对潜在抗肿瘤靶点 p53 突变蛋白的影响。研究结果表明，在不影响 p53mRNA 合成的情况下，藤黄酸降低了人乳腺癌高转移细胞(MDA-MB-435)中 p53 突变蛋白含量。此外，通过藤黄酸和蛋白抑制剂放线菌酮(cycloheximide)联合使用，发现 p53 突变蛋白的半衰期明显下降。但是，当蛋白酶抑制剂存在时，藤黄酸引起的 p53 突变蛋白下调影响即可被终止。进一步的研究表明，藤黄酸通过分子伴侣 Hsp70 介导的泛素-蛋白酶体降解途径降低肿瘤细胞内 p53 突变蛋白水平。

细胞黏附是癌症转移的重要步骤，调控细胞间及细胞与基质间的黏附行为被认为是抑制癌症发展的有效策略。由于藤黄酸对于高转移性的癌细胞具有强效的抗转移活性，郭青龙等对藤黄酸在肿瘤细胞黏附过程中发挥的作用及机制进行了研究。他们发现藤黄酸可以阻断肿瘤细胞与纤连蛋白的黏附，并且这一阻断与整合蛋白 β1 表达和整合蛋白信号通路抑制所引起的黏附复合体损坏相关。此外，藤黄酸还引起细胞内胆固醇含量的降低，胆固醇的重新补充将减弱藤黄酸对细胞黏附性的抑制活性。

4. 利福霉素(反向化学遗传学的天然产物探针)

利福霉素(rifamycin)是从放线菌 *Amycolatopsismediterranei* 中分离得到的安莎霉素类化合物，用于治疗肺结核及其他细菌感染性疾病。对利福霉素类化合物抗菌机制的研究发现，它们通过抑制依赖于 DNA 的 RNA 聚合酶发挥抗菌活性。原核生物的 RNA 聚合酶由 α 2ββ′ σ 五个亚基组成，利福霉素通过与由 *rpo*B 基因编码的 β 亚基结合，抑制 RNA 合成的起始阶段；一旦 RNA 的合成顺利度过起始阶段，并形成较长的寡聚核糖核苷酸链，利福霉素将不再具有机制作用。

尽管利福霉素类化合物在肺结核病的治疗中发挥了重要作用，但是具有利福霉素抗性的结核分枝杆菌突变株也几乎同时出现。对耐药突变株抗性机制的研究发现，耐药性产生主要是由于利福霉素的作用靶点，编码 RNA 聚合酶 β 亚基的 *rpo*B 基因发生了突变，导致利福霉素与其结合力降低。此外，Chatterji 等还发现，静止期的 RNA 聚合酶对利福霉素耐受性明显强于指数期；并通过对静止期 RNA 聚合酶的纯化发现，许多与 RNA 聚合酶相关的蛋白质被同时纯化，表明这些蛋白质的结合可能部分隔绝了利福霉素与 RNA 聚合酶的相互作用。随后，Skarstad 等研究发现 DNA 复制相关蛋白 DnaA 同样可以通过与 RNA 聚合酶的相互作用抑制利福霉素的活性。

此前，Newell 等从 *Streptoraycescoelicolor* 中发现了一个新的 RNA 结合蛋白(Rb-Pa)，并发现RbpA通过与RNA聚合酶的相互作用可减轻*Streptomycescoelicolor*对利福霉素的敏感性。近期，Chatterji 等发现了 RbpA 在结核分枝杆菌中的同源蛋白 MsRbpA。在对 MsRbpA 在结核分枝杆菌中的功能研究中，研究者发现 MsRbpA 能够增强结核分枝杆菌对利福霉素的耐受性，但是对利福霉素耐受的 RNA 聚合酶无效。进一步的机制研究发现，MsRbpA 通过结合到 RNA 聚合酶 β 和 β′亚基的接合处，将利福霉素从其结合位点释放，从而恢复 RNA 聚合酶功能。上述对于利福霉素耐药机制的研究，使我们发现了一个新的基于蛋白质间相互作用的 RNA 聚合酶的保护机制。

5. 万古霉素(反向化学遗传学的天然产物探针)

万古霉素(vancomycin)是从 *Amycolatopsisorientalis* 中分离得到的糖肽类抗生素，有着“抗生素最后一道防线”之称。万古霉素通过直接与细菌细胞壁肽聚糖的 D-丙氨酰-D-丙氨酸酰基侧链结合，抑制细菌细胞壁合成，从而发挥抗菌活性。由于万古霉素的作用靶点不易发生基因突变，因此并不容易产生耐药性。尽管如此，随着口服万古霉素及其类似物替考拉宁(teicoplanin)等的广泛使用，先后发现了具有万古霉素耐受性的大肠杆菌和金黄色葡萄球菌，时至今日，万古霉素这道防线已岌岌可危，促使研究者对万古霉素的耐药机理展开了广泛研究。

在万古霉素抗性菌中，肽聚糖前体中的 D-Ala-D-Ala 被 D-Ala-D-Lac 所代替，vanH、vanA 和 vanX 三个基因负责完成这一过程，vanH 负责从丙酮酸合成 DLac，vanA 编码 ATP 依赖的 DAla-D-Lac 连接酶，vanX 负责切除肽聚糖上原有的 D-Ala-D-Ala。万古霉素的这一抗性机制可能来源于环境微生物(如糖肽类化合物产生菌)的自身抗性机制。

Koteva 等采用化学生物学策略，用生物素和二甲苯酮标记的万古霉素光亲和探针(vancomycin photoaffinity probe，VPP)，发现万古霉素与抗性菌 *Streptomycescoelicolor* 表面的双组分信号系统受体组氨酸激酶 vans 直接结合，诱导下游抗性基因的表达。在 vanB 型(抗万古霉素但替考拉宁敏感)抗性菌中，万古霉素与细胞表面 vans 的 N 端结合，引起胞内组氨酸的自身磷酸化，随后磷酸化胞内效应蛋白 vanR 的天冬氨酸残基，后者进一步激活 vanH、vanA 和 vanX 的转录，从而使菌株对万古霉素产生抗性。这一研究成果对于筛选可以阻断万古霉素诱导抗性的新型抗生素或糖肽类衍生物具有重要指导意义。

6. 喜树碱(反向化学遗传学的天然产物探针)

喜树碱(camptothecin)是从喜树(camptothecaaclgmzllata)树干中分离得到的生物碱类化合物，作用于细胞核内的拓扑异构酶Ⅰ，具有抗白血病和抗肿瘤活性。虽然喜树碱在最初临床实验中由于引起严重的不良反应，实验被迫中止，但是随着人们对其作用机制的深入了解和化学修饰手段的日渐便利，喜树碱类化合物已经走到许多治疗领域的最前线。

NSC606985 是水溶性的喜树碱类衍生物，在纳摩尔浓度即可诱导急性骨髓性白血病细胞凋亡，以及前列腺癌细胞的凋亡和生长停滞。Wang 等对 NSC606985 引起急性骨髓性白血病细胞凋亡机制的研究发现，在细胞凋亡过程中蛋白激酶 C δ 的水解酶活性被激活，并介导了 β-肌动蛋白(β-actin)的磷酸化。Zheng 等通过 NSC606985 处理与未处理的急性骨髓性白血病细胞蛋白质组的定量比较分析，将注意力集中在了一个凋亡中下调的蛋白质，N-myc 下游调控基因 1(NDRG1)。进一步的研究发现，NDRG1 蛋白量的下调，而非 mRNA 水平的降低，早于蛋白激酶 Cδ 的激活。此外，在白血病细胞中异位表达 NDRG1，导致 NSC606985 对蛋白激酶 Cδ 激活的延迟和诱导细胞凋亡活性的减弱；但是当 NDRG1 的表达被抑制时，显著增强了 NSC606985 激活蛋白激酶 Cδ 和诱导细胞凋亡的活性。上述结果表明，NDRG1 参与了蛋白激酶 Cδ 的激活，加深了我们对喜树碱诱导细胞凋亡机制的了解。

7. 杨梅素(反向化学遗传学的天然产物探针)

杨梅素(myricetin)是自然界中的一种黄酮类化合物，常存在于葡萄、浆果、果类、蔬菜、草药及其他植物中，具有抗氧化活性。

帕金森病是广为人知的神经退行性疾病，其特征是形成由淀粉样 β 多肽和 τ 蛋白组成的淀粉样蛋白斑。现有的研究结果表明，清除异常的 τ 蛋白可能会对帕金森病起到治疗作用。但是，由于缺乏对 τ 蛋白处理机制的全面了解，无法确定合适的作用靶点。Gestwicki 等研究表明，Hsp70 在应激下产生，并具有成为治疗神经退行性疾病、癌症、感染性疾病和免疫性疾病治疗靶点的巨大潜力。此外，他们还试图检验 Hsp70 的 ATP 酶活性在稳定 I 蛋白中所起的作用。

近期，Gestwicki 等对含有 2800 个活性化合物的化合物库进行高通量筛选，发现了多个 Hsp70 的抑制剂和激动剂，其中包括对 Hsp70 的 ATP 酶具有抑制活性的杨梅素。更有趣的发现是，Hsp70 的 ATP 酶活性抑制剂促进 τ 蛋白的降解，而激动剂则提高 τ 蛋白水平。进一步的机制研究表明，Hsp70 抑制剂可能通过保持酶的特定构型，从而加速 τ 蛋白的释放及其与蛋白酶体的结合，降解 τ 蛋白。这一发现使寻找 Hsp70 的 ATP 酶抑制剂成为了治疗神经退行性疾病的新策略。上述研究中，通过利用杨梅素作为研究工具，我们认识到了 Hsp70 的 ATP 酶活性与蛋白质清除间的相互联系。

此外，利用杨梅素作为分子探针，Dickey 等发现了提高 Hsp70 水平并同时降低其 ATP 酶活性可以显著降低肿瘤相关激酶 Akt 的水平，从而引起特定肿瘤细胞的死亡。此项研究结果再一次表明 Hsp70 的 ATP 酶活性与 Akt 蛋白的清除相关。

10.4　作用于细胞膜的药物

细胞膜是细胞和外界环境之间的屏障。如果细胞膜受损伤，会引起细胞内盐类离子、核苷酸、氨基酸和蛋白质等物质的外漏。许多抗生素的作用机制就是影响微生物细胞膜的构造和功能，从而具有抗细菌、抗真菌和原虫的作用。作用于细胞膜的抗生素有多肽类、多烯类和离子载体类。

10.4.1　多肽类抗生素

抗菌肽是 20 世纪 70 年代研究昆虫免疫系统时发现的一类具抗菌特性的小分子多肽，在过去的几十年中，在许多动物(包括昆虫和人)和植物中发现了抗菌肽，它们通常为 60 个以下氨基酸组成的小肽，包含过剩的带正电荷的氨基酸残基(赖氨酸或精氨酸)。根据抗菌肽的结构，可将其分为 5 类。

(1) 具有α-螺旋结构的线性多肽。

该类包括天蚕素 cecropins、magainins 等。magainins 最初是从非洲爪蟾的皮肤中发现的，它由两个紧密相连的肽链组成，每一个肽链有 23 个氨基酸，低度便可抑制许多细菌和真菌生长[图 10-19(a)]。

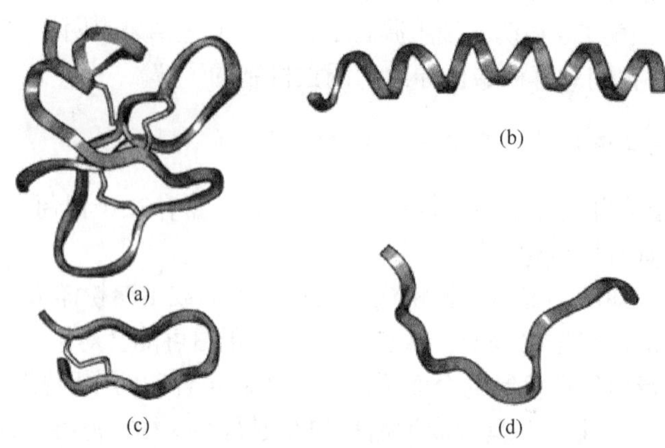

图 10-19　抗菌肽的结构类型

(a) 含有多个二硫键的抗菌肽；(b) 具有α-螺旋结构的抗菌肽；(c) 含有一个二硫键的抗菌肽；(d) 富含某些氨基酸的抗菌肽

(2) 富含某些氨基酸残基但不含 Cys 的抗菌肽。

例如，富含脯氨酸(Pro)或甘氨酸(Gly)芽的抗菌肽，从猪肠内分离的抗菌肽 PR-39 中 Pro 含量占 49%，而 coleoptericin 和 hemiptericin 的全序中富含 Gly[图 10-19(d)]。

(3) 含有一个二硫键的抗菌肽。

该二硫键的位置通常在肽链 C 端。例如，bactenecin 来源于牛 q 粒细胞，其 12 个氨基酸中含有 4 个精氨酸，在其第 2 位和第 11 位氨基酸残基间形成二硫 bactenecin 对大肠杆菌和金黄色葡萄球菌都有活性[图 10-19(c)]。

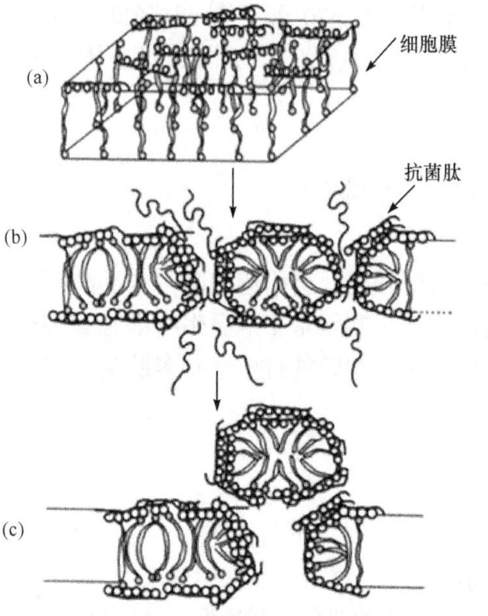

(4) 含有两个或两个以上二硫键，具有 p 折叠结构的抗菌肽。

例如，绿蝇防御素(phormin detsin)分子内有 6 个 Cys 形成 3 个分子内二硫键，肽链 C 末段带有拟 p 转角的反向平行[图 10-19(a)]。

(5) 其他已知功能的抗菌肽。

例如，乳酸链球菌素(nisin)由 34 个氨基酸残基组成，分子结构中通过硫醚键形成五个内环，其活性分子常为二聚体或四聚体，主要对革兰阳性菌起作用，而对革兰阴性菌不起作用。

抗菌肽分子可以在细菌细胞质膜上穿孔而形成离子孔道，造成细菌细胞膜结构破坏引起胞内水溶性物质大量渗出，最终导致细菌死亡。抗菌肽分子首先结合在质膜上，然后其分子中的疏水段和两亲性 α-螺旋也插入质膜中，最终通过膜内分子间的相互位移，抗菌肽分子聚集形成离子通道，使细菌失去膜势而死亡(图 10-20)。

(a)　细胞膜

抗菌肽

(b)

(c)

图 10-20　抗菌肽的作用及机理

(a) 吸附；(b) 插入；(c) 穿孔

抗菌肽具有杀菌力强、抗菌谱广、不良反应少等特点，因此在食品、农业，特别是在医药领域都有很好的应用前景，极可能发展成为一类全新的抗生素。

10.4.2　多烯类抗生素

多烯或多烯大环内酯类(polyenes)抗生素有两性霉素(amphoterierin)、制霉菌素(nystatin)和匹马霉素(pimaricin)等。它们只作用于真菌和原虫的细胞膜，对细菌细胞膜没有作用。

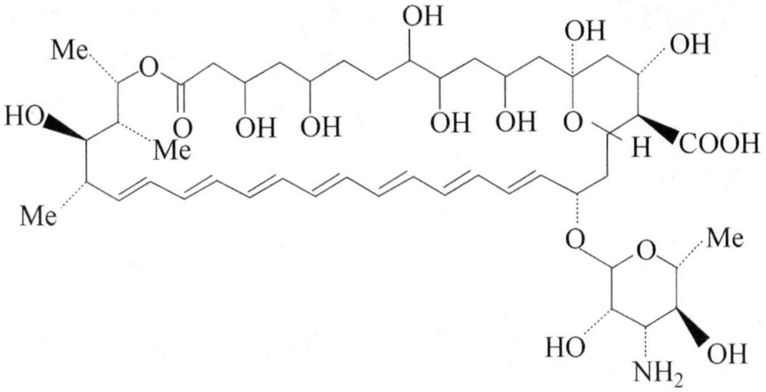

两性霉素

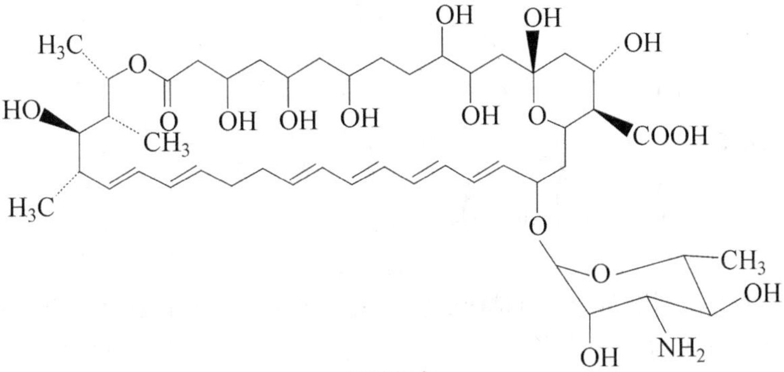

制霉菌素

两性霉素 B(amphoterierin B, AMB)能与真菌细胞膜中的麦角固醇(ergosterol)结合构成环状复合物，形成亲水离子通道，使钾离子等胞内成分漏出，从而产生杀菌作用。两性霉素 B 具有杀真菌活性强、抗菌谱广等特点，但有较强的肾毒性。

制霉菌素源于诺尔斯链霉菌，属多烯类抗生素，也能与真菌细胞膜上的麦角固醇结合，降低细胞膜稳定性，对多种真菌有活性。但由于其在胃肠道不易吸收，有剂量限制毒性及严重的输注反应，临床应用受到很大限制。

10.4.3　离子载体抗生素

离子载体抗生素在分子内部螯合金属离子，形成配位，是唯一可静脉注射临床使用的多烯类抗真菌抗生素。两性霉素 B 与麦角固醇形成的离子通道(图 10-21)结合的脂溶性化合物，有助于离子通过细胞膜的抗生素，统称为离子载体抗生素。根据改变离子通透性的机制不同，将离子载体分为两种类型：通道形成的离子载体(channel-forming ionophore)和离子运载的离子载体(ion-carrying ionophore)。

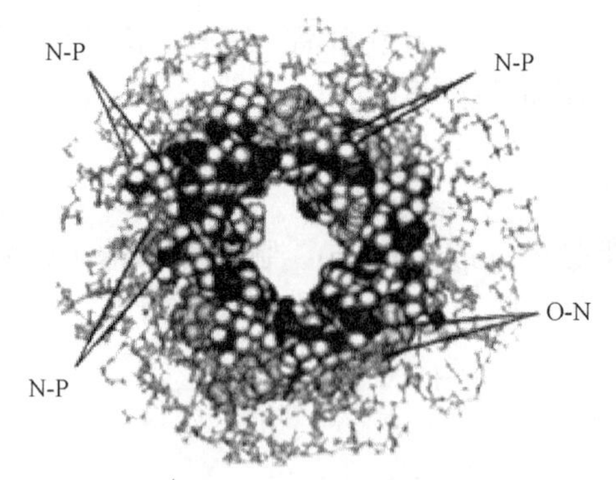

图 10-21　两性霉素 B 与麦角固醇形成的离子通道

1. 聚醚类抗生素

聚醚类抗生素又称离子载体抗生素，是由发酵生产而成。目前聚醚类抗生素主要使用的品种有：莫能霉素(monensin)、盐霉素(salinomycin)、拉沙洛西、马杜拉霉素、甲基盐霉素等。它们作为广谱抑制球虫的抗生素比一般的抗生素(如四环素类、螺旋霉素等)的抗球虫活性高，所以在生产中得到了广泛应用。

莫能霉素

盐霉素

聚醚类抗生素通过对金属离子的特殊选择性，与钠、钾离子结合形成配合物(图 10-22)。它们可以携带离子进入球虫子孢子或第一代裂殖体，当进入球虫细胞后干涉细胞膜内 K^+及 Na^+的正常运转，使大量 K^+及 Na^+进入细胞，从而使 K^+及 Na^+在细胞内的水平急剧增加，为平衡渗透压，大量的水分子进入球虫细胞引起了肿胀。为了排除细胞内多余的 K^+及 Na^+，球虫细胞耗尽了能量，仍无法排除，最后使球虫细胞因耗尽能量且过度肿胀死亡。因此，聚醚类抗生素也称离子载体型抗球虫药。

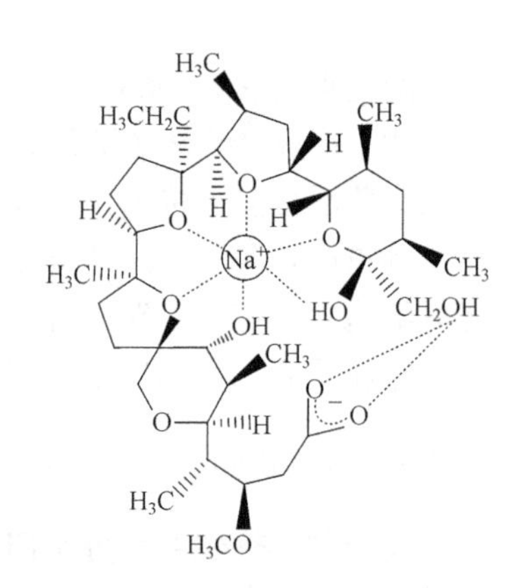

图 10-22　莫能霉素与钠离子结合形成的离子通道

2. 多肽类离子载体抗生素

例如，缬氨霉素(valinomycin)是一种由三个重复部分构成的环形分子，能顺浓度梯度转运 K^+。短杆菌肽(gramicidin)A 是由 15 个疏水氨基酸构成的短肽，2 分子形成一个跨膜通道，有选择地使单价阳离子如 H^+、Na^+、K^+按化学梯度通过膜，因而产生抑菌作用。

第 11 章　化学生物学新技术和新进展

11.1　基因组学和化学基因组学

20 世纪中叶，科学家通过实验证明 DNA 是遗传物质；随着 DNA 双螺旋结构、中心法则等一系列研究成果的提出，遗传信息的携带者——基因——成为人类生命科学研究的重点。21 世纪以来，化学理论和技术介入生物学，并随之建立生物化学的新学科使得生物学研究逐渐从宏观的描述水平深入微观的分子水平，极大地促进了生命科学的发展。随着人类基因组计划的顺利完成，人类第一次在分子水平上全面认识了自己，从此进入一个崭新的基因时代——后基因组时代，成为当前研究最为活跃、最具发展前景的高新技术。

化学基因组学(chemogenomics/chemicalgenomics)是伴随基因组学研究诞生的新兴领域，它整合了药物化学、基因组学、分子生物学和信息学等领域的相关技术，是联系基因和药物的桥梁和纽带。传统的化学基因组学由哈佛大学的施赖伯教授首先提出，他指出由单个的化合物对一个基因或蛋白进行试验来阐明生物学机制。他的研究小组合成某些小分子化合物，使之与蛋白质结合并改变蛋白质的功能。这种使用类似药品的化学试剂或已知的小分子化合物去探测复杂的、以前未知的基因组靶标和路径的方法称为化学基因组学或化学遗传学。化学基因组学技术采用具有生物活性的化学小分子配体作为探针，研究与人类疾病密切相关的基因、蛋白质的生物功能，同时为新药开发提供具有高亲和性的药物先导化合物，是后基因组学时代药物发现新模式，将极大加快制药工业的发展。本章将从化学信息学入手，重点对研究“从基因到药物”转变的化学基因组学技术进行论述。

11.1.1　基因组学

基因是遗传的物质基础，是 DNA 分子上具有遗传信息的特定核苷酸序列，也具有遗传功能的 DNA 片段。细胞中全部的基因总和称为基因组(genome)。基因组学(genomics)就是研究生物基因组的一门科学，包括基因的结构、功能以及进化等。被誉为生命科学领域的登月计划人类基因计划(human genome project，HGP) 完成了对人类基因组 30 亿对核苷酸的序列测定工作，是人类第一次在分子水平上全面认识自我。该计划于 1990 年正式机动，由美国、法国、英国、德国、日本和中国的科学家共同参与，希望通过破译基因信息来了解生命起源、认识疾病产生的机制和破译衰老的原因。2000 年完成了对基因组草图的绘制工作，2003 年完成了基因组序列的测序工作。

1. 结构基因组学

结构基因组学(structural genomics)是基因组学的一个重要组成部分和研究领域，它是一门通过基因作图、核苷酸序列分析确定基因组成，基因定位的问题。基因测序的基本策略是先将 DNA 分解成小片段，对他们分别测序后进行序列排列组装。要将这些分散的小片段组装到原来的 DNA 中正确的位置，首先要进行基因组图，即在 DNA 链不同的位置找特征性的标记，绘制基因组图。基因组作图主要有两个方面：遗传图和物理图。

1) 遗传图

连锁遗传图(linkage map)又称遗传图谱(genetic map)，是以具有遗传多态性(在基因组的一个遗传位点上具有一个以上的等位基因，它在群体中的出现频率均高于 1%)的遗传标记为"路标"，以遗传学距离 [在细胞减数分裂事件中两个位点之间进行交换重组的百分率，1%的重组率称为 1 cM(厘摩)]为图距的基因组图。图谱的建立为基因的识别和完成基因定位创造了条件。连锁图的绘制依赖于 DNA 多态性的开发，这种开发使得可利用的遗传标记数目迅速扩增。早期使用的多态性标记有 RFLP(限制性酶切片段长度多态性)、RAPD(随机引物扩增基因组 DNA)、AFLP(扩增片段长度多态性)、20 世纪 80 年代后出现了 STR(短串联重复序列，又称微型，1～6 个核苷酸)、90 年代发展的 SNP(单核苷酸多态性)。SNP 的优点在于不需要用凝胶电泳来分型，而且其数目庞大，对基因作图非常有利。通常用特意的寡核苷酸杂交的方法来检测。

2) 物理图

物理图谱是利用限制性内切酶将染色体切成片段，再根据重叠序列确定片段间连接顺序，以及遗传标志之间物理距离碱基对(bp)、千碱基(kb)或兆碱基(Mb)的图谱。以人类基因组物理图谱为例，它包括两层含义，一是获得分布于整个基因组 30 000 个序列标志位点(STS，其定义是染色体定位明确且可用 PCR 扩增的单拷贝序列)；二是在此基础上构建覆盖每条染色体的大片段。

3) 转录本图谱

构建基因图的前提条件是获得大量基因转录本(mRNA)，反转录获得 cDNA，通过 EST 技术(表达序列标签，是一组短的 cDNA 部分序列，由大量随机取出的 cDNA 克隆测序得到的组织或细胞基因组的表达序列标签)作图。一般说，mRNA 的 3r-端非翻译区(3′-uTR)是代表每个基因的比较特异的序列，将对应于 3I-UTR 的 EST 序列进行 RH 定位，即可构成由基因组成的 STS 图。

2. 比较基因组学

比较基因组学(comparative genomics)是基于基因组图谱和测序基础之上，对已知的基因和基因组结构进行比较，从而了解基因的功能、表达机理和物种的进化的学科。比较基因组学的一个重要应用是在人类疾病基因研究中的运用。通过在其他模式(如小鼠、果蝇等)中定位人类疾病基因的同源基因，就可以在这些模式生物中通过基因敲除、基因突变以及使用一些作用于 DNA 的药物来研究这些基因病的发病机理，甚至开发一些用于诊断的技术手段。基于伦理道德和人类安全的考虑，这些研究基因的实验手段是不可能在人体中进行的。因此，比较基因组学的进一步发展将为人类认识、治疗疾病提供一个新的视野。

3. 功能基因组学

功能基因组学(functional genomics)的研究往往又称为后基因组学(postgenomics)研究，它是利用结构基因组学提供的信息和产物，通过在基因组或系统水平上全面分析基因的功能，使得生物学研究从对单一基因或蛋白质的研究转向对多个基因或蛋白质同时进行系统的研究。

功能基因组学的研究包括基因功能发现，基因表达分析及突变检测。它采用一些新的技术，如 SAGE、DNA 芯片，对成千上万的基因表达进行分析和比较，力图从基因组整体水平上对基因的活动规律进行阐述。由于生物功能的主要体现者是蛋白质，而蛋白质有其自身特有的活动规律，所以仅仅从基因的角度来研究是远远不够的。例如，蛋白质的修饰加工、转运定位、结构变化、蛋白质与蛋白质的相互作用、蛋白质与其他生物分子的相互作用等活动，均无法在基因组水平上获知。因此，国际上萌发产生了一门在整体水平上研究细胞内蛋白质的组成及其活动规律的学科——蛋白质组(proteomics)。

4. 生物信息学

生物信息学(bioinformatics)是以计算机为工具，用数学和信息科学的观点、理论和方法去研究生命现象，对生物信息进行储存、检索和分析的科学。它是当今生命科学和自然科学的重大前沿领域之一，也将是 21 世纪自然科学的核心领域之一。其研究重点主要体现在基因组学和蛋白质学两个方面。它把基因组 DNA 序列信息分析作为源头，破译隐藏在 DNA 序列中的遗传语言，特别是非编码区的实质，同时在发现了新基因信息之后进行蛋白质空间结构模拟和预测，然后依据特定蛋白质的功能进行必要的药物设计。

现在生物信息学领域的研究范围和重大科学问题有：①继续进行数据库的建立和优化；②研究数据库的新理论、新技术，研制新软件，进行若干重要算法的比较分析；③进行人类基因组的信息结构分析；④进行功能基因组相关信息分析；⑤从生物信息数据出发开展遗传密码起源和生物进化研究；⑥培养生物信息专业人员，建立国家生物医学数据库和服务系统。生物信息学的发展将会对生命科学带来革命性的变革，它的成果不仅会对相关基础学科起巨大的推动作用，而且还将对医药、卫生、食品、农业等产业产生巨大的影响。

11.1.2　化学信息学

化学信息学是为解决化学领域中大量数据处理和信息提取任务而结合其他相关学科所形成的一门新兴学科。这门新兴学科是在化学计量学和计算化学的基础上演化和发展起来的，并吸收和融合了许多学科的精华。QSAR 通过直接研究可量测的化学量及某些量化参数与化合物的某些已知化学特性之间的已知数据，采用统计回归和模式识别的方法来建立一种模式，从而达到预测化合物特性的目的，建立起某些化学结构与性质的关系来指导进一步的实验研究。

化学信息学是利用计算机及其网络技术，对化学信息进行表述、管理、分析、模拟和传播，实现化学信息的提取、转化与共享，揭示化学信息的内在实质与内在联系的学科。

化学信息可分为与传媒有关的信息及与物质有关的信息。化学信息的形式包括：文字、符号、数字、形貌、图形及表格等。这些化学信息最主要的组织、管理形式是形成数据库。化学数据库的创建包括化学信息的创建、存储和展示。

化学数据库包括：①分子文库计划；②小分子生物活性数据库；③蛋白质结构信息集成检索数据库；④药物数据库；⑤世界药物索引；⑥致癌性数据库；⑦化合物结构数据库；⑧化学反应数据库；⑨毒性化合物数据库；⑩中药化学数据库。

根据化合物库的来源不同，可将发现先导化合物的方法分为以下四种：①大范围、多品种的随机筛选发现先导化合物；②通过主题库的筛选发现先导化合物；③基于已有知识进行的定向筛选发现先导化合物；④运用虚拟合成和虚拟筛选发现先导化合物。

随着药物研发新技术的应用，新药研发的进程不断加快，然而现代开发新药的要求也在不断提高，特别是要想发现那些能满足不断提高审批要求的、具有足够疗效的、选择性和ADMET 性质理想的药物，已变得越来越困难了。

许多药物研发项目的失败主要是由于候选药物在人体的临床试验阶段被淘汰，由此造成了人力、物力和财力的巨大浪费。失败率较高的原因中，商业性占 5%，动物实验毒性过大占 11%，药效不够占 30%，人体副作用过大占 10%，药物 ADME 性质不佳占 39%，5%左右是药物进入临床前研究。

优化方法：

(1) 类药化合物剔除法：Lajiness 根据计算的分子性质的计算值和分子中可能存在的反应活性子结构和毒性子结构来区分类药和非类药化合物，并提出了一套排除非类药化合物的标准：①分子中存在“非类药”元素；②相对分子质量小于 100 或大于 1000；③碳原子总数小于 3；④分子中无氮原子、氧原子或硫原子；⑤分子中存在一个或多个预先确定的毒性或反应活性子结构。

(2) Lipinski 规则：分子的理化性质，如相对分子质量、氢键供体和受体、log*P*(脂水分配系数的对数值)、杂原子和旋转键的数目、PSA、毒性及分子中具反应性的片段等，一般均能影响 ADMET 性质，其中最著名的规则是“5 规则”，也称 Lipinski 规则(图 11-1)。Lipinski 规则最明显的优势在于简便、快捷，易于理解，因而很容易智能化。

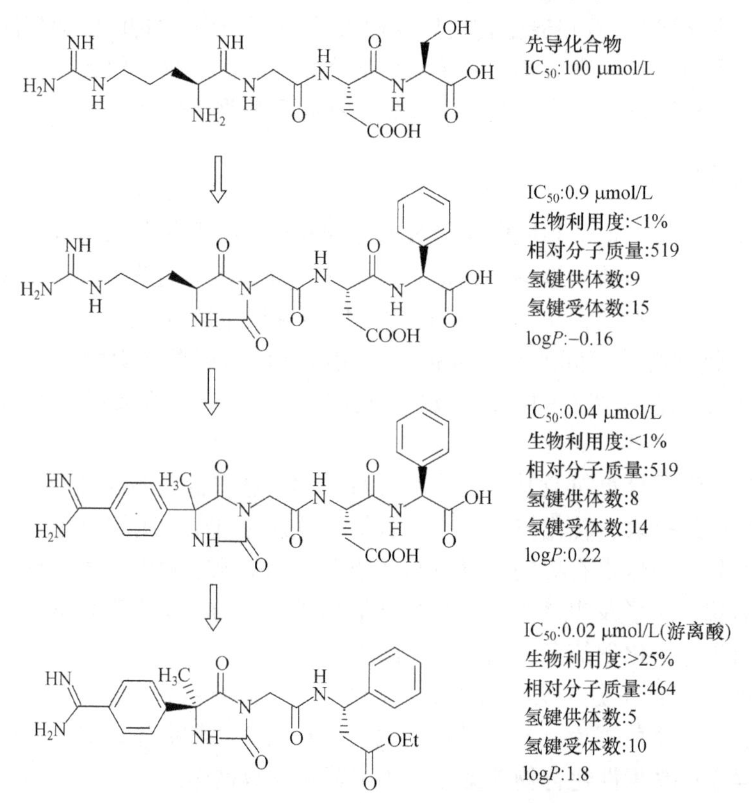

图 11-1　利用 Lipinski 规则针对先导化合物的生物利用度进行结构优化的过程

(3) 其他预测方法：许多计算方法已应用于 ADMET 的特性的预测，其中最常用的方法包括基础统计学、构效关系以及更加智能化的研究途径，如遗传运算法则和神经网络。

11.1.3　化学基因组学

化学基因组学作为后基因组学时代的新技术，是基因组学与药物发现之间的桥梁和纽带，将成为功能基因组学研究的有力工具。化学基因组学技术整合了组合化学、基因组学、蛋白质组学、分子生物学、药物学等领域的相关技术，采用具有生物活性的化学小分子配体作为探针，研究与人类疾病密切相关的基因、蛋白质的生物功能，同时为新药开发提供具有高亲和性的药物先导化合物，是后基因组学时代药物发现新模式，将极大加快制药工业的发展。化学基因组学药物发现模式的一般程序包括靶点发现、高通量筛选、组合化学合成、生物学功能测试等。

1. 靶点发现

人类基因组计划为揭示人类疾病机理提供了大量的基因信息，如与人类疾病相关的疾病基因及基因编码的相关蛋白信息，这些与疾病密切相关基因和蛋白都可以作为潜在的药物靶点，用于新药开发。寻找与人类疾病相关的药物靶点是新药研发的第一个环节。目前人们共发现具有药理学意义的药物作用靶点大约 500 个，而根据人类基因组学计划研究成果估计，人体内可能的药物作用靶点大约有 5000 个，更多的药物作用靶点有待于进一步挖掘。目前应用于新药靶点发现的技术有基因组学技术、蛋白质组学技术以及生物信息学技术。基因组学技术包含差异基因表达、表达序列标签等技术。蛋白质组学技术在蛋白质水平上研究疾病状态以及正常状态下的细胞或组织的蛋白质差异变化，可以发现潜在的药物靶蛋白，也有人称化学基因组学是蛋白质组学和疾病治疗间的桥梁。无论是靶基因还是靶蛋白，其与疾病间的关系尚不清楚，但是作为潜在的药物靶点并不影响其对小分子配体的亲和选择作用，在疾病细胞或动物模型的活性检测及临床研究中可以进一步了解靶点与疾病间的关系，实现对靶基因或蛋白的功能分析，从分子水平上揭示疾病机理及其治疗机制。

2. 高通量筛选

高通量筛选是 20 世纪后期发展起来的一项新技术。随着功能基因组研究的发展和分子生物学、分子病理学以及细胞生物学对新发现基因的功能研究的不断深入，可作为药物靶点的生物分子数目日益递增；另一方面，组合化学的发展使化学合成药物分子的不断增加。如何从多样化的小分子库中筛选出与各种药物靶点作用的有效先导化合物？高通量筛选技术正是顺应靶基因、靶蛋白及生物活性小分子多样性的特点而发展起来的，其核心部分由体外分子或细胞水平的筛选模型、计算机控制的操作系统和灵敏的生物反应检测系统组成。高通量筛选是化学基因组学技术平台的关键技术，可以为药物发现提供全新的筛选方法和手段，极大地提高药物筛选速度。

目前发展较快的高通量筛选技术主要有生物芯片技术和基于细胞水平的 GPCR 药物筛选技术；另外，最近还发展了一种全方位的筛选技术——高内涵筛选技术。所谓高内涵筛选是指在保持细胞结构和功能完整性的前提下，尽可能同时检测被筛选样品对细胞生长、分化、迁移、凋亡、代谢途径及信号转导等多个环节的影响，从单一实验中获得大量相关信息，确定其生物活性和潜在毒性。

3. 组合化学

经过高通量筛选技术遴选出来的新型先导化合物是否具有最佳药效？药物开发过程中需要对先导化合物进行结构优化，传统化学合成方法不能适应高通量快速筛选及众多药物靶标需筛选的要求。组合化学采用适当的化学方法，借助组合合成仪，在特定的分子母核上引入不同的基团，产生大量的新化合物，构建不同的化合物库。在药物筛选研究中，不同分子结构的化合物库可以用于不同疾病、不同模型的筛选。多组分反应(multicomponent reaction，MCR) 则通过多反应原料同时反应，产生高复杂性的多样性反应产物，是一种快速有效的小分子合成方法。组合化学合成方法可以为高通量筛选提供物质基础，扩大了药物发现的范围，适应了化学基因组学快速筛选的需求。组合化学与高通量筛选技术并驾齐驱，促进了新药开发领域的一次大的突破，已经成为新药发现和优化过程中不可缺少的核心技术。

4. 生物学功能测试

生物信息学是一门综合运用数学、信息科学、计算机技术等对生物学、医学的信息进行科学的组织、整理和归纳的科学。在新药研究中，药物作用靶点的发现，新药的筛选和发现，药物的临床前研究以及临床研究等各个环节，都与生物信息学有着密切的关系。基因组学、高通量筛选、组合化学等技术在化学基因组学中的应用，积累大量不同类型的生物和化学信息数据，有效地存储、管理、分析及整合这些数据是保障药物研发顺利快速的关键。生物信息学就是要实现从数据到知识的转化，从单一信息到可利用资源的转化。其不仅要从复杂无序的信息海洋中搜索有用的数据，还要实现不同学科间的信息广泛交流，避免重复研究。同时，在对先导化合物分子进行优化过程中，生物信息学可以为组合化学的分子设计和化合物库的设计提供必要的生物信息，如功能蛋白质的结构信息、药物靶点的活性部位、立体结构信息等，使组合化学具有更强的目的性，从而提高了药物发现的成功率。

通过靶标嵌板测试的化合物数量的增加和质量的提高，使得这种随机筛选的费用以及数据处理和整合的工作难度成倍增加。因此，除了生物靶标的分类外，待测化合物的选择和设计成为化学基因组学方法中非常重要的部分。

5. 化学基因组学技术平台的研究进展

生物活性小分子与靶蛋白间相互作用的是生命活动中基本的相互作用之一，用于分析生物活性小分子和靶蛋白间相互作用的新技术、新手段不断向快速、灵敏、智能化的特点发展，促进了对大量小分子化合物的高通量筛选技术不断发展。世界各国的制药企业根据企业自身技术特点分别发展了不同的高通量筛选技术和超高通量筛选技术，从而发展了各具特色的化学基因组学技术平台。

(1) 示差扫描量热法。当小分子配体与靶蛋白结合，导致表观熔点温度发生变化。表观熔点温度的变化与小分子配体与靶蛋白间的亲和力以及蛋白质的稳定程度有关，小分子配体与靶蛋白间的亲和常数可以根据熔点温度的变化计算。3DP 公司利用这一特点发展了化学基因组学技术平台，技术平台中应用的高通量筛选技术主要是利用示差扫描量热法(differential scanning calorimetry，DSC)测定熔点温度来检测小分子配体与蛋白结合的情况。筛选技术采用 384 孔板模式进行筛选，每周完成对 5000 个小分子化合物的筛选工作，而靶蛋白的消耗量仅为 1 mg。该技术平台可以用于基因靶点解码、先导化合物产生、优化及生产高质量的药物。

(2) 生物质谱法。电喷雾电离(ESI)和基质辅助激光解吸电离(MALDI)两种软离子化技术的发展开辟了质谱技术分析生物大分子的新领域。作为蛋白质组学中鉴定蛋白的关键技术，质谱技术在疾病蛋白质组学、差异蛋白质组学或比较蛋白质组学中对潜在蛋白靶点的鉴定起着十分重要的作用，为新药研发提供了可靠的药物靶点。亲和生物质谱技术可以应用于生物大分子与小分子配体间的相互作用的研究。研究方法是将蛋白靶点与小分子化合物混合，然后直接进样进行质谱分析，在一级质谱中，根据小分子靶蛋白复合物的分子离子一般出现在高质量数区域，对高质量数区域进行扫描，确定小分子靶蛋白复合物，并作为二级质谱分析对象。选定目标复合物分子离子作为母离子，进行二次电离，控制条件有序地释放小分子配体，通过对不同质量数区域进行扫描，实现对小分子配体和靶点蛋白的同时识别并加以鉴定。在二级质谱分析过程中，释放小分子配体的实验条件参数可以作为考察小分子配体与靶点蛋白间亲和作用的参数之一。NeoGenesis 公司利用高效液相色谱与质谱连用(LC-MS)技术成功开发 ALIS(automated legend identification system，自动联想识别系统)化学基因组学药物研发技术平台。通过 QSC(quantized surface complementarity，量化表面互补)计算方法设计能够与疾病靶蛋白结合的小分子，并根据相对分子质量分组，对于每组中小分子都可以通过相对分子质量准确鉴别，故也称为质量编码库；通过将靶蛋白与各分子组作用，采用体积排阻色谱法将配体蛋白复合物与未结合的小分子分离，配体蛋白复合物组可以通过 LC-MS 方法鉴别，确定与靶蛋白能够特异性紧密结合的小分子，ALIS 全自动化操作平台每天可以完成对 30 万个小分子的筛选工作；最后，对与靶蛋白结合紧密的小分子进行结构优化并再次筛选获得最佳候选药物先导化合物，对小分子的结构信息及小分子与靶蛋白间的相互作用等信息进行处理，建立信息库。

(3) 核磁共振。随着核磁共振(NMR)技术的发展，NMR 技术已应用于药物的筛选和设计领域。在明确与疾病相关的靶蛋白的基础上，发展了生物大分子高亲和性配体的方法 SAR by NMR(structure activity relationship by NMR，基于 NMR 的构效关系)。其基本方法是：采用基因工程方法制备 ^{15}N 标记的靶蛋白，通过 NMR 技术从小分子化合物库中筛选出与靶蛋白有亲和特性的先导小分子；再次采用相同的方法筛选出与前一结合位点相邻的位点结合的另 3 个先导分子，对两个先导小分子化合物进行 SAR 筛选优化，确定两个先导分子。在选定两个先导分子片段之后，用多维 NMR 等技术测定蛋白质和两个配体的复合物的完整三维空间结构，确定两个配体在靶蛋白上确切的结合位置及其空间取向；基于上述三维结构设计恰当的连接桥将两个先导分子连接起来，使得到的分子和靶蛋白结合时保持各自独立时的结合位置及其空间取向，最终筛选得到一个高亲和性的配体。采用 NMR 技术可以综合多种药物设计的优势，能够在短时间内得到先导化合物，加快了药物发现的速度。

(4) 亲和毛细管电泳。亲和毛细管电泳是研究小分子配体与药物靶点间相互作用的有效方法，由于小分子配体与靶点作用形成复合物改变了原来的电泳迁移速度，从而与小分子配体在不同时间流出，根据其迁移速度可以定量评价其亲和活性。Lorenzi 等利用亲和毛细管电泳前沿分析(frontal analysis)技术考察了一组小分子与蛋白 transthyret(TTR)之间的相互作用，发现氟芬那酸(flufenamic acid)和氟比洛芬(flurbiprofen)与 TTR 蛋白结合程度比其他分子高，具有潜在药学研究价值，并进一步测定了二者与 TTR 的结合常数及结合位点数。

6. 基于化学基因组学的药物发现策略

(1) 正向化学基因组学与药物发现。正向化学基因组学(图 11-2)能够用于药物靶点和新型先导化合物的发现。Mayer 等研究发现 leucascandrolide A 和 neopeltolide 是结构相似的海洋天然产物，具有抑制哺乳动物细胞和酵母增殖的作用，它们通过抑制线粒体内 ATP 的合成发挥作用，进一步研究发现细胞色素 bcl 复合体是它们的作用靶点，该结果揭示了海洋大环内酯类天然产物抗增殖活性的分子机制。

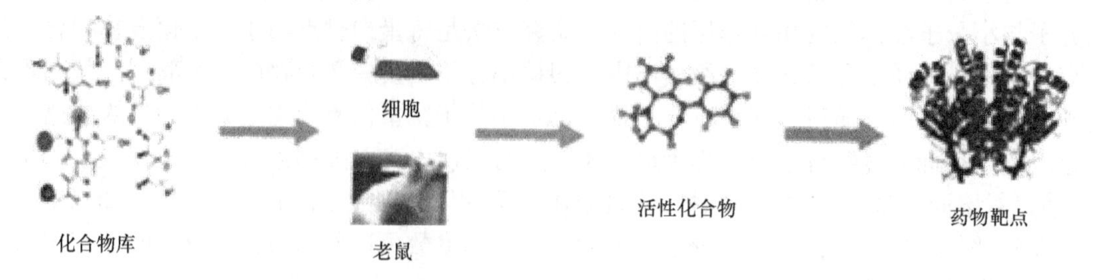

图 11-2　正向化学基因组学

(2) 反向化学基因组学与药物发现。反向化学基因组学方法用于发现针对某个已知药物靶点的新先导化合物。缺氧诱导因子，在肿瘤发生和发展中起重要作用，为了筛选作用于 HIF-1 信号通路的小分子，Lin 等发现烷基亚胺基乙酸苯酯类化合物能够抑制缺氧诱导的 HIF-1 报告基因活性。

(3) 预测化学基因组学与药物发现。预测化学基因组学(图 11-3)通过对化学基因组学数据的整合和挖掘，用于揭示基因—靶点—疾病—药物—药效或毒性的关系，能够建立起基因到药物和药物到疾病的预测模型，在新药发现中的应用越来越广泛。

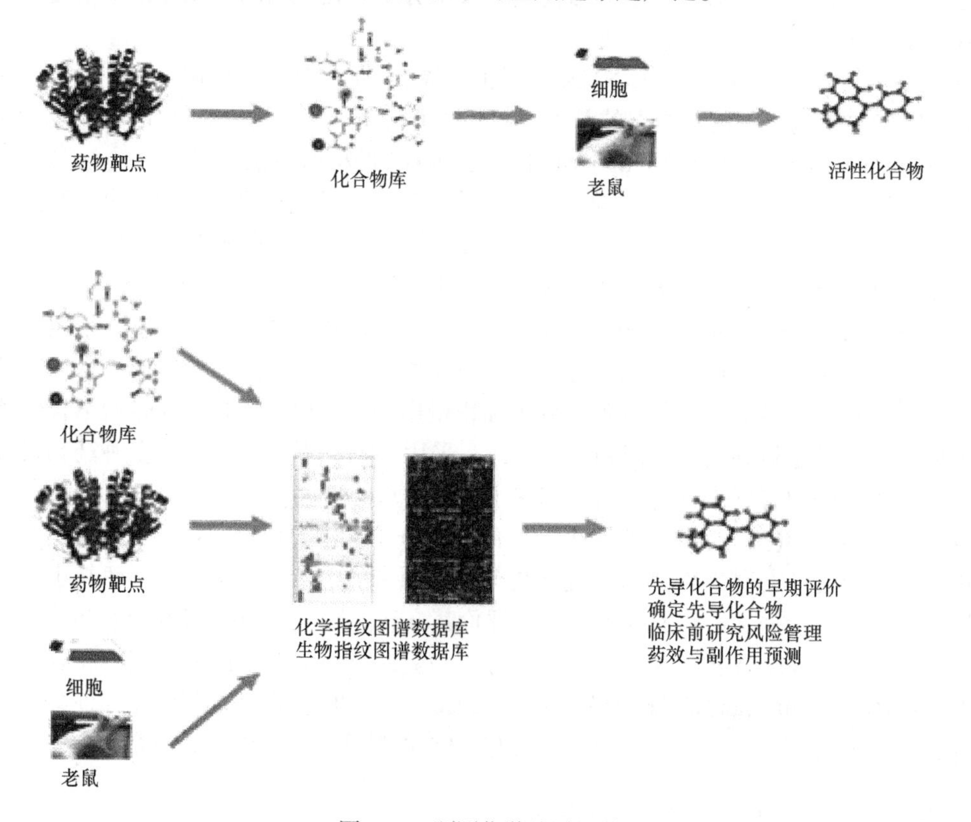

图 11-3　预测化学基因组学

为了验证 FKS06 的作用靶点和对其他靶点的影响，Marion 等根据预测化学基因组学的原理，表明神经钙蛋白是 FK506 的作用靶点；另外，还发现 FK506 处理野生型和单一基因突变体基因标记物的表达模式不存在相似性，表明 FPR Ⅰ 基因产物参与了 FK506 对细胞内信号通路的影响，即 FPR Ⅰ 可能作为 FK506 药物的作用次靶点。

预测化学基因组学也可以利用小分子与靶点的结合关系数据库探索化学结构和生物靶标之间的全部关系。

预测化学基因组学还能够用于药物的临床药效评价，Gunther 等用抗抑郁药、抗精神病药和阿片受体抑制剂分别处理人的原代神经元细胞，分别找出了抗抑郁药、抗精神病药物和阿片受体抑制剂的基因标志物，最后根据基因标志物对这些药物的临床疗效进行预测，其准确率达到 88.9%。

7. 国内外制药公司将化学基因组学用于药物发现的进展

根据化学基因组学策略，利用各种高通量技术方法建立化学基因组学数据库，试图筛选出针对某个药物靶点的小分子，并确定该小分子是否具备成为有效的候选药物的潜质。艾康尼斯(Iconix)制药集团利用其大规模化学基因组参考数据库及信息学系统——DrugMatrix®平台，得到 Drug Signatures 数据库。阿斯利康公司(AstraZeneca)选择并使用艾康尼斯的参考数据库和预测生物标志物，为一种特效癌症药物开发计划提供化学基因组学的描绘与分析服务。

为了实现国内创新药物发现的突破，深圳微芯生物科技有限公司针对Ⅱ型糖尿病、肿瘤等重大疾病，利用自建的化学基因组学技术平台已发现了多个具有自主知识产权的药物分子。目前公司已有两种自主设计、合成、筛选和评价、具全球专利保护和作用机制领先的创新药物进入临床评价，其中治疗Ⅱ型糖尿病候选化合物 CS1300038 已经进入Ⅱb 期临床试验，抗肿瘤药物候选化合物 CS055 已经进入Ⅰ期临床试验。

8. 展望

化学基因组学现在面临的挑战主要是如何建立足够丰富多样的化合物库、生物学特征的数据库以及这些数据库的整合挖掘工具。化学基因组学可利用天然产物结构多样性以及中药疗效确切的特点，阐明中药的多靶点作用机制以及从天然产物中寻找针对某个疾病的先导化合物，在中药现代化研究中也有着广阔的应用前景。

11.2　蛋白质组学

蛋白质组学理念的产生、概念的提出与完善只有一二十年的时间，可它已经应用到生物学研究的方方面面，是后基因组学研究的中心内容。蛋白质组学是一门实验科学与生物信息学有机结合的学科；它又是一门方法学，通过双相电泳和非凝胶系统等分离技术，生物大分子质谱技术，蛋白质芯片，酵母双杂交等大规模鉴定技术，获得相对全面，直接的蛋白质数据网络，从而为深入全面地了解机体的生理过程，疾病发生发展的病理机制奠定了基础。而这些研究成果，通过蛋白质功能的实验检验，可以制备出针对特定疾病的各种蛋白质芯片，为临床的治疗，诊断和预后服务；此外，我们还可以发现新的药物靶标，从而可进行药物的高通量筛选。

尽管蛋白质组学还处于婴幼儿时期，但是它对生物学的研究已经产生了深远的影响，特别是对蛋白质相互作用网络的形成和完善具有不可替代的贡献，而它又是蛋白质组学功能研究的核心。

11.2.1 提出背景和含义

自从地球上出现了人类以后，这个行星上的一切生命活动就渐渐地转变，在几千年，就演变成了一人类为中心的繁衍生息。在人类的生存和生命的延续过程中，逐渐形成了生命科学的各门学科，对疾病的治疗形成了最初的医学，对事物的需求形成了最初的生物科学；现在，环境的恶性负反馈是人类认识到与其他生物共生共存的必要性。但是，无论如何，生命科学研究的最终目的都是为了使人类物质生活更丰富、生命更健康、寿命更长久。

20 世纪后期，生命科学更是获得了长足的发展。早在 1953 年，沃森和克里克建立了 DNA 双螺旋结构模型，开创了核酸分子生物学时代；在此基础上，Nirenberg 提出遗传的三联体密码学说，为现代生命科学日新月异的发展做出了奠基性的贡献。随后，DNA 序列扩增的 PCR 技术、DNA 重组技术、DNA 测序技术、DNA 芯片技术等的发明，使我们对生命本质的认识产生了天翻地覆的改变。

著名的人类基因组计划在2000年取得突破性进展，破解了全部约39 000个基因中的95%，人类进入功能基因组时代。

基因是遗传信息的携带者，而蛋白质是生命功能的执行者，它们在机体和细胞的生命活动中扮演着许多重要的角色：催化剂、受体、结构元件、信号分子、抗体等。因此，即使得到了人类全部基因序列，也只是解决了遗传信息库的问题。人类揭示整个生命活动的规律，就必须研究基因的产物——蛋白质。

到目前为止，功能基因组中所采用的策略都是从细胞中 mRNA 的角度来考虑，其前提是细胞中 mRNA 的水平反映了蛋白质表达的水平。但是，基因的 mRNA 表达水平与蛋白质水平并不完全呈正相关关系。因为从基因到蛋白质的过程中，存在 mRNA 的剪接、蛋白质翻译后调控、蛋白质翻译后修饰、蛋白质的成熟剪接、蛋白质的亚细胞定位等过程。基因与其编码产物蛋白质的线性关系只存在于新生肽链中。

传统的对单一蛋白质进行研究的方式已无法满足后基因组时代的需求。这是因为：生命现象的发生往往是多因素影响的，必然涉及多个蛋白质。多个蛋白质的参与是交织成网络饿，或平行发生，或呈级联因果。在执行生理功能是蛋白质的表现是多样的、动态的，并不像基因组那样基本不变。因此，要对生命的复杂活动有全面和深入的认识，必然要在整体、动态、网络的水平上对蛋白质进行研究。

鉴于基因组研究的局限性，澳大利亚麦考瑞大学的 Wikens 和 Williams 等于 1994 年在意大利的 Siena 会议上首次提出了蛋白质组这个概念，定义为：一个基因所表达的全部蛋白质。1996 年，他们进一步完善这个定义：蛋白质组指的是某一个生命体系中由基因编码的全部蛋白质。

2005 年，Englbrecht 等认为蛋白质组学就是理解和鉴定研究对象中全部蛋白质的结构、功能和相互作用。Pennington 认为蛋白质组学是基因组学的基础上研究蛋白质的表达与功能的科学。而多伦多大学的 Tyers 认为，蛋白质组学就是以前所未有的、高通量规模进行研究的蛋白质化学，是后基因组时代所有研究的总和。

由表 11-1 可见，蛋白质组学着重的是全面性和整体性，需要获得体系内所有蛋白质组分的物理、化学及生物学参数。它是动态的，有时间性、空间性、可调节性，进而能在细胞和生命有机体的整体水平上获得生命现象的本质和活动规律。

表 11-1　蛋白质化学与蛋白质组学的差异

蛋白质化学	蛋白质组学
个体蛋白质	复杂体混合物
完整的序列分析	部分的序列分析
侧重于结构和功能	侧重于利用数据库匹配进行鉴定
结构生物学	系统生物学

根据前面不同学者对蛋白质组学定义的论述，在此我们将蛋白质组学分成狭义和广义两种。狭义蛋白质组学就是利用双向电泳和质谱等高通量技术，鉴定出某一个研究对象中的全部蛋白质，即某一个物种、个体、器官、组织、细胞、亚细胞乃至蛋白质复合体的全部蛋白质。广义蛋白质组学就是在鉴定出某一个研究对象中的蛋白质，而且还要了解这些蛋白质的活性、修饰、定位、降解、代谢和相互作用及网络等功能与时空变化的关系。

11.2.2　基因组学与蛋白质组学的关系

人类基因组计划的完成标志着三套完整数据的获得：遗传图、物理图、全序列图，这三套数据将提供此生物所有基因在染色体上的精确定位、基因内部序列结构与所有基因的间隔序列。但是由于基因组计划的局限，它依然很难解决以下问题：

(1) 人类基因组中的解读框如何界定。

(2) 基因的表达是如何调控的。

(3) mRNA 难以准确反映基因的最终产物。

(4) 蛋白质的各种翻译后化学修饰使得蛋白质的数量呈几何级数地增加。

因而蛋白质的研究将会对基因功能的了解产生深远的影响：

(1) 从 mRNA 表达水平并不能预测蛋白质表达水平。

(2) 蛋白质的动态修饰和加工并非必须来自基因序列。

(3) 蛋白质组是动态反映生物系统所处的状态。

(4) 蛋白质组的组成远比基因组庞大和复杂。

(5) 蛋白质具有相对独立的代谢过程。

(6) 蛋白质具有对生物体内部及外界因素产生反应的能力。

(7) 蛋白质之间存在着广泛、活跃的相互作用。

因此，基因组学和蛋白质组学在生命科学研究中是相互协同的，蛋白质组学的研究成果将会说明基因表达的效果。而基因组学的结果为蛋白质组学的研究指引方向，提供了综合性的序列和表达蓝图，会进一步推进蛋白质功能研究。目前，人们将基因组学和蛋白质组学合称为功能基因组学。

相对而言，基因组具有统一性，而蛋白质具有多样性；基因组中基因的数量是有限的，而蛋白质组则是相对无限的；基因组学是静态的，蛋白质组中的蛋白质是动态的，每时每刻都在变化之中；基因组具有时间与空间的稳定性，而蛋白质具有时间和空间的不确定性；基因组中基因的行为是相对独立的，而蛋白质组中的蛋白质是靠相互作用联系在一起。

11.2.3　蛋白质组学的研究内容

蛋白质组学的研究对象已涵盖了原核生物、真核生物、动物、植物等，但由于微生物中个体蛋白质种类少，已成为了蛋白质组学研究的突破口，并已取得很大进展，同时提出了亚蛋白质组学、比较蛋白质组学、定量蛋白质组学等新概念，推动了蛋白质组学技术的发展。现阶段蛋白质组学研究内容不仅包括对各种蛋白质的识别和定量化，还包括确定它们在细胞内外的定位、修饰、相互作用网络、活性和最终确定它们的功能以及蛋白质高级结构的解析即传统的结构生物学。它主要有四个方面：

(1) 蛋白质组成、成分鉴定、数据库构建、新型蛋白质的发现、同源蛋白质比较、蛋白质加工和修饰分析、基因产物识别、基因功能鉴定、基因调控机制分析。

(2) 蛋白质家族功能的异同点，蛋白质的生与死，蛋白质代谢产物的变化等。

(3) 重要生命活动的分子机制。

(4) 寻找医药靶分子：疾病的产生往往涉及多种蛋白质，而许多治疗性的药物都是单靶点的。在蛋白质组的水平上研究蛋白质的结构和功能，能够为多靶点药物的设计提供新的思路。

根据蛋白质的研究策略，蛋白质组学分为结构蛋白质组学、表达蛋白质组学、功能蛋白质组学和相互作用蛋白质组学。

1. 结构蛋白质组学

结构蛋白质组学又称组成蛋白质组学。在基因测序开始普遍应用后，根据基因序列来推导蛋白质序列取代了传统的埃德曼降解测序。这是一种针对有基因组或转录组数据库的生物体或组织、细胞，建立其蛋白质或亚蛋白质组(或蛋白质表达谱)及其蛋白质组连锁群的一种全景式的蛋白组学研究，从而获得对有机体生命活动的全景式认识。然而，在大规模的水平上解析蛋白质的结构仍然是一件困难的事情，结晶学和核磁光谱的技术耗时耗力，用生物标记来研究结构动态变化的方法又难以达到足够的分辨率。

2. 表达蛋白质组学

表达蛋白质组学包括分离蛋白质混合物，鉴定各个组分以及定量分析。通常表达蛋白质组学的主要方法有双向凝胶电泳、多维液相色谱和质谱等。通过二维凝胶电泳等技术得到正常生理条件下机体、组织或细胞的全部蛋白质的图谱，查清机体基因编码的全部蛋白质，建立蛋白质组数据库。而利用蛋白质芯片进行定量分析的手段也正在快速发展。

3. 功能蛋白质组学

这是蛋白质组学的研究重点，以发现差异蛋白质种类为目标，从而揭示细胞生理和病理状态的进程和本质，对外界环境刺激的反应途径，以及细胞调控机制，同时活动对某些关键蛋白的定性和功能分析。通过基因和氨基酸序列的同源性分析可以了解很多未知蛋白质的功能。随着向微型化和自动化发展的趋势，用蛋白质芯片技术来分析蛋白质功能也逐渐发展起来。

4. 相互作用蛋白质组学

相互作用蛋白质组学包括蛋白质之间的相互作用以及蛋白质和核酸或小分子之间的相互作用。它不仅有利于蛋白质自身功能的研究，而且有利于阐明蛋白质在细胞中的代谢途径，研究和发现参与疾病发生发展过程中的所有蛋白质，理解疾病如何改变这些蛋白质的表达，从而发现新药和疾病治疗方法。

从蛋白质分子质量的大小，可引申出肽组这个概念，又称为小相对分子质量蛋白质组，研究在体液中的小分子蛋白质或肽的浓度波动与疾病的关系，从而发现能用于临床诊断的肽图。

以物种而言，包括动物、植物、微生物等的蛋白质组学。目前主要研究模式生物、经济作物、驯养动物、濒危生物、致病微生物和人类自身的蛋白质组学。

根据人体组织和器官来源，可以分为肝脏蛋白质组学、肾脏蛋白质组学、脑组织蛋白质组学、肺蛋白质组学、胰腺蛋白质组学、心蛋白质组学、神经蛋白质组学，体液蛋白质组学等。

体液蛋白质组学又分为血浆蛋白质组学、血清蛋白质组学以及其他各类体液蛋白质组学。由于体液是易于收集的人体组织，发现体液中某些蛋白质波动与疾病的关系非常有助于疾病的诊断，这是目前研究的热点。

目前蛋白质组学遇到的瓶颈：只能检测到机体所表达的部分蛋白质；蛋白质性质千变万化，无法进行实时监测；不可能将一个蛋白质相互作用与另一个进行比较；半定量而非绝对定量；产生普通型和标准型数据的能力有限；蛋白质的从头测序难；采用先进的统计学方法进行实验设计和数据处理仍然紧张缓慢；数据解释难，大多数串联质谱图根本不能用于鉴定。

11.2.4　蛋白质组研究策略与技术

蛋白质组学研究的常规主要路线：

(1) 传统的二维凝胶电泳分离，胶内酶解与质谱技术鉴定相结合；其特点是：不论研究体系如何，许多鉴定的蛋白质是相同的，说明该方法的动态范围有限，只能看到高丰度蛋白质。

(2) 获得蛋白质复合体，酶解，用色谱法(多维)分离，对肽段进行质谱分析。理论上可检测到低丰度蛋白质。

由于蛋白质组学研究内容的复杂多样性，用到的技术手段也有很多，而且还在不断发展，其中常用的分离方法有：一维电泳、双向凝胶电泳、质谱、液相色谱(LC)、高效液相色谱(HPLC)、毛细管电泳、等电聚焦电泳(IFE)、串联液相色谱、液相色谱-反相高效液相色谱、亲和层析、双向聚丙烯酰胺凝胶电泳(2D PAGE)。鉴定技术有：质谱、凝胶图像分析、埃德曼降解、蛋白质印迹法(western blot)、蛋白质芯片、C 端蛋白质测序及氨基酸组成分析等。功能研究方法有：酵母双杂交、亲和层析、免疫沉淀、蛋白质印迹法、蛋白质芯片、反向杂交系统、免疫共沉淀技术、表面等离子技术、荧光能量转移技术、噬菌体显示技术、蛋白质交联等。解析蛋白质结构技术有 X 射线衍射和核磁共振技术。常用蛋白质生物信息学进行数据处理。

1. 双向凝胶电泳

分离技术是蛋白质组学研究的核心。双向凝胶电泳是由 Smithies 和 Poulik 在 1956 年提出的，1975 年由 O' Farrell 做了优化改进，并建立起了高分辨率的双向凝胶电泳技术体系。以双向凝胶电泳技术为主要手段，双向聚丙烯酰胺凝胶电泳(two dimensional polyacrylamide gel electrophoresis，2D PAGE)对蛋白进行分离的原理是：第一向进行等电聚焦，蛋白质沿 pH 梯度进行分离，至各自的等电点；再根据相对分子质量的不同，在第一向基础上，通过聚丙烯酰胺垂直的方向电泳进行分离。但目前该系统还面临着一些方法上的问题：疏水性蛋白(如膜蛋白)难溶于样品缓冲液；高相对分子质量蛋白、极酸和极碱性蛋白易在电泳中丢失；低拷贝(拷贝数小于 1000)蛋白无法检测等。2D PAGE 是蛋白质组学研究的关键技术，而双向荧光差异凝胶电泳(two dimensional fluorescence difference gel electrophoresis，2D DIGE)则在其基础上做了重大的改进。2D DIGE 在分离蛋白前，先用荧光素将蛋白样本作上标记，分离后再用质谱进行分析，这种方法可以对实验组和对照组的蛋白质的表达，进行精确且可重复的定量分析。双向凝胶电泳获得的数据可以用专门的系统管理，如蛋白质体分析和资源指数化系统(proteomics analysis and resources indexation system，PARIS)，它储存了电泳图像和信息，供研究者搜索应用。

2. 高效液相色谱

虽然高效液相色谱在蛋白组分析中未能广泛应用，但其作为分离蛋白质的第一步，仍具有很好的前景。双向高效液相色谱(2D HPLC)也是一种很好的蛋白质分离纯化方法。其第一相根据分子大小分离蛋白质，第二相是反向层析。2D HPLC 分离蛋白质的容量比双向凝胶电泳大，且速度快。而毛细管柱反相高效液相色谱也比双向凝胶电泳快速、分辨率高。目前，又出现了将不同液相色谱联合使用技术，称为连续液相色谱，其大大提高了液相色谱的效率。

3. 亲和色谱

亲和色谱是利用分子生物学之间具有的专一性而设计的色谱技术。一些生物分子和其配基之间有特殊的亲和力，如抗原与抗体、酶与底物、激素与受体等，它们在一定条件下能结合为复合物。如果能将复合物中的一方同定在固相载体上，就可以从溶液中专一性地提纯另一方。亲和色谱特异性强、简便且高效，对含量少又不稳定的活性物质更为有效，并可得到高产率的纯化产物。但是，由于并非所有的生物分子都具有特定的配基，只有那些具有配基的生物分子才能用亲和色谱分离，所以亲和色谱应用范围受到一定的限制。

4. 毛细管电泳

毛细管电泳技术是在高电场强度作用下，对毛细管内径(5～10 μm)中的样品按分子质量、电荷、电泳迁移率等差异进行有效分离，包括毛细管区带电泳(CZE，依据不同蛋白质的电荷质量比差异进行分离)、毛细管等电聚焦(CIEF，依据蛋白质等电点不同在毛细管内形成 pH 梯度实现分离)和筛板-SDS 毛细管电泳(依据 SDS-蛋白质复合物在网状骨架中迁移速率的不同而实现分离)等技术，其优点是可实现在线自动分析，可用于相对分子质量范围不适于双向凝胶电泳的样品，其缺点是存在对复杂样品分离不完全的现象。

5. 埃德曼降解法

埃德曼降解法测 N 端序列。由于埃德曼降解法测序可得到准确的肽序列，成为目前蛋白质鉴定的主要方法。但它存在着测序速度较慢、费用偏高等缺陷。近年来，研究人员对埃德曼降解法做了许多改进，如 CORDWELL 应用细径(内径 0.8 mm，流速μL/min)的高效液相色谱柱，在 100 fmol 的初产率下测得 5～10 个氨基酸残基的序列，使其在测序速度和灵敏度上得到了很大的提高，拓展了其应用范围。随着埃德曼降解法在微量测序和速度等技术上的突破，它在蛋白质组研究中可发挥重要的作用。类似埃德曼的 C 端化学降解法已研究了多年并有自动化分析仪器问世，但它的反应效率较低，通常需纳摩尔(nmol)样品。

6. 氨基酸组成分析

氨基酸组成分析由于耗资低而常用于蛋白质鉴定。氨基酸组成分析有别于肽质量或序列标签，是利用不同蛋白质具有特定的氨基酸组分的特征来鉴定蛋白质。该法可用于鉴定 2-DE 分离的蛋白质，应用放射标记的氨基酸来测定蛋白质的氨基酸组分，或将蛋白质转到 PVDF 膜，在 155℃酸性水解，让氨基酸自动衍生后，经色谱分离，获得的数据用 AACompldent、ASA、AAC-P1、PROP-SEARCH 等软件进行数据库查询，依据代表两组分间数目差异的分数对数据库中的蛋白质进行排名，第一位蛋白质的可信度较大。但该法的速度较慢，所需蛋白质或肽的量较大，在超微量分析中受到限制，且存在酸性水解不彻底或部分降解而产生氨基酸变异的缺点，故应结合蛋白质的其他属性进行鉴定。

7. 质谱技术

与传统的蛋白质鉴定方法相比质谱分析技术灵敏、准确、高通量、自动化等特点成为当前蛋白质组学技术的支柱。质谱鉴定蛋白质的基本原理是先使样品分子离子化，然后根据不同离子之间的质荷比(m/z)的差异来分离并确定蛋白质的相对分子质量。根据蛋白质酶解后所得到的肽质量指纹图谱(PMF)、肽序列标签(PST)和肽阶梯序列(PLS)去检索蛋白质或核酸序列数据库，质谱技术可达到对蛋白质的快速鉴定和高通量筛选。因产生离子的方法不同而发展起来的质谱包括基质辅助激光解吸电离质谱(MALDI-MS)、电喷雾电离质谱(ESI-MS)、表面增强激光解吸电离质谱(SELDI-MS)。质谱有不少优点，还能用于翻译后修饰的分析(糖基化、磷酰化)，但目前只适用于 20 个氨基酸以下的肽段。此外，还存在固有的局限性，如 Ile、Lys 和 Gln 不能区分，有些肽的固有序列不能用质谱法测定。

8. 同位素标记亲和标签技术

同位素标记亲和标签(ICAT)技术为采用同位素标记多肽或蛋白质的亲和标签技术，其灵敏度和准确性高，能分析低表达的蛋白质。目前是蛋白质组研究技术中的核心技术之一，主要用于研究蛋白质组差异。它的优点在于可以对混合样品直接测试；能够快速定性和定量鉴定低丰度蛋白质，尤其是膜蛋白等疏水性蛋白等；还可以快速找出重要功能蛋白质(疾病相关蛋白质及生物标志分子)，其具巨大应用价值。但 ICAT 技术由于其标签试剂本身是种相当大的修饰物，并在整个 MS 分析过程中保留在每个肽段上，这使得数据库搜索的算法复杂化，并且对不含 Gys 的蛋白质无法分析。

9. 蛋白质微阵列技术

DNA 微阵列技术并非蛋白质组技术的范畴，但是却不失为大规模研究蛋白质功能的一种好方法。通常在转录中受到协同调控的基因将编码同种功能的蛋白质，如果某一段 DNA 序列与已知功能的DNA序列在很大程度上相同，说明它们编码的蛋白质的功能也可能相同，如酵母细胞中与细胞分裂周期和芽孢形成相关的基因可能编码功能相同的蛋白质。蛋白质微阵列技术已经发展起来，蛋白质样品以纳升小滴共价吸附在玻璃、硅、塑料等载物片上，每一个载物片可以点10 000个样品，可用于鉴定一个生物有机体的全部修饰酶。例如，蛋白质微阵列技术已经检测出酵母中近乎全套的蛋白激酶。微阵列正被广泛利用调查包括植物生理时钟、植物防卫及对环境的压迫力反应、水果成熟、植物光敏色素的信号、种子发芽等生物学的争议范围。

10. 生物信息学

先进的信息技术在后基因组学研究中的应用主要包括以下一些方面：①高效率的分析技术平台，计算机和网络已成为生物学研究的必备工具之一；②高通量技术：主要致力于如何运用信息技术去分析所得到的巨量数据；③数据挖掘技术：它是计算机科学发展极为迅速的一个研究领域，其可从存放在数据库或其他信息库中的大量数据中挖掘知识，应用于分析中；④数据可视化技术：可视化技术有助于反映生物序列的三维结构模型，表现出生物体错综复杂的相互关系；⑤复杂系统理论：描述系统关系时，必须把核酸、蛋白质、细胞、器官、组织等的作用考虑在内，即用系统的方法来认识生命活动。

随着双向凝胶电泳的发展，蛋白质数据库自1996年也逐步发展起来。目前应用于蛋白质组学研究的数据库主要有SMSS-PROT，BLOCKS，SMART，PROSIrI'E， WORLD 2DPAGE，EMBL，GenBank，DDBJ，ProClass，PRINTS，MASCOT，PROTOMAP，DOMO，PDB，NCBI等。其中SWISS.PROT是真正的蛋白质序列数据库，也是目前界上最大、种类最多的蛋白质组数据库，而EMBL是收集自动从核酸翻译而来还没有进入SWIsSPROT的蛋白质序列，NCBI则包含了由GenBank中DNA翻译而来的以及PDB.SWISS。PROT和PIR数据库中蛋白质序列。

11.2.5 蛋白质组学的应用

1. 蛋白质组学用于疾病诊断

蛋白质组学在疾病研究中的应用主要是发现新的疾病标志物，也称生物标记(biomarker)，鉴定疾病相关蛋白质作为早期临床诊断的工具，以及探索人类疾病的发病机制与治疗途径。人类许多疾病如肿、神经系统疾病、心脑血管疾病、感染性疾病等均已从蛋白质组学角度展开了深入研究，并已取得了进展。生物标记是机体在特殊生理状态下产生的生物特症。在医学中，更多的是指在疾病状态下产生或消失的生物标记，包括特殊的病原体、基因突变、新蛋白质的出现或蛋白质表达水平的改变等。寻找特异性的生物标记有助于快速准确地诊断疾病。目前对疾病特别是肿瘤的早期标志蛋白分子的筛选已在世界范围内形成热潮。

用双向凝胶电泳技术检测健康人和病患样本的蛋白质，对其中存在差异表达的蛋白质再通过质谱分析，数据库查询进一步确认。利用这种方法已经发现了一些神经系统疾病和心脏病新的生物标记。在神经系统疾病中，阿尔茨海默病(Alzheimer disease，AD)是最常见的一种痴呆性疾病，严重危害老年人的健康。Pasinetti等利用cDNA微阵列发现AD病人大脑皮质某些基因产物的表达发生改变，后来，他们进行的一系列平行的高通量蛋白质组研究证实了这一结果，并发现突触活动中的蛋白质表达在AD早期也有改变。

2. 蛋白质组学与新药开发

在一些病例中，作为生物标记的蛋白质往往是疾病的病因，通过比较找到仅在疾病期间表达的蛋白质，用它作为药物的靶标，可有助于新药的研发。药物开发领域是蛋白质组学最大的应用前景之一，不但能证实已有的药物靶点，进一步阐明药物作用的机制，发现新的药物作用位点和受体，还可用来进行药物毒理学分析及药物代谢产物的研究。Mujer 等利用双向电泳和质谱技术，分析了布鲁氏杆菌的蛋白质组及其致病株的蛋白表达模式，鉴定了所有表达的蛋白质，并对 6 种布鲁氏杆菌减毒疫苗蛋白图谱进行了广泛研究，为发展疫苗，建立宿主专一性、进化相关性及药物开发奠定了基础。

利用功能蛋白芯片检测蛋白质-小分子相互作用，可以迅速找到一些能特异性抑制或促成蛋白质作用的小分子，这些小分子可以作为药物的先导化合物，同时利用计算机模拟设计合成合理的药物小分子作进一步的检验。

3. 蛋白质组学在农业中的应用

蛋白质组学在农业中的研究也是研究者关注的一个方面。根据蛋白质表达差异性可以对农作物的蛋白质组进行分类；对农作物的不同突变体和野生型的蛋白质定量研究可以揭示其中对人类有益的蛋白质的相对丰度，有助于作物的筛选培育；不同环境中的植物的蛋白质组比较可用于研究农作物抗病、抗旱的机理；蛋白质相互作用分析可以用于研究植物蛋白质的功能。

Trisiroj 等运用蛋白质组学分析方法对 5 种芳香型和 9 种非芳香型共 14 种水稻品种的种皮进行了研究，发现芳香型水稻种皮中存在一种特殊的三亚基蛋白质——谷醇溶蛋白，为水稻品种的鉴定和选育提供了新的方法和依据。Xie 等对水稻父代与杂交子代种子的蛋白表达进行分析，研究发现杂交种的胚蛋白在其父代的蛋白图谱上都存在，揭示了二者之间明显的遗传关系。

4. 蛋白质组学和基因组学

要观察基因改变引起的变化，最有效的方法就是观察其表达蛋白的差异。将蛋白质组学和基因组学组合起来，讲师未来研究的一个热点。转基因食物是近几年来一直饱受争议的话题，通过基因修饰的植物会发生怎样的变化呢？是否会产生对人类有害的物质呢？通过对比基因修饰的植物和韦修饰的植物的蛋白质组信息，可以检测其是否产生了营养成分或毒素。

11.2.6　前景与展望

近年来，利用已有的工作基础和技术储备的特性，科研工作者已探索了农业生物蛋白质组的快速经济分离鉴定方法，包括双向电泳样品制备方法改进、蛋白质组预分离、蛋白质组多维色谱分离、蛋白质复合体分离、荧光素标定蛋白、纳升级色谱分离等。随着研究的不断发展和深入，在完善现有的研究手段的同时，还必须发展一些新的研究技术。今后研究的重点是：功能蛋白和差异蛋白分析，主要技术路线是双向电泳分离、多维色谱分离和质谱分析；蛋白质修饰分析，主要技术路线是修饰蛋白的富集分离和质谱分析；蛋白质复合体和蛋白质相互作用网络分析，主要利用现有的蛋白质研究技术和设备开展蛋白质复合体的分离鉴定等。

蛋白质组学是一门新兴的学科，虽然刚刚起步，却为大规模地直接研究基因功能提供了强有力的工具。目前，蛋白质组学在农业科学研究的多个领域得到初步应用，但低丰度蛋白的获得和植物蛋白的定量仍然是一个巨大的挑战。蛋白质组学不仅阐明生命活动规律提供物质基础，也能为探讨重大疾病的机理、疾病诊断、疾病防治和新药开发提供重要的理论依据和实际解决途径，解决了在蛋白质水平上大规模直接研究基因功能的问题。不难看出，它是基因组计划由结构走向功能的必然，是生命科学由分析走向综合的必经之路，也是连接微观分子系统与宏观生物系统的桥梁。

要不断加强国际间的学术合作及资源交流，建立全球共享的数据库系统，最终揭示基因组的结构与功能。随着蛋白质组研究的深入发展，相信蛋白质组学必将在基础研究、农业、医药开发、昆虫等各个领域有重大突破。

我国的蛋白质组学研究的机构有军事医学科学研究院蛋白质组学国家重点实验室、高等院校蛋白质组学研究院、中国医学科学研究院蛋白质组学研究中心、中国科学院蛋白质组学重点实验室(几乎拥有蛋白质组学研究的各种仪器设备和技术平台)、复旦大学蛋白质研究中心、交通大学系统生物学研究所。

“人类重大疾病的蛋白质组学研究”是我国第一个支持力度过千万的大型蛋白质组学研究项目，通过 8 年的实施，逐渐形成了我国南北两个蛋白质组学研究基地。其中，北京军事医学科学院贺福初院士的团队在胎肝和成人肝脏蛋白质组研究领域居国际先进水平，在肿瘤蛋白质组、神经系统和心血管蛋白质组研究方面成绩斐然；上海则以复旦大学、中国科学院上海生命科学研究院和中国人民解放军第二军医大学为主要团队，在肝脏比较蛋白质组和新技术领域成绩突出。

2007 年，我国科学家获得了第一张人类器官蛋白质组研究图谱即肝脏蛋白质组表达谱。我国“人类肝脏蛋白质组计划”实施 6 年来，围绕人类蛋白质组的表达谱等九个科研任务，我国科学家成功测定出 6788 个高可信度的中国成人肝脏蛋白质，系统构建了国际上第一张人类器官蛋白质组蓝图；发现了包括 1000 余个“蛋白质-蛋白质”相互作用的网络图；建立了 2000 余株蛋白质抗体，并有望和一种与计算机连接的生物芯片，通过验血方式，准确地找到肝炎及肝癌的致病原因，既能减轻痛苦，又能对症下药。

11.3　分 子 成 像

分子成像(molecular imaging)技术是分子生物学、化学、物理学、计算机科学以及影像学技术相结合的一门新技术。广义上说分子成像是分子与细胞层次上对活体状态下的生物过程进行定征和测量。它将遗传基因信息、生物化学与成像探针进行综合，由精密的成像技术来检测，再通过图像处理技术，以期显示活体组织在分子和细胞水平上的生物学过程，为临床提供定位、定性、定量和对疾病分期诊断的准确依据。与其他常规医学影像学手段相比，分子成像技术具有高特异性、敏感性和图像分辨率等特点。

分子成像技术一般利用分子探针与体内特定研究目标相结合，形成所谓的报告系统来反映生物过程中分子水平上的变化。分子探针不仅具有特异性，即只能选择性的与特定目标相结合，而且要与成像模式相适应，充分发挥对比度增强剂的作用，即与研究对象结合前后有较大的反差。目前的成像模式主要包括荧光成像(fluorescence imaging)、磁共振成像(magnetic resonance imaging，MRI)、放射性核素成像(radionuclide imaging)、超声成像、计算机化断层显像(computerized tomography，CT)等。本节主要介绍各种成像模式一起相应的分子探针在分子成像中的应用。

11.3.1　荧光分子成像

在荧光分子成像中，为了对感兴趣的生物分子过程进行辨别，需要借助荧光分子探针进行观察和定量分析。荧光分子探针按照其成像过程的不同可以分为直接成像型荧光分子探针和间接成像型荧光分子探针。直接成像型荧光分子探针分为活性分子探针和激活型分子探针，都是经过工程处理后可以直接作用于受体或某种特定的酶。其中活性分子探针在没到达靶向目标时也会发出荧光，在检测的过程中背景噪声比较大，扫描器很难将源示踪剂从边界及代谢示踪剂中区分出来，源示踪剂的消失也需要一段时间。为了克服这个缺点，一种被称之为“智能探针”的具有特异性分子成像的激活型分子探针应运而生，不仅可以用于光学成像设备，也可用于核磁共振成像设备中。此类探针只有在靶向目标时才“打开”，因而提高了信噪比。例如，近红外荧光探针能被基质金属蛋白酶激活，荧光团在一定的条件下可从载体中释放出来并发出明亮的荧光。间接成像型荧光分子探针是指在间接成像中某些转基因表达的荧光蛋白，它在阐明基因的表达和调控中发挥着很重要的作用。用光学成像法能检测到转基因转录后的产物荧光蛋白，通过对荧光蛋白的可视化和量化就间接地实现了对基因表达的成像。

荧光探针一般由三部分组成：荧光基团、识别基团及连接体部分。荧光基团决定了探针的基本参数，识别基团决定了探针与靶标生物分子结合的选择性和特异性，连接体部分则可起到分子识别枢纽的作用。荧光探针的一些重要参数有斯托克斯位移(Stokes shift)、吸收系数(ε)、量子产率(Φ)、荧光强度和荧光寿命。

荧光探针按物质本身的性质可分为小分子荧光探针、绿色荧光蛋白探针、量子点荧光探针。

1. 小分子荧光探针

小分子荧光探针在生物体系中活体的分析检测中具有重要的应用。小分子荧光探针一般由两部分组成：荧光团以及与受体专一性高亲和力结合的配体。受体与目标蛋白质融合，通过受体与配体的相互作用来标记蛋白质。总体说来，小分子荧光探针应该可以穿过细胞膜并且无毒；能够与受体专一性稳定结合，使得其在进行监测的较长时间(几个小时)内保持稳定性；背景噪音水平尽可能的低；探针尽可能地设计成一定的模式，使得多种荧光团能够方便地结合。选择合适的受体可以实现对蛋白质位点专一性结合。

对于受体的选择有以下两个要求：①受体与目标蛋白质融合后必须能够被基因表达；②受体应该尽可能小，以致不干扰目标蛋白质的正常生理功能，因此较理想的受体是一段短序列的肽链并且能够插入目标蛋白质的许多位点。而选择适合的受体-配体对可以实现对蛋白质高灵敏度高亲和力结合。一般来说，受体与配体的结合应当尽可能地快，有利于监测时间敏感性的生理过程。受体-配体的作用一般包括半抗原-抗体、生物素-抗生物素蛋白、酶-底物、联砷荧光物质与富含半胱氨酸的肽链之间的作用等。常见的荧光分子探针有：FLA_5H 型探针、AGT 型探针、Halo Tag 型探针、PCP、ACP 型探针、F36V 型探针、“Click”反应型探针等。

2. 绿色荧光蛋白

绿色荧光蛋白质(GFP)最初由 Shimomura 等在海洋生物水母 aequorea victoria 体内发现。

从 20 世纪 90 年代起，GFP 在荧光成像技术中广泛应用于蛋白质的标记和一些其他化合物的活体检测中。作为一种良好的蛋白质荧光探针，GFP 具有使用简单不需任何外加底物或辅助因子、表达几乎不受种属范围的限制、易于得到性质不同的突变体、荧光稳定、无毒害性等优点。绿色荧光蛋白的一系列优点使得其作为报告基因、融合标签和生物传感，在生物成像方面得到广泛应用。

(1) GFP 作为报告基因：报告基因是一种编码可被检测的蛋白质或酶的 DNA，如传统的荧光素酶(LUX)基因和 p-葡萄糖苷酶(cus)基因。GFP 作为基因报告可用来检测转基因效率，把 GFP 基因连接到目的基因的启动子之后，通过测定 GFP 的荧光强度就可以对该基因的表达水平进行检测。目前，此方法无论在农杆菌介导或基因枪介导的植物遗传转化中还是在活细胞、转基因胚胎和动物中都已得到非常广泛的应用。

(2) GFP 作为融合标签：GFP 最成功的一类应用就是把 GFP 作为标签融合到主体蛋白中来检测蛋白质分子的定位、迁移、构象变化以及分子间的相互作用，或者靶向标记某些细胞器。在多数情况下，GFP 基因在 N-或 C-末端与异源基因用常规的分子生物学手段就可以接合构成编码融合蛋白的嵌合基因，其表达产物既保持了外源蛋白的生物活性，又表现出与天然 GFP 相似的荧光特性。GFP 的这种特性为蛋白质可以检测蛋白质分子的定位、迁移，还可以研究蛋白质分子的相互作用以及蛋白质构象变化。

(3) GFP 作为生物传感器：检测 pH 野生型 GFP 和其许多突变体都具有依赖于 pH 的荧光变化，因而可以被用来检测活细胞内的 pH。人们通常称它们为 Phluorin。分为两类：比率 phluorin 和盈缺 phluorin。当 pH 降低时，比率 Phluorin 的最大激发波长从 395 nm 到 475 nm 迁移，利用两个最大波长处的荧光强度的比率可以测量 pH；当 pH<6 时，盈缺 Phluorin 在 475 nm 处没有荧光。当 pH 回复到中性时，两类 phluorin 都会在 20 ms 内复原。Hanson 等在 2002 年就设计了一系列 GFP 突变体 deGFP，作为双波长比率测量的 pH 探针，用于细胞内检测。检测卤素离子 YFP(H148Q)变体不但对 pH 敏感而且对不卤素离子也同样敏感，故可以用来检测亚细胞结构中卤素离子的浓度和传递。GFP 可以应用于检测电位、氧化还原水平以及在信号转导中作为 Ca^{2+}指示剂。

3. 量子点荧光探针

半导体量子点(quantum dots，QDs)指的是尺度为几埃至几十埃的半导体纳米晶体。早期半导体量子点的应用研究主要集中在微电子和光电子领域，直到 20 世纪 90 年代，随着半导体量子点合成技术的进步，其作为荧光探针应用于生物医学领域的前景逐渐展现出来。

1998 年，量子点作为生物探针的生物相容性问题得以解决，其在生命科学的应用迅速发展。目前，用于生物探针的量子点主要由第二副族和第六主族的元素组成，如硒化镉(CdSe)、硫化锌(ZnS)、碲化镉(CdTe)、硫化镉(CdS)等。量子点的特殊结构导致了它具有表面效应、量子尺寸效应、介电限域效应和量子隧道效应，从而派生出许多不同于宏观块体材料的物理化学性质和独特的发光特性。作为新型荧光探针的量子点具有发射量子产率高、光漂白性能不明显、荧光强度高及稳定性好等的荧光性质。同时量子点相比传统荧光染料分子激发光谱宽且连续，发射荧光光谱峰狭窄而对称。更有趣的是，量子点的发射谱线具有“调频”能力，其发射峰波长不但会随着量子点的核心材料变化而变化，还会随着量子点的尺寸大小而改变。以 CdSe 量子点为例：当 CdSe 量子点的直径为 2 nm 时，能发射出 550 nm 的绿色光；当直径增大到 4 nm 时，则变成了 630 nm 的红色光。这样就给荧光标记法带来了很大的便利：我们可以用多种不同量子点同时进行标记，而且以同一种光源进行激发，其发射的谱线不容易重叠，有利于我们进行多组分同时测定。

在生物医学领域，对生命现象的观察和研究已深入到单细胞、单分子水平，量子点因在光学特性、表面修饰和生物功能化等方面具有的优势而在这些研究中逐渐得到广泛应用。

11.3.2　磁共振成像

磁共振分子成像是将特异性分子探针与靶分子或细胞结合，通过敏感、快速、高分辨率的成像序列，特异地标识出靶结构，以达到对病灶的定性和定量诊断。目前，磁共振分子成像包括 MRI 和磁共振波谱(magnetic resonance spectroscopy, MRS)等技术主要应用于临床前研究，少数试用于临床，包括凋亡显像、肿瘤血管生成、神经递质递送和干细胞移植检测等。

磁共振成像依据的是核磁共振原理，而核磁共振的研究对象是具有磁矩的原子核。量子力学和实验证明，自旋量子数不为零的原子核(如 ^{1}H、^{13}C、^{19}F、^{31}P)会发生自旋运动，在自旋过程中产生磁矩，如同一个小磁体。当有外磁场时，磁矩的方向分成两个取向，并围绕外磁场方向做运动，达到动态平衡状态。与磁场方向同向的磁矩处于低能级，反向的处于高能级，前者的数量略多于后者。弛豫过程以纵向弛豫时间 T_1 和横向弛豫时间 T_2 为特征，用检测器检出各方位上的反应 T_1 和 T_2 的电磁场感应变化信号，并以一定的数学方式重建其空间映射图像，这就是核磁共振。不同的原子核具有不同的自旋相关参数，产生的磁共振信号也不同。

磁共振分子成像的关键在于分子探针即磁共振造影剂的选用，磁共振造影剂都是顺磁性或超顺磁性的。常用的分子探针主要有两类，即阴性造影剂和阳性造影剂。阴性造影剂以顺磁性分子探针为主，产生 T1 阳性信号对比(如镧螯合剂、钆离子的螯合物 Gd^{3+}、Mn^{2+}等)。Gd^{3+}具有 7 个不成对电子，具有强顺磁性，从而能缩短周围水中质子的纵向弛豫时间，通过连接一个蛋白质、抗体、多聚赖氨酸或多糖等，能使 Gd^{3+}–二亚乙基三胺五乙酸具有不同组织细胞的亲和力。Mn^{2+}类似于 Gd^{3+}，但由于高浓度 Mn^{2+}有生物毒性，故难以用于临床。

阳性造影剂以超顺磁性分子探针为主，是以氧化铁为主要成分，能产生强烈的 T2 阴性信号对比。氧化铁颗粒由氧化铁晶体 FeO、Fe_3O_4 或 Fe_2O_3 及亲水性表面被覆物组成。氧化铁颗粒按直径长短分为超顺磁性氧化铁(super paramagnetic iron oxide, SPIO)颗粒(直径 40～100 nm)和超微型超顺磁性氧化铁(ultrasmall super paramagnetic iron oxide，USPIO)颗粒(直径<40 nm)。SPIO 的颗粒大小对其进入网状内皮系统的部位有较大影响，直径相对较大的 SPIO 主要为肝、脾的网状内皮系统所摄入；由于 USPIO 颗粒直径更小、穿透力强，更容易跨膜转运，故主要进入淋巴结组织及骨髓组织中。USPIO 颗粒本身没有特异性，易被网状内皮细胞吞噬，需要在氧化铁颗粒表面修饰靶向小分子、多肽或抗体等借以逃避网状内皮细胞的吞噬，使其在血液半衰期延长，使之更适用于活体内细胞和分子成像。

磁共振波谱技术是利用磁共振现象和化学位移作用进行特定原子核及化合物的定量分析。这种方法可测量细胞内外一系列重要生物物质的水平，已成为在活体状态下研究蛋白质、核酸、多糖等生物大分子及组织、器官的有力工具，是一种能提供组织及病变内生化代谢信息的无创性检测方法。目前，MRS 技术主要研究的是 ^{1}H-MRS、^{13}C-MRS、^{19}F-MRS 和 ^{31}P-MRS。当前应用于基因表达的定量研究、肿瘤血管生成情况的评价和脑功能的研究，未来可用于区分良恶性脑肿瘤、鉴别肿瘤类型、了解恶性肿瘤的分级和预后，以及观测肿瘤的治疗反应等。

11.3.3　超声成像

超声分子成像是通过将目的分子特异性抗体或配体连接到声学造影剂表面构筑靶向声学造影剂，使声学造影剂主动结合到靶区，进行特异性的超声分子成像，标志着超声影像学从非特异性物理显像向特异性靶分子成像的转变，体现出从大体形态学向微观形态学、生物代谢、基因成像等方面发展的重要动向，代表了超声影像技术的发展方向。超声分子探针按构成可分为以下两类：

(1) 微泡型对比造影剂，其中包括：①磷脂类造影剂：具有使用安全、稳定、成像效果好的特点易于进行靶向修饰，还可用药物或基因作为载体，但缺点是有效增强显影时间较短；②高分子聚合物类造影剂：其外壳为可生物降解的高分子聚合物及其共聚体，能根据需要设计不同的声学特性改变其降解速度和持续时间。

(2) 非微泡型对比造影剂，主要是亚微粒和纳米颗粒，为液态或固态的胶体，大小为 10～1000 nm。大部分的非微泡型对比造影剂由于其本身的声学特性而不能被探测到。

目前超声分子成像不仅用于疾病的诊断，影像技术的进步已使疾病的诊断及治疗成为一体。因此，国内外学者在造影剂表面或内部载人基因或药物，使超声造影剂成为一种安全、便捷的非病毒载体，靶向释放药物和基因，从而达到治疗疾病的目的。超声微泡造影剂粒径大小与红细胞相当，能随血液循环到达病变区域；其内的气体在超声下呈现强回声，能更清楚地显示病变区；其携带的基因和药物定向释放，在支持实时监控的同时还能显示病变治疗前后的疗效对比情况。靶向造影剂携带基因和药物，可以定向增加病灶区域的药物浓度，使药效得以提高，并能减少药物全身不良反应；在对于新药的临床研究中，能够验证新型药物的靶标，提高新药质量 。微泡造影剂拥有特定的物理特性，如微共振、非线性振荡等，并在超声的触发下破裂释放；其空化效应能使血脑屏障短暂开放，表现出了综合诊断治疗的潜力。微泡的大小将其限定于血管腔内，应用于超声分子影像学中观察炎症、血栓及血管生成时，可明显增强图像对比度。

11.3.4　核素成像

核素分子成像利用放射性核素标记的是中级作为分子探针对体内靶标进行成像，主要有两种技术：单光子发射计算机化断层显像(single photon emission computed tomography，SPECT)和正电子发射断层成像(positron emission tomography，PET)，常用于追踪小量标记基因药物和进行基因治疗中载体的传送研究，发现易于为核素标记的既定靶目标底物的存在等方面，在目前的分子影像学研究中占据着极其重要的地位。

11.4　核酸的应用

11.4.1　核酶

1981 年，美国两位生物化学家 Cech 和 Altman 发现纤毛原生动物四膜虫 rRNA 前体能够通过自我拼接切除内含子，提示 RNA 具有类似酶的催化功能，因而称其为“核酶”。核酶是一种具有核酸内切酶活性的反义 RNA 分子，可特异性地切割靶 RNA 序列，具有解离后重复切割相同靶分子的能力。后来又发现人工合成的单链 DNA 分子同样具有酶活性，称为脱氧核酶(deoxyribozyme)，脱氧核酶的发现进一步延伸了酶的概念。核酶和脱氧核酶的发现，证明了核酸既是信息分子，又是功能分子，对研究生命的起源，了解核酸新功能，以及重新认识酶的概念等都具有重要的意义，是对“酶是蛋白质”的传统观念的重要挑战。

近年发展起来的一种称为 SELEX 的体外筛选技术，是目前获得核酶的功能多样性的主要途径，也是研究核酶机制和应用的常用方法。由于对核酶的活性三维结构、辅助因子的作用等方面还未深入了解，核酶的改造和构建还没有达到合理设计的高度。

从 DNA 序列库中筛选出的脱氧核酶具有易于合成和成本低等优势。其中最杰出的例子是脱氧核酶“10-23”，由 Santoro 等从包含约 10^{14} 个随机 DNA 文库中筛选出的第 10 轮扩增第 23 个克隆，是一个高效、通用的脱氧核酶，一经发现，即将它应用于针对致病基因的试验研究中。

核酶和脱氧核酶与反义药物不同，它们具有催化活性，即一个核酶分子可裂解多个靶 RNA 分子，能够避免反义 RNA 在活性浓度时导致的诸多毒副作用，加之核酶不编码蛋白质而不产生免疫源性，在应用上可能比反义药物具有更大的潜力，因此越来越广泛地应用于基因研究与治疗各领域。近几年也逐渐开始了动物水平的评价，已经有核酶在抗 HIV 和癌症方面获得批准进行临床试验。试验结果表明核酶作为一种基因治疗方法有着广阔的应用前景和极大的临床实用价值。但在实际应用中，核酶尚有许多方面有待进一步深入研究，如它在细胞内的稳定性及裂解效率等。

1. 核酶的分类及催化反应类型和原理

核酶广泛存在于从低等到高等的生物中，它们参与细胞内 RNA 及其前体的加工和成熟过程。自然界存在的核酶种类繁多，据其催化类型可分为：剪接型(splicing)核酶和剪切型(cleavage)核酶。剪接型核酶又包括：Ⅰ类内含子(group Ⅰ intron)、Ⅱ类内含子(group Ⅱ intron)。剪切型核酶有 4 种：锤头状(hammer head)核酶、肝炎 δ 病毒(hepatitis delta virus，HDV)核酶、发夹状核酶和核糖核酸酶 P(RNase P)。其中，锤头状核酶、肝炎 δ 病毒核酶、发夹状核酶属于自体催化剪切型核酶；核糖核酸酶 P 属于异体催化剪切型核酶。

还有一类就是脱氧核酶，实验室发现单链 DNA 分子同样具有酶活性，这些具有催化功能的 DNA 分子称为脱氧核酶，又称酶性 DNA，在一定条件下可切割 RNA 分子特定位点内部的磷酸二酯键。脱氧核酶的发现进一步延伸了酶的概念。

剪接型核酶通过既剪又接的方式除去内含子，具有核酸内切酶和连接酶的活性，需要鸟苷酸或鸟苷及镁离子参与。Ⅰ类内含子的结构特点是：①拼接点序列为 5′CUCUCU3′；②中部有核心结构；③内部有引导序列(IGS)；④剪接通过转酯反应进行(图 11-4)。

Ⅰ类内含子催化其他 RNA 分子反应的几种类型：

(1) 转核苷酸作用

$$2\text{CpCpCpCpC} \longrightarrow \text{CpCpCpCpCpC} + \text{CpCpCpC}$$

(2) 水解作用

$$\text{CpCpCpCpC} \longrightarrow \text{CpCpCpC} + \text{pC}$$

(3) 转磷酸作用

$$\text{CpCpCpCpCpCp} + \text{UpCpU} \longrightarrow \text{CpCpCpCpCpC} + \text{UpCpUp}$$

(4) 去磷酸作用

$$\text{CpCpCpCpCp} \longrightarrow \text{CpCpCpCpC} + \text{Pi}$$

(5) 限制性内切酶作用

$$\text{CpUpCpUpN} + \text{G} \longrightarrow \text{CpUpCpU} + \text{GpN}$$

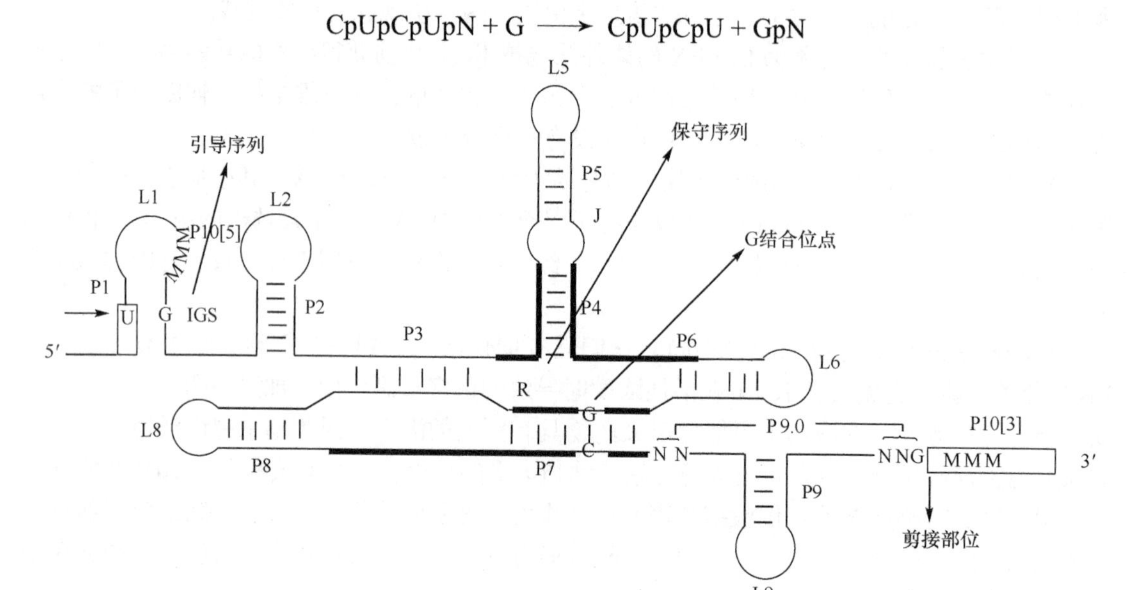

图 11-4　Ⅰ类内含子二级结构通式

Ⅱ型内含子由 6 个螺旋组成，分成三个部分：①边界序列 5′GUGCG⋯YnAG(Y 代表嘧啶，n 代表任意核苷酸)；②3′茎环结构；③分支点顺序(A 处于未配对状态，有一游离的 2′-OH)，剪接不需要鸟苷或鸟苷酸参加，但仍需要镁离子(Mg^{2+})。Ⅱ类内含子有一个保守的二级结构。

结构域Ⅰ：两个保守内含子结构序列 EBS1、EBS2 与两个外显子结构序列 IBS1、IBS2 互相配对。

结构域Ⅴ：高度保守，催化活性必需。

结构域Ⅵ：A 提供 2′-OH。

剪切型核酶，这类 RNA 进行催化反应时只切不接，这类核酶催化自身或者异体 RNA 的切割，相当于核酸内切酶(图 11-5)。这类酶在 Mg^{2+}或其他二价金属离子存在下，在特定的位点自我剪切，产生 5′-OH 和 2′, 3′-环磷酸二酯末端(转酯化过程：由靠近切割位点 3′端的 2′-OH 或氧原子对切割位点的磷原子实施亲核攻击，产生 5′-OH 和 2′,3′-环磷酸二酯)。

锤头状核酶具有三个双螺旋区，13 个核苷酸残基保守序列，剪切反应在右上方 GUX 序列的 3′端自动发生。锤头型核酶对切割位点的识别位点遵守 NUH 规则(N 代表任意核苷酸，H 代表 A，U 或 C)。催化过程需要二价金属离子参与。

1989 年汉普研究烟草环斑病毒(sTRSV)的负链 RNA 的自我剪切反应，提出发夹结构(hairpin structure)模型。发夹状核酶发现于三种不同植物 RNA 病毒，即烟草环点病毒、菊苣黄色斑点病毒型和筷子芥花叶病毒。三种发夹状核酶分别是这些 RNA 病毒卫星 RNA 的负链，英文缩写分别是 sTRSV、sCYMVT 和 sARMV，均为单链 RNA。

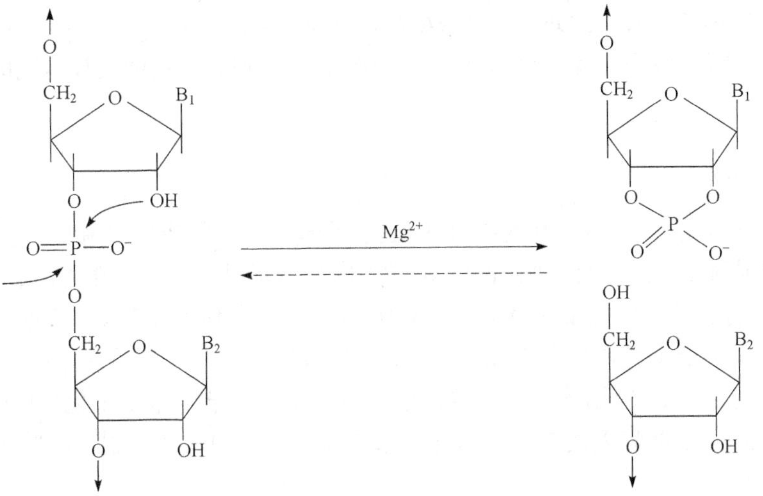

图 11-5　核酶自身剪切反应

发夹状核酶有金属离子在催化反应中起结构作用，其剪切活性比锤头状核酶高。典型的发夹状核酶由 50 个核苷酸组成。包括四个螺旋区、三个环。剪切反应发生在底物识别序列 GUC 的 5′端。

肝炎病毒核酶是目前唯一的一种在哺乳动物细胞内具有天然核酶活性的动物病毒，来源于肝炎 δ 病毒的反义 RNA 和基因组 RNA，为单股环状负链 RNA 病毒。有三个由碱基配对形成的茎，剪切时需要二价阳离子参与，结果产生 5′-OH 和 2′,3′-环磷酸二酯末端。

链孢霉线粒体(VS)核酶的形状为球状，由 5 个螺旋结构组成，这些螺旋结构通过两个连接域连接起来，这些连接域对于催化反应很重要。

核糖核酸酶 P 是内切核酸酶，是核糖核蛋白体复合物，能剪切所有 tRNA 前体的 5′端，除去多余的序列，形成 3′-OH 和 5′-磷酸末端。RNase P 由 M1 RNA 和蛋白质亚基组成。例如，大肠杆菌校正酪氨酸 tRNA 前体，其 5′端和 3′端分别含有 41 个和 3 个多余的核苷酸，并且不存在修饰成分，核糖核酸酶 P 可剪切前体 5′端 41nt，形成成熟的 5′端。不同 tRNA 的 5′端没有顺序共同性，剪切的准确性与剪切部位周围的核苷酸顺序无关，表明在 RNase P 的组分内没有引导序列，RNase P 所识别的是底物的高级结构。

2. 脱氧核酶

1995 年 6 月，Cuenoud 等设计了具有连接酶活性的 DNA 分子，它能够催化两个 DNA 片段的连接。同年 10 月，Usman 等化学合成了一个由 14 个脱氧核糖核苷酸组成的单链 DNA 片段，能够较弱地水解 RNA 磷酸二酯键。这些利用体外分子进化技术获得的一种具有高效催化活性和结构识别能力的单链 DNA 片段，称为酶性 DNA，又称脱氧核酶。这样，脱氧核酶作为酶家族中的一个成员也被正式认可。

脱氧核酶分为：具有水解酶活性的脱氧核酶(以 RNA 为底物的脱氧核酶：包括“10-23” DRz 和“8-17” DRz；以 DNA 为底物的脱氧核酶：手枪型脱氧核酶)；具有 *N*-糖基化酶活性的脱氧核酶；具有连接酶活性的脱氧核酶；具有激酶活性的脱氧核酶。

脱氧核酶催化，裂解位点为嘌呤、嘧啶连接；双链稳定性越高，酶活性越高；结合臂的长度影响酶催化转换性 RNA-DNA 比 RNA-RNA 稳定性差；对 Mg^{2+}，Zn^{2+}，Ca^{2+}，Mn^{2+}有依赖性；组氨酸，精氨酸促进其催化活性；具有极强的切割特异性(单碱基错配即可大幅降低切割活性)。

3. 核酶的应用

核酶的化学本质是 RNA；其底物是 RNA、肽键、α-葡聚糖分支酶；反应具有特异性(专一性)，依据碱基配对；催化效率低。pH 7.0～7.5 时核酶活性最高，二价金属阳离子(如 Mg^{2+}、Mn^{2+})对其活性有影响，抗生素对其活性也有影响，大多数为抑制效应，变形剂也影响酶的活性，核酶的活性在 65℃范围内随温度升高而增加，37℃时均有适宜的活性。

在基础研究领域中，应用体内选择技术已经找到了一些催化基本生化反应(如 RNA 剪切、连接、合成以及肽键合成等)的核酶，这些结果支持了在蛋白质产生以前核酶可能参与催化最初的新陈代谢的设想。

1) 核酶抗病毒的研究

HIV 是一种反转录病毒，是核酶应用研究的理想靶标。通过设计核酶或“10-23”脱氧核酶两端的互补序列，几乎所有 HIV-1 的功能片段都能用核酶切割，包括编码区的基因片段和非编码区的信号序列，如它的壳蛋白基因，5′和 3′长末端重复区，以及参与 HIV-1 感染的人 CCR5 mRNA，翻译起始区的多个 mRNA 分子。目前，已有多项应用核酶技术的 HIV 基因治疗方案获准进入Ⅰ期临床试验，并取得了阶段性的成果。1998 年，美国加利福尼亚大学 Wong-Staal 等利用发夹状核酶抑制 HIV-1 基因表达，并率先进入Ⅰ期临床试验。

对肝炎病毒的有效抑制具有极其重要的意义。在所有亚型的 HBV 基因序列中，X 蛋白最为保守，且具有很强的反式激活作用，与 HBV 复制生活周期相关，同时也是诱发肝癌的主要原因之一。目前人们已进行了核酶抗甲型肝炎病毒(HAV)、乙型肝炎病毒(HBV)、丙型肝炎病毒(HCV)以及 HDV 作用的研究。人工设计核酶多为锤头状结构，少部分是采用发夹状核酶。

2) 抗肿瘤治疗

核酶用于肿瘤治疗的主要机制是裂解癌基因，它能在特定位点准确有效地识别和切割肿瘤细胞的 mRNA，抑制肿瘤基因的表达，达到治疗肿瘤的目的。在 95%以上的慢性髓性白血病患者和 20%～30%的急性淋巴细胞白血病成年患者体内均能检测到 *bcr-abl* 肿瘤基因。针对这一基因的最常见的 3 种变异体而设计的“10-23”脱氧核酶在细胞内外都能专一性地抑制 *bcr-abl* 蛋白的表达和细胞生长。

在农业等其他领域，核酶可以用于防治动、植物病毒侵害：马铃薯纺锤形块茎类病毒负链的多价核酶构建，马铃薯卷叶病毒复制酶基因负链的突变核酶的克隆等。

11.4.2 分子信标

要提到荧光探针或者荧光引物，有一个基础概念需要首先明确，那就是荧光共振能量转移(fluorescence resonance energy transfer，FRET)：一对合适的荧光物质可以构成一个能量供体(donor)和能量受体(acceptor)对，其中供体的发射光谱与受体的吸收光谱重叠，当它们在空间上相互接近到一定距离(1～10 nm)时，激发供体而产生的荧光能量正好被附近的受体吸收，使得供体发射的荧光强度衰减，受体荧光分子的荧光强度增强。能量传递的效率和供体的发射光谱与受体的吸收光谱的重叠程度、供体与受体的跃迁偶极的相对取向、供体与受体之间的距离等有关。

基于荧光能量转移原理设计的荧光分子探针由于测量方便并且易于活体检测而成为研究中的重中之重，现有的基于荧光能量转移的分子探针可分为以下三种类型：①TaqMan 探针；②相邻探针；③分子信标。分子信标是这三种探针中设计最为巧妙的探针，是基于两点设计的探针：寡核苷酸与互补序列杂交的高特异性和荧光的发射和猝灭。分子信标是个呈发夹结构的短链 DNA，其环状部分是一个长度在 30 个碱基左右的和目标分子互补的核酸序列，发夹的两臂是序列互补的 5～7 个碱基对并在 5′和 3′端分别连有荧光基团(如四甲基罗丹明，荧光素等)和荧光猝灭基团[如 4-(4′-二甲基氨基偶氮苯基)苯甲酸，DABCYL]。分子信标在与目标分子作用之前，荧光基团与荧光猝灭基团互相靠在一起，分子信标不发荧光。当分子信标遇到目标分子时，环状部分会进行自动识别并与之杂交发生构象变化，由于环状部分长于臂状部分而迫使臂状结构分开恢复荧光，这一过程伴随着 DNA 的双螺旋结构从臂状部分转移到环状部分分子信标的特殊发夹结构使之具有高度的杂交特异性，能检测单碱基突变，这也是上述两种探针所不具备的特性(图 11-6)。因此，自从分子信标在 1996 年被 Tyagi 和 Krammer 首次合成出来以后，已经在活体细胞和溶液中关于 DNA/RNA/Protein 的相互作用研究中发挥了重要作用。

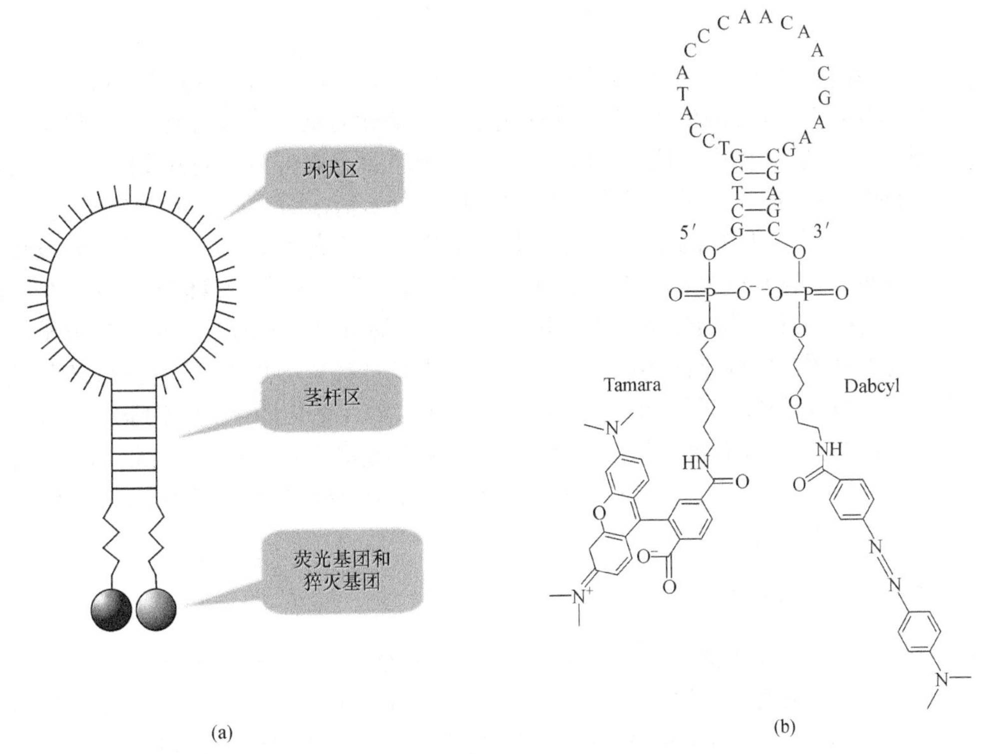

图 11-6　分子信标示意图(a)和分子信标实例(b)

1. 分子信标的基本原理和特性

分子信标是一个设计非常巧妙的分子水平上的荧光传感装置，它通过核酸的特异性杂交完成分子识别，并通过分子内荧光能量转移实现响应信号的表达。分子信标大体上可以分为三部分(图 11-7)：①环状区：一般由 15～30 个核苷酸组成，可以与靶分子特异结合；②茎杆区：一般由 5～8 个碱基对组成，在分子信标与靶分子结合过程中可发生可逆性解离；③荧光基团和猝灭基团：荧光基团一般连接在 5′端，猝灭基团一般连接在 3′端。

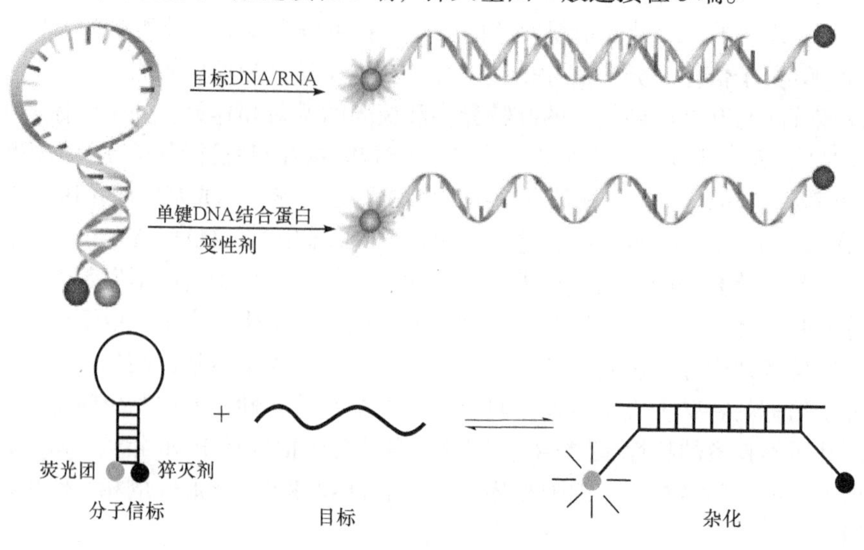

图 11-7　分子信标工作原理图

分子信标的高选择性来自于它的发夹结构，臂状的杂交物扮演了环状杂交物的平衡物的角色，这样，只有完全互补的单链 DNA 才能引起分子信标的发夹结构完全打开，单碱基不匹配的 DNA 随其在环状结构中的位置不同，对分子信标的部分打开有不同程度的影响，而随机序列的单链 DNA 则不能将分子信标的发夹结构打开。分子信标的这种特异性使它可以检测到目标 DNA 链中单碱基不匹配的差别。分子信标的响应信号的表达是通过两种荧光能量转移实现的，即直接能量转移和荧光共振能量转移。直接能量转移需要分子信标内部的两个基团互相接触，荧光共振能量转移的效率与给体和受体的距离的 6 次方成反比。因此，分子信标内荧光基团和熄灭基团在空间上的距离，决定了能量转移的效率，也决定了该探针的荧光信号增强程度。这一特性使得分子信标具有较高的信噪比，如在优化的杂交条件下，当分子信标遇到目标 DNA 时，其荧光强度可增强 200 倍。由于这种超高的灵敏度，分子信标不但可在单分子的水平上监测核酸的动力学杂交过程，而且可在无须分离多余的未杂交探针的情况下使用，如测定活体细胞中的 mRNA。

2. 分子信标的设计和合成

分子信标的合成与在短链核苷酸上进行双标修饰相似，由于 DABCYL 可作为多种荧光团的熄灭剂，因此 MB 通常都是以可控多孔玻璃(CPG)-DABCYL 作为开始材料。不同发射波长的荧光基团能被共价键合在 DNA 分子的 5′端，通常都有一个 C6 链连接碱基和荧光分子。在合成 MB 中有四个重要的步骤：①一个多孔玻璃固态支持体用 DABCYL 衍生后并在 3′端用以合成，余下的核苷酸通过标准的核苷酸合成法合成；②用三苯甲基将己胺上的氨基保护，然后通过磷酸之间的聚合反应连接在分子信标的碱基序列上；③核苷酸水解后从多孔玻璃中除去并用反相 HPLC 纯化；④将核苷酸上的三苯甲基除去并连上荧光基团，多余的染料通过柱层析除去。低聚核苷酸再用反相 HPLC 纯化并收集。合成的分子信标用 UV、质谱以及凝胶色谱用于表征。MB 在合成以后的纯化非常重要，以保证高的信噪比并获得更高的灵敏度。

分子信标可根据目标物进行设计，主要需考虑柄状序列和环状序列如何排布的问题。研究表明，分子信标的柄状序列为 5.7 个碱基，环状序列为 15～25 个碱基时可以获得更高的信噪比。柄状序列中 G 和 C 的含量不能太高，否则会使分子信标的柄状结构非常稳定，影响和目标 DNA 杂交后引起的荧光增强程度。并且，由于 G 对荧光基团有比较强的熄灭作用，所以 5′端的第一个碱基最好不要选择 G。分子信标的环状序列主要是针对目标物来设计的，由于被测对象 DNA 或 RNA 是大分子，存在扭曲等现象，因此要选择被测对象外围的碱基序列，也就是说，要选择分子信标容易接近的那一段序列。目前，已经针对肌动蛋白、HIV 病毒和烟草病毒的遗传物、抑瘤基因 INGl 等设计了相应的分子信标。分子信标 DNA 探针可以通过上述方法自己合成，也可以通过向一些生物技术公司订购，如国内的上海生工生物技术有限公司、上海博亚生物技术有限公司，美国的 TriLink Bio Technologies(San Diego，CA)等公司，他们合成的分子信标质量都比较可靠。

3. 分子信标的应用

1) 分子信标在基因分析中的应用

分子信标最经典的应用是对 PCR 扩增产物进行实时定量分析。分子信标的设计者 Tyagi 和 Kramer 在最初的研究中就展示了分子信标在这方面的应用。他们针对单碱基差异的 4 个检测序列对象分别设计了 4 个分子信标，然后在每个检测对象的 PCR 体系中都加入这 4 个分子信标，在 PCR 过程中同步检测每一个分子信标的荧光信号。实验结果表明，分子信标能高特异性地识别每一个扩增产物，这是其他 PCR 实时定量分析技术难以实现的，同时分子信标高的灵敏度为 PCR 实时定量分析提供了更为精确的定量结果。有研究者建立了基因光谱分型检测技术，对决定人类对 HIV-1 敏感性的 HIV 辅助受体 CCR5 等位基因的突变进行了检测，对 HIV 的预防和研究具有重要流行病学意义，分别对亚甲四氢叶酸还原酶(MTHFR)的基因变异进行了研究，结果表明亚甲四氢叶酸还原酶的某些基因变异与许多心血管疾病以及神经管缺陷疾病的发病有关。其他研究还包括研究甘氨酸三甲内盐 2 同型半胱氨酸甲基转移酶的变异而引起的高同型半胱氨酸症、线粒体 DNA 变异引起的一些线粒体疾病、恶性疟原虫中$108N 点的变异等方面，从而使分子信标在疾病诊断和医学研究等方面具有广泛的应用。

2) 分子信标在活细胞成像中的应用

在现代分子生物学以及近来的反义核酸研究中，实时监测活细胞中的反义寡核酸链与其 mRNA 靶链之间的杂交一直是研究中的难点之一。分子信标技术的应用可望解决这一难题，通过设计和合成与待测目标 mRNA 序列互补的分子信标及对照分子信标，然后用微注射法注入活体细胞，或利用包裹了分子信标的脂质体使之摄入细胞，然后用激光共聚焦显微镜或荧光显微镜观察。Matsuo 等利用脂质体的传输在活细胞中引入分子信标，检测到了人体膈组织细胞中成纤细胞生长因子 RNA。有研究者利用微注射方法检测到了人类白血病细胞 K562 中的 RNA 与分子信标的杂交；也可利用分子信标对单个活细胞中的 RNA 进行检测，并利用 ICCD 成像系统得到了一系列反映分子信标与 RNA 结合的荧光图像。

由于分子信标是一段核酸片段，容易被细胞内的核酸酶降解产生假阳性等缺陷，科学家也对传统分子信标进行了改进。Bratu 等可以将分子信标中每个核苷酸在核糖上的 H^{+}用氧化甲基基团取代，使得分子信标能够耐受核酸酶的降解；Mhlanga 等也可设计骨架上含有 2-甲基核糖核苷的分子信标并且 5′端连接 tRNA 等。Emory 医学院的 Bao 等针对 k-ras 基因和 survine

基因，利用双分子信标发生荧光能量转移消除干扰的方式，实现了在活细胞水平上对 mRNA 的测定。他们还将生物素标记到分子信标上，通过键合亲和素，可以阻止探针进入细胞核内，进而实现了对活细胞内 mRNA 的成像。以上研究结果表明，利用分子信标可以有效地实时检测活细胞中的 RNA 及研究 RNA/DNA 的杂交过程。

3) 分子信标在基因芯片和生物传感器中的应用

分子信标背景低、灵敏度高、无需洗脱位未杂交探针的特性可以在微型探针、基因芯片上得到很好的应用。利用共价键合和亲和素，生物素法可将分子信标固定在固相载体的表面，构成 DNA 传感器及 DNA 传感器阵列。例如，研究者将分子信标固定在二氧化硅微球上，这些微球随机分布在 500 μm 直径的光纤束上，运用光学编码系统和荧光显微成像系统监视微球上分子信标的荧光响应，辨认不同的目标 DNA。也可将分子信标固定在玻片表面、琼脂糖膜表面等，研制 DNA 传感器，区别目标 DNA 和错配 DNA。由于分子信标本身具有荧光背景低、信噪比高、灵敏和检测过程快捷等优点，再加上固定化技术的不断进步，将在大规模基因芯片研究中得到广泛应用。

4) 分子信标用于 DNA 与蛋白质的相互作用研究

蛋白质和核酸是组成生命的主要生物大分子，两者的相互作用构成了诸如生长、繁殖、运动、遗传和代谢等生命现象的基础。因此，研究它们间的相互作用是人们解开生命奥秘的关键所在，在学术及应用上都具有极其重要的意义。探讨蛋白质和核酸相互作用涉及众多学科的技术与方法，是多学科的前沿交叉领域。分子信标可用于单链 DNA 结合蛋白的研究、核酸酶的研究、核酸片段检测系统的构件等。这些研究发挥了分子信标技术简单、灵敏等特点，又实现了对体系的实时监测，甚至可以用于活体细胞的动态研究。

11.4.3 基因诊断

基因诊断常用的方法有核酸分子杂交技术、PCR 技术、基因测序、基因芯片等。核酸分子杂交技术是基因诊断的最基本方法之一，其原理即互补的 DNA 单恋能够在一定的条件下结合成双链、基因探针就是一段与目的基因互补的特异核苷酸序列，其中包括人工合成的寡核苷酸探针。为了确定探针是否与相应目的的基因杂交，必须对探针进行标记，以便在结合部位获得可识别信号，通常采用放射性同位素 ^{32}P 进行标记，另外还有生物素、地高辛、荧光素等作为标记方法，但都不及同位素敏感，优点使保存时间长，并且避免了污染。核酸分子杂交的缺点是点突变的检测不够灵敏。DNA 碱基序列分析是最确切、最直接的基因诊断方法，一般采用化学合成的管核苷酸序列作为测序引物，高通量测序仪的使用是使 DNA 测序变得很方便。

11.4.4 反义核酸

反义核酸(antisense nucleic acid)是指与靶 RNA(多为 mRNA)具有互补序列的核酸分子，通过与靶 RNA 进行碱基配对结合的方式，参与基因的表达调控。反义核酸序列通过特异性地针对某些基因，是特定基因的表达受到抑制或者彻底封闭其表达，这一技术被称为反义核酸技术。反义基因治疗就是应用反义核酸在转录和翻译水平阻断某些异常肿瘤相关基因的表达，以期阻断细胞内异常信号的传导，使瘤细胞进入正常分化轨道或引起细胞凋亡。

目前，反义核酸主要有三种来源：一是自然存在的天然反义核酸分子，但是目前很难对其进行分离纯化；二是人工构建反义 RNA 表达载体，包括单个和多个基因的联合反义表达载体。利用 DNA 重组技术，在适宜的启动子和终止子间反向插入一段靶 DNA 于载体中，基因表达时便可产生反义 RNA；三是人工合成反义寡核苷酸，其优点是随意设计合成序列，是目前反义核酸的最主要来源，为了增加其稳定性，需要对合成的核酸序列进行硫代磷酸酯化、磷酸二酯化或者甲基化等方式的修饰。

根据目前的研究内容，反义技术就是根据碱基互补原理，利用人工或生物合成特异互补的 DNA 或 RNA 片段抑制或封闭基因表达的技术(图 11-8)。根据作用方式不同可将反义核酸技术分为 3 类：①反义 RNA 是指能和靶 mRNA 互补的一段小分子 RNA 或寡聚核苷酸片段；②反义 DNA 是指能与基因 DNA 双链中的有义链互补结合的短小 DNA 分子；③核酶是指具有催化功能的核酸分子，包括催化性 RNA 和人工合成的催化性 DNA 两大类。

反义核酸主要是通过影响基因 DNA 的转录和 mRNA 的翻译而发挥作用，其作用机制主要有：①抑制转录，反义核酸与基因 DNA 双螺旋的调控区特异结合形成 DNA 三聚体或与 DNA 编码区结合，终止正在转录的 mRNA 链延长；②抑制翻译，反义核酸一方面通过与靶 mRNA 结合形成空间位阻效应，阻止核糖体与 mRNA 结合，另一方面其与 mRNA 结合后激活内源性 Rnase，降解 mRNA；③抑制转录后 mRNA 的加工修饰，并阻止成熟 mRNA 由细胞核向细胞质内运输。

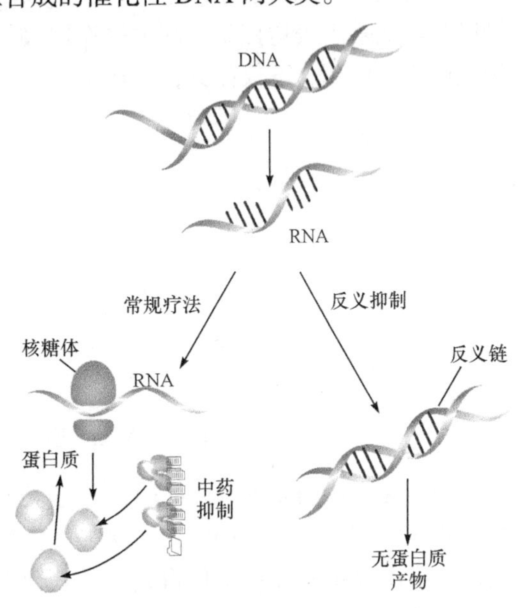

图 11-8　反义核酸的基本原理

具有与靶 RNA 互补的寡核苷酸序列(DNA，14～18)，一旦进入半细胞，与 RNA 互补杂交而阻断疾病相关蛋白的表达。抑制 mRNA 的加工和翻译，如抑制 RNA 的传输、剪接、和翻译等。

反义核酸作为基因治疗药物之一，与传统药物相比有许多优点：①高度特异性：反义核酸药物是通过特意的碱基互补配对作用于靶 RNA 或 DNA；②高生物活性、丰富的信息量：反义核酸是一种携带特定遗传信息的信息体，碱基排列顺序可千变万化；③高效性：直接阻止疾病基因的转录和翻译；④最优化的药物设计：反义核酸技术从本质上是应用基因的天然顺序信息，实际上是最合理的药物设计。

近年来反义核酸相关研究快速发展，基因药物和基因治疗前景越来越明确，已经有翻译核酸药物被美国 FBA 批准上市。目前大规模合成技术开发较好的有美国 Hybridon 和 ISIS 公司，可进行千克级生产，成本约 250 美元/克。动物体内评价的反义核酸药物还有多种，以抗肿瘤为主，这些结果成为了反义药物开发的基础。

11.4.5　RNA 干扰

1998 年，菲尔和梅洛通过一系列设计精巧的实验，证明双链 RNA 是引起上述基因沉默现象的根源(图 11-9)。他们认为，以往观察到的外源导入的正义 RNA 引起内源 RNA 降解的现象是因为制备单链正义 RNA 的过程中混入了双链 RNA 而造成的，证明外源导入的单链正义 RNA 只有在反义 RNA 存在的条件下才能引起 RNA 降解。Fire 和 Mello 的这一发现发表在 1998 年 2 月 19 日的 *Nature* 杂志上。在这篇文章中，Fire 和 Mello 首次将这种双链 RNA 引起的基因沉默现象称为 RNA 干扰。RNA 干扰现象的发现不仅解释了许多在转基因试验中出乎意料甚至自相矛盾的结果，而且首次揭示了一种由 RNA 介导的全新的基因表达调控机制。更为重要的足，RNA 干扰技术的发现其普遍应用引起了生命科学研究和基因治疗等领域的一系列变革，极大地推动了上述两个领域的发展。2006 年 10 月 2 日，瑞典卡罗琳斯卡研究院宣布：2006 年诺贝尔生理学或医学奖颁发给这两位美国科学家，时年 47 岁的菲尔和 46 岁的梅洛，以表彰他们在 RNA 干扰(RNA interference，RNAi)双链 RNA 引发的基因沉默领域所做出的杰出贡献。RNAi 现象在植物、动物(包括人类)中均有发生。在基因表达调控、病毒感染防御以及跳跃基因表达控制中起关键作用。RNAi 作为一种高效特异的基因沉默方法在基础研究领域已广泛应用，不仅如此，它还可能为临床提供新的治疗方案。

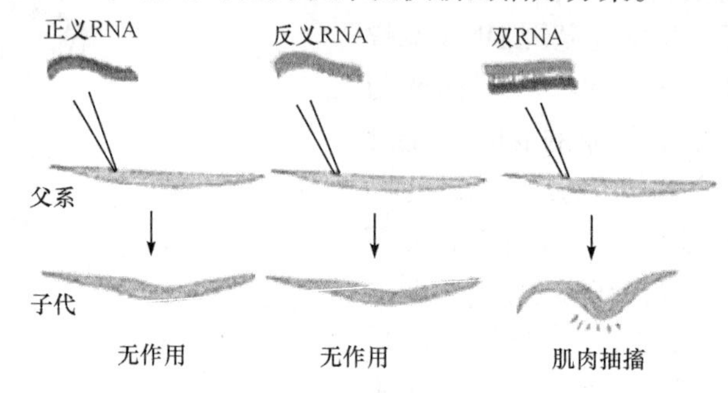

图 11-9　Fire 和 Mello 证明双链 RNA 是引起 RNA 干扰现象的原因

siRNA(small interferencing RNA)是天然结构式一段 20～25 个核苷酸 RNA 双链。化学结构决定了其直接应用的局限性。例如，核酸带有负电荷磷酸骨架，不利于床头双层磷脂的细胞膜，广泛分布的 RNase 使得其在进入靶细胞之前有很大被降解的风险；不同的 siRNA 结构的相似性决定了其对于不同的器官，细胞没有选择性。于是从成药的目的出发，天然的 siRNA 具有以下缺点：稳定性差，脱靶效应，可能引起细胞毒性的免疫反应，定向给药困难等。

为了解决这行问题，化学生物学研究者希望通过化学修饰的方法，适当地改进 siRNA 的结构特性，以满足成药的要求。普通的由 DNA 转录得到 RNA 的技术所能得到的 RNA 结构和所获得的量均有限，所以通过化学合成的方法得到非天然 siRNA，并对其性质进行研究成为目前研究的热点。没有保护的 RNA 在细胞内极易降解，虽然 siRNA 的双链结构为其提供了一定的保护，但并不能满足体内的应用，在改善 siRNA 核酶稳定性中，化学修饰以一个重要手段。一般有糖环修饰、碱基修饰、磷酸酯骨架修饰、双链结构功能性修饰(图 11-10)。

例如，在 HBV 老鼠模型中，修饰 siRNA 的有义链由 2′F-RNA 嘧啶和 DNA 嘌呤组成，并且 5′，3′末端有反碱基盖帽，反义链由 2′-F-RNA 嘧啶和 2′O-Me 嘌呤组成，并且 3′末端有一硫代磷酸酯。该组修饰对 siRNA 的沉默活性有显著提高。该组全链修饰双链在血清中的半衰期长达 2～3 天，而天然的半衰期只有 3～5 min。

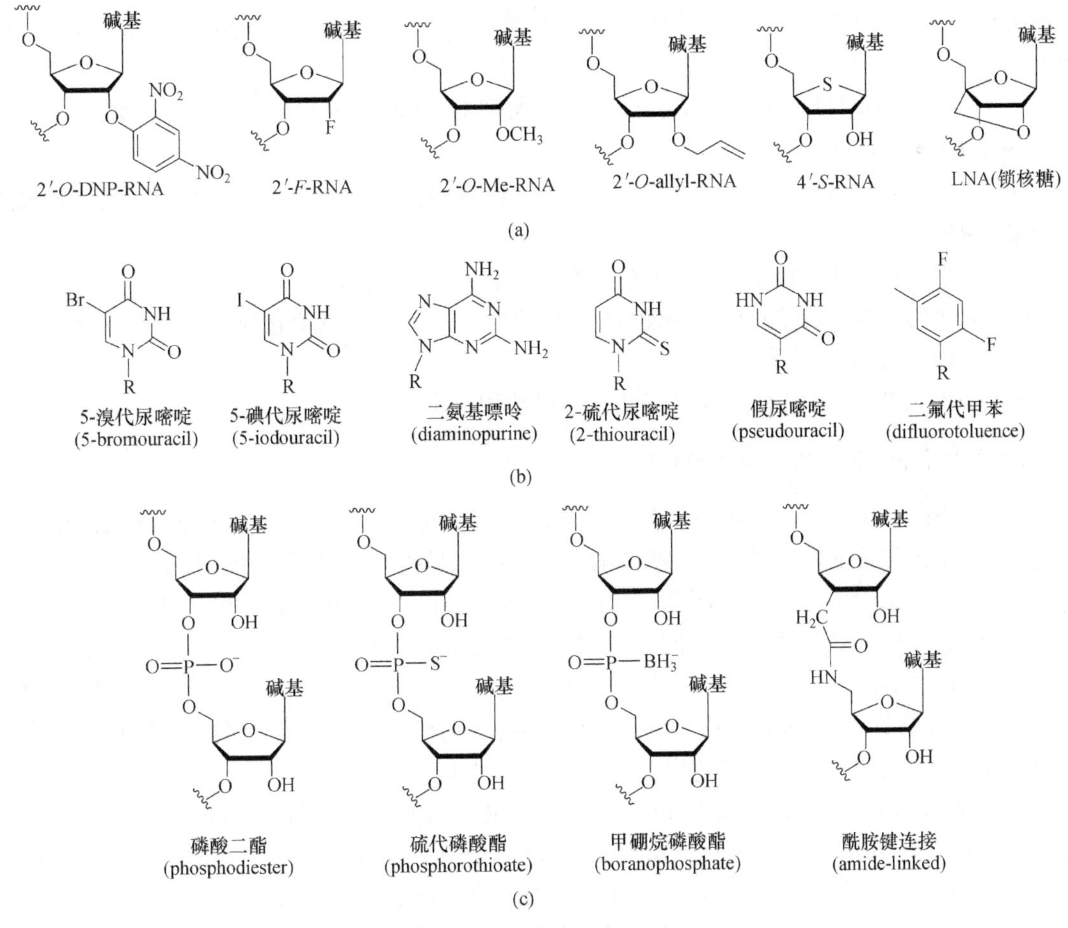

图 11-10　siRNA 的化学修饰方法

(a) 糖环修饰；(b) 碱基修饰；(c) 磷酸酯骨架修饰

11.4.6　microRNA

microRNAs(简称 miRNA)是一类进化上高度保守的小分子非编码 RNA，在细胞内具有多种重要的调节作用。第一个 microRNA 于 1993 年被发现。2000 年之后，关于 miRNA 的研究取得了很大进展，目前已公布的成熟 microRNA 约 1700 个，还有大量预测的 microRNA 基因需要通过实验验证，这些 miRNA 调控至少 30%以上的基因表达，参与多种生理病理过程。最近的研究中表明，人类肿瘤中的 miRNA 的失调与癌症的发病(包括发展和转移的作用)有重要的关系。

microRNA 基因是以单个基因或基因簇的形式离散地分布于基因组上，它们中大多数位于基因间隔区，但也有相当数量的 microRNA 位于转录单元内含子或外显子上。大多数 microRNA 基因在 RNA 聚合酶Ⅱ的作用下合成初始 microRNA 转录物(pri-miRNA)，很少一部分则由 RNA 聚合酶Ⅲ转录。pri-miRNA 具有一段并不完全互补的双链 RNA 区域，和一个大的发夹结构。在动物体内，pri-miRNA 转化为成熟的 microRNA 经历了 2 次连续的剪切。在细胞核内 pri-miRNA 经 Drosha 酶(一种 RNaseIII酶)剪切，形成约 70nt 的茎环结构，即 pre-miRNA。随后，pre-miRNA 由转运蛋白 Exportin-5(Exp-5)运输至细胞质中，在 Dicer 酶的作用下剪切产生一个长为 21～24 的 microRNA 单链结构，形成成熟 microRNA。成熟 microRNA

随即结合到 RNA 诱导的沉默复合体中，介导转录后基因表达沉默，抑制基因表达，合成过程如下：

DNA→priRNA→preRNA(经过 Drosha 酶剪切)→miRNA(经过 Dicer 酶切割)

microRNA 的特点是：

(1) 广泛存在于真核生物中，是一组不编码蛋白质的短序列 RNA，它本身不具有开放阅读框架(ORF)。

(2) 通常的长度为 20～24 nt，但在 3′端可以有 1～2 个碱基的长度变化。

(3) 成熟的 miRNA 5′端有一磷酸基团，3′端为羟基，这一特点使它与大多数寡核苷酸和功能 RNA 的降解片段区别开来。

(4) 多数 miRNA 还具有高度保守性、时序性和组织特异性。

1. 作用于 miRNA 的小分子研究

长期以来，人们认为 RNA 只是起到传递遗传信息的媒介作用，在转录过程中从 DNA 获得遗传信息，再翻译成蛋白质，以往所谓的基因调控也是指对转录或翻译过程的调控。miRNA 在基因表达调控过程中发挥极其重要的作用，miRNA 序列、结构、表达量和表达方式的多样性，及其对靶 mRNA 作用强度的不同(降解或封闭)，使其可能作为 mRNA 强有力的调节因子。另外，由于 miRNA 的作用发生于翻译之前，对其进行调节比从蛋白水平进行调节更节约能量，且相对于转录调节，miRNA 的效果更快而且可逆，对于一些只需微量蛋白改变而调节细胞功能的过程，可以通过 miRNA 来达到，并产生强大的效能。

miRNA 主要通过与其靶基因 mRNA 的 3′-UTR 端互补结合降解 mRNA 或是抑制 mRNA 的翻译从而阻遏基因的表达。miRNA 与靶 mRNA 作用的典型方式主要有两种：在大多数情况下(如在动物中)，复合物中的单链 miRNA 与靶 mRNA 的 3′UTR 不完全互补配对，阻断该基因的翻译过程，从而调节基因表达。另一种作用方式是，当 miRNA 与 mRNA 完全互补配对时，引起目的 mRNA 在互补区的特异性断裂，从而导致基因沉默，这种作用方式与 siRNA 类似。miRNA 以何种方式与目的基因作用和 miRNA 与目的基因的配对程度有关。miRNA 与目的基因配对不完全时，miRNA 就以抑制目的基因的表达方式作用；miRNA 与目的基因某段序列配对完全时，就可能引起目的基因在互补区断裂而导致基因沉默。

基于以上特点，探索基于内源性 miRNA 作用原理的新技术平台，并进行分子药物设计应用于疾病的基因诊断和治疗是本领域的研究方向，其意义巨大并有广泛的应用前景。基于 miRNA 的分子药物设计尚处于初级阶段，研究主要集中于模拟 miRNA，增强其对靶基因的作用效能，或以 miRNA 为靶点设计小分子物质拮抗 miRNA 的作用。

当前，越来越多的 miRNA 作为人类疾病的生物标志物、决定因素和治疗靶点被发现，但其靶基因的寻找以及所发挥的功能仍是制约该领域发展的瓶颈之一。此外，发展具有更长体内半衰期和更高效能的改良拟 miRNA 分子和反义分子，都是将基础研究进展应用于临床迈出的重要一步。今后开展基于 miRNA 的转基因和基因敲除在体实验，将为该类药物研发的安全性与有效性提供更多有价值的信息。

2. microRNA 与癌症

1) miRNA 作为抑癌基因

miRNA-15/miRNA-16 与慢性淋巴性白血病：Calin 等的研究首次证明 miRNA 的失调在肿

瘤的发生中起着非常重要的作用。miRNA-15 和 miRNA-16 定位于染色体 13q14 区段，该区段的局部丢失与慢性淋巴性白血病(CLL 相关)，在检测的 CLL 病患中，有近 68%的这两种 miRNA 完全缺失或表达下调。另外，在前列腺癌(60%)、外套淋巴细胞瘤(50%)和多发性骨髓瘤(16%～40%)等肿瘤中也常有该区段的缺失。Bcl-2 蛋白是一种通过作用于线粒体来抑制细胞凋亡的蛋白，对于癌细胞的存活起着非常重要的作用。Cimmino 等证实 miRNA-15 和 miRNA-16 的表达水平均与 BCL-2 蛋白的表达水平负相关，并且二者都在转录后水平通过靶向作用负调节 BCL-2，其对 BCL-2 的抑制诱导了白血病细胞的凋亡。因此，miRNA-15、miRNA-16 是 BCL-2 的天然的反式作用因子，对 BCL-2 过表达的肿瘤具有潜在的治疗作用。

let-7 家族是首批发现的 miRNA 之一，早期的研究表明，其功能的缺失将阻碍线虫从幼虫晚期向成虫的转化。let-7 对于诱导细胞周期的退出和终末分化是非常必要的。如果这 miRNA 缺失，将导致细胞不能退出细胞周期，不能分化，这种现象在癌症中很常见。

另外，Ciafre 等的研究发现.在成胶质细胞瘤中，miRNA-128、miRNA-181a、miRNA-181b 和 miRNA-181c 表达均下调。Pekarskv 等的研究发现，miRNA-29 和 miRNA-181 的表达水平与 Tcl-l 在 CLL 中的表达反相关，表明 miRNA-29 和 miRNA-181 可以作为治疗由 TCL-1 过表达引起的 CLL 的候选基因。Akao 等发现 miRNA-143 和 miRNA-145 的表达水平在结肠癌细胞中显著下降。

2) miRNA 作为癌基因

myc 是一个通过调控细胞增殖和死亡，从而调控细胞生长的转录因子。myc 经常在人类癌症中突变或放大。miRNA-155 与 myc 的过表达与 B 细胞淋巴瘤有关，这表明它可能在这一肿瘤基因的调控过程中起着重要的作用。

miRNA-155 最初是作为转录物由 BIC 的 241～264 核苷酸编码，从 ALV 的(禽白血病病毒)的整合位点中分离出来的，并发现在 B 细胞淋巴瘤中过表达。Metzler 等分析了 BIC 中系统发生的保守区域.发现高同源性位于基因的一个 138 核苷酸的区段，该区段编码了 miRNA-155 的 pri-miRNA。随后实验表明，miRNA-155 的表达在小儿伯基特淋巴瘤、何杰金氏淋巴瘤和 B 细胞淋巴瘤的特定亚型中的表达上调了 100 倍。然而，miRNA-155 的作用不仅仅限于 B 细胞淋巴瘤，最近的研究报道了 miRNA-155 在乳腺癌、肺癌、结肠癌和甲状腺癌中均有上调。Costinean 等的实验显示，在 Eμ 操纵子的控制下，鼠 miRNA-155 的过表达使 B 细胞恶性肿瘤迅速发展，表明在没有其他主要基因变化的情况下，miRNA-155 具有诱导淋巴瘤生成的能力，是一个癌基因。

与 myc 的相互作用并不是 miRNA-155 所独有的。最近的研究描述了 myc、癌症和 13q3l 位点之间的相互关系。MiR-17-92 簇由 7 种 miRNA(miR-17-5p、miR-17-3p、miR-18a、miR-19a、MiR-20a、miR-19b-1 和 miR-92-1)组成，位于 13q31.3 的 Cl3orf25 的内含子。其扩增和过表达可以作为淋巴瘤和肺癌有关的功能相关指示器。He 等比较了正常组织和 B 细胞淋巴瘤样本，发现从 MiR-17-92 位点衍生出来的前体和成熟 miRNA，在癌细胞中大量增加，miRNA 作为癌基因调节肿瘤的形成。在随后的试验中发现 miR-17-19b-1 在携带 myc 转基因鼠的造血干细胞的逆转录病毒系统中过表达。受到致命性辐射的动物，分别接受 miR-17-19b-1 和 myc 均表达的造血干细胞和只表达 myc 的造血干细胞，发现前者的恶性淋巴瘤的发展要快于后者，并且，前者具有促进细胞增殖、抑制细胞凋亡的能力。

通过生物信息学的预测发现，MiR-17-92 簇中的 miR-17-5p 和 miR-20a 成员，以转录因子

E2Fl 为靶目标。E2Fl 是通过调节与 DNA 复制、细胞分裂和凋亡相关的基因来调节细胞周期从 Gl 期向 s 期的转变。

在所分析的实体瘤(乳腺、结肠、肺、前列腺、胃和内分泌腺、恶性胶质瘤、子宫平滑肌瘤)中唯一均表达的 miRNA 是 miRNA-21。miRNA-21 位于染色体 17q23.2 上的空泡膜蛋白基因的 3′UTR 区，该区域经常发现在神经细胞瘤、乳腺癌、结肠癌和肺癌中表达增强。在恶性胶质瘤细胞中，miRNA-21 的敲除导致了半胱天冬酶介导的编程性细胞死亡。更进一步支持了这一 miRNA 作为癌基因的作用的观点。与正常的乳腺组织相比，miRNA-21 在乳腺癌组织中高水平表达。anti-miRNA-21 介导的细胞生长的抑制与细胞凋亡的增加和细胞增殖的降低有关。结果表明，miRNA-21 作为癌基因通过对 Bcl2 的调节来调控肿瘤的发生，并且可以作为治疗的靶位点。

3) miRNA 与肿瘤的早期诊断

Cimmino 等研究发现，miR-15a 和 miR-16-1 消极调节其靶基因—致癌基因 BCL2，BCL2 在人类多种癌症包括白血病和淋巴瘤中过度表达。因此，我们可以认为 miR-15a 和 miR-16-1 的缺失或下调导致 BCL2 表达增加，促进白血病和淋巴瘤的发生。在 Burkitt 淋巴瘤中，miR-155 的表达量上调，在肺癌细胞系中 miR-26a 和 miR-99a 的表达量下调。miR-21 在恶性胶质瘤和乳腺癌中的表达是上调的。Chan 等报道，miR-21 在恶性胶质瘤中表达水平比正常组织高 5-100 倍，在恶性胶质瘤中对 miR-21 的反义研究发现，这种 miRNA 通过抑制凋亡而不影响细胞增生来控制细胞生长，提示 miR-21 有致癌作用。人肿瘤中表达异常的 miRNA 有许多：miR-55/BIC 基因在 Burkitt 淋巴瘤中表达上调，而 miR-15a、miR-143、1et-7、miR-21 基因在 B 细胞慢性淋白血病中表达呈下调趋势。

以上证据均提示，肿瘤的发生、发展与 miRNAs 表达水平之间存在着特定的关系。miRNA 调控靶基因的表达，通过正常细胞和肿瘤细胞中的某些 miRNA 水平的差异显示，为肿瘤的组织诊断、分型及治疗提供了依据。因此，针对各种肿瘤制定 miRNA 表达谱的基因库可能对于肿瘤的诊断治疗有重要意义。实验证明，在多种恶性肿瘤组织中 miRNA 的表达高低不同，且与其在相应正常组织中的表达存在显著差异，但同一组织来源或同一分化状态的肿瘤有类似的 miRNA 表达谱。miRNA 表达谱分析不仅可反映肿瘤的组织来源，而且还可反映肿瘤的分化状态，尤其是低分化型肿瘤。Bottoni 等通过微点阵和反转录聚合酶链式反应方法分析垂体瘤和正常垂体样本中的 miRNA 组(miRNAome)，指出 miRNA 表达能够区分微腺瘤与大腺瘤、处理过的患者样本与未处理样本。Lee 等通过原位反转录聚合酶链式反应的应用，在胰腺癌细胞中发现表达异常的 miR-221、miR-301 和 miR-376a，而在基质、正常的腺泡或腺管中却未能发现。miRNA 的异常表达为胰腺肿瘤的研究提供了新的线索，同时也可能会给胰腺癌的诊断提供生物标记。

研究人员在血浆和血清等血液成分中发现了 miRNA 分子，表明由肿瘤细胞产生的 miRNA 分子可能由于胞吐作用进入血液循环中，从而又为肿瘤的早期诊断提供了良好的检测媒介。此外，miRNA 研究的相关技术日益完善，如基因芯片、反转录聚合酶链式反应和 northern 印迹杂交等方法，检测 miRNA 的表达水平将能与临床相结合，为肿瘤的基因诊断打下坚实的基础。根据 miRNA 在不同的肿瘤细胞中特定的表达水平和模式，人们可以将人乳腺癌、肺癌、结(直)肠癌、颅脑肿瘤、甲状腺癌和淋巴瘤等组织中的 miRNA 表达谱与其正常组织表达谱进行对比分析，对不同肿瘤特定的 miRNA 水平进行鉴定，通过其表达水平的上调或下调来获得肿瘤的发生信息，从而有助于肿瘤的早期诊断和治疗。

4) miRNA 与肿瘤细胞的转移

研究表明，miR-21 通过对靶基因的调控，参与了肿瘤细胞的侵袭、血管浸润和转移。结、直肠癌患者 miR-21 高表达，与肿瘤的远处转移相关；乳腺癌的肿瘤分期随 miR-21 的升高而进展，并有可能转移到肝脏组织。miRNA 被癌细胞释放进入血液循环中，而癌细胞的转移是通过血液途径和淋巴途径进行的，说明 miRNA 有可能对癌细胞的转移有特定的作用。研究者在血浆和血清等血液成分中发现的 miRNA，可以在室温放置 24h 之后反复冻融 8 次而保持稳定，并且这种分子独立于细胞之外，也不能被血液中降解其他 RNA 分子的酶降解，表明由肿瘤细胞产生的 miRNA 分子进入血液循环中，可能对肿瘤细胞的转移和正常细胞(组织)的调控具有一定的作用。

Hadi 发现，独立于细胞之外的 mRNA 和 miRNA 的转移是一种新奇的细胞间的遗传交换机制，细胞外的 mRNA 和 miRNA 可以通过细胞吞噬作用转移进入另一个细胞中，并且在另一个细胞中新的位置可以行使其功能，这类 RNA 称为“体外穿梭 RNA”。因此，存在于癌症患者血液中的 miRNA 很可能进入到正常的细胞中，这些 miRNA 可以控制基因的表达，从而引发新的肿瘤，导致癌症的转移和复发。

癌症的转移因素很多，现在的推测只是一种可能性，对癌症转移的研究还需要漫长的探索。了解癌症转移机制，从分子水平阻断导致癌细胞转移因子的方法来治疗癌症已经成为一种新的策略。

microRNA 与其他一些疾病，如系统性红斑狼疮、肥胖病、帕金森氏症、关节炎、动脉粥样硬化，都有一定的关系。

11.4.7　DNA 模板有机反应

DNA 是近 20 多年来发现的高效指导化学反应的模板生物分子。在无 DNA 聚合酶时，DNA 单链可以作为模板促进断裂的互补链 DNA 进行连接反应，但这种反应的产率很低。后来发现骨架被修饰的寡核苷酸在互补单链 DNA 的促进下，可以发生高效的连接反应，从而整合到 DNA 链中，这就出现了真正意义上的以 DNA 为模板的有机合成。

结构和功能的研究表明，核酸的催化活性是以酶的方式发挥作用的，与酶具有相似的方式。核酸可通过碱基互补配对原则(A 与 T，C 与 G 互补配对)使反应物之间产生邻位效应，导致稳定过渡态，促进化学反应。与酶相比，核酸作为模板，价廉易得，反应更具通用性。DNA 模板可以促进合成一些用传统化学方法难以实现的反应，同时合成的物质中带有一段 DNA 序列，这为通过高通量筛选得到具有特定功能分子提供了有利条件。最近有文献报道核酸促进化学的新方法，DNA 链是通过把反应分子置于彼此邻近的位置从而加速化学反应，而不是通过反应基团精确的空间排列。

目前已报道的 DNA 模板指导的有机合成反应包括：还原胺化反应、亲核取代反应、α, β-不饱和羰基化合物的 1,4-加成反应、酰胺键的形成反应、亨利反应、光化学连接反应、维悌希烯化反应、1,3-偶极环加成反应、赫克偶联反应及多步小分子的合成反应等。

化合物组合库的建立已被证实是发现具有特定功能的小分子化合物的一个有效手段，但在一个有大量的结构各异的小分子体系中，如何识别和确定具有特定功能小分子的结构确是一个极大的困难。DNA 指导的化合物组合库的合成却能很好地解决这一问题。DNA 模板能在一个溶液体系中，同时指导几种不同类型的合成反应，即使反应试剂可能会发生交叉反应。这种反应模式是目前经传统化学合成技术所不能达到的。Liu 实验组等利用 DNA 为模板合成了一包含 65 个大环富马酰胺化合物的小分子库，以及一个含有 13 824 个化合物的大环化合物，2010 年他们设计了一种 DNA 移动连接者，能够在 DNA 轨道上按预先设定的顺序进行多步反应，并且速率快，产率高。Liu 等也研究了 DAN 模板指导的亲核取代反应中的立体选择性。在没有其他手性因素的存在下，具有手性的模板 DNA 可催化合成手性化合物，也就是说立体选择性可从模板转移到产物中。

另外，以 DNA 为模板的无机金属纳米粒子或金属簇的合成及应用也得到了科研工作者的关注。

11.5 Bcl-2 抑制剂类抗癌前药

细胞凋亡是一种有序的或程序性的细胞死亡方式，是受基因调控的细胞主动性死亡过程，是细胞核受某些特定信号刺激后进行的正常生理应答反应，然后凋亡的细胞将被吞噬细胞吞噬。经研究发现，不管是单细胞生物还是多细胞生物，细胞凋亡称为细胞程序性死亡(programmed cell death，PCD)。是因为细胞死亡往往受到细胞内的某种遗传机制决定的“死亡程序”控制的。也会因为它的失调，机体也会失去稳定性，引发人类疾病如肿瘤、免疫系统等疾病。由于它保证多细胞生物的健康生存过程中的重要性，引起了人们对其途径的广泛深入的研究，成为目前生命科学研究的热点之一。

细胞凋亡的途径复杂，在不同环境、不同细胞或不同刺激的情况下，细胞凋亡的途径是不同的，而且细胞凋亡的信号途径具有多样性，这使得凋亡的发生及调控机制非常复杂。根据凋亡信号的来源可以将细胞凋亡信号转导通路分为两条：外源通路(死亡受体通路)和内源通路(线粒体通路)。外源通路是指死亡配体如 TNF、FasL 和 TRAIL 与相关受体结合后能激活细胞内 8。从而有道细胞凋亡。内源通路主要是指细胞凋亡的线粒体通路。

11.5.1 Bcl-2 蛋白家族

自从 1972 年 Kerr 提出细胞凋亡的概念至今，人们对细胞凋亡现象进行了广泛、深入的研究。细胞色素 c 释放是线粒体途径细胞凋亡启动的标志事件。B 淋巴细胞瘤-2 基因(简称 Bcl-2)家族蛋白在调控线粒体功能和细胞色素 c 释放中起重要作用，但是它们调控细胞色素 c 释放的分子机制目前还不完全明了。凋亡进程可分为三个时相：诱导期，效应期和降解期。在诱导期，细胞接受各种信号从而引发各种不同的效应：进入效应期后，经过一些决定细胞命运(存活/死亡)的分子调控点，细胞进入不可逆的程序化死亡，这些调控分子包括一系列原癌基因和抑制癌基因的产生，其中 Bcl-2 家族起着决定性的作用；降解期则产生可见的凋亡现象。

Bcl-2 家族蛋白主要有三大类：含 BH1、BH2、BH3、BH4 四个功能域的抑凋亡 Bcl-2 亚家族，主要包括 Bcl-2、Bcl-xL、Mcl-1 等；含有 BH1、BH2、BH3 三个功能域的促凋亡 Bax 亚家族，主要有 Bax 和 Bak；另一类促凋亡蛋白是只含有 BH3 结构域的 BH3-only 亚家族，主要包括 Bid、Bim、Bik Bid Noxa 和 Puma 等。Bax 是最早发现的促凋亡家族成员，在正常细胞中主要定位于胞质溶胶，受到凋亡刺激后转位到线粒体上，直接或间接地与线粒体通道蛋白作用，引起细胞色素 c 的释放。与 Bax 不同，Bak 是迄今发现的仅有的一个定位于线粒体的促凋亡蛋白成员，它与线粒体膜外的 Bcl-xL 结合而被抑制，凋亡发生时，Bak 构象会发生变化而形成更大的聚合体。

11.5.2　Bcl-2 抑制剂药的研究进展及展望

Bcl-2 蛋白是拮抗和逆转恶性肿瘤永生性的最重要的分子靶点。Bcl-2 蛋白的功能并不是正常细胞必需的。但是，很多肿瘤细胞系如 70%的乳腺癌，30%～60%的前列腺癌，90%的结肠癌，100%的小细胞肺癌，以及淋巴细胞性、粒细胞性白血病细胞等都高表达 Bcl-2 基因。这是肿瘤细胞的基因特性赋予肿瘤细胞逃避凋亡，获得永生的特点。所以，特异性拮抗 Bcl-2 蛋白的药物，将通过诱导肿瘤细胞凋亡，可以实现高选择性、安全、高效、低痛苦抗癌的目标。Bcl-2 家族抗凋亡蛋白的过度表达通常与肿瘤的发生有着密切的关系，而细胞凋亡信号均要经 Bcl-2 蛋白家族传递。因此，针对 Bcl-2 家族蛋白的结构特征和功能，设计其特异性抑制剂，以诱导肿瘤细胞凋亡，已成为肿瘤治疗的新策略。

在 Bcl-2 蛋白家族中，仅含 BH3 区域(BH3-only)蛋白在凋亡的调控中起重要作用，其 BH3 结构域与 Bcl-2 抗凋亡蛋白疏水沟槽结合后，通过直接或间接激活模式激活 Bax、Bak，最终导致细胞凋亡。Bcl-2 小分子抑制剂是模拟 BH3 结构域的非肽类有机小分子，与 BH3-only 蛋白功能相似，理论上能抑制抗凋亡蛋白的活性，促进肿瘤细胞凋亡。

目前 Bcl-2 小分子抑制剂主要有下面几类。

1. 白屈菜赤碱和血根碱及其类似物

白屈菜赤碱(员)和血根碱(圆)是从植物白屈菜中提取的两种天然苯菲啶生物碱，是蛋白激酶悦抑制剂和 Bcl-xL 抑制剂，但与其他已知的 Bcl-xL 制剂不同，它们分别结合 Bcl-xL 蛋白 α 员和 α 圆螺旋之间的变构位点(BH 沟)和 BH 结合位点旁的区域而非 BH3 区域，发挥抑制作用。

2. 棉酚及其类似物

棉酚是锦葵科植物草棉、树棉或陆地棉成熟种子和根皮中提取的一种多酚类物质。能与 Bcl-xL、Bcl-2、Mcl-1 结合，对头颈鳞癌、结肠癌、前列腺癌、胰腺癌细胞株有抗癌活性，增加 CHOP(环磷酰胺+阿霉素+长春新碱+泼尼松龙)方案抗淋巴瘤细胞疗效，能提高放化疗敏感性，从而产生抗肿瘤活性。

apogossypol(ApoG2)是棉酚衍生物，在棉酚酚环上去掉两个醛基，减少了棉酚的毒性和非特异性作用，现处于临床前研究阶段。ApoG2 是 Bcl-2、Mcl-1 强效抑制剂，K_i 分别为 35 nmol/L、25 nmol/L。apogossypol 能使慢性淋巴细胞白血病、滤泡性小裂细胞性淋巴瘤、外套带淋巴瘤、边缘带淋巴瘤细胞凋亡，很有潜力成为治疗淋巴瘤的药物。

TW-37 是从左旋一棉酚的结构出发进行药物设计得到的，尚处于临床前研究阶段。TW-37 与 Bcl-2、Mel-1 有较高亲和力，既有促凋亡作用，又有抗血管生成作用。Zeitlin 等研究表明 TW-37 的抗血管生成作用来自于血管内皮细胞的凋亡。该药能抑制胰腺癌细胞的生长和侵袭，显著提高 CHOP 方案对淋巴瘤细胞的杀伤活性，对头颈细胞癌、白血病也有效。

3. Obatoclax

该化合物是一个全新的小分子BCl-2抑制剂，可结合于所有的6个Bcl-2家族抗凋亡蛋白的BH3疏水沟，它对所有Bcl-2蛋白都有抑制活性，特别对Mcl-1的活性更强；它可致Bak和Bim从Bcl-2，Bcl-xL或Mcl-1复合物中释放出来，从而增强细胞对肿瘤坏死因子相关凋亡诱导配体的敏感性。除了上述几种抑制剂外，还有BH-3I及其衍生物，HA14-1及其衍生物，YC-137，酰基磺酰胺类化合物等。

除了上述提到的小分子抑制剂外，还有一些不同结构的小分子抑制剂也在研究中，如tetrocarcin A(TC-A)、抗霉素 A_3(antimycin A_3)、BH3I-1、BH3I-2、ABT-737、白曲菜红碱(chelerythrine chloride)、茶多酚类、三联苯类化合物、NSC365400。

目前，以Bcl-2为靶点的抗肿瘤药物尚无上市产品，处于临床研究阶段。2005年*Nature*杂志上发表的由美国伊利诺伊州阿伯特实验室研发的ABT-737，是一种特异性Bcl-2蛋白抑制剂。2008年的*Blood*发表了ABT-737成功治疗儿童急性淋巴白血病的研究，而且证实它对于身体内的正常细胞产生的副作用被降到最低程度。目前该药处于临床Ⅲ期阶段，有很好的临床应用前景。

在2007年美国科学院期刊PNAS上发表了由Gemin X公司研发的小分子Bcl-2抑制剂Obatoclax(GX15-070)。它对骨髓瘤细胞等具有明显的抑制作用。目前，该药物处于针对慢性淋巴瘤细胞，霍奇金淋巴瘤细胞(Hodgkin lymphoma)的临床Ⅱ期试验中。临床观察数据显示，在对18例顽固淋巴实体瘤的病人的用药(5～20 mg/m^2)，经过一周治疗，6例病情获得稳定。美国Ascenta公司在2003年研发的Bcl-2抑制剂AT-101，即将进入临床Ⅲ期试验。其最新的临床结果发布于全球最大的肿瘤研究机构：美国联合研究协会(AACR)2008年的年会上。数据显示：AT-101单药物作用可杀伤慢性淋巴瘤，非霍奇金淋巴瘤及前列腺癌细胞。在Bcl-2抑制剂中，尤其以BH3类似物的抗肿瘤效果最为显著，因为它具有最高的Bcl-2结合能力，通过干扰Bcl-2蛋白家族成员之间的相互作用，破坏肿瘤的信号转导，实现抗肿瘤。

张志超课题组经过多年的研究，通过一个新的筛选途径，获得了一个全新结构的BH3类似物S1——3-硫吗啉基-8-氧-8*H*-苊并[1,2-b]吡咯-9-腈(8-oxo-3-thiomorpholino-8*H*-acenaphtho[1, 2-b] pyrrole-9-carbonitrile)，申请了专利并获得授权，专利号2004100504495，成为唯一具有自主知识产权的Bcl-2抑制剂。研究成果发表于2007年的国际高水平杂志*Chem Biochem*，一经发表即被医药领域的国际权威杂志*BioDrugs*所发表的关于Bcl-2抑制剂类抗癌药的文章索引，被列入仅有的19种Bcl-2抑制剂类临床前抗肿瘤药物的一种。

研究结果显示，S1具有高度的BH3类似特性，S1与Bcl-2蛋白的竞争结合常数达到310 nmol/L。其他18种临床前药物的竞争结合常数均在1000 nm/L以上，拮抗Bcl-2的能力远远低于S1。上述的三个处于临床期的药物，AT-101为500 nmol/L，效果也略差于S1，只有ABT-737(1 nmol/L)和Obatoclax (220 nm/L)的Bcl-结合力高于S1S1，S1将有望成为第一个自主知识产权的分子靶向抗癌新药。

11.5.3　S1及其作用机理

在Bcl-2抑制剂中，尤其以BH3类似物的抗肿瘤效果最为显著，因为它具有最高的Bcl-2结合能力，通过干扰Bcl-2蛋白家族成员之间的相互作用，破坏肿瘤的信号转导，实现抗肿瘤。S1是一个全新结构的BH3类似物，目前研究表明，细胞凋亡的信号转导通路主要有两条：死

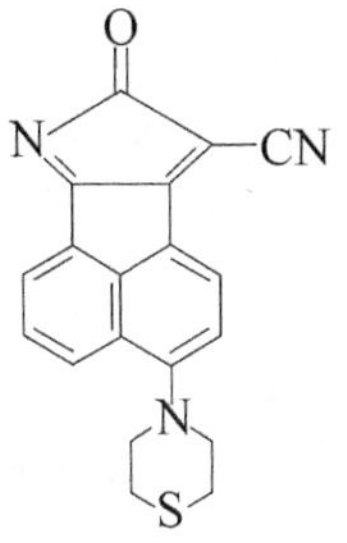

亡受体通路和线粒体通路，在这两条信号通路中多种蛋白。蛋白酶直接或间接地相互作用，形成一个紧密高效的信号网络，一个因子的活化，可以导致下有多个凋亡因子次序发生级联反应，最终产生细胞凋亡。Bcl-2 则是线粒体通路的核心蛋白因子，具有抗凋亡的作用，Bcl-2 蛋白水平下降将使线粒体膜去极化，激活 caspase-9，最终激活 caspase-3，导致凋亡。因此，细胞凋亡过程很可能会受到多种小分子蛋白靶向化合物的影响。Bcl-2 蛋白是唯一的与 S1 直接作用的凋亡因子，S1 特异性下调了 Bcl-2 蛋白的水平，导致线粒体膜电位下降，激活了 capsepase-9，caspase-3 级联反应，诱导细胞凋亡。一些研究还发现 Bcl-2 抑制剂 S1 可能通过抑制 Mcl-1 蛋白诱导人卵巢癌细胞凋亡，小分子化合物 S1 可以通过内质网凋亡信号通路引起黑色素 B16 细胞发生凋亡。

O
N
—CN
N
S
S1

11.6 研究新技术

11.6.1 芯片技术

1. 芯片技术的发展和意义

微型化和集成化是当前科技发展的一个重要趋势。这一趋势反映在化学生物学领域即表现为与生物有关的化学反应和实验仪器的微型化与集成化。近 20 年来它尤其集中反映在具有各种生物化学检测和实验功能的芯片技术的发展。生物化学芯片技术(chip technology)的发展始于 20 世纪 80 年代末，它得益于当时生物遗传学及微机电加工技术的进展，首先在生物学领域从 DNA 芯片(或称基因芯片)发展起来。这类芯片是以在载体上固定寡核苷酸的技术为基础，在很小的平面固体表面上有序地排列成千万，具有生物识别功能的分子探针点阵，探针再有选择性地与标记的检体分子杂交，通过标记物进行检测。此类芯片因此称为微阵列芯片(microarray chip)，它已从开始时的以基因分析为主发展到蛋白质分析。

芯片(包括微流控与微阵列芯片)技术对化学生物学的特殊意义在于可以通过高通量、并行操作，极大提高获取与生物有关化学信息的效率。这一方面反映在分析速度的加快，试样、试剂的减少以及提供实时监测、现场监测的条件，同时也提供了强大的组合化学研究技术平台。在具体应用中，芯片技术可广泛应用于各种疾病的早期诊断与临床监测，细胞水平、基因水平和蛋白质水平药靶的研究和确认，各类中药和西药的研究与开发，中药现代化和国际化，食品的卫生和安全检测；公共场所和家庭环境监测、控制，海洋、大气、陆地等生存环境的监控和干预；毒品的分析和跟踪，反恐斗争中炸药的探测和监控；危害人类的细菌和病毒的发现和检验，突发公共卫生事件(如 SARS)的检测和免疫分析；生物与化学武器的探测，海关和商检中的检验和分析；特别是我国加入 WTO 后绿色壁垒对策中的测试和鉴定(包括外国绿色壁垒的打破和我国绿色壁垒的建立)等。

微阵列芯片从工作原理、核心技术和服务对象上都是真正意义的“生物芯片(biochips)。生物(阵列)芯片的研制成功很快引起广泛的重视，并迅速进入产业化阶段。我国也对其发展极为重视，国家曾给予了巨额投入，并在北京和上海建立了两大生物芯片研发基地。生物化学芯片的另一主要技术领域是微流控芯片(microfluidic chip)，最初是在分析化学领域发展起来。20 世纪 90 年代初，瑞士的 Manz 和 Widmer 提出了以微机电加工技术为基础的“微型全分析系统

(miniaturized total analysis systems，简称 TAS)，其目的是通过化学分析设备的微型化与集成化，最大限度地把分析实验室的功能转移到便携的分析设备中，甚至集成到方寸大小的芯片上。由于这种特征，本领域的一个更为通俗的名称“芯片实验室(lab-on-a-chip)”已经被日益广泛地接受，而 TAS 主要以微流控芯片的形式得到了迅速发展。在短短的十余年中，它以毛细管电泳分子诊断微流控芯片为突破口，已发展为当前世界上最前沿的科技领域之一，成为新的具有巨大潜力的化学生物学研究手段。

微流控芯片的发展要稍晚于生物芯片，而其最初的发展并不顺利，直到 Manz 与加拿大阿尔伯塔大学的 Harrison 于 1992 年发表了其首篇在微加工芯片上完成的毛细管电泳分离的论文，才展示了它的发展潜力。1995 年美国加州大学伯克利分校的 Mathies 等在微流控芯片上实现了高速 DNA 测序，微流控芯片的商业开发价值开始显现，而此时微阵列型的生物芯片进入了实质性的商品开发阶段。1999 年惠普公司与 Caliper 联合研制出首台微流控芯片商品化仪器，现已可提供用于核酸及蛋白质分析和细胞分析的多种芯片。目前已有一些家厂商将其微流控芯片产品推向市场。此类芯片的研发也开始引起国家有关部门的重视。

石英和玻璃微流控芯片已广泛地用于分子诊断和蛋白质分析等化学生物学研究，高聚物微流控芯片是当前研究热点之一。高分子聚合物微流控芯片中高分子材料具有种类多、可供选择的余地大、加工成型方便、价格便宜、易于实现批量生产等优点。

2. 微流控芯片在分子诊断中的应用

微流控芯片分子诊断已用于检查遗传性疾病、肿瘤基因突变、病原体特异 DNA 片段等，主要方法有芯片毛细管电泳 DNA 测序，特异 DNA 片段的鉴定和 PCR 扩增。

1994 年 Effenhavser 和 Manz 等首次将凝胶毛细管电泳移植到微流控芯片毛细管电泳上，在充有 10%线性聚丙烯酰胺的微通道中，仅用 45 s 分离了 10～25 bp 寡核苷酸混合物。随后，1995 年美国加州大学伯克利分校的 Mathies 和 Woolley 首次采用芯片毛细管电泳进行了基因测序研究，在有效分离长度 3.5 cm 通道的微流控芯片上，10 min 内测序约 150 个碱基，准确率 97%。1999 年研制了 96 个通道的阵列毛细管电泳芯片，可平行分离检测，用 pBR322MspIDNA 标准品考察该系统时，在 120 s 内完成 96 个样品的分离分析并用于 DNA 测序。之后应用微流控芯片技术对于 DNA 测序，无论是在速度上还是在测序长度方面均取得很大进展。

脆性 X 综合征(FXS)是一种遗传性疾病，来源于基因组中 FMRl 基因上发生 CCG 三核苷酸的多次重复排列所至。有报道称使用 PMMA 微流控芯片，用羟丙基甲基纤维素(HPMC)作为筛分介质诊断脆性 X 综合征的方法，仅用 200 s，比常规的平板凝胶电泳分离-索森印迹杂交法(sourthern blot)测定快 100 倍。18 个样品的测定结果和常规方法完全相符。研究者也对内肌营养不良(DMD)的 13～547 bp 的 18 个基因片段做了诊断。另一种检测基因变异的方法是单核苷酸多态性(SNP)分析，用微流控芯片技术可以在 100s 内分离测定 p53 肿瘤抑制基因的多态性位点。多种癌症是与特定的癌基因的突变紧密相关的，如黑色素瘤与 MTS/P16 基因，乳腺癌与 BRCAl 和 BRCAz 基因，结肠癌与子宫癌与 MSH2、MLHl、PMS2、PMSl 基因等。因此，可以在肿瘤还很小，甚至在肿瘤未发生之前，就利用分子诊断技术检测到相关基因的改变，具有重要的意义。

扩增聚合酶链反应(polymerase chain reaction，PCR)作为一种选择性体外扩增 DNA 片段的技术在分子诊断中发挥了重要的作用，芯片 PCR 技术克服了常规 PCR 方法存在热容大、升降温速度慢、样品和试剂耗用多等缺点。综观芯片 PCR 技术的进展，主要在三个方面：一是用微加工技术制备微型静态 PCR 加热反应器和连续流动 PCR 反应器，提高变温速率，缩短扩增时间；二是将 PCR 扩增和毛细管电泳分析 DNA 等功能集成在一块微芯片上。三是研制微型 PCR 扩增实时荧光检测仪。

3. 微流控芯片在细胞分析中的应用

随着微流控芯片技术的发展，操纵细胞和检测细胞内待测组分的能力越来越强，微流控芯片上进行细胞水平的化学生物学研究日益受到重视。筛选细胞计数和分类筛选为药物筛选、细胞内基因表达和疾病诊断等的研究提供基础信息。

流式细胞计数是一种快速分析、筛选细胞的技术。有研究组报道了玻璃微流控电泳芯片的流式细胞计数技术，也可用介电泳力和重力场流分级分离细胞。如果在微芯片上制成流式细胞仪，利用电泳力转移细胞并将细胞聚焦于通道交叉口处，利用光散射和荧光检测实现单个细胞计数。2001 年，Krtiger 等制成了以临床应用为目的造价低、便携式的细胞计数和筛选微流控系统，该系统的核心部分是一块一次性的微流控芯片。

4. 微流控芯片在蛋白质分析中的应用

微流控芯片在蛋白质分析中的作用主要有纯化和浓缩蛋白质、分离、集成化和质谱联用等。

(1) 纯化和浓缩蛋白质。微流控芯片用于蛋白质样品的制备。芯片固相萃取是常用的纯化和浓缩技术，Yu 等通过光诱导在通道内聚合生成疏水性离子交换整体多孔高聚物，实现蛋白质的芯片固相萃取和预浓集。对多肽和蛋白质样品有纯化和浓缩作用。实验中用香豆素 519 做荧光标记染料，442 nm He-Cd 激光器 LIF 检测，可浓缩疏水性四肽和绿色荧光蛋白质 1000 倍以上。

(2) 分离。Macounova 等则在微流控芯片通道两侧加工金属片状薄膜电极，加电后在液流垂直方向形成电场并在两电极上电解出 H^+和 OH^-，使垂直方向具有了 pH 3～7 梯度，蛋白质在压力驱动流经通道的同时，在垂直方向上电泳，并在某一 pH 条带上实现等电聚焦。用该方法施加 2.3 V 的聚焦电压后，1 min 内等电聚焦分离了荧光标记的牛血清白蛋白和大豆凝血蛋白。Ramsey 研究组在微流控芯片蛋白质二维电泳(电色谱)分离，荧光检测方面做了研究。最初设计了两组深 10 pm、半深宽 35 pm 的串联十字微通道。通道内表面未经处理，第一维胶束电动色谱(MEKC)，分离通道长 69 mm；第二维高速开口管毛细管电泳(CE)，分离通道长 10 mm。实验分离分析了包括细胞色素 c、核糖核酸酶、4cr-乳白蛋白等数种蛋白质的胰酶降解多肽产物。从分离图谱结果看，仅第一维分离，各多肽几乎无法基线分离，经第二维分离后分辨率大大提高。分析总时间在 10 min 之内。他们又制成 25 cm 螺旋结构开口管一维电色谱与 1.2 cm 直型毛细管二维电泳的两维串联分离通道，通道内涂覆十八硅烷。试样首先进入电色谱通道，随着第一维分离的进行，每隔 3 s，向毛细管电泳通道进样 0.2 s，进行第二维分离。用该芯片分析了酪蛋白的胰蛋白酶降解产物，试样用四甲基异硫氰基罗丹明荧光标记，LIF 检测，各组分分辨率显著改善，整个分析在 13 min 内完成。

(3) 集成化和质谱联用。质谱采样速度快，灵敏度高，分辨率高，适用于结构复杂的蛋白质分析。微流控芯片的流速与微量电喷雾电离质谱(ESI-MS)相耦合，由于在微流控芯片上可集成样品纯化、富集、分离和电喷雾器等功能，还可以集成多个电喷雾器，因此微流控芯片-质谱作为一种高效、高通量、高分辨率的联用技术日益受到重视。该微流控系统的优点是速度快、进样量少，据报道，原来数小时的工作可在几分钟内完成。

5. 蛋白质芯片

蛋白质芯片从蛋白质水平上去了解和研究各种生命现象，是生物芯片研制中有开发潜力的一种芯片。蛋白质不能采用 PCR 扩增等方式提高检测的灵敏度；蛋白质之间的特异性作用主要体现在抗体/抗原反应或受体反应，不像 DNA 之间具有系列的特异性，而只有专一性；蛋白质本身固有的性质决定了它不能沿用 DNA 芯片的模式进行分析检测。所以蛋白质芯片分析本质上是利用蛋白质间的亲和作用，对样品中存在的特定蛋白质分子进行检测。1998 年世界上第一块蛋白质芯片研制成功。其制作方法是把已知蛋白质(抗体和受体)和合成的分子探针有序地排列在芯片上。通过原位反应，芯片上探针分子与某一组织中的蛋白质分子结合在一起。然后去掉芯片上未结合的蛋白质分子，最后用质谱仪器读出与芯片结合的蛋白质的相对分子质量，得出被测样品中蛋白质的指纹图谱。将蛋白质芯片测得的正常人与病人的蛋白质指纹图谱进行比较，就可以找出与疾病相关的蛋白质分子。

由于蛋白质芯片技术不受限于抗原/抗体系统，因此能高效地筛选基因表达产物。为研究受体-配体的相互作用提供了一条新的途径，并在蛋白质纯化和氨基酸序列测定领域显示出很好的应用前景。

(1) 蛋白质芯片制作技术蛋白质比 DNA 合成的难度大，且将其固定于载体上易引起空间结构的改变导致蛋白质变性，因此在制备中只能采用直接点样法。蛋白质芯片分为无活性的芯片和有活性的芯片两种形式。无活性的芯片是将已经合成好的蛋白质点在芯片上，有活性的芯片是在芯片上点上生物体，在芯片上原位表达蛋白质。

(2) 样品分离制备技术因为生物样品都是复杂的混合物，只有少数靶分子能与芯片上的固定的探针分子直接反应。在使用蛋白质芯片检测前通常要经过分离，如盐析、电泳、凝胶色谱等。

(3) 样品标记和检测技术在芯片检测前，样品一般先进行同位素、酶或荧光标记。标记后即可与蛋白芯片反应，检测获得结果。同位素标记法灵敏度高，但空间分辨率低，反应物需特殊处理防止污染，因而较少用于芯片检测。酶标记方法应用的是生色底物，如辣根过氧化物酶、碱性磷酸酶等。检测系统为 CCD，成本低，适用于临床检测。荧光标记广泛应用于 DNA 芯片的检测，特别是双色检光的应用大大方便了表达差异检测的分析。常用的标记荧光素有 Cy3 和 Cy5。

蛋白质芯片优点是能够快速并且定量分析大量蛋白质，芯片使用相对简单。相对于传统的酶标 ELISA 分析，蛋白质芯片采用光敏染料标记，灵敏度高，准确性好。蛋白质芯片需要试剂少，可直接应用血清样本，便于诊断，实用性强。但尚有如寻找材料表面的修饰方法、简化样品制备和操作、增加信号检测的灵敏度、高度集成化样品制备及检测仪器的研制开发等问题有待解决。

11.6.2　生物核磁共振

核磁共振波谱学是一门年轻而发展非常迅速的科学。它从发现到发展，直到今天在物理、化学、生物、医学等科学领域的广泛的应用，只不过 60 年的历史，但已取得了巨大的成就。至今已有 4 次诺贝尔奖授给了 NMR 领域的 6 位杰出科学家，其中 3 次是在近 20 年内颁发的。NMR 由于能提供分子的化学结构和分子动力学的信息，已成为分子结构解析以及物质理化性质表征的常规技术手段。NMR 技术在生物方面的应用始于 20 世纪 50 年代，但其广泛的应用主要开始于 20 世纪 80 年代。瑞典苏黎世联邦高等工业大学的恩斯特教授和维特里希教授领导的两个研究小组为生物核磁共振(biomolecular NMR)的发展做出了巨大的贡献。恩斯特及其合作者发展了一系列核磁共振技术，包括 FT-NMR 技术和多维 NMR 技术。维特里希及其合作者在 20 世纪 80 年代提出了用二维(2D)NMR 技术测定生物大分子在溶液中的三维(3D)空间结构的方法，使多维 NMR 技术成为可以与 X 射线衍射技术相媲美的蛋白质 3D 结构的测定工具。维特里希的研究小组还在 20 世纪 90 年代中后期发展了 TROSY (transverse relaxation-optimized spectroscopy，横向弛豫优化光谱) 技术，大大地扩大了生物核磁共振技术所能研究的生物大分子的相对分子质量限制。由于对生物核磁共振波谱学的伟大贡献，恩斯特和维特里希分别于 1991 年和 2002 年获得诺贝尔化学奖。生物核磁共振技术是化学生物学、结构生物学、生物制药等学科的重要研究手段之一。它不仅作为常规结构分析手段用于测定生物大分子及其复合物的溶液结构，而且作为标准测试手段广泛地用于研究生物大分子-生物大分子、生物大分子-小分子配体的相互作用，在生命科学和生物制药等科学研究和应用领域正发挥着巨大的作用。本节介绍蛋白质溶液结构的测定方法、蛋白质与配体的相互作用研究以及生物大分子的动力学 NMR 研究方法。

1. 蛋白质溶液空间结构的测定

完整地理解蛋白质功能和作用机理需要在原子水平上知道其 3D 空间结构。目前用两种方法来测定蛋白质的结构。第一种方法是长期以来一直使用的蛋白质单晶的 X 射线衍射技术，第二种方法是近 20 年来才发展起来的生物大分子 NMR 谱学技术。在 NMP 结构测定技术出现之前，X 射线衍射技术一直是测定蛋白质 3D 结构的唯一的实验方法。我们关于蛋白质结构的信息大部分也来自蛋白质的晶体结构。之所以发展蛋白质结构的 NMR 测定方法主要有以下三个原因：

(1) 许多蛋白质并不能形成单晶，即使能结晶，也往往不能得到高分辨率的衍射图，而且在解决相位问题(找合适的重原子替代物)时也可能遇到困难。

(2) NMR 结构是在接近生理状况的溶液中测定的，蛋白质的结构和功能在晶体状态和在溶液状态往往存在着一些明显的差别。

(3) NMR 技术可以研究蛋白质在 ps～ms 时间尺度内的动力学过程。但是，NMR 结构测定技术也有一些限制。例如，所测定的蛋白质必须是可溶的，在浓度达 1 mmol/L 时也不聚集。

然而，蛋白质转动相关时间对 NMR 谱线线宽的影响也限制了能用 NMR 技术测定结构的蛋白质的大小。但当蛋白质的残基数多于 100 个时，常规的 2D 同核 NMR 谱就无能为力了。一方面，大的蛋白质分子中质子大大增多，很可能造成共振信号的严重重叠；另一方面，蛋白质越大，谱线就越宽，除了增加谱峰的重叠，NMR 信号的观测灵敏度也大幅度地下降了。

为此，人们在 20 世纪 80 年代后期开始发展 3D、4D 异核 NMR 技术来解决这些困难。至今人们可以用多维异核 NMR 技术来测定 200～300 个残基的蛋白质结构。结合近几年发展起来的 TROSY 技术，人们可以在超导高磁场 NMR 谱仪(800 MHz、900 MHz，甚至 1000 MHz)上测定 1000 个残基以内的蛋白质空间结构。

2. 用 3D、4D 异核 NMR 技术测定蛋白质空间结构的方法

用多维异核 NMR 技术测定蛋白质空间结构的主要步骤是：①制作稳定均匀的同位素标记的蛋白质溶液样品；②记录多维异核 NMR 谱；③归属骨架原子和侧链原子共振信号，进行顺序共振识别(sequential resonance assignment)和立体专一识别(stereospecific assignment)；④分析 NMR 谱，尽可能多地获取质子间距、骨架和侧链扭转角等构象约束数据；⑤用计算机软件计算出蛋白质的 3D 空间结构；⑥分析和评估测定的蛋白质结构。

3. 用 NMR 研究蛋白质-配体的相互作用

许多生物过程都涉及蛋白质与配体的相互作用，如药物分子与靶蛋白的结合、抗原与抗体的结合以及酶与底物的结合等。这些非成键相互作用的先决条件是配体能专一地识别蛋白质——有专一的结合方式和专一的结合部位，从而实现其生物功能。溶液 NMR 技术是研究蛋白质-配体相互作用的很有用工具。尽管 X 射线衍射晶体学技术可以给出蛋白质-配体复合物的完整结构，从而给出结合部位、结构重组等详细的结构信息，但这些信息是复合物在晶体状态下获得的。许多生物过程是在溶液状态发生的，而且很多小的蛋白质-配体复合物并不能结晶。除了能给出蛋白质与配体发生相互作用的结构特征(如结合部位及结合引起的结构重组)以及结合的强度信息，NMR 技术也可以给出完整的蛋白质-配体复合物结构和动力学信息以及在结合部位发生的动力学过程，如苯环的转动、骨架和侧链的柔性和刚性的变化等。

4. 用 NMR 研究蛋白质动力学

蛋白质分子内运动对其生物功能有着极其重要的影响。蛋白质三级结构包含着较刚性的二级结构单元和连接这些二级结构单元的较柔软的活动性(mobility 或 flexibility)较大的无序环(100p 或 coil)以及肽链的 N-端和 C-端，这两个末端往往呈无序结构。而活动性往往为蛋白质与底物进行匹配结合所必需。许多酶在与底物或抑制剂结合时，或者核受体与 DNA 或 RNA 对接时，其功能基团位于不规则的二级结构区域或表面无规卷曲肽段(random coil)上。研究表明有些多肽分子本身是无规线团，没有二级结构单元；但一旦与某些靶蛋白相结合，便会形成二级结构。例如，78 个氨基酸残基的多肽神经元颗粒蛋白处在自由态时呈无规卷曲，但与钙调蛋白结合后其结合部位便形成了一段约 20 个氨基酸的螺旋。可见，蛋白质的活动性对蛋白质发挥生物功能以及与底物分子或药物分子发生相互作用，起着相当重要的作用。用于研究蛋白质分子内运动的技术有核磁共振谱、荧光谱、红外谱、EPR 自旋标记等。其中，NMR 是特别有用的技术，被广泛地用来研究蛋白质分子内和分子整体转动运动，表征 ps～ns 时间尺度上的分子内运动和μs～ms 时间尺度上的构象交换动力学的特征。

核磁共振技术也能成功地直接在溶液状态下观察到核糖核酸酶的活性中心。已用 NMR 分析过得自金葡菌的核酸酶的脂肪族和芳香族质子峰的排布。还研究了一种从细菌中提取的黄氧还蛋白酶 ^{1}H NMR 和 ^{31}P NMR，^{13}C NMR 用以探测辅基 FMN 的构型和电子结构，^{31}P NMR

则揭示出辅基与蛋白酶之间存在着一种强有力的相互作用。二维核磁共振技术对弱偶合的自旋系统研究很有用。用核磁技术研究碱性胰蛋白酶抑制剂(BPTI)时，其高场 0.5～1.7 ppm 场区，在一维谱，独立的多重峰是重叠难辨，而二维谱却较容易分辨。

11.6.3　生物质谱

生命科学的发展总是与分析技术的进步相关联，X 射线晶体衍射对 DNA 双螺旋结构的阐述奠定了现代分子生物学的基础，使人类对微观领域的认识迈出了决定性的一步。大规模、自动化基因测序技术的问世，使 20 世纪生命科学领域最宏大的研究项目——人类基因组计划的完成比预期大大提前。而功能基因组和蛋白质组计划的实施所必需的高通量大规模筛选对分析方法又一次提出了挑战。已发展了 100 多年的质谱技术，由于其所具有的高灵敏度、高准确度、易于自动化等特点，毫无疑问地成为解决上述问题的关键手段之一。自 1886 年 Goldstein 发明了阳极射线管，到 1943 年第一台单聚焦质谱仪商品化，质谱基本上处于理论发展阶段。随着质谱在电离技术和分析技术上的发展和完善，使之很快应用于地质、空间研究、环境化学、有机化学、制药等多个领域。然而，即使在等离子体解吸(plasma desorption，PD)和快原子轰击(fast atom bombardment，FAB)两项软电离质谱技术出现以后，质谱分析的相对分子质量也只是在几千左右。真正意义上的变革以 20 世纪 80 年代中期出现的两种新的电离技术——电喷雾电离和基质辅助激光解吸电离为代表，其所构成的质谱仪所具有的高灵敏度和高质量检测范围，使得在 fmol(10^{-15})乃至 amol(10^{-18})水平检测相对分子质量高达几十万的生物大分子成为可能，从而开拓了质谱学一个崭新的领域——生物质谱，促使质谱技术在生命科学领域获得广泛的应用和发展。

11.6.4　生物传感器

有人把 21 世纪称为生命科学的世纪，有人把 21 世纪称为信息科学的世纪，而生物传感器正是在生命科学和信息科学之间发展起来的一个交叉学科，它是由生物学、化学、物理学、医学、电子技术等多种学科互相渗透成长起来的，具有灵敏度高、选择性好、成本低、分析速度快、能在复杂体系中在线连续监测等优点。随着近代电子技术和生物工程等相关学科的快速发展，生物传感器的种类和数量迅速增加，为了规范该领域，IUPAC 推荐了一个非常严格的定义：一个生物传感器应是一个独立的、完整的装置，通过利用与换能器保持直接空间接触的生物识别元件(生物化学受体)，能够提供特殊的定量和半定量分析信息。根据这个定义，IUPAC 提议生物传感器应当与那些要求有附加步骤(如试剂的添加)的生物分析系统清楚地加以区别。另外，也应区别于一次性使用或是不能连续监测分析物浓度的装置，它们被指定为一次性使用的生物传感器。生物传感器的这一定义把发展最为成功的一次性血糖酶电极和光学免疫传感器排除在外(这两种传感器不能满足连续监测的标准)。生物传感器由生物识别元件(bioreceptor)和换能器(transducer)两个部分组成。生物识别系统能将生物化学领域的信息，通常为分析物的浓度，转译为具有一定灵敏度的化学或物理输出信号；而传感器的换能器部分则负责把识别系统输出的信号进行转换。目前所采用的换能器中，研究最多的是电化学生物传感器和光学生物传感器。由于电化学换能器具有灵敏度高、易微型化、能在浑浊的溶液中操作等优点，且所需的仪器简单、便宜，因而被广泛地应用于传感器的制备，电化学生物传感器就是基于该换能器的一类生物传感器。与电化学生物传感器相比，光学生物传感器的优点是无需参比电极，不受电磁场的干扰，可以在非平衡条件下测量某些物质(如氧)，稳定性好，尤其是在双波长的情况下，可采用不同的波长监测同一物质的不同状态，但缺点是易受背景光的干扰，动力学范围较窄，不易于小型化，试剂的稳定性也存在一定的问题等。

11.6.5 单细胞检测

细胞是各种生物体的基本单元，生命运动都是在细胞内和细胞间实现的。揭示细胞的生物化学行为与过程就可以深入地了解生命活动的本质，这对病理、药物筛选、临床诊断与治疗都具有重要的理论和实际应用价值。由于细胞很小(一般直径从几微米到几百微米)，样品量极少，细胞内组分非常复杂(最简单的红血细胞含蛋白质上千种)，细胞内生化反应速度快，因此细胞或单细胞分析要求超微体积、高灵敏度、高选择性、响应速度快的分析方法和技术。因此单细胞分析检测向分析化学提出了严峻的挑战，同时也带来巨大的机遇。

对于一次常规血液检验，需要将成千上万个细胞均匀化后才能得到足够量的被分析物，从而得到定量结果，所得到的结果是许多细胞的平均值。然而，在发病的早期，可能仅有一个或几个细胞携带标明有被感染的特定化学或生物化学标志物，这样的标志物很可能被占绝大多数的正常细胞的平均量所掩盖。如果能够对单细胞进行检测，认识和区别不正常细胞的机会将大大提高。

单细胞分析对于疾病的早期诊断非常重要，各种疾病的早期诊断无疑对于拯救病人的生命至关重要，所以发展单细胞分析化学方法和技术是非常必要和迫切的。对于单细胞进行化学分析可以通过各种分析化学技术在不同的层面上来实现或部分实现。早在近 40 年前，已经报道了分离和直接观测几个血红蛋白。对于体积较大的细胞，微型化的薄层色谱、质谱、液相色谱和酶放射标记法已经得到成功的应用，在分离后通过微操纵技术和灵敏的伏安法分析单个蜗牛神经元以及牛的肾上腺体细胞是成功研究的例子。

流式细胞术(flow cytometry)是细胞生物学中广泛应用的技术；荧光显微镜，特别是最近所发展的共聚焦成像技术，是另外一种得到广泛应用的技术。通过膜片钳(patch-clamping)技术可以得到单个离子通道的行为。

近年来，细胞及单细胞分析检测已成为分析化学的前沿和热点研究领域之一。由于毛细管电泳技术基本上能够满足上述分析检测要求，在细胞及单细胞分析测量中研究及应用最为广泛。因此，这一领域的综述大都以毛细管电泳为主，结合电化学、激光诱导荧光(LIF)、质谱等检测方法。最近，图像分析、微流控芯片、实时动态监测细胞(单)的研究发展迅速。国外在单细胞分析领域著名的研究组大都集中在美国。国内在此方面起步较晚，力量分散，发展缓慢。可喜的是，这方面的发展已经引起国家自然科学基金委员会的高度重视，在 2002 年批准资助了 6 个课题，并组织国内学者和国际上有影响的研究组开展国际合作研究。这标志着我国单细胞分析化学开始进入一个蓬勃发展的时期。单细胞分析化学是一个多学科交叉的系统工程，由于各种分析化学技术和方法均有其优缺点，如毛细管电泳方法可以对单细胞组分进行分离和分析，但无法进行活体和动态形貌分析；电化学方法可以进行活体、实时动态分析，但分析检测复杂组分仍有困难；荧光分析可以在高灵敏度下对细胞进行分析和成像，但在大多数情况下需要进行标记；因此将各种分析化学方法和技术综合起来，发挥各自的优势，就需要建立单细胞研究的技术平台，从各个层次和角度展开单细胞分析化学研究。本文结合国内外单细胞研究的进展，就如下几个方面进行简单的介绍，主要包括单细胞操纵；单细胞图像分析；实时动态检测单细胞；单细胞分析化学平台建设；最后对于单细胞分析化学的发展趋势进行一些展望。

11.6.6　生物分子和生物体原位、实时、在线分析和检测

生物体内痕量活性物质的分析与检测对获取生命过程中的化学与生物信息、了解生物分子及其结构与功能的关系、揭示生命活动中的活化和抑制的调节因子、细胞间的信号传递途径、疾病的诊断以及阐述生命信息的本质都具有重要的意义；这些也是化学生物学的重要研究内容。随着生命科学的迅速发展，人们对生命现象的观察和研究已深入到单细胞、单分子和核酸的单个碱基这样的层次，迫切需要在更加微观的尺度上原位、活体、实时地获取相关生物化学信息。如今，许多传统的、常规的生化分析方法面临极大的挑战。本文介绍几种常用的生物分子和生物体原位、实时、在线分析和检测的方法和技术，即微透析技术、电化学微传感技术和光学成家检测技术及其相关方法最新的研究进展。

11.6.7　表面等离子体共振

表面等离子体共振(SPR)其实是一种平常的电磁现象。纳米金对 500～700 nm 光的吸收就源于 SPR，其特点是吸收波长随金粒直径和颗粒聚集数增大而增加，因此成为纳米材料的一种表征方法。表面拉曼增强现象也是一种 SPR 现象，其研究已经有些年头了。SPR 自然要有表面等离子体(SP)，这是二维自由电荷的一种运动状态，能被符合一定条件的电子或光子激发并与之谐振，产生可探测的信号。该信号随表面及其附近介质的介电性质不同而发生变化，故可用以探测表面结构及其与环境的关系。凡利用 SPR 原理而建立的分析方法，就称之为表面等离子体共振分析方法，简称表面等离子体共振，也用 SPR 为记号。目前的 SPR 包括：表面等离子体共振光度(或吸收光谱)(SPRS)、表面等离子体共振成像(SPRI)、表面等离子体共振显微(SPRM)、内全反射荧光显微镜、消失波激发拉曼等。SPRS 发展最早，研究最多，所以通常所说的 SPR，多数是指 SPRS。SPR 方法之所以能引起广泛的注意，与下述特点密不可分。

(1) 测定模式可选：SPR 可有角度、波长共振模式，能进行单道、多道以及成像分析；还可利用消失波，建立暗背景光共振散射和发射方法，如暗背景荧光、暗背景拉曼、暗背景瑞利散射等。

(2) 通用性与选择性兼备：SPR 检测介电常数及其变动，而介电常数是物质的普遍特性，故 SPR 普遍可用。如通过表面修饰引入各种识别机制，则 SPR 可在复杂介质中探测出微量的目标组分，所以它也是高选择性的分析方法。

(3) 对样品无损：SPR 能测无标记分子，特别适合于天然生物分子的研究。SPR 之所以能在近十几年迅速发展起来，原因多半在于此。

(4) 能进行现场实时动态分析：SPR 响应时间约在 0.1 s 数量级，可以监测在此时间尺度内的任何识别事件和反应过程，也即可进行现场或实时的动态观测。

(5) 抗脏样：在引入选择识别机理后，SPR 可以直接分析脏样品。

(6) 可现场模拟观测：通过修饰改造分析环境，SPR 能模拟各种环境，特别是生物环境，适合于体外模拟研究某些生物反应和识别过程。

(7) 高灵敏度：SPR 一般能检测到 nmol/L 量级的组分，如利用酶等放大技术，其检测限可降到 fmol/L 水平。SPR 检测灵敏度与介电常数变化幅度有关。凡传感表面及其附近介质之介电常数变化幅度越大或待测组分越靠近传感表面，就越容易被观测到。通过表面修饰将目标分子拉靠到表面，可提高检测灵敏度。同理，增加待测分子体积也可以提高检测灵敏度。

当然，如对象过大，超出消失波的作用范围，则检出灵敏度会不升反降，甚或无法检出。

(8) 具备定量与尺寸分析能力：介电常数与物质的浓度和大小成比例，故 SPR 信号也是物质浓度和分子大小的函数，据此可建立定量测定方法，可望开发成一种新的尺寸分析方法。

(9) 容易微小型化：SPR 的水平空间分辨率可以达到 10 pm 以下，与目前 DNA 芯片所用荧光阅读仪的水平分辨率(10～20 pm)相当，是一种容易微化的分析新方法。实际上，SPR 正向微型化和芯片化方向发展。

(10) 高通与成像：SPR 容易变成高通量的并行分析方法，如多通道分析和成像分析等，其中 SPRI 可以同时对成批样品阵列进行现场实时的动态或静态观测，很有发展潜力。简而言之，SPR 具有多方向发展潜力，且在物质表征、光纤传感、生物识别、微型化研究、显微分析、全息分析、成像分析等方面取得突破。SPR 还能作为检测方法，与质谱、拉曼光谱、毛细管电泳等其他分析技术联用，扩展其应用领域。

11.6.8　单分子检测

20 世纪末，可对单个原子、单个分子进行观测、成像和操纵的显微技术得到了迅速发展，使得单分子检测和生物单分子研究成为目前化学生物学中一个备受关注的领域。单分子检测不仅推动生物分析化学技术向高灵敏度发展直至化学检测灵敏度的极限，更重要的是它与生命科学和生物医学研究紧密结合，将可能带来生命科学领域的突破性发展。生物体系具有明显的不均一性，许多生物分子表现出复杂的动态行为。虽然现有的多种物理、化学和生物学(包括分子生物学)的方法已能使人们对生物体系的研究达到分子水平，但其研究结果往往是对大量分子在一段时间内平均行为的描述，单个生物分子的行为被掩盖和平均化。单分子检测的优越性在于：对于非均一体系，能提供具有不同性质的分子的分布信息；无论是非均一还是均一体系，都能直接记录分子个体性质的涨落，获得丰富的动力学信息，尤其是能追踪到不具同步性的生化反应的中间步骤或过渡态，为深入了解生物分子的形态、行为、性质、相互作用等提供了一个全新的途径。生物单分子检测包括单分子成像和单分子操纵两类核心技术。单分子成像技术主要有以单分子荧光显微术为主的光学显微术(包括单分子荧光、单分子拉曼等)和以原子力显微术(AFM)为主的扫描探针显微术[包括扫描隧道显微(STM)、原子力显微术、扫描近场光学显微术(SNOM)等]。生物单分子的操纵则主要依靠激光光钳技术和原子力显微术实现。尽管荧光显微术本身的空间分辨率受到光学衍射效应的限制(一般 200 nm)，近年来光学检测仪器灵敏度的提高和荧光标记技术的发展使它能在室温和溶液条件下实现对单个荧光分子的检测和成像，并且采用有效范围为 1～10 nm 的荧光共振能量转移技术，可观测纳米尺度上生物分子的运动变化。单分子荧光显微术(single molecule fluorescence microscopy)有较高的时间分辨率，对样品干扰轻微，对生物分子在生理活性条件下，尤其是在活细胞中的检测比其他技术更为成熟，成为研究生物单分子行为的主流手段。具有原子、分子级空间分辨率的一系列扫描探针显微镜的诞生使人们在实三维空间实现了原子和分子的直接成像和操纵，是研究单分子物理化学性质的重要工具。原子力显微镜能在不同环境(大气、溶液和真空等)中工作，在生物学领域，尤其是结构生物学中有较广泛的应用，已成功地用于 DNA、可溶性蛋白、膜蛋白、细胞膜表面的高分辨成像，生物单分子超微结构和生化反应过程的表征。另一方面，近年来利用原子力显微镜在生物单分子相互作用力的检测和研究方面有很大发展，单分子力显微术(single molecule force microscopy)引起了人们的广泛兴趣。

参考文献

北京师范大学国家基础教育课程标准实验教材总编委会. 2007. 化学: 物质结构与性质（选修）. 济南: 山东科学技术出版社

常振战, 刘烨. 1998. 从天然药物中寻找酪氨酸蛋白激酶抑制剂的研究进展. 国外医学: 中医中药分册, 20(5): 20-22

陈荣三, 黄孟健, 钱可萍. 1978. 无机及分析化学. 北京: 人民教育出版社

褚征, 刘克良. 2005. 肽核酸的合成、修饰和应用. 有机化学, 25(3): 254-263

房喻. 2011-2-13. 再造化学——兼谈 2011 国际化学年. 科学时报

国家自然科学基金委员会化学科学部, 蒋华良, 陈拥军, 陈鹏, 等. 2013. 化学生物学学科前沿与展望. 北京: 科学出版社

韩锐, 孙燕. 2005. 新世纪癌的化学预防与药物治疗. 北京:人民军医出版社

何宏山. 2001. 金属卟啉核酸定位断裂剂的设计及氧化断裂研究. 化学进展, 13(3): 216-223

李春梅, 刘新光, 梁念慈. 2002. 蛋白激酶 CK2 抑制剂的研究进展. 国外医学: 生理、病理科学与临床分册, 22(6): 546-548

李文林, 李梅兰. 2009. 超分子化学的现状及进展. 广东化工, 9(36): 80-81

梁金虎, 罗林, 唐英. 2009. 分子印迹技术的原理与研究进展. 重庆文理学院学报（自然科学版）, 28(5): 38-39

廖见培, 黄杉生. 2005. DNA 与小分子药物相互作用研究进展. 化学传感器, 25(1)：1-5

刘磊, 陈鹏, 赵劲, 等. 2010. 化学生物学基础. 北京: 科学出版社

吕鉴泉, 何锡文, 陈朗星, 等. 2001. 功能化杯芳烃在识别分析中的研究进展. 分析化学, 29(11):1336-1344

马林, 古练权. 2005. 化学生物学导论. 北京: 化学工业出版社

孟彦波, 张立峰, 蒋晔. 2010. 药物小分子与 DNA 相互作用分析方法概述. 中国药师, 13(4): 572-575

沈大棱, 吴超群. 2006. 细胞生物学. 上海: 复旦大学出版社

唐波, 刘阳, 王洪鉴, 等. 2000. 环糊精用于分子识别分析的新进展. 分析科学学报, 16(04): 345-352

汪秋安. 2010. 物理有机化学. 长沙: 湖南大学出版社

王静丽, 赵临襄, 景永奎. 2003. 谷胱甘肽的耗竭与肿瘤细胞凋亡. 中国药物化学杂志, 13(06):361-366

王镜岩, 朱圣庚, 徐长法. 2008. 生物化学教程. 北京: 高等教育出版社

王彦广, 刘洋. 化学标记与探针技术在分子生物学中的应用. 北京: 化学工业出版社

王杨. 2007. 自组装合成超分子液晶聚合物研究进展. 化工时刊，21(12): 58-66

王震模, 胡昆, 张永煜, 等. 2003. 趋化因子及其受体拮抗剂的研究进展. 中国药物化学杂志, 13(5): 301-305

吴毓林, 陈耀全. 1997. 化学——生命科学的基本语言. 科学, 49(1): 20-24

夏北成. 2002. 环境污染物生物降解. 北京: 化学工业出版社

夏英武. 1997. 作物诱变育种. 北京: 中国农业出版社

徐学萍, 肖殿模. 1994. 蛋白激酶 C 抑制剂的研究概况. 国外医学: 药学分册, 21(2): 86-91

杨鹏鸣, 周俊国. 2010. 园林植物遗传育种学. 郑州: 郑州大学出版社

杨恬. 2010. 细胞生物学. 2 版. 北京: 人民卫生出版社

杨艳燕, 娄兆文, 陈勇. 2003. 生命化学概论. 武汉: 湖北科学技术出版社

杨志敏, 蒋立科. 2005. 生物化学. 北京: 高等教育出版社

于婷婷, 何平, 梁艳, 等. 2009. 有机药物分子与 DNA 相互作用的研究进展. 化学研究与应用, 21(7)：937-944

曾文亮, 徐文方, 张玲. 2004. 抗肿瘤药物 DNA 小沟区结合剂的研究进展. 中国药物化学杂志, 14(5): 307-313

翟中和, 王喜中, 丁明孝. 2007. 细胞生物学. 3 版. 北京: 高等教育出版社

翟中和, 王喜忠, 丁明孝. 2011. 细胞生物学. 4 版. 北京: 高等教育出版社

张椿年. 1963. 化学致癌物质的结构和作用. 科学通报, 8(1): 1-20

张礼和, 王梅祥. 2005. 化学生物学进展. 北京: 化学工业出版社

张小云, 刘小玲, 曾美霞, 等. 2004. 气体分子的信号转导作用研究. 生命科学研究, S1: 80-83

章有章. 2000. 生物化学. 北京: 北京医科大学出版社

周爱儒. 2003. 生物化学. 6 版. 北京: 人民卫生出版社

周意明, 孙黎光. 2000. 酪氨酸蛋白激酶抑制剂的进展研究. 解剖科学进展, 6(3): 214-217

朱顺生, 颜冬云, 秦文秀, 等. 2012. 超分子环糊精的研究新进展. 化学与生物工程, 29(1): 1-6

Baker S A, Foster A B, Stacey M, et al. 1958. Isolation and properties of oligosaccharides obtained by controlled fragmentation of chitin. Chem Soc, 9: 2218-2227

Baker B F, Monia B P. 1999. Novel mechanisms for antisense-mediated regulation of gene expression. Biochim Biophys Acta, 1489: 3-18

Bratu D P, Cha B J, Mhlanga M M. 2003. Visualizing the distribution and transport of mRNAs in living cells. Proceedings of National Academy of Sciences of the United States of America, 100(23): 13308-13313

Cui Z Q, Zhang Z P, Zhang X E. 2005. Visualizing the dynamic behavior of poliovirus plus-strand RNA in living host cells. Nucleic Acids Res, 33(10): 3245-3252

Darmostuk M, Rimpelova S, Gbelcova H, et al. 2015. Current approaches in SELEX: an update to aptamer selection technology. Biotechnol Adv, 33: 1141-1161

Dassie J P, Giangrande P H. 2013. Current progress on aptamer-targeted oligonucleotide therapeutics. Ther Deliv, 4(12): 1527-1546

Fu B, Huang J, Ren L, et al. 2007. Cationic corrole derivatives: a new family of G-quadruplex inducing and stabilizing ligands. Chem Commun, 31(31): 3264-3266

Fu B, Zhang D, Weng X, et al. 2008. Cationic metal-corrole complexes: design, synthesis, and properties of guanine quadruplex stabilizers. Chem Eur J, 14(30): 9431-9441

Gallego J, Varani G. 2001. Targeting RNA with small-molecule drugs: therapeutic promise and chemical challenges. Acc Chem Res, 34(10): 836-843

Gartner Z J, Liu D R. 2004. DNA-templated organic synthesis and selection of a library of macrocycles. Science, 305(5690): 1601-1605

Giesendorf B A, Vet J A, Tyagi S, et al. 1998. Molecular beacons：a new approach for semiautomated mutation analysis. Clin Chem, 44(3): 482-486

Green D W, Roh H, Pippin J, et al. 2000. Antisense oligonucleotides: an evolving technology for the modulation of gene expression in human disease. J Am Coll Surg, 191(1): 93-105

He Y, Liu D R. 2010. Autonomous multistep organic synthesis in a single isothermal solution mediated by a DNA walker. Nat Nanotechnol, 5(11): 778-782

Huang J, Li G, Wu Z, et al. 2009. Bisbenzimidazole to benzobisimidazole: from binding B-form duplex DNA to recognizing different modes of telomere G-quadruplex. Chem Commun, 8(8): 902-904

Huang K W, Marti A A. 2011. Recent trends in molecular beacon design and applications. Anal Bioanal Chem, 402(10): 3091-3102

J. Fisher, J. R. P. Arnold. 2009. 生物学中的化学（精要速览系列）. 2 版. 李艳梅译. 北京: 科学出版社

Kathryn E E, Odom D T, Barton J K. 1999. Recognition metallointercalators with DNA. Chem Rev, 99: 2777-2795

Kerwin S M. 2000. G-quadruplex DNA as a target for drug design. Curr Pharm Des, 6(4): 441-478

Kim Y S, Gu M B. 2013. Advances in aptamer screening and small molecule aptasensors. Adv Biochem Eng Biotechnol, 140: 29-67

Kostrikis L G, Tyagi S, Mhlanga M M, et al. 1998. Molecular beacons-spectral genotyping of human alleles. Science, 279(5354): 1228-1229

Li B, Du Y，Dong S. 2009. DNA based gold nanoparticles colorimetric sensors for sensitive and selective detection of Ag(I) ions. Anal Chim Acta, 644: 78-82

Ma Y, Ou T M, Hou J Q, et al. 2008. 9-N-Substituted berberine derivatives: stabilization of G-quadruplex DNA and down-regulation of oncogene c-myc. Bioorg Med Chem, 16(15): 7582-7591

Manet I, Manoli F, Zambelli B, et al. 2011. Complexes of the antitumoral drugs doxorubicin and sabarubicin with telomeric G-quadruplex in basket conformation: ground and excited state properties. Photochem Photobiol Sci, 10(8): 1326-1337

Matsuo T. 1998. In situ visualization of messenger RNA for basic fibroblast growth factor in living cells. Biochim Biophys Acta, 1379(2): 178-184

Meyer M, Scheper T, Walter J G. 2013. Aptamers: versatile probes for flow cytometry. Appl Microbiol Biotechnol, 97(16): 7097-7109

Mhlanga M M, Vargas D E, Fang C W. 2005. tRNA-linked molecular beacons for imaging mRNAs in the cytoplasm of living cells. Nucleic Acids Res, 33(6): 1902-1912

Morrissey D V, Blanchard K, Shaw L, et al. 2005. Activity of stabilized short interfering RNA in a mouse model of hepatitis B virus replication. Hepatology, 41(6): 1349-1356

Mujer C V, Wagner M A, Eschenbrenner M, et al. 2002. Global analysis of Brucella melitensis proteomes. Annals of the New York Academy of Sciences, 969(1): 97-101

Odom D T, Parker C S, Barton J K. 1999. Site-specific inhibition of transcription factor binding to DNA by a metallointercalator. Biochemistry, 38: 5155-5163

Ono A, Cao S Q, Togashi H, et al. 2008. Specific interactions between silver(Ⅰ) ions and cytosine-cytosine pairs in DNA duplexes. Chem Commun, 39: 4825-4827

Parkinson G N, Cuenca F, Neidle S. 2008. Topology conservation and loop flexibility in quadruplex-drug recognition: crystal structures of inter- and intramolecular telomeric DNA quadruplex-drug complexes. J Mol Biol, 381: 1145-1156

Perlette J, Tan W. 2001. Real-time monitoring of intracellular mRNA hybridization inside single living cells. Anal Chem, 73(22): 5544-5550

Ray P, Viles K D, Soule E E, et al. 2013. Application of aptamers for targeted therapeutics. Arch Immunol Ther Exp (Warsz), 61: 255-271

Read M, Harrison R J, Romagnoli B, et al. 200l. Structure-based design of selective and potent G quadruplex-mediated telomerase inhibitors. Proc Nalt Acad Sci USA, 98(9): 4844-4849

Ren L, Zhang A, Huang J, et al. 2007. Quaternary ammonium zinc phthalocyanine: inhibiting telomerase by stabilizing G quadruplexes and inducing G-quadruplex structure transition and formation. Chem BioChem, 8(7): 775-780

Rosen C B, Tørring T, Gothelf K V. 2014. DNA-templated synthesis. Nucleic Acids and Molecular Biology, 29: 173-197

Santangelo P J, Nix B, Tsourkas A, et al. 2004. Dual FRET molecular beacons for mRNA detection in living cells. Nucleic Acids Res, 32(6): 112-118

Smit M L, Giesendorf B A, Vet J A, et al. 2001. Semiautomated DNA mutation analysis using a robotic workstation and molecular beacons. Clin Chem, 47(4): 739-744

Sokol D L, Zhang X, Lu P, et al. 1998. Real time detection of DNA-RNA hybridization in living cells. Proceedings of National Academy of Sciences of the United States of America, 95(20): 11538-11543

Tan W H, Wang K, Drake T J. 2004. Molecular beacons. Curr Opin Chem Biol, 8(5): 547-553

Teulade-Fichou M-P, Carrasco C, Guittat L, et al. 2003. Selective recognition of G-quadruplex telomeric DNA by a bis(quinacridine) macrocycle. J Am Chem Soc, 125 (16): 4732-4740

Thakur M S, Ragavan K V. 2013. Biosensors in food processing，J Food Sci Technol, 50: 625-641

Trisiroj A, Jeyachok N, Chen S T. 2004. Proteomics characterization of different bran proteins between aromatic and nonaromatic rice. Proteomics, 4(7): 2047-2057

Tyagi S, Bratu D P, Kramer F R. 1998. Multicolor molecular beacons for allele discrimination. Nat Biotechnol, 16(1): 49-53

Tyagi S, Kramer F R. 1996. Molecular beacons: probes that fluoresce upon hybridization. Nat Biotechnol, 14(3):

303-308

Walsh E J. 1996. Chemistry and Biology. J Chem Educ, 73(12): A305-A306

Wang A Z, Farokhzad O C. 2014. Current progress of aptamer-based molecular imaging. J Nucl Med, 55(3): 353-356

Wang P, Ren L G, He H P, et al. 2006. A phenol quaternary ammonium porphyrin as a potent telomerase inhibitor by selective interaction with quadruplex DNA. Chem BioChem, 7(8): 1155-1159

Xie Z, Wang J, Cao M, et al. 2006. Pedigree analysis of an elite rice hybrid using proteomie approach. Proteomics, 6(2): 474-486

Xu L, Zhang D, Huang J, et al. 2010. High fluorescence selectivity and visual detection of G-quadruplex structures by a novel dinuclear ruthenium complex. Chem Commun, 46(5): 743-745

Zhang J, Liu B, Liu H, et al. 2013. Aptamer-conjugated gold nanoparticles forbioanalysis. Nanomedicine (Lond), 8: 983-993

Zhou Z X, Dong S J. 2014. DNA-templated metal nanoclusters and their applications. RSC Smart Materials, 352-390

后　　记

在本书编写过程中，参考了大量与化学生物学有关的有价值的专业著作、教材和其他文献资料，这些资料为本书的编写提供了有益的思路和素材。在此对这些资料的原作者们表示深深的谢意！

本书由娄兆文教授(第 1～3 章)策划并审定，何汉平副教授(第 4～11 章)制订详细大纲并统稿，刘恒博士(第 4 章、第 5 章、第 11 章)参与了部分章节的编写。

本书历经三年的教学实践，两次较大幅度修订，最终得以完成，湖北大学化学生物学国家理科基地(试点班)2011 级、2012 级和 2013 级学生给予了许多帮助，在此也表示感谢！

本书的出版得到了湖北大学化学化工学院、湖北大学教务处的资助，在此表示感谢！

本书的出版得到了科学出版社的大力支持，在此表示感谢！

编　者

2016 年 3 月于武昌